Reichs-Marine-Amt

Forschungsreise SMS Gazelle 1874 bis 1876

Erster Teil: Der Reisebericht

‹

Reichs-Marine-Amt

Forschungsreise SMS Gazelle 1874 bis 1876

Erster Teil: Der Reisebericht

ISBN/EAN: 9783954271658
Erscheinungsjahr: 2012
Erscheinungsort: Bremen, Deutschland

www.maritimepress.de | office@maritimepress.de

Bei diesem Titel handelt es sich um den Nachdruck eines historischen, lange vergriffenen Buches. Da elektronische Druckvorlagen für diese Titel nicht existieren, musste auf alte Vorlagen zurückgegriffen werden. Hieraus zwangsläufig resultierende Qualitätsverluste bitten wir zu entschuldigen.

Die

Forschungsreise S. M. S. „Gazelle"

in den Jahren 1874 bis 1876

unter Kommando des Kapitän zur See **Freiherrn von Schleinitz**

herausgegeben

von dem

Hydrographischen Amt des Reichs-Marine-Amts.

I. Theil.

Der Reisebericht.

Mit 58 Tafeln.

Berlin 1889.

Ernst Siegfried Mittler und Sohn

Königliche Hofbuchhandlung und Hofbuchdruckerei

Berlin SW., Kochstrasse 68—70.

Vorwort.

Als im Jahre 1874 S. M. S. „Gazelle" auf eine zweijährige Reise mit dem Auftrage entsendet wurde, einerseits die für die Beobachtung des im Dezember 1874 stattfindenden Venus-Durchganges bestimmte deutsche Expedition nach den Kerguelen-Inseln zu bringen und selbst sich an diesen Beobachtungen zu betheiligen, andererseits zur Förderung der Meereskunde und maritimen Wissenschaften physikalische und oceanographische Forschungen anzustellen, lag es noch nicht in der Absicht, die Resultate der Forschungen zu einem besonderen Werke zusammenzufassen und zu veröffentlichen. Erst später, einige Jahre nach der Expedition, als man das reichhaltige und werthvolle, auf der Reise gesammelte Material übersah, machte sich das Bedürfniss geltend, dasselbe weiter zu verarbeiten und zu einem einheitlichen Werke zusammenzustellen. Nachdem daher im Jahre 1880 dem Deutschen Reichstage eine darauf zielende Denkschrift vorgelegt worden war, wurden von demselben zur Durchführung dieses Planes die Mittel gewährt. Wie es für das Zustandekommen und die Gestaltung des Werkes schon vortheilhafter gewesen wäre, wenn von vornherein die Absicht, ein solches zu schaffen, bestanden hätte und bei Anstellung und Niederlegung der Beobachtungen hierauf Rücksicht genommen wäre, so traten jetzt, nachdem das gesammelte Material zum grossen Theil schon während der Reise theils direkt, theils durch Vermittelung der Königlichen Akademie der Wissenschaften an einzelne Fachgelehrte zur weiteren Verwerthung überwiesen war, nicht unerhebliche Schwierigkeiten auf, dasselbe wieder zusammenzubringen und eine einheitliche Leitung anzubahnen.

Die Vorarbeiten für die Publikation konnten bis zu Anfang des Jahres 1886 unter der persönlichen Leitung des früheren Kommandanten S. M. S. „Gazelle", Kontre-Admiral Freiherrn von Schleinitz, ausgeführt werden. Als derselbe zu dem genannten Zeitpunkte durch seine Ernennung zum Landeshauptmann von Kaiser Wilhelms-Land und dem Bismarck-Archipel dieser Thätigkeit entrissen wurde, beauftragte der Chef der Admiralität das Hydrographische Amt mit der Herausgabe des Werkes und unter demselben den Admiralitätsrath Kapitänlieutenant a. D. Rottok mit den Publikationsarbeiten. Diese Aufgabe war keine leichte, da einerseits durch Krankheiten einzelner Mitarbeiter und aus anderen Gründen verschiedene Arbeiten entweder noch nicht begonnen oder ins Stocken gerathen waren, und hierdurch die schleunige und vollständige Sammlung des für die Publikation bestimmten Materials ausserordentlich erschwert und unmöglich gemacht wurde, und andererseits die für das Werk ausgeworfenen Mittel dem Umfange desselben bestimmte, ziemlich enge Grenzen setzten, welche innezuhalten eine bedeutende Reducirung einiger bereits fertiggestellter Theile und eine wesentliche Beschränkung anderer, oder das Ausschliessen einzelner Abschnitte von der Publikation erforderlich machte.

Für die Anordnung und Gliederung des Werkes ist der in der oben erwähnten Denkschrift enthaltene allgemeine Plan zu Grunde gelegt worden. Das Werk zerfällt demgemäss in vier Theile.[1]

---

[1] Es besteht die Absicht, noch einen fünften Theil folgen zu lassen. Vergl. S. V.

Der erste Theil enthält eine allgemeine Darlegung der Entstehung, Organisation und der Aufgaben der Expedition, die Ausrüstung des Schiffes mit den für die Lösung der gestellten Aufgaben erforderlichen Instrumenten und ihre Anwendung, sowie eine kurz gefasste Beschreibung der Reise unter Einschluss der Beobachtungsresultate auf geographischem, hydrographischem, ethnographischem und anthropologischem Gebiete, mit Heranziehung von einigen interessanten Ergebnissen anderer Forschungszweige, soweit dies zur Vervollständigung des Bildes der beschriebenen Küsten- und Meerestheile oder für die Erfüllung der diesem Theile gestellten Aufgabe, eine Uebersicht über die Reise und die gesammten Forschungsarbeiten zu gewähren und einen orientirenden Leitfaden für die übrigen Theile zu bilden, wünschenswerth erschien. Aus ähnlichem Grunde wurde von der gleichzeitig mit der „Gazelle"-Reise stattgefundenen Expedition nach den Auckland-Inseln zum Schluss eine kurze Beschreibung angefügt, da die Beobachtungen der jene Expedition begleitenden beiden Seeoffiziere in engem Zusammenhange mit der von der „Gazelle" auf den Kerguelen-Inseln ausgeführten stehen und in dem zweiten Theil dieses Werkes mit denselben behandelt worden sind.

Der erste Theil wurde von Herrn Admiralitätsrath Rottok nach den offiziellen Berichten des Kommandos S. M. S. „Gazelle", dem sonstigen, in den Akten über die Expedition enthaltenen Material und den von einigen Mitgliedern der Expedition bereitwilligst gemachten Notizen und Mittheilungen bearbeitet. Von letzteren stellte namentlich Herr Professor DR Studer ein reichhaltiges Material zur Verfügung, für den Abschnitt über die Auckland-Expedition die beiden Mitglieder derselben, Kapitän zur See z. D. Becks und Kapitänlieutenant Siegel. Ferner liehen in freundlichster Weise ihre Unterstützung und Mitwirkung die Herren Geheimer Regierungsrath Professor DR Bastian, DR Grünwedel, Ober-Bergdirektor Professor D^R von Gümbel, Geheimer Medizinalrath Professor DR R. Hartmann, Geheimer Admiralitätsrath Professor DR Neumayer und Professor DR Weinek. Ueber die Entstehung und Ausrüstung der Expedition hatte der Direktor der Seewarte, Herr Geheimrath Neumayer, welcher in seiner damaligen amtlichen Stellung im Hydrographischen Bureau der Admiralität für das Zustandekommen und die Organisation der Expedition in hervorragender Weise thätig war, die Güte, die wünschenswerthen Angaben und Beiträge zu liefern, während eine Bereicherung des Inhalts durch eine Uebersicht über die interessantesten Resultate der mineralogisch-geologischen Untersuchungen der von der „Gazelle" gesammelten Meeresgrundproben Herrn Ober-Bergdirektor von Gümbel zu verdanken ist. Herr Geheimrath Hartmann übernahm nicht nur in zuvorkommendster Weise die Bearbeitung des von S. M. S. „Gazelle" gesammelten anthropologischen Materials, welche Arbeit in einem besonderen Anhange niedergelegt ist, sondern es ist ihm auch gelungen, nach verschiedenen auf der Reise gemachten photographischen Aufnahmen anthropologischer und ethnologischer Natur, welche durch die Unbill der klimatischen und Witterungsverhältnisse der Tropen und der See und durch die lange Aufbewahrung derart gelitten hatten, dass sie zur Reproduktion nicht mehr tauglich erschienen — die unvollkommenen Platten mit Hülfe seiner hervorragenden Kenntnisse auf den genannten Gebieten ergänzend —, Zeichnungen herzustellen, welche eine Vervielfältigung und Wiedergabe derselben in diesem Werke ermöglichten.

Nicht minderer Dank gebührt Herrn Professor Weinek, welcher die werthvolle Sammlung seiner als Mitglied der Venus-Expedition auf der „Gazelle"-Reise ausgeführten Zeichnungen und Skizzen zur Verfügung stellte; leider konnte aus ökonomischen Rücksichten nur von einem kleinen Theil derselben Gebrauch gemacht werden.

Bei der Zusammenstellung der ethnologischen Tafeln und Berichte standen die Herren des hiesigen Königlichen Museums für Völkerkunde, Geheimrath Bastian und DR Grünwedel mit Rath und That freundlichst zur Seite.

Neben den schon erwähnten Illustrationen sind dem ersten Theile die nach den Vermessungen und Aufnahmen S. M. S. „Gazelle" gefertigten Karten, Pläne und Küstenansichten, sowie für die einzelnen Reiseabschnitte Kurskarten beigegeben, auf welchen ausser dem Kurs des Schiffes und dem täglichen Standorte desselben auch die angetroffenen Wind- und Strömungsverhältnisse, sowie die Beobachtungsstationen mit den daselbst gelotheten Meerestiefen verzeichnet sind; eine weitere Erläuterung derselben machen die auf denselben gegebenen Erklärungen entbehrlich.

Der zweite Theil enthält die in das Gebiet der Physik und Chemie fallenden Forschungen, so im Besonderen die oceanographischen Beobachtungen, die Bestimmungen der Meerestiefen, des Stromes, der Temperatur, Farbe und Durchsichtigkeit, des specifischen Gewichtes, Salzgehalts und der chemischen Zusammensetzung des Meerwassers, Wellenbeobachtungen, mineralogisch-geologische Untersuchungen der gesammelten Meeresgrundproben, Gezeitenbeobachtungen, die an Bord und an Land angestellten magnetischen und die Pendelbeobachtungen. An der Bearbeitung der einzelnen Abschnitte nahmen Theil: Admiralitätsrath Rottok, Ober-Bergdirektor Professor Dr von Gümbel, die Professoren Dr G. Karsten, Dr O. Jacobsen, Dr C. Börgen und Dr C. F. W. Peters.

Die meteorologischen Beobachtungsergebnisse diesem Theile einzureihen, wie dies ursprünglich geplant war, musste ihres grossen Umfanges wegen aufgegeben werden; es wird jedoch beabsichtigt, das reichhaltige, unter Leitung des Direktors der Seewarte fertig gestellte Material, wenn es die vorhandenen Mittel gestatten, in einem besonderen fünften Theile noch nachträglich zu veröffentlichen.

Ausser einer Reihe von Temperaturkurven und Isothermentafeln, welche die Temperaturverhältnisse des Meeres ihrer vertikalen und horizontalen Vertheilung nach graphisch darstellen, ist diesem Theil eine Uebersichtskarte der ganzen Reiseroute mit sämmtlichen Beobachtungsstationen beigegeben.

Die auf der Expedition gesammelten zoologischen und geologischen Beobachtungen und Erfahrungen sind von Herrn Professor Dr Studer, welcher, S. M. S. „Gazelle" auf ihrer Reise begleitend, auf jenen Gebieten forschend thätig war, in dem dritten Theil dieses Werkes zusammengefasst worden, nachdem durch Specialforscher die Sammlungen vorher bearbeitet waren. Die von dem Herrn Verfasser diesem Theil vorangeschickten einleitenden Worte enthalten nähere Angaben über denselben, so dass an dieser Stelle auf dieselben verwiesen werden kann.

Aehnliches gilt für den vierten Theil, welcher, von Fachgelehrten bearbeitet, die Ergebnisse der botanischen Forschungen enthält. Herr Marine-Stabsarzt Dr Naumann, welcher sich während der Reise diesen Forschungen widmend, das Sammeln von Pflanzen sich zur Aufgabe gemacht hatte, wandte, von der richtigen Voraussetzung ausgehend, dass in den von S. M. S. „Gazelle" berührten Küstengebieten die Flora der Blüthenpflanzen zum Theil schon mehrfach erforscht sei, dagegen die leichter zu übersehenden Kryptogamen nur von einzelnen der früheren Sammler berücksichtigt worden seien, seine Aufmerksamkeit vorzugsweise der Flora des Meeres und den Kryptogamen-Landpflanzen zu. Für die Bestimmung der Meeresphanerogamen hatte sich von Anfang an Herr Professor Ascherson interessirt, dagegen war der grösste Theil der übrigen Sammlungen bis zum Jahre 1883 unbearbeitet liegen geblieben. Dank der gütigen Unterstützung und den Bemühungen des Herrn Professor Dr Engler, damals Direktor des Königlichen Botanischen Gartens in Kiel, zur Zeit in Berlin, gelang es nunmehr, auch diese Arbeiten zu fördern, indem die Bearbeitung der gesammelten Pflanzen theils von dem genannten Herrn selbst übernommen, theils durch seine Vermittelung anderen Specialforschern anvertraut wurde. Die Diatomaceen waren schon vorher Herrn Direktor Janisch auf Wilhelmshütte überwiesen worden. Es gelang Herrn Professor Engler, als Mitarbeiter die Herren: Professor Dr Askenasy, Baron F. von Thümen, Professor Dr J. Müller in Genf, Dr. Karl Müller in Halle,

DR Gottsche, DR M. Kuhn, Professor E. Hackel, DR F. Kränzlin, Graf zu Solms-Laubach, O. Boeckeler, Professor L. Radlkofer, Cas. de Candolle, E. Marchal, A. Cogniaux und E. Köhne zu gewinnen; den grössten Theil der Siphonogamen bearbeitete er selbst. Da die Sammlungen in zehn verschiedenen Florengebieten gemacht worden waren und für mehrere derselben vollständige Floren nicht existirten, so vergingen einige Jahre, bis die Bestimmung und Bearbeitung der gesammelten Pflanzen von den verschiedenen Mitarbeitern zu Ende geführt werden konnte.

Grosse Verlegenheit bereitete es, als Herr DR Gottsche, der die sehr umfangreiche und werthvolle Sammlung der Lebermoose eingehend studirt hatte, plötzlich erkrankte und seine Arbeit nicht zum Abschluss bringen konnte. Schliesslich fand sich Herr Privatdocent DR Schiffner in Prag bereit, die Arbeit zu Ende zu führen. Die mühevolle Bearbeitung der Diatomaceen, welcher sich Herr Direktor Janisch seit Jahren mit unermüdlicher Hingabe gewidmet hatte, gerieth sehr bedauerlicher Weise, nachdem bereits eine Reihe von interessanten und werthvollen Tafeln der von ihm bestimmten Diatomaceen fertiggestellt war, durch andauernde Krankheit desselben ins Stocken, und ist es bis zur Zeit nicht gelungen, dieselbe zu vollenden; um die Publikation des Werkes nicht noch länger hinauszuschieben, musste leider von der Aufnahme derselben und von ihrer Veröffentlichung vorläufig Abstand genommen werden.

Den Herren Mitarbeitern, sowie Allen, welche die Arbeit in freundlicher Weise unterstützt und gefördert haben, sei an dieser Stelle der verbindlichste Dank ausgesprochen.

Wenn in diesem Werke die Forschungen S. M. S. „Gazelle" auf wissenschaftlichem Gebiete der Oeffentlichkeit übergeben werden, so muss zur richtigen Beurtheilung derselben darauf hingewiesen werden, dass die „Gazelle" keineswegs sich ausschliesslich diesen Forschungen widmen konnte, sondern dass sie gleichzeitig, wie jedes andere Kriegsschiff, militärische und politische Aufgaben zu lösen hatte, welche naturgemäss die wissenschaftlichen Arbeiten oft in den Hintergrund drängen mussten; dass ferner dem Schiffe kein wissenschaftlicher Stab von Gelehrten beigegeben war, wie dies auf anderen ähnlichen Expeditionen der Fall war — nur Herr DR Studer begleitete als Mitglied der Venus-Expedition, wie schon erwähnt, das Schiff auch auf der weiteren Reise —, sondern dass alle wissenschaftlichen Arbeiten von den an Bord befindlichen Offizieren neben ihrem anderen Schiffsdienst ausgeführt werden mussten.

Berlin, im Dezember 1889.

Inhalt des I. Theiles.

Verzeichniss der Tafeln.

In den Text gedruckte Figuren.

Kapitel I.

Vorgeschichte, Zweck und Organisation der Expedition.

Nachdem durch die Beobachtungen englischer und amerikanischer Forschungs-Expeditionen in den fünfziger und sechziger Jahren neues Licht über die physikalisch-organischen Verhältnisse der Meere verbreitet worden war, und namentlich auch durch die Feststellung der Verhältnisse und Bedingungen des organischen Lebens in grossen Meerestiefen der Naturforschung ganz neue Bahnen angewiesen waren, begann sich allenthalben ein lebhaftes Interesse für oceanische Untersuchungen zu regen.

Wenn man auch vor jener Zeit schon sich mit Aufmerksamkeit der Erforschung des den grösseren Theil der Erdoberfläche bedeckenden flüssigen Elementes zugewandt hatte, und namentlich zur Zeit der grossen Entdeckungsreisen eine ganze Reihe werthvoller Beobachtungen über die oceanischen Verhältnisse und Erscheinungen angestellt wurde, so waren dieselben doch, wie in alter Zeit auf die Küsten und die Nähe der Kontinente und Inseln, so in späterer Epoche, nachdem die Schifffahrt diesen engen Grenzen entrückt und auf den offenen Ocean ausgedehnt war, auf die von den Weltumseglern oder Entdeckungsreisenden eingeschlagenen und die durch langjährige Erfahrungen für den überseeischen Welt- und Handelsverkehr festgesetzten Routen beschränkt.

Erst Anfang der fünfziger Jahre beginnt eine neue Aera der systematischen, auf streng wissenschaftlicher Basis aufgebauten Erforschung der Meere. Maury, dem Direktor des National-Observatoriums zu Washington, gebührt das Verdienst, den ersten Anstoss dazu gegeben und dieselbe zur Geltung und allgemeinen Einführung gebracht zu haben. Nachdem er in den Jahren 1840 bis 1850 die von amerikanischen Seefahrern gemachten oceanischen und meteorologischen Beobachtungen gesammelt, entwarf er zur Erreichung eines einheitlichen Beobachtungssystems bestimmte Schemas, welche den amerikanischen Schiffen zur Eintragung ihrer Beobachtungen mitgegeben wurden, um nach der Reise wieder an der Centralstelle abgeliefert und verarbeitet zu werden. Weiter wurden auf seine Anregung durch die Regierung der Vereinigten Staaten die anderen seefahrenden Nationen zu gemeinsamem Vorgehen und Betheiligung an den oceanischen und maritim-meteorologischen Forschungen aufgefordert und zu einer Konferenz in Brüssel im August 1853 eingeladen, auf welcher die ersten Vereinbarungen hierüber getroffen wurden.

Ausserordentlich gefördert wurden die Bestrebungen Maury's durch das den Handels- und Verkehrsverhältnissen der neuen Zeit entspringende Bedürfniss der überseeischen Kabellegungen, welche ihrerseits eine genaue Kenntniss der Meerestiefen, der Beschaffenheit des Meeresbodens und anderer physikalischen Eigenschaften des Oceans nothwendig machten. Unterstützt wurden die Forschungen wesentlich durch den Fortschritt der Technik, welche die für die Untersuchung der Meerestiefen nöthigen Instrumente in grösserer Vollkommenheit, wie bisher, liefern konnte. Eine fernere Erweiterung erhielten dieselben durch die im Interesse des Grossfischereibetriebes ausgeführten Schleppnetzversuche, welche durch ihre interessanten, den bisherigen Annahmen widersprechenden Resultate in Bezug auf die Grenzen des organischen Lebens in den Meerestiefen zu einem eingehenden Studium der Meeresfauna und Flora anregten.

So trat überall das Bedürfniss und ein reges Interesse für die Entwickelung dieses neuen Zweiges der Erdkunde hervor, welches sich zunächst in England und Amerika durch Entsendung besonderer diesem Zweck obliegender Expeditionen dokumentirte. Die bedeutendste derartige Unternehmung ist jene I. B. M. S. „Challenger", welche im Jahre 1872 ausgerüstet wurde und ununterbrochen bis zum Mai 1876 sich unter den günstigsten Auspizien der oceanischen Forschung widmete. Wie in England und Amerika, so war man auch in anderen Staaten, welche über erhebliche maritime Mittel zu verfügen hatten, in mehr oder minderem Grade bestrebt, den Gedanken einer systematischen und gründlichen Durchforschung der Meere zu unterstützen. So war es denn auch begreiflich, dass in den maassgebenden Kreisen, welche sich für die maritimen Unternehmungen in Deutschland besonders interessirten, das Bestreben nach Betheiligung an den genannten Untersuchungen sich manifestirte. Allerdings musste man sich sagen, dass es keine leichte Sache sein würde, seitens der Deutschen Kriegsmarine in zweckentsprechender und ebenbürtiger Weise in Unternehmungen dieser Art einzutreten, da die wissenschaftlichen Organe der Kaiserlichen Marine, eben erst ins Leben gerufen, kaum die erforderliche Erstarkung erfahren haben konnten, um die Einrichtung und Leitung weittragender wissenschaftlicher Unternehmen mit Aussicht auf Erfolg in die Hände zu nehmen. Wenn man die Lage der erdphysikalischen Forschung in Deutschland gleich nach der Gründung des Reiches in Betracht zieht, tritt die Schwierigkeit der Durchführung einer Expedition für Förderung maritimer Forschung in erhöhtem Maasse zu Tage. Diese Schwierigkeit bestand vorzugsweise auch darin, dass selbst die Werkstätten für die Anfertigung astronomisch-physikalischer Apparate um jene Zeit sehr dünn gesäet und als nicht auf der Höhe der Zeit stehend zu bezeichnen waren.

Nicht minder ungünstig, wie in Beziehung auf die Beschaffung der wissenschaftlichen Apparate lagen die Verhältnisse hinsichtlich der Gewinnung von in wissenschaftlichen Arbeiten auf See geübten Beobachtern. Durch Schaffung des Hydrographischen Amtes der Kaiserlichen Admiralität war diesem Mangel zwar in einigem Maasse abgeholfen, allein es war, wie schon bemerkt, die junge Institution noch zu wenig erstarkt, um sofort und dem ganzen Umfange nach in die Organisation und Leitung einer Expedition zu maritimen Forschungen eintreten zu können.

Der an diese Thatbestände sich knüpfenden Erwägungen unerachtet entsprang der Gedanke an eine solche Expedition in den maassgebenden Kreisen und fand durch die Ueberzeugung, dass der wissenschaftliche Geist und der Geist der Forschung innerhalb der Kaiserlichen Marine durch Eintreten in die Reihe der auf dem Gebiete der oceanischen Forschungen thätigen Nationen zum Vortheile der Entwickelung unserer deutsch-maritimen Bestrebungen geweckt werden müsse, nachhaltige Förderung.

Einen mächtigen Anstoss zur Verwirklichung dieses Gedankens gab der Ende 1874 stattfindende Vorübergang der Venus vor der Sonnenscheibe. An der Beobachtung dieses so seltenen und für die Astronomie so wichtigen Phänomens, wozu überall grosse Vorbereitungen getroffen wurden, wollte auch Deutschland sich betheiligen durch Entsendung verschiedener Expeditionen, und sollte denselben durch die Marine eine wesentliche Unterstützung zu Theil werden.

Es dürfte hier am Platze sein, über die Erscheinung des Venusdurchganges und seine Bedeutung und Verwerthung für die Wissenschaft einige Worte zu sagen.

Die Beobachtung des Vorüberganges der Venus vor der Sonnenscheibe hat seit hundert Jahren für die Astronomie eine grosse Rolle gespielt, weil dieselbe nicht nur zur sichersten Bestimmung der Entfernung der Sonne von der Erde dient, sondern auch für die Berechnung der Entfernungen aller übrigen Planeten, der Planeten- und Kometenbahnen und der zwischen den einzelnen Himmelskörpern bestehenden Anziehungskraft von der grössten Wichtigkeit ist. Diese Wichtigkeit der Venusdurchgänge erkannte zuerst der Astronom HALLEY im Jahre 1677 bei Gelegenheit eines von ihm auf der Insel St. Helena beobachteten Merkurdurchganges. In einer Abhandlung von 1716 machte er auf einen schon von KEPPLER vorausberechneten Venusdurchgang des Jahres 1761 aufmerksam und ermahnt darin alle Astronomen, diesen Venusdurchgang sorgfältig zu beobachten und ihn zur sicheren Bestimmung der Sonnenparallaxe zu verwerthen, vermittelst welcher bekanntlich sowohl die Entfernung der Sonne von der Erde als auch der wahre Durchmesser der Sonne berechnet werden kann. Während man nämlich zur Bestimmung der Entfernung zweier Punkte auf der Erdoberfläche sich des Mittels bedient, dass man durch den einen zugänglichen Punkt eine Standlinie zieht, diese genau und sorgfältig misst, dann die Winkel bestimmt, welche die von den Endpunkten der Standlinie nach dem entfernten Punkt ausgehenden Visirlinien mit dieser bilden, und so ein Dreieck erhält, aus welchem die gesuchte Entfernung sich berechnen lässt, zeigte sich diese Methode bei der Bestimmung der Entfernung von Himmelskörpern von der Erde um so unzuverlässiger und um so mehr unzureichend, je grösser die Entfernungen der Sterne waren, auf welche man sie anwenden wollte. Mit Hülfe des Erdhalbmessers als angenommener Standlinie hat man allerdings die Entfernung des Mondes vom Mittelpunkte der Erde gemessen, zur Ausmessung der Planetenbahnen und zur Bestimmung ihrer Entfernungen haben die Astronomen jedoch eine grössere Standlinie anwenden müssen, und dazu wählte man den Halbmesser oder die halbe kleine Achse der Erdbahn, indem man die Beobachtungen von verschiedenen Punkten aus anstellte, an welchen die Erde zu verschiedenen Zeiten in ihrer Bahn um die Sonne verweilte. Auf diese Weise wurde der Halbmesser der Erdbahn die Längeneinheit für die Berechnung der Bahnlinien und der Entfernungen des gesammten Planetensystems. KEPPLER gelang es auf diese Weise, zuerst die elliptische Form der Marsbahn zu finden und durch das nach ihm benannte Gesetz, dass die Quadrate der Umlaufszeiten zweier Planeten sich wie die dritten Potenzen der mittleren Entfernung derselben von der Sonne verhalten, konnte man nun, da die Umlaufszeiten genau durch Beobachtungen festgestellt werden konnten, das Verhältniss der Dimensionen aller Planetenbahnen zum Halbmesser der Erdbahn feststellen. Hieraus ergiebt sich unmittelbar der Schluss, dass es nur noch darauf ankommt, die wahre Länge des als Einheit angenommenen Halbmessers der Erdbahn oder die wahre Entfernung eines einzigen Planeten von der Erde genau zu bestimmen, um nach dem angeführten KEPPLER'schen Gesetze auch für das gesammte Planetensystem alle Fragen, die sich auf ihre Bahnen, ihre Dimensionen und ihre Entfernungen beziehen, mit uns bekannten und messbaren Maassen angeben zu können.

Von den Planeten, die der Erde näher kommen als die Sonne, deren Parallaxen daher auch grösser sind als die der Sonne und sich demgemäss auch leichter berechnen lassen, sind vor Allem Mars, Venus und Merkur zu nennen. Der Mars nähert sich der Erde alle 15 bis 16 Jahre in denjenigen Oppositionen, welche mit dem Perihel des Planeten zusammenfallen, um 0,37 des Abstandes der Sonne, seine Parallaxe ist daher dann 24 Sekunden, also dreimal grösser als die der Sonne, so dass ein bei dieser Messung begangener Fehler einen dreimal geringeren Einfluss auf die Bestimmung der Sonnenentfernung haben kann, als es bei der direkten Bestimmung der Sonnenparallaxe möglich ist.

Im Jahre 1672 veranlasste daher die Pariser Akademie gleichzeitige Parallaxenbestimmungen des Mars in Cayenne und Paris, wobei man eine Sonnenparallaxe zu 9,5 Sekunden fand. In grossartigem Maass-stabe wurde die Opposition des Mars später im Jahre 1882 benutzt, um durch das Zusammenwirken vieler Sternwarten auf der nördlichen und südlichen Erdhälfte eine sichere Parallaxenbestimmung zu erhalten; man fand nach dieser Beobachtung als Grösse der Sonnenparallaxe 8,85 Sekunden. Wegen der beträchtlichen Grösse der Marsscheibe in der Erdnähe ist jedoch eine sichere Einstellung des Fernrohrs auf seinen Mittelpunkt mit grossen Schwierigkeiten verknüpft, deshalb sind Fehler bei der Bestimmung der Parallaxe auf diesem Wege nicht zu vermeiden.

Noch näher als der Mars kommt die Venus in ihrer unteren Konjunktion der Erde, so dass die Unsicherheit der mit Hülfe der Venus berechneten Sonnenparallaxe viermal geringer ist als die bei der direkten Berechnung; die Venus befindet sich aber dann zwischen Erde und Sonne, dreht der Erde daher die unbeleuchtete Seite zu, und wenn sie auch bald darauf eine schmale beleuchtete Sichel zeigt, so setzt diese der Einstellung des Fernrohrs auf einen bestimmten Punkt derselben doch grosse Schwierigkeit entgegen.

Der Merkur endlich ist zur Berechnung der Sonnenparallaxe schon deshalb wenig geeignet, weil seine Entfernung von der Erde nicht erheblich von der der Sonne abweicht.

Mit grosser Freude begrüsste man daher die von Halley ersonnene Methode, zur Bestimmung der Sonnenparallaxe den Vorübergang des Merkur oder noch besser den der Venus vor der Sonnen-scheibe zu benutzen. Merkur und Venus projiziren sich nämlich, wenn sie zur Zeit ihrer unteren Konjunktion sich nahe der Erdbahn befinden, als kleine schwarze Scheibchen auf der Sonne, und diese beschreiben auf derselben Sehnen, deren Längen von verschiedenen Beobachtungsstationen aus ungleich gross erscheinen, und wobei auch die Zeitdauer des Durchgangs auf den verschiedenen Beobachtungs-stationen eine verschiedene ist. Dabei sind die Beobachtungen der Venusdurchgänge denen der Merkur-durchgänge besonders deshalb vorzuziehen, weil der Unterschied zwischen den Parallaxen der Sonne und des Merkur zweieinhalbmal kleiner ist als der zwischen der Sonnen- und Venusparallaxe, und weil von dieser Differenz die Sicherheit der Berechnung abhängt. Hat man nämlich auf der Erde die Länge und Breite zweier möglichst weit von einander entfernten Beobachtungsstationen und dadurch ihre Entfernung bestimmt, und man berechnet ferner die Sehnen, welche die Venus bei ihrem Durch-gange auf der Sonnenscheibe für beide Stationen beschreibt, dadurch, dass man die Dauer des Durch-gangs aus der bekannten Bewegungsgeschwindigkeit der Venus und aus der Zeit des Ein- und Austritts auf der Sonnenscheibe möglichst scharf beobachtet, so kann man auf diesen beiden Sehnen je einen Punkt bestimmen, in welchem die Venus von beiden Stationen zu gleicher Zeit gesehen wird. Denkt man sich nun diese beiden Punkte durch den Bogen eines grössten Kreises der Sonne verbunden, so kann auch dieser Bogen in Graden ausgedrückt werden. Zieht man dann noch von jeder Beobachtungs-station eine Gerade durch die Venus nach dem von ihr aus gesehenen Projektionspunkt auf der Sonne, so erhält man zwei ähnliche Dreiecke, in welchen sich der Bogen auf der Sonne zu der Entfernung der beiden Stationen wie die Entfernung der Venus von der Sonne zu der der Venus von der Erde verhält. Dieses letztere Verhältniss ist nach dem dritten Keppler'schen Gesetze bekannt, deshalb auch das Verhältniss der beiden ersteren Linien. Diese verhalten sich aber auch wie die Differenz zwischen der Sonnen- und Venusparallaxe zur Sonnenparallaxe, und da die erstere aus der Beobachtung des Ein- und Austritts der Venus auf der Sonnenscheibe sich berechnen lässt, so ergiebt sich hieraus auch die Sonnenparallaxe.

Die wichtigsten Kulturstaaten hatten daher keine Kosten gescheut, um die von Halley schon voraus angekündigten Venusdurchgänge der Jahre 1761 und 1769 von tüchtigen Astronomen an zahlreichen geeigneten Stationen der südlichen und nördlichen Halbkugel beobachten zu lassen. Es betheiligten sich daran England, Frankreich, Russland, Schweden und Dänemark. Ungünstiges Wetter und andere ungünstige Umstände vereitelten in beiden Jahren manche Beobachtungen, während andere nachweislich mit Fehlern behaftet waren. Enke berechnete mit Zugrundelegung der besten Beobachtungen im Jahre 1824 die Horizontalparallaxe der Sonne auf 8,57 Sekunden, welcher Werth lange als richtig angenommen wurde. Leverrier war der Erste, welcher begründete Zweifel dagegen erhob; er fand aus sorgfältigen Untersuchungen der Planetenbahnen für die Sonnenparallaxe den Werth von 8,85 bis 8,95 Sekunden. Ebenso fand Foucault durch Messung der Zeit, welche das Licht gebrauchte, um von der Sonne zur Erde zu gelangen, für die Sonnenparallaxe den Werth von 8,86 Sekunden. Aus diesen verschiedenen Angaben für die Sonnenparallaxe ergiebt sich, dass der Zweifel über den wahren Werth derselben allerdings nur einige Hundertstel einer Sekunde beträgt, die Unsicherheit für die wahre Entfernung der Sonne von der Erde sich jedoch auf mehrere Hunderttausend geographischer Meilen beziffert. Daher erwartete man mit Spannung in unserem Jahrhundert den Vorübergang der Venus vor der Sonne am 9. Dezember des Jahres 1874, um so mehr, da diesmal derselbe in einem grossen südöstlichen Theile von Asien, in ganz Australien, Neuseeland und dem antarktischen Kontinente sichtbar sein musste. Es stand zu erwarten, dass durch die sorgfältigen Vorbereitungen, welche alle zivilisirten Staaten dazu getroffen hatten, und besonders, da die zur Beobachtung bestimmten Instrumente bedeutend gegen früher vervollkommnet waren und zugleich durch das Spektroskop mehrere Uebelstände, die früher den Zeitpunkt der scheinbaren Berührung der Venus und der Sonnenscheibe unsicher machten, jetzt überwunden werden konnten und ganz besonders auch Dank der vielen photographischen Aufnahmen des Venusdurchgangs ein endgültiges sicheres Resultat erreicht werden würde.

In Deutschland ging die erste Anregung zur Betheiligung an den Beobachtungen des Venusdurchganges von der Gesellschaft der Wissenschaften zu Leipzig aus. Auf ihre Veranlassung wurde bereits im Jahre 1869 vom Norddeutschen Bundeskanzler-Amt eine Kommission von Astronomen aus den einzelnen Bundesstaaten zusammenberufen, um über die geeignetste Art der Betheiligung zu berathen und Vorschläge für dieselbe auszuarbeiten. Der von der Kommission ausgearbeitete Expeditionsplan wurde später nach Gründung des Reiches dem Reichskanzler-Amt vorgelegt, von diesem genehmigt und zur Ausführung gebracht. Die Wahl der zu besetzenden Beobachtungs-Stationen musste mit Rücksicht auf die günstigsten geometrischen Bedingungen für den Verlauf der Erscheinung, auf die Erreichbarkeit und die Möglichkeit eines längeren Aufenthaltes daselbst, mit Rücksicht auf die grösste Wahrscheinlichkeit günstiger Witterungsverhältnisse für die Beobachtung und auf die von anderen Staaten gewählten Stationen getroffen werden. In letzterer Beziehung wurde hauptsächlich in Uebereinstimmung mit dem russischen Operationsplan vorgegangen, und da Russland seine Hauptstationen sämmtlich auf eigenem Gebiet, also in den nördlichsten Gegenden des von dem Phänomen getroffenen Theiles der Erdoberfläche einrichtete, so sollten von Deutschland überwiegend Süd-Stationen besetzt werden. Hierzu waren die *Macdonalds*- oder die *Kerguelen*-Inseln, die *Aucklands*-Inseln und *Mauritius* ausersehen worden. Wenn auch die Macdonalds-Inseln günstigere geometrische und Witterungsbedingungen boten, so musste doch den Kerguelen, obgleich sie bereits von Amerikanern und Engländern für eine Besetzung in Aussicht genommen waren, der besseren Landungs-, Aufenthalts- und klimatischen Verhältnisse wegen der Vorzug gegeben werden. Ferner sollte zur Sicherung des Anschlusses an die nördliche Gruppe und zur Vervollständigung des ganzen Planes noch eine Expedition nach *Tschifu* im nördlichen China und eine andere nach *Ispahan* in Persien entsendet werden.

Während Ispahan auf dem Landwege, Mauritius und Tschifu mit Postdampfern erreicht werden konnten, musste die Entsendung von Expeditionen nach den beiden anderen Beobachtungsstationen, welche einsam im südlichen Indischen Ocean fern von allem Verkehr gelegen sind und nur ausnahmsweise von Schiffen besucht werden, grösseren Schwierigkeiten begegnen, und um den Unternehmungen eine grössere Sicherheit zu gewähren, auf die Unterstützung durch die Kaiserliche Marine mit Schiffen und Personal Bedacht genommen werden.

Die von der Kommission der Kaiserlichen Admiralität vorgelegten darauf abzielenden Wünsche und Vorschläge fanden von dieser in richtiger Würdigung der Bedeutung der Unternehmungen, soweit es die Mittel und die übrigen Aufgaben der Marine gestatteten, volle Berücksichtigung.

Für die Station auf den Kerguelen sollte ein Schiff ausgerüstet werden, welches die Mitglieder der astronomischen Expedition mit ihren Instrumenten und dem gesammten Material um das Kap der guten Hoffnung nach ihrem Bestimmungsort bringen, dort die Station errichten, sich an den astronomischen Arbeiten daselbst durch sein Offiziercorps betheiligen, Fahrten nach benachbarten Beobachtungsstationen behufs Chronometer-Vergleichungen machen, nach beendeter Arbeit die Station wieder abbrechen und schliesslich die Astronomen zurück nach Mauritius befördern sollte. Von hier sollten die Astronomen per Postdampfer nach Europa zurückkehren, um das Schiff der Kaiserlichen Marine der Durchführung einer weiteren demselben gestellten Aufgabe zu überlassen. Für diesen Zweck wurde S. M. S. „Gazelle" in Aussicht genommen.

Da wegen Mangels an disponiblem Material ein zweites Schiff für die Aucklands-Station nicht zur Verfügung gestellt werden konnte, so bestand die Absicht, die dorthin zu entsendende Expedition per Post nach einem in regelmässiger Verbindung mit Europa stehenden australischen Hafen zu befördern und dort ein geeignetes Kolonial-Fahrzeug zu chartern, um die Expedition nach ihrem Beobachtungsorte auf den Aucklands-Inseln zu bringen. Das Fahrzeug sollte mit seinem Personal gleichzeitig bei der Etablirung der Beobachtungsstation auf den Inseln Hülfe leisten, während des Aufenthalts der Expedition daselbst verschiedene Zeitübertragungen nach Bluff Harbour auf Neu-Seeland, woselbst die Errichtung einer amerikanischen Beobachtungsstation beabsichtigt war, ausführen und schliesslich die Expedition nach einem australischen Hafen wieder zurückbringen. Diese Expedition sollte von Seiten der Kaiserlichen Marine dadurch eine Unterstützung finden, dass sie von zwei Seeoffizieren begleitet wurde, welche in seemännischen Angelegenheiten Beistand leisten, für alle in nautische Verhältnisse einschlagenden, bei der Ausführung der Expedition sich ergebenden Aufgaben die Leitung und Verantwortung übernehmen, das für die Beförderung dienende Fahrzeug in Australien chartern, für die an Bord zu treffenden Einrichtungen, Verproviantirung u. dgl. Sorge tragen und an den astronomischen Arbeiten selbst Theil nehmen sollten.

Schliesslich wurde noch der in den ostasiatischen Gewässern stationirten Korvette „Arcona" der Auftrag zu Theil, der Expedition nach Tschifu soweit wie möglich Beistand zu leisten, dieselbe wenn nöthig von Shanghai nach dem Ort der Beobachtung zu bringen, die dortigen Arbeiten zu unterstützen und eine Anzahl Chronometer-Reisen zwischen den Beobachtungsstationen Tschifu, Nagasaki und Shanghai zu machen.

Nachdem die Betheiligung der Marine an den astronomischen Expeditionen beschlossene Sache war, nahm die Kaiserliche Admiralität auch sofort darauf Bedacht, die sich darbietende Gelegenheit weiter im Interesse geophysikalischer Forschung nach Möglichkeit auszunutzen und den neu auszurüstenden Expeditionen neben ihrer Betheiligung an den astronomischen Arbeiten noch entsprechende andere Aufgaben zu ertheilen.

Der lange Aufenthalt auf den beiden Inselgruppen, den Kerguelen und Aucklands-Inseln, gestattete die systematische Beobachtung sehr wichtiger Faktoren der Geophysik, welche bei der fast gleichen hohen südlichen geographischen Breite beider Stationen und einem Längenunterschied von ungefähr 6 Stunden um so werthvoller erscheinen musste. Es wurde deshalb auch dafür Sorge getragen, dass an beiden Stationen die Beobachtungen möglichst gleichartig mit denselben Instrumenten und nach derselben Methode ausgeführt wurden. In erster Linie sollte den Zwecken der Meteorologie und Klimatologie eingehende Beachtung gewidmet werden, in zweiter Linie waren magnetische Beobachtungen sowohl an Variations-Apparaten als auch an Instrumenten zu absoluten Messungen auszuführen. Die Lage beider genannten Inselgruppen zu beiden Seiten des Systems der Sammelpunkte der erdmagnetischen Kraft in der Süd-Hemisphäre, und zwar nahezu in gleicher Entfernung von der Axe dieses Systems gab gegründete Hoffnung, dass durch gleichzeitiges Beobachten an beiden Stationen, in Verbindung mit den Ablesungen des magnetischen Observatoriums in Melbourne, werthvolle Resultate in Beziehung auf die Störungen in den erdmagnetischen Elementen erhalten werden würden. Es lag der Einrichtung dieser Stationen derselbe Gedanke zu Grunde, welchem das einige Jahre später inaugurirte internationale Beobachtungs-System in den Polar-Regionen seine Entstehung verdankte, und da auch die Ausstattung an Instrumenten im Wesentlichen nach denselben Principien, welche bei der internationalen Polarforschung zur Anwendung gelangten, erfolgte, so können die beiden Expeditionen in gewissem Sinne als Vorbilder und Vorläufer der Stationen bezw. Expeditionen der internationalen Polarforschung angesehen werden.

Ferner sollte die Länge des Sekunden-Pendels ermittelt werden, was zur Bestimmung der Gestalt der Erde von besonderer Wichtigkeit sein musste, da hierüber auf der südlichen Halbkugel bisher nur sehr spärliche Beobachtungen angestellt waren.

Dem Gezeiten-Phänomen war in gleicher Weise durch Beobachtungen mittelst selbstregistrirender Pegel gebührend Rechnung zu tragen, da man dadurch werthvolle Beiträge zu den Gesetzen über die Fortpflanzung der Fluthwelle in einem auf jener Breite sich um die ganze Erde ausdehnenden Ocean erwarten durfte.

Ausser diesen während des Aufenthaltes auf den Kerguelen an Land auszuführenden Arbeiten sollte aber die „Gazelle" auf ihrer Reise dorthin und nach Lösung ihrer dortigen Aufgabe auf ihrer Weiterreise sich vorzugsweise auf dem Gebiete oceanischer Forschungen bethätigen, im Besonderen durch Messung der Meerestiefen, durch Beobachtung der Wassertemperatur von der Oberfläche bis zum Grunde, des specifischen Gewichtes und des Salzgehaltes des Oceanwassers, der Strömungen an der Oberfläche und in verschiedenen Tiefen, durch Sammlung von Wasserproben behufs späterer genauer Analysirung des Meereswassers, und von Grundproben zur Feststellung der mineralogisch-geologischen sowie chemischen Zusammensetzung des Meeresbodens, sowie durch Studien über die Meeres-Organismen, über Faunen und Floren des Oceans.

Gleichzeitig sollten während der ganzen Reise die meteorologischen und magnetischen Beobachtungen mit besonderer Sorgfalt gepflegt werden, und für die Erweiterung der geographischen Kenntnisse und im Interesse der Schifffahrt, des Weltverkehrs und der Civilisation namentlich solche Gegenden aufgesucht werden, welche wenig bekannt, vielleicht aber zur Erschliessung für die Zwecke der Civilisation geeignet waren, durch Forschungen aller Art, durch Vermessungen und Aufnahmen der Küsten und der umgebenden Gewässer, durch anthropologische und ethnologische Studien und Sammlungen neues Licht über dieselben verbreitet werden, wo sich Gelegenheit bot, Untiefen und Gefahren der Schifffahrt untersucht, neue Seestrassen geprüft und andere hydrographische Arbeiten ausgeführt werden.

Die Ausreise bis zu den Kerguelen musste, um den durch das rechtzeitige-Eintreffen daselbst für die Beobachtung des Venusdurchganges gegebenen Termin innezuhalten, etwas beschleunigt werden, und die oceanographischen Forschungen, sowie der Aufenthalt an den unterwegs anzulaufenden Küsten- plätzen und Inseln auf ein gewisses Maass beschränkt werden. Doch bot diese Fahrt durch den Atlantischen Ocean mit seinen zum guten Theil bereits bekannten Tiefen-, Temperatur- und Strömungs- verhältnissen einestheils die beste Gelegenheit, die nöthige Uebung in den Beobachtungen dieser Art zu gewinnen und die gemachten Messungen zu kontroliren, andererseits die bisherigen Beobachtungen, besonders die der „Challenger", zu vervollständigen.

Die Deutsche Afrikanische Gesellschaft zur Erforschung von Central-Afrika, welche im Mai 1873 eine Expedition nach der Loango-Küste entsendet hatte, die — wie zur Genüge bekannt — gleich vom Beginne an vom Missgeschick verfolgt wurde (Schiffbruch der „Nigretia" am 14. Juni 1873), hatte an Se. Excellenz den Chef der Admiralität die Bitte gerichtet. die Zwecke der Expedition zu erleichtern und zu fördern durch gelegentliche Entsendung eines Kriegsschiffes in jene Gegenden. Um diesem Wunsche zu entsprechen, sollte S. M. S. „Gazelle" auf ihrer Fahrt durch den Südatlantischen Ocean in die Mündung des Kongo einlaufen, um in Banana dahin zu wirken, dass das Ansehen der Expedition und der Station Chinchozo gestärkt werde, und durch Anstellung von Beobachtungen den Untersuchungen der Station eine Basis von erhöhtem Werth zu verleihen.

Während des Aufenthalts der astronomischen Expedition auf den Kerguelen hatte die „Gazelle" Zeit, in der Umgebung der Inseln Tiefseeforschungen anzustellen und bei einem Vorstoss nach Süden eine Reihe interessanter hydrographischer Arbeiten auszuführen, aus welchen werthvolle Aufschlüsse über die Wasserzirkulation und die Physik des Meeres jener hohen Breiten zu erwarten waren.

Das Weitere für die „Gazelle" nach Beendigung ihrer Aufgabe auf den Kerguelen, und nachdem sie die Mitglieder der astronomischen Expedition nach Mauritius gebracht hatte, musste von dem Gelingen oder dem Nichtgelingen der Beobachtung des Venusdurchganges abhängig gemacht werden, da sich hiernach die Aufenthaltsdauer bei der Inselgruppe und die für die Reise noch übrig bleibende Zeit richtete.

Ein vollkommenes Bild über den ganzen Reiseplan und die Aufgaben S. M. S. „Gazelle" gewähren die derselben ertheilten Segelordres und Instruktionen, welche weiter unten gegeben werden, und auf welche wir daher hier verweisen können.

Nachdem durch Seine Majestät den Kaiser unter dem 10. März 1874 die Indienststellung S. M. S. „Gazelle" zu wissenschaftlichen Zwecken genehmigt war, musste es die nächste Sorge der Kaiserlichen Admiralität sein, möglichst umfassende Vorbereitungen für die Expedition zu treffen, damit nach allen Richtungen hin das Bestmöglichste geleistet werden konnte und um dem Schiffe die Lösung der ihm gestellten Aufgabe nach Möglichkeit zu erleichtern. Diese Vorbereitungen hatten sich auf Beschaffung der für die verschiedenen Forschungen nöthigen Instrumente und Apparate, Aufstellung von Instruktionen und Vorbereitung des Personals zu erstrecken.

Von vorn herein bestand die Absicht, in den Plan für die Beobachtungen alles das herein- zuziehen, was nach neueren Gesichtspunkten der Forschung als wünschenswerth und durchführbar erscheinen konnte. Demgemäss war das Bestreben der Kaiserlichen Admiralität darauf gerichtet, Akademien, wissenschaftliche Gesellschaften und einzelne Gelehrte für das Unternehmen zu interessiren und sich deren Unterstützung und Rathes bei der Durchführung desselben zu versichern. Besonders wurde die Königliche Akademie der Wissenschaften in Berlin in dieser Hinsicht angegangen.

Es mag hier erwähnt werden, dass schon im Jahre 1872 Se. Excellenz der Chef der Admiralität, Herr Generallieutenant von Stosch, „Rathschläge"[1]), welche von dem Vorstande der anthropologischen Gesellschaft für anthropologische Untersuchungen verfasst waren, in die Hände der Offiziere und Beamten der Kaiserlichen Marine gelegt hatte mit der Weisung, nach Kräften die Ziele der genannten Gesellschaft während der Reisen Sr. Majestät Schiffe zu unterstützen.

Unter dem 30. April 1874 richtete der Chef der Admiralität ein Schreiben an die Königliche Akademie der Wissenschaften zu Berlin, in welchem dieser Gesellschaft Mittheilung von dem Plane, welcher der Forschungsreise S. M. S. „Gazelle" zu Grunde lag, gemacht wurde, und knüpfte daran die Bitte, ihn mit den Wünschen derselben bekannt zu machen. In Folge dessen wurden die sich an die Expedition S. M. S. „Gazelle" knüpfenden Wünsche der Akademie zusammengestellt und in einer besonderen Broschüre: „Wissenschaftliche Wünsche zur geneigten Berücksichtigung bei Aufstellung der Instruktion für S. M. Korvette „Gazelle", dem Chef der Admiralität, Staatsminister u. s. w., Herrn Generallieutenant von Stosch, Excellenz, auf dessen Aufforderung ehrerbietig mitgetheilt von einigen Mitgliedern der Königlichen Akademie der Wissenschaften zu Berlin; Berlin, Mai 1874." niedergelegt.

Auf die einzelnen Instrumente und wissenschaftlichen Ausrüstungsgegenstände werden wir im nächsten Kapitel zurückkommen.

Ebenso werden in dem demnächst folgenden Abschnitt die den Plan und die Aufgabe der Expedition enthaltenden Segelordres und Hauptinstruktionen ihren Platz finden.

Behufs Vorbereitung der für die Reise an Bord S. M. S. „Gazelle" und zu der Ausführung der wissenschaftlichen Arbeiten designirten Offiziere hatte Se. Excellenz der Chef der Admiralität dieselben zusammen mit den beiden für die Expedition nach den Aucklands-Inseln in Aussicht genommenen Offizieren, Kapitänlieutenant Becks und Unterlieutenant zur See Siegel, nach Berlin gerufen, um denselben daselbst Gelegenheit zu bieten, sich mit den Instrumenten und deren Gebrauch, sowie mit den auf den einzelnen Gebieten zu lösenden Aufgaben und der Art und Methode der Ausführung vertraut zu machen. In den Räumlichkeiten der Admiralität waren Einrichtungen getroffen, die verschiedenen Instrumente aufzustellen, Untersuchungen und Beobachtungen mit denselben auszuführen.

Um auch ein Ueben im Beobachten und im Aufnehmen im Felde zu ermöglichen, wurden Ausflüge in die Umgegend von Berlin unternommen, magnetische Beobachtungen, Triangulationen unter Benutzung der Heliotrope, barometrische Höhenmessungen u. s. w. vorgenommen.

Die Uebungen wurden durch den Hydrographen der Admiralität, Herrn Dr. Neumayer, geleitet, dem ebenfalls die Aufgabe zufiel, durch Vorträge die Ziele der Expedition und die während derselben auszuführenden Arbeiten den Offizieren darzulegen. Während die für die „Gazelle" bestimmten Offiziere sich bereits Anfang Juni einschiffen mussten, konnten die beiden Herren der Aucklands-Expedition ihre vorbereitenden Arbeiten noch bis in die ersten Tage des Monats Juli fortsetzen, um sich alsdann direkt von Berlin über Brindisi, Suez nach Melbourne, und von dort an den Ort ihrer Bestimmung zu begeben. —

---

[1]) Rathschläge für anthropologische Untersuchungen auf Expeditionen der Marine. Auf Veranlassung des Chefs der Kaiserlich Deutschen Admiralität ausgearbeitet von der Berliner Gesellschaft für Anthropologie, Ethnologie und Urgeschichte. Berlin 1872.

Kapitel II.

Indienststellung und Ausrüstung S. M. S. „Gazelle“.

Indienststellung. Schiffsbeschreibung. Einrichtungen für die Expedition. Schiffsbesatzung. Der Schiffsstab und seine Betheiligung an den Beobachtungen. Personal der Venus-Expedition. Die wissenschaftlichen Instrumente und ihr Gebrauch. Tiefseelothungen; gewöhnliche Lothe; Loth mit Kammer; Tiefloth von BAILLIE; das HYDRA-Loth; Lothleinen; Akkumulator; das Lothen. Wassertemperatur-Bestimmungen; Tiefseethermometer von MILLER-CASELLA; Tiefseethermometer von NEGRETTI-ZAMBRA. Wasserschöpfapparate; Apparat von MEYER. Bestimmung des specifischen Gewichts des Seewassers. Bestimmung der Durchsichtigkeit des Wassers. Strommessungen. Wasserstands-Beobachtungen. Schleppgeräthe. Meteorologische Beobachtungen; das Deviations-Magnetometer. Astronomische und geodätische Arbeiten.

In Gemässheit der Allerhöchsten Kabinets-Ordre wurde S. M. S. „Gazelle“ am 2. Juni 1874 mit Flaggenparade Morgens um 8 Uhr unter Kommando des Kapitän zur See Freiherrn von SCHLEINITZ an der Kaiserlichen Werft zu Kiel in Dienst gestellt, und sofort mit aller Energie an die Auftakelung, Instandsetzung und Ausrüstung des Schiffes geschritten. S. M. S. „Gazelle“, wenn auch keins der allerneuesten Schiffe der Kaiserlichen Marine, war doch nach Raum und Grösse, nach den Einrichtungen und Seeeigenschaften, für die Zwecke der Expedition eines der besten und geeignetsten Fahrzeuge. Ganz aus Holz erbaut, gehörte sie zu der Klasse der „Gedeckten Korvetten“, jetzt Kreuzerfregatten benannt, und bot als solche in ihrem unter dem Oberdeck gelegenen, für die Aufstellung der Geschütze bestimmten Deck, der Batterie, einen geräumigen, luftigen und hellen, gegen Sonne und Regen gleich geschützten, zu wissenschaftlichen Arbeiten, zur Einrichtung von Arbeits- und Wohnräumen geeigneten Platz.

Am 3. Dezember 1855 in Danzig auf Stapel gesetzt, wurde ihr Bau innerhalb vier Jahre so weit vollendet, dass sie am 19. Dezember 1859 dem Wasser übergeben werden konnte, um nach Fertigstellung der inneren Einrichtung am 24. Juni 1861 zum ersten Mal in Dienst gestellt zu werden und im nächsten Jahre, 1862, die erste Reise ausserhalb der Ostsee, bis in den englischen Kanal, zu unternehmen. Es folgten bald längere und weitere Reisen, auf welchen sie unter der preussischen, norddeutschen und deutschen Flagge der Marine und dem Staate wesentliche Dienste leisten sollte; besonders hervorzuheben sind an längeren Fahrten die Reise nach Ostasien 1863—1865, nach dem Mittelmeer 1866—1867 und nach Westindien 1871—1873.

Bei 58,22 Meter Länge, 12,79 Meter Breite und 6,59 Meter Tiefe im Raume, einem Tiefgang von 5,26 Meter vorn, 5,75 Meter hinten, betrug der Tonnengehalt des Schiffes 2015 Tonnen; eine Maschine von 1300 indizirten Pferdestärken und mit gewöhnlicher zweiflügeliger Schraube konnte demselben eine Geschwindigkeit von 9—10 Seemeilen per Stunde ertheilen, während unter Segel und Dampf, sowie unter Segel allein eine viel grössere Fahrt bis zu $13^{1}/_{2}$ Seemeilen erreicht wurde. Bei raumer frischer Marssegelkühlte (Windstärke 6 nach der BEAUFORT-Skala) lief die „Gazelle“ mit einer Geschwindigkeit von 11 bis $12^{1}/_{2}$ Knoten (per Sekunde, oder ebenso viel Seemeilen per Stunde), bei Windstärke 7 bis 8 unter Segelpress 13,3 Knoten. Auch bei dem Winde, und dies ist für grössere überseeische Expeditionen eine sehr wichtige Eigenschaft, segelte das Schiff gut, nämlich auf 5 bis $5^{1}/_{2}$ Strich beim Winde mit einer Fahrt bis zu 8,5 Knoten.

Die Takelage (vollgetakelt) und die sonstigen Einrichtungen des Schiffes entsprechen den für jene Schiffsklasse allgemein gebräuchlichen und bedürfen daher keiner weiteren Besprechung.

Um Platz zu schaffen für die Unterbringung der Venus-Expedition mit ihrem ganzen umfangreichen Apparate, an Beobachtungs-Instrumenten nicht sowohl, als auch an Material für die auf den

Kerguelen zu errichtenden Wohn- und Beobachtungsräume, sowie für die zu den übrigen Aufgaben des Schiffes nöthigen Instrumente, für die wissenschaftlichen Arbeiten selbst und die Sammlungen, und endlich, um bei den voraussichtlich langen Seetouren ohne Anlaufen von bewohnten oder solchen Orten, wo eine Ergänzung der Schiffsausrüstung möglich war, für Proviant und andere Ausrüstungsgegenstände Raum zu gewinnen, wurde die Armirung des Schiffes um die Hälfte, die Besatzung um 50 Köpfe reduzirt und für die ebengenannten Zwecke besondere Einrichtungen getroffen. An Geschützen wurden dem Schiffe belassen eine 15 cm Marine-Ring-Kanone auf der Back und acht 15 cm Marine-Mantel-Kanonen in der Batterie. Dafür wurden in letzterem Deck ein grosser Arbeits- und Essraum, fünf Wohn- und Schlafkammern und zwei Kammern zur Aufbewahrung der astronomischen Instrumente hergerichtet.

Während die etatsmässige Besatzung 390 Köpfe einschl. der Offiziere betrug, wurden jetzt nur 338 an Bord kommandirt.

Der Stab des Schiffes bestand aus:

Kapitän zur See (jetzt Vizeadmiral a. D.) Freiherr von Schleinitz als Kommandant.

Kapitänlieutenant (jetzt Kapitän zur See) Dietert als erster Offizier.

Kapitänlieutenant Jeschke (gestorben am 2. August 1879 an Bord S. M. Kr. „Nautilus" im Rothen Meere) als Navigationsoffizier.

Kapitänlieutenant (jetzt Kapitän zur See) Bendemann.

Lieutenant zur See (jetzt Kapitän zur See) Strauch.

Lieutenant zur See (jetzt Korvettenkapitän) Rittmeyer.

Unterlieutenant zur See (jetzt Korvettenkapitän) von Ahlefeld.

Unterlieutenant zur See (jetzt Kapitänlieutenant) Wachenhusen.

Unterlieutenant zur See (jetzt Kapitänlieutenant) Credner.

Unterlieutenant zur See (jetzt Kapitänlieutenant) Breusing.

Unterlieutenant zur See (jetzt Lieutenant zur See a. D.) von Seelhorst.

Unterlieutenant zur See (jetzt Kapitänlieutenant) Zeye.

Marine-Stabsarzt Dr. Naumann.

Marine-Assistenzarzt (jetzt Stabsarzt) Dr. Huesker.

Marine-Unterzahlmeister Lindenberg.

Da die Zeit für die Ausrüstung und Vorbereitung ausserordentlich knapp bemessen war, und von den einzelnen Mitgliedern nicht erwartet werden konnte, dass sie sich in allen Branchen der Wissenschaft für die Zwecke der Expedition vorbereiteten, so wurde von vorn herein darauf Bedacht genommen, Gruppen zu bilden, welchen die Beobachtung und Bearbeitung in den einzelnen Gebieten zufiel. So waren Herrn Kapitänlieutenant Dietert, Herrn Lieutenant zur See Rittmeyer und Herrn Unterlieutenant zur See von Seelhorst: die atmosphärischen, d. h. die meteorologischen und astronomisch-physikalischen (Zodiakal-Licht, Nord- und Südlicht, Meteore u. s. w.) übertragen; den Herren Kapitänlieutenant Jeschke, Unterlieutenants zur See Breusing und Zeye: die auf Navigation Bezug habenden Arbeiten, als Vermessungen, Lothungen (ausser Tiefseelothungen), Küstenaufnahmen, Landvertonungen, Segelanweisungen, sowie die astronomischen und magnetischen Beobachtungen; Herrn Kapitänlieutenant Bendemann und Herrn Unterlieutenant Wachenhusen: die oceanographischen Messungen, wie Tiefsee-lothungen, Meerestemperaturen, specifisches Gewicht und Zusammensetzung des Seewassers, Strom und Gezeiten; den Herren Lieutenant zur See Strauch, Unterlieutenants zur See von Ahlefeld und Credner: Geographie, barometrische Höhenmessung und Pendelbeobachtungen. Herr Kapitänlieutenant

2*

Strauch übernahm ausserdem vorzugsweise die ethnologischen Forschungen, Herr Marine-Stabsarzt Dr. Naumann die botanischen, Herr Marine-Assistenzarzt Dr. Huesker die geologischen und anthropologischen.

Ausser den genannten Herren betheiligte sich an den wissenschaftlichen, und zwar den zoologischen Arbeiten während der ganzen Reise noch Herr Dr. Studer, Konservator am zoologischen Museum der Universität Bern (jetzt daselbst Professor). Derselbe, ursprünglich nicht mit dieser Absicht an Bord gekommen, sondern um als Mitglied der Venus-Expedition nur an der dieser gestellten Aufgabe Theil zu nehmen, hatte von Anfang an auf der Ausreise nach den Kerguelen sich mit grosser Sachkenntniss an den zoologischen Forschungen in so anerkennenswerther Weise bethätigt und denselben so wesentliche Dienste geleistet, dass ein ferneres Verbleiben desselben an Bord und eine Fortsetzung seiner erfolgreichen Thätigkeit als von besonderem Werth für die Wissenschaft erscheinen musste; nachdem derselbe sich dazu bereit erklärt hatte, wurde deshalb ein darauf bezüglicher Antrag von dem Schiffskommando gestellt, der auch an höherer Stelle Genehmigung fand.

Im Uebrigen setzte sich das Personal der Expedition zur Beobachtung des Venusdurchganges auf der Kerguelen-Insel zusammen aus dem Vorstand des Kaiserlichen Marine-Observatoriums zu Wilhelmshaven Dr. C. Börgen, welcher als geschäftsführender Leiter der Expedition fungirte, dem Astronomen L. Weinek aus Ofen, dem Astronomen Dr. A. Wittstein aus München, dem Kammer-Photographen H. Bobzin aus Schwerin und dem Mechaniker C. Krille aus Schwerin.

Die Funktionen und auszuführenden Arbeiten der einzelnen Mitglieder waren durch einen Exekutiv-Ausschuss der Kommission für die Beobachtung des Venusdurchganges festgesetzt. Um dieselben zu verabschieden und ihnen die letzten Weisungen zu ertheilen, versammelten sich in den Tagen des 17., 18. und 19. Juni in Kiel die Mitglieder der Kommission. Am 18. Juni, drei Tage vor der Abfahrt S. M. S. „Gazelle", erfolgte die Einschiffung der Herren.

Die wissenschaftlichen Instrumente und ihr Gebrauch.

Den vielseitigen wissenschaftlichen Aufgaben S. M. S. „Gazelle" entsprechend musste auch die über den gewöhnlichen Schiffsetat mitzugebende Ausrüstung an Instrumenten und Apparaten eine umfangreiche sein. Im Nachstehenden sollen dieselben nach den Beobachtungszweigen gruppirt behandelt werden, um mit einer kurzen Beschreibung der in erster Reihe zur Verwendung gekommenen und weniger bekannten Instrumente gleichzeitig eine Uebersicht über die verschiedenartigen in Frage kommenden Beobachtungen und über die Art ihrer Ausführung an Bord zu verbinden.

1. Die Tiefseelothungen.

Für den gewöhnlichen Schiffsgebrauch werden zum Lothen auf flacherem Wasser langgestreckte kegelförmige Bleigewichte verwendet. Dieselben besitzen am Boden eine Höhlung, welche beim Lothen mit Talg ausgefüllt wird, an welches sich Theile des Meeresbodens festsetzen sollen, um beim Aufheben des Lothes an die Oberfläche befördert zu werden. Solche Lothe sind in der Kaiserlichen Marine bis zum Gewicht von 30 Kilogramm in Gebrauch, mit Leinen bis zu 500 Meter Länge, was für alle praktischen Zwecke der Navigirung ausreicht.

Die hier zur Anwendung gelangte Art, Grundproben zu bekommen, ist bei grösseren Tiefen nicht mehr verwendbar, weil die am Talg haftende Probe beim Aufheben zum grossen Theil wieder abgewaschen wird. Die so erhaltenen Proben sind ferner zur wissenschaftlichen Verwerthung nicht geeignet, weil sie durch Fetttheile verunreinigt sind. Es erhielten daher die für die Tiefseeforschung

Baillie's Tiefloth.

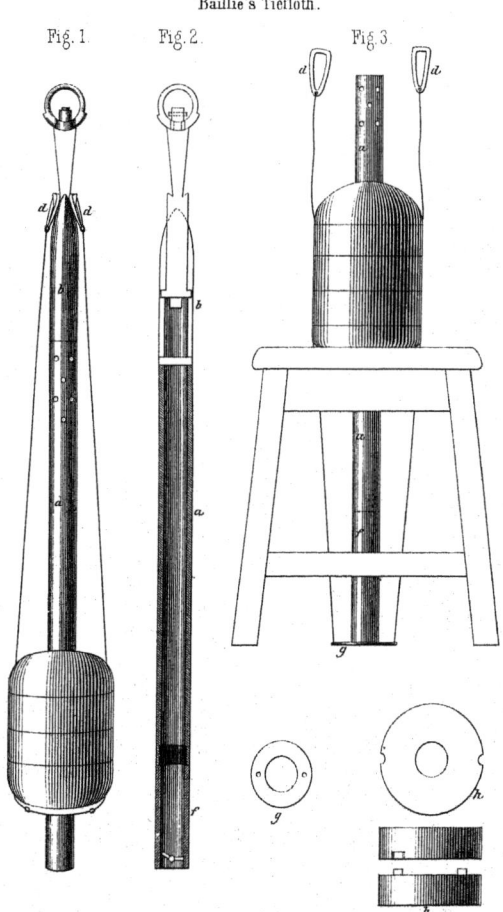

bestimmten Lothe eine besondere Kammer mit Ventil. S. M. S. „Gazelle" hatte solcher **Bleilothe mit Kammer** 4 Stück in folgender Konstruktion. In das Bleiloth von gewöhnlicher Form ist eine Eisenstange eingeschlossen, an welche unten eine Kammer zur Aufnahme der Grundprobe angeschraubt ist (Fig. 1). Die Kammer besteht aus einem etwa 8 Centimeter langen eisernen Hohlcylinder, dessen untere Oeffnung durch ein Doppelflügelventil (Schmetterlingsventil) a geschlossen wird, während oben unter dem Schraubengewinde sich mehrere Löcher befinden. Beim Niedersinken des Lothes hält der Wasserdruck das Ventil offen, beim Berühren des Grundes dringt das Rohr in denselben ein, und die Kammer füllt sich mit Bodenbestandtheilen, während das Wasser durch die oberen Löcher Abfluss findet. Beim Aufholen wirkt der Wasserdruck von oben, das Ventil wird geschlossen gehalten und die auf demselben ruhende Grundprobe mit heraufbefördert.

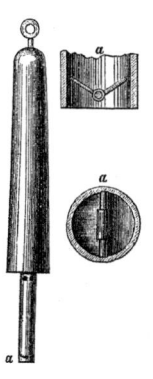

Figur 1.

S. M. S. „Gazelle" verwendete diese Lothe, welche ein Gewicht von ca. 45 Kilogramm besassen, bis zu Tiefen von 2000 Meter.

Ein ferneres Bedürfniss, welches sich für das Lothen in grösseren Tiefen sehr bald einstellte, war die Detachirung des Lothgewichtes von der Leine, nachdem das Loth den Grund berührt hatte, um hierdurch Zeit und Arbeit beim Aufholen zu ersparen.

In Folge dessen entstand eine ganze Reihe diesen Zweck verfolgender Konstruktionen.

S. M. S. „Gazelle" wurde mit den beiden bisher zu den Tiefseelothungen gebräuchlichsten Lothapparaten ausgerüstet, dem BAILLIE-Loth und dem HYDRA-Loth, und wurden von der ersteren Art drei, von der letzteren ein Lothapparat an Bord gegeben. Das HYDRA-Loth kam jedoch nur bei den ersten Lothungen zur Verwendung, und da es hierbei mangelhaft funktionirte, so wurden alle weiteren Messungen grosser Tiefen mit dem BAILLIE-Apparat ausgeführt. Der Lothapparat sowohl wie die Tiefseethermometer wurden durchweg aus England bezogen, da in Deutschland hierfür noch keine Erfahrungen vorlagen. Durch die gütige Vermittelung des Hydrographischen Amtes zu London wurde das gesammte Lothgeschirr von der Königlichen Werft zu Chatham der „Gazelle" bei ihrer Anwesenheit in Plymouth zugestellt.

Das Tiefloth von Baillie besteht aus dem Lothcylinder, den Lothgewichten und ihrer Aufhängevorrichtung. An den Lothcylinder a (Tafel 1), eine eiserne Röhre von 0,65 Centimeter Durchmesser und 1,2 Meter Länge, ist am oberen Ende eine messingener Hohlkegel b aufgeschraubt, in welchem eine viereckige Eisenstange auf- und abgleitet. Dieselbe ist mit zwei aus einem Schlitze des Hohlkegels heraustretenden, einander gegenüberstehenden Nasen zur Aufnahme der Oesen der Drahtschlinge d und am oberen Ende mit einem drehbaren Ringe zur Befestigung der Lothleine versehen. Im unteren abschraubbaren Theile f der eisernen Röhre sitzt ein Doppelflügelventil, welches sich beim Sinken des Lothes nach oben öffnet; dem eindringenden Wasser gestatten im oberen Theil der Röhre angebrachte Löcher den Austritt. Beim Aufstossen des Lothes auf den Grund sollen Bodenbestandtheile durch das geöffnete Ventil in die Röhre eindringen und in derselben durch das sich beim Aufholen des Lothes schliessende Ventil in derselben festgehalten werden.

Die Lothgewichte bestehen aus gusseisernen, etwa 38 Kilogramm schweren cylindrischen bezw. kalottenförmigen Körpern; dieselben sind in der Mitte durchbohrt, um den Lothcylinder hindurchzustecken, und haben an zwei diametral gegenüberliegenden Stellen des Randes Vertiefungen zum Hineinlegen der zum Festhalten der Gewichte bestimmten Drahtschlinge.

Je nach der Wassertiefe, welche man bei der Lothung vermuthet, werden zwei oder mehrere dieser Gewichte übereinander gelegt; zu oberst und zu unterst legt man zur Verringerung des Wasserwiderstandes Gewichte von kalottenähnlicher Form, während für die dazwischen liegenden solche von cylindrischer Form gewählt werden.

Die Drahtschlinge ist unten an einem Metallringe befestigt und hat an den oberen Enden zwei Oesen zum Ueberstreifen über die oben erwähnten Nasen der Eisenstange. Soll mit dem Apparat gelothet werden, so wird der Ring mit den beiden Drähten auf eine Art runden Holzschemels (Tafel 1, Fig. 3) über ein in der Mitte desselben befindliches Loch zur Aufnahme des Lothcylinders gelegt. Auf den Ring wird die erforderliche Anzahl von Gewichten so übereinander geschichtet, dass ihre Einschnitte sich über den beiden Drähten befinden. Hierauf wird der Lothcylinder durch die Oeffnungen der Gewichte, des Ringes der Drahtschlinge und des Schemels gesteckt und die durch einen Block geschorene Lothleine in dem drehbaren Ringe am Kopfe des Lothes befestigt. Indem man sodann die Oesen der Drahtschlinge an den oberen Einschnitt des messingenen Hohlkegels hält, lässt man die Lothleine langsam steif holen. Hierdurch wird die Eisenstange aus dem Hohlkegel herausgezogen, ihre Nasen treten in die Oesen der Drahtschlinge ein und tragen letztere mit den Gewichten.

Wenn das Loth auf den Grund stösst, kommt die Leine lose, und die Eisenstange gleitet vermöge der an ihr hängenden Gewichte in den messingenen Hohlkegel, die Oesen werden von den Nasen abgestreift und das Loth von seiner Belastung befreit. Gewichte und Drahtschlinge bleiben beim Aufholen des Lothes auf dem Meeresgrunde liegen, und nur der leichte Lothcylinder mit der Grundprobe wird an die Oberfläche befördert. Die Grundprobe wird nach Abschrauben des unteren Theiles des Lothcylinders herausgenommen.

Das **Hydra-Loth** (an Bord des britischen Schiffes „Hydra" konstruirt) ist dem Baillie-Loth sehr ähnlich. Es besteht aus einem messingenen Hohlcylinder, welcher unten durch ein sich nach oben öffnendes Schmetterlingsventil geschlossen wird, und in dessen Innerem sich noch drei in derselben Richtung sich öffnende, aber nicht ganz dicht abschliessende Kegelventile befinden. In einer Stopfbuchse am oberen Ende des Cylinders gleitet eine massive Stange, an welcher oben mittelst eines daran sitzenden Ringes die Lothleine befestigt wird. An dem oberen Theile dieser Stange befindet sich ferner ein Zapfen, über welchen mit einem Schlitz eine ebenfalls an der Stange befestigte starke Feder aus Stahl greift. Im freien Zustande dehnt die Feder sich bis an das Ende des Zapfens aus. Die Lothgewichte sind wie beim Baillie-Loth und werden wie bei diesem über den Lothcylinder gestreift und durch einen untergelegten, ebenfalls über den Cylinder gestreiften Ring mit Draht festgehalten; der letztere wird mit seiner oberen Bucht über den Zapfen an der massiven Stange gestreift, nachdem die auf demselben sitzende Feder zusammengedrückt und einen Theil desselben freigelassen hat. Nachdem die Lothleine steif geholt und das Loth hängt, verhindern die die Drahtschlinge spannenden Lothgewichte ein Wiederausdehnen der Feder und halten sie in ihrer zusammengedrückten, nunmehr gespannten Lage. Während des Fallens wird die massive Stange durch die oben befestigte Lothleine nach oben gehalten, das von unten in den Lothcylinder eindringende Wasser findet oben durch ein hier angebrachtes Loch Abfluss; beim Berühren des Grundes gleitet die Stange mit den daran hängenden Gewichten, wenn die Leine lose bekommt, nach unten; sobald die Gewichte den Boden erreichen, hört die Kraftäusserung derselben auf die gespannte Feder auf, dieselbe dehnt sich wieder aus und streift die Drahtschlinge von dem Zapfen ab, auf diese Weise die Gewichte vom Lothe detachirend.

Eine Bodenprobe gelangt durch das untere Ventil in die untere Abtheilung des Cylinders, während das Wasser nach oben entweicht. Da durch die sich nahezu schliessenden Kegelventile ein Ausweichen des Wassers beim Abwärtsbewegen der massiven Stange erschwert wird, so tritt hierdurch eine gewisse Hemmung ein, das Abwärtsgleiten der Stange wird verlangsamt und dadurch dem unten über die Gewichte hervorragenden Theil des Lothcylinders mit dem Schmetterlingsventil Gelegenheit gegeben, noch unter der Belastung der Gewichte in den Boden einzudringen.

Die von der englischen Werft in einer Länge von 10 000 englischen Faden gelieferten **Lothleinen** waren aus italienischem Hanf, dreischäftig, Kabelschlag, aus 27 Garnen geschlagen. Ihr Umfang betrug 1 Zoll engl. (25,4 Millimeter), die Bruchbelastung trocken 792, nass 702 Kilogramm. Diese Leinen wurden ausschliesslich während der ganzen Reise zu den Tiefseelothungen benutzt, ohne dass jemals ein Brechen vorgekommen wäre. In drei Fällen brachte die Leine 125 Kilogramm Lothgewicht aus Tiefen von über 4500 Meter wieder mit an die Oberfläche, als die Schlippvorrichtung des Lothes bei der Grundberührung nicht funktionirt hatte. Die Leinen kamen in Längen von 1000 Faden auf kleine Trommeln gerollt an Bord und waren in Längen von 125 Faden mit doppelten Kurzsplissungen (cut-splice) an einander gesplisst. An Bord wurde eine Trommel für 4000 Faden angefertigt und die Leine auf dieser fertig zum Gebrauch gehalten. Anfänglich war beabsichtigt, die Leine in Metermaass zu marken, um die Tiefen in dem in der Kaiserlichen Marine vorgeschriebenen Maasse anzugeben; jedoch wurde hiervon Abstand genommen und das englische Fadenmaass, nach welchem die Tiefen in den meisten existirenden Seekarten angegeben sind, beibehalten. Die Leine wurde demgemäss von 25 zu 25 Faden gemarkt. Als Marken für je 100 Faden wurden Segeltuchstreifen, die etwas aus der Leine hervorstanden und eine mit Oelfarbe aufgetragene fortlaufende Nummer zeigten, zweckentsprechend gefunden. Die 25 und 75 Faden-Marken wurden durch blaues, die 50 Faden-Marken durch rothes, ganz unter die Kardeele gesteckts Flaggentuch bezeichnet.

Alle Tiefseelothungen wurden von der Grossraa aus vorgenommen, unter welcher ein 23 cm-Patentblock zur Aufnahme der Lothleine aufgehängt war. Zwischen Raa und Block war noch ein wichtiges Zwischenglied, der **Akkumulator**, eingeschaltet. Derselbe hatte die Bestimmung, die durch die kurzen Bewegungen des Schiffes, welche beim Stillliegen in offener See unvermeidlich sind, auf die Leine ausgeübten ruckweisen Stösse und Spannungen möglichst abzuschwächen und unschädlich zu machen. Ein solcher Akkumulator besteht aus einer Anzahl — auf der „Gazelle" 20 — doppelter Kautschukbänder, welche zwischen zwei Holzscheiben eingeschaltet sind (Fig. 2). In unbelastetem Zustande war ein jedes dieser Bänderpaare 1 Meter

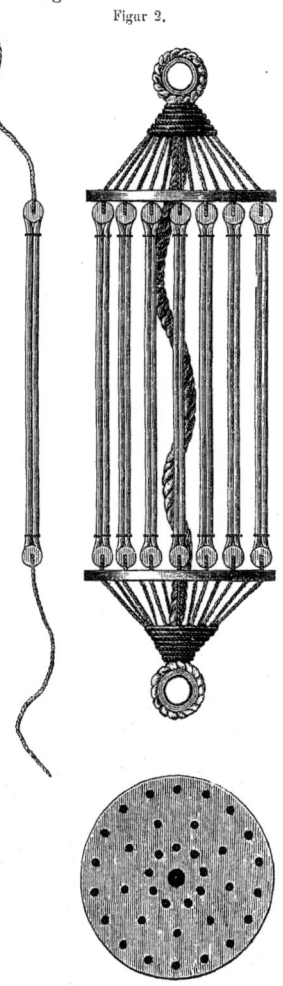

Figur 2.

lang, bei einer Belastung mit 35 Kilogramm wurde eine Streckung von 3,1 Meter beobachtet. Da nun die Bruchbelastung der Lothleine 700 Kilogramm betrug, so durfte die Streckung des Akkumulators, wenn die Leine nicht über ihre Kraft angestrengt werden sollte, nie mehr als etwa 3 Meter betragen. Demgemäss war innerhalb der Gummibänder ein starkes Tau von 3 Meter Länge zwischen beiden Holzscheiben des Akkumulators eingeschaltet. Sobald dasselbe angespannt war, konnte dies als ein Zeichen gelten, dass die Spannung der Lothleine einen zulässigen Grad überstieg.

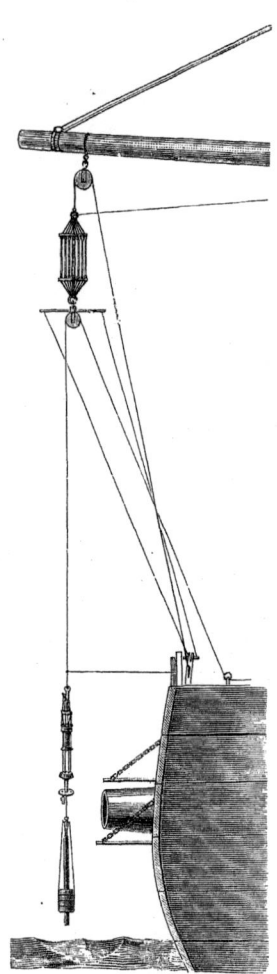

Figur 3.

Unter dem Akkumulator wurde eine kleine Raa mit Brassen angebracht, um den Lothblock stets in der richtigen Lage zu halten. Schliesslich erhielt die Lothleine noch einen Beiholer nach der Reeling, wie aus der Zeichnung Fig. 3 ersichtlich ist. Die so geschorene Lothleine wurde dann an dem Ring des Lothcylinders festgesteckt und die Belastung durch die eisernen Lothgewichte so gewählt, dass für je 1000 Faden der zu erwartenden Wassertiefe 50 Kilogramm Gewicht vorgesehen wurde. Ueber dem Loth befand sich in der Regel ein — später zu beschreibender — Wasserschöpfapparat und über diesem zwei Tiefseethermometer an der Leine. Fig. 3 zeigt das Loth mit Zubehör klar zum Fallen im Akkumulator hängend. Anfangs wurde das Loth etwa 100 Meter mittelst der Lothleinewelle hinabgefiert und fiel dann frei in die Tiefe.

Während des Fallens wird nach Sekunden genau die Zeit notirt, in welcher je 100 Faden auslaufen, d. h. die betreffenden Marken in das Wasser tauchen. Die Auslaufgeschwindigkeit der Leine verlangsamt sich allmählich mit zunehmender Tiefe, bis ein plötzlicher Sprung die Grundberührung anzeigt. Bei genügender Aufmerksamkeit und Uebung lässt sich auch an der plötzlich sich ändernden Rotationsgeschwindigkeit der Lothwelle dieser Moment erkennen. Während der ganzen Dauer der Lothung muss das Schiff so unter Dampf gehalten werden, dass die Leine auf und nieder zeigt.

War die Grundberührung konstatirt, so wurden in der Regel vor dem Wiederaufwinden der Leine Strommessungen vom Boote aus vorgenommen. Man liess das Schiff durch Wind und Strom von der Leine abtreiben und machte das Boot an der Leine fest. Nach Beendigung dieser Messungen nahm das Schiff dann seine Position vertikal über dem Loth wieder ein, und das Einhieven begann. Zuweilen zeigte sich dabei an der starken Streckung der Akkumulatoren, dass die Gewichte sich nicht abgestreift hatten. Die etwas eingewundene Leine wurde dann noch einmal laufen gelassen, wobei in der Regel die Auslösung erfolgte.

Das Aufwinden der Leine wurde mit Hülfe einer kleinen eincylindrischen doppeltwirkenden Dampfmaschine bewerkstelligt, welche auf dem Oberdeck vor dem Schornsteinmantel aufgestellt war. Dieselbe entwickelte bei 200 Umdrehungen und 0,7 Atmosphären Druck etwa 4,2 indicirte Pferdekräfte, welche Kraftleistung durch Zahnradübertragung auf das 5,8- und 9,2 fache erhöht werden konnte, erwies sich jedoch für die Schleppleinen, welche ebenfalls durch dieselbe bedient wurden, zu schwach.

Im Folgenden führen wir ein Beispiel einer an Bord der „Gazelle" ausgeführten vollständigen Lothung sowie der übrigen gleichzeitig angestellten oceanischen Messungen nach den Aufzeichnungen im Lothungsjournal der „Gazelle" an, aus welchem die Auslaufzeiten der Leine zu ersehen sind.

Datum: 11. Januar 1876.

No. 138.		Breite: 36° 21,4' Süd.
Zeit:	1ʰ 50ᵐ — 5ʰ 50ᵐ p. m.	Länge: 153° 8' West.
Wind:	OzS — OzN.	Barometer: 764,7 mm.
Stärke:	4—5.	Temperatur der Luft: 19,3° C.
Wetter:	Klar und schön.	„ „ Meeresoberfläche: 18,6° C.
Seegang:	Dünung aus Ost.	Tiefe: 2965 Faden.
Lothleine:	No. 1, englisch.	Grund: Brauner Thonschlamm.
Gewicht:	125 kg = 5 Stück.	Oberflächenstrom: SW¹/₂S p. C. 1,07 Sm. p. h.; Var. 11° Ost.
Maschine:	Unter Dampf.	Werth der Lothung: Die Leine stand nicht ganz senkrecht, als das Loth Grund hatte.

Faden	Zeit	Intervall	2. Differenz	Vom Fallenlassen	Thermometer Num. M. Casella	Temper.		Bemerkungen
		m s	h m s			(° F.)	° C.	
„Lass fallen"	1ʰ 54ᵐ 25ˢ				19709	¹⁾ {(57,7)	14,28	Aräometer:
						{(58,0)	14,44	Oberfläche.
100	55 1	36	+	36	21158	²⁾ {(51,2)	10,67	Spec. Gew.: 1,02660 Therm.: 18,5°
200	45	44	8	1 20	21162	{(51,8)	11,00	+ 20
300	56 37	52	8	2 12	19713	(47,5)	8,61	Verb. Spec. Gew.: 1,02680 Salzgehalt: 3,51 °/₀
400	57 39	1 2	10	3 14	—	(44,2)	6,78	50 Faden.
500	58 45	1 6	4	4 20	21161	(41,6)	5,33	Spec. Gew.: 1,02690 Therm.: 17,4°
600	59 57	1 12	6	5 32	—	—	—	— 02
700	2ʰ 1ᵐ 12ˢ	1 15	3	6 47	18488	(40,3)	4,61	Verb. Spec. Gew.: 1,02688 Salzgehalt: 3,52 °/₀
800	2 31	1 19	4	8 6	—	—	—	100 Faden.
900	3 58	1 27	8	9 33	19052	(38,5)	3,61	Spec. Gew.: 1,02695 Therm.: 16,8°
1000	5 22	1 24	3	10 57	—	—	—	— 14
100	6 55	1 33	+ 9	12 30	—	—	—	Verb. Spec. Gew.: 1,02681 Salzgehalt: 3,51 °/₀
200	8 32	1 37	4	14 7	21164	(35,7)	2,06	Grund.
300	10 16	1 44	7	15 51	—	—	—	Spec. Gew.: 1,02710
400	12 11	1 55	11	17 46	—	—	—	— 40
500	14 3	1 52	— 3	19 38	—	—	—	Verb. Spec. Gew.: 1,02670 Salzgehalt: 3,50 °/₀
600	15 53	1 50	2	21 28	—	—	—	Wasserproben aufbewahrt.
700	17 46	1 53	+ 3	23 21	—	—	—	Flasche 71 Oberfläche.
800	19 42	1 56	3	25 17	—	—	—	„ 72 100 Faden.
900	21 42	2 0	4	27 17	—	—	—	„ 73 Grund.
2000	23 40	1 58	— 2	29 15	—	—	—	Meeresfärbung:
100	25 42	2 2	+ 4	31 17	—	—	—	Blau, leicht entfärbt.
200	27 44	2 2	0	33 19	—	—	—	Durchsichtigkeit:
300	29 46	2 2	0	35 21	—	—	—	340 ☐cm weisse Fläche: 18 Faden.
400	31 51	2 5	+ 3	37 26	—	—	—	Strombestimmung: Oberfläche.
500	33 52	2 1	— 4	39 27	—	—	—	Loggschiff gepeilt vom verankerten Boote aus:
600	35 53	2 1	0	41 28	—	—	—	SW¹/₂S p. C., in ¹/₂ Minute 16,5 m aus.
700	37 53	2 0	1	43 28	—	—	—	50 Faden. Loggschiff gepeilt von der Boje des
800	39 49	1 56	4	45 24	—	—	—	Strommessers WSW p. C., in 1 Min. 15 m aus;
900	41 43	1 54	2	47 18	21164	(33,8)	1,00	demnach Strom: SzW¹/₂W p.C. 0,67 Sm. p. h.
					19052	(34,1)	1,17	100 Faden. Loggschiff gepeilt von der Boje des
3000	44 6	2 23	+ 29	—	—	—	—	Strommessers WSW p. C., in ¹/₂ Min. 11,5 m
100	—	—	—	—	—	—	—	aus; demnach Strom: Süd p. C. 0,54 Sm. p. h.³⁾
200	—	—	—	—	—	—	—	Greiner'sche Thermometer No. 2 am Loth an-
300	—	—	—	—	—	—	—	gebunden, kam zerdrückt an die Oberfläche.
400	—	—	—	—	—	—	—	
500	—	—	—	—	—	—	—	

¹⁾ In 50 Faden.
²⁾ In 100 Faden.
³⁾ Die Berechnung folgt Seite 24.

2. Wassertemperatur-Bestimmungen.

Die Bestimmung der Temperatur des Oberflächenwassers ist einfach und wird mit gewöhnlichen Thermometern ausgeführt, welche man entweder direkt in das Wasser hinablässt, oder man schöpft Wasser von der Oberfläche und taucht in dieses das Thermometer ein. S. M. S. „Gazelle" war hierzu mit 6 Thermometern in Holzfassung ausgerüstet, mittelst welcher die Temperaturen nach der letzteren Manier festgestellt wurden.

Erheblichere Schwierigkeiten machte die Bestimmung der Temperatur in grösseren Tiefen; die zu solchen Messungen zu verwendenden Thermometer mussten einestheils genügend gegen den hohen Wasserdruck in der Tiefe geschützt sein, anderntheils die in der betreffenden Tiefe herrschende Temperatur fixiren, und diese Angabe durfte nicht beeinflusst werden durch die davon abweichenden Temperaturen der anderen Wasserschichten, welche das Instrument beim Aufholen zu passiren hatte. Bei den ältesten Versuchen, Tiefentemperaturen zu erhalten, wurde entweder durch einen besonders dazu eingerichteten Schöpfapparat Wasser aus der betreffenden Tiefe heraufgeholt und beim Heraufkommen ein Thermometer in dasselbe getaucht, oder es wurde das Thermometer einfach in die bestimmte Tiefe hinabgelassen; beide Methoden mussten natürlich sehr unzuverlässige, wenig Werth beanspruchende Resultate liefern.

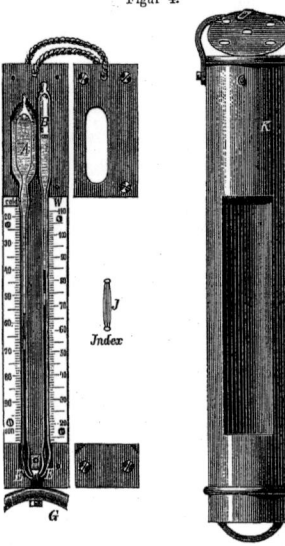

Figur 4.

Man suchte eine Verbesserung dadurch herbeizuführen, dass man die Instrumente mit schlechten Wärmeleitern umgab, sie in die Tiefe versenkte und hier eine lange Zeit der Einwirkung der umgebenden Temperatur aussetzte, bevor sie wieder aufgeholt wurden. Nachdem 1778 Six das erste Maximum- und Minimum-Thermometer konstruirt, fand dasselbe schnell Eingang bei den oceanischen Forschungen und wurde bereits von Krusenstern (1803) und von Sir John Ross (1817) auf ihren grossen Reisen benutzt. Das Princip dieses Maximum- und Minimum-Thermometers ist bis auf die neuesten Zeiten aufrecht erhalten, und die Verbesserungen, welche seitdem diese Thermometer erfahren haben, beziehen sich hauptsächlich auf die Herstellung einer Umhüllung als Schutz gegen den Wasserdruck, nicht nur um ein Zerbrechen des Instrumentes, sondern auch ein Zusammenpressen und die dadurch hervorgerufenen zu hohen Angaben desselben zu verhindern.

Auch das S. M. S. „Gazelle" in 22 Exemplaren mitgegebene **Tiefseethermometer von Miller-Casella** beruht auf dem Prinzip des Six'schen Maximum- und Minimum-Thermometers. Es stellt im Wesentlichen ein Weingeistthermometer mit einem Quecksilberfaden als Index dar. Die Thermometerröhre ist heberförmig gebogen (Fig. 4); am oberen Ende des linken Schenkels befindet sich eine Erweiterung, das Gefäss, welches mit einer Alkoholflüssigkeit von hochgelegenem Siedepunkt gefüllt ist; der rechte Schenkel hat an seinem oberen Ende ebenfalls eine erweiterte Kammer, welche zum Theil dieselbe Flüssigkeit, zum Theil Dämpfe aus derselben enthält. In dem gebogenen Theil der Röhre befindet sich ein Quecksilberfaden, welcher von dem sich ausdehnenden Alkohol vor sich hergeschoben wird, beim Zurückweichen des Alkohols indessen durch die elastischen Dämpfe dem Alkohol wieder zu folgen gezwungen wird. Ueber dem Quecksilberfaden liegt in jedem der beiden Schenkel ein Indexstäbchen (J), welches aus einem in einer feinen Glasröhre eingeschlossenen Stahlstift besteht. An den knopfartigen Enden dieser Stäbchen sind elastische Borsten befestigt, welche gegen die inneren Wandungen der Glasröhre drücken, so dass der Index überall in der Thermometerröhre stehen bleibt, wenn er nicht von dem Quecksilberfaden vor sich hergeschoben wird.

Bei einer Temperaturzunahme dehnt sich die Flüssigkeit im linken Gefäss und Schenkel aus und schiebt das Quecksilber vor sich her; dabei tritt die Flüssigkeit aber am linken Indexstäbchen vorbei, der untere Knopf desselben bezeichnet also den Stand vor der Temperaturzunahme, während das Indexstäbchen im rechten Schenkel mit dem Quecksilberfaden nach oben verschoben wird. Nimmt die Temperatur ab, so tritt die Flüssigkeit zurück, die elastischen Dämpfe rechts drücken den Quecksilberfaden nach, das Indexstäbchen links wird nach oben verschoben, das Stäbchen rechts dagegen bleibt stehen und zeigt so mit seinem unteren Ende den Thermometerstand vor der Temperaturabnahme an. Die Temperatur wird an einer Skala abgelesen, welche dem Arbeiten des Instrumentes entsprechend auf der rechten Seite von unten nach oben, auf der linken von oben nach unten zunimmt; den jeweiligen Stand liest man bei richtigem Funktioniren des Thermometers an beiden Quecksilberkuppen übereinstimmend ab, während das rechte Indexstäbchen das Maximum, das linke das Minimum der Temperatur, welcher das Thermometer ausgesetzt war, angiebt. Die Indexstäbchen werden mittelst eines Hufeisenmagneten verschoben und nach der Ablesung wieder auf die Quecksilberkuppen hinuntergeführt.

Die Thermometerröhre ist von sehr starkem Glase gefertigt, das Gefäss ausserdem noch durch eine starke Glashülle umgeben, damit eine Kompression desselben und dadurch erhöhter Stand des Thermometers ausgeschlossen ist. Der Raum zwischen dieser Hülle und dem Thermometergefäss ist zum Theil mit Alkohol gefüllt. Der Glaskörper des Instrumentes ist mit kupfernen Drahtschlingen auf einem Rahmen von Hartgummi befestigt, auf welchem die Porzellanskala festgeschraubt ist. Der obere und untere Theil des Thermometers wird durch aufgeschraubte Rahmentheile noch weiter gegen äussere Beschädigungen geschützt. Das ganze Instrument mit Rahmen wird durch einen Kupfercylinder, welcher das Wasser oben und unten frei durchströmen lässt, aufgenommen; das Thermometer wird fest in den Cylinder eingeschoben, und durch einen am unteren Ende des Rahmens angeschraubten zusammengedrückten Gummipuffer G jeder Spielraum unschädlich gemacht.

Jedes auf der „Gazelle“ in Gebrauch genommene Thermometer war vom Verfertiger unter hohem Druck geprüft; die Korrektionen für Druck waren so gering, dass sie vernachlässigt werden konnten.

Ein Nachtheil des Instruments besteht darin, dass es nur das Maximum und Minimum der Wassertemperatur registrirt und dass etwaige Rücksprünge in der Temperatur nicht angegeben werden. Wenn auch im Allgemeinen die Temperatur von der Oberfläche nach der Tiefe zu abnimmt, so finden doch oft genug Ausnahmen hiervon statt, und wenn ferner das Thermometer auch eine gewisse Akkommodationszeit gebraucht, um die Temperatur der Umgebung anzunehmen, so kann doch der Fall eintreten, dass dies Instrument eine über einer wärmeren Wasserschicht gelegene kältere von solcher Ausdehnung zu passiren hat, dass es die Temperatur derselben anzeigt. Diesen Mängeln sollte ein neues Instrument, das

Tiefseethermometer von Negretti-Zambra, abhelfen. Ein solches wurde S. M. S. „Gazelle“ nachgesandt. Da dasselbe auf ganz anderem Princip beruht als das Miller-Casella-Thermometer und in seiner neuesten Konstruktion recht gute Resultate geliefert hat, so soll dasselbe hier auch kurz beschrieben werden.

3*

Dies Instrument ist ein Quecksilberthermometer mit luftleerer Röhre und cylindrischem Gefäss (Tafel 2). Der Hals des letzteren ist in eigenthümlicher Weise verengt, dann gebogen und die innere Röhre breit gedrückt (A); in der Biegung befindet sich über der breitgedrückten Stelle eine Erweiterung B. In gewöhnlicher Lage, wenn das Gefäss nach unten gehalten wird, ist die ganze Röhre und noch ein Theil des am oberen Ende befindlichen Reservoirs E mit Quecksilber gefüllt. Die Ausdehnung und Zusammenziehung des Quecksilbers kann in dieser Lage nicht beobachtet werden. Dreht man das Instrument um, so reisst in Folge der beschriebenen Konstruktion der Quecksilberfaden bei A ab, der abgerissene Faden fällt hinab und füllt das Reservoir und noch einen Theil der Röhre aus. Für diese Stellung ist das Thermometer graduirt, und zwar ist die Skala auf der Röhre selbst angebracht und die Rückseite derselben weiss emaillirt, um die Ablesung deutlicher zu machen. Das Thermometer zeigt demnach immer die Temperatur für den Ort und die Zeit des Umkippens an, die Ablesung kann beliebig später stattfinden, da das Quecksilberquantum des abgerissenen Fadens zu gering ist, um bei eintretender Temperaturänderung die Ablesung zu ändern. Das Quecksilber im Gefäss dehnt sich freilich bei zunehmender Temperatur aus, ein Herabfallen desselben wird aber verhindert durch Aufnahme desselben von der Erweiterung bei B.

Zum Schutz gegen Druck ist das Thermometer in eine starke Glasröhre eingeschmolzen; um aber hierdurch nicht träge zu werden, ist der Theil derselben, welcher das Gefäss umgiebt (G), abgeschlossen und zum Theil mit Quecksilber gefüllt.

Die Umkehrvorrichtung besteht aus einem Holzrahmen oder länglichen Kasten, in welchem das Thermometer eingeklemmt wird (Fig. 5). Dieser Kasten ist zum Theil mit Schrotkörnern gefüllt, so dass er im Wasser eben schwimmt und sich die Schrotkörner frei von einem Ende nach dem anderen bewegen können.

An jedem Ende des Rahmens befindet sich eine Durchbohrung. Durch die Durchbohrung am Gefässende wird ein Stropp geschoren und mittelst desselben das Instrument an der Lothleine befestigt. Beim Sinken des Lothes wird das Thermometer mit dem Gefäss nach unten nachgezogen, beim Aufholen dagegen mit dem Gefäss nach oben; es zeigt daher die Temperatur derjenigen Tiefe an, von welcher es heraufgeholt worden ist.

Für Tiefen über 2000 Meter ist das Instrument in dieser Form nicht geeignet, da der Holzkasten dem Druck des Wassers nicht Stand hält. Für solche Tiefen ist deshalb ein metallener Rahmen konstruirt, der gleichzeitig das Funktioniren des Apparates sichert. In demselben (Figur 3 und 4 auf Tafel 2) dreht sich die metallene Thermometerhülse L um die Axe H, welche so angebracht

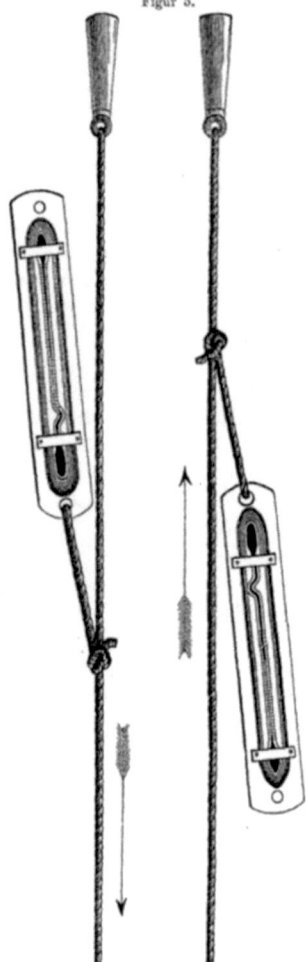

Figur 5.

Negretti & Zambra Tiefseethermometer.

Fig 1.   Fig 2   Fig. 3   Fig. 4.

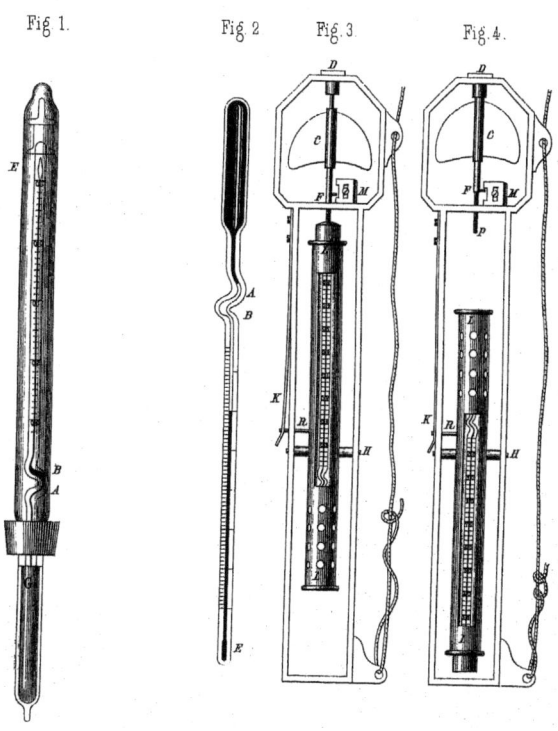

ist, dass der Schwerpunkt des Instrumentes in aufrechter Stellung desselben über derselben liegt, so dass sich das Thermometer also im labilen Gleichgewicht befindet. Es wird in dieser Lage durch eine Schrauben-Spindel P, welche in ein am oberen Ende der Thermometerhülse befindliches Loch mit Muttergewinde greift, gehalten. Die Spindel ist in Verbindung mit einem Flügel C, dessen Axe sich im Lager D dreht. An der Spindel sitzt ein kleiner seitlicher Stift F, welcher sich zwischen den Vorsprüngen einer auf dem Rahmen etwas verschiebbaren Klampe bewegen kann. Die Bewegungen der Spindel nach unten und oben werden durch das Anstossen des Stiftes gegen diesen unteren und oberen Vorsprung begrenzt. In der ersteren Stellung, d. h. wenn die Spindel so weit wie möglich nach unten geschraubt ist, greift sie in die Thermometerhülse ein und hält sie fest; je nachdem die Klampe M ab- oder aufwärts geschoben wird, greift sie mehr oder weniger ein. In dieser Adjustirung wird der Apparat in die Tiefe herabgelassen; wird er wieder aufgeholt, so dreht sich der Flügel C, und dadurch dreht sich die Schraubenspindel aus der Mutter heraus, das Thermometer kippt um und registrirt die Temperatur. Durch eine seitwärts am Rahmen angebrachte Feder K wird ein Stift R in einen in der Hülse befindlichen Schlitz gedrückt, um weitere Bewegungen des Thermometers zu verhindern.

Was die Ausführung der Temperaturbeobachtungen an Bord S. M. S. „Gazelle" betrifft, so wurden die Bodentemperaturen stets gleichzeitig mit den Lothungen bestimmt, indem über dem Loth an der Lothleine zwei Thermometer befestigt wurden.

Im Uebrigen wurden die Temperaturen nur bis zu einer Tiefe von 1500 Faden gemessen, (da von dieser Tiefe ab bis zum Grunde nur noch geringe Aenderungen eintreten) und zwar gewöhnlich auf 50 Faden, dann bis 500 Faden alle 100 Faden, von hier ab bis 900 alle 200, und weiter nur alle 300 Faden. Die Thermometer wurden an einer mit einem Lothe von 25 bis 50 Kilogramm Gewicht beschwerten Lothleine successive beim Herunterführen der Leine befestigt. Nach einer Akkommodationszeit von ungefähr 10 Minuten wurde die Leine wieder mit der Maschine aufgewunden und jedes Thermometer abgelesen, abgenommen und die Temperatur notirt, so wie es an die Oberfläche kam.

3. Apparate zum Wasserschöpfen.

Zur Bestimmung des specifischen Gewichtes und der chemischen Zusammensetzung des Seewassers in verschiedenen Tiefen ist es erforderlich, Wasserproben aus diesen Tiefen zu schöpfen. Die hierzu zu verwendenden Apparate müssen so eingerichtet sein, dass die in einer bestimmten Tiefe geschöpfte Wasserprobe unvermischt an die Oberfläche befördert wird, und nicht beim Aufholen eine Mischung mit dem Wasser anderer Schichten eintritt.

Die einfachste Vorrichtung, bestehend aus einer Flasche, welche mit einem Kork verschlossen und mit einem Loth beschwert ins Wasser gelassen wird und durch eine Ausrückvorrichtung in der bestimmten Tiefe entkorkt wird, um sodann mit Wasser gefüllt möglichst schnell wieder aufgeholt zu werden, ist nur für geringe Tiefen zu gebrauchen. Für grössere Tiefen sind anders konstruirte Apparate nothwendig, welche namentlich volle Sicherheit für den Abschluss des geschöpften Wassers gegen Vermischung gewähren. S. M. S. „Gazelle" war hierzu mit dem

Wasserschöpfapparat von MEYER ausgerüstet, welcher sich von den verschiedenartigen zur Verwendung gelangten Apparaten durch einfache Konstruktion auszeichnet und namentlich praktisch ist, wenn Wasserproben vom Grunde heraufgeholt werden sollen.

Er besteht aus einem Messingcylinder, welcher mittelst Auslösevorrichtung oben und unten durch Metallplatten mit konischen Randflächen verschlossen wird (Tafel 3). Diese beiden Metallplatten a a sind durch vier starke Rundstäbe in festem Abstand mit einander verbunden. Auf den Rundstäben gleitet der Messingcylinder auf und ab und erhält durch dieselben eine feste Führung. Unter die untere Platte ist ein aus Stange und Platte bestehender eiserner Untersatz C eingeschraubt, um das Aufstossen des Apparates auf Steine unschädlich zu machen oder das Einsinken im Schlamme zu verhüten. An diesen Untersatz wird je nach der zu untersuchenden Tiefe ein leichteres oder schwereres Loth befestigt.

Das obere Ende der Rundstäbe wird durch eine Platte abgeschlossen, die an beiden Seiten zwei horizontal stehende kleine Stifte h trägt, und oben eine Gabel, in welcher sich um einen Bolzen der mit einer Nase F versehene Befestigungsarm für die Leine dreht.

Beim Versenken des Apparates wird der Messingcylinder in noch zu beschreibender Weise oberhalb der beiden konischen Verschlussplatten aufgehängt, so dass der Raum zwischen diesen beiden Platten dem Wasser freien Zutritt gewährt. In der Tiefe, aus welcher Wasser geschöpft werden soll, gleitet der Messingcylinder über die Platten und schliesst, mit seinem oberen und unteren Ende e e genau auf die konischen Flächen derselben passend, das zwischen denselben befindliche Wasser ab. Beim Aufholen erhält sich der schliessende Cylindermantel durch sein eigenes Gewicht in seiner Lage.

Soll Wasser vom Grunde gehoben werden, so wird der Cylinder beim Niederlassen mittelst einer Schnur an den Haken F gehängt (Fig. 1). Sobald der Apparat den Grund berührt und die Leine, an welcher der Apparat hinabgelassen wird, nicht mehr durch das Gewicht desselben straff gespannt ist, lässt der Haken die Schnur (nach Art des Brooke'schen Lothapparates) abgleiten, und der Cylinder fällt abwärts über die Verschlussplatten (Fig. 2). Will man dagegen aus einer anderen Tiefe Wasser schöpfen, so wird der Cylinder, statt an dem Haken F, an den beiden Zapfen h h mittelst dünner Schnüre und Oesen aufgehängt, und eine über die Leine gestreifte elastische Gabel G mit ihren Endspitzen oben an der Innenseite dieser Oesen mit einem Schlitz auf dieselben Zapfen gestellt (Fig. 3). Ist der Apparat in der gewünschten Tiefe angekommen, so lässt man an der Leine ein Laufgewicht K hinabgleiten. Wenn dasselbe die Gabel trifft, so spreizt sich dieselbe und schiebt dadurch die Oesen von den Zapfen ab (Fig. 4), der Cylinder wird frei und gleitet abwärts über die konischen Platten.

Ist der Apparat wieder an der Oberfläche angekommen, so wird, um ihn zu entleeren, ein kleines an der oberen Seite des Cylinders befindliches Luftventil L geöffnet, und das Wasser durch einen an der unteren Verschlussplatte sitzenden Hahn M abgelassen.

Der Meyer'sche Apparat war in zwei Grössen an Bord gegeben, es wurde jedoch meistens der grössere benutzt, da derselbe sowohl zum Füllen der Probeflaschen, die zur Aufbewahrung des Wassers behufs späterer chemischer Analyse bestimmt waren, als auch für die sogleich an Bord vorgenommene Bestimmung des specifischen Gewichts genug Wasser lieferte, während der kleinere Apparat nur für ersteren Zweck genügend Wasser gab, so dass dies gleichzeitig zu den Dichtigkeitsbestimmungen benutzt werden musste, was zur Vermeidung etwaiger dadurch hervorgerufener Verunreinigungen unzweckmässig erschien. Beide Arten funktionirten sonst gut.

4. Die Bestimmung des specifischen Gewichts

des Seewassers geschieht an Bord in der Regel durch Beobachtung der Eintauchungstiefe eines unten beschwerten schwimmenden Glaskörpers. Da das Gewicht des durch den Glaskörper verdrängten Wassers stets gleich dem Gewicht des Glaskörpers ist, so wird durch diese Methode das Volumen

Wasserschöpf-Apparat nach Meyer.

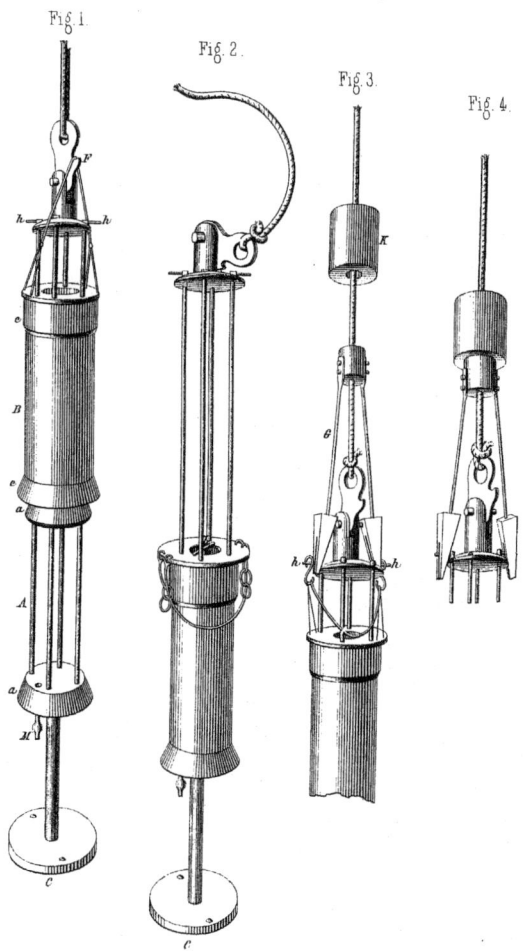

Fig. 1.

Fig. 2.

Fig. 3.

Fig. 4.

einer konstanten Gewichtsmenge Wasser gemessen, woraus sich die Dichtigkeit oder das specifische Gewicht des Wassers ergiebt.

Die hierzu verwandten Instrumente heissen Aräometer, oder wegen der letztgenannten Eigenschaft Volumeter (in England auch Hydrometer genannt). Sie bestehen aus einem weiten Glascylinder, welcher dem Instrument die nöthige Schwimmfähigkeit giebt, um das für genau vertikale Schwimmlage nöthige Gewicht zu tragen, und einer dünnen Glasröhre darüber mit der Skala zum Ablesen. Das Gewicht, aus Metallkörnern oder Quecksilber bestehend, wird durch eine unter dem Cylinder angeschmolzene Glaskugel getragen. Je genauere Angaben man mit dem Instrument erhalten will, desto dünner muss die Glasröhre mit der Skala sein. Daraus ergiebt sich die Nothwendigkeit, entweder sehr lange Glasröhren zu benutzen oder die Anwendung ein und desselben Instruments auf sehr kleine Differenzen des specifischen Gewichts zu beschränken.

S. M. S. „Gazelle“ erhielt für die wissenschaftlichen Beobachtungen zwei verschiedene Arten von Aräometern, Modell Steeger-Küchler und Modell Greiner.

Die Steeger-Küchler'schen Aräometer waren mit einer die specifischen Gewichte von 1,024 bis 1,031 umfassenden Skala versehen; die Belastung derselben bestand aus kleinen Schrotkörnern.

Von den Greiner'schen Aräometern waren zwei sogenannte Normalbestecke an Bord gegeben, welche aus Sätzen von 11 Instrumenten bestanden, von denen 10 je über drei Tausendtheile reichten und für Zehntausendtheile getheilt waren derart, dass die Skala des ersten Instruments die specifischen Gewichte von 1,0000 bis 1,0030, das zweite von 1,0030 bis 1,0060 u. s. w., das letzte von 1,0270 bis 1,0300 enthielten; das elfte Instrument schliesslich hatte eine allgemeine von 1,00 bis 1,03 reichende Theilung. Die Füllung der Instrumente bestand aus Quecksilber.

Für gewöhnlich wurden die Beobachtungen mit den Steeger-Küchler'schen Instrumenten angestellt, welche in grösserer Anzahl an Bord vorhanden und für welche besondere Korrektionstabellen mitgegeben waren, während dies für die Greiner'schen nicht der Fall war und dieselben in ihren Angaben geringe Abweichungen von den ersteren zeigten. Bei sehr kleinen specifischen Gewichten des Wassers mussten jedoch die letzteren gebraucht werden, weil die Steeger'schen nicht hinreichten.

5. Die Bestimmung der Durchsichtigkeit des Wassers

erfolgte mittelst eines einfachen Blechinstrumentes, welches an einer Lothleine ins Wasser·gesenkt wurde, indem die Tiefe festgestellt wurde, bis zu welcher es sichtbar blieb.

Das Instrument bestand aus einem weiss angestrichenen, durchlöcherten Hohlcylinder, auf dem oben und unten ein Konus aufgesetzt war, welche je einen Ring zum Befestigen der Lothleine und des Lothes hatten; der Cylinder war 30 Centimeter hoch und hatte einen Durchmesser von etwas über 20 Centimeter, so dass die horizontale Durchschnittsfläche einen Kreis von 340 Quadratcentimeter Fläche repräsentirte.

In der Regel wurden die Untersuchungen bei Gelegenheit der Lothungen, wenn das Schiff still lag, angestellt. Um einen richtigen Maassstab für die verschiedenen Grade der Durchsichtigkeit zu gewinnen, schien es erforderlich, dass immer ein und dasselbe Auge diese Beobachtungen anstellte, und deshalb waren sie auf der ganzen Reise ein und demselben Offizier, Unterlieutenant zur See Zeye, übertragen worden. Das mit einem Lothe beschwerte Instrument wurde so weit ins Wasser hinuntergelassen, als man es noch bestimmt sehen konnte, und diese Operation mehrere Male, gewöhnlich an verschiedenen Seiten des Schiffes, um einseitige Beleuchtung zu vermeiden, wiederholt. Es wurde das Instrument bis zu Tiefen von 50 Meter gesehen.

6. Strommessungen.

Zur Bestimmung des Oberflächenstromes diente ein besonders konstruirtes Loggscheit, zur Messung des Tiefenstromes ein Blechkreuz.

Das Loggscheit war dreieckig, 50 Centimeter hoch, hatte 60 Centimeter Grundlinie und war unten genügend beschwert, um im Wasser schwimmend bis zur Spitze einzutauchen, so dass nur eine an derselben angebrachte Flagge über der Oberfläche hervorragte; hierdurch sollte es, dem Wasser einen möglichst grossen Widerstand bietend, den Einflüssen des Windes oder Luftwiderstandes thunlichst entzogen werden. Die Befestigung der Loggleine an demselben war wie beim gewöhnlichen Logg hahnepotartig mit Holzstöpsel zum Ausrücken. Als Leine wurde eine gewöhnliche Loggleine, jedoch in der Regel nach Metern gemarkt, verwandt.

Das Blechkreuz zum Messen des Tiefenstroms bestand aus zwei rechteckigen 30 bis 40 Centimeter langen und hohen Flächen, welche beim Gebrauch rechtwinklig zu einander standen, wenn ausser Gebrauch, zusammengeklappt werden konnten. Dasselbe wurde mittelst eines daran befestigten Lothes in die betreffende Tiefe versenkt und durch eine kleine Boje, an welcher das Kreuz mittelst Kupferdrahtes befestigt war, getragen.

Anstatt des Kupferdrahtes wurde später auch Leine verwandt, da einige Tiefenstrommesser dadurch verloren gingen, dass der Draht an der Oberfläche dicht unter der Boje brach, wahrscheinlich in Folge des Knicks, der bei der Befestigung an der Boje entstand. Ebenso wurden nach dem Verlust mehrerer Blechkreuze an Bord Segeltuchkreuze in derselben Form angefertigt und anstatt der ersteren gebraucht.

Die Strombeobachtungen wurden in der Regel bei Gelegenheit der Tiefseelothungen, und zwar vom Boote aus, angestellt. Nachdem das Loth auf dem Grunde war, legte sich das Boot an die feste Lothleine und bestimmte mittelst des beschriebenen Loggs den Oberflächenstrom. Man liess die Loggleine gewöhnlich eine halbe Minute lang, bei schwachem Strom jedoch ein bis zwei Minuten, in einzelnen Fällen bis zu fünf Minuten auslaufen. Die Stromrichtung wurde durch den Bootskompass bestimmt.

Nachdem so gewöhnlich mehrmals der Oberflächenstrom festgestellt war, wurde das Boot von der Lothleine losgeworfen, und während letztere eingeholt wurde, der Tiefenstrom bestimmt. Hierzu liess man den Tiefenstrommesser und den Oberflächenstrommesser gleichzeitig während einer bestimmten Zeit treiben, das Boot hielt sich bei der Boje des ersteren und bestimmte nach Ablauf der Zeit Richtung und Entfernung des Oberflächenstrommessers von hier. Hieraus und aus dem vorher bestimmten und bekannten Oberflächenstrom wurde nun, unter der Annahme, dass der Tiefenstrommesser lediglich dem in der betreffenden Tiefe herrschenden Strom gefolgt war, der Tiefenstrom berechnet. Die Einwirkung des Oberflächenstroms auf die das Blechkreuz tragende Boje wurde ihrer geringen Ausdehnung wegen vernachlässigt.

Zur Erläuterung diene das aus dem Lothungsjournal S. M. S. „Gazelle" entnommene und auf Seite 17 angeführte Beispiel. Zur Bestimmung des Oberflächenstromes war vom festliegenden Boot aus die Loggleine ausgesetzt, und liefen in ½ Minute von derselben 16,5 Meter aus, während das Loggschiff SW½S p. C. gepeilt wurde. Folglich setzt der Oberflächenstrom in dieser Richtung (oder rechtweisend SW½W, da 11° Ost Missweisung), und zwar $\dfrac{16,5 \cdot 2 \cdot 60}{1852} = 1{,}07$ Seemeilen per Stunde.

Es wurde sodann der Tiefenstrommesser auf 50 Faden versenkt, derselbe mit dem Loggschiff über Bord gesetzt und nach einer Minute von der Boje des ersteren aus das letztere WSW gepeilt und die Distanz zwischen beiden zu 15 Meter bestimmt. Hieraus und aus dem erst gefundenen Oberflächenstrom erhält man, am besten durch Koppelung beider — d. h. SW½S 33 Meter per Minute und ONO 15 Meter —, dass der Tiefenstrom S 20°W oder SzW½W 22 Meter in der Minute oder $\frac{22 \cdot 60}{1852} = 0{,}67$ Seemeilen in der Stunde gesetzt hat. Die Berechnung des Stromes in 100 Faden Tiefen geschieht in derselben Weise.

7. Die Beobachtung des Wasserstandes

auf den Kerguelen sollte durch einen selbstregistrirenden Fluthmesser geschehen, und zur Aufstellung desselben war ein besonderes eisernes Häuschen mitgegeben. Der einfache Apparat war wie folgt konstruirt. In einem mit dem Wasser in freier Verbindung stehenden Standrohr aus Zink bewegt sich auf der Oberfläche des Wassers ein eiserner Schwimmer; die an demselben befestigte Metallkette läuft über ein um eine horizontale Axe drehbares Metallrad, dessen Peripherie mit kleinen Zapfen versehen ist, und trägt am anderen Ende ein bleiernes Gegengewicht. Das durch die Bewegung des Schwimmers hin und her gedrehte Rad setzt eine vertikal geführte Stange und einen an derselben befestigten Schreibstift in Betrieb. Letzterer gleitet auf einem über eine Walze gespannten Blatt Papier, welches mit der Walze durch ein gutes und zuverlässiges Uhrwerk in eine gleichmässig rotirende Bewegung gesetzt wird, und registrirt somit auf dem Papier zu jeder Zeit die Lage des Schwimmers oder den Wasserstand.

8. Schleppgeräthe.

Zum Fischen von Thieren und Pflanzen auf dem Meeresboden, an der Oberfläche und dazwischen liegenden Tiefen war S. M. S. „Gazelle" mit Schleppnetzen oder Säcken verschiedener Konstruktion ausgerüstet. — Für das Schleppen auf dem Grunde dienten, nach der Form ihrer Oeffnung oder des diese umfassenden Rahmens benannt, längliche, dreieckige und halbrunde Schleppnetze.

Die länglichen Schleppnetze wurden gebildet aus einem rechteckigen, 800 Centimeter langen, 250 Centimeter breiten, eisernen Rahmen und dem daran befestigten circa 1 Meter langen Taunetz. Die beiden langen Seiten des Rahmens waren mit einer etwa um 10° nach aussen geneigten Schneide versehen. Diese Schneiden sollten, während das Netz mit einer der langen Seiten auf dem Grunde lag, an dem Meeresboden entlang gezogen, pflugartig in denselben eindringen und die Bodenbestandtheile in das Netz gleiten lassen. An den schmalen Seiten des Rahmens war je ein drehbahrer zweiarmiger eiserner Bügel befestigt, mittelst welcher das Netz durch einen starken Stropp an der Schleppleine befestigt wurde.

Bei den dreieckigen Netzen bildete der eiserne Rahmen ein gleichseitiges Dreieck mit ½ Meter langen Seiten; das 500—600 Millimeter lange Taunetz umgab einen sich seinen Dimensionen anschliessenden Sack aus starkem Segeltuch. Alle drei Seiten des Rahmens waren mit Schneiden versehen, so dass stets eine derselben auf dem Grunde lag. Zur Befestigung an der Schleppleine diente ein dreiarmiger Bügel mit Ring, dessen drei Arme je an einer Ecke des Rahmens angebracht waren.

Die halbrunden Netze hatten einen halbkreisförmigen eisernen Rahmen, dessen untere circa 700 Millimeter lange gerade Seite mit der Schneide versehen, und an welchem ein 700 Millimeter langer Segeltuchsack mit umgebendem Taunetz festgenäht war. An jedem Ende der unteren Rahmenseite oder der Schneide war ein eiserner Arm von etwas grösserer Dimension als diese befestigt, mit welchen das Netz auf dem Meeresboden lag. Die Befestigung an der Schleppleine übernahmen zwei an jeder Seite des Rahmens angebrachte starke Taustroppen.

Die länglichen Schleppnetze wurden vorzugsweise für harten Grund, die dreieckigen für steinigen und die halbrunden für weichen benutzt.

An den Netzen wurden in der Regel noch eine Anzahl Tauschwabber befestigt, gewöhnlich an horizontalen, am Rahmen angebrachten Stangen, zur Aufnahme von kleinen zarten Meeresorganismen.

Beim Schleppen auf grossen Tiefen wurde ähnlich verfahren wie beim Lothen; das Netz wurde vom stilliegenden oder treibenden Schiff aus mit einer an Stärke der Lothleine gleichkommenden Leine, unter Anwendung des Akkumulators auf den Meeresgrund geführt und von der Leine das Eineinhalb- oder Zweifache der Wassertiefe gesteckt.

Damit das Netz bei langsam treibendem Schiff möglichst horizontal über den Meeresboden geholt und nicht durch den in mehr oder weniger schräger Richtung nach oben wirkenden Zug von demselben gelüftet wurde, war in einiger Entfernung (400—600 Meter) von dem Netz an der Schleppleine ein schweres Loth oder Gewicht befestigt. Bei starkem Strom oder grösserer Fahrt des Schiffes wurde die Leine noch an verschiedenen Stellen mit Lothen beschwert.

Zum Fischen auf geringeren Wassertiefen und an der Oberfläche dienten leichtere, aus dünnem Tuch gefertigte Schleppsäcke, welche an einem kreisrunden Holzreifen befestigt waren; der Durchmesser des letzteren und die Länge des Sackes betrug ungefähr 1/2 Meter. Der Holzrahmen war an einer Seite mit Blei beschwert, so dass er vertikal im Wasser schwamm. Zum Gebrauch wurden diese Säcke mit drei am Rahmen sitzenden Taustroppen hahnepotartig an der Schleppleine befestigt, an dieser in einiger Entfernung von dem Sack ein Loth angebracht und die Leine bis zu der gewünschten Tiefe zu Wasser geführt, so dass der Sack, bei langsamer Fahrt des Schiffes nachschleppend, mit der Oeffnung nach vorne horizontal durch das Wasser gezogen wurde.

Auch vom Boot aus wurden diese Netze oder Säcke, sowie auf flachem Wasser auch die Grundnetze benutzt.

Zum Handgebrauch dienten schliesslich zum Fischen an der Oberfläche, sowohl vom Boot als vom Schiff aus, leichte Käscher mit Stiel nach Art der Schmetterlingsnetze.

9. Meteorologische Beobachtungen.

Die sich auf Luftdruck, Temperatur, Feuchtigkeitsgehalt der Luft, Niederschläge, Windrichtung und Windstärke, Aussehen des Himmels und Wolkenkonformationen erstreckenden meteorologischen Beobachtungen wurden an Bord während der ganzen Reise auf jeder Wache durch einen bestimmten Offizier, auf der Kerguelen-Insel durch einen dazu an Land kommandirten Offizier in regelmässigen Zeitintervallen (1 bis 4 Stunden) ausgeführt. Für dieselben wurden folgende Instrumente an Bord gegeben:

a) 1 Normal-Barometer von GREINER & GEISSLER, Berlin.

b) 1 registrirendes Barometer von SCHADEWELL, Dresden.

c) 6 gute Thermometer von GREINER & GEISSLER.

d) 6 Schleuderthermometer von GREINER & GEISSLER.

e) 3 Maximum- und Minimum-Thermometer nebst Vorrichtung zum Exponiren auf längere Zeit von GREINER & GEISSLER.

f) 2 Psychrometer von GREINER & GEISSLER.

g) 1 REGNAULT'sches Hygrometer mit Aspirator von GREINER & GEISSLER.

h) 1 Haar-Hygrometer von GREINER & GEISSLER.

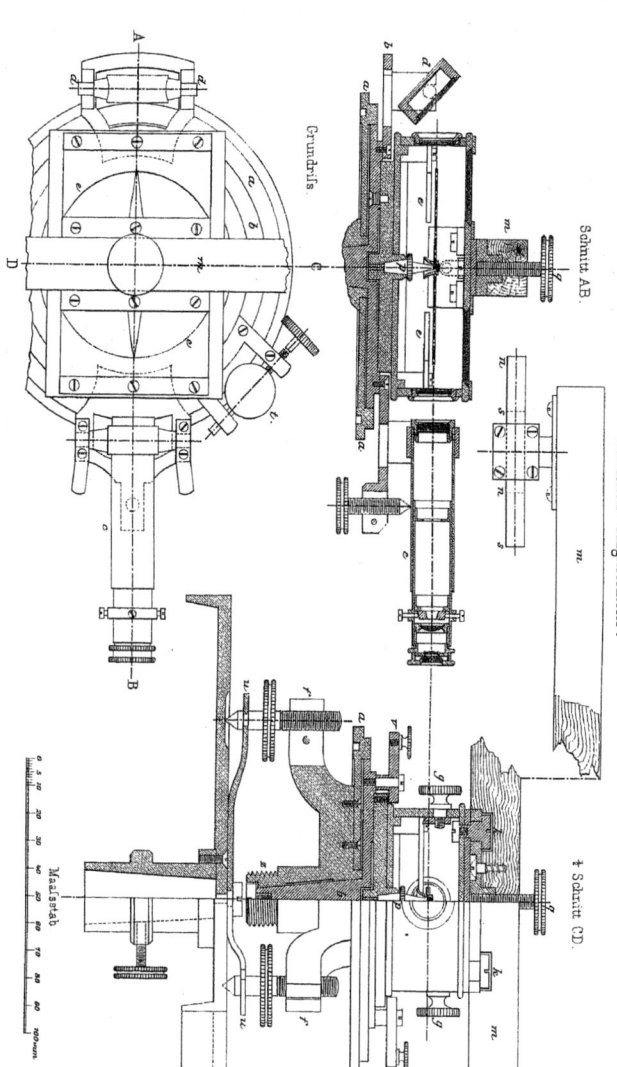

Grundriſs.

Schnitt A.B.

Deviations - Magnetometer.

† Schnitt C.D.

Maaſsstab.

i) 1 Regenmesser von Greiner & Geissler.

k) 1 Schiffs-Regenmesser in kardanischer Aufhängung von Greiner & Geissler.

l) 1 Schiffsanemometer zum Handgebrauch von Kraft in Wien (wurde erst nach Mauritius nachgeschickt).

m) 1 registrirendes Anemometer nach Beckley von Casella, London.

n) 1 Windfahne in kardanischer Aufhängung von Krüger in Berlin.

o) 1 Ozonometer von Klebs & Kroll, Berlin, nebst Blechkästchen zum Exponiren.

10. Magnetische Beobachtungen.

Die magnetischen Beobachtungen bezweckten ausser der für die Navigation nothwendigen Feststellung des magnetischen Charakters des Schiffes, seiner Aenderungen und seines Einflusses auf die Kompassnadel, die Bestimmung der erdmagnetischen Elemente und die Variationen derselben. Für den letzteren Zweck war dem Schiffe ein Satz Lamont'scher magnetischer Variations-Instrumente von Karl in München mitgegeben, welche jedoch nur während des längeren Aufenthaltes auf der Kerguelen-Insel zur Verwendung gelangten. Die übrigen magnetischen Beobachtungen wurden während der ganzen Reise an Bord und an Land mit Hülfe eines Fox'schen Apparates und eines Deviations-Magnetometers (nach Neumayer von C. Bamberg) ausgeführt.

Da der Fox-Apparat und die Variations-Instrumente in dem ausführlicheren Bericht über die magnetischen Beobachtungen im zweiten Theil dieses Werkes eingehender behandelt werden, so möge hier nur noch das Deviations-Magnetometer kurz beschrieben werden.

Das Deviations-Magnetometer. Dasselbe dient zur relativen Bestimmung der Horizontal- und Vertikal-Komponente der Intensität des Erdmagnetismus und des an Bord auf die Kompassnadel wirkenden vereinigten Erd- und Schiffsmagnetismus und lässt sich ferner zu verschiedenen anderen magnetischen Messungen, wie die der Deklination, Inklination und Deviation gebrauchen.

Das Instrument besteht aus folgenden vier Haupttheilen: dem Untertheil, dem Deklinations-kästchen und dem Inklinationsgehäuse, letztere beiden mit den zugehörigen Nadeln, und der Ablenkungs-schiene. Der Untertheil besteht aus einer horizontalen runden Metallplatte, welche auf drei Füssen ruht und durch an letztere angebrachte Schrauben ff (Tafel 4) mit Hülfe einer aufgesetzten Dosen-libelle horizontirt werden kann. Die Platte trägt einen in Grade getheilten Horizontalkreis a, und innerhalb desselben den um eine Axe drehbaren Alhidadenkreis b mit Nonius und einem Mikrometer-werk t zum Einstellen. Auf dem Rande des Alhidadenkreises ruht mit seinem vorderen Ende in den Lagern eines Trägers und mit seiner Mitte auf einer Schraube das Fernrohr c, demselben gegenüber befindet sich ein Lager d für einen Spiegel zum Peilen von Gestirnen. Zum Festklemmen des zum Gebrauch aufgesetzten Deklinationskästchens und Inklinationsgehäuses trägt der Alhidadenkreis an jeder Seite einen Vorreiber vv, welche über den Rand der aufgesetzten Gehäuse gedreht werden können.

Das Deklinationskästchen ist ein viereckiger Kasten mit Glasdeckel, welcher durch zwei Schrauben gg an beiden Seiten festgeschraubt werden kann. In der Mitte des Kästchens und im Mittelpunkt der zu beiden Seiten angebrachten Elfenbeintheilung ee ist die Pinne zur Aufnahme der Deklinationsnadel eingeschraubt. Die Nullpunkte der Skalen sind durch kleine vertikal stehende Spitzen markirt. Bei denselben enthalten die Seitenwände des Kästchens zum genaueren Beobachten kleine runde Glasfenster. Zwei auf dem Deckel befestigte Knöpfe kk dienen zum Aufschieben der Ablenkungsschiene. Das Deklinationskästchen wird mit einer an seiner Unterseite befindlichen Horizontalplatte auf den Alhidadenkreis aufgesetzt und durch einen in eine Vertiefung des letzteren

4*

eingreifenden Stift, sowie die übergreifenden Vorreiber gehalten. Ein Stift des Alhidadenkreises, welcher in eine Vertiefung der Horizontalplatte des Kästchens eingreift, verhindert eine Drehung auf dem ersteren. Die beiden zum Instrumente gehörigen Deklinationsnadeln sind in einem besonderen Etui verpackt und mit einem Laufgewicht versehen, um die Wirkung der magnetischen Vertikalintensität zu kontrebalanciren.

Das Inklinationsgehäuse (Figur 6) ist ein dosenförmiges Kästchen, welches an der Vorderseite durch einen um ein Charnier drehbaren Glasdeckel geschlossen wird. Im Innern ist es mit einem Theilkreise versehen, in dessen Mitte die Achatlager für die Inklinationsnadel angebracht sind. Diese Lager befinden sich in zwei Messingträgern d, welche mit Korrektionsschrauben versehen sind. Eine Arretirvorrichtung, bestehend in Messinglagern, die sich längs den Trägern mittelst einer unten und aussen vom Gehäuse befindlichen Schraube s auf- und abbewegen lässt, hebt die Nadel von den Achatlagern ab oder lässt sie auf dieselben herunter.

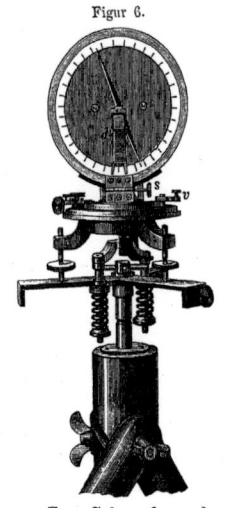

Figur 6.

Auf der Rückseite des Gehäuses befinden sich ebenfalls zwei Knöpfe zum Ueberschieben der Ablenkungsschiene. Das Gehäuse hat unten auch eine Horizontalplatte, mit welcher es so auf den Alhidadenkreis gesetzt wird, dass die offene Seite vom Fernrohr abgewendet ist. — Zwei Inklinationsnadeln werden in einem Etui verpackt dem Instrument beigegeben.

Die Ablenkungsschiene m (Taf. 4) besteht aus einem hölzernen Stabe, an dessen beiden Enden je ein System für Temperatur kompensirter Magnete befestigt ist. Mittelst zweier Einschnitte wird die Schiene über die Knöpfe des Deklinationskästchens bezw. des Inklinationsgehäuses geschoben und durch eine Klemmschraube q festgesetzt. In dieser Lage geht die verlängerte Axe der Magnete durch die Mitte der Deklinations- bezw. Inklinationsnadel. Das Princip der Kompensation der Magnete besteht darin, dass man zu jedem System zwei Magnete von sehr verschiedenen Härtegraden verwendet, die so gewählt sind, dass das magnetische Moment der zusammengesetzten Magnete durch die Temperatur nicht beeinflusst wird.

Zum Gebrauch werden die Füsse des Untertheils auf einen Dreifuss gestellt, welcher an Bord auf den Kessel des Kompasshauses aufgelegt oder eingehängt, oder an Land auf einem Stativ aufgeschraubt wird. Mittelst eines doppelten Federstengelhakens wird das Instrument auf dem Dreifuss gehalten. (Fig. 6.) Bei Beobachtungen an Bord wird es gewöhnlich so aufgestellt, dass die 0°—180°-Linie des Horizontalkreises parallel der Kiellinie fällt. Nachdem der Untertheil mittelst der Fussschrauben und Libelle horizontirt ist, wird das Deklinationskästchen bezw. das Inklinationsgehäuse in der vorher angegebenen Weise aufgesetzt.

Mit Hülfe der Deklinationsnadel lässt sich der Kurs des Schiffes an dem Instrument ablesen; durch gleichzeitige magnetische Peilung oder Azimuthbeobachtungen mit dem Instrument lässt sich die Deviation bestimmen.

Die Horizontalkomponente der Intensität des Erd- bezw. Schiffsmagnetismus wird durch Schwingungs- oder Ablenkungsbeobachtungen der Deklinationsnadel bestimmt. Sind t und t_1 die Schwingungszeiten der Nadel bei den auf dieselbe wirkenden Horizontalintensitäten h und h_1, so ist

$$\frac{h}{h_1} = \frac{t_1^2}{t^2}.$$

Hiernach lässt sich das Verhältniss zweier verschiedenen magnetischen Horizontalintensitäten durch Schwingungen der Horizontalnadel feststellen, und wenn der absolute Werth der einen bekannt ist, ergiebt sich auch derjenige der anderen, wenngleich für die letzteren Bestimmungen genauere Methoden den Vorzug verdienen.

Sollen Ablenkungsbeobachtungen mit der Deklinationsnadel gemacht werden, so wird die Ablenkungsschiene, nachdem die Nadel zwischen den beiden Spitzen der Skala einspielt, über die Knöpfe des Deklinationskästchens geschoben, und darauf der Alhidadenkreis so weit gedreht, bis die nun abgelenkte Nadel wieder mit denselben Marken zusammenfällt, und der Winkel, um welchen der Kreis gedreht ist, gleich dem Ablenkungswinkel φ, abgelesen. Da die ablenkenden Magnete senkrecht gegen die Mitte der abgelenkten Nadel gerichtet sind, so ist die Ablenkung eine Sinus-Ablenkung, d. h. sind unter Einwirkung verschiedener Horizontalkräfte h und h_1 auf die Nadel die entsprechenden Ablenkungswinkel φ und φ_1, so verhält sich $\dfrac{h}{h_1} = \dfrac{\sin \varphi_1}{\sin \varphi}$.

Zur Deklinationsbestimmung wird das Instrument an Land frei vom Einflusse lokaler Eisenmassen aufgestellt, und nach demselben mit Hülfe von bekannten Landpeilungen oder Gestirnspeilungen der geographische Meridian festgelegt. Die Abweichung der mit dem Deklinationskästchen aufgesetzten Deklinationsnadel von dieser Richtung ergiebt die Deklination.

Die Bestimmung der magnetischen Vertikalintensität geschieht durch Schwingungs- oder Ablenkungsbeobachtungen der Vertikalnadel. Hierzu wird das Inklinationsgehäuse senkrecht zum magnetischen Meridian aufgestellt, in welchem Falle sich die Nadel senkrecht einstellt, weil nur die Vertikalkomponente des Erdmagnetismus (oder des Erd- und Schiffsmagnetismus an Bord) in dieser Lage auf sie einwirken kann. Man erreicht dies am besten, wenn für die Deklinationsnadel in der Nullstellung der Alhidadenkreis vorher festgeklemmt war und dann das Deklinationskästchen gegen das Inklinationsgehäuse ausgewechselt wird.

Aus den Schwingungsbeobachtungen findet man die Vertikalkräfte ganz analog den Horizontalkräften; sind z und z_1 die Vertikalkräfte, unter deren Einfluss Schwingungen an zwei verschiedenen Orten beobachtet sind, t und t_1 die zugehörigen Schwingungszeiten, so ist $\dfrac{t}{t_1} = \dfrac{z_1^2}{z^2}$.

Bei den Ablenkungsbeobachtungen hat man es hier mit einer Tangentenablenkung zu thun, da die ablenkenden Magnete der Schiene senkrecht zu der auf die Nadel wirkenden Vertikalkraft stehen; es ist somit $\dfrac{z}{z_1} = \dfrac{\tang \varphi_1}{\tang \varphi}$.

Zur Bestimmung der Inklination wird das Inklinationsgehäuse in die Ebene des magnetischen Meridians gestellt, in welcher Lage die Nadel direkt die Inklination angiebt.

11. Die astronomischen und geodätischen Arbeiten

erstreckten sich neben der Theilnahme an den Beobachtungen des Venusdurchganges auf den Kerguelen vornehmlich auf die Bestimmung geographischer Positionen und auf Vermessungen und Aufnahmen von Inseln, Häfen und Küstenstrecken. Um dieselben in grösserem Umfange und mit möglichster Genauigkeit ausführen zu können, wurde ausser den nach dem Schiffsetat bereits vorgesehenen Instrumenten noch eine Anzahl hierzu erforderlicher Apparate an Bord gegeben. Hierzu gehörten:

1 zehnzölliger Prismenkreis von PISTOR & MARTINS,
1 sechszölliger do. do.,

5 Chronometer (ausser den 3 etatsmässigen Schiffschronometern),

1 künstlicher Horizont von Pistor & Martins,

1 künstlicher Horizont, eiserner Trog, von Bamberg, Berlin,

Messlatten, Maassstäbe und Bandmaasse, von Bamberg,

1 Binokularglas von S. Merz, München,

1 Revisionspendel mit Komparator und entsprechender Aufstellung nach Neumayer, von
Bamberg, Berlin,

2 Heliotrope von Steinheil, München,

1 Reise-Barometer nach Fortin, von Greiner & Geissler,

1 Normal-Hypsometer von Greiner & Geissler.

———

Kapitel III.

Segelordres und wissenschaftliche Instruktion.

(Im Auszuge).

———

Erste Segelordre.

Berlin, den 8. Juni 1874.

An

den Königlichen Kapitän zur See und Kommandanten S. M. S. „Gazelle",
Herrn Freiherrn von Schleinitz, Hochwohlgeboren.

Euer Hochwohlgeboren erhalten nachstehend die Segelordre für S. M. S. „Gazelle" mit dem
Auftrage, die Reise anzutreten, sobald die Ausrüstung des Schiffes beendet ist und die Inspicirung
durch den Stationschef stattgefunden hat.

Durch Allerhöchste Kabinets-Ordre vom 10. März d. J. ist die Indienststellung S. M. S.
„Gazelle" zu wissenschaftlichen Zwecken befohlen, und hat die Korvette hierzu eine besondere Ausrüstung erhalten. Um Platz zu gewinnen, sind die Geschütze bis auf 8 reducirt und ist die Besatzung
vermindert worden. Trotzdem behält S. M. S. „Gazelle" durchaus den Charakter als Kriegsschiff, und
erwarte ich, dass Euer Hochwohlgeboren die Schlagfertigkeit des unterhabenden Schiffes auch unter den
gegebenen Verhältnissen stets aufrecht erhalten werden.

Die Hauptaufgabe, für welche S. M. S. „Gazelle" ausgerüstet worden, ist die Beförderung und
Unterstützung der astronomischen Expedition, welche auf den Kerguelen-Inseln den Vorübergang der
Venus vor der Sonne beobachten soll.

Euer Hochwohlgeboren haben diesem Zwecke entsprechend die Wünsche des Leiters der genannten Expedition, Dr Börgen, thunlichst zu berücksichtigen und die Arbeiten der Expedition mit
den Mitteln der Korvette nach Möglichkeit zu unterstützen.

Dieselbe schifft sich mit ihrem Material in Kiel an Bord der „Gazelle" ein und ist alsdann
nach den Kerguelen und von dort bis Mauritius zu befördern; die Rückreise von hier erfolgt per
Postdampfer.

Ihnen und den Offizieren empfehle ich Theilnahme und Mitwirkung an den wissenschaftlichen Arbeiten der Gelehrten, um, nachdem letztere sich ausgeschifft haben, mit Vortheil für die Wissenschaft wirken zu können.

Von der der Beobachtungs-Expedition ertheilten Instruktion erhalten Sie ein Exemplar zur Kenntniss. Ueber die sonstigen auf der Reise S. M. S. „Gazelle" zu verfolgenden wissenschaftlichen Zwecke wird Euer Hochwohlgeboren eine besondere Instruktion zugehen.

In Betreff der Reiseroute erhalten Sie folgende Ordre:

Am 20. Oktober cr. muss S. M. S. „Gazelle" in der Accessible-Bai auf den Kerguelen sein, um das Landen der Expedition und ihrer Apparate zu ermöglichen, so dass mit Beginn des Monats November die systematische astronomische Arbeit auf den Kerguelen beginnen kann. Dieser Termin ist unter allen Umständen innezuhalten.

Nach dem Verlassen von Kiel haben Sie, nachdem, wenn erforderlich, in Plymouth die Kohlen ergänzt sind, den Kurs vom Kanal so zu wählen, dass er von der Höhe der Azoren ab, nahezu in die Mitte zwischen den Kurs des englischen Schiffes „Challenger" und die europäisch-afrikanische Küste fällt, alsdann Madeira und die Kanarischen Inseln im Westen zu passiren und, wenn erforderlich, die Kap Verde'schen Inseln anzulaufen, um Kohlen aufzufüllen.

Von hier aus steuern Sie nach Monrovia (Liberia) und zeigen dort für einige Tage die Flagge, um wiederholt ausgesprochenen Wünschen der daselbst lebenden Deutschen, ein deutsches Kriegsschiff dort zu sehen, nachzukommen.

Alsdann haben Sie einen südlichen Kurs zu steuern und die Linie in etwa 14° West-Länge zu schneiden.

Von der Linie aus haben Sie rechtweisend Süd bis 20° Süd-Breite zu steuern. Ueber die längs dieses Kurses auszuführenden Lothungen enthält die Instruktion das Nähere.

Von hier (20° Süd-Breite und 14° West-Länge) aus haben Sie den Kurs nach der Mündung des Kongo zu richten und sich nach der Loanda-Küste zu begeben, woselbst es in Banana möglich sein wird, die Kohlen zu ergänzen.

Unter der Annahme, dass Sie Kiel gegen den 20. Juni verlassen, werden Sie Anfangs Juli in den Atlantischen Ocean gelangen und unter Anlaufen von Monrovia Anfang August die Linie passiren können. Bis gegen Mitte August vermag die „Gazelle" den Punkt 20° Süd-Breite und 14° West-Länge zu erreichen und, falls Sie den Passat nicht ungünstig antreffen, gegen Ende August oder Anfang September in Banana zu sein. Der Aufenthalt in Banana ist möglichst zu beschränken, denn obgleich August und September noch günstige Monate für den Gesundheitszustand in Nieder-Guinea sind, so haben Sie doch jedenfalls die Kapstadt spätestens den 20. September zu erreichen.

Sie werden an der Loanda-Küste die deutsche Expedition zur Erforschung Central-Afrikas vorfinden. Das Erscheinen der „Gazelle" daselbst wird das Ansehen der Expedition bei der Bevölkerung erhöhen und kann für ihre Arbeiten von Vortheil sein. Ein weiterer Zweck soll mit dem Besuch dieser Küste durchaus nicht verbunden werden, und haben Euer Hochwohlgeboren jede Demonstration zu vermeiden, welche bei den Einwohnern den Anschein hervorrufen könnte, als verfolgten Sie politische Zwecke.

Nachdem Sie, falls die Zeit es gestattet, die wissenschaftlichen Arbeiten an der Loanda-Küste ausgeführt, welche in der Special-Instruktion näher bezeichnet sind, haben Sie Ihre Reise nach dem Kap der guten Hoffnung fortzusetzen, und zwar event. in einem Umwege in der Weise, dass Sie den Meridian von Greenwich in etwa 30° Süd-Breite schneiden.

Sollte durch nicht vorherzusehende Umstände die Fahrt im Atlantischen Ocean gegen die Disposition sich verzögern, so haben Sie auf dem kürzesten Wege die Kapstadt anzusteuern, um von hier rechtzeitig nach den Kerguelen abgehen zu können.

Am Kap der guten Hoffnung, wo sich Observatorien für astronomische und physikalische Zwecke befinden, bietet sich eine vortreffliche Gelegenheit, die verschiedenen Instrumente abermals zu verificiren und Kontrolbeobachtungen mit denselben auszuführen.

Sie haben daher dafür Sorge zu tragen, dass diese Gelegenheit in eingehendster Weise von Offizieren und Gelehrten ausgenutzt werden kann, und mache ich Euer Hochwohlgeboren speciell darauf aufmerksam, dass den Chronometer-Regulirungen hier besondere Sorgfalt zuzuwenden ist.

Nach Verlassen des Kaps ist zuerst südlich bis etwa 39° Süd-Breite und sodann den Crozet-Inseln zuzusteuern, um die auf diesen Inseln stationirte amerikanische Beobachtungs-Expedition durch Chronometer-Vergleichungen einerseits mit dem Kap, andererseits mit den verschiedenen auf den Kerguelen stationirten Expeditionen zu verbinden. Es soll das Anlaufen der Crozets jedoch keinerlei Aufenthalt involviren und hat zu unterbleiben, wenn hierdurch die Landung auf den Kerguelen um die obenangeführte Zeit (20. Oktober) unmöglich werden sollte.

Bei der Ausladung und Landung der wissenschaftlichen Expedition auf den Kerguelen haben Sie dafür Sorge zu tragen, dass diese Arbeit durch die Besatzung und Boote thunlichst erleichtert, sowie dass die Aufrichtung und Einrichtung der Observatorien und Wohnhäuser durch die Zimmerleute der „Gazelle" bewerkstelligt wird.

Sofern es die Umstände gestatten, haben Euer Hochwohlgeboren zwei Offiziere S. M. S. „Gazelle" an den wissenschaftlichen Beobachtungen auf den Kerguelen Theil nehmen zu lassen und dieselben anzuweisen, den Anordnungen des DR Borgen in allen wissenschaftlichen Arbeiten Folge zu geben. Dieselben sind mit der Expedition auszuschiffen und müssen während der Dauer dieser Arbeit am Lande verbleiben. Es wird sich in den Wohnräumen des Expeditionskorps auch ein passender Raum für die Wohnung dieser beiden Offiziere herrichten lassen.

Bezüglich der Beobachtungsräume für die Zwecke der Marine, des Fluthhauses und Anemometers, der meteorologischen Stände und des Häuschens für die magnetischen Variations-Instrumente, deren Errichtung sofort nach der Landung in Angriff genommen werden muss, wird die Instruktion das Nähere enthalten.

Vor dem späteren Abbruch der Observatorien haben Sie sich zu überzeugen, dass die Beobachtungen von Seiten der damit betrauten Offiziere im Einklang mit den Instruktionen geführt worden, und dass sich die Instrumente in einem für die Beobachtungen tauglichen Zustande befinden.

Vom 1. November bis zur Zeit des Vorüberganges am 8./9. Dezember haben Sie darauf Bedacht zu nehmen, die wissenschaftlichen Arbeiten der Expedition in jeder thunlichen Weise zu fördern. Es wird dies zunächst dadurch am zweckmässigsten geschehen können, dass S. M. S. „Gazelle" Chronometerreisen zwischen den einzelnen Stationen auf den Kerguelen ausführt, sowie die an Bord entbehrlichen Chronometer namentlich zur Zeit des Vorüberganges der Expedition am Lande zur Verfügung stellt.

Es können nunmehr vom 8./9. Dezember ab zwei Fälle eintreten:

    a. Die Beobachtung des Venus-Vorüberganges ist gelungen,

    b. sie ist der atmosphärischen Verhältnisse halber nicht gelungen.

Demzufolge erhalten Euer Hochwohlgeboren folgende Instruktionen:

    1) Im ersten Falle begeben Sie sich baldigst nach dem 9. Dezember mit S. M. S. „Gazelle" nach der Hauptfahrstrasse der Australienfahrer (zwischen dem 40. und 43. Grad Süd-Breite) und suchen

einem Handelsschiffe per Signal die Nachricht mitzugeben, dass die Beobachtung gelungen ist, mit dem Ersuchen, dieselbe durch den Konsul telegraphisch hierher zu melden.

Im günstigsten Falle kann auf diese Weise schon in der ersten Hälfte des Januar 1875 die Nachricht von dem Gelingen der Beobachtung hier sein.

Sollte hiernach noch genügend Zeit übrig bleiben, so könnte, so lange die Expedition nach dem Vorübergange noch auf den Kerguelen verbleibt, eine wissenschaftliche Reise S. M. S. „Gazelle" nach dem Süden unternommen werden. Die anfangs erwähnte Instruktion wird die Aufgabe und Zwecke derselben näher angeben. Obgleich diese Reise nach dem Süden, im wissenschaftlichen Interesse recht erwünscht ist, bemerke ich doch ausdrücklich, dass ich dem Ermessen Euer Hochwohlgeboren vollständig anheimstelle, dieselbe ganz, theilweise oder gar nicht zu unternehmen, je nachdem Sie die Witterungsverhältnisse und den Zustand des Schiffes dafür geeignet finden werden.

Bis zum 25. Januar muss S. M. S. „Gazelle" wieder nach Accessible-Bai (Kerguelen) zurückgekehrt sein und hat sich daselbst für die Wiederanbordnahme der astronomischen Expedition und ihrer Apparate bereit zu halten. Den Zeitpunkt der Einschiffung und Verladung wollen Sie mit dem Leiter der astronomischen Expedition, Dr Börgen, vereinbaren und die von Europa herbeigeführten Gegenstände, soweit es für nothwendig erachtet wird, wieder an Bord nehmen.

Alsdann ist die Expedition nach Mauritius zu bringen und daselbst mit ihrem Zubehör auszuschiffen. Jedoch ist derjenige Theil der Ausrüstung, dessen Weitertransport durch „Gazelle" besonders erwünscht wird, an Bord zu behalten.

2) Im zweiten Falle, wenn die Beobachtung nicht gelungen ist, muss die besprochene Fahrt nach dem Süden jedenfalls unterbleiben, u. s. w.

In beiden Fällen, der Vorübergang mag beobachtet sein oder nicht, könnte es der Expedition nach Verlassen der Kerguelen erwünscht sein, nochmals die Station der Amerikaner und Engländer mit der ihrigen zu verbinden, weshalb Euer Hochwohlgeboren den desfallsigen Wünschen des astronomischen Leiters thunlichst entsprechen wollen; ein Gleiches gilt mit Rücksicht auf das Anlaufen von St. Paul und Amsterdam.

Auf Ihrer Reise nach Mauritius werden Sie ganz besonders berücksichtigen müssen, dass zur Zeit, da dieselbe stattfindet, die Mauritius-Orkane sehr häufig sind.

In Mauritius, woselbst die Korvette, wenn die Beobachtung gelingt, Ende Februar oder Anfang März, wenn die Beobachtung nicht gelingt, aber schon Ende Dezember oder Anfang Januar eintreffen kann, werden Euer Hochwohlgeboren ausführliche Instruktion für die weitere Reise antreffen.

Es wird Ihnen daher vorläufig nur mitgetheilt, dass S. M. S. „Gazelle" womöglich bis zum Spätherbst 1875 nach Europa zurückgekehrt sein und dass die Rückreise durch die Südsee und um Kap Horn erfolgen soll, und zwar womöglich nördlich um Australien, durch die Torresstrasse und unter Anlaufen der Samoa-Inseln, der Fidji-Inseln und von Neu-Seeland durch die Magellanstrasse.

Die Briefsendungen für „Gazelle" habe ich vorläufig bis zum Eintreffen der Korvette auf Mauritius derart geregelt, dass Sie nach dem Verlassen von Kiel die nächsten Briefe in Kapstadt erhalten. Die letzte Post daselbst gewärtigen Sie mit dem gegen den 23. September von Dartmouth kommenden Postdampfer. Nach dieser Zeit gehen die Briefe für „Gazelle" nach Port Louis (Mauritius).

Mit der dort eintreffenden Instruktion für die weitere Reise erhalten Euer Hochwohlgeboren Mittheilung über die ferneren Anordnungen in Betreff der Briefsendungen für „Gazelle".

Der Chef der Admiralität.

gez. von Stosch.

Wissenschaftliche Instruktion.

Berlin, den 16. Juni 1874.

An

den Königlichen Kapitän zur See und Kommandanten S. M. S. „Gazelle",
Herrn Freiherrn von Schleinitz, Hochwohlgeboren, Kiel.

Euer Hochwohlgeboren erhalten anliegend zur gefälligen Beachtung die von Herrn Professor D͞R Neumayer mir vorgelegte Instruktion für die während der Reise der unter Ihrem Kommando stehenden Korvette auszuführenden wissenschaftlichen Arbeiten. Dieselben bilden in gewissem Sinne eine Ergänzung zu den von der Reichskommission für Organisirung der Beobachtung des Venus-Vorüberganges erlassenen Instruktionen, wovon ein Exemplar mit der Segelordre übersandt wurde.

Es sind gegenwärtige Instruktionen zunächst nur auf die Reise bis Mauritius berechnet, und können Euer Hochwohlgeboren, in jenem Hafenplatze angelangt, Erweiterungen und Ergänzungen derselben entgegensehen.

Indem ich die in der allgemeinen Segelordre getroffenen Anordnungen in allen Stücken aufrecht erhalte, hat diese Instruktion den besonderen Zweck, die wissenschaftliche Arbeit, sofern sie nicht rein astronomischer Natur ist, zu normiren, und werden Euer Hochwohlgeboren demgemäss ersucht, den in denselben enthaltenen Stipulationen die genaueste Beachtung von Seiten aller Betheiligten zu sichern.

Der Chef der Admiralität.

gez. von Stosch.

––––––

§ 1. Da einerseits in der allgemeinen Segelordre vom 8. d. Mts. die Grundzüge der Routen, welche S. M. Korvette einzuschlagen hat, nebst der wissenschaftlichen Arbeit mit Bezug auf den Vorübergang der Venus schon gemäss den Wünschen des Exekutiv-Ausschusses der vom Reichskanzler-Amte eingesetzten Kommission festgestellt sind, anderseits die Special-Instruktionen, welche diese Kommission erlassen hat, alles Nöthige in dieser Richtung anordnen, beziehungsweise ersuchen, dass es angeordnet werde, so können sich die gegenwärtigen Instruktionen auf Feststellung der Normen für die physikalischen und hydrographischen Arbeiten sowohl während der Reise und auf See, als auch während der Dauer des Aufenthalts auf Kerguelen beschränken.

§ 2. Die physikalisch-hydrographischen Arbeiten zerfallen in zwei Hauptgruppen:

  a) Arbeiten auf See und während der Reise;

  b) Arbeiten auf Kerguelen und zwar in Accessible-Bai, wo die deutsche Expedition zur Beobachtung des Venus-Vorüberganges ihre Station nehmen wird.

§ 3.　a) Die Arbeiten auf See und während der Reise sind:

  1. Geographische Ortsbestimmungen als Grundlage und Grundbedingung des Werthes aller anderen Arbeiten.

  2. Systematische meteorologische Beobachtungen.

  3. Magnetische Beobachtungen.

  4. Oceanographische Beobachtungen über Meeresströme und Wellenbewegung u. s. w.

  5. Tiefseeforschungen und Tieflothungen.

Da, wo es wünschenswerth erschien, sind alle nöthigen Anhaltspunkte in Special-Instruktionen [1]) niedergelegt, auf welche hiermit verwiesen wird, sowie auf ein Studium der einschlägigen Literatur, die sich in der Bibliothek S. M. S. „Gazelle" befindet.

§ 4. Ad 1. Den geographischen Ortsbestimmungen auf See soll eine ganz besondere Sorgfalt zugewendet werden. Es handelt sich hierbei nicht nur um die zur Orientirung und Niederlegung der erfolgten Route erforderlichen nöthigsten Beobachtungen, sondern vielmehr auch um die Kombinationen der verschiedenen Methoden der Breiten- und Längenbestimmung, um die Position des Schiffes so häufig als möglich während eines Tages und in kurzen Entfernungen von einander bestimmen zu können. Dadurch wird einmal der Werth der wissenschaftlichen Arbeit selbst gehoben, dann kann aber auch dadurch nur die Methode der Ortsbestimmung weiter entwickelt werden.

Den Chronometern und deren wissenschaftlicher Behandlung ist eine besondere Sorgfalt zu widmen. Zur Förderung dieses Zweiges der Navigation ist es wesentlich, dass die Bestimmungen der Länge unabhängig von Chronometern gepflegt werden; ausser häufigen Beobachtungen von Monddistanzen sind auch Untersuchungen über die Möglichkeit, mit Erfolg Sternbedeckungen, Jupitertrabanten-Verfinsterungen u. s. w. zu Zwecken der Ableitung der geographischen Länge zu verwenden, anzustellen, und ist darüber später zu berichten. Prüfung der Brauchbarkeit der verschiedenen zur Ortsbestimmung benöthigten nautischen Instrumente und Untersuchungen über den Grad der Genauigkeit der mit den einzelnen Instrumenten und unter bestimmten Verhältnissen zu erzielenden Resultate.

§ 5. Ad 2. Die systematischen meteorologischen Beobachtungen haben mit dem Tage zu beginnen, da die Korvette Kiel verlässt, und sind ununterbrochen bis zur Heimkehr nach diesem Hafen fortzuführen.

Die Organisation des Systems ist aus den lithographirten Formularen für die Beobachtungen, welche für diese Reise anstatt der bisher in der Kaiserlichen Marine gebräuchlichen meteorologischen Formulare benutzt worden, zu ersehen, und bedarf es daher hierfür keiner besonderen Instruktion. Ebenso wenig ist es erforderlich, hier die Methoden der Beobachtung näher zu erörtern, da alles Erforderliche und hierauf Bezug Habende in den Special-Instruktionen enthalten ist.

Die Beobachtungen sind strengstens nach dieser Instruktion auszuführen und in die dazu an Bord gegebenen Formulare einzutragen. Die Eintragung muss unmittelbar nach der Beobachtung geschehen, so dass das meteorologische Journal stets auf dem Laufenden erhalten wird, und zwar hat diese Eintragung durch den Beobachter selbst zu geschehen.

Den Psychrometer-Beobachtungen und den gleichzeitigen Bestimmungen des Feuchtigkeitsgehaltes der Luft mittelst Hygrometers ist ganz besondere Beachtung zu widmen. Es ist hierzu erforderlich, dass stets eine Kontrole geübt wird, dass die Beobachtungen zeitweise berechnet und die Resultate gründlich geprüft werden während der Reise, damit man etwaige Fehler der Methoden bei den einzelnen Beobachtern entdecken und auf Irrungen aufmerksam machen kann. Beobachtungen dieser Art tragen mehr den Charakter des Experimentes und müssen von den einzelnen Beobachtern daher tüchtig geübt werden, ehe man durchaus zuverlässige Resultate erwarten kann.

§ 6. Ad 3. Magnetische Beobachtungen auf See.

Die magnetischen Beobachtungen an Bord werden mit dem Fox'schen Apparate und mit dem Normal-Kompass ausgeführt und zwar, wenn immer Wind, Wetter und See es gestatten. Es ist darauf zu achten, dass wo möglich jedes Mal die drei Elemente Deklination, Inklination und Intensität

---

[1]) Von der Aufnahme der Special-Instruktionen ist hier ihres grossen Umfanges wegen Abstand genommen.

bestimmt werden. Der Tisch mit Cardanischer Aufhängung, auf welchen der Fox'sche Apparat während der Beobachtung gestellt wird, bleibt immer an ein und derselben Stelle, und muss strengstens darauf geachtet werden, dass eine Veränderung der Anordnung der eisenhaltigen Theile in dessen Nähe nicht stattfindet. Sollte eine solche Aenderung unvermeidlich geworden sein, so muss dies in den Journalen notirt werden.

Die Beobachtungen werden in die dazu bestimmten Formulare eingetragen, die mit denselben betrauten Personen müssen alle Vorsicht anwenden, damit sie selbst eisenfrei sind, was übrigens auch noch nach jeder ausgeführten Reihe geprüft werden sollte.

Die Bestimmungen der zur Reduktion der Beobachtungen erforderlichen Koefficienten muss sorgfältigst ausgeführt werden, wenn immer sich dazu eine Gelegenheit bietet.

Es ist sehr wünschenswerth, dass die Werthe der magnetischen Elemente auch am Lande, wenn sich dazu eine Gelegenheit bietet, ausgeführt werden mit denselben Instrumenten, welche auf See gebraucht werden. Besonders empfehlen sich hierfür die Punkte Kap der Guten Hoffnung und Mauritius, da an beiden Orten sich magnetische Observatorien befinden, welche eine strenge Kontrole der Instrumente ermöglichen.

An Land beobachtend, achte man aber ganz besonders auf die Gesteine und vermeide vulkanische und eisenhaltige Formationen.

Von den ausgeführten Beobachtungen müssen stets einige Reihen ausgerechnet werden, theils wegen der Kontrole der Instrumente und zur Prüfung der Methoden, theils aber auch, um sich sofort ein Urtheil über die Zuverlässigkeit der einzelnen Beobachter bilden zu können.

Bei allen einzelnen Beobachtungsreihen müssen Nummern der Rosen, der Nadeln und Deflektoren, die gebraucht wurden, strengstens angeführt werden.

§ 7. Ad 4. Oceanographische Beobachtungen über Meeresströme und Wellenbewegung u. s. w.

Die Special-Instruktionen enthalten hierfür alle zur Beobachtung erforderlichen Anhaltspunkte, und bedarf es daher hier nur einiger kurzen Bemerkungen.

Zur Herleitung der Oberflächenströmungen aus einem Vergleich der gegissten und der astronomisch bestimmten Positionen des Schiffes ist es erforderlich,

1. dass dieser Vergleich in kürzeren Zeiträumen (als ein Tag) geschehen kann;
2. dass die Deviation genauestens bekannt ist und in Rechnung gebracht werden kann;
3. auf Fahrt und Steuer (also strenger Vergleich des Steuerkompasses mit dem Normalkompass) gewissenhaft geachtet werde.

Wenn die Oberflächenströmung, welche auf diese Weise erhalten wurde, mittelst einer direkten Messung derselben kontrolirt werden kann, so soll dies geschehen. Zu solchen Zwecken haben nur Beobachtungen, die in einem Boote ausgeführt werden, welches an der Lothleine verankert liegt, einen Werth. Wie häufig sie ausgeführt werden sollen, lässt sich nicht bestimmen, da die Möglichkeit hierzu allzu sehr von den Verhältnissen, von den Gegenden, wo sich S. M. S. „Gazelle" befindet, abhängt.

Aräometer-Untersuchungen sowie Temperaturbestimmungen müssen und können in systematischer Form durchgeführt werden. An der Oberfläche sind dieselben zu den angegebenen Zeiten für meteorologische Beobachtungen auszuführen, besonders genaue Kontrolbeobachtungen müssen mit Rücksicht auf das specifische Gewicht des Meerwassers so häufig als es die Umstände gestatten, gemacht werden.

Wenn Eis vermuthet wird, oder wenn sich S. M. S. „Gazelle" bei Eisbergen befindet, sind häufige und genaue Bestimmungen über Salzgehalt und Temperatur auszuführen. Es sind dabei alle beeinflussenden Umstände anzuführen, als Entfernung und Richtung der Eismassen vom Schiffe aus, Grösse und horizontale Ausdehnung derselben u. s. w.

§ 8. Ad 5. Tiefseeforschungen und Tiefseelothungen.

Wo immer es wegen bis jetzt nicht angestellter Beobachtungen und wegen Lücken in der Kenntniss der Gestaltung des Meeresbodens, oder wegen gebotener Gelegenheit zur Kontrole wünschenswerth ist, dass Tieflothungen ausgeführt werden, soll dies geschehen, wenn es sonst die Umstände gestatten. Als Anhaltspunkte für die Entscheidung der Wichtigkeit der Positionen mit Rücksicht auf diese Beobachtungen dienen die jüngsten Arbeiten I. Br. M. S. „Challenger" im Nord- und Südatlantischen Ocean. Es befindet sich ein Exemplar des Berichts über diese Arbeiten bis zum Kap der Guten Hoffnung an Bord S. M. S. „Gazelle", aus welchem die Haupt-Lothungspositionen entnommen werden können, und da übrigens auch Kontrolbeobachtungen mit Beziehung auf die früheren amerikanischen Arbeiten in diesen Bericht aufgenommen sind, so bietet derselbe die Anhaltspunkte für die Entscheidung der Zweckmässigkeit der Beobachtung für bestimmte Strecken.

Die englischen Tiefsee-Apparate, wie sie für die Zwecke der Reise S. M. S. „Gazelle" zusammengestellt wurden, sind bei der systematischen Arbeit, d. h. als Regel bei den Tiefsee-Lothungen resp. Forschungen in Anwendung zu bringen. Eine Liste darüber sowie die Beschreibung befindet sich in den Händen des Kommandos, während andererseits in den Special-Instruktionen Winke für den Gebrauch aufgenommen wurden.

Bei diesem Kapitel der Tiefsee-Erforschungen muss (da über Temperatur und Strom-Beobachtungen in den Special-Instruktionen gesprochen wird — überdies die an Bord befindliche Literatur darüber allen Aufschluss giebt), nur noch der faunistischen und Flora-Untersuchungen gedacht werden.

Das Schleppen und Aufsammeln der dadurch gewonnenen Objekte hat während der Reise in ausgedehnter Weise zu geschehen. Für die Aufbewahrung der Sammelobjekte wird von Seite derer, welche mit Arbeiten dieser Art betraut wurden, genauestens gesorgt und darauf geachtet werden müssen, dass dies im Einklang mit den Anforderungen der Wissenschaft geschieht. Der Assistenzarzt DR Hüsker wird mit den zoologischen Arbeiten betraut, in welchen ihm DR Studer, einer der Gelehrten der Expedition, dem als Assistenten und Docenten über diese Zweige der Wissenschaft eine beträchtliche Erfahrung zu Gebote steht, mit Rath und That behülflich sein, wozu er sich selbst bereit erklärte. Stabsarzt DR Naumann wird sich den botanischen Studien und dem Sammeln und Aufbewahren hierher gehöriger Objekte widmen.

§ 9. b) Arbeiten auf *Kerguelen.*

1. Meteorologische Beobachtungen.
2. Magnetische Beobachtungen.
3. Beobachtungen über Fluth und Ebbe.
4. Beobachtungen über Phänomene am Himmel.
5. Pendelbeobachtungen.

§ 10. Ad 1.

Es ist Sorge dafür zu tragen, dass die systematische Aufzeichnung meteorologischer Phänomene mit dem ersten November dieses Jahres beginnen kann und ununterbrochen bis zum Verlassen der Kerguelen-Insel von Seiten der Expedition fortgesetzt wird.

Wenn die Arbeiten beendet sind, d. h. wenn die Beobachtungsräume wieder abgebrochen und die Instrumente verpackt werden, so wird nur der meteorologische Stand an seiner Stelle belassen. Es werden daraus sämmtliche Instrumente entfernt, mit Ausnahme eines Minimum- und eines Maximum-Thermometers, deren Indices genauestens einzustellen sind. Auf das Dach des Standes werden die

Buchstaben S. M. S. „Gazelle" und das Datum der Einstellung der Indices geschrieben, worüber in den meteorologischen Journalen eine Eintragung zu machen ist.

§ 11. Ad 2. Die Aufstellung des Variations-Apparates für die Verzeichnung magnetischer Beobachtungen muss mit dem 1. November beendet sein, so dass diese Aufzeichnungen mit diesem Tage in systematischer Weise beginnen können.

Sie werden ununterbrochen bis zum Abbrechen des Observatoriums fortgeführt nach den in den Formularen für diese Beobachtungen gegebenen Normen. Die Special-Instruktionen besagen alles Erforderliche, auch mit Rücksicht auf die Bestimmungen der Werthe, der Theilung und der Nullpunkte der Skalen u. s. w.

§ 12. Ad 3. Das Fluthhaus und die Einrichtung für das Anemometer muss am 1. November in Ordnung sein, die Registrirungen haben an diesem Tage zu beginnen und sind bis zum Ende des Aufenthalts ununterbrochen in Ordnung zu erhalten, so dass die Aufzeichnungen regelmässig gemacht werden können.

Wie in den Special-Instruktionen ausgeführt ist, muss diesen Instrumenten, so wie auch dem Registrir-Barometer die grösste Sorgfalt gewidmet werden, damit dieselben in arbeitende Ordnung kommen und darin erhalten bleiben. Es wird zu diesem Ende der unausgesetzten Aufmerksamkeit von Seiten des Personals bedürfen.

Bei dem Abbruche des Fluthhauses hat man den einen der Pfähle, an dem sich eine Pegel-marke befindet, stehen zu lassen, so wie andererseits für die Möglichkeit der Wiederauffindung der in der Special-Instruktion erwähnten Niveau-Marken alle Sorge zu tragen ist.

§ 13. Ad 4. Mit dem Beginn der systematischen Arbeit in Meteorologie und Magnetismus muss auch mit den Beobachtungen über Südlichter, Zodiakal-Licht u. s. w. begonnen werden. Mit Rücksicht darauf wird ganz besonders auf die Arbeit des Professors Weiss, welche sich in einem Exemplar an Bord befindet, hingewiesen, und gilt die dort gegebene Anleitung als Norm für die Beobachtung dieser Phänomene, unter denen nur noch die Sternschnuppen und Meteore besonders erwähnt werden.

§ 14. Ad 5. Wenn die sub 1 bis 4 genannten Arbeiten organisirt sind und die Einrichtung der astronomischen Beobachtungsräume beendet ist, soll mit der Aufstellung des Pendel-Apparates begonnen werden.

Es lässt sich über den Ort der Aufstellung nichts mit Sicherheit jetzt schon anordnen, da die Wahl desselben von den Anordnungen der astronomischen Räume abhängt. Wenn es möglich ist, so sollten in dem zur Beobachtung der Länge des einfachen Sekundenpendels bestimmten Raume die Temperaturschwankungen auf ein Minimum beschränkt werden. Auch sei der Raum so beschaffen, dass nicht durch zu häufiges Hin- und Hergehen die Beobachtungen beeinträchtigt werden können.

Es sind zuerst eine Reihe von Vorversuchen mit diesem Apparate anzustellen, damit man sich einerseits der Tüchtigkeit der Aufstellung und Konstruktion versichern, andererseits aber die Beobachter sich die nöthige Uebung erwerben können. Sobald dies geschehen, haben die eigentlichen Arbeiten zu beginnen.

Es ist vor der Zeit des Durchgangs der Venus eine Reihe von Pendelbeobachtungen auszu-führen, bei welchen alle verschiedenen Lagen und Stellungen der Gewichte und Messerschneiden berücksichtigt werden.

Die am Kap der Guten Hoffnung zu erwartenden Special-Instruktionen werden allen nöthigen Aufschluss darüber geben.

Gelingt die Beobachtung des Durchganges der Venus, so muss im Anfange des Jahres 1875 noch eine zweite Reihe vollständiger Pendelbeobachtungen ausgeführt werden. Beim Verlassen der Station wird der Apparat wieder vorsichtig weggenommen und gut verpackt.

Die Höhe des Pendels, am besten der Lager, worauf die Scheiben schwingen, über der Niveau-marke muss genauestens ermittelt werden.

§ 15. Alle Apparate, welche bei den Beobachtungen am Lande gebraucht wurden, werden beim Verlassen der Insel Kerguelen wieder auf das Beste verpackt, und sind die einzelnen Kisten wieder zu verlöthen.

§ 16. Für die Betheiligung der Offiziere an den astronomischen Arbeiten, namentlich sofern sich dieselben auf die Längenbestimmungen mittelst Chronometer-Uebertragungen beziehen, gelten die von der Kommission ausgearbeiteten Instruktionen. Dasselbe gilt im Besonderen von der Betheiligung der Offiziere bei der Beobachtung des Venusdurchgangs; allein es dürfen, wie sehr auch die Bethei-ligung gewünscht wird von Seiten der Kaiserlichen Admiralität, die systematischen Arbeiten, welche in den §§ 9 bis 14 genannt wurden, nicht geschädigt oder gar unterbrochen werden.

§ 17. Von der Route für die Reise S. M. S. „Gazelle" und Hervorhebung einzelner Punkte.

In der allgemeinen Segelordre für S. M. S. „Gazelle" sind die Route, welcher sie zu folgen hat, festgestellt sowie auch die Punkte, welche längs derselben angelaufen werden sollen, namhaft gemacht worden.

Zum Verständniss der wissenschaftlichen Fragen, welche in den verschiedenen Meeren durch die Arbeiten S. M. S. „Gazelle" gefördert werden können, ist ein Studium der einschlägigen Literatur dringend geboten; es werden sich aus einem solchen die wichtigsten Punkte von selbst ergeben. Hier wird nur auf folgende wichtige Aufgaben hingewiesen:

1. Die Strömungen in dem Busen von Guinea — deren Grenzen und Charakteristika sind eingehend zu prüfen und womöglich festzustellen.

2. Dem Phänomen der Dicke der Luft über der Westküste des Afrikanischen Kontinents ist eine besondere Beachtung zu widmen.

3. Die mächtige Dünung (Kalema), welche gerade in der Jahreszeit, da die Korvette die Küste besucht, am stärksten ist, ist zu beobachten und festzustellen, wie weit dieselbe mit den herrschenden Winden, der Konfiguration jenes Theiles des Südatlantischen Oceans oder vielleicht mit Ebbe- und Fluthphänomen zusammenhängt.

4. In der Mündung des Kongo, während des Aufenthaltes S. M. S. „Gazelle" auf der Rhede und bei einem Besuche an Land ist besonders dahin zu trachten:

   a) einen Punkt jener Küste, der leicht zu identificiren ist, seiner Länge nach gut zu bestimmen, so dass die deutsche afrikanische Expedition, welche gegenwärtig daselbst weilt und damit beschäftigt ist, Central-Afrika auf Grundlage der Unter-suchungen an der Loango-Küste zu exploriren, an denselben ihre Messungen anzuschliessen vermag.

   b) Es sind durch S. M. S. „Gazelle" die Werthe der magnetischen Elemente zu bestimmen mit den ihr zu Gebote stehenden Mitteln.

   c) Wenn es thunlich ist, so soll Veranlassung genommen werden, die Instrumente der Expedition mit jenen S. M. S. „Gazelle" zu vergleichen.

5. Beim Anlaufen des Kaps der Guten Hoffnung sind die Strömungsverhältnisse im Westen davon zu prüfen, und namentlich sind Temperaturbestimmungen an der Oberfläche und in der Tiefe von Bedeutung. (Agulhas-Strömung.)

6. Am Kap sind die Instrumente mit jenen des Observatoriums daselbst zu vergleichen.

7. Auf der Reise vom Kap nach Kerguelen sind die Crozet-Inseln anzulaufen, wodurch der Kurs im Allgemeinen für diese Strecke gegeben wird. Den Eisverhältnissen — namentlich zwischen 20° und 40° O-Lg — ist besondere Aufmerksamkeit zu widmen.

8. Die Oscillationen des Wassers müssen auf jener Strecke beobachtet und zahlreiche Messungen ausgeführt werden.

9. Jene Bank oder jener Rücken im Ocean, welche nach den neuesten Untersuchungen des „Challenger“ die Kerguelen und die Mac Donald-Inseln allem Anscheine nach verbindet, soll näher untersucht, Temperaturverhältnisse und Strömungen daselbst näher geprüft werden.

10. Lässt sich an der Oberfläche oder in der Tiefe ein Unterschied der Temperatur oder eine bestimmte Richtung der Bewegung des Wassers in jener Gegend nachweisen oder nicht?

11. Sollte, wenn die Beobachtung des Venusdurchganges gelingt und der Kommandant S. M. S. „Gazelle“ die Reise nach höheren südlichen Breiten zu unternehmen für rathsam erachtet, die Aufnahme der Mac Donald-Gruppe vervollständigt werden — namentlich im Südosten derselben. Auch wäre es wünschenswerth, wirkliche Messungen über die Erhebungen derselben zu erhalten.

12. Im Falle S. M. S. „Gazelle“ die Reise nach dem Süd-Polarkreis unter dem Meridian von Kerguelen unternimmt, ist darauf zu achten:

    a) Wie sind längs dieser Route die Strömungsverhältnisse und die Temperatur an der Oberfläche und in der Tiefe?

    b) Wo zeigen sich die ersten Eisberge und wo das erste Packeis?

    c) Sind in jener Gegend Wale zahlreich, und welche Gattung derselben zeigt sich besonders?

    d) Welche sind die vorherrschenden Winde, und lässt sich eine Grenze hier zwischen westlichen und vorherrschend östlichen Winden ziehen?

Der Kurs ist so zu nehmen, dass S. M. S. „Gazelle“ nicht in die ähnliche Lage, in welche der „Challenger“ versetzt wurde, nämlich in das Packeis in der Nähe des vermutheten Termination-Land, kommt, sondern vielmehr in die Nähe von Enderby's oder Kemp's-Land vorzudringen vermag.

Unter allen Umständen aber hat das Kommando S. M. S. „Gazelle“ Sorge dafür zu tragen, dass das Schiff nicht in Packeis geräth, oder gar darin, wenn auch nur für einige Zeit, eingeschlossen wird.

§ 18. Für die Reise S. M. S. „Gazelle“ von Mauritius aus, wohin sich dieselbe auf der kürzesten Route von Kerguelen mit der wieder eingeschifften astronomischen Expedition begeben wird, durch den Indischen Ocean und die Arafura-See werden dem Kommando weitere Instruktionen zugesandt werden.

Zweite Segelordre.

Berlin, den 13. November 1874.

An

den Königlichen Kapitän zur See und Kommandanten S. M. S. „Gazelle",

Herrn Freiherrn von Schleinitz, Hochwohlgeboren

Mauritius.

Im Anschluss an die erste Segelordre vom 8. Juni d. J. erhalten Euer Hochwohlgeboren hiermit folgende Befehle für die weitere Verwendung S. M. S. „Gazelle":

Die nachstehende Segelordre reicht bis nach Auckland auf Neu-Seeland, woselbst ich das Eintreffen S. M. S. „Gazelle" Anfang Oktober 1875 erwarte. In Auckland werden Euer Hochwohlgeboren weitere Befehle über event. Anlaufen der Fidji- und Samoa-Inseln und für die Rückreise des Schiffes durch den Stillen Ocean und die Magellanstrasse vorfinden.

Unter der Annahme, dass die Beobachtung des Vorüberganges der Venus gelungen ist, wird S. M. S. „Gazelle" gegen Ende Februar oder Anfang März Mauritius erreichen und dort diese Ordre vorfinden. Da dieser Aufenthalt in die Orkanzeit fällt, so haben Sie denselben in Mauritius nicht länger auszudehnen, als gerade für die Ausschiffung der astronomischen Expedition und ihrer Instrumente erforderlich ist, und sodann den Kurs wieder nach höheren Breiten zu nehmen, um dort die Forschungen aufzugreifen und weiter fortzuführen. Tieflothungen und Temperaturmessungen des Wassers sowie faunistische Forschungen haben, wenn dieselben durch den Indischen Ocean in systematischer Weise ausgeführt werden, einen besonderen Werth für die Erkennung der Strömungsverhältnisse jenes Theiles des Weltmeers. — Wenn Euer Hochwohlgeboren den Hafen von Mauritius um die Mitte März 1875 verlassen werden, so haben Sie danach zu trachten, auf dem kürzesten Wege den Breitenparallel von 30° zu erreichen, um, demselben folgend, den Indischen Ocean nach Osten quer zu durchschneiden und sowohl Lothungen wie sonstige Beobachtungen auszuführen.

Voraussichtlich wird S. M. S. „Gazelle" den von St. Paul nach Mauritius verfolgten Kurs auf dem 30. Breitengrade unter dem Meridiane von Kerguelen schneiden, so dass hierdurch eine Gelegenheit geboten werden wird, Kontrolbeobachtungen, namentlich über Tiefen, auszuführen, welche mit aller thunlichen Umsicht auszunutzen ist. Die Lothungen längs des genannten Breitenparallels sind bis zu dem Momente fortzuführen, da die Temperatur- und Strombeobachtungen in unverkennbarer Weise ergeben, dass man in den an der Westküste Australiens heraufziehenden kalten Strom eingetreten ist, was etwa in 112° östlicher Länge der Fall sein wird. Eine grössere Annäherung an die Australische Küste, als sie durch die Erreichung des genannten Meridians bedingt wird, erscheint nicht rathsam, und wären daher die Untersuchungen, diesem Meridian nach Norden hin folgend, weiter fortzuführen, bis S. M. S. „Gazelle" die nordwestliche Spitze Australiens, Nordwest-Kap (Exmouth Golf) passirt hat.

Während dieses Theils der Reise werden Euer Hochwohlgeboren ganz besonders auf die Bedeutung thermischer Untersuchungen nach der Tiefe aufmerksam gemacht, die in Verbindung mit den Lothungen über Ausdehnung und Natur der kalten Strömung an der australischen Westküste wichtige Aufschlüsse geben werden und daher mit besonderer Sorgfalt ausgeführt werden sollten. Es steht zu erwarten, dass S. M. S. „Gazelle", durch ihre Arbeiten aufgehalten, jene Gegenden des Indischen Oceans nicht eher erreichen wird, als bis der Nordwest-Monsun bereits aufhört (Ende April), und der Südost-Passat wieder durchsteht, so dass die Fahrt längs der Küste bis zu dem bezeichneten Punkte mit keinen erheblichen Schwierigkeiten verknüpft sein wird. Sollte es sich wider Erwarten als nothwendig erweisen, den Kohlenvorrath zu erneuern, so stelle ich Ihnen anheim,

Nicols-Bai im Osten des Dampier-Archipels anzulaufen; ich bemerke jedoch, dass es nicht möglich gewesen ist, zu erfahren, ob in der kleinen englischen Niederlassung Roeburne in Nicols-Bai stets Kohlen zu erhalten sein werden.

Die nächste Linie, welcher vom Nordwest-Kap, eventuell Nicols-Bai, zu folgen ist, liegt zwischen diesem Punkte und der Südspitze der Insel Rotti. Diese Insel ist an der Westseite zu umfahren und in der Koepang-Bai auf Timor vor Anker zu gehen. Die geringe Tiefe des Indischen Oceans auf dieser Linie verspricht eine reiche Ausbeute an zoologischem Material, was für faunistische Forschungen einen um so grösseren Werth haben muss, als dieselbe sich nahe an dem Rande der grossen, zwischen Timor, Neu-Guinea und dem australischen Kontinente gelegenen Bank hinzieht. Andererseits mache ich aber Euer Hochwohlgeboren auch darauf aufmerksam, dass die Fahrt längs dieser Route, sowie durch die Arafura-See mit steter Vorsicht ausgeführt werden muss, da der geringen Tiefe und der stets durch Korallenbildungen bewirkten Veränderungen im Fahrwasser wegen diese besonders nothwendig erscheint.

Den Aufenthalt in Koepang, der in die Mitte des Monats Mai fallen wird, wollen Sie dazu benutzen, an wissenschaftlichem Material zu erhalten, was sich darbietet, und mache ich ganz besonders auf Petrefakten, welche auf diesen geologisch noch wenig erforschten Inseln gefunden werden, aufmerksam, und verweise hinsichtlich der Einzelnheiten auf die mitgeschickte Abhandlung des Professors Beyrich über eine Kohlenkalk-Fauna auf Timor.

Zur weiteren Verfolgung der wissenschaftlichen Forschungen und als Anhaltspunkt für die Wahl der Route erhalten Sie die nachstehenden Direktiven.

Es ist mein Wunsch, dass Juli, August und die erste Hälfte des September dazu verwendet werden, die Inselgruppen und die Meere Melanesiens zu besuchen und soviel als möglich in wissenschaftlicher Beziehung auszubeuten. Unter den hier genannten Inseln wird zunächst die Gruppe Neu-Britannien (Neu-Pommern) und Neu-Irland (Neu-Mecklenburg), die Salomons-Inseln, Santa Cruz und die Neuen Hebriden verstanden. Von dieser letztgenannten Inselgruppe haben Sie den Kurs nach Auckland auf Neu-Seeland zu nehmen und dafür Sorge zu tragen, dass dieser Hafen gegen Anfang Oktober nächsten Jahres erreicht wird.

Zur Durchführung dieses Planes bieten sich zwei Wege dar — entweder wird der Kurs auf dem Breitenparallel von 10 ° durch die Arafura-See und die Torres-Strasse nach dem Stillen Ocean eingeschlagen oder aber die Route von Koepang durch die Ombay-Passage nach der Flores- und Celebes-See, um nördlich von Neu-Guinea in die See von Neu-Irland (Neu-Mecklenburg) und Neu-Britannien (Neu-Pommern) zu gelangen.

Die Route durch die Torres-Strasse bietet, obgleich um die Jahreszeit (Juni), wo die „Gazelle" dieselbe zu nehmen haben wird, der Südost-Monsun durchgekommen ist, keine ernsten Schwierigkeiten für ein Schiff, welches mit Dampfkraft ausgerüstet ist. Der Südost weht in jenen Gewässern nicht kräftig und anhaltend, und namentlich ist derselbe in der Nähe der Küste Nordaustraliens und im Norden des Golfes von Carpentaria und beim Kap York flau und unbeständig; andererseits ist durch ein Anlaufen der neuen Niederlassung in Sommerset (Albany) die Möglichkeit gegeben, die Kohlenvorräthe zu ergänzen. Es ist bei der Navigation durch den östlichen Theil der Arafura-See und der Torres-Strasse jedoch erforderlich, dass beständig auf die Gezeiten geachtet wird, damit man sich des Stromes mit Vortheil bedienen kann.

Wissenschaftlich ist diese Route von hohem Interesse, da einmal die Strömungs- und Temperatur-Verhältnisse an der Oberfläche und in der Tiefe der See vielen Aufschluss über diese Verbindungsstrasse zwischen dem Stillen und dem Indischen Ocean geben müssen, und dann auch, weil das

Schleppen und Sammeln zoologischer Objekte auf der Australischen Bank in Verbindung mit den Untersuchungen der event. auf Timor gesammelten Petrefakten die bedeutendsten Resultate mit Rücksicht auf die Vergangenheit jener Küsten und Meerestheile gewähren wird. Auch jener Theil des Stillen Oceans zwischen der Südostspitze Neu-Guineas und der Nordostküste Australiens ist seiner Korallenbildungen wegen von grossem Interesse, ganz abgesehen von jenem der sonstigen hydrographischen Verhältnisse.

Die andere Route durch die Ombay-Passage, die Flores-See und die Pitt-Strasse ist gleichfalls von grossem Interesse in wissenschaftlicher Hinsicht, namentlich wenn es Euer Hochwohlgeboren bei der gegebenen Zeit möglich sein sollte, die Tiefen an der Ostküste von Celebes, die in vielfacher Hinsicht das Scheidegebiet der Fauna zwischen Asien und Australien bilden, näher zu durchforschen.

Hiernach stelle ich Ihnen anheim, je nachdem Sie die Witterungsverhältnisse antreffen werden, von diesen beiden Routen nach Ihrem Ermessen diejenige zu wählen, welche für die Erreichung des angestrebten Zweckes „hydrographische Durchforschung der kleinen Inselgruppen Melanesiens" nach Jahreszeit und verfügbarer Zeit die meisten Vortheile zu bieten verspricht.

Mit Rücksicht auf die Gruppen im Nordosten Neu-Guineas mache ich Sie besonders auf die Arbeiten englischer Vermessungsfahrzeuge aufmerksam (Hydrogr. Mittheil. Jahrg. 1873, Seite 181, 188, 195 etc.) und erwarte von den Arbeiten S. M. S. „Gazelle" auch nach dieser Richtung manche Vervollständigungen und Ergänzungen des bereits über jene Gegenden Festgestellten.

Die Briefsendungen für S. M. S. „Gazelle" lasse ich folgendermaassen dirigiren: Bis zum 10. Februar 1875 einschl. von hier nach Mauritius, so dass der von Aden kommende Dampfer am 14. März die letzte Post dorthin bringen wird. Vom 11. Februar 1875 bis 24. März 1875 einschl. von hier nach Koepang auf Timor, woselbst Sie gegen Mitte Mai die letzte dort eintreffende Post gewärtigen können. Vom 25. März ab gehen die Briefe für Sie nach Auckland auf Neu-Seeland, und werden Sie die Anordnungen für fernere Sendungen dort vorfinden.

Der Chef der Admiralität.
gez. von Stosch.

Dritte Segelordre.

Berlin, den 23. Juni 1875.

An

den Königlichen Kapitän zur See und Kommandanten S. M. S. „Gazelle",
    Herrn Freiherrn von Schleinitz, Hochwohlgeboren

Auckland auf Neu-Seeland.

Euer Hochwohlgeboren erhalten nachstehend im Anschluss an meine Segelordre vom 13. November v. J. folgende Befehle für die weitere Verwendung und die Rückreise S. M. S. „Gazelle".

Von Auckland, wo Euer Hochwohlgeboren im Anfang des Monats Oktober eintreffen werden, haben Sie nach erforderlichem Aufenthalt daselbst die Reise unter Anlaufen der Fidji-, Samoa- und Tonga-Inseln nach Punta Arenas in der Magellan-Strasse, dann nach Montevideo und von da nach England fortzusetzen. Ihre Ankunft in Kiel erwarte ich in der ersten Hälfte des Monats April nächsten Jahres.

Nachstehende Zusammenstellung über die weiteren wissenschaftlichen Aufgaben für S. M. S. „Gazelle" auf dieser Reise hat Euer Hochwohlgeboren als Anhalt zu dienen, und haben Sie die darin angegebene Route, soweit es sich unter den gegebenen Bedingungen erfüllen lässt, inne zu halten und die gewünschten Erforschungen, Messungen etc. anzustellen:

Bei Aufstellung dieser Route ist von folgenden Punkten ausgegangen:

1. Es ist ebensowohl Rücksicht genommen auf die Lothungslinie, welche I. Br. M. Schiff „Challenger“, das in jüngster Zeit im westlichen Theile des Stillen Oceans thätig war und in nächster Zeit auch im nördlichen und westlichen Theile es weiterhin sein wird, ausgeführt hat, als auch auf die bereits durch die „Gazelle“ bearbeiteten Routen und Gebiete.

2. Es erscheint als wesentlich für eine klare Einsicht und Erkenntniss der Wärmevertheilung im Ocean, sowohl an der Oberfläche als nach der Tiefe zu, dass eine Reihe zuverlässiger und eingehender Lothungen und Temperaturmessungen längs eines bestimmten Breitenparallels ausgeführt werde. Bei konsequenter Durchführung dieses Gedankens wird sich für die südliche Hemisphäre gewissermaassen ein Vergleichsparallel mit Rücksicht auf die genannten Elemente der Hydrographie gewinnen lassen, und wurde daher der Parallel von 30° südlicher Breite für diesen Zweck als am passendsten und praktischsten angenommen.

Nach den früheren Instruktionen wird S. M. S. „Gazelle“ diesen Parallel im Indischen Ocean beinahe seiner ganzen Ausdehnung nach, von dem Meridian von Mauritius bis zum Eintritt in die kalte Strömung West-Australiens, mit Rücksicht auf Tiefsee-Verhältnisse, Strömung und Temperatur untersucht haben. In gleicher Weise ist fernerhin der dreissigste südliche Breitenparallel von ungefähr 178° westlicher Länge von Greenwich bis zum Eintritt in die kalte Peruanische Strömung zum Gegenstande eingehender Beobachtung zu machen, sowie dies auch auf der Reise durch den südlichen Atlantischen Ocean, von der Mündung des Rio de la Plata bis zum Meridian von Greenwich zu geschehen haben wird.

S. M. S. „Gazelle“ hat auf ihrer weiteren Forschungsreise, Auckland im Anfange Oktober verlassend, zuerst östlich weg zu stehen bis zu 170° W-Lg in 30° S-Br; sie befindet sich alsdann in jener Gegend des Stillen Oceans, wo nach den heute herrschenden Ansichten der Neuseeland-Strom sich nach Süden ziehen soll, und zwar östlich von Neuseeland, theilweise durch Driftströmung verdeckt, bis zum Viktoria-Lande im hohen Süden. Sowohl direkte Strommessungen an der Oberfläche und in der Tiefe, sowie auch gründliche Temperaturmessungen sind hier sorgfältig anzustellen, um den wirklichen Sachverhalt endlich zu ermitteln. Von dem angegebenen Punkte an hat die „Gazelle“ ihren Kurs zu ändern und den Fidji-Inseln zuzusteuern. Die „Challenger“ lothete die Linie von dem Osteingange der Cook-Strasse direkt nach Tongatabu und von dort nach den Fidji-Inseln. Zur genaueren Orientirung werden hier die Resultate der Untersuchungen, sofern sie bereits bekannt geworden sind, angegeben.

— —

Die Mittheilungen der „Challenger“ enthalten noch folgende Stellen von Interesse: „On the 14th and 15th of July we were in the neighborhood of the Kermadec group, with 600 fathoms water, the bottom composed of coral, pebbles and pumice, prooved more than usually dangerous for the trawl, but we succeeded in working it without accident. The weather prevented our obtaining any soundings between these islands and New Zealand, it is therefore still doubtful, whether there is deep or shallow water.“

Diese letztgenannten Lücken vermag die „Gazelle“ auf ihrer Reise auszufüllen, und wird darauf sowohl, als auf die Bedeutung der Kontrollothungen zwischen den Kermadec- und Tonga-Inseln das Kommando ganz besonders aufmerksam gemacht. Sie wird die Route der „Challenger“ auf etwa 180° Lg und nahezu in der Mitte zwischen dem Nordost-Ende von Neuseeland und den Kermadec-

Inseln schneiden. Zum zweiten Male wird die Route der „Challenger" in der Nähe jenes Punktes geschnitten werden, auf welchem die grösste von dem englischen Beobachtungsschiffe gelothete Tiefe (2900 Faden) verzeichnet steht. Längs der Linie sind vollständige Beobachtungsreihen anzuführen, und dürfte unter Berücksichtigung dieses Umstandes die Reise bis Ovalau 22 Tage beanspruchen. In Ovalau werden voraussichtlich Kohlen zu erhalten sein, wenigstens war dies bei der Anwesenheit I. Br. M. S. „Challenger" der Fall. Nach einem Aufenthalt von vier oder fünf Tagen in Ovalau wird S. M. S. „Gazelle" die Reise nach den Samoa-Inseln anzutreten haben. Mit Rücksicht auf dieselbe werden Euer Hochwohlgeboren auf die betreffenden Berichte des Kommandanten S. M. S. „Arcona", Freiherrn von Reibnitz, in den hydrographischen Mittheilungen No. 23, 1874, aufmerksam gemacht, die wichtige Winke enthalten. Obgleich S. M. S. „Arcona" die Reise im Mai (vom 17. bis 27.) ausführte, dürfte die „Gazelle" doch mit Rücksicht auf Gelegenheit und Reisedauer keinen wesentlichen Unterschied im Anfang November, wo sie in diesen Gewässern sein wird, finden.

Längs dieser Strecke wird, nach den Admiralitätskarten über Wind und Strömung, Ende Oktober und Anfang November vielfach östlicher Wind herrschend getroffen werden, obgleich die Einwirkung des Südwest-Monsuns sehr merklich und der Südost-Passat stellenweise aufgebrochen ist. Beobachtungen über Wind, Wetter und Barometerstand sind in jenen Gegenden für die Schifffahrt von besonderer Bedeutung, und wird die „Gazelle", obgleich und vielleicht gerade, weil sie in der orkanfreien Zeit dieselbe besucht, manchen wichtigen Beitrag liefern können, zugleich mit Rücksicht auf Richtung und Stärke des Aequatorial-Stromes und jenes Stromes, welcher sich an der Südost-Spitze von Neu Guinea theilt.

Aller Wahrscheinlichkeit nach sind in Apia oder Tutuila der Samoa-Inseln abermals Kohlen zur Disposition. Nach einem Aufenthalte in einem dieser Häfen von vier bis fünf Tagen hat die „Gazelle" ihren Kurs nach Tongatabu unter steten Beobachtungen zu nehmen und sollte sich bemühen, von letzterer Insel, wo ebenfalls ein kurzer Aufenthalt genommen werden muss, den 30. Breitenparallel in der Nähe ihrer Route von Auckland nach den Fidji's zu erreichen, um abermals Kontrollothungen u. s. w. ausführen zu können.

Der nächste Bestimmungsort ist die kleine Insel Oparo, welche, dem Breitenparallel von 30° folgend, in den ersten Tagen des Monats Dezember erreicht werden kann.

Es wäre möglich, dass in diesem kleinen Hafen, welcher eine Zeit lang als Kohlenstation für die nunmehr wieder eingegangene Dampferlinie zwischen Neuseeland und Panama diente, Kohlen erhalten werden könnten, doch ist darauf durchaus nicht zu rechnen. Die weitere Reise längs dem 30. Grad S-Br bis zum Peruanischen Strom und 80° W-Lg, wo im November und Dezember die Winde vorherrschend Nordwest und Südwest sind, dürfte keinen übergrossen Zeitaufwand erfordern, wenngleich auch auf einem südlicheren Kurse von Oparo aus die „Gazelle" schnell in die Region der westlichen Winde würde geführt werden und schneller die Strasse von Magellan erreichen könnte.

Aus den in der Einleitung angeführten Gründen ist es aber durchaus wünschenswerth, Tiefe, Temperatur und Stromverhältnisse auf dem 30. Breitenparallel zu erforschen, und ist dabei nur zu beachten, dass im Falle von Gegenwinden S. M. S. „Gazelle" nach der Polarseite des erwähnten Parallels davon abweichen sollte. Auf diesem Kurse und unter den auszuführenden wissenschaftlichen Arbeiten bei der Pitcairn-Insel, etwa unter dem Meridian von 130° W-Lg, wird ein starker, südwärts führender Strom angegeben; Erhebung über dessen Existenz, Stärke und Temperatur wären sehr erwünscht — könnte die Korvette bei dem Kap Pillar am westlichen Eingange in die Strasse von Magellan in den ersten Tagen des Monats Januar 1876 eintreffen und die Untersuchung dieser Strasse beginnen. Diese hätte sich vorzugsweise auf die Feststellung der physikalischen Verhältnisse zu beschränken, da zu Aufnahmen die erforderliche Zeit nicht gegeben ist. Punta Arenas ist anzulaufen, theilweise um Kohlen einzunehmen, die daselbst, wenn auch von geringer Güte, zu erhalten sind, theilweise auch, um alle für die Schifffahrt wichtigen Erkundigungen über die Magellan-Strasse einzuziehen. Wünschenswerth würde es sein, von diesem Hafenplatze zuverlässige Bestimmungen der magnetischen Elemente zu erhalten, da der zunehmende Verkehr eiserner Schiffe in der Magellan-Strasse eine genauere Feststellung der Werthe derselben erforderlich macht, um daraus die für die Deviations-Aenderungen wichtigen Elemente ableiten zu können.

S. M. S. „Gazelle" hat Mitte des Monats Januar von dem östlichen Eingange der Magellan-Strasse, Kap Virgins, ihre Heimreise durch den Atlantischen Ocean zu bewerkstelligen. So nützlich es sein würde, neben der Küste von Süd-Amerika den Kurs zu nehmen, um über Strom- und Temperaturverhältnisse Beobachtungen anzustellen, so ist es doch der herrschenden Nordwinde und des südlich setzenden Stromes wegen zu empfehlen, die Reise nach der Mündung des La Plata (Montevideo) so einzurichten, dass die Falklands-Inseln eben im Norden passirt werden und der Kurs in einem weiten Bogen, etwa bis 46° S-Br und 50° W-Lg, nach dem Rio de la Plata genommen wird. Wichtig sind auf dieser Route, die ungefähr 14 Tage beanspruchen dürfte, die Stellen, an welchen sie den südwärts setzenden, wärmeren Strom durchschneidet, nämlich gerade westlich von den Falklands-Inseln und südlich von der La Plata-Mündung. Ueber Strömung, specifisches Gewicht, Temperatur sind vor der letzteren Beobachtungen auszuführen.

Anfang Februar wird die „Gazelle" die La Plata-Mündung wieder verlassen können, und zwar um, womöglich auch hier dem 30. Grad südlicher Breite folgend, bis zum Meridian von Greenwich die Beobachtungen über Strom, Tiefe, Temperatur und Boden fortzusetzen. Bei dieser Gelegenheit wird der Kurs der „Gazelle", welchem sie auf der Ausreise vom Kongo nach dem Kap der guten Hoffnung folgte, berührt werden, und ist es wünschenswerth, dass an den Berührungs- oder Schnittpunkten Kontrolmessungen ausgeführt werden. Würden jene Punkte eben in den letzten Tagen des Februar erreicht, so empfiehlt es sich, von denselben den Kurs nach Penedo de St. Pedro (29° W-Lg) zu nehmen.

S. M. S. „Gazelle" hat auf der Ausreise von der Linie bis Ascension und von da nach dem Kongo eine Anzahl Lothungen ausgeführt, und ist an die Mittheilung der betreffenden Resultate die Vermuthung geknüpft, dass von Ascension bis Penedo de St. Pedro die östlich davon konstatirte Erhöhung des Meeresbodens sich hakenförmig weiterziehe. Ein Verfolgen dieser Untersuchungen auf den auf der Hinreise beobachteten Stellen würde daher von besonderem Interesse sein. Das Interesse, welches sich an diese Untersuchungen knüpft, wird noch erhöht durch eine in jüngster Zeit von Lord Lindsay's Expedition gemachte Beobachtung, dass an den in Frage stehenden Stellen des Atlantischen Oceans eine plötzliche Aufwallung des Wassers wahrgenommen wurde, welche eine wesentliche Verringerung des specifischen Gewichts des Seewassers zur Folge gehabt haben soll. Möglich ist, dass es sich hier um einen Ausbruch eines neuen unterseeischen Kraters handelte, worüber die Untersuchungen S. M. S. „Gazelle" wichtige Aufschlüsse werden geben können.

Unter der Annahme, dass die „Gazelle" den 30. Grad südlicher Breite Ende Februar wird verlassen können, wird sie die Linie Mitte März durchschneiden und vermag sonach, da im nördlichen Atlantischen Ocean auf jede weitere systematische Meeresuntersuchung verzichtet wird, Anfang April England zu erreichen, von wo mir die Ankunft telegraphisch zu melden ist.

Ueber den Umfang der anzustellenden Untersuchungen enthalten die allgemeinen wissenschaftlichen Instruktionen, welche vom hydrographischen Bureau für S. M. S. „Gazelle" aufgestellt wurden, alles Erforderliche, und bedarf es daher keiner weiteren Darlegung über diesen Gegenstand mehr. Allein es wird zur weiteren Ausführung einzelner in jener Instruktion gegebener Winke auf den

Artikel über Hydrographie in der „Anleitung zu wissenschaftlichen Beobachtungen auf Reisen" verwiesen. Ueber das, was längs der beschriebenen Route von Auckland durch die Magellan-Strasse nach Europa an Vermessungen und Untersuchungen ausgeführt werden kann, lässt sich Folgendes hervorheben:

Der Kapitän zur See Freiherr von Reibnitz spricht sich über Apia in seinem Berichte vom 1. December 1874 dahin aus, dass an Bord S. M. S. „Arcona" durch Lothungen ermittelt worden, dass die westlich von Apia nach See zu sich erstreckende Bank eine grössere Ausdehnung habe, als wie diese in der Karte Tit. XII No. 162 angegeben sei, da noch circa 2,5—3 Seemeilen nördlich von dieser Bank 14 bis 16 Meter Wasser gelothet wurden, während nach der Karte dort 55 bis 65 Meter Wassertiefe sein soll. Ferner giebt Kapitän von Reibnitz an, dass nach der Karte, welche nach ziemlich ungenauen Vermessungen aus dem Jahre 1839 gezeichnet worden ist, fast sämmtliche Bergspitzen 1 bis 2 Seemeilen falsch liegen, so dass die Peilungen nie übereinstimmten. Gute Vertonungen und Richtungslinien, sowie Segelanweisungen wären hier zu fertigen. Sehr erwünscht wäre es sonst auch, wenn auf einigen der Inseln der Samoa-Gruppe, namentlich im Hafen von Apia und Pago-Pago, möglichst genaue Ortsbestimmungen stattfänden, auf deren Grundlage eine Vermessung stattfinden könnte.

Des Weiteren ersuche ich Euer Hochwohlgeboren, eine Zusammenstellung über die im Interesse der Schifffahrt bereits vorhandenen und erforderlichen Leuchtfeuer und Seezeichen an der Küste von Chile, Patagonien und der Magellan - Strasse, soweit sich dazu die Gelegenheit bietet, zu veranlassen. Insbesondere würde ein Gutachten Euer Hochwohlgeboren von grossem Nutzen sein, das sich eingehend darüber aussprächе, ob auf dem Kap Pillar, am westlichen Eingang der Magellan-Strasse, die Möglichkeit vorhanden ist, ein Leuchtfeuer, das gerade hier im Interesse der Schifffahrt in hohem Grade geboten erscheint, zu errichten.

Mit Rücksicht auf diese Disposition habe ich die Briefsendungen für S. M. S. „Gazelle" folgendermaassen regeln lassen. Briefe gehen nach Auckland von hier bis incl. 15. August, und erhalten Sie die letzten in Auckland mit dem am 11. September St. Francisco verlassenden Dampfer, welcher ca. am 8. Oktober in Auckland eintreffen wird. Von da ab gehen dieselben bis zum 11. November incl. nach Punta Arenas, woselbst Sie die letzte Post mit dem Liverpool am 17. November verlassenden Dampfer ca. am 22. Dezember erhalten werden; demnächst bis zum 24. Dezember incl. nach Montevideo, wo Sie dieselben mit dem Liverpool am 29. Dezember verlassenden Dampfer ca. am 26. Januar erhalten werden, und dann nach Plymouth in England.

Den Berichten Euer Hochwohlgeboren über die Ausführung der wissenschaftlichen Arbeiten etc. sehe ich seiner Zeit von den verschiedenen Häfen aus entgegen.

Der Chef der Admiralität.

gez. von Stosch.

Kapitel IV.

Von Kiel bis zum Kongo.

Kiel—Plymouth. Plymouth—Madeira. Madeira—St. Jago. Beobachtungen zwischen den Kap Verde'schen Inseln. St. Jago.
St. Jago—Monrovia. Monrovia. Monrovia—Ascension. Beobachtungen von Sternschnuppen und Zodiakallichtern.
Ascension. Ascension—Kongo.

Von Kiel nach Plymouth.

Nach vollendeter Ausrüstung und Instandsetzung des Schiffes wurde dasselbe am 20. Juni
Vormittags durch den Chef der Marine-Station der Ostsee inspicirt und dampfte am Nachmittage des-
selben Tages an die im Kieler Hafen verankerte Deviationsboje, woselbst mit einem neuen Normal-
Kompass und dem Deviations-Magnetometer die Deviation der Kompasse und demnächst durch Professor
Dr. NEUMAYER mittelst des Fox'schen Apparates die magnetischen Werthe bestimmt wurden. Da die
Arbeit bis spät Abends nicht zu Ende geführt werden konnte, wurde am nächsten Morgen 1/24 Uhr
damit fortgefahren, und nach Beendigung derselben trat S. M. S. „Gazelle" um 8½ Uhr Vormittags
ihre Expedition an und verliess unter Dampf bei frischem nördlichen Winde den heimathlichen Hafen,
um sich zunächst nach Plymouth zu begeben. Trotz ungünstigen Windes ging diese erste Tour verhältnissmässig rasch und gut von Statten, ohne dass besondere Vorkommnisse zu verzeichnen wären.
Während der Fahrt durch den Grossen Belt und die Ostsee blieb der Wind nördlich und nordwestlich,
ging mit dem Eintritt des Schiffes in die Nordsee beim Kap Skagen, welches am 22. Juni Nachmittags
passirt wurde, nach Süden und Südwesten und behielt diese Richtung durch die ganze Nordsee, nur
ab und zu von Stillen unterbrochen, so dass die Reise fast ganz unter Dampf zurückgelegt werden
musste, und nur stellenweise Segel gesetzt werden konnten.

Nachdem am 26. Mittags mit dem Passiren von Dover der Kanal erreicht war, traf die
„Gazelle" am 28. Vormittags noch gerade rechtzeitig genug in Plymouth ein, um sich daselbst durch
Flaggen über die Toppen an der Feier des Krönungstages der Königin VICTORIA zu betheiligen,
welche Festlichkeit alsbald nach der Ankunft des Schiffes von der auf Rhede gelegenen englischen
Fregatte „Aurora" notificirt war.

Die Reise von Kiel nach Plymouth wurde dazu benutzt, das Personal mit den ihm auf See
obliegenden Aufgaben und Funktionen vertraut zu machen; die Besatzung wurde in den hauptsächlichsten Rollen und Manövern unterwiesen und eingeübt, die wissenschaftlichen Arbeiten der Offiziere
wurden organisirt und mit den Beobachtungen, zunächst behufs Einübens — namentlich in der
Meteorologie — begonnen.

In *Plymouth* war während des fünftägigen Aufenthalts vollauf zu thun, um die Ausrüstung des
Schiffes zu kompletiren, indem nicht nur für die äusseren nothwendigen Bedürfnisse von Schiff und
Besatzung durch Anbordnahme von Proviant, Kohlen und Materialien gesorgt werden musste, sondern
auch ein Theil der Instrumente für die wissenschaftlichen Beobachtungen beschafft wurde, namentlich
die Tieflothapparate, welche mit Zubehör von der englischen Werft geliefert und deren Dampfmaschine
zum Einwinden der Lothleinen an Bord installirt wurde.

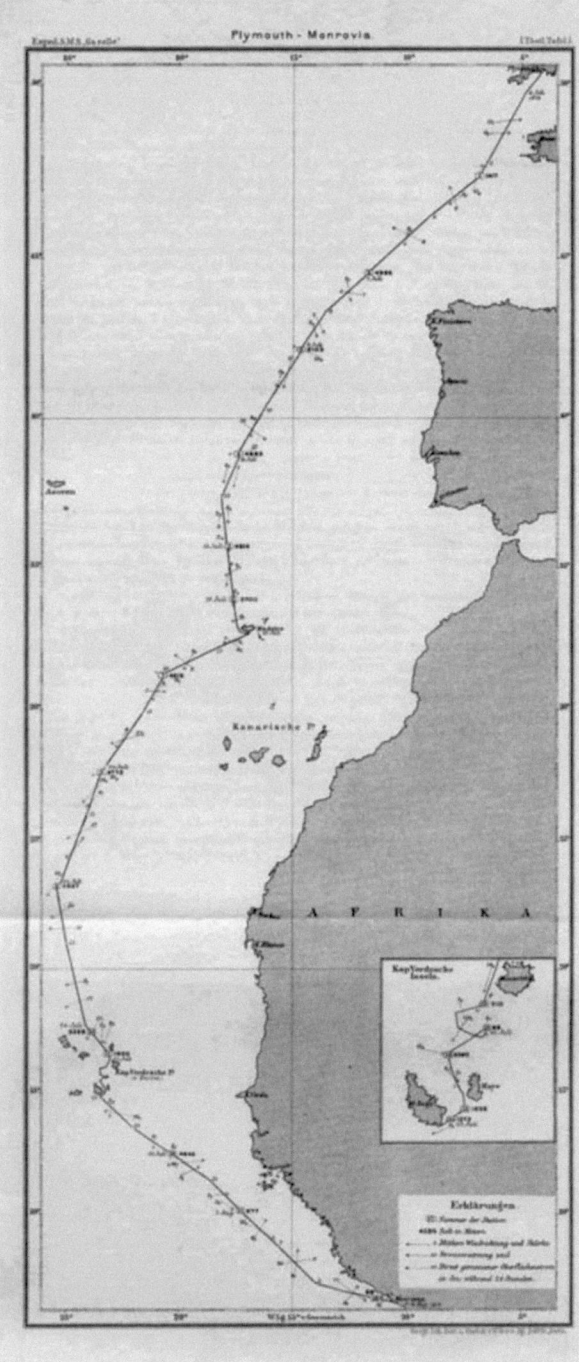

Von Plymouth nach Madeira.

Am 3. Juli Abends verliess S. M. S. „Gazelle" Plymouth und nahm Kurs auf Madeira. Auf dieser Reise wurden die ersten Tiefseeforschungen angestellt, auf die hier etwas näher eingegangen werden soll. Nachdem soviel wie möglich schon in Plymouth und die ersten beiden Tage nach dem Verlassen des Hafens das Lothgeräth zum Gebrauche vorbereitet war, wurde am 5. Juli Nachmittags die erste Versuchslothung angestellt und für dieselbe wegen der bis dahin noch vorhandenen Unbekanntschaft mit der praktischen Handhabung der Operation nicht zu grosse, nach den Karten annähernd bekannte Meerestiefen gewählt. Der Abfall des oceanischen Hochplateaus, welches die Westküste Frankreichs und ganz Grossbritannien umschliesst, und das grosse Nordatlantische Tiefseebecken, welches sich tief in die Bai von Biscaya hinein ausdehnt, erschien dazu geeignet. Der Meeresboden fällt hier auf die Entfernung von 30 Seemeilen von 100 Faden auf 2000 Faden (183 auf 3658 Meter) ab. Da die Tiefe an der zur Lothung ausgesuchten Stelle unter 1829 Meter (1000 Faden) betragen musste, so wurde für die Lothung das verbesserte 50 Kilogramm schwere Tiefbleiloth benutzt, welches kein Gewicht auf dem Boden abstreift, aber zur Aufnahme einer Bodenprobe eine Kammer mit Schmetterlings-Ventil besitzt. Ueber dem Lothe wurden der Wasserschöpf-Apparat zum Aufholen einer Grundwasserprobe und ein Miller—Casella'sches Thermometer befestigt. Das Loth wurde zuerst mit der Maschine gefiert, demnächst frei fallen gelassen in 47° 24' N-Br und 6° 57,5' W-Lg und erreichte nach ca. 20 Minuten den Boden, was am langsamen Auslaufen der Leine selbst bei diesem leichten Lothe kenntlich war. Das Einwinden mit der Lothmaschine verursachte keine Schwierigkeit und dauerte $^3/_4$ Stunden. Während der ganzen Operation wurde das Schiff mit der Schraube möglichst genau senkrecht über der Leine gehalten. Der Akkumulator zeigte keine besondere Spannung an.

Die Resultate dieser Lothung No. 1 waren folgende:

Tiefe des Meeres 1417 Meter (775 Faden), Temperatur in dieser Tiefe 6,7° C., specifisches Gewicht des Wassers 1,0258.

Da das Ventil der Bodenkammer des Lothes nicht ganz genau geschlossen zu haben schien, so war vom Meeresboden nicht viel darin geblieben, jedoch hinreichend, um die folgenden Bodenbestandtheile nach mikroskopischer Untersuchung festzustellen: Sand aus Quarz und Glimmertheilchen mit wenig Feldspathkrystallen und Foraminiferenschalen.

An animalischem Leben zeigten sich: Mollusken, Würmer, Echinodermata, Coelenterata, Protozoa, theils in mehreren Arten, theils in Bruchstücken einzelner Thiere.

Während des Lothens wurde vom Boote aus der Oberflächenstrom gemessen und eine Nordnordost-Strömung von 0,7 Knoten Geschwindigkeit gefunden, sowie mit einem gewöhnlichen Käscher an der Oberfläche gefischt und eine grosse Zahl von ½ Zoll grossen Salpen und Quallen gefangen. An dieser Stelle scheint ein ungemein reiches Leben kleiner animalischer Wesen, sowohl an der Oberfläche, wie in der Tiefe des Meeres zu existiren. Die das Schiff begleitenden Möven und Sturmschwalben, sowie die sich ab und zu zeigenden Delphine, welche in diesen Organismen ihre Nahrung finden, bestätigten dies, während allerdings das bisher beobachtete geringe Meerleuchten in einem gewissen Widerspruche damit zu stehen schien.

Da nach den Karten und dem sonst zur Orientirung an Bord befindlichen Material auf der von S. M. S. „Gazelle" einzuschlagenden Route noch keine Lothungen existirten, so beschloss der Kommandant, in Entfernungen von ca. 250 Seemeilen solche auszuführen.

Die folgende Lothung wurde daher am 7. Juli Vormittags in 44° 30' N-Br und 11° 43' W-Lg mit Baillie's Loth, welches mit 125 Kilogramm Gewichten beschwert war, gemacht. Mit diesem erheblichen Gewichte von gegen 3 Centnern incl. des Lothes selbst, sowie dem Gewichte von mehreren Centnern Lothleine (nachdem über 1800 Meter waren), sank das Loth ziemlich schnell, in ca. ³/₄ Stunden, bis auf den Grund. Das Erreichen des Bodens und damit die Erleichterung der Leine war wiederum an plötzlicher Vergrösserung der Zeitintervalle des Ablaufens von je 25 Faden (46 Meter) gut bemerkbar. Der Akkumulator zeigte die Gewichtsverminderung weniger deutlich an. Das Aufwinden der Lothleine dauerte ungefähr 2¹/₄ Stunden. Die Gewichte hatten sich losgelöst. Diese Lothung No. 2 ergab:

Tiefe des Meeres 4389 Meter (2400 Faden), Temperatur des Wassers in dieser Tiefe 2,4° C., specifisches Gewicht des Wassers 1,0268.

Der Boden bestand aus gelblich grauem, zähem Schlamm, in welchen das Loth fast einen Meter eingesunken war. Die mikroskopische Untersuchung des Schlammes liess darin den sogenannten organischen Urschlamm (Bathybius) erkennen, eine Bewegung konnte indessen an ihm nicht wahrgenommen werden; elektrische Reizung blieb resultatlos. An mikroskopischen Thieren wurden in diesem Schlamme gefunden: lebende Exemplare von Globigerina bulloides, sowie Schalen derselben, und Bruchstücke von Polycystinen-Schalen und Coccolithen. 1646 Meter (900 Faden) vom Ende der Lothleine wurde mit derselben ein vielfach um dieselbe geschlungener, milchfarbener Gallertstoff aufgewunden, der so zähe anhaftete, dass er sich nur in kleinen Stücken abreissen liess.

Während der Lothung wurde mit dem Fischnetz aus zwei Booten gefischt, ohne dass indessen etwas Anderes, als einige kleine Quallen und Salpen gefangen wurden. Dagegen war ein aufgefischtes, ca. 2 Meter langes Brett mit Tausenden von Entenmuscheln bedeckt, zwischen denen einzelne nackte Schnecken und eine bereits angefressene Meernadel sich befanden.

Strommessungen wurden auf dieser Station nicht vorgenommen, dagegen wurde die erste Temperaturreihe bis zu einer Tiefe von 2743 Meter (1500 Faden) genommen, und folgende Temperaturen beobachtet:

An der Oberfläche	17,5°,	in 914 Meter (500 Faden) 10,3°,
in 91 Meter (50 Faden) .	11,8°,	„ 1829 „ (1000 „) 4,4°,
„ 457 „ (250 „) .	10,6°,	„ 2743 „ (1500 „) 3,0°.

Die dritte Lothung wurde am 9. Juli in 42° 9,3' N-Br und 14° 38,2' W-Lg gemacht und zwar wurde hierzu das Hydra-Loth mit 125 Kilogramm Gewicht benutzt. Als das Loth, nachdem es den Boden erreicht hatte, wieder aufgewunden wurde, zeigte der Akkumulator erhebliche Spannung. Da die Vermuthung nahe lag, dass die Gewichte nicht ausgelöst waren, wurde das Loth nochmals fallen gelassen, und als der Akkumulator noch immer grosse Kraftanstrengung zeigte, dies Manöver wiederholt. Da sich aber nichts änderte, wurde die Leine aufgewunden; sie erwies sich von ausgezeichneter Haltbarkeit, denn durch vorsichtiges Einwinden und Manövriren mit dem Schiffe wurde das Loth mit den Gewichten zusammen glücklich wieder an die Oberfläche befördert. Die Auslösevorrichtung der Gewichte hatte also nicht funktionirt; sie beruht bei diesem Loth auf der in der Praxis schwer herzustellenden richtigen Federwirkung einer stählernen Feder. Ist die Federung zu kräftig, so streifen sich die Gewichte schon zu früh ab, ist sie aber zu schwach, so streifen sie auch dann nicht ab, wenn das Loth auf den Boden gefallen ist; dies letztere musste hier der Fall sein.

Die Lothung No. 3 ergab:

Meerestiefe 5103 Meter (2790 Faden), Temperatur des Wassers am Meeresboden 2,5° C., specifisches Gewicht des Wassers in dieser Tiefe 1,0267.

Der Meeresboden enthielt dieselben Bestandtheile und dieselben Thiere wie bei der vorhergegangenen Lothung. Während des Lothens wurde vom Boote aus der Strom an der Oberfläche und in 113 Meter (60 Faden) Tiefe gemessen, und für ersteren WNW 0,60 Seemeilen in der Stunde, für letztere WSW 0,50 Seemeilen gefunden.

Ausser der angegebenen Bodentemperatur wurden noch folgende Temperaturen bis zu 2743 Meter Tiefe beobachtet:

An der Oberfläche . . . 19,2°,		in 1097 Meter (600 Faden) 9,5°,
In 91 Meter (50 Faden) 13,4°,		„ 1646 „ (900 „) 5,0°,
„ 366 „ (200 „) 11,2°,		„ 2195 „ (1200 „) 3,3°,
„ 732 „ (400 „) 10,7°,		„ 2743 „ (1500 „) 2,8°.

Es wurde ferner vom Boote aus fleissig mit Käschern gefischt, jedoch nichts Neues gefangen; dagegen wurden einige Sturmschwalben geschossen, die bisher die beständigen Begleiter des Schiffes gewesen waren, nachdem die Möven dasselbe seit zwei Tagen verlassen hatten. Die Sturmschwalben begleiten nicht nur bei stürmischem Wetter, wie die meisten naturbeschreibenden Werke berichten, sondern auch bei gutem Wetter das Schiff; sodann leben sie keineswegs bloss von Quallen, sondern folgen den Schiffen, um die über Bord geworfenen Ueberreste aufzusammeln; endlich fliegen sie auch nicht beständig, sondern setzen sich in einiger Entfernung vom Schiff zu 10 bis 20 Stück auf das Wasser, um die über Bord geworfenen Ueberreste zu fressen.

Die nächstfolgende vierte Lothung wurde am 11. Juli in 38° 48' N-Br und 17° 19,0' W-Lg mit Baillie's Loth und denselben Gewichten wie bisher angestellt. Die Gewichte des Lothes hatten sich gelöst und die Lothleine kam gut in die Höhe. Man fand:

Tiefe des Meeres 4663 Meter (2550 Faden), Temperatur des Wassers in dieser Tiefe 2,3°, specifisches Gewicht des Wassers 1,0267. Der Meeresboden war wie bei den vorigen Lothungen zusammengesetzt, nur in der Färbung etwas gelb-röthlicher und, wie es schien, mit etwas grünlichen Stellen; auch das animalische Leben erwies sich an dieser Stelle, an der Oberfläche sowohl wie in der Tiefe, als dasselbe, wie bei den früheren Stationen.

Die Strommessungen ergaben an der Oberfläche und in 113 Meter (60 Faden) dieselbe Wasserbewegung nach Wz S 0,50 Seemeilen die Stunde.

Die Temperatur des Wassers war wenig abweichend von derjenigen auf dem vorherigen Beobachtungsort, nur in der obersten Schicht etwas höher, der südlichen Breite entsprechend.

Am Abend desselben Tages wurde ein intensiveres Meeresleuchten, als bisher, beobachtet; während es nämlich zuvor nur immer sehr schwach gewesen war und nur einzelne kleine schwach leuchtende Punkte vorübergetrieben waren, zeigten sich an diesem Abend bei bedecktem Himmel neben jenen schwach leuchtenden Punkten grössere leuchtende Stellen, von denen aus, jene Stelle als Mittelpunkt umgebende, stark leuchtende kreisförmige Ringe sich ausbreiteten. Sie schienen grossentheils in Tiefen von 3 bis 4½ Meter vorüberzutreiben und leuchteten nur alsdann so stark, wenn sie unter dem Schiffe hindurch in das Kielwasser trieben. Mit einem der Schleppnetze wurde vom Heck aus gefischt, aber nur einige kleine Salpen, Krebse u. a. gefangen. Erst als das Schiff in den Wind ging, um die Fahrt von ca. 3,5 Knoten zu hemmen, und auf diese Weise das mit Gewichten beschwerte Netz mehr in die Tiefe kam, verfing sich eins dieser leuchtenden Thiere in die Kette des Netzes. Das Leuchten war beim Herauskommen dieses ca. 13 Centimeter langen und 2 Centimeter breiten Thieres (Pyrosoma Atlantica) von grosser Intensität, erschien beim Heraufholen des Netzes als eine hell leuchtende grüngelbe Kugel, nahm aber, obgleich das Thier in Wasser gesetzt wurde, sofort so ab, dass die Untersuchung mit dem Mikroskop kein Resultat hatte.

An den folgenden Tagen wurde mit dem Schleppnetz öfters gefischt in Tiefen bis zu 163 Meter (100 Faden) und es wurden dabei manche interessante seltene und zum Theil unbekannte Formen kleiner mikroskopischer Organismen niederer Ordnung und deren Schmarotzer zu Tage gefördert. Ein interessanter Nachtfang bestand in einer jungen ca. 30 Millimeter langen Scholle, welche die Augen symmetrisch hatte und in einem 2500 Faden tiefen Wasser nicht vermuthet werden durfte, da die Scholle sonst als ein Schlammfisch der flacheren Gewässer gilt.

Am 13. Juli in 35° 43′ N-Br und 7° 50′ W-Lg wurde wieder mit dem Baillie-Loth gelothet, gleichzeitig eine Temperaturreihe genommen und Strom gemessen. Der Akkumulator zeigte bei dem Wiederaufwinden der Lothleine heftige Anstrengung. Man liess daher das Loth wieder fallen, und wurde es, als sich dadurch in der Anstrengung wenig änderte, vorsichtig eingewunden. Die Gewichte kamen mit an die Oberfläche, indem wegen mangelhafter Anfertigung (der Aufhänger war zu stark gebogen) die eisernen Oesen, an welchen der Draht der Gewichte befestigt war, sich zwischen dem metallenen Kopfe des Lothes und der gebogenen Fläche des Aufhängers eingeklemmt hatten.

Diese Lothung No. 5 ergab:

Tiefe des Meeres 4614 Meter (2523 Faden), Temperatur des Wassers im Grunde 2,7°, specifisches Gewicht des Wassers 1,0268. Der Meeresboden war derselbe wie bei den ersten beiden Lothungen, ebenso das animalische Leben.

Eine ganz schwache Strömung, die mit 0,1 Knoten Geschwindigkeit nach S S O setzte, wurde nur an der Oberfläche gemessen.

Die Wassertemperaturen waren ähnlich wie bei Lothung No. 4.

Die sechste und letzte Lothung auf dieser Reise wurde dicht vor Madeira am 14. Juli in 33° 52,3′ N-Br und 17° 36,8′ W-Lg vorgenommen, um das Aufsteigen des Bodens der von dieser Seite her noch nicht angelotheten Insel zu bestimmen. Die Insel kam dabei in Süd in Sicht. Es wurde wieder Baillie's Loth benutzt, nachdem die oben erwähnte Biegung des Aufhängers etwas gerade gefeilt war. Die Gewichte lösten sich auch gleich bei dem ersten Auffallen ab.

Es wurde gefunden:

Meerestiefe 3700 Meter (2023 Faden), Temperatur des Wassers in dieser Tiefe 2,5°, specifisches Gewicht des Wassers 1,0276.

Auch hier setzte nur ein ganz schwacher Strom an der Oberfläche nach Süd mit 0,1 Knoten Geschwindigkeit.

Die Temperatur wurde nur bis zu 549 Meter (300 Faden) gemessen und zwar:

an der Oberfläche . . . . 22,0°,   in 366 Meter (200 Faden) 13,6°,
in 91 Meter (50 Faden) 17,5°,   „ 549   „   (300   „) 10,6°.
„ 183   „   (100   „) 16,3°,

Demnächst wurden an demselben und dem folgenden Tage noch Lothungen mit dem kleinen Loth in 32 resp. 5 Seemeilen Entfernung von Madeira gemacht, ohne jedoch mit 2195 resp. 1463 Meter (1200 resp. 800 Faden) Leine den Grund zu erreichen, sowie näher unter der Küste, westlich und südwestlich von der Insel, auf flacherem Wasser in 90 und 120 Meter Tiefe zwei Mal mit dem Schleppnetz gearbeitet, wobei eine reiche Ausbeute an interessanten Quallen, Seesternen, kleinen Muscheln, Korallen u. a. zu Tage gefördert wurde.

Nach Beendigung dieser Schleppzüge steuerte die „Gazelle" der Insel *Madeira* zu und ankerte daselbst an demselben Tage, dem 15. Juli, auf der Rhede von *Funchal*.

Von Madeira nach St. Jago.

Der Aufenthalt in *Madeira* war ein sehr kurzer und gestattete nur einem kleinen Theil der Offiziere und Mannschaft, die Insel zu betreten, denn bereits am nächsten Abend, den 16. Juli, nachdem Kohlen aufgefüllt, frische Lebensmittel und einige andere Ausrüstungsgegenstände an Bord genommen waren, verliess das Schiff die Rhede von *Funchal*, mit südwestlichem Kurse sich den Kap Verde'schen Inseln zuwendend, um daselbst Porto Praya, den Hafen von St. Jago, anzulaufen. Es wurde jedoch nicht direkter Kurs auf die Inselgruppe genommen, sondern zunächst westsüdwestlich gesteuert, um in die von der Spanischen See aus gelegte Lothungslinie wieder hineinzukommen, und nachdem dieselbe am 18. Juli auf 31° 15′ N-Br und 20° 37′ W-Lg erreicht, wurde dieselbe 4 Tage lang bis auf 23° 19′ N-Br verfolgt, um sie durch drei weitere in angemessenen Entfernungen (circa 240 Seemeilen) von einander ausgeführte Lothungen, Temperaturreihen und sonstige oceanische Beobachtungen zu vervollständigen.

Dieselben (Station 7, 8, 9) ergaben, korrespondirend mit den früheren, Tiefen von 4618, 4773 und 5057 Meter, so dass für das östlich von dem Azorenrücken liegende grosse Nordatlantische Tiefseebecken eine ziemlich gleichmässige Tiefe von durchschnittlich 4600 Meter konstatirt wurde, während sich der Meeresboden als graugelber Globigerinen-Schlamm kennzeichnete. Die Wassertemperaturen, welche gleichzeitig mit den Lothungen ausser an der Oberfläche und dem Meeresboden in 100, 200, 400, 600, 800, 1000, 1200 und 1500 Faden (183, 366, 732, 1097, 1463, 1829, 2195, 2743 Meter) beobachtet wurden, nahmen überall in gleicher Weise nach der Tiefe zu ab, von der Oberfläche bis zu 360 Faden (658 Meter) rasch von 22—23° C. auf 10—11°, dann progressiv langsamer; in 1500 Faden Tiefe herrschte auf allen Stationen eine Temperatur von 2,7° und 2,8° und verringerte sich von hier bis zum Grunde nur noch um einige Zehntel Grade.

Ungefähr gleichzeitig mit der Kursänderung am 18. setzte der Passat aus ONO und NO ein und kennzeichnete sich unter Anderem an einer niedrigeren Lufttemperatur, als die Tage vorher geherrscht hatte. Er blieb zunächst flau aber stetig, wurde am 22. auf ca. 23° N-Br kräftig, jedoch in der Nähe der Kap Verde'schen Inseln wieder flau und veränderlich.

Die Strömung wurde auf allen Stationen westlich gefunden, mit dem südlicher werdenden Beobachtungsort auch südlicher drehend und an Stärke zunehmend.

Nachdem am 22. Juli die letzte Lothung und die damit verbundenen übrigen oceanischen Messungen ausgeführt, wurde die Lothungslinie verlassen und auf die Mitte der Kap Verde'schen Inseln abgehalten, um zwischen der östlichen und westlichen Gruppe, auf welcher Linie noch keine Lothungen in den Karten verzeichnet waren, hindurch zu laufen. Bei Annäherung an die Inseln am 24. Juli Abends wurde auf 17° 30′ N-Br und 23° 47′ W-Lg eine Tieflothung (Station 10) genommen, um, falls das Wasser — wie nach den bereits passirten, vom amerikanischen Kriegsschiffe „Delphin" ausgeführten 1600 Faden- (2926 Meter-) Lothungen zu vermuthen war — bis unter 1839 Meter (1000 Faden) Tiefe abgenommen hatte, die Nacht zu Arbeiten mit dem Schleppnetz zu benutzen. Indessen wurden 3328 Meter (1820 Faden) gelothet und erst am folgenden Morgen (des 25. Juli) zwischen den Inseln *St. Nicholas* und *Sal* in 16° 40′ N-Br und 23° 11′ W-Lg (Station 11) 1600 Meter (875 Faden) Tiefe gefunden. Bei beiden Lothungen brachte das Loth grauen Globigerinen-Schlamm vom Grunde herauf.

Demnächst lief die „Gazelle" nach der die Insel *Bonavista* umgebenden Bank, schleppte dort mit gutem Erfolge auf 91 Meter (50 Faden) Tiefe, wobei an Grundbestandtheilen Foraminiferen, zerbrochene Muschelschalen, Seeigelfragmente und Stücke basaltischen Gesteins, an lebenden Thieren

Stachelhäuter, Seeigel und Seesterne, zahlreiche Muscheln und Schnecken, Würmer und Krebse zu Tage beförderte wurden, und steuerte dann südlich, um auf dem Nordrande der den *Leton*-Felsen einschliessenden Bank ebenfalls zu schleppen und gleichzeitig — wenn möglich — die Lage dieses Korallenriffes, auf welchem in früheren Jahren viele Schiffe verunglückt sind, und den dort gehenden Strom zu beobachten. Schon bei 293 Meter (160 Faden) Tiefe, also bevor die 100 Faden-Grenze der Bank erreicht war, zeigte sich die Brandung des Felsens, welche — wenn die Karte richtig ist — mithin auf 8 bis 9 Seemeilen zu sehen wäre, obgleich die See, der herrschenden Bramsegels-Kühlte entsprechend, nur mässig bewegt war. Nachdem das Schiff 2 Seemeilen weiter herangegangen war, wurde gelothet (Station 12), Strömung gemessen und mit dem Grundnetz geschleppt. Die Lothung ergab 210 Meter (115 Faden) Tiefe; der Boden bestand aus hartem Fels, grobkörnigem Sand, zerbrochenen Schalen von Muscheln und Seeigeln, sowie Foraminiferenschalen; der Strom lief nach SW mit 0,25 Knoten Geschwindigkeit. Eine grössere Annäherung an den Felsen erschien bei der eintretenden Dunkelheit und, dem in den Segeldirektionen oft als veränderlich angegebenen Strom nicht rathsam.

Die Nacht hindurch lag das Schiff wieder nach West von der Bank ab und, nachdem 15 Seemeilen abgelaufen waren, wurde das Schleppnetz mit über 3000 Meter Leine heruntergelassen. Bei dem Aufwinden stellte sich heraus, dass die Tiefe hier in ganz unerwarteter Weise zunehmen muss, da das Netz den Grund nicht erreicht hatte.

Die „Gazelle" lag wieder nach dem Südende der Leton-Felsen-Bank zu und erhielt eine Lothung auf 62 Meter (34 Faden), bei gleichzeitiger Peilung der Insel Bonavista und Mayo, wonach das Südende der Bank sich südwestlicher zu erstrecken scheint, als auf der Karte angegeben ist. Gleich darauf kam die Brandung des Felsens in NNO sehr fern in Sicht, auf welche 4,7 Seemeilen zu laufend 62, 55, 73, 69 Meter (34, 30, 40, 38 Faden) gelothet wurden. In einer Entfernung von 4 bis 5 Seemeilen vom Felsen wurde in 15° 40' N-Br und 23° 6' W-Lg mit dem Schleppnetz vom Schiffe und vom Boote aus gearbeitet, Strom, die Bodentemperatur und das specifische Gewicht des Wassers am Meeresgrunde bestimmt (Station 13).

Bei 69 Meter (38 Faden) Tiefe bestand der Grund aus Muscheltrümmern und Foraminiferenschalen, zwischen denen rothe Kalkalgen lagerten. Das Netz enthielt zwei eigenthümliche, rothgefärbte kugelige, apfelgrosse Kalkschwämme, zur Gattung Leucaltis gehörend, Quallenpolypen in baumartig verzweigten Stöcken von 35 Centimeter Höhe, Moosthierchen, zahlreiche Würmer und eigenthümliche Schlangensterne, von denen eine Art bis jetzt von der Küste Westindiens bekannt war (Ophiomyxa flaccida), eine zweite sich als neu erwies; desgleichen waren zwei aalartige Fische neu für die Wissenschaft. Die vorherrschende Farbe der Thiere war roth.

Die Strömung lief nach Süd mit 0,18 Knoten Geschwindigkeit.

Während des Schleppens wurde mit der Angel ein junger weiblicher Hai von 2 Meter Länge gefangen. Zur Feststellung der in der letzten Nacht gefundenen grossen Wassertiefe segelte die „Gazelle" alsdann 18 Seemeilen nach West und lothete dort auf 15° 28,4' N-Br und 23° 26,2' W-Lg (Station 14) 2560 Meter (1400 Faden) grauen Schlamm, während an der Oberfläche sowohl wie in 113 Meter (60 Faden) Tiefe ein OzS-Strom von 0,49 resp. 0,63 Knoten Stärke beobachtet wurde.

Den Kanal zwischen den Inseln St. Jago und Mayo herunter laufend, wurde daselbst ebenfalls noch einige Male gelothet, wobei am 27. Juli in 15° 1' N-Br und 23° 17' W-Lg (Station 15) 1628 Meter (890 Faden) Sand, und dicht vor Porto Praya in 14° 55,5' N-Br und 23° 25,5' W-Lg 1372 Meter (750 Faden) Sand und braunschwarzer Schlick gefunden wurde. Der letzteren Position

Exped. SMS „Gazelle"

ST FRANCIS - BUCHT.

Lith v W Greve Kgl Hoflith Berlin.

entspricht die auf Tafel 6 gegebene Ansicht des die 3 Seemeilen in NNW ½ W entfernte St. Francis-Bucht umgebenden Theils der Südostküste von St. Jago.

Die Bestimmung der geographischen Position des Leton-Felsens ergab dieselbe zu 15° 46′ N-Br und 23° 6′ W-Lg, während dieselbe nach der britischen Admiralitäts-Karte auf 15° 48′ N-Br und 23° 9½′ W-Lg liegen sollte, und die an Bord befindlichen Segelanweisungen ebenfalls abweichende Angaben enthielten.

Der Kommandant der „Gazelle" hält jedoch die an Bord dieses Schiffes gemachte Positions-bestimmung für genau und richtig, da zur Zeit der grössten Annäherung an denselben eine Mittagsbreite genommen wurde, die Schätzung der Distanz aber von demselben schwerlich mehr als eine Seemeile irrig sein kann und die Chronometer, nach welchen die Länge festgelegt war, kurz darauf mit der bekannten Länge von Porto Praya verglichen wurden.

Die zwischen den Kap Verde'schen Inseln beobachteten Stromrichtungen und Stärken weichen nicht wesentlich von den in den Karten und Segelanweisungen angegebenen Strömungen ab, nur wurde durchschnittlich eine geringere Geschwindigkeit gemessen. Ein Einfluss von Ebbe und Fluth auf die Stromrichtungen liess sich mit Bestimmtheit nicht nachweisen, doch scheint es, als gehe der Strom bei Ebbe mehr westlich und südwestlich, bei Fluth hingegen mehr südlich und südöstlich.

St. Jago.

Der Insel St. Jago wurde wie Madeira nur ein sehr flüchtiger Besuch abgestattet, der lediglich das Kohlenauffüllen bezwecken sollte und zu kurz war, um wissenschaftliche Forschungen daselbst anstellen zu können. Am 27. Juli, Nachmittags 2 Uhr, ankerte die „Gazelle" auf der Rhede von *Porto Praya* und ging bereits am nächsten Vormittage nach Monrovia in See.

Die ziemlich unwirthlich aussehende Insel ist an thierischem und pflanzlichem Leben sehr arm. Besonders die nächste Umgebung der Stadt machte einen sehr öden Eindruck, spärliches Gras und einige kümmerliche Baumalleen bildeten das einzige Grün. Nur östlich der Stadt, in einer das Plateau durchschneidenden Schlucht, welche von einem frischen Bache durchströmt und bewässert wurde, hatte sich eine reichere Vegetation entwickelt, Kokosnüsse, Bananen, Bataten und andere tropische Früchte wurden hier gezogen. Auch das Thierleben war hier ein reicheres. Eine Acridienart und der afrikanische Aasgeier, Neophron percnopterus, waren die einzigen Thiere, welche sich in unmittelbarer Nähe des Hafenplatzes zeigten. In dem Thal traten an Vögeln eine Habichtart, ein hübscher Eisvogel mit blauen Flügeln und korallenrothem Schnabel und Schmarotzermilane, Milvus aegyptius, hinzu. Die letzteren hielten sich auch mit Vorliebe Morgens auf der Rhede auf und um-schwärmten, Beute spähend, das Schiff. Von Bord aus wurden ein junges Männchen und ein altes Weibchen erlegt und konservirt; im Magen des Weibchens fanden sich etwa 70 Raupen vor, während der des Männchens nur mit einem weissen zähen Schleim bedeckt war.

Von St. Jago nach Monrovia.

Die Reise von St. Jago nach Monrovia war vom Wetter wenig begünstigt; nachdem der Passat am 30. Juli das Schiff in 12° N-Br verlassen hatte, traten in Richtung und Stärke sehr veränderliche westliche und südwestliche Winde, mit einem mehrere Tage fast ununterbrochen an-haltenden Regen ein, so dass ein grosser Theil des Weges mit Zuhülfenahme der Maschine zurück-gelegt werden musste.

An der Grenze des Passates und des westlichen Stromes wurden eine Lothung und eine Temperaturreihe genommen, weiter unter der afrikanischen Küste zwei fernere Lothungen gemacht und drei Mal mit dem Schleppnetze am Meeresboden mit gutem Erfolge geschleppt.

Die Lothungen ergaben in 12° 29' N-Br und 20° 16,1' W-Lg (Station 16) 4645 Meter Tiefe, in 10° 12,9' N-Br und 17° 25,5' W-Lg (Station 17) 677 und in 6° 27,8' N-Br und 11° 20,2' W-Lg (Station 18) 68 Meter. Die erste Lothung fällt noch in das früher erwähnte Nord-atlantische Tiefseebecken, welches sich hiernach ziemlich dicht an die afrikanische Küste hinanzieht und steil gegen dieselbe ansteigt; während auf dieser Station das Loth noch den für dieses Becken charakteristischen graugelben Globigerinen-Schlamm vom Grunde heraufbrachte, wurde er auf den beiden letzteren Stationen durch schwarzen Schlick ersetzt. Der Oberflächenstrom setzt an der Küste nach SO, am ersten Beobachtungsort nach SzW, in einer Tiefe von 110 Meter dagegen auch hier nach SO.

Während der ersten Lothung am 30. Juli zeigten sich Schaaren einer grossen Delphinart, welche beinahe ³/₄ Stunde in der Nähe des Schiffes verweilten. Am folgenden Tage wurden während des Lothens zwei Exemplare einer Thalassidroma-Art (Schwalben-Sturmvogel) mit schwarzbraunen Augen, schwarzem Schnabel, Läufen und Schienbein und mit gelben Flecken auf der Schwimmhaut erlegt. Diese Vögel verliessen das Schiff auf der weiteren Reise und erschienen erst vor der Kongo-Mündung wieder, um alsdann in einzelnen Exemplaren dem Schiffe bis zur Kapstadt zu folgen.

Monrovia.

Am 4. August erfolgte die Ankunft des Schiffes vor Monrovia, der Hauptstadt des Neger-Freistaates Liberia, welcher einen ca. 500 Seemeilen langen und 600 Seemeilen breiten Saum der westafrikanischen Küste, vom Flusse Shebar bis zum Flusse San Pedro, einnimmt. Die Errichtung der Republik datirt aus dem Jahre 1821, wo sich auf Veranlassung eines in Washington zusammen-getretenen Kolonisationsvereins zur Ansiedlung freier Farbiger der Vereinigten Staaten die ersten Ansiedler am Kap Mesurado niederliessen, Monrovia gründeten und von hier sich, allerdings nicht ohne zunächst auf einigen Widerstand der Eingeborenen zu stossen, nach beiden Seiten ausbreiteten.

Die Stadt Monrovia liegt hart am Strande an der Einmündung des Flusses Mesurado in un-mittelbarer Nähe eines Urwaldes, rings umgeben von Mangrove-Sümpfen, die sich längs der Küste hinziehen, in der kalten Jahreszeit grösstentheils ausgetrocknet sind, in der warmen Periode aber den Europäern durch ihre Gas-Emanationen verderblich werden. Der Gesundheitszustand der Besatzung S. M. S. „Gazelle" wurde durch den dreitägigen Aufenthalt in Monrovia nicht tangirt; der Vorsicht halber wurde freilich auf Verordnung des Schiffsarztes den an Land gewesenen Offizieren und Mann-schaften drei Tage lang eine Dosis Chinin verabreicht, um einem Fieberausbruch vorzubeugen.

Sogleich nach Ankunft des Schiffes liess der Kommandant S. M. S. „Gazelle" durch den deutschen Konsul um eine Vorstellung beim Präsidenten der Republik nachsuchen. Die Audienz erfolgte am Mittag des nächsten Tages, nachdem dem internationalen Ceremoniell entsprechend die Flagge der Republik von S. M. S. „Gazelle" mit 21 Schuss salutirt und der Salut in derselben Weise erwiedert war.

Kapitän zur See Freiherr von Schleinitz begab sich in Begleitung einer Anzahl Offiziere der „Gazelle" zunächst zum Staatssekretär des Auswärtigen, Mr. Mowe, einem verhältnissmässig noch jungen Schwarzen von angenehmem Wesen, welcher die Herren in das Haus des Präsidenten Mr. Roberts führte. Die Vorstellung fand in Gegenwart des Kabinets statt, bestehend aus dem

NEGER von MONROVIA

BOOT mit EINGEBORENEN beim KAP MESURADO.

genannten Minister des Auswärtigen und den Staatssekretären der Justiz und des Schatzes, eines früheren Präsidenten der Republik und des Gesandten der Vereinigten Staaten von Amerika, sämmtlich Schwarze bis auf den Präsidenten, der zwar schwarzer Abkunft sein sollte, aber von weisser Farbe war mit hellen Augen und blondgrauem Haar. Nach erfolgter gegenseitiger Vorstellung und nach einiger Unterhaltung über die Natur und die Verhältnisse des Landes wurden in einem Nebenzimmer Erfrischungen servirt.

Zur Zeit der Anwesenheit S. M. S. „Gazelle" existirten in Monrovia nur drei europäische Kaufmannshäuser, ein deutsches, ein holländisches und ein englisches, welche Tauschhandel längs der ganzen Küste betrieben und vorzugsweise Palmölkerne ausführten. An Provisionen war in Monrovia so gut wie Nichts zu haben.

Die Kommunikation mit dem Lande war in Folge hoher Brandung sehr erschwert und das Passiren der Flussbarre und der am Strande stehenden Brandung in der Regel mit einiger Gefahr für die Bootsinsassen verbunden, obgleich weder besonders starker Wind herrschte, noch die in der Regenzeit (Mai bis September) zuweilen vorkommenden schweren Roller auftraten. Eingehende naturwissenschaftliche Untersuchungen konnten während des kurzen Aufenthaltes nicht angestellt werden, die geologischen und botanischen Sammlungen wurden jedoch so weit wie möglich bereichert, und konnte auf kleinen Exkursionen ein Einblick in die Natur des Landes gewonnen werden.

Gleich beim Betreten des Landes fiel ein mächtiger Wollbaum in die Augen, von dessen Zweigen zahlreiche Nester eines Webervogels herabhingen. In dem landeinwärts der Stadt mit Gras, Buschwerk von Laurineen und Ficus, Oelpalmen und Kaffeepalmen bestandenen, von Ananaspflanzungen und Gärten durchschnittenen Landstrich zeigte sich ein reges Thierleben. Die Paradieswittwe mit ihren langen schleppenartigen Schwanzfedern, ein schwarzer Webervogel mit gelben Schulterdecken, ein Nashornvogel, ein Kukuk mit rothbraunem, an der Unterseite weiss geflecktem Gefieder, rothen Augen und fleischfarbenen Füssen, und zahlreiche Schmetterlinge wurden beobachtet. Im Gras hüpften grosse Acridier, im Sumpf kleine grüne Frösche, im Laub Laubfrösche, grün mit karminrothen Schenkeln, im Wasser wimmelte es von grauen gelbgestreiften Blutegeln.

An jagdbarem, grösserem Wild giebt es in der Umgebung nur eine kleine Antilopen-Art, die sich in den Niederungen des Flusses aufhält. Weiter im Innern kommen Leoparden und Affen vor, im Flusse Krokodile. Schlangen, deren es sehr viele geben soll, kommen nur in der warmen Jahreszeit zum Vorschein.

Von Monrovia nach Ascension.

Am 7. August Nachmittags lichtete die „Gazelle" die Anker, um die Rhede von Monrovia zu verlassen, der südlichen Hemisphäre sich zuzuwenden und die nächste Rast bei der inmitten des Atlantischen Oceans isolirt sich erhebenden kleinen Insel Ascension zu machen. Bei andauerndem südlichen und südöstlichen Winde ging die Reise ziemlich langsam von statten. Zunächst wurde an der Küste entlang gesegelt, um etwas östliche Länge zu gewinnen und an derselben auf nicht zu grossen Tiefen mit dem Schleppnetz zu arbeiten. Demnächst durchschnitt das Schiff die Guinea-Strömung, lief jedoch nochmals zurück, als es am 9. August bereits auf $3\frac{1}{2}°$ N-Br, nördlicher, als zu erwarten und in allen Stromkarten und Segelanweisungen angegeben war, auf den Aequatorial-Strom traf, um durch wiederholte Strom- und Temperaturmessungen die Grenzen beider Strömungen möglichst genau festzustellen.

Am 12. August wurde der ertheilten Ordre gemäss auf 14° W-Lg der Aequator passirt. Die am folgenden Tage auffallende Entfärbung des Wassers veranlasste den Kommandanten, zu lothen, und wurde in 0° 55,9′ S-Br und 14° 22,8′ W-Lg eine Tiefe von 2999 Meter (1640 Faden) gefunden, mithin eine bisher nicht bekannte äquatoriale Bodenerhebung konstatirt. Ueber Ausdehnung und Beschaffenheit derselben weitere Untersuchungen anzustellen, gebrach es leider an Zeit, um den durch den Venusdurchgang bedingten Termin der Ankunft auf den Kerguelen nicht zu versäumen, und mussten dieselben für die Rückreise vorbehalten werden. Im Ganzen wurden auf der Reise neun . Stationen für oceanische Tiefseeforschungen gemacht, auf denselben sechs Lothungen ausgeführt, acht Temperaturreihen genommen, auf allen Strom- und specifische Gewichtsbestimmungen gemacht, sowie so viel wie möglich für die Erforschung der Meeresfauna und -Flora gearbeitet. Die oceanischen Messungen sind in folgender Uebersicht zusammengestellt:

Station	Datum	Breite	Länge	Tiefe Meter	Tiefe Engl. Faden	Beschaffenheit des Meeresbodens	Specifisches Gewicht (bei 17,5° C.) Oberfläche	Specifisches Gewicht (bei 17,5° C.) 183 m (100 Fd.)	Specifisches Gewicht (bei 17,5° C.) Meeresboden	Strom (rechtw.) Sm. p. h. Oberfläche		Strom (rechtw.) Sm. p. h. 110 m (60 Fad.)	
19	7. Aug. 1874	4° 40,1′ N	9° 10,6′ W	108	59	Korallen.	1,0262	—	1,0271	EzS	0,55	—	
20	8. „ „	4 18,2	10 37,1	4755	2600	Gelber u. schwarzer Schlamm.	69	—	63	SE	0,65	SzE	0,12
21	9. „ „	3 20,3	11 19,4	4828	2640	do.	71	—	—	SWzS	1,37	SWzS	0,81
22	10. „ „	3 30,0	10 2,3	—	—	—	68	—	—	SzW	0,52	SzW	0,45
23	10. „ „	3 55,9	10 20,5	—	—	—	74	—	—	SzW	0,09	NzE	0,06
24	12. „ „	0 39,0	13 14,7	—	—	—	70	—	—	WzN	1,57	W	1,07
25	13. „ „	0 55,9 S	14 22,8	2999	1640	Grauer Globig.-Schlamm und Sand.	74	—	73	WNW	0,52	ESE	0,08
26	15. „ „	4 8,6	15 4,4	3932	2150	Hellgrauer kreidiger Globig.-Schlamm.	76	—	69	W	0,92	W	0,47
27	17. „ „	7 45,0	14 43,0	3767	2060	do.	73	68	70	S¹/₄W	0,41	—	

Temperaturreihen wurden auf allen Stationen mit Ausnahme der ersten genommen, sie zeigten von der Oberfläche bis zum Meeresboden einen ziemlich gleichen Verlauf, indem die Temperaturen an der Oberfläche zwischen 21,7° und 25,7°, am Grunde zwischen 2,2° und 2,5° variirten.

Versuche, über die Sternschnuppen-Periode dieses Monats Beobachtungen anzustellen, wurden meistens durch bedeckten Himmel verhindert. Nur einmal in ungefähr 3° N-Br und 11° W-Lg am 10. August in den Morgenstunden zwischen 2 und 3 Uhr, 14ʰ 50ᵐ bis 15ʰ 50ᵐ mittlere astronomische Greenwicher Zeit, gelang es, Aufzeichnungen zu machen. Durch vier Beobachter, welche der Segelführung entsprechend je einen Theil des Himmels beobachteten, wurden in den Sternbildern Leier, Pfeil, Delphin, Adler, Antinous, Schütze, Steinbock, Wassermann, Südliche Fische, Kranich, Pfau, Phönix, Hydrus, Eridanus, Pegasus, Schwan, Andromeda, Cassiopeja, Perseus, Fische, Widder, Fuhrmann, Stier, Orion, Haase, Taube und Walfisch während der Stunde 114 Sternschnuppen gesehen, von denen 7 erster, 29 zweiter, 32 dritter, 30 vierter und 16 fünfter Grösse waren. 58 Sternschnuppen hatten ihren Radiationspunkt im Perseus, die übrigen waren sporadisch. Das Maximum trat in der Zeit zwischen 15ʰ 11ᵐ und 15ʰ 21ᵐ mittlere Greenwicher Zeit ein; in diesen 10 Minuten wurden 25 Sternschnuppen gezählt.

An ferneren interessanten Himmelsphänomenen zeigten sich auf der Reise zwei Zodiakallichter, von denen das eine am 16. August Morgens in 5° 34,7′ S-Br und 15° 5,8′ W-Lg recht genau beobachtet werden konnte. Dasselbe erstreckte sich vom Horizont über die Zwillinge und Procyon bis zum Stier, und war mit milchweissem Lichte von 3ʰ 30ᵐ bis 5ʰ 10ᵐ sichtbar, worauf es beim Eintritt der Dämmerung erblasste. Die beigegebene Skizze (Fig. 7) zeigt die Grenzen desselben und giebt die Schraffirung ein Bild der verschiedenen Lichtstärken. Gegen 4ʰ 45ᵐ war das Licht am hellsten, und

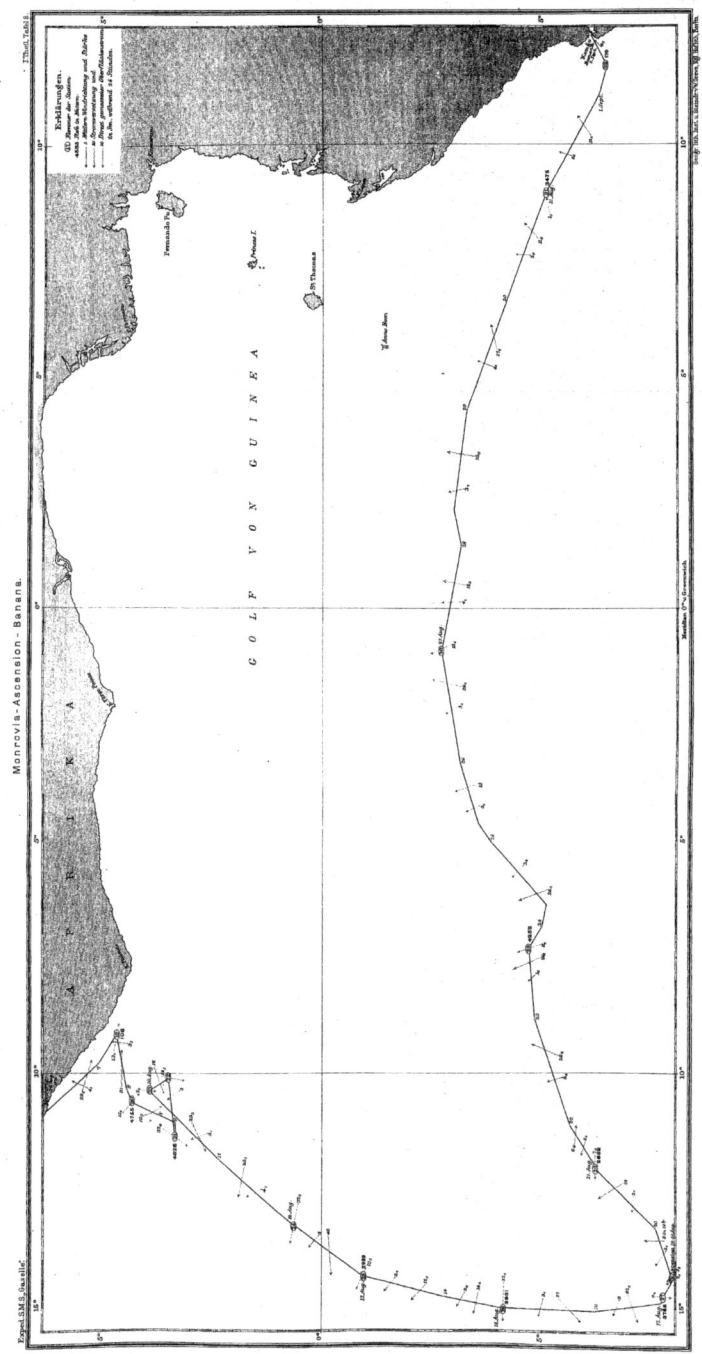

zwar hatte der hell schraffirte Theil die Lichtstärke der hellsten Partien in der Milchstrasse. Der Himmel war klar, der reducirte Barometerstand 765,61 Millimeter, die Temperatur der Luft 22,5° C. Gegenlicht und Lichtbrücke wurden nicht bemerkt.

Das zweite, aber nur schwache Zodiakallicht wurde bereits früher, am 13. August, wahrgenommen; es war von derselben Ausdehnung, aber nur kurze Zeit sichtbar, und liessen die Grenzen sich nicht genau beobachten.

Nachdem am 17. als Vorboten des Landes Seeschwalben, Möven und Fregattvögel sich eingestellt hatten, kam am Nachmittage desselben Tages die Insel Ascension in südöstlicher Richtung auf 20 Seemeilen Entfernung in Sicht. Die Insel sollte jedoch an diesem Tage noch nicht angelaufen werden, sondern wurde derselbe noch zu Lothungen und anderen oceanischen Messungen ausgenutzt. Auch wurde bei dieser Gelegenheit ein Delphin, welcher sich in der Nähe des Schiffes tummelte, vom Oberbootsmann harpunirt und unter lebhafter Betheiligung der Schiffsmannschaft an Bord geholt. Derselbe mass von der Schnauze bis zur Schwanzspitze 2,36 Meter, vom hinteren Ansatz der Rückenflosse bis zur Schwanzspitze 1,08 Meter, die senkrechte Höhe der Rückenflosse betrug 0,25, die Breite an der Basis 0,30 Meter, desgleichen die Brustflosse 0,44 Meter und die grösste Breite der Schwanzflosse 0,64 Meter.

Am folgenden Morgen wurde Ascension zugesteuert und um 11 Uhr in der an der Nordwestseite gelegenen *Clarence*-Bucht vor *Georgetown*, der einzigen Niederlassung auf der Insel, geankert.

Figur 7.
Zodiakallicht, beobachtet am 16. August 1874 in 5° 34,7′ S-Br und 15° 5,8′ W-Lg.

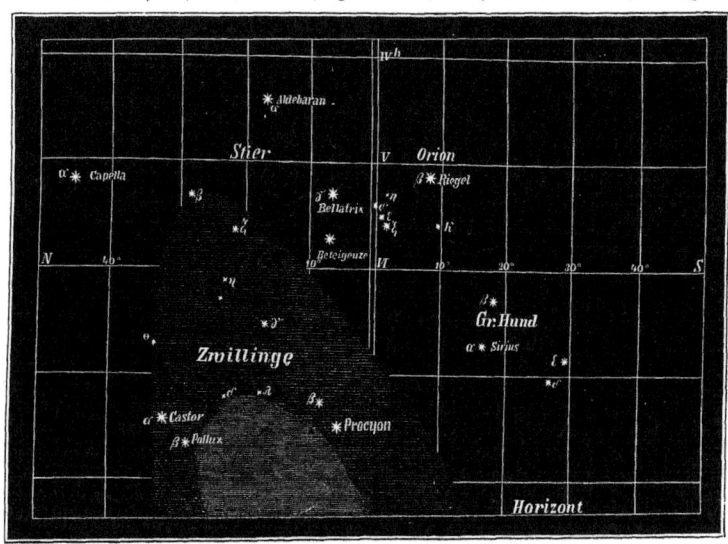

Die Insel Ascension.

Vom Ankerplatz aus bot die Insel einen überaus öden trostlosen Anblick. Nichts als nackte kahle Felsen und braune Lavahügel; kein Strauch, kein Baum, um vor der brennenden Tropensonne Schutz zu bieten, war zu entdecken. Mit drohender Gewalt brach sich eine hohe Brandung an dem

8*

harten Gestein des Strandes, welcher durch einen weissen und von der braunen Umgebung durch diese Färbung auffallend abstechenden Streifen gesäumt wurde. Bei näherer Untersuchung stellte sich heraus, dass dieser Streifen aus Trümmern von Muscheln und anderen kalkigen Schalen bestand, welche, ans Land gespült, durch die Brandung zermalmt und zu kleinen Körnern abgeschliffen waren. Mit Regenwasser gemischt, bildet sich aus denselben eine zusammenbackende feste Masse, welche als Kalk und zu Bauten Verwendung findet.

Die Stadt *Georgetown* besteht nur aus einer geringen Anzahl von Häusern und einer rein militärischen Bevölkerung, welche zur Zeit der Anwesenheit S. M. S. „Gazelle" circa 280 Personen zählte. Im Jahre 1815, zur Zeit von Napoleons Gefangenschaft auf St. Helena, wurde die Insel, welche bereits 1501, und zwar am Himmelfahrtstage — daher der Name — von JUAN DE LA NUEVA entdeckt sein soll, aber bisher noch unbewohnt war, von den Engländern in Besitz genommen und auf derselben ein Militärposten mit nur schwacher Besatzung errichtet. Nach Napoleons Tode wurde die Insel von der englischen Regierung zum Erholungsplatz für die an der afrikanischen Küste stationirten englischen Schiffe ausersehen, auf derselben Lazarethe — es waren zur Zeit zwei Lazarethe dort, das eine für Schwerkranke unten in der Stadt, und das zweite für Leichtkranke und Rekonvaleszenten auf dem *Green Mountain* —, sowie Depots für Kohlen und Provisionen zum Bedarf der Schiffe errichtet.[1])

Die Insel ist vulkanischen Ursprungs und weist über 40 erloschene Krater auf, die aber früher wahrscheinlich alle in Thätigkeit gewesen sind. Der höchste Berg, der *Green Mountain*, erhebt sich bis zu 850 Meter; auf demselben lag die Wohnung des Gouverneurs, das bereits erwähnte Lazareth und die aus einer Baracke und einer Anzahl Villen bestehende Niederlassung mit Sommerwohnungen für Offiziere und Beamte.

Die klimatischen Verhältnisse sind vorzüglich; mitten im Ocean und im Bereich des Südostpassats gelegen, sorgt der letztere für eine stets erfrischende kühlende Luft und gute Ventilation; der trockene Boden und die geringen Niederschläge erhalten die Atmosphäre frei von Verunreinigungen und schädlichen Miasmen, so dass die Insel in der That einen sehr geeigneten Zufluchtsort für Kranke und Rekonvaleszenten bildet. Regen und Niederschläge finden nur auf der Luvseite und den höheren Bergregionen des Green Mountain statt. Diesem Umstande ist es zuzuschreiben, dass, während die Leeseite der Insel kahl und dürr ist, und kaum einige Gräser ihr Fortkommen hier finden, die Luvseite durch freundliche grünende Wiesen bedeckt wird, welche Heerden von Rindern und Schafen, Ziegen, Kaninchen, Fasanen, Hühnern und anderen Thieren reichliche Nahrung bieten, und es bei der Niederlassung auf dem Green Mountain möglich war, reizende und ertragreiche Garten- und Feldanlagen zu erzeugen, auf denen nicht nur Korn und Gemüse gezogen wird, sondern auch Palmen, Guaven, Ingwer, Bananen und andere tropische Gewächse in üppiger Weise fortkommen. Um die Vegetation allmälig auch nach der Leeseite zu verbreiten, ist eine Art künstlicher Berieselung derselben versucht. Auf dem Berge sind grössere Wasserbehälter angelegt, sogenannte Dampiers, aus denen das Wasser von Zeit zu Zeit, wenn es sich genügend gesammelt hat, über den Leeabhang des Berges ergossen wird; der Name dieser Tanks wird von dem bekannten Seefahrer DAMPIER abgeleitet, der hier gestrandet und, einer wilden Ziege folgend, Wasser gefunden haben soll.

S. M. S. „Gazelle" fand auf der Insel von Seiten des kommandirenden Offiziers, Kapitän EAST, und der kleinen Bevölkerung eine sehr freundliche und zuvorkommende Aufnahme. Bereitwilligst wurden dem Schiffe die erforderlichen Kohlen aus den dort lagernden Beständen zur Verfügung gestellt, für die Besatzung ein Ochse geschlachtet und derselben eine grosse Schildkröte zum Geschenk

---

[1]) Seit 1881 wurde der Plan aufgegeben, und nur noch das Kohlendepot dort gelassen.

gemacht. Die letztere war 1,4 Meter lang und lieferte ungefähr 250 Kilogramm Fleisch, so dass es für mehrere Mahlzeiten für die ganze Besatzung hinreichte. Diese enormen Seeschildkröten halten sich in grosser Menge bei der Insel auf und kommen vom Dezember bis Mai zur Nachtzeit an der Leeküste auf den Strand, um zu laichen und ihre Eier in den Sand zu legen; bei diesen Verrichtungen werden sie von zwei zu dem Zweck am Strande stationirten Leuten überrascht, auf den Rücken gelegt und per Boot nach den Schildkrötenteichen geschleppt; 400 bis 500 Stück sollen auf diese Weise in einer Saison gefangen werden.

Kapitän EAST war ferner in liebenswürdiger Weise bemüht, den Offizieren und Gelehrten behülflich zu sein, die Insel kennen zu lernen und zu exploriren, indem er einen Ausflug nach dem *Green Mountain* arrangirte und leitete. Ein gut gehaltener Fahrweg führte bis zu den Baracken hinauf, längs welchem auch die zur Stadt führende Wasserleitung angelegt war; in bestimmten Entfernungen waren an der Strasse Wasserbehälter aufgestellt, um Menschen und Thieren Erfrischung zu gewähren; weiter oben auf dem Berge waren in Nischen gefüllte Wasserkrüge placirt. Mit dem Ersteigen der Höhe vollzog sich allmählich eine Aenderung in der Vegetation. Die bisher trostlose Lavawüste wurde reichlicher mit Pflanzen belebt. Ricinus und Gräser wurden kräftiger und üppiger, dazwischen blühte die Argemone mexicana, Agaven und Feigencactus umsäumten den Weg. In einer Höhe von 600 Meter begann die Region der feuchten Nebel, auf dem humusreichen Boden gediehen Guajaven, Bananen, Pandanus, Ingwerpflanzen, Moose und Farren bedeckten die schroffen Abhänge.

Die einheimische Fauna war wie die Flora eine ziemlich spärliche, wie diese entwickelt sich auch das Thierleben mit zunehmender Höhe. Während in den unteren kahlen Regionen nur eine grosse Heuschrecke durch ihr Gezirp sich bemerkbar machte, kamen weiter oben Grillen, Schmetterlinge, eine blaue Lycaena, Fliegen und Schnecken zum Vorschein.

Von Vögeln kamen ausser einer Estrelda-Art mit rothem Schnabel und Gefieder nur Seevögel zur Beobachtung. Die Sterna fuliginosa hatte an der Nordwestseite der Insel einen Brutplatz; zahllose Vögel nisteten hier, im Brutgeschäft begriffen, neben einander und liessen sich durch Eindringlinge weder verscheuchen, noch setzten sie sich zur Wehr.

Ein grosser Fregattvogel wurde bei Annäherung des Schiffes an die Insel erlegt. Seine Spannweite betrug 1,837 Meter, seine Länge vom Hinterkopfe bis zur Schwanzspitze 0,88, die Schnabellänge 0,12 Meter.

Am Strande lebte ausser der schon erwähnten Riesenschildkröte eine Landkrabbe, die sich von hier bis auf die höchsten Berge ausbreitete. Eine kleine Kammauster und die Nerita Ascensionis haftete an den Meeresfelsen. In Höhe des Meeresspiegels hatte sich ein dunkelvioletter See-Igel tiefe Löcher in die Basaltlava gegraben. Das Schleppnetz lieferte aus der Nähe der Küste rothe klumpenförmige Korallinen und die schon am Strande beobachteten Muschelschalen.

Von Ascension nach dem Kongo.

Am 19. August Abends wurde die Reise nach der Kongo-Mündung fortgesetzt und beim Fortgehen ausserhalb der Clarence-Bucht auf der nordwestlichen Inselbank mit gutem Resultate ein Schleppzug gemacht. In 110 Meter Tiefe bestand der Grund aus rothen Kalkalgen und Sand aus gerollten Muschelfragmenten. Das Netz füllten orangenrothe Seesterne, Würmer und neuen Arten angehörende Krebse, die mit amerikanischen Formen verwandt sind; unter den Muscheln und Schnecken befand sich die ziegelroth gefärbte Harfenmuschel, Harpa rosea, deren Vorkommen bis dahin nur von der westafrikanischen Küste bekannt war. Da in der Segel-Ordre S. M. S. „Gazelle" angenommen war, dass das Schiff Ende August oder Anfang September den Kongo erreichen sollte, so wählte der Kommandant von Ascension aus nicht die früher von den nach der afrikanischen Küste bestimmten Schiffen allgemein gebräuchliche südliche Route, zunächst bis zu 20° S-Br über Steuerbord-Bug liegend, und dann über Backbord-Bug zurück auf 6° S-Br, sondern er schlug die nördliche Route ein, ausschliesslich über Backbord-Bug segelnd. Die erstere Tour würde unter Zuhülfenahme der Maschine mindestens 24 Tage beansprucht haben, während so die Reise, grösstentheils nur unter Segel, in 13½ Tagen zurückgelegt wurde.

Lothungen und Temperaturreihen wurden auf dieser Tour je vier genommen; von den ersteren fielen jedoch drei auf das erste Drittel des Weges, die letzte circa 150 Seemeilen von der afrikanischen Küste, da vom 24. bis zum 31. August wegen einer Maschinenreparatur die Lothungen ausgesetzt werden mussten. Die übrigen oceanischen Beobachtungen nahmen während der Fahrt ihren regelmässigen Verlauf. Beobachtungsstationen wurden gemacht in 6° 15,4′ S-Br und 12° 0,1′ W-Lg (Station 28), 4° 42,4′ S-Br und 7° 17,8′ W-Lg (Station 29), 2° 42,2′ S-Br und 0° 57,8′ W-Lg (Station 30), 5° 3,6′ S-Br und 8° 57,9′ O-Lg (Station 31), 6° 22,1′ S-Br und 11° 41,0′ O-Lg (Station 32); gelothet wurde auf den beiden ersten und den beiden letzten Stationen, und zwar 2652 Meter bei felsigem Grund, 4252 Meter in gelbgrauem Globigerinen-Schlamm, 3475 und 179 Meter mit schwarzem Schlick; Temperaturreihen wurden auf den vier ersten Stationen genommen, auf der dritten (Station 30) nur bis zu 549 Meter (300 Faden) Tiefe; die Temperaturen zeigten in gleichen Tiefen grössere Differenzen wie gewöhnlich.

Das auf Station 32 in Thätigkeit gesetzte Schleppnetz lieferte in dem dunkeln Bodenschlamm zahlreiche Schalen von Muscheln und Korallenskeletten; einzelne sandige Partien bestanden grösstentheils aus Foraminiferenschalen.

Beim Einholen der Lothleine auf Station 28 zeigte sich an derselben anhaftend in 550 Meter Tiefe eine eigenthümliche gallertartige Masse, und daneben um die Leine geschlungen fadenartige, bei Berührung mit der Haut heftig nesselnde Gebilde. Diese Erscheinung war bereits mehrfach bei früheren Lothungen beobachtet und trat auch später wieder auf sowohl im Atlantischen, als Indischen und Stillen Ocean. Bei näherer Untersuchung stellte es sich heraus, dass es Fangfäden von Siphonophoren oder Röhrenquallen waren, was dadurch bestätigt wurde, dass in einzelnen Fällen ganze Thiere dieser Art, die am meisten mit der Gattung Rhizophysa übereinstimmten, an die Oberfläche befördert wurden. Nach der Anheftstelle an der Lothleine zu urtheilen, stammen diese Thiere alle aus Tiefen zwischen 500 und 3600 Meter, die meisten aus Tiefen von 1400 bis 3300 Meter bei einer Temperatur von 2° bis 4°. Oberhalb dieser Tiefe scheinen sie nicht zu leben, da durch das Oberflächennetz und bis zu der angegebenen Tiefe niemals ein Exemplar gewonnen wurde.

GEFESSELTER NEGER

ARBEITERGRUPPE

Kapitel V.

Der Kongo.

Annäherung und Einlaufen in die Flussmündung. Die Uferländer des Kongos. Die Kongo-Neger. Hydrographische und nautische Verhältnisse.

Bereits weithin auf hoher See und einige Tage, bevor der afrikanische Kontinent in Sicht kam, machte sich die Annäherung an denselben und an den Kongo, der aus seiner über 6 Seemeilen breiten Mündung eine ungeheuere Wassermasse mit 4 bis 8 Knoten Geschwindigkeit in das Meer ergiesst, durch die Färbung und das leichtere specifische Gewicht des Wassers bemerkbar. Eine starke Abnahme des letzteren fand bereits 360 Seemeilen vor der Mündung statt; die ihm eigene braune Färbung war gegen 240 Seemeilen zu verspüren, und über 200 Seemeilen seewärts trieben eine Menge Schilfstücke und verschlungene Baumpartien mit ihren Wurzeln vorüber. Die von dem Strome nach See geführten schwimmenden Inseln, aus Bäumen und Schilf gebildet, die zuweilen über 100 Meter im Durchmesser hatten, wurden meistens an den Rändern des Stromes abgesetzt und zwar, wie es schien, mehr an der Nordkante als an der Südkante desselben. Während sich das Schiff südwärts der eigentlichen nach Nordwest setzenden Kongoströmung, welche mit Absicht vermieden worden war, befand, wurde hier ein entgegengesetzter, mehr östlicher nach dem Kongo hin laufender Strom beobachtet. Es geht aus Allem hervor, dass das specifisch leichtere Wasser die Neigung hat, an der Oberfläche nach dem salzhaltigeren Wasser abzufliessen, und dass sich an den Rändern eines starken Stromes oft Gegenströme bilden, in welche vorzugsweise die an der Oberfläche schwimmenden Gegenstände abgesetzt werden. Die Ursache hierfür wird in der konvexen Gestaltung des Querschnittes der Oberfläche starker Ströme zu suchen sein, welche hier beim Kongo so stark wirken muss, dass die vorherrschenden südlichen Winde nicht im Stande sind, solche Gegenstände (von denen die Bäume ein ganzes Stück über die Wasseroberfläche hervorragten) in den Strom zurückzutreiben.

Aber nicht nur die Natur des Wassers, sondern auch das grössere Leben im Meere, das vorher sehr todt war, zeigte die Annäherung an den Fluss an. In den ausgeworfenen Oberflächennetzen vermehrte sich, je näher man der Flussmündung kam, die Zahl der niederen Thierorganismen, zahlreiche Fische wurden bemerkbar, und das Meerleuchten nahm trotz des geringeren Salzgehaltes des Wassers zu. In der Nacht, bevor das Land in Sicht kam, umschwärmten zahllose Fische das Schiff, die grossen kometenähnlich sich verbreiternde, gerade oder wenig gekrümmte Schweife hinter sich ziehend, die kleinen geschlängelte Feuerlinien bildend. Nur Vögel liessen sich wenig sehen, wahrscheinlich, weil sie im Flusse selbst noch reichere Beute fanden, als in seinen in das Meer ergossenen Gewässern.

Am 2. September Morgens in der Kongo-Mündung angekommen, traf die „Gazelle" daselbst eine deutsche (Hamburger) Bark, „Marie Heydorn", welche trotz der wehenden Bramsegelskühlte wegen des starken Stromes nicht manövrirfähig war, obgleich an jener Stelle der Strom noch nicht annähernd seine volle Stärke hatte. Da die Schiffe durch den starken Strom hier häufig gefährdet werden, wurde die Bark ins Schlepptau genommen, mit derselben in den Fluss hineingedampft und am Mittage auf der Rhede von *Banana* geankert.

Der viertägige Aufenthalt im Kongogebiet wurde ausser zur Ausrüstung und Instandsetzung des Schiffes, so weit nur möglich zur Erforschung des Flusslaufes und seiner Uferländer und zu hydrographischen und naturwissenschaftlichen Studien benutzt. Zur eigentlichen Unterstützung der

Deutsch-Afrikanischen Expedition in ihren wissenschaftlichen Beobachtungen, wie es die Instruktion besagte, konnten nur magnetische Untersuchungen angestellt, und die geographische Länge festgelegt werden. Leider hatte die Expedition in Banana keine Instrumente stationirt, mit denen diejenigen des Schiffes verglichen werden konnten. Nach den Chronometern desselben ergab sich eine Länge von 12° 26′ 29,2″ O-Lg.

Da das Kohlennehmen auf der Rhede von Banana sehr schwierig war, weil die daselbst befindliche holländische Faktorei nur wenige Kohlenprähme, aber keinen Dampfer zum Herausschleppen derselben zur Verfügung stellen konnte, und die Entfernung von der Rhede nach dem Hafen in Folge des von *French Point* sich weit südlich erstreckenden Riffes eine sehr bedeutende war, so ging die „Gazelle" am nächsten Morgen mit Hochwasser in den Hafen, dessen Barre bei Niedrigwasser 5,5 Meter Tiefe hat, während die Fluthhöhe 1,2 bis 1,8 Meter beträgt. Das Einnehmen der Kohlen im Hafen ist sehr bequem, da selbst grössere Schiffe bis auf eine Schiffslänge an die Faktorei herangehen können. An frischen Proviantvorräthen waren nur ein paar Ochsen einer unansehnlichen Rasse zu haben.

Um den Kongo in hydrographischer und naturwissenschaftlicher Beziehung etwas weiter stromaufwärts zu exploriren, und gleichzeitig der Deutsch-Afrikanischen Expedition durch Zeigen der Deutschen Kriegsflagge eine moralische Unterstützung zu gewähren, unternahm der Kommandant mit einigen Offizieren und den Gelehrten vom Bord in der Dampfpinasse und einem Kutter eine mehrtägige Exkursion stromaufwärts über *Ponta da Lenha* nach *Boma*, und liess S. M. S. „Gazelle" nach Beendigung des Kohlennehmens ebenfalls bis nach *Ponta da Lenha* hinaufdampfen; es war das erste Mal, dass ein grösseres Kriegsschiff so weit stromaufwärts gegangen ist.

Die Resultate dieser Fahrten und der sonstigen Beobachtungen während des Aufenthalts der „Gazelle" auf den Fluthen des Kongo sind nachstehend, so weit sie hierhin gehören, zusammengestellt.

Die Uferländer des Kongos. Auf beiden Seiten des Kongos erstreckt sich 30 bis 40 Seemeilen an der Küste ein Höhenland, dessen man sowohl von See wie vom Flusse aus ansichtig wird, und dessen geradliniger Verlauf (besonders der Theil südlich des Kongos zeigt kaum eine in die Augen fallende Erhebung über die Durchschnittshöhe) vermuthen lässt, dass es keine Bergkette, sondern ein Hochplateau ist. Dieses Plateau zeigt eine weite Lücke oder Zurückbiegung gegen den Kongo hin, welche es wahrscheinlich macht, dass die gewaltige Wassermenge des Kongos bei ihrer Entstehung mitgewirkt hat.

Vor dem Plateau ist das Land in der Gegend der Kongo-Mündung verhältnissmässig niedrig und weist nur einige geringe Bodenerhebungen auf, eine Hügelreihe auf der Nordseite und Kap *Padron* und einige geringe Erhebungen auf der Südseite. Es besteht der Boden hier aus hellem, feinem Sande, grosstheils mit tropischer Vegetation bedeckt, welche an der Seeküste einen schmalen Strandstreifen frei lässt, während an den Flussufern die dichteste Vegetation sich bis in das Wasser hinein erstreckt.

Die Mündung des Kongos ist sowohl nördlich wie südlich durch hakenförmige Landspitzen abgeschlossen, südlich durch *Shark Point*, nördlich durch *French Point*, deren Verlauf quer zum Strome einen felsigen Untergrund annehmen lässt, wie er sich auch in der submarinen Fortsetzung von *Banana*-Halbinsel resp. von *French Point* auf der *Stella*-Bank zeigt. Die an der Mündung so stark variirenden Tiefen, dass kaum zwei Seemeilen von 9 und 11 Meter Wasser entfernt 240 Meter Tiefe, und eine Kabellänge von einer 3,6 Meter- (2 Faden-) Stelle mit 205 Meter Leine kein Grund gelothet wurde, deuten ebenfalls auf den felsigen Untergrund, denn es ist kaum wahrscheinlich, dass die nach dem Boden zu weit schwächere Strömung, die hier allerdings durch das Zusammentreffen mit der Fluth einige Wirbel erzeugen mag, diese Bodenungleichheiten hervorbringen sollte.

FAKTOREI BEI PONTA DA LENHA

AFFENBRODBAUM.

Die Landspitze des nördlichen Ufers, *Banana-Halbinsel*, wird nicht mehr vom vollen Kongo-Strom erreicht, sondern nur von dem nördlichsten Arme desselben, *Banana-Creek*, nachdem die Sedimente des Stromes allmählich die an der Mündung gelegene grosse Inselgruppe, deren Südwest-Spitze *Boolambemba Point* genannt wird, in seinem ursprünglich wenigstens 8 Seemeilen breiten Bette gebildet haben.

Wie diese Inselgruppe, so sind die ganzen Ufer des Stromes bis wenige Meilen unterhalb Bomas, wo das bergige und felsige Land beginnt, sowie die sämmtlichen zahlreichen. grossen und kleinen Strominseln (bis vielleicht auf die letzte Boma gegenüberliegende) vom Flusse gebildetes Alluvial-Land, sämmtlich mit dichter Vegetation bis in das Wasser hinein bedeckt Soweit der Einfluss des Salzwassers geht, werden die Ufer von Mangroven eingesäumt, am unteren Süd-Ufer von einer besonders hohen Art. Die Wurzeln ragen hoch aus dem Wasser hervor und vereinigen sich erst in 3 bis 4 Meter Höhe zum blätterreichen, dunkellaubigen Baume, der von seinen Aesten wieder Luftwurzeln senkrecht hinunter ins Wasser sendet, um sich aus ihnen eine neue Stütze zu bilden. Zwischen den Wurzeln hindurch wachsen einige Schritte vom Strande Palmen und andere tropische Pflanzen und bilden mit den Mangroven ein undurchdringbares Gewirre von Wurzeln, Stämmen, Blättern und Schlingpflanzen.

Weiter flussaufwärts werden die Mangroven seltener, und an ihre Stelle treten langblättrige Pandanen, deren Stämme häufig ganz von der Papyrusstaude verhüllt werden.

Ab und zu wird der Wald, wahrscheinlich durch Einfluss von Menschenhand, etwas lichter, denn die Lichtungen führen auf Negerdörfer, die aus einem Dutzend von Palmblättern geflochtener, mit Schilfdächern versehener Hütten bestehen, und von denen man nur sehr selten eins ganz in der Nähe des Ufers liegen sieht. Neben den verschiedenen Palmenarten fällt hier am meisten der oft mächtige Affenbrotbaum (Adansonia) auf, dessen umfangreicher Verästelung in dieser Jahreszeit die Blätter fehlten, während an langen Fäden die grossen gurkenähnlichen, wie mit Filz bedeckten Früchte herabhingen. Der grösste Affenbrotbaum wurde in *Boma* selbst gefunden; er hatte bei ungefähr 23 Meter Höhe in Mannshöhe einen Umfang von 12½ Meter. (Tafel 11.)

Die vielen kleinen Inseln, welche im Flusslaufe des Kongo liegen, sind häufig fast ausschliesslich mit enorm hohem Schilfe und Grase bedeckt, dem Lieblingsaufenthalte der Flusspferde und Krokodile.

Diesen Charakter behält der Fluss bei, bis am rechten Ufer die Berge beginnen, nur bei *Ponta Matseba*, einige Meilen oberhalb Ponta da Lenha's, erhebt sich das rechte Ufer und fällt etwa 6 Meter tief steil in den Fluss hinab. Das Land dort ist mit Gebüsch, Baumgruppen, und unter diesen namentlich der Weinpalme, bedeckt, deren Krone man abgeschnitten findet, damit der Saft des Baumes nicht in die Blätter gehe, sondern die hoch oben befestigten Kalebassen fülle, um zu Palmwein gegohren zu werden.

Die oben erwähnte plateauförmige Erhebung des nördlichen Landes tritt in einigen Nord—Süd laufenden kahlen, braun gefärbten Hügelketten, etwas unterhalb Bomas an das rechte Flussufer heran. Die südliche Erhebung sieht man schon im unteren Flusse in weiterer Ferne die linken Flussufer in auffallend gleichmässiger Höhe überragen und einen leichten Höhenzug nach dem *Fetish Rock* entsenden. Die Berge und Felsen des rechten Ufers bestehen, wie sich bei Boma Gelegenheit fand zu untersuchen, aus feinkörnigem, an der Oberfläche stark verwittertem Granit mit fleischrothem Feldspath, an welchen sich steil aufgerichtete Platten eines dunklen Hornblendeschiefers anlehnen. In ihrer abgerundeten oder abgeflachten Form, aus der nur ab und zu das kahle dunkle Gestein zu Tage tritt, und in der röthlichen Färbung entsprechen sie ganz dem Gebirgscharakter, wie man ihn an anderen Stellen des afrikanischen Kontinentes wahrnimmt.

Einer der ersten höheren Berge des rechten Ufers trägt auf seiner Spitze einen hohen senkrechten Felsen, wie eine Säule, an dessen Fuss sich einige andere lehnen; er heisst in der Landessprache *Taddi Umsasa* (der Blitzstein). Dem ersten Berge gegenüber fällt auf dem linken Ufer das dort hügelige Land mit einer steilen, von Gebüsch überragten Felsenwand ins Wasser, der *Fetish Rock* genannt. Dies ist das Felsenthor, durch welches der Fluss sich die Bahn gebrochen. Von den Hindernissen, die er dabei überwunden hat, legen ein mehr nach dem rechten Ufer gelegener, aus dem Wasser ragender grosser Fels und zahlreiche grosse Steine, die auf dem Boden liegen und das Festkommen mit einem Fahrzeuge hier gefährlich machen, sowie der mächtige Strom, welcher gegen den Fetish Rock setzt und dort schäumende Brandung erzeugt, ferner die Stromweite unterhalb gegen die Stromenge oberhalb Zeugniss ab. Unterhalb dieses Thores beginnen die zahllosen flachen, angeschwemmten Inseln, oberhalb desselben liegt nur eine Insel bei Boma, welche aber nicht angeschwemmt ist, wie der auf ihrem flussaufwärts liegenden Ende gelegene Berg erweist.

Der Fluss hatte, bevor er hierher kam, vierzig Seemeilen oberhalb allerdings noch eine andere und jedenfalls höhere Bergkette zu durchbrechen, was er aber nur an einer schmalen Stelle zu vollbringen vermochte, dort die Stromenge und Stromfälle von *Yellala* hervorbringend.

Ausser einer Anzahl grossentheils unbedeutender Negerdörfer und zwei bis drei Einzelfaktoreien lagen zur Zeit an dem rechten Ufer des Kongo drei Plätze, welche des von ihnen betriebenen Handels wegen von Bedeutung waren: *Banana, Ponta da Lenha* und *Boma.*

Während *Banana* der eigentliche Seehafen des Kongo ist, in welchem die Exportgüter auf grösseren Seeschiffen verschifft werden, bilden die anderen beiden Oerter Handels- und Stapelplätze.

Banana entspricht vollkommen seinem Zwecke, obgleich die schmale Halbinsel, auf der es erbaut ist, keine erheblich weitere räumliche Ausdehnung des Etablissements gestattet.

Es herrschte daselbst reges Leben. Vier bis fünf Handelsschiffe und Dampfer lagen im Hafen, und zwei Schiffe langten mit der „Gazelle" an einem Tage an. Das Löschen und Laden der Schiffe, die Reparatur einiger auf Hellinge geholter Fahrzeuge, das Kochen des Oels, Anfertigen der Oelfässer, die Herstellung der Lehmstrassen in dem tiefen Sande der Halbinsel, Arbeiten an den Wohnhäusern und Magazinen beschäftigten eine grosse Anzahl von Negern, die in einem grossen Dorfe südlich der Faktoreien mit ihren Familien wohnten und das schwarze Dienstpersonal derselben bildeten.

Ponta da Lenha liegt auf einer von sumpfigen Creeks umgebenen kleinen Insel, ist ungesund und ebenso, wie Banana, keiner Ausdehnung fähig. Es bestanden hier, wie in Boma, neben den holländischen noch englische, französische und portugiesische Faktoreien, in Boma auch eine brasilianische. Da die Exportprodukte vorzugsweise aus den Hinterländern kommen, so gebührt diesem mitten in der angeschwemmten sumpfigen Marschgegend gelegenen Platz als Handels- und Stapelplatz weit weniger Bedeutung als Boma. Sein Vortheil besteht vorzugsweise darin, dass die grössten Seeschiffe bis hierher gelangen und dicht an seinen Magazinen ankern können.

Boma, einige Meilen stromaufwärts derjenigen Stelle gelegen, wo die Berge an das rechte Flussufer treten, selbst ganz von Bergen umgeben, ist auf dem gegen den Fluss hin abfallenden Vorlande in hübscher gesunder Lage erbaut. Der Quelle der ausführbaren Landeserzeugnisse näher, durch nichts eingeengt, ist es ein sehr geeigneter Handels- und Stapelplatz. Leider können aber nur Fahrzeuge von 3 bis 4 Meter Tiefgang bis hinauf kommen, und dadurch wird eine Umladung für die Verschiffung über See erforderlich.

Als Folge hiervon bedürfen eben die verschiedenen Faktoreien eines Zweiggeschäftes in Ponta da Lenha oder Banana.

Nach allen auf der Expedition gemachten Wahrnehmungen und Erfahrungen sind die Kongoländer ausserordentlich fruchtbar und exportfähig. Die zahlreichen Negerdörfer, welche namentlich in den Bergen um Boma zerstreut liegen, beweisen, dass die Bevölkerung eine ziemlich dichte ist und von den Bodenprodukten erhalten wird, ohne dass eine eigentliche Bodenkultur besteht, und ohne dass die Bewohner zu arbeiten verständen. Ausserhalb der Faktoreien wurde jedenfalls nirgends ein arbeitender Mensch gesehen.

Der Haupthandel bestand in Palm- und Erdnussöl und Gummi, die anderen westafrikanischen Handelsprodukte, als Wachs, Kupfer, Elfenbein, Holz, Ricinus, Baumwolle, Kaffee, waren gegenwärtig von geringerer Bedeutung. Das aus dem Fleische der Oelpalmenfrüchte und das aus den Kernen derselben gewonnene feinere Palmöl, sowie das Erdnussöl, wurde von den Negern nach den Faktoreien gebracht, gegen europäische Waaren, Zeuge, Waffen, Hausgeräth, — besonders Töpfe und Steingeschirr —, Handwerkszeug, Schmucksachen, Branntwein, eingetauscht, und nachdem es durch Kochen nochmals gereinigt war, verschifft.

Das Klima ist namentlich weiter stromaufwärts, wo das Marschland aufhört, ein angenehmes und gesundes. Während des Aufenthaltes der „Gazelle" am Kongo, d. h. in der trockenen Zeit, war die Temperatur niemals zu warm, das Maximum betrug 25,4°, das Minimum 20,2° C. Während der Regenzeit kühlt der Regen die Luft, und durchschnittlich soll es mehrere Grade kühler sein, als an Orten derselben Breite nördlich vom Aequator. Die Veranlassung für dieses kühlere und gesundere Klima der Kongoländer muss in dem an die Küste setzenden antarktischen kalten Strom zu suchen sein.

Obgleich die „Gazelle" mitten im angeschwemmten Theile des Flusses lag, und die Boote vielfach die engen Creeks befuhren, obgleich ein Theil der Besatzung zwei Nächte in den Booten zubrachte, kam kein Fieberfall vor, während zwei Fieberkranke die Folge eines nur 48stündigen Aufenthaltes auf Mourovia-Rhede waren. Die am Kongo lebenden Europäer sind durchschnittlich gesund, wenngleich es einzelne Naturen geben soll, die sich nicht zu akklimatisiren vermögen. Einer der Europäer war von einem anderen mehr südlich gelegenen afrikanischen Platze nach Boma gegangen, um seine durch Fieber angegriffene Gesundheit wieder zu kräftigen.

Die **Kongo-Neger** sind von kaffeebrauner, zuweilen auch etwas hellerer Hautfarbe, im Vergleich mit den Croo-Negern schwächer gebaut und weniger intelligent. Tafel 9 zeigt einige nach photographischen Aufnahmen der „Gazelle" gezeichnete Neger; der an die Tonne gefesselte Neger wurde so, eine ihm wegen Einbruchs auferlegte Strafe bei einer Faktorei in Ponta da Lenha verbüssend, angetroffen. Die Tracht der Männer ist sehr verschieden, gewöhnlich besteht dieselbe nur aus einem um die Hüften geschlungenen Tuche, mit Vorliebe behängen sie sich aber mit irgend welchen europäischen Kleidungsstücken, wenn sie deren habhaft werden können. Die Würdenträger, Könige, Prinzen und Häuptlinge stolzirten nicht selten in grossen bunten Laken umher, welche aus einer Anzahl Taschentücher zusammengenäht waren. So trug einer derselben die vollständige Erzählung von Reinecke Fuchs in bildlicher Darstellung auf seinem Gewande zur Schau. Die Negerinnen, welche durch besonders kleine Füsse und Hände auffielen, trugen ein über die linke Schulter geschlagenes Tuch, welches bis zum Knie reichte, die rechte Schulter und den rechten Arm aber entblösst liess, einzelne auch eine Art Hemd, das über der Brust durch eine Schnur zusammengehalten wurde. Arme und Beine zierten 1 bis 2 Centimeter dicke eiserne oder messingene Ringe, von denen gewöhnlich mehrere zusammengeschmiedet waren, so dass sie oft ein Gewicht von über 2 Kilogramm hatten; zuweilen wurden dieselben auch durch breite glatte Elfenbeinringe ersetzt. Beulen und Schmarren auf der Haut schienen als besondere Schönheit betrachtet zu werden; durch grosse Messerschnitte, welche sich sowohl Männer als Frauen besonders auf dem Rücken beibrachten, und möglichste Vernachlässigung der Wunden wurden dieselben künstlich erzeugt. Die Sitte des Zähnefeilens, die bei mehreren auf so niederer Kulturstufe stehenden Völkerschaften vertreten ist, fand sich auch hier; keinem Manne ist zu heirathen gestattet, der sich nicht vorher dieser Operation unterzogen hat.

Die herrschende Religion bestand in einem ausschliesslichen Fetischdienst. Jeder wählt sich seine Fetische je nach Bedürfniss und kann dazu alle beliebigen Gegenstände benutzen. Mit Vorliebe wurden alte Töpfe mit hineingesteckten Thonpfeifen oder die wunderbarsten Figuren dazu gewählt; einmal kam sogar eine scheinbar ungarisch mit Schnüren kostümirte Figur, angeblich eine Erinnerung an den früher hier gewesenen Ungarn Ladislaus Magyar, zum Vorschein. (Tafel 12.) Wollen die Neger ein Verbrechen begehen, so sollen sie den entsprechenden Fetisch vergraben und zwar in eine im Verhältniss zur Grösse des Verbrechens stehende Tiefe, damit er nichts merkt; nach vollbrachter That wird er wieder hervorgeholt.

Hydrographische und nautische Verhältnisse. Wegen des namentlich in der Nähe der Mündung mit ziemlicher Geschwindigkeit nach NW setzenden Stromes und wegen der an der Küste nördlich der Kongomündung zwischen ihr und *Red Point* gelegenen *Mona-Mazea-Bank*, die eine nicht überall gleichmässig abnehmende Tiefe hat, und auf der die afrikanische *Calema* (Roller) zuweilen starke See und Brandung erzeugt, erscheint es für Segelschiffe gerathen, den Kongo von SW oder West anzulaufen und zu dem Behufe event. die Kongoströmung — womöglich einige Hundert Seemeilen von der Mündung seewärts — zu kreuzen.

Von SW oder West kommend, hat man die Küste in der Gegend des Kap *Padron* zu sichten; die Orientirung ist trotz der im Ganzen guten Beschreibung der Küste im „African Pilot" eine nicht leichte, um so mehr als man wegen der nicht regelmässigen Strömung und wegen des in der Regel bedeckten Himmels, der die astronomischen Observationen beeinträchtigt, selten ein ganz zuverlässiges Besteck haben wird.

Die röthlichen Abhänge der Küste, welche in den Segelanweisungen als Marke angegeben sind, kennzeichnen sich gut, doch existiren ganz ähnliche Abhänge bei *Red Point* und bei Kap *Deceit*. In Verbindung mit *Point Padron* geben sie indess den erforderlichen Anhalt. *Point Padron* von West in Sicht gelaufen, erscheint wie eine bewaldete sattelförmige Tafel, von deren südlichem Theile man die rothen Abfälle und dazwischen das bewaldete, etwas niedrige Land, welches ebenfalls höhere und niedere Partien hat, sieht. Näher gekommen, sieht das Kap wie eine etwas höhere Waldpartie aus, von der die vordersten Bäume abgestorben, grau und bräunlich erscheinen und für die Rillen eines steilen Abhanges gehalten werden können, der von dunklem Gebüsch überwachsen ist. Die röthlichen Abhänge sieht man durch ein ferner gelegenes, ziemlich gleichmässig verlaufendes Plateau überragt, das sich südlich hinab nach dem Kap *Deceit* zu erstreckt.

Von NW, aus grösserer Entfernung gesehen, markirt sich *Point Padron* sehr wenig, man sieht aber dann in die Mündung des Kongo hinein und wird — um aus dem starken Strome zu kommen — gut thun, auf die Mitte des bewaldeten hügelförmigen Landes zuzuhalten, von dem das linke höhere Landende Kap *Padron* ist, das linke niedere Landende *Shark Point*, und das rechte niedrige die röthlichen Abhänge bildet. Wenn es klar ist, muss man aus dieser Richtung den nördlich der Mündung gelegenen Höhenzug sehen, der sich nach *Red Point* erstreckt.

Um nach der Rhede von *Banana* zu segeln, wird man gut thun, von *Shark Point* ebenfalls zunächst auf *Boolambemba Point* zuzusteuern. Da die Strömung je nach der Jahreszeit sehr verschieden stark ist, muss man beobachten, wie die Häuser von Banana, welche an ihren glänzenden Dächern in der Regel sehr weit kenntlich sein werden, gegen das dahinter gelegene Land ihren Ort verändern. Es gewährt das Maass dieser Veränderung ein Urtheil, ob man zu hoch (bei weniger Strömung) oder zu niedrig (bei sehr starker Strömung) steuert, und danach korrigirt man den Kurs.

Der Hafen von Banana „*Banana Creek*" genannt, wird von der schmalen und nicht hohen in *French Point* endenden sandigen Landzunge, auf welcher die Faktoreien erbaut sind, nach See hin

FETISCHE

NEGERGRAB AM KONGO

und durch einige Flussinseln nach dem Hauptarme des Flusses hin abgeschlossen und bildet auf diese Weise, und da sein Eingang ganz schmal ist, ein dockähnliches, fast überall geschlossenes, grosses Bassin und einen ausgezeichneten, wenn auch nicht geräumigen Hafen. Die grösste Tiefe beträgt bei Niedrigwasser 7,3 Meter, unmittelbar am Banana-Ufer aber noch 3—3½ Meter, so dass die Kauffahrteischiffe in der Regel unmittelbar an die kurzen Ladebrücken legen. Eine Schiffslänge vom Ufer kann man mit 6,3 Meter Tiefgang zu Anker liegen.

Die Barre am Eingange hat bei Niedrigwasser 5,5 Meter, die Fluth steigt aber 1,2 bis 1,8 Meter, so dass selbst ziemlich grosse Schiffe in den Hafen einlaufen können, was ausser bei ganz vorübergehendem Aufenthalte, jedenfalls dem Liegen auf der Rhede vorzuziehen ist, weil die Kommunikation von der Rhede nach dem Hafen dadurch sehr erschwert wird, dass in der Verlängerung der Banana-Halbinsel ein Riff von Sand und Steinen sich weit nach Süden erstreckt.

Auf der Rhede von Banana, im Hafen daselbst und bei Ponta da Lenha wurden regelmässige Beobachtungen in Bezug auf die Höhe und die Zeiten von Hoch- und Niedrigwasser, die Richtung des Fluth- und Ebbestromes an der Oberfläche und in der Tiefe, das specifische Gewicht und die Temperatur am Boden, in der Mitte und an der Oberfläche gemacht. Die Beobachtungen sind in den folgenden Tabellen zusammengestellt.

Pegel-Beobachtungen im Kongo.

1. Auf der Rhede von Banana.

Datum	Uhrzeit	Tiefe Meter	Datum	Uhrzeit	Tiefe Meter
2. September 1874	1h p. m.	9,25	2. September 1874	11h p. m.	10,20
	2 „	9,14		12 „	9,45
	3 „	9,14	3. September 1874	1h a. m.	9,14
	4 „	8,99		2 „	9,25
	5 „	9,25		3 „	9,14
	6 „	9,25		4 „	9,14
	7 „	9,90		5 „	9,25
	8 „	9,75		6 „	9,45
	9 „	9,90		7 „	10,36
	10 „	10,06			

2. Im Banana-Creek.

Datum	Uhrzeit	Tiefe Meter	Datum	Uhrzeit	Tiefe Meter
3. September 1874	9h a. m.	7,32	4. September 1874	10h a. m.	7,32
	10 „	7,62		11 „	7,62
	11 „	7,32		12 „	7,32
	12 „	7,32		1h p. m.	6,71
	1h p. m.	7,01		2 „	6,86
	2 „	6,71		3 „	6,71
	3 „	6,71		4 „	6,71
	4 „	6,71		5 „	6,40
	5 „	6,71		6 „	6,71
	6 „	7,01		7 „	7,32
	7 „	7,01		8 „	7,32
	8 „	7,01		9 „	7,01
	9 „	7,01		10 „	7,32
	10 „	7,16		11 „	7,47
	11 „	6,71		12 „	7,47
	12 „	6,86	5. September 1874	1h a. m.	7,32
4. September 1874	1h a. m.	7,01		2 „	7,32
	2 „	7,01		3 „	7,01
	3 „	6,71		4 „	7,01
	4 „	6,71		5 „	7,32
	5 „	6,71		6 „	6,71
	6 „	6,86		7 „	6,71
	7 „	7,01		8 „	7,32
	8 „	7,32		9 „	7,32
	9 „	7,32			

Strom- und specifische Gewichts-Beobachtungen im Kongo.

Datum und Ort	Uhrzeit	Strom-richtung	Stärke in Seemeilen Meter	Spec. Gewicht auf 17,5° C. reducirt			Bemerkungen
				Oberfläche	Mitte	Boden-wasser	
Rhede von Banana							
den 2. Sept.	4ʰ p. m.	N	0,4	1,0092	1,0242	1,0268	In 7 oder 9 m, je nach dem
„	5 „	„	0,8				Wasserstande, Tiefenstrom in
„	6 „	NzE	0,7				derselben Richtung, nur sehr
„	7 „	NzW	0,7				unbedeutend schwächer. Das
„	8 „	NWzN	0,9				specifische Gewicht der Mitte
„	9 „	„	1,2	1,0088	1,0224	1,0268	auf 4,5 m beobachtet.
„	11 „	„	0,8				
„	12 „	Stillwasser	—				
den 3. Sept.	1ʰ a. m.	N	0,2				
„	2 „	WzN	0,2				
„	3 „	NWzN	0,9				
„	4 „	NW	0,9	1,0070	1,0237	1,0241	
„	5 „	NWzN	1,5				
„	6 „	„	1,6				
„	7 „	NW	1,7				
Banana - Creek							
den 3. Sept.	9ʰ—10ʰ a. m.	Stillwasser	—	10ʰ 1,0071	—	1,0251	Das specifische Gewicht der Mitte
„	11 „	Auslaufend	0,6				auf 3,6 m beobachtet.
„	12 „	„	1,2				
„	1ʰ p. m.	„	1,1				
„	2 „	„	0,6				
„	3 „	„	0,2				
„	4—5ʰ p. m.	Stillwasser					
„	6ʰ p. m.	Einlaufend	0,2				
„	7—12ʰ p. m.	Stillwasser	—	11ʰ 1,0079	1,0253	1,0250	Während der Fluth kein Strom
den 4. Sept.	1ʰ a. m.	Auslaufend	0,8				bemerkbar.
„	2 „	„	0,8				
„	3 „	„	0,7				
„	4 „	„	0,6	1,0078	1,0255	1,0250	
„	5—11ʰ a. m.	Stillwasser	—				do.
„	12ʰ p. m.	Auslaufend	0,6	1,0069	1,0249	1,0249	
„	1 „	„	0,8				
„	2 „	„	0,8				
„	3 „	„	0,6				
„	4 „	„	0,5	1,0042	1,0041	1,0238	
„	5—12ʰ p. m.	Stillwasser	—	8ʰ 1,0040	1,0042	1,0258	do.
den 5. Sept.	1ʰ a. m.	Auslaufend	0,6				
„	2 „	„	0,6				
„	3 „	„	0,7				
„	4 „	„	0,8	1,0040	1,0041	1,0256	
„	5—9ʰ a. m.	Stillwasser	—	8ʰ 1,0036	1,0221	1,0257	do.
Ponta da Lenha							
den 5. Sept. bis den 7. Sept.	4ʰ p. m. 6ʰ a. m.	Auslaufend	2,0—3,0	In keiner Tiefe Salzgehalt bemerkbar			Tiefe während der ganzen Zeit gleichmässig 18,8 m. Der Tiefen-strom fast genau übereinstim-mend mit dem Oberstrom. Be-stimmungen in 5,5, 11 u. 16,5 m.

Die Resultate dieser, wegen der kurzen Zeit allerdings nicht erschöpfenden Beobachtungen ergaben, dass die in der Karte angegebene Hafenzeit von 4 Std. 30 Min. für den Hafen von Banana als ¼ Stunde zu klein angenommen ist.

Die Höhe der Fluth über der niedrigsten Ebbe ist danach ferner zwar nur 1,2 Meter gegen 1,8 Meter der Karte gefunden, indess waren zur Zeit der Beobachtung keine Springzeiten.

Im Uebrigen ergeben die Beobachtungen eine grosse Unregelmässigkeit in der Strömung und im Steigen und Fallen des Wassers, indem zwischen je zwei Hochwasser bezw. Niedrigwasser noch zwei Erhebungen bezw. Senkungen fallen. Es ergiebt sich ferner, dass die Tagesfluthen höher sind, als die Abendfluthen, was durch die Land- und Seebriesen veranlasst sein mag, wenngleich dieselben während der Anwesenheit der „Gazelle" am Kongo sehr unregelmässig bezw. kaum bemerkbar waren.

Auf der Rhede von Banana setzt der Strom nach NE bis WzN und zwar scheint bei Fluth der Strom nördlicher flau 0,1 bis 0,5 Knoten, bei Ebbe westlicher frischer (bis 1,7 Knoten) zu sein, während im Banana-Hafen bei Fluth stilles Wasser ist und die Ebbe mit 0,8 Knoten gerade hinaus, d. h. parallel mit der Banana-Halbinsel setzt. Der Ebbestrom dort, wie namentlich hier, wird während der Regenzeit erheblich stärker sein.

Das specifische Gewicht des Oberflächenwassers hält sich auf der Rhede zwischen 1,0070 und 1,0092, im Hafen zwischen 1,0036 und 1,0079; das in der Tiefe auf der Rhede zwischen 1,0241 und 1,0268, im Hafen zwischen 1,0238 und 1,0258, das Tiefenwasser ist also hier wie dort ziemlich salzig, während es an der Oberfläche nahezu süss ist.

Das specifische Gewicht in der Mitte ergab auf der Rhede einen Salzgehalt, der sich erheblich mehr demjenigen der Tiefe als demjenigen der Oberfläche nähert, es betrug nämlich durchschnittlich 1,0231, woraus hervorgeht, dass das Flusswasser gewissermaassen auf der Oberfläche des Seewassers schwimmt. In vollkommener Uebereinstimmung hiermit befinden sich die Temperaturen, indem in der Mitte die gleiche Temperatur wie am Boden, nämlich etwa 18,6 ° C. gegen 22,8 ° C. der Oberfläche gefunden wurde. Es veranschaulicht diese Temperaturdifferenz in Verbindung mit dem specifischen Gewicht sehr deutlich die Ursache, weshalb das Flusswasser so weithin auf dem Seewasser unvermischt schwimmend sich erhält; es verhält sich das Flusswasser zum Salzwasser ähnlich wie Oel zum süssen Wasser. Eine weitere Illustration hierzu, die gleichzeitig die verschiedene Färbung des Seewassers und Flusswassers sehr schön zeigte, bot sich als das Schiff in die Mündung des Flusses hinein- und später wieder hinaus dampfte, indem die Bewegung der Schiffsschraube das Seewasser in die Höhe brachte und einen tiefgrünen Schweif im Kielwasser des Schiffes erzeugte, während das braune Kongo-Wasser zu beiden Seiten desselben strömte und sich eine Schiffslänge dahinter wieder über dem grünen Wasser zusammenschloss.

Die Messungen der Strömung in der Tiefe und an der Oberfläche haben zwar auf der Rhede von Banana keine erhebliche Differenz ergeben, indess liegt dies daran, dass die Ströme an einer Stelle und zu einer Zeit gemessen wurden, wo sie überhaupt gering waren. Es kann als feststehend angenommen werden, wie dies von Schiffen mehrfach beobachtet worden ist, dass sie bei einigem Tiefgange keineswegs die volle Gewalt des Oberstromes zu überwinden haben, sondern dass sie mit einem grossen Theile des Rumpfes im Unterwasser schwimmen, das eine weit geringere, zuweilen (bei der Fluth) keine oder gar eine dem Oberstrome entgegengesetzte Bewegung hat.

Im Banana-Hafen mischt sich das Flusswasser mit dem Seewasser mehr, aber sehr unregelmässig, da 3,8 Meter unter der Oberfläche das specifische Gewicht und die Temperatur abwechselnd sich denjenigen der Oberfläche und denen der Tiefe nähernd gefunden wurden, nämlich zwischen 1,0041 und 1,0255 einer- und zwischen 19,2 ° und 23,7 ° C. andererseits.

In Ponta da Lenha war kein Einfluss der Fluth, weder in der Niveaudifferenz, noch im Strome, noch im specifischen Gewichte, das durchweg süsses Wasser ergab, bemerkbar.

Es sind ferner in Banana und Ponta da Lenha magnetische Beobachtungen gemacht worden. Die Variation ist danach 18 ° West gefunden, gegen 21 ° der See- bezw. Flusskarten und 19¹/₂ ° der magnetischen Karten.

Der Kongo war bisher nur von kleineren Fahrzeugen bis Ponta da Lenha herauf befahren worden, wohl weil keine ausreichende Kenntniss der Fahrwassertiefen bestand. Die Aufnahmen des Stromes, welche die Grundlage für die bis dahin in Gebrauch befindliche englische Admiralitätskarte bilden, fanden seitens englischer Kriegsschiffe in den Jahren 1793 und 1816 statt und in Bezug auf die Mündung 1825. Nach Angaben verschiedener englischer Kommandanten sind alsdann später einige Verbesserungen vorgenommen. Diese Karte enthielt bis Ponta da Lenha kein durchgehendes Fahrwasser, indem unterhalb Gross-Insel die Lothungen längs des rechten Ufers bis 0,9 Meter abnehmen, woselbst sich noch die Bemerkung findet, dass stellenweise nur 0,3 Meter (1 Fuss) Wasser vorhanden sei, und da eine Vermessung des Stromes wegen des beschränkten Aufenthaltes der „Gazelle“ ausser Frage bleiben musste, schien es wichtig, wenigstens eine Lothungslinie des gefundenen tiefsten Fahrwassers bei Ponta da Lenha und womöglich bis Boma durchzulegen. Es ist dies vom Schiffe aus bei der Hin- und Rückfahrt nach ersterem Orte und von der Dampfpinnass aus bis nach Boma herauf geschehen.

Aus den durch den Fluss gelegten Lothungslinien geht hervor, dass der Kongo bis Ponta da Lenha (und wahrscheinlich noch eine Anzahl Meilen weiter aufwärts) für die grössten Handelsschiffe und bis Boma für Schiffe von 3½ bis 4 Meter Tiefgang befahrbar ist.

Die Strömung des Flusses ist zwischen Banana und Ponta da Lenha kaum 3 Knoten gefunden worden, während sie erheblich stärker zwischen diesem Orte und Boma fliesst. Auf die Entfernung von 34 Seemeilen, welche diese Orte ungefähr auseinander liegen, brauchte die Dampfpinnass stromaufwärts ungefähr 18 Stunden und stromabwärts 3½ Stunden.

Nach den mit einem kleinen Aneroid-Barometer angestellten Höhenmessungen liegt der Fluss bei Boma 81 Meter über dem Meeresspiegel. Bei ungefähr 60 Seemeilen Länge des Flusslaufes von Boma bis zum Meere würde somit der Fall des Flusses auf 34 Meter 25 Millimeter betragen, bei welchem ein starker Strom selbstverständlich ist.

Kapitel VI.

Vom Kongo bis zu den Kerguelen.

Vom Kongo bis Kapstadt.   Kapstadt.   Kapstadt—Kerguelen.   Die Crozet- und Pinguin-Inseln.   Sturmvögel.
Ankunft bei den Kerguelen.

Vom Kongo bis Kapstadt.

Am 7. September in aller Frühe rüstete sich die „Gazelle“ zum Aufbruch und zum Verlassen des Kongo; es wurde Anker gelichtet und von Ponta da Lenha stromabwärts nach Banana gedampft; nach kurzem Aufenthalt vor letzterer Ortschaft und nachdem noch auf der äusseren Rhede bei Shark Point mehrere Schleppzüge gethan, wobei in feinem braunrothen Schlamm Seewalzen und Würmer gefischt waren, wurden bereits am Nachmittag die gelben lehmigen Fluthen des Kongo mit dem blauen salzigen Wasser des Südatlantischen Oceans vertauscht. Auf der Fahrt von dort nach der Kapstadt musste während der ersten Tage in den Süd- und Südwest-Winden an der afrikanischen Küste bei kaltem unfreundlichen Wetter unter Segel und Dampf gekreuzt werden, bis auf ungefähr 20 ° S-Br der Südostpassat in ungewöhnlicher Stärke, aber leider sehr südlicher Richtung einsetzte,

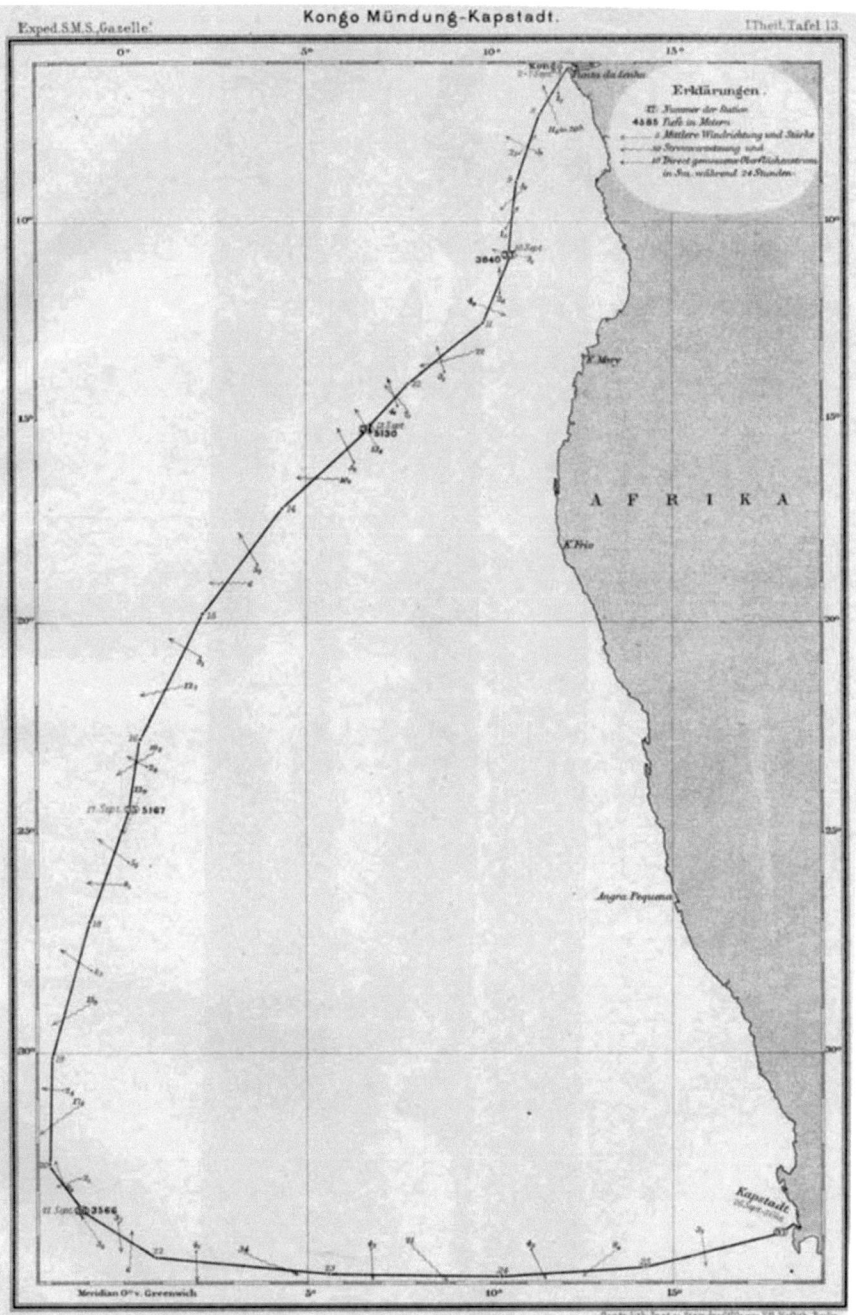

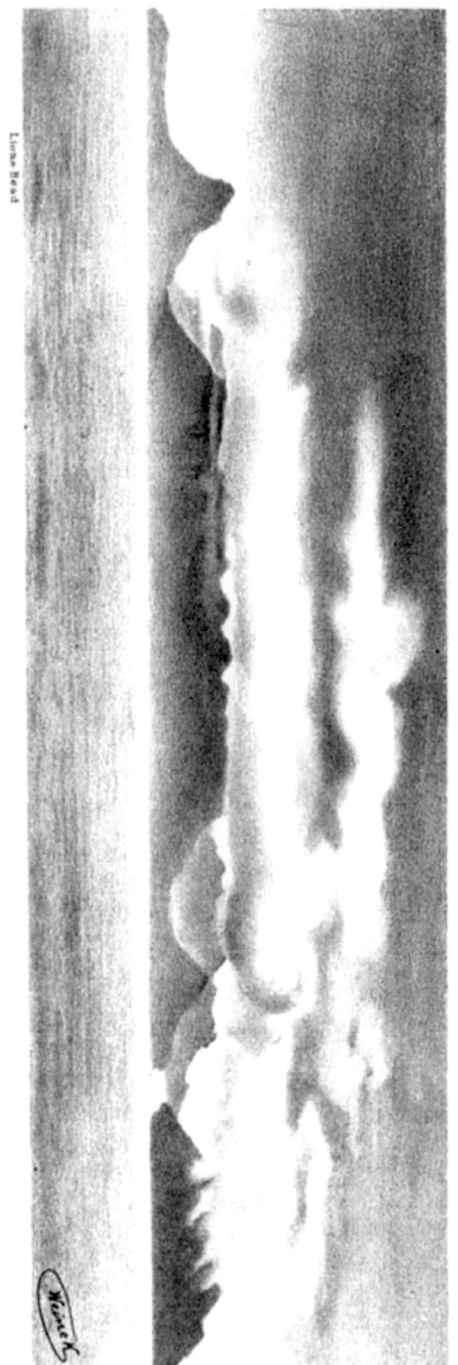

Luna Head

DIE ZWÖLF-APOSTEL-BERGE BEI KAPSTADT.

Wiener

so dass ein weiter Bogen nach Westen gemacht werden musste und erst auf 2 ° W-Lg und 32¹/₂ ° S-Br ein östlicher Kurs eingeschlagen werden konnte. Nur durch Entfaltung einer sehr grossen Segelfläche war es möglich, trotz dieses Umweges die Kapstadt noch in der verhältnissmässig kurzen Zeit von 17 Tagen am 26. September zu erreichen. Die zeitraubenden Lothungen und Temperaturreihen wurden nur vorgenommen, wenn Windstille oder ganz flaue konträre Winde eintraten. Auf der ganzen Strecke sind daher auch nur vier solcher Messungen gemacht und zwar auf 10° 56,8′ S-Br und 10° 33,8′ O-Lg (Station 33), 15° 19,5′ S-Br und 6° 41,1′ O-Lg (Station 34), 24° 24,4′ S-Br und 0° 11,9′ O-Lg (Station 35), 33° 28,5′ S-Br und 1° 8,9′ O-Lg (Station 36); die gefundenen Tiefen, 3840, 5130, 5166 und 3566 Meter, weisen auf die Existenz eines in nord—südlicher Richtung ziemlich ausgedehnten Tiefenbeckens zwischen St. Helena und der afrikanischen Küste hin. Auf den drei ersten Stationen bestand der Meeresboden aus Globigerinen-Schlamm, dessen Farbe mit zunehmender Breite heller wurde, röthlich bis weiss, und welcher auf einer dunkleren Schlammschicht lagerte; bei der letzten Lothung fand man dagegen felsigen Grund auf einer 5 Centimeter dicken Globigerinen-Schlammschicht. Temperaturen wurden in regelmässigen Intervallen bis zum Grunde gemessen und die übrigen oceanischen Beobachtungen in üblicher Weise ausgeführt.

Am 10. September wurde in noch etwa 300 Seemeilen Abstand von der Küste ein sehr intensives Meerleuchten beobachtet, welches hervorgerufen wurde durch grosse Züge von Pyrosomen, die ziemlich nahe der Oberfläche schwammen und als leuchtende spindelförmige Körper von Bord aus deutlich erkannt werden konnten. Das Kielwasser glich bis zu ziemlicher Entfernung einem breiten leuchtenden Streifen, der sich scharf gegen die dunkle Umgebung abgrenzte, und ein solches Licht verbreitete, dass die hinteren Segel zuweilen erleuchtet erschienen. Es wurde das Netz ausgeworfen und eine beträchtliche Anzahl von Pyrosomen gefangen, die nach kurzer Zeit ihre Leuchtkraft eingebüsst hatten. An den folgenden beiden Abenden schwammen die leuchtenden Walzen in grösserer Tiefe und waren weniger zahlreich, demgemäss das Leuchten seltener und das Licht diffuser.

Das Vordringen des Schiffes nach Süden wurde bereits früh durch das Erscheinen der Sturmvögel, der treuen Begleiter des Schiffes in den südlichen Gewässern, gemeldet. Bereits auf 14° 9′ S-Br und 7° 49′ O-Lg am 12. September trat die erste Procellaria atlantica auf. Dieselbe fliegt mit grosser Anmuth und Leichtigkeit, ohne die Flügel viel zu bewegen, hält sich stets in der Nähe des Kielwassers und schwebt in geringer Entfernung über die Wasseroberfläche, in Zickzacklinien den Wellen folgend. Der Grösse und Färbung nach waren zwei Arten zu unterscheiden, eine grössere chokoladenfarbene, die sich in weiter Distanz hielt, und eine kleinere, graubraun gefärbte mit weisser Unterseite, einem breiten gesprenkelten Bande um den Hals und dunklen Schwingen. Bereits am folgenden Tage gesellten sich zu diesen Vögeln die ersten Albatrosse, während die Kaptaube, Procellaria capensis, erst 7 ° südlicher gesehen wurde.

Während der Lothungsarbeiten am 21. wurde von der Jolle aus Jagd auf die das Schiff umkreisenden Vögel gemacht, und gelang es auch, 2 Albatrosse und 5 Kaptauben zu erlegen und an Bord zu bringen. Die Kaptauben, weiss, auf dem Mantel schwarz gefleckt, zeichnen sich durch gedrungenen Körperbau, weniger anmuthigen Flug und grosse Gier und Gefrässigkeit vor der Procellaria atlantica aus. Sie halten sich in unmittelbarer Nähe des Schiffes und bemächtigen sich sofort sämmtlicher Abfälle, die von ihnen auf dem Wasser schwimmend verzehrt werden; im Magen der erlegten Exemplare fanden sich grössere Mengen Werg. Von Albatrossen wurden drei Arten bemerkt, der sogenannte Kapsche Hammel, Diomedea exulans, der grünschnäbelige, Diomedea chlororhynchos, und der rostfarbene Albatross, Diomedea fuliginosa, welcher am seltensten war. Von den ersten beiden Arten wurde je ein Exemplar konservirt. Im Magen fanden sich Sepienreste. Die Flügelbreite des grössten Exemplars betrug 2,93 Meter, des kleinsten 1,86 Meter.

An grösseren Thieren wurde die zoologische Sammlung auf dieser Reise noch durch einen weiblichen Delphin bereichert, der am 20. September in $32^1/_2°$ S-Br und 2° W-Lg harpunirt wurde. Er war grauschwarz mit milchweissem Streifen und 1,85 Meter lang; in seinem Magen wurde der Mantel und zahlreiche Schnäbel und Augenlinsen von Tintenfischen gefunden.

Von Kapstadt nach den Kerguelen.

Obgleich der Aufenthalt S. M. S. „Gazelle" in der Kapstadt im Verhältniss zu den bisherigen Hafentagen ein langer, siebentägiger war, so wurden Zeit und Kräfte doch vollkommen durch die Vorbereitungen für die folgende lange und beschwerliche Seetour und den Aufenthalt auf den Kerguelen-Inseln in Anspruch genommen, so dass wissenschaftliche Forschungen hier nicht angestellt werden konnten, wozu im Uebrigen auch ein Bedürfniss insofern weniger vorlag, als das Kapland mit der Kapstadt als Sitz einer englischen Kolonialregierung und Hauptverkehrsplatz für Kriegs- und Handelsschiffe genugsam erforscht und bekannt war.

Nachdem das Schiff für 7 Monate mit Proviant ausgerüstet war, auch 3 lebende Ochsen und eine Anzahl Hammel eingeschifft, Kohlen so viel, wie irgend möglich, eingenommen waren, Deviation und mit dem Fox-Apparat die magnetischen Elemente bestimmt waren, ging die „Gazelle" am 3. Oktober in See, um jetzt direkt ihre Station zur Beobachtung des Venusdurchganges aufzusuchen.

Die Reise nach den Kerguelen war von auffallend ungünstigen Winden begleitet. Bereits in der Nacht vom 3. zum 4. Oktober, bald nach dem Verlassen der Tafelbai, ging der flaue westliche Wind nach Süden und wuchs zu einem heftigen Sturm, der, sich zwischen Südsüdost und Südsüdwest haltend, von hoher See begleitet war, so dass das Schiff bis auf den 16. Grad Ost-Länge zurückversetzt wurde. Erst am 8. Oktober wurde der Wind nördlich und westlich, war aber in der Regel so flau, zuweilen fast still, dass das Schiff nur langsam vorwärts kam. Bereits am 11. ging der Wind schon wieder über Süden nach Osten und in einen sehr starken Ost-Sturm über, der namentlich in der Nacht vom 12. zum 13. mit grosser Heftigkeit in der Stärke 10 bis 11 wehte, ohne dass jedoch eine dieser Windstärke entsprechende See aufgelaufen wäre. Hierauf traten wieder zunächst flaue westliche, südliche und südöstliche Winde mit Nebel ein, demnächst am 16. frische Brise aus OSO, die, allmählich zum Sturm zunehmend, über Süd und Südwest ging und aus dieser Richtung in der folgenden Nacht mit Stärke 11 bis 12 wehte.

Die Lufttemperatur war inzwischen bis auf 2° und 3° C. heruntergegangen, öftere Hagel- und Schneeböen traten ein und machten der Besatzung in Folge der bereiften Segel schwere Arbeit. Leider war während dieses Wetters der Verlust eines Menschenlebens zu beklagen; in der Nacht vom 15. auf den 16. Oktober fiel ein Mann, der Matrose VIERK, beim Aufentern, wahrscheinlich in Folge der durch den Schnee erzeugten Glätte an der Marskante und durch die Kälte verklammter Hände, vom Grossmars so unglücklich auf Deck, dass sofort der Tod eintrat.

Am 15. Oktober glaubte der Kommandant in 44° 12' S-Br und 40° 50' O-Lg einen Streifen Brandung von ungefähr zwei Schiffslängen Ausdehnung zu sehen. Diese Erscheinung wurde ausserdem noch von einem Matrosen im Kreuztopp genau ·in derselben Richtung und ·in derselben Ausdehnung gesehen und gemeldet. Zur Erreichung der Stelle über den anderen Bug musste das Schiff noch eine Stunde weiter liegen, wobei die Brandung aus Sicht kam. Dann wurde gewendet, und erst nach einigen Stunden stand das Schiff ungefähr auf der gewünschten Position, ohne etwas Weiteres von

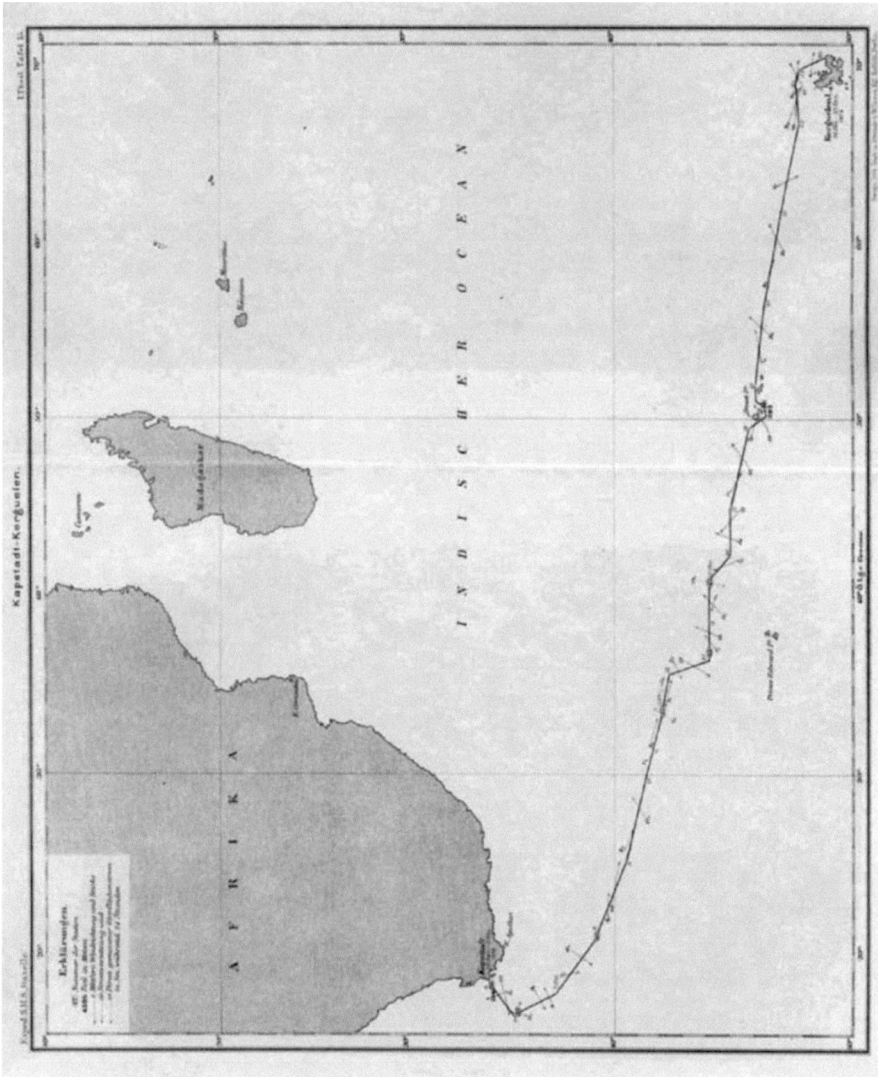

Exped. S. M. S. „Gazelle".

Ges. von Weinek   Eichlen a. d. Eisen. Zg

DIE INSEL PINGUIN DER CROZET-GRUPPE.

I. Theil, Tafel 16

Brandung zu sehen; die See war in der Zwischenzeit allerdings erheblich heruntergegangen. Die an der Stelle (Station 43) ausgeführte Lothung ergab 915 Meter (500 Faden), so dass die Vermuthung nahe lag, dass die Brandung von einer Stromkabbelung erzeugt sei, obgleich sie dieses Aussehen nicht gehabt hatte.

Erst auf 45° O-Lg in der Nähe der Crozet-Inseln trat der günstige Wind ein, welchen man nach den Windkarten und allen Erfahrungen in der Breite, auf welcher die „Gazelle" sich schon seit mehreren Tagen befand, beständig zu erwarten berechtigt war, nämlich frischer oder stürmischer Wind zwischen Südwest und Nordost über Nordwest. — Am 18. Oktober Vormittags näherte sich die „Gazelle" der westlichsten Insel der *Crozet*-Gruppe, der Insel *Hog*. Da es stark aus Nordnordost wehte mit dichtem Regen, beabsichtigte der Kommandant, in Lee südlich vorbeizugehen, doch klarte es gegen Mittag auf, während der Wind westlich wurde, weshalb auf die Insel *Hog* zugehalten, dieselbe gesichtet und Observationen zur besseren Feststellung ihrer Lage angestellt wurden. Sodann auf die *Pinguin*-Inseln zusteuernd, musste es überraschen, statt ihrer zwei, wie sie noch in der neuesten, vom „Challenger" verbesserten britischen Admiralitätskarte angegeben waren, nur eine Insel zu finden; dieselbe wurde behufs genauerer Aufnahme umsegelt. Im Süden der Insel wurde ein Riff entdeckt, welches für die Schifffahrt gefährlich ist, weil es selbst in dem damals herrschenden Sturme nur schwach brandete.

Um am anderen Morgen, den 19. Oktober, die amerikanische Station, welche sich zur Beobachtung des Venusdurchganges auf der Insel Possession niedergelassen haben sollte, aufsuchen zu können, wurde Nachts östlich der Insel Pinguin beigedreht und dabei zweimal vergebliche Versuche gemacht, mit dem Schleppnetze unter dichtgereeften Marssegeln und bis zu 1100 Meter Schleppleine aussteckend zu schleppen, nachdem zuvor auf 293 Meter (160 Faden) Grund gelothet war (Station 44 in 46° 24′ S-Br und 50° 37′ O-Lg). Das Schiff trieb zu stark, und Dampf durfte nicht aufgemacht werden, da die äusserste Sparsamkeit mit den Kohlenbeständen geboten war.

Mit Hellwerden wurde der Kurs auf die Mitte von *Possession* gesetzt, eine Vormittags-Observation ergab indess, dass während der Nacht nördlicher Strom gesetzt hatte, infolge dessen das Schiff westlich von der Insel passirt sein musste, ohne sie zu sichten; obgleich der Himmel öfters klar und auch die Luft scheinbar nicht dick war. Diese Inseln sind trotz scheinbar klaren Wetters doch gewöhnlich so in Nebel gehüllt, dass man sie trotz ihrer bedeutenden Höhe auf 2 bis 3 Seemeilen passiren kann, ohne sie zu sehen. Nach der Mittags-Observation wurde direkt auf die Ostseite der Insel zugesteuert, worauf hohes, in dichten Nebel gehülltes Land in Sicht kam. Die „Gazelle" steuerte die Küste an, und zwar ein Kap, welches aus einer Höhe von mehreren Hundert Metern senkrecht ins Meer abfiel, und dessen Umrisse man erst auf 1 bis 2 Seemeilen etwas genauer zu erkennen vermochte. Der Verlauf der Küste, so weit er zu erkennen war, ergab, dass entweder die Insel in der Richtung ihrer Küsten falsch in der Karte niedergelegt oder dass das gesichtete Land nicht *Possession*, sondern *East*-Insel war, auf deren Küstenverlauf die Peilungen ungefähr stimmten. In diesem Falle konnte die Insel aber in Länge nicht richtig liegen.

Um Ship Bai, in welcher man die amerikanische Expedition vermuthete, unter diesen Umständen aufzusuchen, hätte das Aufklaren des Wetters abgewartet werden müssen. Da dieses dicke Wetter hier aber häufig viele Tage hintereinander herrscht (die „Arcona" und „Challenger" hatten es ebenfalls in dieser Gegend angetroffen), und da die Segelordre nur gestattete, mit der amerikanischen Expedition in Verbindung zu treten, wenn dadurch kein Zeitaufenthalt entstände, so sah sich der Kommandant angesichts der in Folge konträrer Winde bereits eingetretenen Reiseverspätung genöthigt, die Fahrt nach den Kerguelen fortzusetzen. Es war bei dem herrschenden Sturme überdies die Wahr-

10*

scheinlichkeit, eine Verbindung mit den Amerikanern per Boot zu bewerkstelligen, nur gering. Später auf den Kerguelen wurde in Erfahrung gebracht, dass die amerikanische Expedition gar nicht auf der Insel war, dass sie dort auch nicht hatte landen können und nach Australien weiter gesegelt war. Bei der Insel wurden Holztrümmer, wahrscheinlich von einem Wrack herrührend, passirt.

Die ganze Inselgruppe ist ihrer atmosphärischen Verhältnisse halber der Schifffahrt deshalb jedenfalls gefährlich, weil man sich keine Vorstellung davon macht, dass man so hohes Land bei scheinbar ziemlich klarer Luft erst auf einige Seemeilen sehen soll. Namentlich in der Nacht, selbst bei Mondschein, wird es unmöglich sein, bei derartiger Atmosphäre das Land auch nur auf die kürzesten Distanzen zu sehen.

Bei günstigem westlichen und nördlichen Sturme hatte die „Gazelle" von hier eine rasche Reise bis zu den Kerguelen, so dass sie am 22. Nachmittags nur noch 40 Seemeilen vom Bligh's Cap abstand. Das fallende Barometer mit NO-Sturm und starkem Regen machte es indess nicht angängig, noch diesen Tag das Land zu sichten, weshalb unter dicht gerefften Marssegeln beigedreht und einige Male mit Erfolg unter Segel gelothet und geschleppt wurde.

Die Tiefseeforschungen konnten sonst auf dieser Reise nur in beschränktem Maasse ausgeführt werden, da einerseits nur wenig Zeit darauf verwendet werden durfte, um rechtzeitig bei den Kerguelen einzutreffen und daselbst die nöthigen Vorbereitungen zur Beobachtung des Venus-Durchganges zu treffen, andererseits mit dem Kohlenvorrath sehr haushälterisch umgegangen werden musste, weil sich voraussichtlich zur Ergänzung desselben für lange Zeit keine Gelegenheit bieten würde, und derselbe ohnedies zum Zweck des Kochens, Backens, Destillirens u. ä., sowie zum Heizen der Oefen in dem kalten Klima stark in Anspruch genommen wurde. Wenn nun auch, um Kohlen zu sparen, die Beobachtungen so viel wie möglich unter Segel ausgeführt wurden, so bot dies doch besonders für das Lothen grössere Schwierigkeiten und wurde durch das stürmische Wetter in diesen Regionen häufig verhindert. Es wurden daher ausser den beiden bereits erwähnten Lothungen bei der vermeintlichen Brandungsstelle (Station 43) und bei den Crozet-Inseln (Station 44) nur noch zwei Tiefenmessungen in verhältnissmässig geringen Tiefen in der Nähe der afrikanischen Küste ausgeführt.

Die beiden Lothungen ergaben in 33° 59,0' S-Br und 17° 52,0' O-Lg (Station 37) 91 Meter, in 34° 6,5' S-Br und 18° 6,5' O-Lg (Station 38) 214 Meter Tiefe auf felsigem und sandigem Boden.

Temperaturmessungen wurden zwar öfters, auf 7 Stationen (38 bis 44) gemacht, doch reichen dieselben mit Ausnahme einer einzigen auf Station 43 nur bis zu 549 Meter (300 Faden) Tiefe. Das specifische Gewicht des Wassers wurde mit den Temperaturbeobachtungen, der Strom nur an vier Stellen (Station 38, 39, 41, 43) ermittelt.

Wie dies in diesen Regionen nicht anders zu erwarten war, wo Wasser polaren und äquatorialen Ursprungs neben- und übereinander laufen und sich mischen, zeigten sich in den physikalischen Eigenschaften des Wassers grosse Unregelmässigkeiten, die sich durch Sprünge und grössere Differenzen in den Temperaturen und dem specifischen Gewicht sowohl in horizontaler als vertikaler Aufeinanderfolge charakterisirten.

Der Agulhasstrom machte sich mit Entschiedenheit nur in einem schmalen Streifen bemerkbar, sowohl durch die aus dem Unterschied des observirten und gegissten Besteckes sich ergebende Stromversetzung, als auch durch die Temperatur und das specifische Gewicht des Wassers, und zwar von 38° S-Br und 18° 30' O-Lg bis 39° 40' S-Br und 22° 30' O-Lg. Die Temperatur des Wassers stieg beim Eintritt in den warmen Strom von 16° auf 18° und fiel nach dem Austritt aus demselben wieder auf 15°. Die Veränderung der Temperatur des Wassers machte sich auch in ihrem Einfluss auf diejenige der Luft sehr

Exped. S. M. S. „Gazelle".

EIN ALBATROSS IM FLUGE.

Gez. von Weixelt. Entlehnt a. d. Blauer Zug.

fühlbar, indem die letztere mit der Zunahme der Wassertemperatur von 15° bis auf 19,6° stieg und nach dem Verlassen des warmen Gürtels wieder auf 15° und am folgenden Tage auf 12,5° fiel.

Erfolgreiche Schleppzüge mit dem Grundnetz wurden zu Anfang und zu Ende der Reise gemacht, einer auf Station 38 in der Nähe der afrikanischen Küste und drei andere bei den Kerguelen.

Eine interessante Abwechselung und gründliche Beobachtungen boten auf der Reise die Sturmvögel, welche zu grossen Schaaren und in den verschiedensten Arten ununterbrochen das Schiff begleiteten. Zu den Thalassidromen, von denen zwei Arten, die Thal. Atlantica und Wilsonii, bereits von England an die stetigen und treuen Begleiter des Schiffes gewesen waren, stellte sich gleich hinter Kapstadt eine dritte und auf 37° 19' S-Br und 17° 38' O-Lg noch eine vierte, etwas grössere Art ein, mit weissem, in der Mitte schwarz gestreiftem Bauch und schwarzen Schwimm- füssen, die beide bis zu den Kerguelen in wenig wechselnder Zahl folgten. Während der Stürme am 12. und 16. Oktober auf 44° 6,6' S-Br und 36° 20,5' O-Lg, und auf 45° 7,3' S-Br waren sie ausser- ordentlich häufig und wurden seltener, je mehr das Schiff sich dem Ziele näherte. In die Mitte des Dezember fällt der Anfang ihrer Brutperiode, wo sie in die Buchten und Baien kommen, um in der Nähe des Strandes ihre Erdlöcher zu beziehen.

Die Procellarien, die grösseren Verwandten der Thalassidromen, Procellaria Atlantica und Procellaria capensis, welche sich bereits zwischen dem Kongo und der Kapstadt gezeigt hatten, blieben auch auf der Weiterreise im Gefolge.

Auch der drei Arten von Albatrossen, Diomedea exulans, chlororhynchos und fuliginosa, ist auf der Reise von Banana nach Kapstadt schon Erwähnung gethan. Am zahlreichsten war in der ersten Zeit das Kap-Schaf, welches in Grösse und Farbe mannigfach variirte. Vorzugs- weise häufig war die Diomedea exulans auf 33° 28,5' S-Br, 1° 8,9' W-Lg, auf 39° 11,9' S-Br, 20° 59' O-Lg, und auf 43° 26,2' S Br, 73° 41,5' O-Lg, wo bei klarem Wetter und leichter Briese ganze Heerden hinter dem Schiffe herschwammen. In den Gewässern Kerguelens war sie ziemlich selten, obwohl sie auf den Kreuzfahrten nie längere Zeit vermisst wurde. Die Diomedea chlororhynchos dagegen und vor Allem die fuliginosa wurden häufiger, je südlicher die „Gazelle" kam; am häufigsten war letztere in der Nähe Kerguelens, während erstere die Crozet-Gruppe zu lieben schien. Der grün- schnabelige und rostfarbene Albatross differirt in Grösse und Lebensweise sehr wenig. Das Durch- schnittsmaass der Flügelbreite beträgt etwa 2 Meter, die grösste Länge 80 Centimeter. Sie halten sich meist in der Nähe des Schiffes und gleichen in ihrer Lebensweise mehr den kleinen Procellarien, als dem grossen Verwandten. Mit rasender Geschwindigkeit und majestätischem Fluge kommt dieser Beherrscher des Weltmeeres heran, umfliegt das Schiff einige Male in weitem Bogen, gleichsam das Terrain rekognoscirend, und ist im nächsten Moment bereits wieder verschwunden, sofern er keine Beute vorgefunden. Je stärker der Wind, desto schneller, sicherer und kühner ist sein Flug. Ohne Flügelschlag gleitet er durch die Lüfte, wie ein Schiff unter Segel, ohne Anstrengung. Sobald er Futter erblickt, wird er unruhig, zappelt mit den Beinen, streckt mit zurückgezogenem Halse auf un- schöne Weise den Oberkörper vor und saust so auf das Wasser nieder, die langen Flügel noch eine Weile ausgebreitet haltend, bis er das Gleichgewicht erlangt. Dann schwimmt er auf den ausersehenen Gegenstand los, welchen er beim Niederlassen gewöhnlich verfehlt, und ergreift ihn mit einer gewissen Schwerfälligkeit. Bei der Weite seines Schlundes und seiner Speiseröhre schluckt er selbst grosse Bissen mit Leichtigkeit hinunter. Nur mit Mühe vermag er seinen reich befiederten Leib unter Wasser zu zwingen. Das Auffliegen ist für ihn wieder mit gewissen Schwierigkeiten verbunden. Erst nachdem er einen tüchtigen Anlauf genommen, erreicht er seine gewohnte Fluggeschwindigkeit. Bei schlechtem Wetter ist er unermüdlich, während er bei schwacher Briese viel häufiger die Flügel bewegen muss; daher sieht man ihn bei schönem Wetter viel sich setzen, während des Sturmes aber in fortwährender Thätigkeit.

Gefangen, vertheidigt sich der Albatross nicht, sondern sitzt harmlos und ruhig da, mit seinen grossen dunklen Augen die Umgebung musternd. Von Zeit zu Zeit macht er einen vergeblichen Versuch, sich zu erheben, was ihm nur schwer gelingt, während das Auffliegen geradezu unmöglich ist. Bei den Gehversuchen hebt er die Füsse sehr hoch und zerschlägt sich Zehen und Schwimmhäute. Nach kurzer Zeit stellen sich Würgbewegungen ein, und er speit ziemlich grosse Quantitäten Thran aus, eine Eigenschaft, die er mit den eigentlichen Procellarien gemein hat. Die Männchen unterscheiden sich von den Weibchen durch einen rosafarbenen Anflug des Gefieders auf beiden Seiten des Halses; die Weibchen spannen auch etwas weniger. Das Gewicht des grössten Männchens betrug 10 Kilogramm.

Als Zwischenglied zwischen dem Albatross und den anderen Procellarien muss der Riesensturmvogel angesehen werden. Dieser zeigte sich zuerst am 10. Oktober auf 41° 20,6′ S-Br und 29° 36,4′ O-Lg und blieb vereinzelt bis zu den Kerguelen. Seine durchschnittliche Flügelbreite beträgt 1,94 Meter, seine Länge 52 Centimeter. Vom rostfarbenen Albatross ist er leicht durch das knapp anliegende Gefieder und den starken, hell gefärbten Schnabel zu unterscheiden. Sein Körper ist gedrungener, sein Flug schwerfälliger. Im Gegensatz zum Albatross, der sich als Weltmeervogel zeigte, liebt er die Nähe des Landes und bevölkert die Buchten und Baien Kerguelens, wo er stets in Masse angetroffen wurde. An Gier und Gefrässigkeit übertrifft er alle seines Gelichters. Er übt die Strandpolizei und ist der Aasgeier Kerguelens. Keinen anderen Vogel duldet er neben sich. Um eine todte Seerobbe waren gleich Hunderte zur Stelle, um den Kadaver, nachdem durch ein paar kräftige Schnabelhiebe die um denselben versammelten Möven verscheucht waren, zu verzehren. Wenige Stunden genügen ihnen, um die grössten Thiere zu verzehren; dem starken Schnabel weicht die dicke Haut der Robben, und bald tauchen die Köpfe und Hälse bis zu den Schultern in die Leiche, um roth mit Blut überzogen und mit einem langen Stück Eingeweide wieder herauszukommen. In Successful-Bai waren vier jährige See-Elephanten von Matrosen erschlagen. Als dieselben drei Stunden später im Boote abgeholt werden sollten, waren zwei bereits halb verzehrt. Mit ausgebreiteten Flügeln sass die Procellaria gigantea auf den Kadavern und war kaum durch derbe Knüttelhiebe zu vertreiben. Drei Vögel waren unter die unterminirte Haut gekrochen und kamen ganz blutig erst zum Vorschein, als man die Robbe zu wenden versuchte. Die meisten hatten so viel gefressen, dass sie nur mit Mühe auffliegen konnten. Dieses Schauspiel wiederholte sich, so oft See-Elephanten oder Pinguine erschlagen waren, die nicht gleich in Sicherheit gebracht wurden. Raubmöve und Möve sassen gewöhnlich in Schaaren so lange abseits und wagten sich erst heran, wenn der Riesensturmvogel den Löwenantheil genommen, das weitere Skeletiren zu besorgen.

Am 13. Oktober erschien auf 44° 6,6′ S-Br und 36° 20,5′ O-Lg die Procellaria aequinoctialis beim Schiff; sie ist schwarzbraun, unter der Kehle weiss gefleckt, mit starkem, hell gefärbten Schnabel, 1,36 Meter Flügelbreite und 52 Centimeter Länge; sie blieb vereinzelt bis Kerguelen.

Auf 39° 11′ S-Br und 20° 59,1′ O-Lg zeigte sich ein an der Oberseite stahlblaugrauer, an der Unterseite atlasweisser Vogel mit bleigrauem Schnabel. Ueber den Flügelrand zieht sich ein dunkel gefärbtes schmales Band. Spannbreite 62, Länge 30, Lauf 3, Mittelzehe 4, Ober- und Unterarm je 6½ Centimeter. Von den anderen Procellarien unterscheidet er sich durch dünne Zahnlamellen am Mundrande des Oberkiefers, die ihn zu den Entenstürmern rechnen lassen. Im Fluge zeichnet er sich durch Kühnheit, Schnelligkeit und Unermüdlichkeit aus, hält sich stets in der Nähe der

Oberfläche, dem Laufe der Wellen folgend, bald hier, bald da den Schnabel eintauchend, die gebotene Nahrung, kleine Kerbthiere, zu erhaschen, ohne sich je zu setzen. Er folgte stets in grösserer Zahl und war besonders häufig bei stürmischer Witterung in der Nähe des Schiffes. Auf Kerguelen wurde er in der ersten Zeit nicht beobachtet. Erst am 11. November wurden die ersten Exemplare hier aus ihren unterirdischen Nestern ausgegraben. Die Länge des zu den Nestern führenden halbmond-förmigen Ganges betrug 40, die Höhe 12 Centimeter. Kaum fünf Tage später waren fast alle diese Gänge, durch die der Boden bis weit ins Innere des Landes hinein unterminirt war, mit Entenstürmern besetzt, die sich durch eigenthümlich gurrende Geräusche bemerkbar machten. Der Entenstürmer war weitaus der zahlreichste Begleiter des Schiffes, der auch in einzelnen Buchten der Kerguelen in grosser Anzahl auftrat. Auf 47° 34,5′ S-Br und 65° 46,7′ O-Lg war während eines heftigen nördlichen Sturmes am 18. Januar das Meer, so weit das Auge reichte, wie besät mit Entenstürmern. Das Schiff schien ihm die Reichthümer der See zu erschliessen. Er zeigte im Kielwasser eine Emsigkeit, wie nie zuvor, trippelte auf der Oberfläche hin und her und tauchte, was bis dahin noch nicht beobachtet, fort-während mit ausgebreiteten Flügeln.

Ankunft bei den Kerguelen. Wir verliessen die „Gazelle" oben auf ihrer Fahrt in der Nähe von *Bligh's Cap* am 22. Oktober bei Nordoststurm beigedreht, lothend und schleppend. Der Sturm nahm inzwischen, nach NNW gehend, an Stärke noch erheblich zu, es lief eine kolossale See auf, und das Schiff arbeitete stark. Am Morgen des 23. nahm eine mittschiffs überkommende schwere See die Backbord Aussenbarring mit Stängen, Spieren und einer Anzahl Planken des Kerguelen-Wohnhauses fort, brach eine Standerkette des Bootsdavits und füllte das Oberdeck, Zwischendeck und die Maschine mit einigen Centimetern Wasser.

Als am folgenden Tage der Sturm etwas nachliess, wurde es sichtiger, so dass nach einer guten Mittagsobservation das *Terror*-Riff passirt werden konnte. Es wurde abgehalten und auf die Leeseite der Kerguelen gelaufen, dadurch die anfängliche Absicht, zuerst Weihnachtshafen anzulaufen, aufgebend. Die Hoffnung, vor Dunkelwerden noch Mount Campbell zu sichten, wurde durch die un-sichtige Luft vereitelt; es musste die Nacht über wieder beigedreht werden, und diese Gelegenheit ward zum Lothen und Schleppen benutzt. Die ganze Nacht hindurch strömte heftiger Regen, während das Baro-meter mit auffallender Geschwindigkeit bis auf 727 mm fiel, der Wind jedoch abnahm. Mit Tagwerden wurde Dampf aufgemacht; es kamen schneebedeckte Berge in Sicht, ohne dass das Land indess genau ausgemacht werden konnte. Der Wind nahm an Stärke wieder so zu, und das Wetter sah so drohend aus, dass es nicht riskirt werden konnte, nach Accessible Bai zu laufen, die in Bezug auf den hier nicht seltenen schweren Nordoststurm eine gefährliche Sackgasse bildet, aus der es mit schwacher Maschinenkraft kein Herauskommen giebt.

Die Nacht über gelang es, mit dichtgerefften Marssegeln und Schratsegeln so viel aufzukreuzen, dass das Schiff endlich am frühen Morgen des 26. Oktober mit Hülfe der Maschine auf *Accessible Bai* zu liegen konnte, und Vormittags 10 Uhr *Betsy Cove*, den für die deutsche Expedition ausgewählten Stationsort zur Beobachtung des Venusdurchganges erreichte und daselbst mit 2 Ankern sich festlegte.

Kapitel VII.

Die Kerguelen-Inseln.

Zur Geschichte der Kerguelen. Errichtung der Station. Fahrten der „Gazelle" innerhalb und in der Umgebung der Kerguelen. Beschreibung der Kerguelen nach den Forschungen S. M. S. „Gazelle". Aeussere Erscheinung, Orographie und Geologie. Die Flora Kerguelens. Die Fauna Kerguelens; der Robbenfang. Die Witterungsverhältnisse. Küstenbeschreibung nebst Segelanweisung der Nordwestseite der Kerguelen nach den Vermessungen S. M. S. „Gazelle". Aufbruch von den Kerguelen.

Die Kerguelen leiten ihren Namen ab von dem französischen Seeoffizier Kerguelen, dem Kommandanten der beiden französischen Schiffe „Fortune" und „Gros Ventre", welcher am 13. Februar 1772 zwei der westlichen, zur Kerguelen-Gruppe gehörigen Inseln entdeckte und sie nach dem von ihm kommandirten Schiffe *Fortune*-Inseln benannte. Auf der Hauptinsel zu landen, deren Küste gleichfalls gesehen wurde, verhinderte ihn stürmisches und dickes Wetter. Dem Kommandanten des „Gros Ventre", Kapitän Saint Allouran gelang es jedoch, ein Boot in einer kleinen Bucht, welche den Namen *Loup (Lion?) Marin* erhielt, an Land zu schicken; er nahm von der Insel im Namen seines Herrschers Besitz und liess daselbst eine Flasche mit dem von der Besitzergreifung kündenden Dokument zurück. Da man die Inselgruppe für einen Theil des antarktischen Kontinents hielt, so wurde Kerguelen im nächsten Jahre beauftragt, seine Entdeckungen weiter zu verfolgen. Im Dezember 1773 traf er mit den Schiffen „Roland" und „L'Oiseau" an der Nordwestseite der Hauptinsel ein, der schweren Stürme wegen gelang es jedoch erst im Januar einem Offizier von der Fregatte L'Oiseau, in dem später so benannten Weihnachts-Hafen (Christmas-Harbour) zu landen und im Namen Frankreichs nominellen Besitz von der Insel zu ergreifen, ohne dass jedoch weitere Forschungen angestellt oder wenigstens bekannt wurden.

Erst 3 Jahre später suchte James Cook mit den Schiffen „Resolution" und „Discovery" die Inseln wieder auf und ankerte am Weihnachtstage in dem von ihm hiernach benannten Weihnachts-Hafen (Christmas-Harbour). Nach kurzem Aufenthalt daselbst segelte er bei Howes-Foreland vorbei, durch das östlich davon gelegene Seetang-Bett und ankerte demnächst in dem äussersten Theile (Rhede) von Palliser-Hafen. Das innere grosse Bassin dieses Hafens scheint von ihm nicht vermessen zu sein, da dasselbe auf den bisherigen englischen Karten kaum angedeutet war. Von hier liefen die Schiffe längs der flachen Halbinsel bei Kap Digby, Charlotte Point, Prince of Wales Foreland und Royal Sound vorbei, bis Kap George gesichtet wurde, die Küste hier oberflächlich niederlegend [1]) und den genannten Partien Namen ertheilend. Cook konstatirte, dass das Land südlich mit Kap George abschlösse und dass es also nicht Theil eines antarktischen Kontinentes sei, wozu einen weiteren Beleg die Reise des englischen Schiffes „Adventure", welches ihn auf seiner zweiten Entdeckungsreise begleitet hatte, bot, indem dieses Schiff während einer Trennung von Cook's Schiff „Resolution" den Meridian von Kerguelen etwa 50 Seemeilen südlich von Kap George gekreuzt hatte, ohne Land zu sehen.

Von dieser Zeit an wurden die Inseln der Zielpunkt vieler Walfisch- und Robbenfänger, welche sich naturgemäss in den zahlreichen Buchten und Häfen der Leeküste aufhielten, so dass diese wenigstens allmählich mehr erforscht und erschlossen wurde, während die Luvseite bis

---

[1]) Wie es beim flüchtigen Vorbeisegeln nicht anders sein konnte, hat sich die damalig angenommene Figuration und Lage dieser Küstentheile als eine vielfach unrichtige, namentlich in Bezug auf geographische Länge und Breite, erwiesen.

auf den heutigen Tag mehr oder weniger unbekannt geblieben ist. Im Jahre 1799 stellte Kapitän ROBERT RHODES während eines längeren Aufenthaltes daselbst mit dem Schiffe „Hillsborough" in einer Anzahl Buchten an der Südostküste Vermessungen an, nach welchen eine Kartenskizze dieses Küstenstriches entworfen wurde. Die zwischen Palliser-Hafen und der „flachen Halbinsel" gelegene Bucht wurde nach seinem Schiffe *Hillsborough*-Bai genannt, eine westlich der Prinz Adalbert-Insel gelegene Bai, wenngleich sie nicht von ihm vermessen war, *Rhodes*-Bai.

Weitere eingehendere Forschungen stellte erst Sir JAMES CLARK ROSS an, welcher auf seiner antarktischen Expedition die Kerguelen besuchte. Derselbe ankerte mit den Schiffen „Erebus" und „Terror" am 12. Mai 1840 im Weihnachts-Hafen und unternahm von da aus während seines 69 tägigen Aufenthaltes Fahrten und Exkursionen an der südlichen Küste behufs Vermessungen und Aufnahmen derselben, während seine wissenschaftlichen Begleiter, DR MAC CORMICK und HOOKER, wichtige und umfassende geologische, zoologische und botanische Forschungen anstellten.

Anfangs 1874 endlich wurden die Kerguelen von der britischen Korvette „Challenger" und der deutschen Korvette „Arcona" aufgesucht. Während sich die letztere nur 2 Tage, vom 8. bis 10. Februar dort aufhielt, war die „Challenger", welche den Auftrag hatte, einen geeigneten Platz für die Beobachtung des Venusdurchganges auszusuchen, vom 7. Januar bis zum 1. Februar anwesend und führte während dieser Zeit verschiedene werthvolle Vermessungen an der Südostküste aus. — Durch die Arbeiten der „Gazelle" wurden dieselben vervollständigt und auf die ganze Leeseite ausgedehnt.

Wenn trotzdem und obgleich die Kerguelen auf der Route der Australienfahrer gelegen sind, obgleich sie durch ihren Wasserreichthum und durch gute Häfen zur Ergänzung der Trinkwasser-vorräthe sehr geeignet sind und seit ihrer Entdeckung ununterbrochen eine ergiebige Station für Robben- und Walfischfänger gewesen sind, unsere Kenntniss sich doch nur auf einen verhältnissmässig sehr kleinen Theil der Inselgruppe erstreckt, und ungefähr neun Zehntel derselben, die ganze Luvseite und das Innere des Landes noch wenig oder gar nicht erforscht sind, so ist der Grund in den ungünstigen klimatischen und Bodenverhältnissen zu suchen.

Während schwere Stürme und dichte Nebel die Navigirung an den Küsten und natürlich noch in höherem Grade die Vermessungsoperationen behindern und vor der Luvküste geradezu ge fährlich und unmöglich machen, treten grösseren Landexpeditionen andere Schwierigkeiten lähmend entgegen. Die niedrige Temperatur, die selbst mitten im Sommer sehr häufig auf 2 bis 3° C. und in den Bergen oft unter 0° sinkt, in Verbindung mit dem selten länger als einen Tag ausbleibenden Regen oder Schnee, schliessen ein Uebernachten im Freien fern von der Ausgangsstation aus, wenn man nicht besondere Vorbereitungen dafür trifft. Auf gewöhnlichen Tagespartien ist man aber bei der Natur des Bodens, welche ein Klettern über Felsen und Steingeröll, ein mühsames Vorwärts-schleppen über wellenförmig das Gestein und seine Zwischenräume resp. die Abhänge der Berge überziehendes Moos, in das man bei jedem Schritt bis weit über die Knöchel einsinkt, oder ein Durchwaten von Sümpfen und Flüssen ununterbrochen erfordert, nicht im Stande, weit vorwärts zu kommen, während mehrtägige Exkursionen einer schwer zu transportirenden Ausrüstung bedürfen. Denn abgesehen von Proviant, von Zelten und wollenen Decken, muss man Brennmaterial mit sich führen, da auf der Insel kein Stückchen Holz, weder Baum noch Strauch existirt, und bei der Kälte und Nässe des Klimas auf die Möglichkeit, Feuer zum Kochen der Speisen und Trocknen der Kleider anzumachen, schwer zu verzichten ist.

Gleich nach der Ankunft S. M. S. „Gazelle" in Betsy Cove begab sich der Kommandant, Kapitän zur See Freiherr VON SCHLEINITZ, mit dem Leiter der Venus-Expedition, DR BÖRGEN, an

Land, um den für die Errichtung des Beobachtungs-Etablissements geeignetsten Platz auszu-suchen. Für die Auswahl kamen mehrere Faktoren in Betracht, freie Aussicht nach Nordosten, da die Erscheinung des Venusdurchganges am Vormittage stattfinden sollte, ein verhältnissmässig trockener und leicht zu bearbeitender Boden, Schutz gegen die beständigen und heftigen Westwinde, nicht zu grosse Entfernung vom Ankerplatze der „Gazelle“ wegen des Transportes des schweren Materials zu den Bauten und der Instrumente, und die Nähe eines klaren gesunden Wasserlaufes, theils für kulinarische, theils für photographische Zwecke. Nach Rekognoszirung der ganzen Umgebung der Bai wurde ein Platz an der Südseite von Betsy Cove, am Fusse eines Steinberges ausgewählt, wo der Boden nicht so morastig und steinig war als in der ganzen übrigen Umgebung, und die Lage in astronomischer Beziehung den Anforderungen entsprach.

Mit dem folgenden Tage begann die Absteckung und Einebnung des Terrains, welche erhebliche Erdarbeiten beanspruchte, und gleichzeitig die allmähliche Ausschiffung des umfangreichen Baumaterials. Die ganze Besatzung des Schiffes war bei diesen Arbeiten thätig. Es waren in den ersten Tagen durchschnittlich 150 Mann bei den Terrainarbeiten und Bauten angestellt, später — als die ersteren fertig — durchschnittlich 50 Mann; die übrige Mannschaft war beim Ausschiffen beschäftigt. Trotz dieser grossen aufgewandten Arbeitskraft nahmen die Arbeiten in Folge ihres Umfanges und der zu überwältigenden Schwierigkeiten doch über zwei Wochen in Anspruch. War schon das Landen der schweren Kisten mit den Instrumenten und eisernen Bestandtheilen der Observatorien an brandender und von Seetang schlüpfriger Küste mit grossen Mühen verbunden, so erwiesen sich diese nicht geringer beim Transporte der Kisten über eine morastige Anhöhe hinauf bis zum Observationshügel, was nur auf improvisirten Holzschienen möglich war, sowie beim Planiren des Bodens und Errichten der Baulichkeiten, während eisige Winde mit Schnee- und Regenböen wechselten. Während genannter Zeit wurde eine stattliche Zahl von Baulichkeiten errichtet, nämlich: 1) ein Wohnhaus; 2) ein photo-graphisches Observatorium, ein eiserner Thurm mit rotirendem Dache und Steinfundament; 3) das photographische Atelier mit Dunkelkammer; 4) das astronomische Observatorium, welches aus zwei Eisenthürmen mit drehbarem Obertheil, einem Verbindungsbau und vier Steinfundamenten für Instrumente bestand; 5) ein Häuschen für den Kollimator, mit umgebendem Erdwall; 6) ein magnetisches Observatorium, ebenfalls mit Erdwall; 7) ein Fluthhäuschen nebst Steindamm; 8) ein meteorologischer Stand und ein Regenmesser; 9) ein Stand für den Registrir-Barometer. Demnächst musste noch ein Steinfundament für die grosse astronomische Uhr im Wohnhause gelegt, der Anemometer auf dem Dache des Hauses angebracht und ein Stand für den Pendel-Apparat erbaut werden. Schliesslich wurde noch ein Viehstall für das mitgenommene Schlachtvieh hergestellt und ein Garten zum Aussäen einiger mitge-nommenen Sämereien angelegt.

Am 12. November wurde die Beobachtungsstation mit einer kleinen Feierlichkeit unter Auf-hissen der deutschen Flagge und einem Hoch auf Seine Majestät den Kaiser eingeweiht, und das Wohnhaus Tags darauf bezogen.

Für die von Seiten der „Gazelle“ selbstständig auszuführenden Beobachtungen wurden die Unterlieutenants zur See von AHLEFELD und WACHENHUSEN bestimmt, welche auch die Aufsicht über die Bauarbeiten am Lande führten, und zwar waren dem ersteren Offizier die magnetischen und die Pendelbeobachtungen, dem letzteren die meteorologischen und Gezeitenbeobachtungen übertragen. Die meteorologischen, magnetischen und Fluthbeobachtungen begannen bereits im Anfang des November, indess konnten die Offiziere damals noch nicht an Land wohnen, weil das Wohnhaus noch nicht fertig war, auch waren viele Unregelmässigkeiten an den Instrumenten resp. in Bezug auf ihre

Exped. S.M.S. „Gazelle"   I Theil. Tafel 18

Kerguelen.

STATION DER DEUTSCHEN VENUSEXPEDITION.

FELSPARTHIE AM STRANDE VON BETSY COVE.

Lith v. W. Pormann. Lj. Buffalo. Berlin.

Aufstellung in Ordnung zu bringen, so dass die ersten Beobachtungen hauptsächlich als Uebungen zu betrachten waren.

Die grösste Arbeit bereitete das Fluthhäuschen. Betsy Cove ist einer der gegen Sturm und Seegang am wenigsten geschützten von den zahlreichen guten Häfen der Insel, namentlich steht bei nördlichen und nordöstlichen Winden hohe See in den Hafen hinein. Unglücklicherweise war nur eine einzige Stelle vorhanden, wo es möglich war, das Fluthhaus anzubringen, und diese, eine ins Wasser hineingehende Felsenschlucht, war leider gerade direkt der nordöstlichen See ausgesetzt. Da die in den ersten Tagen hier gewonnenen Fluthdiagramme wegen der starken Wellenlinien fast unbrauchbar waren, wurde vor der Schlucht ein Steindamm angeschüttet. An diesem Damm, der in fast 3 Meter tiefem Wasser herzustellen war und mehrere Hundert Bootsladungen Steine erforderte, ist wochenlang gearbeitet, und da er verschiedene Male vom Seegange stark beschädigt wurde, wieder viele Tage hindurch ununterbrochen reparirt worden.

Während die Ausführung dieser Arbeiten das Schiff an Betsy Cove fesselte, wurden an der noch nicht ausgelotheten Ostküste von Accessible-Bai und nach dem ca. 20 Seemeilen entfernten Elisabeth-Hafen hin und in dem letzteren selbst mit der Dampfpinnass Vermessungen angestellt, sowie Exkursionen nach dem Innern der Inseln behufs geographischer und naturhistorischer Erforschung desselben unternommen.

Fahrten S. M. S. „Gazelle" innerhalb und in der Umgebung der Kerguelen.

Nachdem am 15. November der Fluthdamm bis zur gewöhnlichen Fluthhöhe vollendet war, verliess die „Gazelle" am 16. Betsy Cove zur Explorirung und Vermessung der Insel und um die gleichfalls auf den Kerguelen stationirte englische und amerikanische Expedition behufs gegenseitiger Vergleiche der Chronometer aufzusuchen; sie hielt sich von dieser Zeit an bei der Station nur vorübergehend auf, um den Fortgang der Beobachtungen zu überwachen, Wasser aufzufüllen, den Fluthdamm zu repariren, zur Beobachtung des Venus-Durchganges, behufs Ausführung von Taucherarbeiten und Abbruch der Station, oder wenn stürmisches Wetter es unmöglich machte, den Hafen zu verlassen.

Wir begleiten zunächst die „Gazelle" auf diesen ihren Fahrten.

An genanntem Tage, den 16. November, ging die „Gazelle" nach einem bassinartigen, in den an Bord befindlichen Karten angedeuteten, aber unbenannten Hafen, der durch einen ganz schmalen zwischen hohen Felswänden durchführenden Kanal mit der „*Foundery Branch*" genannten, tiefen Einbuchtung zusammenhängt, um ihn zu vermessen.[1] Der Eingang in dieses einen ausgezeichneten Hafen bildende Bassin, welches in keiner Segelanweisung erwähnt war, liegt so versteckt, dass man an der Existenz desselben zu zweifeln begann, als eine bis zwei Kabellängen vom Innern der Foundery Branch entfernt noch keine Andeutung von einer Abzweigung derselben sich zeigte; auch ein voraus gesandtes Boot fand den Eingang nicht eher, als bis es sich recht davor befand.

Das Bassin erhielt den Namen „*Gazelle-Bassin*", und der Hafen selbst „*Schönwetter-Hafen*".

Nachdem das Bassin vermessen, wobei, um das ausnahmsweise gute Wetter möglichst auszunutzen, sämmtliche Offiziere thätig waren, kehrte die „Gazelle" am 18. Mittags 1½ Uhr wieder nach Betsy Cove zurück, um Dᴿ Börgen an Bord zu nehmen und mit demselben bereits um 2½ Uhr

---

[1] Zur Orientirung wird auf die beigefügte nach den Aufnahmen der „Gazelle" gefertigte Karte (Tafel 21) der Kerguelen-Insel verwiesen.

wieder nach *Royal Sound* abzugehen behufs Aufsuchung der amerikanischen und englischen Beobachtungs-station zu astronomischen Zwecken.

Am folgenden Tage im Drei-Insel-Hafen ankernd, woselbst die amerikanische Station vermuthet wurde, fand die „Gazelle" dieselbe dort nicht vor, dagegen an einer zur Zeit verlassenen Robben-schläger-Hütte einen Zettel, welcher besagte, dass sich die amerikanische Station im nordöstlichen, die englische Station — anstatt im Weihnachts-Hafen (Christmas Harbour) [2]) — im nordwestlichen Theile des Royal Sound befände. Dieselben wurden in den folgenden Tagen aufgesucht und gefunden.

Vermessungen konnten während dieser Zeit wegen stürmischen Wetters nur wenig aus-geführt werden.

Am 23. November verliess die „Gazelle" Royal Sound und ging unter Segel zurück nach Betsy Cove. Nicht unweit des letzteren Hafens traten am folgenden Tage ganz plötzlich starker Regen und dichter Nebel ein. Das Barometer fiel dabei so stark, dass nordöstlicher Sturm erwartet werden musste, bei dem das Schiff an dieser Stelle, nämlich bereits in der Einbuchtung in der Gegend der Kent-Inseln, in nicht angenehmer Lage gewesen wäre. Der Kommandant entschloss sich deshalb, da er diesen Theil der Insel bereits genauer kannte, mit Hülfe des Lothes Betsy Cove im Nebel aufzu-suchen, was auch vollkommen gelang. Die Felsen von Elisabeth Head, auf das zugesteuert wurde, kamen dabei erst auf zwei Schiffslängen voraus in Sicht.

Nachdem in Betsy Cove der Steindamm des Fluthhäuschens, wie es sich als nothwendig er-wiesen hatte, erhöht worden war, begab sich die „Gazelle" am 28. November, um die noch wenig bekannten Theile der Inselgruppe zu exploriren und einen Versuch zu machen, Kohlen zu finden, nach den nördlich gelegenen Gewässern und nach dem Weihnachts-Hafen.

In der Nähe von Palliser-Hafen und noch bevor das dortige Land genau rekognoscirt werden konnte, wurde es trübe, und als sich die „Gazelle" bereits zwischen den sich hier weit heraus er-streckenden Riffen und Klippen befand, traten wieder Regen und Nebel ein. Obgleich man genügend weit sehen konnte, um die Untiefen und die Tangbänke zu vermeiden, so wurde, da die Lage der Riffe und Inselchen in keiner Weise mit der Karte in Uebereinstimmung zu bringen war, unter einer in Sicht gekommenen Insel geankert, um das Aufklaren des Wetters abzuwarten. Als es Nachmittags mit gleichzeitigem Einsetzen starken Nordwestwindes aufklarte, lief das Schiff in eine tiefe Bucht der Halbinsel ein, die vom Ankerplatz aus wahrgenommen war, während sie auf der englischen Karte nicht existirte resp. an falscher Stelle und in falscher Richtung angedeutet war.

In der vom Kapitän Rhodes bereits im vorigen Jahrhundert gezeichneten Karte, welche sich in Besitz des Kapitän Fairfax, Kommandanten der auf der englischen Station in Kerguelen an-wesenden Korvette „Volage" befand, und von welcher für die „Gazelle" eine Kopie gefertigt war, war die Bucht richtiger angedeutet und *„Successful-Harbour"* genannt. Es fand sich daselbst ein guter Hafen mit verschiedenen guten Ankerplätzen vor, der nebst den umliegenden Theilen der Küste und den zahlreichen Inseln und Riffen vermessen wurde, soweit dies das nebelige und stürmische Wetter gestattete. Abwechselnd durch Nebel und starken Sturm zwischen Nord und Westnordwest wurde die „Gazelle" hier bis zum 2. Dezember Morgens zurückgehalten, zu welcher Zeit sie bei steigendem Barometer in See ging, um durch den Aldrich-Kanal nach Weihnachts-Hafen zu dampfen.

---

[1]) Es sind überall, wo nach den bisherigen Karten bereits englische Namen eingeführt waren, diese beibehalten, auch selbst, wenn der betreffende Theil englischerseits nicht, wohl aber von deutscher Seite vermessen worden ist, in diesem Falle, wenn angängig, unter Uebertragung des englischen Ausdrucks ins Deutsche. Wo noch keine Benennung existirte, sind deutsche Namen eingeführt.

Von der nördlichen Spitze der Bismarck-Halbinsel erstrecken sich Felsen-Inselchen und Riffe nach den nördlich davon gelegenen Inseln. Zwischen ihnen wurde eine Passage gefunden, in der 56 Meter (30 Faden) und gleich darauf 32 und 23 Meter (17 und 12 Faden) Wasser gelothet wurden. In der Karte waren hier keine Lothungen verzeichnet. Dieselbe gewährte, wie fast überall, so auch hier, nur einen ganz ungefähren Anhalt. Der Wind frischte inzwischen wieder stark auf und blies, als sich die „Gazelle" dem Aldrich-Kanal näherte, mit einer solchen Heftigkeit, dass sie mit den geheizten zwei Kesseln nicht mehr gegenan dampfen konnte. Um die Zeit auszunutzen, wurde nach der noch nicht vermessenen *Rhodes*-Bai abgehalten, in welcher hinter der durch die „Gazelle so genannten *Prinz Adalberts*-Insel einiger Schutz vor dem heftigen Winde zu hoffen war.

An der Küste der Prinz Adalberts-Insel abwärts dampfend, wurde zunächst eine kleine Einbuchtung mit zwei Inselchen bemerkt, hinter denen ein Ankern möglich schien, etwas weiter südwestlich eine schmale Bucht, vor deren Eingang zwei kleine Felseninseln lagen.

Der Tang liess nur einen schmalen etwas gewundenen Kanal frei, der aber eine hinreichend tiefe in einen sehr guten Hafen führende Passage bot. Es wurde dort geankert, da der Sturm an Stärke noch fortwährend zunahm, und die nächsten Partien der Küste, soweit das schlechte Wetter dies gestattete, vermessen. In den nächsten drei Tagen wehte ein schwerer Sturm aus NW und WNW. Am 5. Dezember früh wurde, während es am Morgen abgeflaut hatte, ein Versuch gemacht, den Hafen zu verlassen und durch den Aldrich-Kanal nach dem Weihnachts-Hafen zu dampfen, indess nahm der Sturm an Stärke gleich wieder so zu, dass das Schiff mit zwei Kesseln kaum mehr manövrirfähig war, trotzdem es unter Schutz des hohen Landes sich befand und deshalb wieder nach dem letzten Hafen, welcher die Bezeichnung „*Marienhafen*" erhalten hatte, zurücklaufen musste. Es wehte am Abend mit Windstärke 11, so dass der dritte Anker fallen musste, obgleich die grösste Kraft des Windes in Folge des hohen schützenden Landes nur die Stängen des Schiffes traf.

Am 6. Dezember flaute der Wind bei fallendem Barometer ab — durchschnittlich war das Wetter hier bei niedrigem Barometerstand günstiger als bei hohem —, so dass Anker gelichtet werden konnte. In der Erwartung, dass nach der verflossenen Sturmperiode einmal ein Tag guten Wetters eintreten werde, sollte der Versuch gemacht werden, durch die noch nicht vermessene *Tucker*-Strasse nach dem Weihnachts-Hafen zu dampfen.

Während der Tage vorher war die Dampfpinnass zweimal dort gewesen, um sie auszulothen, bevor das Schiff hindurchging, doch kehrte sie jedes Mal unverrichteter Sache wieder zurück, weil beim Einbiegen in die Strasse so viel Seen ins Boot schlugen, dass die Feuer nahezu verlöschten.

Bei Ausführung des genannten Planes stiess das Schiff in der Tucker-Strasse mit dem Vorsteven an einen steil vom Meeresgrunde emporragenden, von tiefem Wasser umgebenen Felsen, der sich nicht wie gewöhnlich durch darüber befindlichen Tang kenntlich gemacht hatte, doch ohne bei der geringen Fahrt erheblichen Schaden zu nehmen. Da das Lothen mit den Booten und Manövriren des Schiffes einige Zeit beanspruchte und zu befürchten war, dass, wenn das Schiff in der Strasse noch einem zweiten Hinderniss begegnete, es an diesem Tage den Weihnachts-Hafen nicht mehr erreichen würde, es aber vor der Zeit des Venus-Durchganges, also spätestens am 8. Dezember, wieder in Betsy Cove sein musste, wurde der Versuch, durch die Strasse zu gehen, vorläufig aufgegeben und durch den Aldrich-Kanal nach Weihnachts-Hafen gelaufen. Auf dem Wege wurde ein weiterer, im südlichen Theile der Rhodes-Bai gelegener und beim Passiren entdeckter sehr guter Hafen, „*Helenenhafen*" benannt, vermessen. Der Wind frischte aus westnordwestlicher Richtung wieder auf, so dass die „Gazelle" erst Abends 10 Uhr bei vollkommener Finsterniss im Weihnachts-Hafen zu Anker kam.

Hier wurde in etwa 10 Meter Höhe über dem Geröll einer nahezu senkrechten Felswand ein Kohlenlager gefunden, und da dasselbe zufälliger Weise so günstig lag, dass die Boote an der Stelle zwischen einigen Felsen anlegen konnten, was am ganzen übrigen Felsstrande wegen der Brandung nicht möglich war, so wurden einige Hundert Säcke Kohlen gebrochen. Obgleich darunter einzelne Stücke sehr guter Kohle sich befanden, so war doch der weit grössere Theil eine Art brauner bituminöser Thonerde, die mit anderen Kohlen zusammen wohl verbrannte, aber wenig Hitze entwickelte und viel Rückstand einer röthlichen blätterigen Erde gab. Ein Sack davon wurde für spätere weitere Untersuchung aufbewahrt, die übrigen Kohlen wurden untermischt mit anderen verbrannt, doch war ihr Nutzen ein sehr geringer.

Am Abend des 7. Dezember ging die „Gazelle" bei stürmischem Wetter unter Segel und lief ausserhalb des Terror-Riffes nach Betsy Cove zurück; obgleich am folgenden Tage in der Nähe des Mount Campbell wieder dickes Wetter eintrat, so wurde doch Nachmittags Betsy Cove erreicht. — Bei den gerade im Monat Dezember herrschenden ungünstigen Witterungsverhältnissen — Ende Oktober und während eines Theiles des November war das Wetter doch etwas besser gewesen — und bei dem niedrigen Barometerstande von 741 mm war es ein glücklicher Zufall, dass der Himmel am Morgen des 9. Dezember ziemlich klar war und die Beobachtung des Venus-Durchganges vollkommen gelang.

Die Vermessungen der Kerguelen nahmen, wie aus Vorstehendem ersichtlich ist, in Folge der so ausserordentlich ungünstigen Witterung eine sehr erhebliche Zeit in Anspruch. Da es erwünscht sein musste, dass S. M. S. „Gazelle" wenigstens von der sehr buchten- und inselreichen Ostküste genauere Aufnahmen machte, hoffte der Kommandant, durch die bei der amerikanischen Station eingetroffene Korvette oder eines der beiden Schiffe der englischen Station Gelegenheit zu haben, eine telegraphische Meldung vom Gelingen der Durchgangsbeobachtung an die Admiralität in Berlin befördern und dadurch die andernfalls in der Segelordre vorgeschriebene Fahrt nordwärts bis zum 40. Breitengrade mit dem Zwecke, einem vorbeipassirenden Schiffe die Meldung mitzugeben, ersparen und für nützlichere Zwecke, namentlich für Vermessungen, und um südwärts zu gehen, verwenden zu können.

Leider ging diese Hoffnung nicht in Erfüllung, da die genannten Schiffe erst später die Kerguelen verliessen, und die „Gazelle" trat deshalb nach Ausführung einiger nothwendigen Schiffsreparaturen die Fahrt nordwärts am 23. Dezember Mittags in der Absicht an, nach Ausführung der genannten Aufgabe, ohne nach Betsy Cove zurückzukehren, gleich südwärts und zwar so weit zu gehen, als das Schiff bis Mitte Januar 1875 kommen konnte. Dr. Börgen glaubte bis zum 20. Januar oder doch wenige Tage später mit den astronomischen Beobachtungen fertig zu sein, und die „Gazelle" sollte womöglich einige Tage früher zurück sein, um noch den Rest der Vermessungen an der Ostküste auszuführen.

Der Vorsicht halber wurde die Beobachtungsstation vor Abgang der „Gazelle" ausser den bis Februar berechneten Provisionen noch mit einem eisernen Bestande von Salzfleisch und Hartbrot für 6 Monate und einer ausreichenden Menge Brennmaterial versehen.

Auf der Reise nach Norden traf die „Gazelle" fast ununterbrochen konträre stürmische Winde zwischen Nordost und Nordwest und ab und zu Stillen an, so dass die Fahrt sehr viel Zeit kostete. Nachdem sie bis auf $39\frac{1}{2}°$ S-Br gelaufen war, ohne ein Schiff zu treffen, kehrte sie am 2. Januar Nachmittags wieder um. Das Schiff befand sich zu dieser Zeit nordöstlich von der in den Segelanweisungen vermerkten *Wellington*-Untiefe auf 39° 53' S-Br und 71° 43' O-Lg, hielt so dicht, als es der konträre westliche Wind gestattete, nach dieser Position hin und lothete Abends 9 Seemeilen ONO von derselben — die Bank sollte ca. 7 Seemeilen Ausdehnung haben — mit 1829 Meter (1000 Faden) Leine, ohne Grund zu erreichen.

Am folgenden Tage kam auf 40° 50′ S-Br und 72° 15′ O-Lg ein Schiff in Sicht, das sich als das Bremer Vollschiff „Gabain", Kapitän Meyer, erwies. Da das Wetter es gestattete, wurde ein Boot hinübergesandt mit einem Briefe an das deutsche Konsulat desjenigen Platzes, welchen das Schiff zunächst anlaufen würde, worin das Konsulat um Beförderung der Depesche „Beobachtung des Venus-Durchganges auf Kerguelen gelungen. Schleinitz" ersucht wurde. Das Schiff war in Ballast und nach Akyab im Meerbusen von Bengalen bestimmt, was wegen der langen Reise, die es dorthin noch brauchte, für eine rasche Ankunft der Nachricht in Berlin nicht günstig war. Ein anderes Schiff wurde jedoch auf der Fahrt nicht mehr angetroffen. — Sowohl die Aus- wie die Rückfahrt wurde zum Nehmen von Temperatur-Reihen, Strom-Messen und Fischen mit dem Schleppnetz, so gut es bei dem Wetter ging, benutzt.

Beim Segeln nach Süden bestand die Absicht, die Kerguelen im Osten zu lassen, um Unter-suchungen über einen an dieser Seite der Inseln vermutheten nach Süden setzenden warmen Strom an-zustellen. Während jedoch auf der Fahrt nach Norden von Betsy Cove vorzugsweise nordöstliche und nördliche Winde wehten, waren jetzt nordwestliche und westliche Winde vorherrschend geworden, so dass es nicht gelang, so weit westlich zu kommen, als es geplant war. Am 7. Januar, als die „Gazelle" bereits wieder auf 47° S-Br und 68° O-Lg stand, trat Sturm mit Regen aus Nord und Nordnordost ein und setzte sie in den Stand, noch ein gutes Stück nach WSW zu laufen.

Mit dem bezeichneten Winde war trotz des sehr starken östlichen Stromes, der 36 Seemeilen im Etmal das Schiff versetzt hatte, zu hoffen, frei von der gefährlichen Luvseite der Kerguelen zu liegen und dann bis Mitte des Monats noch ziemlich weit nach Südwest zu kommen. Doch in der folgenden Nacht um 2 Uhr sprang der Sturm plötzlich mit Stärke 11 auf NW und bald darauf auf WNW (rechtweisend WzS).

Es mussten in der Nacht „Alle Mann" an Deck genommen werden, da die Wache nicht im Stande war, zum Halsen das dichtgereffte Besahn- und das Gross-Gaffelsegel zu bergen. Der Sturm blieb in Richtung und Stärke unverändert und nöthigte die „Gazelle", nordwärts zu liegen, da sie südwärts nicht frei von der Insel hätte kommen können, namentlich wenn der Wind noch südlicher gegangen wäre, wie er dies an der Südseite der Insel in der Regel that. (In Betsy Cove herrschte zu der Zeit orkanartiger Sturm aus WSW.) Da der einmal eingesetzte Nordwest- oder WNW-Sturm hier selten kürzere Zeit als eine Woche hindurch anhält, so wäre diese Zeit verloren gegangen, wenn die „Gazelle" auf dem Vorhaben, die Kerguelen westlich zu passiren, bestanden hätte; da ferner der Wasserbestand an Bord nur noch für 3 Tage reichte, das zum Destilliren erforderliche Kohlenquantum aber nützlicher zu Vermessungszwecken verwendbar schien, so wurde nach der Leeseite der Kerguelen abgehalten.

Am 9. Januar wurde in 47° 55,0′ S-Br und 69° 30,0′ O-Lg (Station 54) 174 Meter (95 Faden) gelothet und gleichzeitig eine Bodentemperatur von 2,9° gemessen. Am folgenden Tage kam Mount Campbell in Sicht, und wurde mit dichtgerefften Marssegeln und gerefften Untersegeln gegen den Nord-west-Sturm nach dem von der „Gazelle" so genannten „Inselhafen" gekreuzt und daselbst gegen Abend geankert. Nachdem die hier erforderlichen Vermessungsarbeiten am nächsten Mittage beendet waren, dampfte die „Gazelle", bei nebligem Wetter die Passage durch eine vorher ausgelothete zwischen zwei Inseln gelegene dicke Tangbank nehmend, nach dem Winterhafen. Von hier aus wurden die Bai und die südlichen und nördlichen, viel verzweigten Gewässer mit Booten vermessen und am 13. Januar eine Schiessübung mit Geschützen abgehalten. Während des Aufenthalts im Hafen wurden Pegelbeobachtungen zur Feststellung seiner Hafenzeit angestellt.

Nachdem die Vermessungen in der Umgebung beendet, dampfte die „Gazelle" nach dem nordwärts gelegenen, „*Deutsche Bai*" genannten tiefen Wasserarm und ankerte am Ende desselben unter einer Insel. Auf einer von hier per Boot bis zum Ende einer Reihe von Salzwasserseen unternommenen Fahrt wurde, von diesen durch einen Bergrücken getrennt, ein Gletscher gefunden und bestiegen. Bereits einige Tage vorher waren am Ende der Irischen Bai vom Stabsarzt Dr. Naumann und Unterlieutenant zur See Zeye Gletscher entdeckt worden, welche nach den Entdeckern benannt sind. Dieselben werden von einer mächtigen, das Innere der Insel bedeckenden Schneefirn, die bis auf über 1000 Meter ansteigt, gespeist.

Nach Beendigung der Vermessungen ging die „Gazelle" am 19. unter Dampf, um nach der *Walfischbai (Whalebai)* zu laufen, wurde aber durch den Eintritt dicken Wetters genöthigt, in einem Hafen auf der Ostspitze der zwischen beiden Baien gelegenen Landzunge, welcher den Namen „*Luisenhafen*" erhielt, auf einige Stunden zu ankern. Nachdem das Wetter aufgeklart und der Hafen aufgenommen war, wurde nach der genannten Bai aufgebrochen, wo inzwischen ein Ankerplatz in einem sehr guten Hafen am nordwestlichen Ende derselben ausgelothet war. Einige Meilen stromaufwärts des im südwestlichen Ende dieser Bai mündenden Flusses lag wiederum ein Gletscher, welchem die gänzliche Verflachung dieses Endes der Bai zuzuschreiben ist.

Nachdem am 21. Januar die Vermessungen auch hier beendet waren, wurde bei dickem Wetter nach *Tyzack*-Bai gedampft resp. gekreuzt, und nachdem auch diese und der nördlich davon gelegene *Hopeful Harbour* aufgenommen, nach Betsy Cove zurückgelaufen, woselbst das Schiff am 22. Januar Mittags nach einmonatlicher Abwesenheit wieder eintraf.

Während dieser umfangreichen Vermessungen hatte das Wetter dieselben insofern begünstigt, als der gewöhnliche nordwestliche Sturm mit seinen Schnee- und Hagelböen an mehreren Tagen mehr oder minder starkem Regen mit flauerer Brise gewichen war, ja sogar ab und zu auch ein paar Stunden gutes Wetter eingetreten war; andernfalls wäre es nicht möglich gewesen, die Vermessungen in so kurzer Zeit durchzuführen, da die Stürme in den Buchten, trotz ihrer Einschliessung von hohem Lande so heftige Wellenbewegung erzeugen, dass die Boote durch Vollschlagen oder Aufstrandtreiben gefährdet sind.

Die Boote der „Gazelle" hatten, da sie sich zeitweise sehr weit vom Schiffe entfernen mussten, ausser dem Tagesproviant stets einen eisernen Proviantbestand für 3 Tage in verlötheten Blechgefässen mit; die Dampfpinnass war in der Regel von der Jolle begleitet. Die Vermessungen in den Booten wurden von dem Navigationsoffizier, Kapitänlieutenant Jeschke, mit Unterstützung der Unterlieutenants zur See Breusing und Credner und des Oberbootsmanns Taube ausgeführt.

Während der Abwesenheit S. M. S. „Gazelle" hatten die von den beiden auf Kerguelen zurückgelassenen Offizieren auszuführenden Beobachtungen ungestörten Fortgang gehabt, bis auf die Fluthbeobachtungen und die des selbstregistrirenden Barometers. Bald nachdem die „Gazelle" Betsy Cove verlassen, war bei nördlichem Sturme wiederum ein Theil des Dammes vor dem Fluthhause rasirt und in die innere Schlucht geworfen worden. Der Damm hatte aber seinen Zweck insoweit erfüllt, dass die Kraft der Wellen sich daran brach und weder Fluthhaus noch Röhren zerstört wurden, auch das durch die Wellen veranlasste Auf- und Niederbewegen des Schwimmers ein so mässiges blieb, dass nach Einsetzen eines Siebes in die Röhre die Beobachtungen wieder vollkommen brauchbar wurden. Bei dem langen Aufenthalte gelang es, eine vollkommen ausreichende Beobachtungsreihe zu gewinnen.

Die astronomischen Beobachtungen hatten dagegen in Folge der sehr ungünstigen Witterung sehr schlechten Fortgang gehabt, und es wurde deshalb der Abbruch der Station noch bis auf den 29. Januar verschoben, da die Mondsperiode bis dahin noch Chancen für Beobachtungen gab. In Folge dessen sollte die „Gazelle" sofort wieder in See gehen, in der Absicht, einige Grade nach Südsüdwest zu laufen und dort erstens die Ausdehnung der Bank, auf welcher die Kerguelen liegen, zu konstatiren, demnächst aber zu untersuchen, ob hier ein wärmerer submariner Strom südwärts laufe, denn es war anzunehmen, dass wenn ein solcher Strom existire, er seinen Lauf am südwestlichen Rande der Bank nehmen würde, da bei der Tour nordwärts bereits konstatirt war, dass er nordöstlich nicht vorhanden ist.

Der nordnordwestliche Sturm liess jedoch das Schiff nicht vor dem 25. früh unter Segel kommen, zu welcher Zeit der Wind westlicher gegangen war. Bei Sturm zwischen NNW und WzN lief das Schiff bis auf 52° S-Br und 69½° O-Lg.

Bei einer am 26. Januar auf 50° 49,9′ S-Br und 70° 31′ O-Lg (Station 55) genommenen Lothung in 640 Meter (350 Faden) Tiefe nebst Temperaturreihe wurde nur kaltes Wasser unter 3,5° gefunden, ebenso ergab eine auf 51° 49′ S-Br und 69° 38′ O-Lg in 1646 Meter (900 Faden) gemachte Temperaturbeobachtung nur 1,5°. Hiernach dürften warme Strömungen an der Westseite der Kerguelen und überhaupt in unmittelbarer Nähe der Inseln nicht zu suchen sein.

In Folge des starken günstigen Windes konnte die „Gazelle" nach Anstellung der Beobachtungen bereits am Morgen des 29. Januar wieder in Betsy Cove einlaufen.

Beschreibung der Kerguelen nach den Forschungen S. M. S. „Gazelle".

Aeussere Erscheinung, Orographie und Geologie.

Die Kerguelen-Gruppe umfasst mit Einschluss der Buchten einen Raum von 180 geographischen Quadratmeilen, wovon auf die grösste der Inseln, die eigentliche Kerguelen-Insel, ungefähr 129 Quadratmeilen kommen. Zu dieser Gruppe gehören ungefähr 130 grössere oder kleinere Inseln und etwa 160 über Wasser befindliche Felsen und Riffe; einzelne der grösseren Inseln haben bis 3 Quadratmeilen Fläche. Die Hauptinsel zeigt eine fast beispiellose Küstenentwickelung, indem dieselbe bei einer Ausdehnung von ungefähr 60 Seemeilen in der Länge und ebenso viel in der Breite eine Küstenlänge von ungefähr 700 Seemeilen hat. Diese Küstenentwickelung wird durch fünfzehn Halbinseln, sechs grössere mit Inseln erfüllte Baien oder Sunde (von denen der bedeutendste, der *Royal Sound*, ca. zehn geographische Quadratmeilen Inhalt hat) und durch einige 70 tiefere Buchten oder Häfen hervorgerufen.

Die Inselgruppe wird gewissermaassen von den über das Meer emporragenden Gipfeln einer vulkanischen, unterseeischen Bodenerhebung gebildet, indem der Meeresboden aus einer Tiefe von 3000 und 3400 Metern, welche der Indische Ocean in dieser Gegend und noch in 200 Seemeilen Abstand von der Insel hat, bis auf 380 Meter und weniger in einer Entfernung von 100 Seemeilen ansteigt. In dieser letzteren Entfernung scheint der Boden ziemlich schnell, d. h. innerhalb einer Grenze von 10 Seemeilen Breite bis auf mehr als 500 Meter abzufallen, weshalb man die durchschnittlichen Grenzen der Bodenerhebung wenigstens für die nördliche und östliche Seite als ungefähr 120 Seemeilen von dem nächsten Punkte der Inselgruppe entfernt annehmen kann.

In der Richtung der südöstlich in 240 Seemeilen Abstand gelegenen Gruppe der Heard- oder Mac Donald-Inseln scheinen die Bodenerhebungen beider Gruppen sich zu nähern, indem auf dem halben Wege Tiefen von 188 bis 282 Meter gefunden wurden, während in kurzen Entfernungen davon mit über 750 Meter Leine kein Grund erhalten worden ist. Etwas südwestlich von dieser Verbindungslinie in 140 Seemeilen Abstand von der Insel wurde von der „Gazelle" mit 1883 Meter Leine der Boden nicht erreicht. Die Tiefenverhältnisse der Westküste sind noch unbekannt.

Wie in der Regel bei vulkanischen Erhebungen, namentlich aber bei vulkanischen Inseln, fehlen den Inselgruppen fast ganz und gar die Tiefebenen. Selbst flache Thäler von einiger Ausdehnung sind äusserst selten; vielmehr reiht sich Bergreihe an Bergreihe, und diese sind von einander nur durch unregelmässige, in der Regel stark ansteigende Bodeneinsenkungen, deren Sohle fast stets ein stark strömender Bach einnimmt, getrennt. Die wenigen daselbst vorkommenden Tiefebenen sind mit felsigen Hügelzügen und Felsenpartien durchsetzt.

Die vielen Gebirgszüge, Berge und Hochplateaus der Insel zerfallen ihren äusseren Umrissen nach, denen meistens auch die geologische Beschaffenheit der Berge entspricht, in vier Hauptgruppen, welche hier und da allerdings in einander übergehen.

Die gewöhnlichste Form, welcher fast sämmtliche Bergzüge von weniger als 314 Meter (1000 pr. Fuss) angehören, ist der tafelförmige Berg mit einer mehr oder weniger grossen Anzahl von Felsterrassen an seinen Abhängen. Es sind dies die eigentlichen Basaltzüge; diese Berge haben eine breitere Basis, auf welcher die senkrechten Basaltwände in Terrassen bis zu 19 und 63 Meter Höhe aufgebaut sind. Solche terrassenförmigen Absätze liegen zu fünf bis zehn, zuweilen aber auch mehr als zwanzigfach über einander geschichtet. Der durchschnittlich wenig verwitterte Basalt bildet hier in seltenen Fällen gut ausgeprägte Säulen, wenngleich die senkrechte Klüftung überall deutlich hervortritt. Häufig sind die Horizontalschichten durch eine einige Decimeter bis einen Meter mächtige röthliche Gesteinsart von einander getrennt. Dieses Gestein verwittert leicht zu einer rothen Erde, wird von den Gewässern ausgespült und giebt dadurch Veranlassung zum Zusammenbrechen der darüber befindlichen Basaltmassen, welche die Abhänge mit ungeheuren Trümmerstücken überschütten, zwischen denen die verschiedenen der Insel eigenthümlichen Moosarten ihre Polster ausbreiten. Der Berg endet oben in einem von zahllosen Felsmassen und Trümmerstücken durchsetzten Hochplateau, auf welchem die Verwitterung am meisten vorgeschritten ist, und auf welchem die vorher eingesprengten Kristalle zerstreut umherliegen. Nicht selten, namentlich bei isolirten kleineren Inselbergen, kommt es vor, dass die rothe Schicht eine grössere Mächtigkeit hatte und nicht ganz und gar verwitterte, so dass die überragenden Theile des Basalts nicht zusammenbrachen. Der Berg erhält dann das Ansehen einer auf einem kleineren Abhange ruhenden Platte oder erinnert wohl auch an die Form eines Pilzes.

Die zweite Gruppe von Bergen bilden die mit einem felsigen Kamm oder Grat resp. einigen schroffen Felsspitzen gekrönten Berge, welche zuweilen die Form eines vollkommenen Dachfirstes annehmen, oft aber auch wild zerrissene Felspartien und Spitzen bilden. Es sind dies durchschnittlich höhere Berge von über 470 Meter Höhe. Das hierher gehörende *Crozier*-Gebirge ist aber 1000 Meter hoch, auch der höchste Berg der Insel, der stets schneebedeckte zweispitzige *Mount Ross*, von ungefähr 1880 Meter Höhe, wird hierzu zu rechnen sein, wie auch die höheren Berge der Observations-Halbinsel dahin zählen. Die Abhänge dieser Berge werden in der Regel ebenfalls von terrassenförmig angeordnetem Basaltfels gebildet, dagegen wurde ab und zu anderes den Basalt durchsetzendes Gestein und ein sehr zerrissener Kamm, als aus Quarzit bestehend, in der Nähe dieser Berge aber auch Syenit gefunden. Da die hierhin gehörigen Bergzüge grossentheils mehr im Innern der Insel liegen, war eine genauere Untersuchung nur bei wenigen derselben ausführbar.

Die dritte Gruppe besteht aus Bergen mit langen, gleichmässig verlaufenden Bergrücken, aus denen spitze Kuppen oder regelmässige hohe Kegel emporschiessen. Obwohl auf den Abhängen mehrfach terrassenförmiger Basaltfels bemerkt wurde, so scheint doch die Form und die Färbung dieser Berge auf einen anderen Gesteinskern schliessen zu lassen. Die Kegel sind wahrscheinlich die Kerne erloschener Vulkane. Eine Untersuchung war nicht möglich, da hierzu nur die Gebirge südlich von

Royal Sound, woselbst das Schiff sich nur ganz vorübergehend aufhielt, und einzelne aus dem grossen Schneefelde der Insel hervorragende, gänzlich unzugängliche Kegel zu rechnen sind.

Endlich kommen einzelne wenige Berge mit einer oder mit mehreren abgerundeten Kuppen, auch wohl mit gleichförmigem Kamme und sanften Konturen vor, die, 125 bis 565 Meter hoch, grossentheils aus metamorphischem Gestein und hellen Basaltarten ohne Kristalldrusen, oft mit Olivin durchsetzt, bestehen, an den Abhängen aber ebenfalls von schwarzem Basalt eingekleidet sind. Die Gipfel resp. Kuppen dieser Berge pflegen mit tafelförmig gespaltenem Steingeröll bedeckt zu sein. Es gehören hierhin der *Mount Peeper* und Berge in der Umgebung des *Winterhafens* und der *Deutschen Bucht.*

Aeussere Erscheinung der Gruppe. Der erwähnten Mannigfaltigkeit in den Formen der Gebirgszüge ist es zuzuschreiben, dass die Insel, an einem klaren Tage gesehen, welcher auch die weiter landeinwärts gelegenen Berge, schneebedeckten Hochplateaus und Kuppen dem Auge enthüllt, keineswegs einen so einförmigen und trostlosen Anblick gewährt, als man bei dem Mangel an Strauch- und Baumpartien geneigt sein sollte anzunehmen und wie der vielfach acceptirte, von Cook der Inselgruppe gegebene Name „*Desolation Islands*" vermuthen lassen sollte.

Gestattet das Wetter nur die nächsten Theile des Landes zu erblicken, welche fast überall aus den weit in die See hineinspringenden terrassenförmigen, schwarzbraunen Hochplateaus mit davorliegenden Inseln gleichen Charakters und Felsenriffen bestehen, so empfängt man allerdings den Eindruck der Einförmigkeit, in welche nur die mitunter grotesken Formen einzelner Felsmassen, z. B. die sehr eigenthümliche des einen regelmässigen Thorbogen bildenden *Arch-Rock* und einzelne imponirende senkrechte Felswände von bedeutender Höhe, oder die mit Vögeln bedeckten Klippen, an denen sich die Brandung schäumend bricht, einige Abwechselung bringen; andernfalls bieten aber die dahinter gelegenen grossartigen Berggruppen mit ihren schneeigen Spitzen dank der reichlichen Moosvegetation, welche nicht nur Schattirungen von Hellgrün durch Dunkelgrün ins Braune, sondern auch einen Gegensatz von abgerundeten zu den gewöhnlichen schroffen Formen bildet, einen malerischen Hintergrund zu der felsigen Staffage des Vordergrundes.

Buchten und Häfen. Als eine geologische Eigenthümlichkeit der Inselgruppe muss es angesehen werden, dass die terrassenförmigen Basaltzüge, welche fast überall eine horizontale Lagerung der sämmtlichen Basaltdecken erkennen lassen, aus denen sie aufgebaut sind, in überwiegendem Maasse parallel unter sich und zwar nach östlicher Richtung verlaufen, und hierdurch zwischen sich die Reihe von tief eingeschnittenen Buchten bilden, mit denen diese Inselgruppe gesegnet ist, in schroffstem Gegensatze zu anderen vulkanischen Inselgruppen dieses Meeres (Heard-, Crozet- etc. Inseln), welche kaum eine Spur von Gliederung ihrer Küsten erkennen lassen. Merkwürdiger Weise entspricht dieser Verlauf und somit die Längsaxe der Buchten der Richtung der vorzugsweise herrschenden stürmischen Westwinde, weshalb sie alle auch wohl geschützte Häfen abgeben. Man könnte aus diesem Umstande geneigt sein, auf eine Beziehung zwischen der Buchtenbildung und der herrschenden Windrichtung zu schliessen, und etwa annehmen, dass das auf den Basaltdecken angesammelte Regenwasser, von den stürmischen Winden ununterbrochen in einer Richtung fortgepeitscht, sich zunächst kleine Rinnen in das harte Gestein gefressen hat, die sich allmählich zu den langen und tiefen Buchten erweitert haben.

Wahrscheinlich haben auch Gletscher zur Bildung und namentlich zur Verbreiterung einzelner Buchten der Kerguelen-Inseln, vorzugsweise an den südlichen und westlichen Küsten, beigetragen, wo die Richtung derselben in der Regel mit der vorherrschenden Windrichtung nicht übereinstimmt. Bei der grossen Menge Steingeröll, welche die Gletscher mit in das Wasser führen, wirken diese aber jedenfalls eher verflachend als vertiefend, wie noch gegenwärtig vorhandene Gletscher erweisen; eine

12*

Gletscherwirkung ist daher für die vielen Buchten mit grossen Wassertiefen an der östlichen Küste unwahrscheinlich. In Bestätigung dessen sind noch einige der südlichen und westlichen Buchten so voller Gestein resp. so verflacht angetroffen, dass sie keine oder nur mangelhafte Häfen abgeben.

Wenn nun auch die Mehrzahl der terrassenförmigen Hochplateaus sich in der Richtung West —Ost hinziehen und einige Bergzüge von anderer Formation z. B. die in der Umgebung der *Accessible*-Bucht eine davon nicht sehr erheblich abweichende Richtung einschlagen, so verläuft doch die Erhebungsaxe der Hauptinsel nahezu senkrecht dazu, nämlich ungefähr von NNW nach SSO.

Weihnachtshafen (Christmas Harbour). Im nördlichen Theile der Insel, in der Gegend des Weihnachtshafens verlaufen die Erhebungen in ziemlich gleichförmiger Höhe zwischen 180 und 455 Meter, sich von anderen Theilen der Insel dadurch auszeichnend, dass sie vielfach in nahezu senkrechten Felswänden zum Meere abfallen. Auf einer solchen senkrechten Felswand des Weihnachtshafens, die erst in ungefähr 150 Meter Höhe etwas terrassirte Bildung annimmt, erhebt sich ein kolossaler, menschenkopfähnlich geformter, gegen 150 Meter hoher Felsblock von Basalt und Konglomerat *(Mount Havergal* genannt), der wie zufällig dort hingerathen aussieht und dadurch sehr interessant wird, dass an seiner Basis ungefähr 1,2 Meter von einander entfernt sich zwei Schichten von 0,3 bis 0,9 Meter Mächtigkeit hinziehen, welche zum Theil mit einem tuffartigen Gestein, zum Theil mit Stücken versteinerter Baumstämme ausgefüllt sind. Die Schichten streichen ungefähr OSO und fallen mit 10° gegen SSW.

Dieselbe steile Felswand, auf deren Höhe dieser Felskoloss ruht und welche, einen Bogen nach Süd machend und allmählich auf ungefähr 60 Meter abfallend, dort in dem bereits erwähnten *Arch-Rock* endigt, enthält 9 Meter über dem aus Felsentrümmern gebildeten Meeresstrand eine horizontale Knochenschicht, die an drei verschiedenen Stellen aus dem Felsengeröll des Strandes zu Tage tritt.

Die vorgefundenen Steinkohlen und einiges versteinerte Holz in der Nähe des Arch-Rock deuten wohl darauf hin, dass in früheren Zeiten hier ein besseres Klima geherrscht hat und die Inseln bewaldet gewesen sind. Da bei den Kohlenschichten auch etwas Bernstein gefunden worden ist, so wird sich vielleicht hieraus und aus den versteinerten Holzproben die Holzart ermitteln lassen, welche hier einst vorgekommen ist.

Ausser diesen umgewandelten Ueberresten ist vielleicht der vielfach auf der Insel vorkommende Rüsselkäfer, dessen Verwandte auf Holz wohnen, ein lebendiger Zeuge einer einstigen Baumvegetation der Insel.

Die Kohle ist von ganz verschiedener Beschaffenheit, indem zwischen braunen, sehr erdhaltigen Massen sich einzelne Stücke leichter, faseriger und stellenweise mattglänzender schwarzer Kohle (ähnlich der Candle-Kohle) dicht bei einander fanden. In einer der weiter südwärts gelegenen Buchten, der sogenannten Breakwater Bai, soll nach einer, leider dem Kommando der „Gazelle" zu spät für eine Untersuchung zugegangenen Angabe eines mit den Verhältnissen der Inseln vertrauten Robbenjägers sich brennbare Kohle finden, welche auch leichter zu brechen und einzuschiffen sei, als diejenige von Weihnachtshafen.

Die nördliche Küste des Weihnachtshafens wird von einem basaltischen Tafelberge mit wenigen Terrassen gebildet, der auf seinem Rücken einen kraterartig ausgetieften Kegel, wie es scheint aus festem und zwar hellem Gestein bestehend, trägt. Ohne Zweifel ist dieser Kegel ein ausgebrannter Krater oder ein Kraterkern, und er ist insofern von Interesse, als kein anderer der zahlreichen, tafelförmigen Berge Spuren eines Vulkans zeigt, es sei denn ein einziger kegelförmiger Berg, welcher dem das Innere der Insel überdeckenden Schneeplateau entsteigt und eine Höhe von gegen 910 Meter hat.

Mittlerer Theil der Inselgruppe. Die in Vorstehendem charakterisirten Erhebungen des nördlichen Theiles der Insel steigen erst in der Gegend des über 910 Meter hohen *Mount Richards*, mit doppelter abgestumpft kegelförmiger, schneebedeckter Spitze zu grösserer Höhe an, um hier in ein ausgedehntes Schneeplateau von 450 bis 910 Meter Höhe überzugehen, aus dem einige felsige Gipfel und Bergrücken, zum Theil von kegelförmiger Gestalt und so steil, dass auf ihnen der Schnee und das Eis gar nicht oder nur stellenweise Halt gewinnen, hervorragen.

Von diesem Schneefirn steigen verschiedene Gletscher nach beiden Seiten der Insel (Ost und West) in die Thäler hinab, welche an der Westseite ihren Fuss ins Meer strecken und, von diesem fortgetragene, aber in den Stürmen an dieser Küste in der Regel bald wieder zerschellende Eisberge erzeugen, an der Ostseite aber Seen und Flüsse bilden.

Der ausgedehnte Schneefirn und das Herniedersteigen einiger Gletscher von ihm wurde erst beim Besteigen eines höheren Berges am Ende des Gazelle-Hafens entdeckt, und bei der späteren Anwesenheit des Schiffes im Winterhafen und den nördlich davon gelegenen Bergen wurden die Gletscher selbst aufgesucht.

Der in der Walfisch-Bai (Whale Bay) mündende *Lindenberg-Gletscher* nimmt den oberen Theil eines tiefen und langen Thales ein und endet ungefähr 4 Seemeilen oberhalb der Bucht in einer senkrechten, ungefähr 24 Meter hohen Eiswand, deren Fuss ungefähr 75 Meter über dem Meeresniveau liegt. Am Fusse des Gletschers, diesen unterspülend, hat sich ein kleiner See von den unter dem Eise hervorrauschenden gelben Wassermassen gebildet, die einem mit heftiger Strömung in mehreren Armen die Thalsohle durchfurchenden Flusse die Nahrung geben. Das Flussthal ist angefüllt mit plattgeschliffenem Steingeröll, welches bis weit in die Walfisch-Bai geführt ist; das Ende derselben wird hierdurch so stark verflacht, dass man selbst im Boote sich der Flussmündung nur auf eine halbe Seemeile zu nähern vermag.

Zu dem *Zeye-Gletscher* gelangt man, indem man die durch enge Kanäle mit einander kommunicirenden Salzwasserseen am Ende der Deutschen Bucht aufwärts fährt und die den letzten grossen See abschliessenden Bergzüge übersteigend, die Ufer eines grossen Gebirgssees verfolgt, der seinen Abfluss durch drei andere Gebirgsseen nach einem mit dem Winterhafen durch einen engen Kanal kommunicirenden Brackwassersee hat. Dieser Gletscher steigt nicht in einem Thale abwärts, sondern überdeckt nur den einen Bergabhang des Thales, auf der Thalsohle endigend und dort einen unter dem Eise verborgenen Fluss speisend, welchen man nur durch gewaltiges Rauschen tief unter dem Eise gewahr wird. Wohl in Folge der starken Krümmung des Bergabhanges zeigt hier der Gletscher senkrecht zu seinem Rande gegen einander vorschiessende Spalten von himmelblauer Färbung. Die wellenartig zwischen den blauen Spalten stehen gebliebenen weissen Eiskämme gewähren einen überaus schönen Anblick; ein Besteigen des Gletschers wird aber, da man dabei dort, wo die Spalten sich verschmälern, von Eiskamm zu Eiskamm springen muss, sehr beschwerlich und natürlich auch gefährlich.

Der Rand dieses Gletschers liegt ungefähr 210 Meter über dem Meeresspiegel. Nach oben geht er in den in ungefähr 420 Meter Höhe beginnenden Schneefirn über, dessen nordwestlicher Theil bis gegen 910 Meter aufsteigt. Der unter ihm verborgene Fluss fliesst in einen See ab, von dem jedoch nur das westliche Ende sichtbar war, so dass sein Abfluss nicht festgestellt werden konnte.

Der *Naumann-Gletscher*, am Ende der Irischen Bai, führt dieser einen Fluss zu, sie am Ende ebenfalls verflachend, und hat viel Aehnlichkeit mit dem zuerst beschriebenen. Er endet ungefähr 5 Seemeilen von der Irischen Bai in einem Thale ungefähr in circa 60 Meter über dem Meeresniveau, füllt das ganze Thal dort aus und bildet grosse Längsspalten sowie Eishöhlen.

Es hatte den Anschein, als entsende das Schneefeld in der Nähe dieses Gletschers noch einen zweiten nach dem grossen See, welcher durch einen Wasserfälle bildenden kurzen Fluss mit der Irischen Bai in Verbindung steht und von plateauförmigen, bis 600 Meter hohen Bergen ohne besonderen Charakter umgeben ist.

Alle Gletscher zeigen deutliche Spuren des Zurückweichens. Nicht nur das Steingeröll der Thalsohlen lässt darüber keinen Zweifel, auch an den Felsen der Seitenwände des Thales und an vielem Gestein der Umgebung, bei dem Zeye-Gletscher sogar an den dem Gletscher gegenüberliegenden Bergabhängen, sind deutlich die vom Eise hinterlassenen Riffelungen erkennbar. Ja selbst auf höheren Flächen der umgebenden Berge findet man das Gestein vollkommen moränenartig gelagert.

Ob das Schneefeld, welches diese Gletscher nährt, sich südwärts bis zu den den Mount Ross umgebenden Schnee- und Eismassen erstreckt, konnte bei der selten klaren Atmosphäre, und da südlich der Irischen Bai hohe, nur wenig mit Schnee bedeckte, einförmige Bergmassen bis nahe an das Ufer treten, nicht konstatirt werden. Diese Bergmassen fallen nach der Foundery Branch ab, und es erhebt sich dann eine neue Gebirgspartie, die des *Crozier - Gebirges*, von welchem die Berge der Observations-Halbinsel durch ein langes, fast gerades Thal geschieden sind.

Die grossen Inseln und Halbinseln an der Nordost- und Ostküste der Hauptinsel, *Prinz Adalbert*-Insel, *Bismarck-Halbinsel, Stosch-Halbinsel, Roon-Halbinsel, Hafeninsel (Harbour Island)* etc., sind durch terrassenförmige Bergzüge von durchschnittlich 150—300 Meter Höhe gebildet, die nur an einzelnen Stellen sich bis zu Höhen von 520—580 Meter erheben.

Südlicher Theil der Inselgruppe. Die Bergzüge der *Observations-Halbinsel* sind, als die der Deutschen Beobachtungsstation in Betsy Cove zunächst gelegenen, durch zahlreiche Streifzüge der Offiziere der „Gazelle" am genauesten erforscht worden.

Wir lassen deshalb hier den Bericht des Kommandanten, Kapitän zur See Freiherrn von Schleinitz, über eine von ihm mit mehreren Offizieren unternommene dreitägige Exkursion im Auszuge folgen, welcher nicht nur das Bild dieses Theils der Insel zu vervollständigen, sondern auch die Schwierigkeiten, welche sich der Erforschung der Insel hemmend entgegenstellen, darzulegen geeignet ist.

„Ein Theil der der Observations-Halbinsel angehörenden Bergzüge umschliesst in weitem Bogen eines der grössten Thäler, die auf der Insel vorkommen. Sowohl *Cascade-Reach* wie *Accessible-Bai*, von welcher Betsy-Cove ein sehr kleiner Seitenzweig ist, sind als Fortsetzung dieses in südwestlicher Richtung sich ausdehnenden grossen Thales anzusehen, welches indess keineswegs eine annähernd ebene Sohle hat, sondern — namentlich nach Accessible-Bai hin — zahlreiche, grösstentheils quer zur Längsrichtung des Thales hinziehende Felsrücken und kleine tafelförmige Basalthügel trägt.

Die umschliessenden Bergzüge sind links, d. h. südöstlich, der *Strauch-Bergzug*, dem sich der 700 Meter[1]) hohe, eine Art Felsenkastell auf seinem Rücken tragende *Castle Mount* anschliesst,) rechts der nach Südwest aus 760 Meter Höhe steil abfallende *Mt. Mosely* mit seinen Ausläufern und im Boden einige verbindende Berge, über welchen man in der Ferne einen Theil des zerrissenen Felsenkammes des *Crozier*-Gebirges wahrnimmt. Das äusserste Ende des Thales zieht sich nach rechts hinter den Mt. Mosely und wird dort von einem von hohen Bergen eingerahmten Gebirgssee abgeschlossen, wovon später die Rede sein wird. Abgesehen von kleineren Bächen, wird das Thal von zwei Flüssen durchströmt, von welchen der kleinere östliche an den Abhängen des Strauch-Bergzuges entspringt und nach kurzem Lauf in die Accessible-Bai mündet, während der andere westliche, von uns der „grosse

---

[1]) Die im Originaltext in Fussmaass ausgedrückten Höhen sind hier in Meter übertragen.

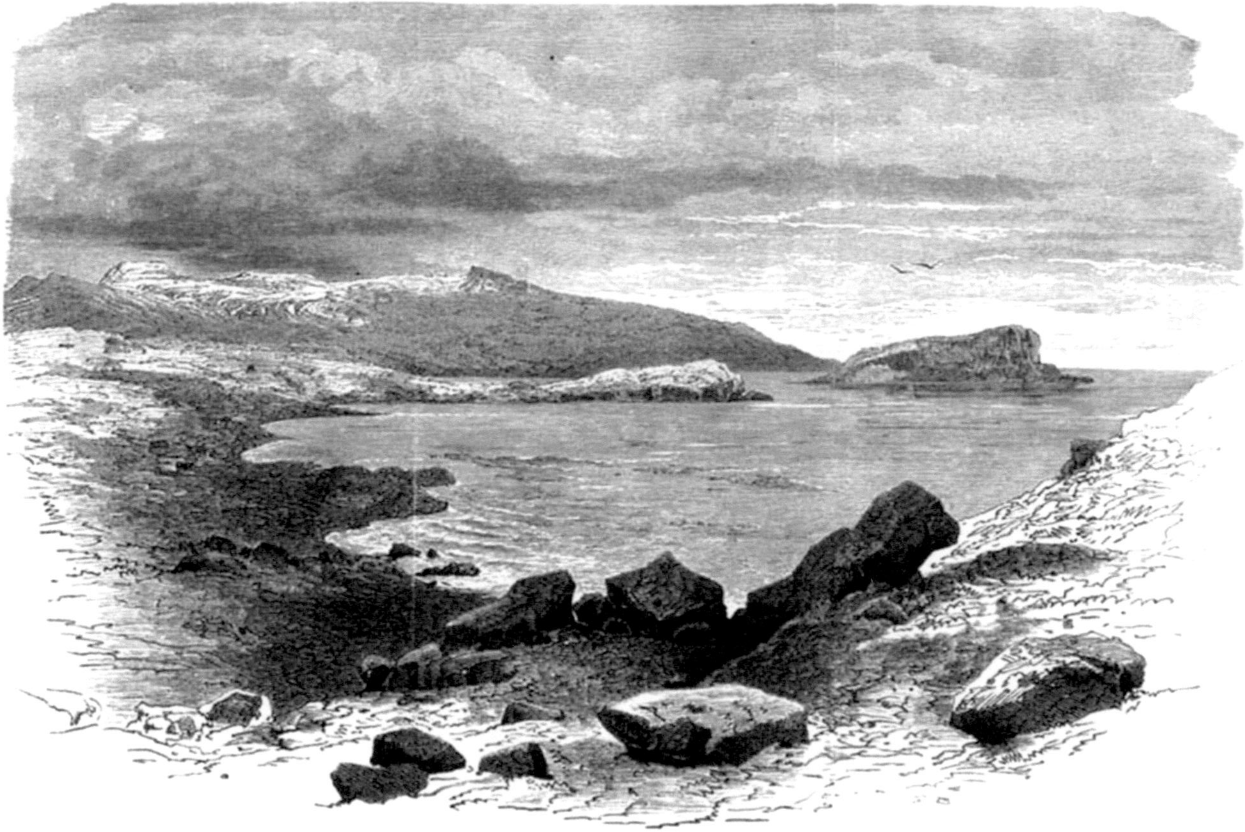

Fluss" genannt, das ganze Thal durchströmt und nach Aufnahme einer Anzahl Nebenbäche sich in die Accessible-Bai ergiesst.

Da der Zweck der Exkursion die Erforschung der hinter dem Mt. Mosely gelegenen Thalecke, aus welcher der „grosse Fluss" kommt, und der umgebenden Berge, sowie die Ersteigung des Crozier-Gebirges war, von dessen Höhe sich das jenseits zwischen Royal Sound und Foundery-Branch gelegene Land dem Blicke erschliessen musste, wurde der Weg das Thal aufwärts nach dem grossen Flusse zu genommen.

Die nächste Umgebung von Betsy Cove bietet Weniges von Interesse. Niedrige felsige Züge wechseln fortwährend mit Sumpfterrain, das mit braunem Moos und spärlichem Gras bestanden ist; ab und zu ist eine teichartige Ansammlung des Wassers zu umgehen, von der ein paar Enten auffliegen, oder über eine höhere Felspartie mit Anstrengung fortzuklettern, bis man an einen 90 Meter hohen, an einem kleinen See gelegenen Basalthügel gelangt, von dessen plattenförmig auf schmalerer Unterlage ruhendem Gipfel man einen hübschen Rundblick hat auf die das Thal begrenzenden Berge, sowie auf die Cascade- und Accessible-Bai bis nach dem auf der „niedrigen Halbinsel" gelegenen Mt. Campbell. Die Ursache der eigenthümlichen sich auch bei anderen Bergen wiederholenden Form des von uns „Plattenberg" genannten Hügels ist leicht zu entdecken, wenn man unterhalb der oberen Basaltglocke am steilen Rande der sie tragenden Felsmasse herumklettert, da man hier unter der oberen etwa 16 Meter starken Basaltlage eine einige Fuss starke horizontale Schicht von weichem rothem Gestein findet, die sich unter der nächsten Basaltschicht wiederholt und, durch den Regen ausgewaschen, mehrfach einen Theil der unteren Schichten einstürzen macht, während die Ränder der eine geringere Last tragenden oberen Basaltschicht überhängend stehen blieben.

Man kann von hier seinen Weg etwas tiefer nicht weit vom steilen Felsenufer der Cascade-Bai nehmen, wo man vielfach durch Sumpf zu waten hat, oder höher, wo die felsigen Hügelzüge in ein steiniges Plateau übergehen. Je nach Liebhaberei wurde der Weg gewählt, im Allgemeinen aber der obere vorgezogen, weil dort einige Strecken von kleinerem Steingeröll vorkommen.

Dieses sowohl, wie die oberen Flächen der Felsen beanspruchten in anderer Hinsicht aber ein Interesse. Riffelungen auf denselben und die Art, wie das Steingeröll gelagert war, liessen auf dereinstige Gletscherwirkung und Moränen-Ablagerung schliessen und machten in Verbindung von sichtlich hierher getragenen grossen Felsblöcken es zur Gewissheit, dass das grosse Thal dereinst mit einem Gletscher bedeckt gewesen ist, der auch diese bis gegen 120 Meter hohen Höhenzüge unter sich verbarg.

Eingetretener Nebel machte zeitweise den Weg etwas unsicher, der dann mit Hülfe des Kompasses genommen werden musste.

Es ging so einer grossen Ausbiegung des Flusses nach Ost zu, welche zu machen ein Ausläufer des Mt. Mosely ihn zwingt. Gewöhnlich hatten wir den Fluss etwas unterhalb an einer seichteren Stelle durchwatet und waren dann über den oben erwähnten Bergrücken gestiegen. Starke Regen der vorangegangenen Tage liessen jenen Uebergang heute aber nicht rathsam erscheinen, weshalb dem Ufer stromaufwärts gefolgt wurde. Wir kletterten mit Mühe und Gefahr auf dem Grunde dieser Schlucht an den steilen Felswänden hin, um irgendwo auf den wasserumtosten Felsblöcken einen Uebergang zu suchen; doch vergeblich. Bald füllte der Fluss auch die Schlucht von Wand zu Wand so aus, dass wir mit Mühe wieder den oberen Rand zu erklettern hatten und diesem folgen mussten. Hinter einem einmündenden, ebenfalls stark strömenden Nebenfluss, dessen Ueberschreitung auf einigen Felsblöcken vor sich ging, nahm die Wassermasse etwas ab, bis wir sie plötzlich aus einer engen

Felsenspalte mit grösserer Gewalt als je hervorschiessen und in einem mächtigen Wasserfall in die Tiefe stürzen sahen.

Von der Felsmasse, durch welche dieser gewaltige Durchbruch erfolgte, erblickte man in seltenem Kontrast auf der einen Seite die wildschäumende Wassermasse, auf der anderen dagegen den Fluss in breitem, mit Steingeröll erfülltem Bette verhältnissmässig ruhig der Felsspalte zugleiten. Ein wenig oberhalb dieser war der Uebergang, freilich nicht trockenen Fusses, bald vollzogen.

Einige Seemeilen oberhalb entströmt der Fluss, nachdem er nach links und rechts einen Nebenbach aufgenommen, einem am Ende des Thales, 200 Meter über dem Meeresspiegel gelegenen Gebirgssee, dessen malerisch schöne Lage uns zuerst von dem gegenüber gelegenen Gebirgszug des *Castle Mount* in die Augen gefallen war. Auf drei Seiten ist dieser über 1830 Meter lange See von ziemlich steilen Bergwänden eingeschlossen, über deren eine im Grunde des Thales zwei kleine Bäche, in kleinen Kaskaden herabfallend, ihm neues Wasser zuführen. Der vierten nach dem grossen Thale offenen Seite entströmte der erwähnte Fluss. Die seine Ufer bildenden Bergwände werden durch einen Kranz von luftigen, eigenartig geformten Bergen überragt. Da liegt rechts der *Mt. Mosely*, senkrecht in ein tiefes nach der Nordost-Küste auslaufendes Thal abfallend; an ihn schliesst sich der merkwürdig geformte *Chimney Top* an, ein gegen 600 Meter hoher Kegel mit einem nadelförmigen hohen Felsen auf der Spitze. Scheinbar unmittelbar über dem Ende des Sees liegt der etwa 760 Meter hohe dachförmige „Hüttenberg", bei welchem vorbei man eine gleich hohe terrassirte Felsenspitze erblickt.

Wir nahmen unseren Weg in dickem Wetter, das die Orientirung sehr erschwerte, nach dem auf den Chimney Top zu laufenden Höhenzug, welcher den bei einem früheren Besuche so getauften *Margot*-See nördlich begrenzt. Bisher war nur feuchter Nebel gefallen, jetzt kamen mit heftigen Böen starke Regengüsse, fast noch unangenehmer durch die Nässe, welche sie dem Boden mittheilten, als durch ihr Nass von oben. Es wurde indess trotz der über die Richtigkeit des gewählten Weges entstandenen Zweifel ohne Unterbrechung vorwärts geschritten, und bald löste ein Sonnenblick, der uns den Spiegel des Margot-Sees tief unter uns enthüllte, den Zweifel. Auf dem Bergrücken, auf dem wir jetzt entlang wanderten, finden sich zahlreiche und mitunter grosse Stücke von Achat, Jaspis, Halbopal, grünem Hornstein, Amethyst, Bergkristall und anderen Quarzvarietäten. Er nimmt die Richtung auf einen schroffen und oben ganz schmalen Felsenkamm, bis dahin nur allmählich ansteigend. Dort, wo er diesen erreicht, findet sich der Basalt in mauerartigen Stücken, horizontal und parallel der steilen Bergwand gelagert, und deutet damit auf eine senkrechte, anstatt der gewöhnlichen horizontalen Erstarrungsfläche. Der schroffe Berg erwies sich dann auch als aus einem nichtvulkanischen Gestein bestehend, nämlich aus Quarzit.

Mit einiger Anstrengung wurde der erste Theil des felsigen, zersplitterten Kammes erklommen, oben bot derselbe aber nur einen so schmalen Grat, dass das Weiterklettern darauf für die bepackten Leute zu gefährlich erschien, weshalb sie den mit einem Chaos von tafelförmigen scharfen Quarzit-Splittern bedeckten steilen Abhang des Berges hinunter dirigirt wurden, um dem Ufer des Sees zu folgen und in der von dem einen ihn speisenden Bach gebildeten Schlucht, im jenseitigen Winkel die Berge wieder zu ersteigen, während wir den weiteren Weg über den Grat und an den oberen Abhängen der folgenden Berge entlang nach derselben Gegend nahmen. Ich war froh, als ich nach langer Zeit von oben die 8 Mann glücklich am See angelangt sah, weil das Abwärtsklettern auf den rollenden Steinsplittern sich bald ebenso beschwerlich und gefährlich erwies, als die Bewegung oben. Der Kamm fällt jenseits wieder ebenso zu den dortigen Basalzügen ab wie er angestiegen war. Wir befanden uns hier 460 Meter hoch nicht weit von Chimney Top, dessen Schornstein noch etwa 150 Meter über uns lag. Ihn zur Rechten lassend, wurde an dem von ungeheuren Basalttrümmern

bedeckten Abhang des folgenden dachförmigen Berges entlang geschritten nach dem bergigen Hochplateau, welches die Rückwand des Margot-Sees bildet, und aus welchem sich der imponirende Hüttenberg erhebt. In der Richtung des Sees zwischen dem Hüttenberge und dem vorerwähnten dachförmigen
Berge beginnt eine Einsenkung, die in ein sich nach der Nordost-Küste öffnendes Thal übergeht und
die hohen Berge dieser Halbinsel in zwei Gruppen theilt, nämlich *Mt. Lyall, Terrassenspitze* und
Hüttenberg auf der West-, *Mt. Hooker, Chimney Top* und *Mt. Mosely* auf der Ostseite. Nach Ueberschreitung einiger felsiger Bergzüge des Plateaus gelangten wir an den in den Margot-See strömenden
Bach, den wir bald den Vortrab der Mannschaften aufwärts klimmen sahen. Es war inzwischen
Abend geworden, weshalb ein vor dem starken Nordwestwinde möglichst geschützter Platz für die
Aufstellung der Zelte gesucht, aber nicht gefunden wurde, da der Wind sich überall an den Bergwänden stiess und dann gerade aus der entgegengesetzten Richtung wehte. Bei der am Abend schon
auf 2° C. gefallenen Temperatur und den nassen Füssen war von Schlaf nicht viel die Rede, obgleich
es gelungen war, Feuer anzumachen und einige erwärmende Getränke zu brauen.

Der folgende Morgen liess sich leidlich an, da es freilich noch recht windig, aber wenigstens
ziemlich klar war, worauf es uns für die am heutigen Tage beabsichtigte Ersteigung des Crozier-
Gebirges vorzugsweise ankam. An der Südseite des Sees zieht sich eine zusammenhängende, über
460 Meter hohe Bergmasse hin, in der stellenweise der Basalt von Trachyt durchsetzt gefunden wurde,
und die mit etwas südlicherer Richtung auch das Hochplateau begrenzt, auf welchem wir uns befanden.
Am Fusse dieses Bergzuges, an welchem entlang der Bach fliesst, nahmen wir unsern Weg, weil dies
die ungefähre Richtung nach dem Crozier-Gebirge war. Nicht weit hinter der Quelle des Baches
liegt ein See, dem bereits ein nach der entgegengesetzten Richtung fliessender Bach entströmt. Es
ist hier also eine Wasserscheide zwischen den nach Cascade- bezw. Accessible-Bai ausmündenden und
den nach Nord und Nordost gerichteten Thälern dieser Halbinsel und ihren Flussgebieten. Auch der
neue Bach folgt dem erwähnten Bergabhange in einer bald ziemlich steil abwärts führenden, auf der
anderen Seite durch den Fuss des Hüttenberges und der Terrassenspitze begrenzten Schlucht einige
Fälle bildend, und dann mitsammt der Schlucht in ein sehr langes und weites, mit einer Reihe von
langgestreckten Seen erfülltes Thal, und zwar fast senkrecht zu der Thalrichtung ausmündend und
sich über ein ausgedehntes Steingeröllbett in den nächsten See ergiessend.

In den bereits mehrerwähnten Bergabhang zur Linken sind durch kleine Nebenbäche einige
kurze aber steile Seitenschluchten eingerissen. Bei einer derselben fanden wir mehrfach Syenit.

Jenseits des seenreichen grossen Längsthales lag das Crozier-Gebirge vor uns, dem Thal seine
OSO-Richtung gebend.

Das *Crozier-Gebirge* ist ein basaltischer Höhenzug von ungefähr 600 Meter Höhe, gekrönt
durch einen ihn noch mit mehr als 300 Meter überragenden schroffen, felsigen Kamm, dessen südlicher
höchster Theil in der Regel *Mt. Crozier* genannt wird. Dieser Kamm tritt nördlich in einem nach
der Thalseite konkaven Bogen mit seinem Fusse bis in das Thal hinab, dort noch zwei in schroffen
Zacken endende Berge bildend, die ebenfalls fast 900 Meter hoch sind. Da hier weithin sich der
eine See erstreckte, welcher unseren Bach aufnahm, waren wir genöthigt, dessen Ostseite zu umgehen.
Es verbindet ein Wasserlauf diesen See mit dem nächstfolgenden, den wir zu überschreiten hatten und
dabei den Abfluss der Seen nach der Nordwest-Seite konstatiren konnten. Gegenüber befand sich im
Crozier-Gebirge eine von imposanten Felswänden gebildete tiefe Schlucht, in der sich ein Gebirgsbach
in wilden Sätzen hinunterstürzte. Es war inzwischen ein unangenehmer, kalter steifer Nordwestwind
aufgekommen, der gerade das lange Thal entlang fegte, so dass wir froh waren, in dieser Schlucht
etwas Schutz zu finden für eine kurze Rast.

Die Leute in der Schlucht zurücklassend, kletterten wir an den Wänden empor, um dann in nördlicher Richtung den Gebirgszug schräg aufwärts zu steigen und so allmählich an den Kamm zu gelangen.

Nach etwa einstündigem Steigen über zum Theil mit Schnee bedeckte Basaltfelder, auf denen gelber und rother Jaspis, sowie grüner Hornstein massenhaft zerstreut lag, gelangten wir an eine nach Nordost gehende Bergkante und hatten jenseits den zerrissenen Felsengrat des Mt. Crozier und etwas mehr rechts die vorher erwähnten beiden zackigen Gipfel vor uns.

Es war jetzt in nordwestlicher Richtung ungemein steil aufwärts zu klettern, während der Wind an Stärke zunahm und leichte Schneeschauer mitführte, das düstere Aussehen des Himmels auch noch dickeres Wetter versprach. Das Ziel nicht mehr sehr hoch über uns, wurde nur um so anstrengender gestiegen.

Die kleinen über die Felsen fallenden Wasserrinnen fanden sich hier grossentheils an ihrer Oberfläche fest gefroren, während man unter dem durchsichtigen Eise das Wasser noch rinnen sah, zuweilen den Anblick von festgefrorenen kleinen Wasserfällen gewährend, die trotz ihrer Festigkeit sich abwärts bewegten.

Wir mochten uns noch ungefähr 150 Meter unter dem höchsten Felsen befinden, als ein so gewaltiger Schneesturm von der Seite auf uns einbrach, dass an ein Vorwärtskommen nicht mehr zu denken war. Wie auf Verabredung verschwand Jeder hinter dem nächsten grösseren Steine, jedoch nur geringen Schutz vor dem Unwetter findend, da die Felsen zwar nach der Windseite überall steil abfielen, nach der Leeseite, d. h. bergaufwärts, aber fast mit dem Boden gleich waren. So wurde eine gute halbe Stunde auf das Vorübergehen des Sturmes oder wenigstens Aufklaren der Luft gewartet, die so mit wild gejagten Schneeflocken und Regen erfüllt war, dass wir uns gegenseitig nicht sahen, obgleich wir nur wenige Schritte von einander waren. Da sich nichts änderte, nur die Nässe und Kälte zunahmen, und in Folge des Schnee- und Regenfalles der Rückweg bei längerem Zögern bedenklich werden konnte, wurde derselbe beschlossen. Er war nicht ganz leicht, da wir wie gesagt kaum zwei Schritte weit sehen konnten und als einzigen Wegweiser die Richtung hatten, in welcher der Schnee uns in das Gesicht gepeitscht wurde, sowie das Gefühl für das mehr oder minder steile Fallen der Abhänge.

Wir fanden uns indess glücklich nach unserer Schlucht zurück und brachen, da der Schnee und Regen jetzt aufgehört hatte, trotz einiger Ermüdung nach kurzer Ruhe wieder auf, um für den folgenden Tag nicht zu viel übrig zu lassen.

Das Barometer hatte auf dem Punkte, von dem wir den Rückweg antraten, über 900 Meter Höhe ergeben, so dass der Mt. Crozier etwas über 1070 Meter hoch sein würde.

Es wurde nun das lange Thal wieder überschritten und dem jenseitigen Ufer des bereits erwähnten langen Sees in östlicher Richtung (auf den Royal Sound zu) gefolgt, um in das nächste Thal zur Linken einzubiegen, das hier als ein Pass eine Verbindung mit unserem grossen Thale herstellen musste, wie ich ihn bei einer früheren Exkursion bemerkt zu haben glaubte. Der See erfüllt die ganze Thalsohle, so dass man genöthigt ist, an dem steilen, trümmerbedeckten Abhange der einen Thalwand entlang zu schreiten, ein mühsamer Weg, der aber bald noch durch wieder einsetzenden starken Regen beschwerlicher gemacht wurde. Müde und durchnässt fanden wir nach mehrstündigem Marsche ein tiefes Querthal, dem ein Fluss entströmte und, in dem langen Thale einige Wasseransammlungen bildend, dem Royal Sound zufloss. In einer felsigen Schlucht, welche nach dem Flusse hinabführte und welche einige Deckung vor dem Winde versprach, wurden die Zelte aufgeschlagen, um unter ihnen etwas Schutz vor dem ohne Unterlass strömenden Regen zu suchen, der jeden Versuch,

Feuer anzumachen, vereitelte. Der Regen hörte die ganze Nacht nicht auf, und auch die Zelte vermochten ihn nicht abzuhalten. Man war daher froh, als der Morgen kam und man sich wieder in Bewegung setzen konnte.

Wir schritten nun das Querthal aufwärts, dem rechten Ufer des stark geschwollenen Flusses folgend. Zahlreiche von ihm aufgenommene reissende Nebenbäche waren zu passiren, und einige Male bereitete es grosse Schwierigkeit, diejenigen Leute hinüber zu bringen, welche mit den wassergetränkten Zelten bepackt waren. Der Strom lief mit solcher Heftigkeit, dass die Leute beim Durchwaten sich dagegen nicht halten konnten. Es wurden an schmalster Stelle die Zeltstangen als ein Geländer zwischen geeigneten Felsstücken eingeklemmt.

So ging es bei ununterbrochenem Regen, den Sturm im Gesicht, einige Stunden langsam voran, bis wir an ein schluchtartiges Querthal kamen, welches von einem in zahlreichen mächtigen Wasserfällen hinabstürzenden Nebenflusse erfüllt war. An einen Uebergang hier war nicht zu denken. Man musste daher diesen Nebenstrom aufwärts verfolgen, um oben einen Uebergang zu finden, da der Hauptfluss, wenn er auch keine Wasserfälle bildete, doch äusserst heftig strömte und bei seiner Breite und Tiefe und nach einem von einem Matrosen gemachten Versuche unpassirbar schien. Die Felsenpartien, welche die Wände der Schlucht bildeten, wurden erklettert, aber obgleich wir über eine halbe Stunde aufwärts schritten, fand sich keine Uebergangsstelle, dagegen setzte bald ein neuer Nebenbach, in einem prachtvollen Wasserfalle hinabstürzend, dem weiteren Vordringen ein Ziel.

Die Situation war insofern nicht unbedenklich, als die Leute, obgleich der ihnen mitgegebene Proviant noch für den ganzen heutigen Tag berechnet war, weil sie den mitgenommenen Reis und die präservirten Kartoffeln in Folge des Regens nicht hatten kochen können, ausschliesslich auf Fleisch und Brot angewiesen waren und hiervon das letzte heute Morgen verzehrt hatten, während es jetzt bereits 1 Uhr Nachmittags war. Wir konnten daher weder weite Umwege machen, noch das Nachlassen des Regens und Ablaufen der angeschwollenen Gewässer abwarten, und es blieb nur übrig, eines der Gewässer auf jede Gefahr hin zu forciren. Der Hauptfluss wurde dazu ersehen und wieder abwärts gewandert. Von dem Nebenfluss war eine gewaltige Menge Gestein und Sand heruntergeführt und etwas ausserhalb angeschwemmt. Dort gelang der Uebergang, wenn man auch bis an die Hüften ins Wasser gerieth und nur mit äusserster Mühe im Stande war, der gewaltigen Strömung Widerstand zu leisten, ohne Unfall, indem die schwerer bepackten Leute von den anderen geführt und gestützt wurden.

Um bei der gänzlichen Durchnässung in dem kalten Winde Erkältung zu vermeiden, wurde ohne Aufenthalt vorwärts geschritten, nun dem linken Ufer des Hauptflusses, immer bergan, folgend. Wenn auch noch mehrere reissende Bäche zu durchwaten waren, so verursachten sie doch keinen weiteren Aufenthalt. Einen Uebelstand hatte allerdings die Durchweichung alles dessen, was man um und an sich hatte, im Gefolge: die zu wissenschaftlichen Zwecken mit Bleistift gemachten Notizen über Fundort und Lagerung der Mineralien, Kompassrichtungen, Skizzirungen etc. gingen fast sämmtlich verloren; das Papier, in welches die Mineralien zur Unterscheidung von einander gewickelt waren, wurde selbst in den ledernen Taschen aufgelöst, und es konnte die spätere Ordnung nach dem Gedächtniss nicht mehr Anspruch auf vollständige Zuverlässigkeit machen. Der grösseren mineralischen Handstücke hatte man sich ohnedies wegen des zu grossen Gewichtes auf diesem beschwerlichen Marsche entledigen müssen.

Da ich vom Mt. Mosely und Margot-See einen Nebenbach des grossen Flusses in hohem Wasserfall aus einem, soweit man erkennen konnte, nach dem Crozier-Gebirge führenden Hoch-Pass hatte kommen sehen, musste in dem Thal, welches wir aufwärts verfolgten, eine Wasserscheide

13*

zwischen dem Royal Sound und Cascade-Reach vorhanden sein, wenn es mit jenem Passe zusammenhängen sollte. Es beanspruchte indess so lange Zeit, bevor wir diese erreichten, dass ich bereits an
der Richtigkeit des gewählten Weges zu zweifeln begann. Endlich aber verbreiterte sich das Thal,
zu einer Art mit kleinen Seen und Sümpfen erfülltem Plateau ansteigend, und allmählich begannen diese
nach der entgegengesetzten Seite abzufliessen. Der Regen war noch immer so dicht, dass man kaum
die begrenzenden Bergwände genau sah, andernfalls hätten wir jetzt vor uns die bekannten Berge —
Mt. Mosely etc. — erblicken müssen, nach denen die Orientirung leicht gewesen wäre. Es war eine
Erleichterung, als bald der Dunstschleier einen Augenblick zerriss und zur Linken den wohlbekannten
glatten Spiegel des Margot-Sees, hinter einer Bergkante hervortretend, enthüllte. Damit trat ein
Wendepunkt im Wetter ein, die Sonne kam heraus, und die jetzt mit Unterbrechung herüberziehenden
Regenschauer machten bald einem sonnigen Abend Platz, der uns für den immer noch weiten Rück-
weg mehr als angenehm war. Mit Dunkelwerden langten wir in etwas desolatem Exterieur, doch
sonst wohlbehalten in Betsy Cove wieder an.“

Barometrische Höhenmessungen auf der Observations-Halbinsel. Die folgenden Höhen
sind mit Hülfe eines GREINER'schen Reisebarometers, eines kleinen Aneroidbarometers von MEISSNER
und eines GREINER'schen Hypsometers bestimmt. Als unteres Stationsbarometer diente theils das in der
Vorkajüte S. M. S. „Gazelle“ 2,98 Meter über der Wasserlinie aufgehängte Schiffsbarometer von
GREINER, theils das an Land im Wohnhause der Mitglieder der Venus-Expedition 21,3 Meter über
dem mittleren Meeresspiegel aufgestellte Normalbarometer von GREINER No. 516. Sämmtliche Ablesungen wurden jedoch für die Berechnungen auf das letztere Barometer reducirt. Die Berechnungen
sind nach der LAPLACE'schen Formel:

$$h = 18\,382 \left[1 + \frac{2\,(t + t')}{1000}\right] \left(1 + 0{,}00265 \cdot \cos 2\,\varphi\right) \left[\left(1 + \frac{h}{r}\right) \log. \frac{b}{b'} + 0{,}868589 \frac{h}{r}\right]$$

ausgeführt, in welcher b den auf 0° C. reducirten Barometerstand der unteren Station, b' denselben
auf der oberen Station, t die Temperatur der Luft in Graden Celsius der unteren Station, t' dieselbe
der oberen Station, φ das arithmetische Mittel der geographischen Breite beider Stationen, r den in
Metern ausgedrückten Erdhalbmesser und h die in Metern angegebene Höhendifferenz beider Stationen
bedeutet. Die folgenden Angaben der Richtung und Entfernung beziehen sich auf einen Punkt eines
dicht hinter dem Wohnhaus der Expedition belegenen circa 75 Meter hohen Berges (Observationsberg).

1. Der *Tafelberg*, 2,5 Seemeilen SzO¹/₂O (4550 Meter S15°34'O) vom Observationsberge,
   186,43 Meter hoch.

2. Der *Plattenberg*, 0,8 Seemeilen WzN (1483 Meter N78°7'W) vom Observationsberge,
   115,48 Meter hoch.

3. Der *Dachberg*, 3,7 Seemeilen West (6953 Meter S89°41'W) vom Observationsberge, 501,08
   Meter hoch.

4. Der *Mount Mosely*, 5,3 Seemeilen W¹/₄N (9777 Meter N86°9'W) vom Observationsberge,
   757,98 Meter hoch.

5. Die höchste von Betsy Cove aus sichtbare Spitze des *Strauch-Bergzuges*, 4 Seemeilen
   SW³/₄W vom Observationsberge gelegen. Von zwei Messungen ergab die eine eine Höhe
   von 392,18, die andere 373,48 Meter, im Mittel also 382,83 Meter.

6. Ein Punkt circa 120 Meter unter dem *Chimney Top*, Höhe 494,1 Meter.

7. Lagerplatz circa 80 Meter oberhalb des *Margot-Sees*, Höhe 337,93 Meter.

8. Platz an einer Seereihe am Fusse des Crozier-Gebirgszuges, Höhe 110,12 Meter.

9. Punkt circa 120 Meter unter der höchsten Spitze des *Crozier-Berges* 918,3 Meter.

10. Pass zwischen dem von Cascade-Reach resp. Betsy Cove ausgehenden Thal einerseits und Vulcan Cove und Royal Sound andererseits, Höhe 104,36 Meter.

11. *Mount Peeper*, 154 Meter hoch.

Die Höhen 1—4 wurden mit dem Greiner'schen Reisebarometer, 5 mit dem Hypsometer und 6—11 mit dem Holosteric von Meissner bestimmt.

Die niedrige Halbinsel. Nach Nord und Ost geht die Observations-Halbinsel in eine steinige Tiefebene über, die durchschnittlich kaum 9 Meter über dem Meeresniveau liegt und neben einigen bis gegen 60 Meter hohen Ausläufern des sie westlich begrenzenden Strauch-Bergzuges und einem von der „Gazelle" *Tafelberg* genannten, 186 Meter hohen Bergzuge, der sich von der Accessible-Bucht abtrennt, noch drei isolirte, nicht hohe Berge und einen ungefähr 125 Meter hohen isolirten kurzen Bergrücken trägt.

Der nördlichste von diesen, der *Mount Campbell*, ein etwas nach einer Seite geneigter felsiger Kegel mit schräg abgeschnittener Spitze, hat für die Navigirung in dieser Gegend eine grosse Bedeutung, weil man ihn bei der Natur der Atmosphäre Kerguelens fast immer früher in Sicht bekommt, als die anderen hohen Berge, und seine Gestalt Verwechselungen ausschliesst. Nur aus östlicher Richtung wird er verdeckt durch den schon erwähnten kurzen Bergrücken im Nordosten der Halbinsel, der mit ihm nahezu gleiche Höhe hat.

Der zur Feststellung seiner geologischen Beschaffenheit besuchte *Mount Peeper* am östlichen Rande der Halbinsel ist ein 158 Meter hoher Hügel mit den auf der Insel so selten vorkommenden sanften Konturen, während der niedrige *Mount Bungg* (69 Meter) kraterförmige Gestalt hat.

Die ganze Halbinsel ist bedeckt mit felsigem Steingeröll, das in seinen Vertiefungen ein System von unzählbaren, mitunter grossen Seen und Sümpfen umfasst, eine wasserreiche Steinwüste von trostloser Einförmigkeit und kaum von einigen Enten und den hier nistenden Raubmöven belebt.

Das Gestein der Halbinsel besteht aus dem gewöhnlichen feinkörnigen schwarzen Basalt, der in einzelnen um und auf dem Mount Peeper anstehenden Partien sehr stark mit Olivin durchsetzt ist, während die sanften Linien dieses Berges von den feinen, tafelförmigen und zum Theil mit Moos überwachsenen Splittern hellen Basalts herrühren, die ihn so dicht bedecken, dass man auf der Spitze eine kleine Partie anstehender Felsen findet.

Von den beiden grösseren Flüssen, welche die Halbinsel durchströmen, hat der dieselbe westlich begrenzende „*steinige Fluss*" ein breites, jedoch ganz steinerfülltes Bett, der andere, dessen Lauf nicht genau festgestellt werden konnte, ist unbedeutender und weniger steinig.

Der Royal Sound. Eine ganz niedrige, sandige Landzunge verbindet die steinige Halbinsel mit dem hohen und überall steil abfallenden *Prince of Wales Foreland*, das früher jedenfalls eine Insel gewesen sein wird und die nordöstliche Begrenzung des Royal Sound bildet. Dieser inselreiche Sund erfreut sich des Schutzes durch das hohe Crozier-Gebirge gegen die stürmischen NW-Winde, welches dem Auge aber den Blick auf die Berge der Observations-Halbinsel entzieht, von denen nur Castle Mount sichtbar ist, sowie die äusserste Spitze des Mount Mosely. An den südöstlichen Ausläufer dieses Gebirges schliessen sich weniger hohe, terrassenförmige Berge an, die zum Theil durch die zahlreichen und grossentheils hohen Inseln des Sundes verdeckt werden, bis mit den schneeigen Abhängen des sie weit überragenden *Mount Ross* wieder eine Anhäufung von interessant geformten, hohen Bergspitzen beginnt, welche, auf zwei, nur durch schmale niedrige Landzungen mit der Insel verbundenen Halbinseln aufgethürmt, den Sund nach Süden abschliessen.

Diese Umgebung des Royal Sound gehört jedenfalls zu den schönsten Partien der Insel und bietet in den Bergformen mehr Abwechselung, als irgend ein anderer Theil der Küste. Leider gestatteten die Umstände nicht eine genauere Untersuchung der südlichen Bergzüge, in deren Form weit weniger der gewöhnliche basaltische terrassen-plateauförmige Charakter zum Vorschein kommt, und die daher in geologischer Beziehung ein grösseres Interesse beanspruchen.

Die Flora Kerguelens.

Die Vegetation der Inselgruppe besteht vorzugsweise aus Moosen, Gräsern und Farren, von denen die meisten antarktischen Regionen, einzelne aber auch nur diesen Inseln eigenthümlich sind; Bäume und Sträucher fehlen ganz. Wenn die Flora in Bezug auf Mannigfaltigkeit der Arten auch von einer, namentlich für die verhältnissmässig niedrige Breite, seltenen Armuth ist, so besitzt sie doch räumlich eine grosse Ausdehnung. Abgesehen von den höchsten Bergen und den senkrechten Felswänden, sowie von den grossen Steintrümmern, findet man nur wenige ganz vegetationslose Stellen und noch seltener längere Strecken ohne Pflanzenwuchs.

Das kleinere Gestein wird von dem am häufigsten vorkommenden und der Insel in dieser Species eigenthümlichen, polsterartige Decken bildenden Moose (Azorella) überzogen und scheint unter diesen, die Feuchtigkeit in hohem Grade einsaugenden und dieselbe bewahrenden Pflanzen weit schneller zu verwittern, als in der freien Luft. So wirkt diese Pflanze vorzugsweise Humus bildend, den man deshalb in ziemlich grosser Ausdehnung und Mächtigkeit in allen Bodensenkungen findet. Mit diesem Moose trägt eine andere dunkelgrüne, zierliche antarktische Pflanze mit röthlicher kugelförmiger Blüthe, eine Rosacee (Acaena), hauptsächlich an Abhängen in grossen Massen fusshoch wuchernd, dazu bei, den felsigen Landschaften Abwechselung und Leben zu verleihen.

Abgesehen von einigen, gutes Viehfutter bildenden Gräsern, unter denen namentlich die Festuca Cookii vertreten ist, kommt nur eine ausschliesslich der Kerguelen-Insel eigenthümliche Nutzpflanze vor, der schon durch Cook bekannt gewordene Kerguelenkohl (Pringlea antiscorbutica), welcher ein sehr werthvolles, wohlschmeckendes und antiskorbutisch wirkendes Gemüse liefert. Er erinnert in der Tracht an unseren Kohl, ist aber ausdauernd; die saftigen Blätter wurden als Salat bereitet und hatten einen scharfen, an Brunnenkresse erinnernden Geschmack, oder als Gemüse, in welcher Form sie der Schiffsmannschaft zweimal wöchentlich verabreicht wurden und wesentlich dazu beitrugen, einen absolut guten Gesundheitszustand an Bord herzustellen und zu erhalten.

In den vielen Binnenseen der Insel siedeln sich eine Anzahl Süsswasserpflanzen, graue Algen, Ranunculusarten u. a. an.

Die Flora Kerguelens ist zum grössten Theil von Dr. Hooker, dem Begleiter von Sir James Clark Ross auf seiner antarktischen Reise und Assistenzarzt auf dem „Erebus", bekannt geworden und in seinem Werke „Flora antarctica" beschrieben. Einige neue Pflanzen wurden jedoch noch von S. M. S. „Gazelle" und speciell von dem für die botanische Erforschung thätigen Stabsarzt Dr. Naumann entdeckt. Seinem Berichte ist das Folgende entnommen:

Auf Kerguelen wurden Pflanzen gesammelt in einer Reihe von Buchten der Ostküste und in deren näherer und weiterer Umgebung bis in die inneren Gegenden der Insel.

Es fanden sich an Phanerogamen ausser den von J. D. Hooker beschriebenen Arten: zwei Arten von Ranunculus, ein Cerastium, ein Poa und ein Rumex.

Von den Ranunculusformen ist am weitesten auf der Insel die von Hooker als crassipes unterschiedene verbreitet, dieselbe ist aber eine vielgestaltige, nicht nur nach dem Vorkommen im

Wasser und auf dem Trockenen, sondern die Landformen unterscheiden sich auch wieder sehr im ganzen Habitus, namentlich bedingt durch die Grösse der Pflanze in ihren einzelnen Theilen, die Dicke und Länge der Blatt- und Blüthenstiele und die Form der Blätter. Eine zweite scharf getrennte Species ist vielleicht mit dem HOOKER'schen R. trullifolius identisch. Diese Art wächst mit den Wasserformen der vorigen häufig und ebenso gesellig zusammen, fast ausschliesslich aber in der Nähe des Meeres.

Cerastium triviale fand sich an mehreren oft von Walfischfängern besuchten Häfen, namentlich an dem schon von COOK aufgefundenen Port Palliser sehr verbreitet und ausserordentlich üppig (bis 5 Centimeter lang) vor. Nur lokal wurde hingegen eine Poa-Species bei der Walfischfänger-station „Drei-Insel-Hafen" und in der vielbesuchten Betsy Cove, und Rumex acetosella in einigen Exemplaren, sowie einmal auch einige Trifoliumpflänzchen an dem letztgenannten Orte gefunden.

Von den übrigen Blüthenpflanzen sind ebenfalls meist mehrfache Exemplare gesammelt; von Pringlea antiscorbutica R. Brown konnten noch in der allerletzten Zeit des Aufenthaltes auf Kerguelen reife Samen erlangt werden. Nach dem Standorte variirt diese Pflanze sehr im Habitus; ebenso einige andere, wie Acaena affinis Hook., Azorella Selago Hook., am auffallendsten Leptinella plumosa Hook.; die kleinen, dichter behaarten Formen dieser Pflanze bilden auf den Klippen silbergrau schimmernde Polster von kaum Zollhöhe, während die grösseren saftig grünen an humusreichen geschützten Abhängen mit den üppigen Formen von Acaena und Pringlea wetteifernd, fusshoch emporwachsen.

Die Blüthezeit der meisten Phanerogamen begann erst nach der Ankunft der Gazelle zu Ende Oktober, nur Pringlea, Azorella und Festuca Cookii Hook. f. blühten damals einzeln an geschützten Orten. Um Mitte November waren sie allgemein in Blüthe, ebenso hier und da sich öffnende Köpfchen von Acaena und Leptinella und Knöspchen von Cerastium und Montia. Erst Mitte Dezember fingen die Ranunculusarten an zu blühen, zuerst die Landformen des R. crassipes Hook. f., viel später, in der zweiten Hälfte des Januar die dem R. trullifolius Hook. f. ähnliche Form. Die kleinen Blumen von Galium antarcticum Hook. f. waren ebenfalls erst in der zweiten Hälfte des Dezember überall zu sehen, während damals Pringlea nur noch an höheren Orten (ca. 300 Meter) allgemeiner blühte, in der Nähe des Meeres aber, ebenso wie Azorella, in der Samenbildung schon fortgeschritten war; die weitere Entwickelung des Samens schien aber in diesem Klima sehr langsam vor sich zu gehen, da erst zu Anfang Februar an einem einzigen Orte der von Pringlea, noch nirgends aber der von Azorella gereift sich fand.

Hafer und Gerste, am 8. November gesät, gingen nach 4 Wochen auf, Radieschen und Brunnenkresse nach 14 Tagen, die zarten Pflänzchen der letzteren wurden leider von Vögeln ver-nichtet, während die ersteren bis Anfang Februar ca. 8 Centimeter gross geworden waren.

Die deutliche Entwickelung der Flora mit dem Vorschreiten der Jahreszeiten erklärt sich zum geringen Theil wohl aus der nicht sehr bedeutenden, aber doch immerhin merklichen Steigerung der Temperatur, zum grösseren Theile aus der bedeutenden Insolation bei dem hohen Sonnenstande (die mittlere Insolations-Temperatur, an einem geschwärzten Thermometer gemessen, betrug in den Monaten November bis Januar $+ 31,2°$ C. mit einem Maximum von $+ 42°$ C., und waren Tage ganz ohne Sonnenschein nur vereinzelt), wodurch Boden und Wasser am Lande bedeutend erwärmt wurden. Von Bedeutung für die Blüthenzeit der dortigen Pflanzen mag auch das Aufhören der leichten Nachtfröste sein, die Ende Oktober und im November noch öfters, in den folgenden Monaten aber gar nicht beobachtet wurden, ebenso das Seltenwerden bedeutender Schneefälle. Das Hinaufrücken der Schnee-grenze resp. der zusammenhängenden Schneefelder an den Bergen von etwa 300 bis 800 Meter an im Oktober bis zu 600, ja 900 Meter im Januar, vielleicht hauptsächlich durch grösseres Vorwiegen der wärmeren, regenbringenden nördlichen Windrichtung im Sommer bewirkt, machte eine bessere Jahreszeit wohl kenntlich und eine Periodicität der Vegetation auch in diesem insularen Klima begreiflich. Die Stürme freilich, welche im Laufe des Sommers an Häufigkeit eher zu- als abnahmen, beschränkten die guten Einflüsse der Zeit des hohen Sonnenstandes sehr. Die bei Weitem üppigste Vegetation findet sich daher nicht auf den Nord-, sondern den Ostseiten der Berge und Hügel, indem dort die windgeschütztesten Stellen sind. Hier wuchsen namentlich Acaena und Pringlea, dann auch Azorella, Leptinella und Festuca Cookii, jene bis Meterhöhe, auf ansehnlichen von ihnen gebildeten Humuslagern über Moosen und Lebermoosen empor und liessen von Weitem den Fuss der Höhen (zuweilen bis 180 Meter hoch) waldgrün erscheinen. Einige Pflanzen freilich scheinen auch an dem Wetter ausgesetzten Orten gut zu gedeihen, wie Azorella, auf der sich dann häufig kleinere Gewächse, wie namentlich Galium antarcticum, Ranunculus crassipes, Lycopodium clavatum schmarotzerartig festgesetzt haben, andere, wie Lyallia, solche Orte sogar zu bevorzugen. Die auch an rauhen Orten häufige Pringlea wurde in kleinen Exemplaren auf dem Berg Crozier noch in einer Höhe von wenigstens 600 Metern bemerkt, nachdem Azorella Triodia Kerguelensis Hook. fil. und fast alle Moose schon bedeutend tiefer aufgehört hatten.

Von grösseren Algen fand sich Macrocystis pyrifera Agardh in den Grenzen einer Wassertiefe von 3 bis zu 33 Meter wurzelnd; auf hoher See wurden nur grössere und kleinere Stücke treibend bemerkt. In Betsy Cove bilden die Pflanzenwurzeln nach dem Berichte eines Tauchers von der „Gazelle" (von 7 bis 11 Meter Tiefe) kleine Hügel von $^3/_4$ Meter Höhe und dem Umfange eines grossen runden Tisches, deren Zwischenräume halb mit diatomeenreichem Schlamme ausgefüllt sind. Ein Stück einer solchen Wurzel, an Bord einen grossen Schiffszuber füllend, war ein Komplex von korallenartig wurzelnder Tangmasse und einem harten, zum Theil mit Kalkalgen bewachsenen Boden, von dem über 20 von unten an beblätterte Aeste ausgingen. In einem anderen Falle stammte ein fruktificirendes Stück dieser Pflanze, 4 Meter lang, reich beblättert und mit Blasen besetzt, das in 45° 50' S-Br und 70° 39' O-Lg, also fast 200 Seemeilen nördlich der Insel im offenen Meere gefischt wurde, offenbar von den fluthenden Aesten des Tangs. Diese Blätter waren, wie dort, mit vielen braunen Flecken besetzt, zum Theil mürbe und zerrissen, mit glatter Oberfläche, aber im letzten Falle sehr lang — 0,7 bis 0,8 Meter — und mit langen, spindel- und birnförmigen Blasen (Länge 0,07 bis 0,08 Meter) gestielt. In Betsy Cove und einigen anderen Buchten wurde die Zwischenzone zwischen den genannten mächtigen Tangen, in der Tiefe von etwa 1 bis 4 Meter, reich mit kleineren Algen, namentlich Florideen, und auch einigen anderen Fucoideen bewachsen gefunden.

Sehr reich an Diatomeen wurde auf Kerguelen sowohl am Lande der schlammige Grund vieler Süsswasserteiche und Pfützen gefunden, als auch der Meeresboden an vielen Orten, in den Buchten und in offener See auf der Bank der Insel. Die Färbung dieser Meeresgrundproben, in welchen sich vorwiegend Diatomeen nachweisen liessen, war eine auffallend grünliche, sie kamen aus Tiefen bis 640 Meter.

Die Fauna Kerguelens.

Bei der spärlichen Vegetation, dem kalten und rauhen Klima der Kerguelen konnte ein reiches Thierleben daselbst nicht zur Entwicklung gelangen. Ausser den Vögeln, welche in 30 Arten vertreten sind, machen 4 Säugethiere, 15 Insekten (5 Käfer, 5 Fliegen, 1 Neuroptere, 1 Falter, 3 Schrecken), 6 Arachniden (2 Spinnen, 4 Milben), 7 Crustaceen des süssen Wassers, 1 Schnecke und 2 Würmer die ganze Fauna der Inselgruppe aus.

Gez. von Weinck. Entlehnt a. d. Illustr. Zeg.

SEEELEPHANTEN AUF KERGUELEN.

Von den Säugethieren gehört, wenn man nicht etwa noch einige kurz vor Anwesenheit der „Gazelle" von der „Challenger" dort ausgesetzte Ziegen zu den Thieren Kerguelens rechnen will, nur eines ausschliesslich dem Lande an; es ist dies eine gewöhnliche Hausmaus, welche wahrscheinlich von Walfischfängern und anderen Schiffen dort eingeführt worden ist und sich in dem dichten Azorellarasen am Strande eingenistet hat.

Die drei anderen Säugethiere gehören zur Familie der Robben oder Seehunde. Es sind dies der See-Elephant, Macrorhinus leoninus, der Seeleopard, Ogmorhinus leptonyx und eine Ohrenrobbe, welche sich nach den Untersuchungen von Professor PETERS als eine für die Wissenschaft neue Art erwies und von ihm nach der „Gazelle" Arctophoca gazella genannt wurde.

Der See-Elephant hat seinen Namen von der riesigen Grösse, der Plumpheit der Formen und einer Art Rüssel, wodurch sich das Männchen auszeichnet. Der kolossale, 6—9 Meter lange, walzenförmige Körper desselben trägt kurze krallenbesetzte Vorderfüsse und breite, nach hinten gerichtete Schwimmfüsse. Die Nase ist in einer faltigen Nasenhaut verlängert, welche das Thier, wenn es erregt, zu einem kurzen Rüssel aufblähen kann. Das Maul ist mit grossen Zähnen besetzt, von denen namentlich die Eckzähne hauerartig hervorstehen. Das Weibchen ist nur 2—2½ Meter lang und hat keinen Rüssel.

In der Irischen Bai wurden im schlammigen muddigen Grunde, hart am Strande, dicht zusammen, etwa 50 zum Theil sehr tiefe und ausgelegene Lager grösserer und kleinerer Thiere gefunden, von denen neun mit grösseren See-Elephanten besetzt waren. Das grösste Lager maass 12 Schritte. Männchen und Weibchen lagen hier in tiefem Schlafe. Die beiden grössten Thiere wurden nach 1½ stündigem Kampfe durch Schläge mit schweren eisernen Werkzeugen getödtet. Am Abend wurde die Dampfpinnass mit 30 Mann geschickt, die Kadaver abzuholen. Das Lager war von sämmtlichen Bewohnern mit Ausnahme der beiden erschlagenen Exemplare geräumt. Doch hörte man ein gewaltiges Schnauben im Wasser, welches von den in der Nähe befindlichen Elephanten herrührte. Es wurde der Versuch gemacht, den Riesenkoloss den Strand hinunter zu schleppen, doch waren die 30 Matrosen, obgleich 1½ Stunden auf das Anstrengendste gearbeitet wurde, nicht im Stande, ihn von der Stelle zu rühren. Erst nachdem die Haut abgezogen, soweit es die Lage gestattete, grosse Streifen Speck herausgeschnitten und die Bauchhöhle ausgeweidet, wodurch er die Hälfte seines Gewichtes eingebüsst hatte, gelang es, ihn ins Wasser zu schleifen. Das Gewicht wurde auf 1000 bis 1500 Kilogramm taxirt; die Länge betrug 5½ Meter. Die ganze Nacht währte die Arbeit, welche wegen der gefrässigen Möven und Sturmvögel ohne Unterbrechung ausgeführt werden musste, und erst Morgens 7½ Uhr langte die Expedition mit den beiden Elephanten im Schlepp bei der „Gazelle" an. Den ganzen folgenden Tag war eine grössere Anzahl Matrosen mit dem Abbalgen und Skeletiren beschäftigt. Skelett und Balg vom grösseren Männchen, sowie der Balg vom kleineren, dessen Schädel vollständig zertrümmert war, wurden eingesalzen.

Bei einem anderen Ausflug in der Cascade-Bai wurde ein altes Weibchen, ein schon ziemlich herangewachsenes Junges säugend angetroffen. Das junge Thier wurde lebend an Bord gebracht, um den Versuch zu machen, es zu erhalten. Es wurde mit Milchbrei, den man ihm einflösste, genährt; doch jammerte und lallte es Tag und Nacht und magerte sichtlich ab. Sobald Jemand in seine Nähe kam, rutschte es mit kläglichem Geschrei, nach der Mutter suchend und mit den grossen dunklen Augen traurig umherblickend, hinter ihm her und erregte allgemeines Mitleid. Nachdem es so acht Tage gelebt und bedeutend abgemagert war, wurde es wieder an Land geschafft und dort in unmittelbarer Nähe des Strandes an einem Steinblocke befestigt, in der Erwartung, dass entweder die wahre

Mutter oder ein anderes Weibchen sich desselben annehmen würde; da aber nichts dergleichen geschah, so wurde es schliesslich getödtet und Balg und Skelett der zoologischen Sammlung einverleibt.

Zur Begattungszeit, welche nach den Aussagen der Walfischfahrer in den Monaten September und Oktober stattfinden soll, kommen die Thiere in grosser Zahl an Land; an 100 Weibchen sammeln sich unter Führung und strenger Bewachung eines einzigen Männchens in einer stillen Bucht mit sandigem Strand. Naht sich ein anderes Männchen, so entspinnen sich zwischen beiden Rivalen schreckliche Kämpfe. Unter furchtbarem, weithin schallendem Gebrüll richten die Thiere sich gegeneinander auf und suchen sich gegenseitig durch ihre kolossale Körpermasse zu erdrücken und zerfleischen sich mit ihren Eckzähnen, bis einer das Feld räumt. Nach der Befruchtung zerstreuen sich die Weibchen an der Küste oder unternehmen oft auch weitere Exkursionen in See, an Fischen und Pinguinen Nahrung suchend. Im September des folgenden Jahres kommen die Weibchen wieder an Land, um ein einziges Junges zu werfen, das bis in den November am Lande gesäugt wird. Erst nach 6 bis 8 Jahren sollen die Thiere erwachsen und fortpflanzungsfähig sein.

Die Begattungszeit sowie der darauf folgende Dezember, in welchem die Thiere ihr Haarkleid wechseln und sich, ohne Nahrung zu sich zu nehmen, träge am Strande umherwälzen, ist für die Jagd die günstigste Zeit. Sie werden hier überrascht, und bei ihren höchst schwerfälligen Bewegungen am Lande ist es sehr leicht, sie zu tödten, entweder durch eine Kugel in die Ohrgegend oder einen Lanzenstich in den Hals, welcher dem Leben rasch ein Ende macht. Auch durch einen einzigen starken Hieb auf die Nase sind die Thiere getödtet worden.

Der Seeleopard, 2—3 Meter lang, mit grauem, schwarz gefleckten oder gestreiften Pelz, dem er seinen Namen verdankt, kommt seltener vor. Gleich bei Ankunft der „Gazelle" in Betsy Cove wurden am flachen sandigen Strande zwei Seeleoparden bemerkt, und sofort ein Boot entsendet, um ihrer habhaft zu werden. Dieselben lagen in tiefem Schlafe, aus dem der grössere erst durch die Annäherung des Bootes erwachte. Langsam den Kopf erhebend, schaute er sich nach der Ursache des Geräusches um; zwei wohlgezielte Büchsenschüsse machten ihn vollends munter; ein starker Blutstrahl zeigte, dass er an guter Stelle getroffen war. Doch fing er an, sich den Strand herunter zu wälzen, was auch durch Schläge mit schweren eisernen Stangen nicht verhindert werden konnte; kurz darauf war er im Tang verschwunden; blutige Färbung im Wasser zeigte den Weg, den er genommen. Sein Nachbar hatte unterdessen ruhig fortgeschlafen; demselben wurde mit schweren Eisenstangen der Schädel zertrümmert, Skelett und Balg desselben konservirt. Das erlegte Exemplar charakterisirte sich durch die spitze Schnauze, den Mangel von Krallen und den gestreiften Balg als Leopard. Es blieb das einzige Thier dieser Art, welches zu Gesichte kam.

Noch seltener ist die Ohrenrobbe; das Thier war früher häufig, ist jedoch seines kostbaren Pelzes wegen in grossem Maassstabe getödtet und allmählich ausgestorben. Nur ein einziges Exemplar wurde von der „Gazelle" im Weihnachtshafen gesehen, und gelang es, dasselbe lebend einzufangen. Das Thier lagerte zwischen Steinhaufen, war sehr behende in seinen Bewegungen und setzte sich mit den scharfen Zähnen gegen seine Verfolger zur Wehr. Es war 1,18 Meter lang, von glänzend graubrauner Farbe mit einem Stich ins Goldgelbe, die Unterseite etwas heller, die Schnauzborsten stark und lang.

Der Robbenfang. Es mag hier am Platze sein, über den Robbenfang und das Gewerbe der Robbenschläger einige detaillirte Mittheilungen, wie sie sich aus der genauen Durchsicht einer grösseren Anzahl während einer Reihe von Jahren auf den Crozet-Inseln von Robbenschlägern geführter und dem Kommando S. M. S. „Gazelle" durch die Güte des deutschen Konsuls in Kapstadt zugängig gemachter Journale ergeben, zu machen.

Bekanntlich sind im 18. und im Beginn des jetzigen Jahrhunderts die südlichen Meere so von Robben aller Art — See-Elephanten, Seeleoparden, Seebären, Seelöwen, Pelzrobben — überfüllt gefunden worden, dass man auf den verschiedenen Inseln an den Grenzen des antarktischen Meeres kaum im Stande gewesen ist, vor den den Strand einnehmenden Robben zu landen. Die Thiere lassen sich in ihrer phlegmatischen Ruhe durch die Menschen nicht stören, sondern bleiben selbst dann noch ruhig liegen, wenn die Gefährten neben ihnen bereits vor ihren Augen getödtet sind. Unter solchen Umständen wäre die Robbenjagd ein verhältnissmässig leichtes und bei dem hohen Werthe des Thrans und der Felle einzelner Robbenarten ein äusserst gewinnreiches Gewerbe gewesen, wenn die Thiere nicht einen wichtigen Verbündeten in den Elementen fänden, in denen sie leben, nämlich in der See und in der Luft.

Die von ihnen periodisch besuchten Inseln liegen in den allerstürmischsten Meeren, und das Eis und die Brandung, welche fast beständig diese unwirthlichen Küsten umsäumen, machen den Aufenthalt der Schiffe daselbst und das Landen nur mit grosser Gefahr möglich. Ausschliesslich diesem Naturschutz ist es zuzuschreiben, dass nicht bereits das ganze Geschlecht der Robben ausgerottet ist.

Trotz jenes Naturschutzes wurden aber namentlich an den Küsten von Patagonien, Feuerland, Süd-Georgien, Staaten-, Falklands-, Sandwichs-, Süd-Shetlands-Inseln u. A., von zahlreichen Schiffen fast aller seefahrenden Nationen unendliche Mengen der Thiere getödtet, so dass sie weniger häufig wurden und der Gewinn bald nicht mehr die Gefahr aufwog.

In Folge dessen wurde der Robbenfang fast nur von Amerikanern und Engländern fortgesetzt. Während früher die Schiffe gewöhnlich bei den Inseln oder dem Eise beidrehten oder ankerten resp. festmachten und, nachdem alle gefundenen Robben erschlagen und an Bord genommen waren, weiter segelten, wurden jetzt auf den Inseln regelrechte Robbenschläger-Stationen (sealing establishments), errichtet.

Es geschieht dies in der Regel in der Weise, dass ein Kaufmannshaus eine Anzahl Robbenschläger engagirt und sie durch ein oder mehrere Fahrzeuge an verschiedenen Plätzen zur gewählten Inselgruppe in Partien von 15 bis 20 Mann, nebst dem erforderlichen Proviant, Material zum Hüttenbau sowie Geräth zum Robbenschlag und Auskochen und Auffüllen des Thranes landen lässt. Ueber die gesammten Stationen führt der Kapitän die Aufsicht, der aber mit seinem Schiffe nur zeitweilig dort ist, von Station zu Station segelt, den gewonnenen Thran einnimmt und, sobald das Fahrzeug voll ist, nach der Heimath (in der Regel Kapstadt oder Nordamerika) absegelt, um wieder leere Fässer und neuen Proviant hinauszuführen. Jede Station steht wiederum unter einem ersten Headman, der in der Regel einen zweiten und dritten Headman unter sich hat. Das übrige Personal setzt sich, ausser einem oder zwei Böttchern, aus Matrosen und Abenteurern zusammen und nicht selten aus Trunkenbolden und sonstigem Abschaum der Seestädte.

Das Material der Station besteht, abgesehen von den bereits erwähnten Gegenständen, als Fässern, Holz und Segeltuch zum Hütten- und Zeltbau, aus schweren Holzkeulen zum Tödten der Thiere, was indess zuweilen auch durch grosskalibrige Gewehre geschieht, namentlich bei einzelnen männlichen See-Elephanten, die ohne Heerde und dann gefährlich sind; ferner aus Aexten und grossen Messern zum Zerlegen der Thiere, aus Material zum Aufbau eines Ofens nebst grossen Eisenkesseln zum Auskochen des Thrans, aus Spieren und Planken zur Herstellung eines Flosses, weil die hohe See und Brandung die Ein- und Ausschiffung des Materials und Oels gewöhnlich nur auf diese Weise gestattet, und aus einer Anzahl der in der Brandung nur allein brauchbaren schönen Whaleboote, die stets sehr vollkommen ausgerüstet sind und in ausgezeichnetem Stande gehalten werden. Hierzu tritt

14*

noch das erforderliche Zimmer- und Schmiede-Handwerkszeug, Spaten, Pulver und Schrot, Fischgeräth und oft ein Mörser oder Raketen-Apparat zum Auswerfen von Wurfleinen.

Von der Umsicht, seemännischen Geschicklichkeit und Energie des Kapitäns und der Tüchtigkeit der Headmen hängt vorzugsweise der materielle Erfolg des Unternehmens ab.

Kerguelen ist fast die einzige hier in Betracht kommende Inselgruppe, welche gute Häfen hat und in der daher das Fahrzeug in der Regel ungefährdet ausschiffen und wieder laden kann. Da die Robben aber hier vielfach die Luvküsten der Insel aufsuchen und dort getödtet werden müssen, ist der Fang auch bei dieser Insel nicht ungefährlich, wie mehrfach vorgekommene Strandungen beweisen.

Von der Schwierigkeit, mit welcher ein Kapitän beispielsweise bei den Crozet-Inseln trotz der guten Ausrüstung seines Fahrzeuges zu kämpfen hat, um auf den verschiedenen Stationen Mannschaften und Material zu landen und wieder einzuschiffen, kann man sich nur einen Begriff machen, wenn man die Loggbücher nachliest.

So heisst es mit den kurzen Worten eines Headman auf den Crozets, die ein Tagebuch über den Robbenfang zu führen von den Eignern verpflichtet werden:

„Mittwoch, den 20. Juni 1866. Es beginnt starke Briese mit schwerer Brandung einzusetzen. Die Leute verschieden beschäftigt. 1 Mann gräbt (nämlich nach Vögeln zur Nahrung). 4 Uhr p. m. Wind und Brandung nehmen zu. Alle Mann gerufen, um Feuer am Strande zu machen, da wir er- warten, dass die Ketten des Schoners brechen werden.

Donnerstag, den 21. Juni. Mitternacht schwerer Nordost-Sturm mit fürchterlicher Brandung. Feuer am Strande unterhalten, da wir das Stranden des Schoners erwarten. Bei Tagesanbruch nimmt der Sturm zu mit sehr schweren Böen. Zweiter Headman die Mörserleine bereit. 10 Uhr a. m. Schoner „Prinie" bricht die Ketten und strandet. In grosser Besorgniss um das Leben der Besatzung. Der Kapitän und alle Leute mit Ausnahme eines Matrosen kommen (durch Anstrengung und Ausdauer der Landpartie) glücklich an Land. In einer Stunde brach der Schoner auf und war ein totales Wrack. Der Kapitän und die Leute haben nichts als das Bischen, was sie anhaben, gerettet etc."

Es ist zu bemerken, dass es dem Schoner gelungen war, mit vieler Mühe bereits den grössten Theil des Thranes, der binnen Frist von vielen Monaten gewonnen war, einzunehmen, dass also der ganze Gewinn für die Rheder mit verloren ging. Von den Eignern, welche die Nachricht von dem Unglück durch ein anderes Fahrzeug erhielten, wird nun ein zweiter Schoner hinausgeschickt, der zunächst bei einer anderen Insel den fertigen Thran nimmt und dann am 7. Oktober desselben Jahres bei der Insel *Possession* ankert, aber bereits in der folgenden Nacht in schwerem NNW-Sturm ein gleiches Schicksal erfährt, wie der Schoner „Prinie".

Wenn das Vorstehende ein Bild von den Gefahren, welchen die beim Robbenfang beschäftigten Schiffe unterworfen sind, gewährt, so wirft es auch bereits ein Streiflicht auf die schwierigen Lagen, in welche die Landpartien gerathen können; es wird aber am Platze sein, auch der ihnen in anderer Weise zufallenden Strapazen und Gefahren zu gedenken.

Es überrascht auf Kerguelen traurig, das beständige und erste Anzeichen einer ehemaligen oder noch bestehenden Robbenjäger-Station in einer grösseren Anzahl mit weissen Holztafeln oder Kreuzen geschmückter Gräber wahrzunehmen — und ohne Zweifel ist Kerguelen für diese Leute noch die gesundeste und gefahrloseste Station; die gesundeste, weil der antiskorbutische Kohl ihr eigenthümlich ist, die verhältnissmässig gefahrloseste, weil es eine Anzahl vorzüglicher Häfen besitzt.

Die Stationen werden von den Rhedern nur mit gewöhnlichem Schiffsproviant ausgerüstet, und die Leute sind, um bei dem stets mehrjährigen Aufenthalt Abwechselung in die Kost zu bringen, auf einige wenig schmackhafte Vögel und Vogeleier, allenfalls etwas Fisch, angewiesen. Beide treten aber periodisch auf und fehlen fast ganz im Winter. Unter Hinzutritt des auf das Gemüth einwirkenden ewigen Einerleis der Umgebung und der Beschäftigung, die keinen anderen Reiz ausübt, als den des Geldgewinnes, räumen bald Krankheiten, namentlich Skorbut und Rheumatismus, unter den wettergewöhnten und kräftigen Leuten auf.

Auch hierfür mögen als Belege die Aufzeichnungen eines Headman dienen:

„28. August 1865. Die Leute beschäftigt beim Bau der Siedewerke. 2 Mann suchen Nahrung. 9 Uhr Morgens sehe ein Boot nach der Station rudern; rufe es an und zeige den Leuten, wo zu landen ist. Sie sind so erschöpft, dass sie kaum im Stande sind, den Landungsplatz zu erreichen. Es sind nur drei Mann im Boot und sie befinden sich in schrecklichem Zustande durch schwere Frostbeulen. Lasse sie nach dem Hause tragen. Sie erzählen mir, dass Mr. Miller, Kapitän Bernett und zwei Mann irgendwo bei der Südost-Bai wären. So rasch als möglich ein Boot zu Wasser gebracht. Drei Meilen südöstlich fand ich einen Mann und nahm ihn mit. Seine Füsse fürchterlich erfroren. Ging nach Südost-Bai, wo ich die andern drei Leute fand und sie mitnahm. Mr. Miller erzählt mir, dass sie seit 8 Tagen ohne Nahrung sind, mit Ausnahme von ein paar kleinen Vögeln, die sie roh verschlangen. Brachte sie nach Nordost-Bai und versah ihre Wunden. Mr. Miller erzählt mir, dass ihr Fahrzeug am „langen Strande" geankert hatte, und dass sie nach Südost-Bai gefahren wären, um einige See-Elephanten zu bekommen. Beim Landen wurde in der Brandung das Boot eingedrückt, und sie konnten nicht wieder fort. Es wurde auch kein Boot von dem Fahrzeug zu ihrer Hülfe geschickt."

Im Journal findet sich nun viele Wochen lang täglich die Bemerkung: „Wartete und verband die Kranken", von denen aber bald einige starben.

Zur Erläuterung sei angeführt, dass diese Leute zu einer rivalisirenden Robbenschläger-Partei gehörten.

Wenn das Geschäft gewinnbringend sein soll, so müssen die Robben an allen Stellen der Inseln aufgesucht werden. Die felsigen Berge aller dieser Inseln machen es schwierig, zu Fuss nach den anderen Strandstellen zu gelangen, und ganz unmöglich, den Speck zum Auskochen nach der Station zu schaffen. Aus diesem Grunde hat jede Station eine Anzahl Whaleboote, von denen jedes von einem Headman nicht durch ein Steuerruder, sondern durch einen Riemen gesteuert wird. Es ist dies das einzige Mittel, um zu verhüten, dass das Boot in der Brandung quer schlägt und verloren geht, indem der Headman mit dem Riemen das Hintertheil des Bootes entsprechend herumwirft, was mit dem gewöhnlichen Ruder nicht geht. Die Sicherheit des Bootes hängt daher fast ausschliesslich von der Geschicklichkeit des Headman ab und von der Pünktlichkeit, mit der die Ruderer seinen Befehlen folgen.

Jede Gelegenheit, wo der Wind und die See etwas nachlassen oder die Küste zu einer Leeküste machen, wird nun benutzt, um mit den Booten zum Robbenfang zu landen oder den Speck der bereits von periodisch an dem Platze stationirten Leuten getödteten Elephanten (der nach der Tödtung sofort vergraben wird, um ihn vor den Vögeln zu schützen) abzuholen. Die Brandung hört bei den meisten Inseln nie auf, und das Vollschlagen und Kentern der Boote ist ein häufig vorkommendes Ereigniss.

Als ein Beispiel, wie es nur zu oft von den traurigsten Folgen für die Insassen ist, diene folgende Aufzeichnung eines Headman, welche gleichzeitig die Unerschrockenheit in der Hülfeleistung und die Pietät dieser Leute charakterisirt.

„3. Juni 1867. Zwei Leute gingen nach „Sandstrand". Tödteten einen Elephanten. Zwei Mann zum Graben. Bekamen 3 Dutzend Vögel. Ein Boot ging nach Ship-Bai mit 2 Bootsbesatzungen und brachten die dort gelassenen Boote zurück.

Das erste Headmans-Boot ging nach Nord-Bai. Ungefähr um 3 Uhr p. m. kamen die beiden dort stationirten Leute mit der Nachricht, dass das Boot gekentert und alle Leute ertrunken wären. Es war ihnen gelungen, einen Mann zu retten, und er war noch lebend, aber starb, bevor sie ihn nach der Hütte bringen konnten. Sie bekamen auch Elsted (den Headman) zu fassen, aber verloren ihn wieder im Seetang. Als das Boot kenterte, sahen sie nur fünf Mann wieder aufkommen. Einer fasste zwei Riemen und versuchte das Land zu erreichen, die anderen vier hielten sich am Boot und streiften ihre Kleider ab. Drei davon versuchten an Land zu schwimmen. Nur Elsted und May erreichten den Tang. Der Mann, der beim Boot blieb, stiess sein Messer in dasselbe, als ob er sich daran besser festhalten wolle. Als sie May nach der Hütte getragen hatten und zurückkamen, sahen sie nichts mehr von ihm. Dann machten sie sich nach Amerika-Bai auf.

4. Juni. Ging nach Nord-Bai mit zwei Booten und drei Reserve-Leuten. Die andere Partei (die rivalisirende) schickte ebenfalls zwei Boote, um zu helfen. Nachdem wir angekommen waren, nahm ich die drei Reserve-Mann und den einen Bootssteurer mit in mein Boot, ruderte nach dem Strande. Als das Boot den Strand erreichte, kam eine schwere See und füllte das Boot. Verlor zwei Riemen und brach den Steuer-Riemen. Holte das Boot auf und fand eine Planke eingestossen. Die anderen Boote kehrten zurück. Wir fanden die Leiche von Elsted auf seinem Gesicht liegend zwischen zwei Felsen eingeklemmt. Die Ueberbleibsel seines Bootes spülten umher, und wir bargen einiges. Zwei Leute über Land nach Amerika-Bai, um das Nothwendige zur Reparatur meines Bootes zu holen."

An den folgenden Tagen werden bei starkem Schnee aus den Bootsresten 2 Särge gemacht und nach den Leichen der Anderen zwischen den Felsen gesucht.

„7. Juni. Eins von unseren Booten und zwei von der anderen Partei kamen. Es war zu viel See, weshalb ich ihnen zurief, nicht zu landen. Der Headman von der anderen Partei feuerte eine Leine an Land und schickte damit Riemen für die uns gebrochenen. Rief uns zu, dass Leute über Land mit dem für Reparatur des Bootes und für Bestattung der Leichen Nothwendigen kämen. Sie forderten uns auf, die Leichen mit der Leine ihnen zuzusenden. Glaubte, dass zu viel Brandung wäre, und fürchtete, die Leichen könnten verloren gehen. Die Boote kehrten zurück. Nähte die Leichen in Laken und sargte sie ein. Reparirte mein Boot mit Nägeln aus dem anderen Boote, um am nächsten Tage zurückzukehren, wenn die Brandung es zuliess. Es kam Niemand über Land.

8. Juni. Brachte das Boot zu Wasser und die Särge hinein. Es bot sich aber keine Chance, das Boot vom Strande zu bekommen. Holte das Boot wieder auf. Begrub die Leichen. Unserer sechs kehrten nach Amerika-Bai über Land zurück. Wir fanden, dass vier Mann nach Nord-Bai abgegangen waren, dass sie aber umkehren mussten, weil zu viel Schnee und Eis auf den Bergen lag. Habe das Eigenthum der Leute zusammengepackt und werde es dem Kapitän bei seiner nächsten Ankunft aushändigen."

Hierauf werden die Namen und die Heimath der ertrunkenen Leute aufgeführt: 2 Engländer, 2 Amerikaner, ein Schwede, ein Russe, ein Schotte.

Die Gefahren und Strapazen würden noch grösseren Umfang annehmen und der Gewinn sich vermindern, wenn die Stationen nicht durch energische und umsichtige Headmen geleitet würden. Der Kapitän ist im Stande, nach den bestehenden Gesetzen aller Nationen an Bord eine strenge Disciplin zu führen, dem Headman steht kein Gesetz zur Seite, weshalb jede Station sich ihre eigenen Artikel macht, die ein Jeder, der mitarbeiten will, durch Unterschrift sich verpflichtet zu halten oder sich den Strafen resp. der Ausstossung unterwirft. Die Statuten setzen auch im Allgemeinen den

Gewinntheil fest, der sich aber vorzugsweise nach der vom Kapitän und Headman zu beurtheilenden Leistung richtet.

Ohne grossen Gewinn würden sich schwerlich Leute für das strapazen- und gefahrenreiche Geschäft finden. Der Kapitän sowohl wie die Headmen und die Leute sind daher auf Tantième des an Bord gelieferten Thranquantums engagirt. Zuweilen erhalten sie nebenbei auch ein Fixum. Während so den Leuten fast stets ein guter Verdienst entsteht, müssen die Rheder nur gar zu oft zusetzen, da z. B. der Verlust eines bereits vollgeladenen Fahrzeuges sie allein betrifft. Bei der sehr kostspieligen Ausrüstung der Fahrzeuge und der Stationen und bei den zu hohen Tantièmen ist daher nicht zu verwundern, dass das ganze Geschäft im Abnehmen ist. Ein Kapitän theilte dem Kommandanten S. M. S. „Gazelle" mit, dass er über 60 000 Mark auf einer anderthalbjährigen Reise verdient, während ein anderer für dasselbe Haus arbeitender Kapitän versicherte, dass seine Rheder zusetzen müssten.

Auf zwei Inseln der Crozet-Gruppe, auf welchen sich zwei Stationen befanden, sind nach den Journalen der einen Station die folgenden Elephanten getödtet worden:

1865 . . . 876 Stück (nur in einer Hälfte des Jahres),
1866 . . . 1959 „
1867 . . . 326 „

Ein einziger grosser männlicher Elephant giebt für 300 Mark und mehr Thran. Da auch noch die Felle Nutzwerth haben, die kleineren Weibchen aber die Mehrzahl bilden, wird man mit 150 Mark den Werth des Elephanten nicht zu hoch schätzen. Der Durchschnitt der 3 Jahre würde daher über 150 000 Mark jährlichen Brutto-Gewinn geben, was selbst nach 50 pCt. Abzug für die Robbenschläger und Abrechnung der Unterhaltungskosten immer noch guten Reingewinn für die Unternehmer in Aussicht stellt. Es ist dabei auf der einen Seite nicht berücksichtigt, dass das Jahr 1865 erst mit Ende Juli begann, auf der anderen Seite kommt in Betracht, dass in den folgenden Jahren sich die Elephanten bedeutend vermindert hatten und nun zur Ausfüllung der Lücke Pinguine getödtet wurden, und zwar in einem Jahre die enorme Anzahl von 44 859 Stück, wovon allein im März 1869 15 730, und zuweilen an einem Tage über 2000 Stück. Von den Pinguinen wird ausser dem Thran auch die Haut konservirt.

Dass eine erhebliche Abnahme der See-Elephanten stattfindet, kann nicht Wunder nehmen, wenn man vielfach in den Journalen liest: Tödteten 50 Stück gebärender Kühe oder so und so viel Junge, die beinahe noch kaum Thran gaben. Selten findet man die Bemerkung eines rücksichtsvolleren Headman, dass so und so viel Kühe und Bullen auf dem Strande wären, aber wegen Gebärens oder Fortpflanzung nicht getödtet würden.

Zum Schluss sei bemerkt, dass bei den Kerguelen der Robbenfang vielfach mit Walfischfang verbunden wird, indem die unbeschäftigten Fahrzeuge in denjenigen Monaten, in welchen der Walfisch die Gewässer der Gruppe besucht — nämlich nach Januar — sich diesem Fange unterziehen, während die Landpartien Robben schlagen.

Unter den **Vögeln** Kerguelens lassen sich solche unterscheiden, welche die Inselgruppe nur vorübergehend zur Brutzeit aufsuchen, im Uebrigen eine pelagische Lebensweise führen, wie die Albatrosse, Sturmvögel, Entenstürmer und solche, welche sich nur selten weit von der Küste entfernen und als die eigentlichen Bewohner der Inseln anzusehen sind. Der ersteren ist bereits früher gedacht.

Von den letzteren sind am zahlreichsten vertreten und bilden die Hauptbewohner des Strandes die Pinguine, von denen 5 Arten auf der Insel vorhanden sind, zwei allerdings seltener und auf einzelne Plätze beschränkt.

An erster Stelle steht der goldhaarige Pinguin (Eudyptes chrysocome), der sich auszeichnet durch einen dicken, kräftigen Schnabel, gedrungene Gestalt und einen zierlichen gelben Federbusch über der Augengegend. Er bewohnt stets in grösseren oder kleineren Kolonien einen Geröllberg, wo verwitterte Basaltblöcke, übereinander geschichtet, mannigfache Lücken und Spalten lassen, die ihm ein geeignetes, leicht zu erklimmendes Domicil bieten. Hier sitzen sie zu Hunderten und Tausenden zwischen und auf den Steinen und erfüllen die Luft mit ihrem Geschrei, welches mit dem Geschnatter der Gänse eine entfernte Aehnlichkeit hat. Eine Pinguin-Kolonie bietet besonders zur Zeit des Fortpflanzungsgeschäftes des Interessanten sehr viel. Dicht gedrängt stehen oder sitzen sie auf oder zwischen den Felsblöcken; die Männchen stehen gewöhnlich wachehaltend aufrecht auf den Blöcken, während die Weibchen in den Lücken, zwischen den übereinander geschichteten Blöcken dem Brutgeschäft obliegen. Bei allem Phlegma ist ständiger Wechsel in der Gesellschaft. Fortwährend kommen neue Züge, während andere, von Fels zu Fels springend, den Kopf vorausgestreckt, mit dem kurzen Schwanze sich abstossend und mit den verkümmerten Flügeln balancirend, das Wasser aufsuchen, in dem sie zu Hause sind. Geschickt wissen sie die Brandung zu benutzen; nur mit dem Kopfe aus den Wellen hervorguckend, lassen sie sich ans Ufer spülen, springen, ehe die nächste Brandung kommt, auf den zunächst liegenden Stein und sind geborgen. Das Wasser scheint ihr Element zu sein, in dem sie eine erstaunliche Geschicklichkeit und Geschwindigkeit entwickeln. Wie ein Pfeil schiesst der Pinguin durch dasselbe, die Füsse nach hinten gestreckt und zusammengelegt, indem er mit den Flügeln schnelle und kräftige Bewegungen macht, sie zugleich als Steuer benutzend. Gewöhnlich schwimmt er unter Wasser, ohne dass ein Körpertheil sichtbar ist, von Zeit zu Zeit auftauchend, seine grossen Lungen zu füllen. Droht irgend welche Gefahr, die ihn nöthigt, seine Entfernung zu beschleunigen, so schnellt er wie ein fliegender Fisch aus dem Wasser heraus, beschreibt einen kurzen Bogen über dasselbe, taucht wieder ein und wiederholt dieses Spiel, bis er sich weit genug dünkt. Mehrere Matrosen spannten einige Pinguine vor den Bug der Jolle, brachten sie zu Wasser und trieben sie zur Flucht an, wobei das Boot merklich fortbewegt wurde.

Die Bewegung der Pinguine am Lande dagegen ist recht ungeschickt, besonders wenn sie einem Verfolger durch die Flucht sich zu entziehen suchen; den Kopf gesenkt und misstrauisch nach dem Verfolger gewandt, mit eingezogenem Rücken und herabhängenden Flügeln setzen sie die unbeholfenen Füsse seit- und vorwärts, während der Körper im Tempo bald nach der einen, bald nach der anderen Seite schwankt. Trifft man mehrere dieser Thiere beisammen, besonders beim Brutgeschäft, so erwarten sie furchtlos den Ankommenden; rückt er ihnen bis auf einige Schritte näher, so strecken sie zuerst die Hälse und vereinigen sich unter beständigem Geschrei zu einer Art Phalanx, indem sie die Brust vor-, den Rücken einander zukehren und dem Eindringling mit Schnabel- und Flügelhieben zusetzen.

Besonders zahlreich waren die Pinguine in Weihnachtshafen. Hier nistete neben dem Eudyptes chrysocome der Eudyptes chrysolophus, der etwas grösser ist, sich aber sonst in der Lebensweise nicht von ersterem unterscheidet. Im Nestbau hat er die Eigenthümlichkeit, dass er kleine Steinchen zusammenträgt, die er als Unterlage für die Eier benutzt.

Auch der Königspinguin, Aptenodytes patagonica und der Pygoscelis papua waren hier vertreten. Ersterer liebt einen sandigen sanft ansteigenden Strand. Er wird aufrecht stehend einen Meter hoch, ein orangefarbener Streifen ziert den schwarzen Kopf, Hals und die Brust, die nach dem Bauche hin in schneeige Weisse verläuft; die Rückseite ist schwarzgrau und grenzt sich ziemlich scharf längs des ganzen Körpers von der Vorderseite durch ein Stahlgrau ab. Der Schnabel ist lang, schlank und spitz und hat am unteren Theile eine fleischfarbene Zeichnung; der Schwanz ist kurz und büschelartig, die kräftigen Beine sind dunkel. Sein Benehmen ist ernst und würdig. Gewöhnlich lagen die Thiere platt auf dem Bauch im Sande und liessen sich von der Sonne bescheinen. Nahte man sich, so richteten sie sich in ganzer Höhe auf und erwarteten ruhig den Kommenden, den sie mit Schlägen ihrer Flossen zu vertreiben suchten. Ihr Gang ist watschelnd, wie der einer Gans. Langsam und gravitätisch, den einen Fuss vor den anderen setzend, bewegten sie sich voran und wurden durch nichts aus der Fassung gebracht.

Von gemeinnütziger Bedeutung ist der Pinguin nur seines Fettes wegen, aus welchem Thran gekocht wird. Das Fleisch mundete seines thranigen Geschmackes wegen den Meisten sehr wenig, und kostete der Genuss selbst in kalter Form eine gewisse Ueberwindung, während eine Pinguinsuppe nicht ungern gegessen wurde. Die Eier, welche in kurzer Zeit zu Tausenden gesammelt werden können, sind ganz schmackhaft, wenn auch das Eiweiss gekocht etwas kleisterartig aussah und weniger gut als in rohem Zustande mundete.

Einen besseren Braten liefert die Ente, Querquedula Eatoni, welche, ohne jeden thranigen Beigeschmack für die Jäger ein Hauptzielobjekt bildete. Im Anfange waren die Thiere so wenig scheu, dass sie ihren Verfolger auf zwanzig Schritte herankommen liessen, und schliesslich aufgescheucht, sich sofort wieder setzten. Der Vogel hat die Grösse und Gestalt unserer Krickente und hält sich gewöhnlich paarweise an flachem, sumpfigem Strande auf, welchen er zur Zeit der Ebbe besucht, um aufzulesen, was die Fluth für ihn angespült hat; im Uebrigen belebt er aber auch die Sümpfe im Innern des Landes. In den von den Robbenschlägern wenig besuchten Häfen waren sie massenhaft vorhanden und wurden in grosser Zahl erlegt.

Der Hauptfeind der Ente ist die Raubmöve, Skua antarctica, welche, wenngleich sie mit Vorliebe an das Aas erschlagener Robben und Pinguine geht, doch auch auf Enten und Seeschwalben Jagd macht. Auf der Entenjagd begleiteten sie öfters die Jäger und holten vor deren Augen die geschossenen Enten fort, selbst im Fluge sah man ein solches Thier auf eine wahrscheinlich angeschossene, allein fliegende Ente stossen, dieselbe schliesslich schnappen und im Schnabel davontragen. Den Sturmvögeln lauert sie vor ihrem Baue auf, wovon viele Federn und Skelette der vor ihren Erdlöchern gerupften Vögel zeugten. Stets paarweise sich zusammenhaltend, leben sie mit ihren Artengenossen, sowie mit allen anderen Vögeln Kerguelens in Unfrieden und Feindschaft. Viel hat die kleine Seeschwalbe von ihr zu leiden, der sie Eier und Junge raubt und sie selbst nicht verschont. Ihre Brutperiode fällt in die Zeit von Mitte November bis Ende Februar. Am 19. November fanden sich im Royal Sound die ersten Eier. Die Nester waren in der Nähe von kleinen Bächen, auf etwas erhabenen Moostümpeln kunstlos aus dürrem Grase gebaut und mit meistens zwei, seltener einem braun gefleckten Ei belegt. Die Eltern vertheidigten ihr Eigenthum sehr energisch, und konnte man sich ihrer nur durch Knüttelhiebe erwehren. Das Männchen hält sich stets in der Nähe des Weibchens und kommt auf dessen Lockruf sofort herbei, ihm beizustehen. Eine junge, noch mit Stoppeln bedeckte Raubmöve verzehrte eine schon ziemlich erwachsene Seeschwalbe, mit der sie zusammengesperrt war, mit Haut und Federn.

Eine der Raubmöve verwandte weisse Möve, Larus dominicanus, mit tiefschwarzen Flügeln, gelbem Schnabel und eben solchen Füssen war auf den Kerguelen sehr verbreitet. In Port Palliser wurde ein auf einem über 100 Meter hohen Felsen gelegener Nistplatz besucht, wo Hunderte dieser

Vögel sich zusammengethan hatten. Die Jungen, welche ein graues Kleid tragen, waren Anfang Februar bereits erwachsen.

Die eben erwähnte Seeschwalbe, Sterna virgata, ist mit ihrem blaugrauen Kleid, dem koketten schwarzen Häubchen, dunkelbraunen Augen, langem gegabelten Schwanze, rothen Läufen, Schwimmfüssen und Schnabel wohl der eleganteste Vogel der Kerguelen. Sie ist in fortwährender Thätigkeit. Tag und Nacht hört man ihr Kriah, Kriah. Meist fliegt sie dicht über der Oberfläche, mit bald langsamem, bald schnellerem Flügelschlage, ununterbrochen nach Beute tauchend; hat sie eine Beute erspäht, so lässt sie sich plötzlich mit eingezogenen Flügeln auf das Wasser fallen, um mit dem erhaschten Fange, von neidischen schreienden Kameraden verfolgt, einen sicheren Platz zum Verzehren desselben aufzusuchen.

Eine der niedlichsten Erscheinungen der Vogelwelt ist der Scheidenschnabel, Chionis minor; schneeweiss, von Taubengrösse, mit schwarzem, kräftigem, leicht gebogenem Schnabel, dessen Wurzel von einer hornigen, vorn offenen, die Nasenlöcher schützenden Scheide bedeckt ist, mit fleischfarbenen und nur bis zur oberen Hälfte der Unterschenkel befiederten Beinen, lebt er gewöhnlich paarweise zusammen, hüpft auf den Klippen herum und sucht sich Muscheln oder frisst auch Kohl und Sämereien. Neugierig sah er die fremden Eindringlinge an und kam, von Stein zu Stein springend heran, sie in der Nähe zu betrachten. Zur Zeit der Brutperiode der Pinguine und Kormorane hält er sich mit Vorliebe in der Nähe der Brutplätze auf, um Eier und Junge zu fressen. Sobald einer der brütenden Vögel das Nest verlassen hat, kommt er sofort heran, öffnet mit scharfen Schnabelhieben das Ei und verzehrt den Inhalt, begnügt sich auch nicht mit einem Ei, sondern zerstört eine grössere Anzahl, entweder aus Muthwillen, oder um für die Zukunft zu sorgen. Hierbei gewährt ihm die Schnabelscheide einen guten Schutz gegen das Verkleben der Nasenlöcher mit Eiweiss. Lebenden Jungen, die auf einen Felsblock gelegt waren, hackten sie die Augen aus und zerrten ihnen die Eingeweide aus der Bauchhöhle.

In vielen Buchten Kerguelens zeigte sich eine Art Kormoran, Halieus verrucosus Cab., von der Grösse unseres gewöhnlichen schwarzen Kormorans mit glänzend schwarzem Rückengefieder und weissem Bauch. Die Schnabelwurzel dieser Thiere ist mit einer goldgelben warzigen Haut geziert, die Augen mit einem blauen nackten Ring. Bis an den langen Hals ins Wasser tauchend, schwimmt der Kormoran umher, bis er tief unter Wasser eine Beute erspäht. Kopfüber taucht er hinunter, um erst nach einer Minute wieder an der Oberfläche zu erscheinen. Sein Flug ist angestrengt und flatternd, das Auffliegen selbst beschwerlich und gelingt erst, nachdem er sich durch Schlagen der Flügel gegen das Wasser den gehörigen Impuls gegeben; seine Evolutionen sind ungeschickt, und nicht selten stiess er mit seinen breiten Flügeln gegen das Tauwerk des Schiffes.

Als Nachtvogel führte sich ein Taucher, Halodroma urinatrix, ein, der Nachts zwischen 12 und 4 Uhr an Bord geflogen kam. Von kurzer und gedrungener Figur, hat er an der Oberseite ein glänzend schwarzbraunes, an der Unterseite ein weisses Gefieder, schwarzen, an der Spitze hakenförmig gebogenen Schnabel, blaue Lauf- und Schwimmfüsse, deren drei Zehen bis zu den Krallen durch Schwimmhäute verbunden sind, dunkelbraune Augen, kurze Flügel und Schwanz; die Nasenröhre ist durch eine Scheidewand in zwei schlitzförmige Hälften getheilt, die sich nach oben öffnen.

Die niedere Thierwelt ist auf den Kerguelen sehr spärlich vertreten. Bei der Ankunft der „Gazelle" zeigten sich nur unter Rasen und Steinen kleine Schnecken, die Helix Hookeri, und einige Rüsselkäfer, welche mit unseren Blattrüsselkäfern, Phyllobien, verwandt sind und sich alle durch das Fehlen der Unterflügel auszeichneten. Mit dem Eintritt der wärmeren Jahreszeit und der Entwicklung der Flora trat auch etwas mehr Leben in den niederen Thierorganismen hervor. Ueber den Teichen und Seen spielte eine kleine Mücke, die, sich kaum über den Wasserspiegel erhebend, nach kurzer Lebensdauer auf demselben ihre Eier absetzte. Im Wasser wimmelte es von kleinen Crusteen, welche der Form nach zu den Muschelkrebsen und Flohkrebsen gehören. Eine unseren Wolfsspinnen ähnliche Raubspinne hielt sich unter Steinen auf, und im Rasen eine kleine flügellose, zur Familie der Springschwänze gehörende Heuschrecke. Das Fehlen der Flügel ist eine Eigenthümlichkeit aller Insekten Kerguelens; auch den verschiedenen Arten der Fliegen, welche ihrem Bau, ihrer Lebensweise und ihren Larven nach sich als richtige Musciden charakterisirten, fehlte das Vermögen, sich in die Luft zu erheben; selbst ein kleiner, im Kerguelenkohl lebender Schmetterling zeigte dieselbe Eigenschaft.

Dieser eigenthümliche Flügelmangel scheint durch die meteorologischen Verhältnisse bedingt zu sein; denn ein Insekt, welches sich in die Luft erhöbe, würde den hier herrschenden Weststürmen preisgegeben sein, in die See geworfen werden und in kurzer Zeit zu Grunde gehen; nur eine flügellose Varietät könnte sich halten.

Die Witterung der Kerguelen.

Von allen Berichterstattern über die Kerguelen wird die stürmische Witterung und das häufige Vorkommen von Niederschlägen und Nebeln hervorgehoben.

Während des Entdeckers ersten Besuches im Februar 1772 herrschten schwere Stürme, hohe See und dicke Nebel so vor, dass die Schiffe beschädigt nach Mauritius zurückkehren mussten. Beim folgenden Besuch im Dezember 1773 wurde dasselbe Wetter während einer Periode von 23 Tagen gefunden, so dass auch diesmal keine nennenswerthe Kenntniss des Landes erlangt wurde.

Kapitän Cook hatte im Dezember 1776 starke Stürme zwischen Nord und West mit hoher See und 7 Tage lang fast beständigen Nebel.

Nach den Bemerkungen von Ross, welcher im Jahre 1840 7 Tage lang durch Sturm und Nebel vom Einlaufen in Weihnachts-Hafen abgehalten wurde, scheint das Klima der Kerguelen im tiefen Winter (Juni und Juli) wenig von dem von Cook im Sommer beobachteten verschieden zu sein.

S. M. S. „Arcona" musste wegen Nebels und schlechten Wetters 8 Tage bei der Insel kreuzen, bevor es ihr gelang, Weihnachts-Hafen zu erreichen.

Die Erfahrungen S. M. S. „Gazelle" stimmen mit den obigen vollkommen überein. „Will man die Witterung der Kerguelen kurz charakterisiren, bemerkt der Kommandant, Freiherr von Schleinitz, so kann man sagen: Es weht fast beständig Sturm zwischen Nord und West (missweisend, NWzN und SWzW rechtweisend) mit Schnee-, Hagel- und Regenböen, diesigem Horizont, aber oftmals klarem Himmel und kühlem Wetter. Ab und zu wird dieser Sturm durch Flauten oder seltener durch stürmischen Wind aus Nordost unterbrochen, welcher dichten Regen und Nebel bringt; dabei ist das Wetter wärmer. Andere Winde treten nur ganz vorübergehend auf." [1]

In der folgenden Tabelle I ist nach den von S. M. S. „Gazelle" an Land ausgeführten Beobachtungen eine Zusammenstellung gegeben über die Häufigkeit des Vorkommens der einzelnen — nach den 32 Strichen der Windrose geordneten — Windrichtungen nebst den sie begleitenden Witterungsverhältnissen, und zwar a) für die letzte Hälfte des Monats November, b) für Dezember c) für Januar und d) für die gesammte Beobachtungsperiode. In dieser Tabelle ist die durchschnittliche Maximal-, mittlere und Minimal-Stärke des Windes, der ihn begleitende mittlere Barometer- und Thermometer-Stand, die Spannkraft der Dämpfe, sowie die Menge der Niederschläge, letztere im

---

[1] Als interessanter Beleg für die stürmische Witterung, welche hier herrscht, sei nochmals auf die bereits angeführte Thatsache hingewiesen, dass die hier vorkommenden Insekten, im Besonderen die Fliegen, mit der Zeit ihre Flügel abgelegt haben als nutzlose Anhängsel, weil die Stürme ihnen das Fliegen nicht gestatten.

Ganzen und pro Stunde, angegeben. Die Anfertigung der Tabelle geschah in der Weise, dass für das jedesmalige Vorkommen und die Dauer der einzelnen Windrichtungen die in gleichen Intervallen während dieser Zeit gemachten Ablesungen an den Instrumenten gemittelt, resp. bei Winden von kürzerer Dauer die zunächst gelegenen Beobachtungen zu Grunde gelegt wurden. Die so für jeden Wind erhaltenen Werthe wurden zur Gewinnung des Monatsergebnisses nochmals durch diejenige Zahl getheilt, welche ergab, wie oft der betreffende Wind in dem Monate geweht hatte. Um die Zeitdauer und die Stärke zu ermitteln, in welcher die Winde wehten, wurden die Angaben des Anemometers neben denen des meteorologischen Tagebuches benutzt. Der 24stündlich gemessene Niederschlag wurde nach Maassgabe der im meteorologischen Tagebuche enthaltenen Angaben über den Beginn, die Unterbrechungen, das Ende und die Stärke desselben auf diejenigen Winde vertheilt, welche zu derselben Zeit herrschten. Um aus den Monatsresultaten diejenige für die ganze Beobachtungsperiode zu bestimmen, wurden die bereits für jede Windrichtung erhaltenen Werthe abermals gemittelt.

Tabelle II giebt die Barometerstände, die Temperaturen, die Spannkraft der Dämpfe und die Niederschläge im Mittel, im Maximum und im Minimum für die einzelnen erwähnten Monate und für die ganze Periode. Bei den extremen Beobachtungswerthen ist auch die gleichzeitig herrschende Windrichtung angegeben worden.

Tabelle I.

Häufigkeit der Windrichtungen und der sie begleitenden Witterungsverhältnisse während der Monate November und Dezember 1874 und Januar 1875.

a) 14. bis 30. November 1874.

Wind-richtung rechtweisend	Anzahl der Stunden	Durchschnittliche Windstärke			Mittlerer Barometerstand mm	Mittlere Temperatur C°	Mittlere Spannkraft der Dämpfe mm	Niederschläge in Kubikcentimetern				
		im Maximum	im Mittel	im Minimum				Regen	Regen und Schnee	Schnee und Hagel	Summa	pro Stunde
N	13	2,0	1,7	0,8	748,84	5,0	6,10	230	—	—	230	17,7
NzW	3	2,3	2,3	2,3	748,96	4,4	6,04	406	—	—	406	135,3
NNW	5	2,0	1,5	1,0	752,05	4,9	6,30	680	—	—	680	136,0
NWzN	30	4,0	2,7	1,6	756,14	5,7	5,70	—	—	—	—	—
NW	42	3,2	2,4	1,7	754,26	4,6	5,71	452	—	—	452	10,8
NWzW	100	5,8	4,6	3,2	752,36	5,9	5,66	3902	—	—	3902	39,0
WNW	19	5,2	4,7	4,2	751,56	5,1	4,67	840	—	—	840	44,2
WzN	4	3,0	2,5	2,5	744,72	3,7	5,83	—	—	—	—	—
W	22	5,5	4,0	2,5	755,01	5,1	4,60	—	—	—	—	—
WzS	—	—	—	—	—	—	—	—	—	—	—	—
WSW	40	8,7	7,0	4,7	747,11	3,4	3,93	—	—	201	201	5,0
SWzW	20	3,3	2,5	1,9	754,62	4,5	4,25	—	—	40	40	2,0
SW	18	5,3	4,0	2,9	751,70	4,1	4,48	—	—	18	18	1,0
SWzS	18	4,7	3,3	2,3	750,29	5,1	5,35	40	—	—	40	2,2
SSW	40	3,3	2,4	1,7	754,31	4,3	5,85	200	—	—	200	5,0
SzW	7	6,0	3,0	0,5	755,89	3,1	3,71	—	—	—	—	—
S	—	—	—	—	—	—	—	—	—	—	—	—
SzE	—	—	—	—	—	—	—	—	—	—	—	—
SSE	1	1,0	1,0	1,0	754,42	4,8	6,16	40	—	—	40	40,0
SEzS	2	3,0	2,5	2,0	751,95	7,2	7,08	80	—	—	80	40,0
SE	1	2,0	1,0	1,0	762,25	8,2	6,05	—	—	—	—	—
SEzE	—	—	—	—	—	—	—	—	—	—	—	—
ESE	1	3,0	3,0	3,0	758,28	6,8	4,95	—	—	—	—	—
EzS	1	2,0	1,5	1,0	760,18	2,8	5,26	—	—	—	—	—
E	—	—	—	—	—	—	—	—	—	—	—	—
EzN	—	—	—	—	—	—	—	—	—	—	—	—
ENE	2	1,0	1,0	0,5	739,37	5,7	6,29	28	—	—	28	14,0
NEzE	—	—	—	—	—	—	—	—	—	—	—	—
NE	2	3,0	2,5	2,5	762,74	7,8	5,64	—	—	—	—	—
NEzN	1	1,0	1,0	1,0	734,64	4,6	6,18	—	—	—	—	—
NNE	1	1,0	1,0	1,0	755,82	7,8	5,04	—	—	—	—	—
NzE	3	1,5	1,0	1,0	752,57	7,1	6,66	56	—	—	56	18,7
Stille	12	—	—	—	757,35	4,2	5,29	54	—	—	54	4,5

b) Dezember 1874.

Wind-richtung rechtweisend	Anzahl der Stunden	Durchschnittliche Windstärke			Mittlerer Barometerstand mm	Mittlere Temperatur C°	Mittlere Spannkraft der Dämpfe mm	Niederschläge in Kubikcentimetern				
		im Maximum	im Mittel	im Minimum				Regen	Regen und Schnee	Schnee und Hagel	Summa	pro Stunde
N	8	6,2	4,8	3,0	737,84	6,2	6,50	285	—	—	285	35,6
NzW	10	4,5	4,0	3,7	744,45	5,9	6,25	779	—	—	779	77,9
NNW	8	4,8	4,3	3,6	745,54	5.8	6,35	700	—	—	700	87,5
NWzN	51	4,4	3,6	3,0	748,10	6,0	6,14	3244	—	—	3244	63,6
NW	106	5,2	4,5	3,6	747,13	5,7	6,04	3554	—	—	3554	33,5
NWzW	204	7,0	5,5	3,9	745,94	5,3	5,62	7727	—	—	7727	37,9
WNW	98	7,1	6,1	5,1	746,23	5,1	5,52	301		210	511	5,2
WzN	106	5,0	4,2	3,3	749,32	4,4	4,62	7	38	15	60	0,6
W	30	4,9	3,9	3,1	746,03	4,1	4,90	—	—	—	—	—
WzS	2	3,0	2,5	2,0	751,33	3,7	4,99	—	—	—	—	—
WSW	25	2,8	2,4	2,2	749,17	3,9	4,72	—	—	—	—	—
SWzW	16	3,5	3,2	3,0	744,70	3,5	4,52	—	21	—	21	1,3
SW	1	1,5	1,5	1,5	739,49	2,1	2,74	—	—	—	—	—
SWzS	14	4,0	3,7	3,3	746,91	3,1	3,78	—	—	—	—	—
SSW	9	3,0	2,8	2,3	739,88	3,4	4,26	—	—	—	—	—
SzW	—	—	—	—	—	—	—	—	—	—	—	—
S	—	—	—	—	—	—	—	—	—	—	—	—
SzE	—	—	—	—	—	—	—	—	—	—	—	—
SSE	3	4,0	4,0	3,0	736,50	3,0	4,27	—	—	—	—	—
SEzS	3	2,5	2,0	1,7	736,30	5,5	5,03	—	—	—	—	—
SE	4	3,0	3,0	3,0	743,39	4,9	5,11	—	—	24	24	6,0
SEzE	1	3,0	3,0	3,0	736,79	3,0	4,27	—	—	—	—	—
ESE	3	4,0	3,0	1,0	745,80	3,7	4,22	—	—	—	—	—
EzS	1	1,0	1,0	1,0	741,58	4,3	5,43	—	—	—	—	—
E	—	—	—	—	—	—	—	—	—	—	—	—
EzN	2	1,0	1,0	1,0	742,46	4,3	5,43	—	—	—	—	—
ENE	5	2,7	2,5	2,2	746,95	7,3	5,88	—	—	—	—	—
NEzE	—	—	—	—	—	—	—	—	—	—	—	—
NE	3	2,0	1,3	0,8	747,97	4,9	5,16	—	—	—	—	—
NEzN	3	1,8	1,5	1,2	747,40	5,3	5,84	100	—	—	100	33,3
NNE	19	4,0	3,6	3,2	745,89	5,9	6,15	2335	—	—	2335	122,9
NzE	7	3,3	3,2	3,0	743,91	6,2	5,85	181	—	—	181	25,9
Stille	2	—	—	—	756,00	3,6	4,67	—	—	—	—	—

c) 1. bis 29. Januar 1875.

Wind-richtung rechtweisend	Anzahl der Stunden	im Maximum	im Mittel	im Minimum	Mittlerer Barometerstand mm	Mittlere Temperatur C°	Mittlere Spannkraft der Dämpfe mm	Regen	Regen und Schnee	Schnee und Hagel	Summa	pro Stunde
N	18	3,2	2,7	2,3	746,74	6,1	6,58	1220	—	—	1220	67,8
NzW	21	3,7	3,3	2,9	743,20	6,1	6,63	737	—	—	737	35,1
NNW	19	3,0	2,7	2,4	750,51	5,8	6,34	189	—	—	189	9,9
NWzN	24	2,9	2,4	1,9	748,78	6,6	6,44	274	—	—	274	11,4
NW	30	5,4	4,6	3,9	747,21	6,7	6,66	568	—	—	568	18,9
NWzW	164	6,0	5,0	3,8	746,43	5,3	5,73	3032	—	—	3032	18,5
WNW	132	6,3	5,3	4,3	744,03	6,1	5,92	1473	—	10	1483	11,2
WzN	49	5,7	4,9	4,1	743,15	5,0	5,04	215	—	—	215	4,4
W	60	5,8	5,0	4,3	744,74	5,1	4,89	—	—	—	—	—
WzS	50	5,6	4,7	3,7	744,19	5,1	4,85	65	—	82	147	2,9
WSW	57	5,4	4,8	4,2	747,08	5,4	4,89	—	60	8	68	1,2
SWzW	5	2,7	2,3	2,0	748,19	4,3	4,42	—	—	—	—	—
SW	4	1,0	1,0	0,5	736,17	3,4	4,40	—	—	—	—	—
SWzS	16	3,0	2,5	1,7	747,04	5,5	4,87	—	—	—	—	—
SSW	6	4,0	3,5	3,0	747,66	3,1	4,10	—	—	—	—	—
SzW	2	4,0	3,0	2,0	751,39	5,4	3,74	—	—	—	—	—
S	—	—	—	—	—	—	—	—	—	—	—	—
SzE	—	—	—	—	—	—	—	—	—	—	—	—
SSE	—	—	—	—	—	—	—	—	—	—	—	—
SEzS	—	—	—	—	—	—	—	—	—	—	—	—
SE	—	—	—	—	—	—	—	—	—	—	—	—
SEzE	2	3,0	2,5	2,0	752,76	4,6	5,17	—	—	—	—	—
ESE	6	1,7	1,7	1,7	752,66	5,1	5,42	64	—	—	64	10,7
EzS	1	2,0	2,0	2,0	752,10	6,2	5,81	—	—	—	—	—
E	—	—	—	—	—	—	—	—	—	—	—	—
EzN	3	1,5	1,5	1,5	752,52	6,1	5,81	—	—	—	—	—
ENE	4	1,0	1,0	1,0	750,37	5,4	5,4	42	—	—	42	10,5
NEzE	—	—	—	—	—	—	—	—	—	—	—	—
NE	—	—	—	—	—	—	—	—	—	—	—	—
NEzN	1	1,0	1,0	0,5	743,63	10,3	7,36	—	—	—	—	—
NNE	9	4,0	3,3	2,6	743,18	6,6	6,77	901	—	—	901	100,1
NzE	8	4,5	4,0	3,5	743,47	6,9	6,50	333	—	—	333	41,6
Stille	5	—	—	—	750,73	4,0	5,50	51	—	—	51	10,2

d) Mittelwerth für die ganze Beobachtungsperiode (von 77 Tagen).

Windrichtung rechtweisend	Anzahl der Stunden	Durchschnittliche Windstärke			Mittlerer Barometerstand mm	Mittlere Temperatur C°	Mittlere Spannkraft der Dämpfe mm	Niederschläge in Kubikcentimetern				
		im Maximum	im Mittel	im Minimum				Regen	Regen und Schnee	Schnee und Hagel	Summa	pro Stunde
N	39	3,7	3,0	2,1	745,04	5,9	6,44	1735	—	—	1735	44,5
NzW	34	3,8	3,4	3,1	744,50	5,8	6,40	1922	—	—	1922	56,5
NNW	32	3,7	3,3	2,8	748,57	5,7	6,34	1569	—	—	1569	49,0
NWzN	105	3,8	3,0	2,4	749,93	6,1	6,15	3518	—	—	3518	33,5
NW	178	5,0	4,3	3,4	748,14	5,8	6,13	4574	—	—	4574	25,7
NWzW	468	6,3	5,1	3,7	747,53	5,4	5,67	14661	—	—	14661	31,1
WNW	249	6,4	5,5	4,6	745,97	5,6	5,59	2614	210	10	2834	11,4
WzN	159	5,1	4,4	3,6	746,47	4,6	4,88	222	38	15	275	1,1
W	112	5,5	4,4	3,5	747,07	4,7	4,84	—	—	—	—	—
WzS	52	5,3	4,5	3,5	744,98	4,9	4,87	65	—	82	147	2,8
WSW	122	4,6	3,9	3,3	748,08	4,4	4,49	—	60	209	269	2,2
SWzW	41	3,3	2,9	2,6	747,83	3,9	4,44	40	21	—	61	1,5
SW	23	4,3	3,3	2,4	748,23	3,8	4,38	—	—	18	18	0,8
SWzS	48	4,0	3,1	2,3	748,50	4,8	4,84	40	—	—	40	0,8
SSW	55	3,3	2,7	2,1	749,59	3,9	4,69	200	—	—	200	3,6
SzW	9	5,0	3,0	1,8	753,64	4,2	3,73	—	—	—	—	—
S	—	—	—	—	—	—	—	—	—	—	—	—
SzE	—	—	—	—	—	—	—	—	—	—	—	—
SSE	4	2,5	2,5	2,0	745,46	3,9	5,21	40	—	—	40	10,0
SEzS	5	2,7	2,2	1,8	741,52	6,1	5,71	80	—	—	80	16,0
SE	5	2,7	2,3	2,3	749,68	6,0	5,42	—	—	24	24	4,8
SEzE	3	3,0	2,8	2,5	744,78	3,9	4,72	—	—	—	—	—
ESE	10	2,6	2,3	1,9	752,35	5,2	5,00	64	—	—	64	6,4
EzS	3	1,7	1,5	1,3	751,29	4,4	5,50	—	—	—	—	—
E	—	—	—	—	—	—	—	—	—	—	—	—
EzN	5	1,3	1,3	1,3	749,17	5,5	5,68	—	—	—	—	—
ENE	11	1,9	1,7	1,4	746,83	6,4	6,05	70	—	—	70	6,4
NEzE	—	—	—	—	—	—	—	—	—	—	—	—
NE	5	2,5	1,9	1,6	755,35	6,3	5,40	—	—	—	—	—
NEzN	5	1,5	1,3	1,0	744,09	6,2	6,21	100	—	—	100	20,0
NNE	29	3,7	3,3	2,8	745,81	6,3	6,27	3236	—	—	3236	111,6
NzE	18	3,6	3,2	2,9	745,24	6,7	6,35	570	—	—	570	31,7
Stille	19	—	—	—	755,36	4,0	5,19	105	—	—	105	4,4

Tabelle II.

Mittlere und extreme Werthe des Barometerstandes, der Temperatur, der Spannkraft der Dämpfe und der Niederschläge.

Monat	Barometerstand in Millimetern					Temperatur in C°						
	Im Mittel	Im Maximum	Windrichtung rechtweisend	Im Minimum	Windrichtung rechtweisend	Im Mittel	Im Maximum	Windrichtung rechtweisend	Am Maximum-Thermometer	Im Minimum	Windrichtung rechtweisend	Am Minimum-Thermometer
15. bis 30. November	754,61	767,95	NWzN	733,50	NWzN	4,94	9,3	Stille	12,8	—0,2	Stille	—0,3
Dezember	747,13	761,31	WNW	723,59	NW	5.24	9,6	NWzW	11,8	1,4	WzN	0,2
Januar	745,87	755,75	NWzN	721,71	WNW	5,76	11,9	SWzS	13,5	1,8	WzS	1,2
Ganze Periode	747,99	767,95 (Novbr.)	NWzN	721,71 (Januar)	WNW	5,39 (Januar)	11,9	SWzS	13,5 (Novbr.)	—0,2	Stille	—,03

Monat	Spannkraft der Dämpfe in Millimetern					Niederschläge in Kubikcentimetern								
	Im Mittel	Im Maximum	Windrichtung rechtweisend	Im Minimum	Windrichtung rechtweisend	Regen		Windrichtung rechtweisend	Regen, Schnee, Hagel		Windrichtung rechtweisend	Schnee und Hagel		Windrichtung rechtweisend
						im Mittel pro Tag	im Maximum proTag		im Mittel pro Tag	im Maximum proTag		im Mittel pro Tag	im Maximum proTag	
15. bis 30. November	5,17	7,08	NW	2,95	SWzW	451,7	4650	NEzN— WNW	—	—	—	14,6	143	WSW
Dezember	5,50	7,51	NWzW	3,49	SWzS	623,5	4000	Nord— NWzW	8,7	189	WNW	0,5	15	WzN
Januar	5,59	8,37	WNW	3,52	West	310,1	1476	NWzW- WzN	5,2	90	NzW— WNW	3,1	58	West
Ganze Periode	5,48	8,37 (Jan.)	WNW	2,95 (Nov.)	SWzW	468,0	4650 (Nov.)	NEzN— WNW	5,6	189 (Dez.)	WNW	4,3	143 (Nov.)	WSW

Durch die Mittelwerthe für die ganze Beobachtungsperiode (Tabelle Id) erfährt die oben gegebene Charakteristik der herrschenden Winde eine vollkommene Bestätigung, indem von 1848 Beobachtungsstunden der Wind während 1445 Stunden zwischen Nord und West missweisend (oder NWzN und SWzW rechtweisend) geweht hat.

Wir folgen im Anschluss hieran den weiteren Ausführungen des Kommandanten S. M. S. „Gazelle" mit seiner während des Aufenthalts bei den Kerguelen gewonnenen Ansicht über die dortigen meteorologischen Verhältnisse.

„In dem so bedeutenden Vorherrschen einer Windrichtung (des äquatorialen Stromes) und der enormen durchschnittlichen Stärke derselben scheint neben dem Thermometerstande und dem Barometerstande der Hauptunterschied der meteorologischen Verhältnisse der südlichen Hemisphäre von denjenigen der nördlichen zu bestehen. Ersteres, d. h. das Vorherrschen der Nordwest-Winde, wird im Allgemeinen als eine Erhärtung der gültigen Theorien und namentlich auch der von Dove gegebenen Erklärungen derselben angesehen werden können, wie auch das Dove'sche Drehungsgesetz in der südlichen Hemisphäre weit schärfer ausgeprägt erscheint, als in der nördlichen, da man mit völliger Sicherheit auf das Umgehen eines Nordwindes in einen nordwestlichen und westlichen rechnen kann, wie schliesslich auch das von Dove erklärte Flattern des Windes zwischen Nord und West eine gewöhnliche Erscheinung ist. Die anderen Wechsel in den Windrichtungen sind in der Regel durch kurze Stillen bezeichnet.

Hingegen scheint für die enorme und wenig variirende Stärke der nordwestlichen Winde kaum die gewöhnliche Erklärung ausreichend, dass sie durch das Eindringen der äquatorialen Luft in die kleineren mehr polaren Abschnitte der Luftkugel hervorgerufen sei, denn obwohl nördlich dieser Zone der heftigen Nordwester, d. h. etwa nördlich von 45° Breite, die Nordwinde im Indischen Ocean vorherrschend sind, so scheinen dies doch nur verhältnissmässig schwache Winde zu sein, wie ich bei dem dreimaligen Passiren dieser Region erfahren habe, und es bleibt dabei jedenfalls unerklärt, warum die äquatorialen Winde in der Süd-Hemisphäre so viel kräftiger wehen, als die gleichen Winde auf der nördlichen Halbkugel.

Wenn man erwägt, dass der hauptsächlichste Unterschied zwischen nördlicher und südlicher gemässigter Zone, soweit er von meteorologischem Einflusse sein kann, darin besteht, dass dort das Land, hier das Wasser vorherrschend ist, dass in Folge dessen und der Strömungsverhältnisse der Ocean dort bei wärmerer Durchschnittstemperatur grosse Temperaturschwankungen, hier bei geringer Durchschnittstemperatur kleine Temperaturschwankungen eintreten, so kann man kaum anders, als die

Unterschiede in den herrschenden Windstärken auch auf die Unterschiede in der Vertheilung von Land und Wasser zurückführen, jedoch weniger auf die dadurch veranlassten Temperatur-Unterschiede der trockenen Luft (weil diese im Süden geringer sind), als vielmehr auf die bei ausgedehnterer Verdunstungsfläche naturgemäss grössere Dampfatmosphäre und die Beeinflussung ihres Gleichgewichts durch selbst geringe Temperaturschwankungen.

Auffallend ist es ferner, dass die Lufttemperatur, wenn der Wind von Nordost über Nord nach West geht, ziemlich regelmässig sinkt, und dass die Niederschläge in der Regel bereits bei Nordwest-Winden aufhören resp. nachlassen, völlig aber, wenn der Wind noch etwas westlicher geht. Dass ein äquatorialer Sturm weiter südlich als WSW ginge, scheint nicht vorzukommen.

Im Gegensatz zu den von früheren Beobachtern gemachten Angaben ist zu bemerken, dass die grösste Heftigkeit eines westwärts gegangenen Sturmes in der Regel nicht mit dem niedrigsten Barometerstande zusammenfällt, sondern beim Steigen des Barometers einzutreten pflegt, welcher bei Nord und NNW stark heruntergegangen ist.[1]) Dies Steigen ist auch ein ziemlich zuverlässiges Anzeichen, dass der Wind westlicher geht und lange anhält.

Gutes Wetter, d. h. schwache Winde, sind fast nie mit hohem, sondern mit mittlerem oder niederem Barometerstande verbunden, der seinen niedrigsten Stand in der Regel bei Stille oder flauer Briese zwischen Nord und Ost mit starkem Regen hat und dem dann ein Nord- und Nordwest-Sturm folgt. Geht NWlicher und WNWlicher Sturm nach Nord und NNW, so steht das Barometer zuweilen sehr hoch, und der nördliche Wind ist anhaltend.

Es ist noch zu erwähnen, dass die Windbeobachtungen am Lande in Richtung und Stärke etwas durch die bergige Natur des Landes beeinflusst sind, denn obgleich der Anemometer nicht auf dem dafür eingerichteten, aber von Felswänden überragten Pegelhause, sondern auf dem Windgiebel des hochgelegenen Wohnhauses angebracht war, existirten doch in einiger Entfernung höhere Bergzüge, und es ergeben sich Differenzen — wenn auch nicht bedeutende — in den am Lande und an Bord beobachteten Winden.

Der mittlere Barometerstand ist — wie die Tabelle ergiebt — für die Sommerperiode 747,99 Millimeter, bei einem Maximum von 767,95 und einem Minimum von 721,71 Millimeter.

Die täglichen Schwankungen sowohl des Barometers, wie der absoluten Dampfspannung sind gering, nämlich im Durchschnitt 0,484 resp. 0,623 Millimeter. Das Barometer steht durchschnittlich Vormittags höher, als Nachmittags, in Uebereinstimmung mit der Dampfspannung, welche auch Vormittags grösser als Nachmittags ist, während dagegen das tägliche barometrische Maximum und Minimum, um 9 Uhr Abends resp. 3 Uhr Nachmittags umgekehrt mit dem täglichen Minimum und Maximum der Dampfspannung zu denselben Zeiten korrespondirt (d. h. das Minimum der Dampfspannung fällt um 9 Uhr Abends mit dem Maximum des Barometerstandes zusammen, das Maximum der Dampfspannung um 3 Uhr Nachmittags mit dem barometrischen Minimum).

Als die mittlere Sommertemperatur ist 5,39° C., bei einem Maximum von 11,9° und einem Minimum von — 0,3° ermittelt worden. An einem 2 1/2 Meter in die Erde versenkten Thermometer wurde eine Temperatur von 4,3° C. gefunden. Die Erwärmung des Bodens war durch die in dieser Breite im Sommer verhältnissmässig bedeutende Strahlung der Sonne jedenfalls bereits sehr tief eingedrungen, da das Experiment erst Ende Januar, also im Spätsommer, vorgenommen wurde. Es ist daher anzunehmen, dass die mittlere Jahrestemperatur tiefer liegt."

---

[1]) Nach dem Bericht des britischen Schiffes „Challenger" folgte dem höheren Barometerstande immer ein nördlicher Wind, der bis zu einem Sturme anwuchs, sobald das Quecksilber fiel; der tiefste Stand begleitete den heftigsten Theil des Sturmes, worauf das Wetter nach und nach besser und der Wind westlich wurde. Bei fallendem Barometer blieb der Wind nördlich und sobald es stieg, wurde er westlich, am Südende der Insel wahrscheinlich südwestlich.

Küstenbeschreibung nebst Segelanweisung der Nordost-Seite der Kerguelen-Inseln nach den Vermessungen S. M. S. „Gazelle".

Ansegeln der Inselgruppe. Die Kerguelen-Inseln werden am zweckmässigsten von ihrer Nordseite angesteuert, wo Bligh's Cap, eine kleine (mützenförmige) Felseninsel, sowie die ziemlich hohen Roland-Inseln eine gute Marke abgeben.

Lothungsbank. Es sind hier keine Untiefen vorhanden, dagegen kann man bereits in Entfernung von 70 Seemeilen von Bligh's Cap mit 377 Meter Leine Grund lothen. Diese Lothungsbank, welche die Kerguelen-Gruppe an der Nord-, Ost- und Südseite umgiebt (an der Westseite ist noch nicht gelothet worden), hat nach der Inselgruppe zu allmählich, wenn auch nicht ganz regelmässig, abnehmende Tiefen, so dass sie bei dem so häufig hier vorkommenden dicken Wetter einen sehr guten Anhalt für die Navigirung gewährt. Es ist dabei zu bemerken, dass zuweilen ganz in der Nähe der Felsenabhänge der Inseln und zwischen den einzelnen Inseln der Gruppe, sowie in den Baien und Sunden die Wassertiefen grösser sind als auf der Bank. Bei dickem Wetter würde es nicht gerathen sein, sich auf weniger Wasser als 130 bis 150 Meter zu begeben; eine halbe Seemeile von den Riffen entfernt ist in der Regel noch eine Wassertiefe von 38 bis 56 Meter gefunden worden.

Der Strom pflegt bei der Insel mit dem Winde ca. ¼ bis ½ Knoten zu laufen. An der Ostseite der Insel erfuhr die „Gazelle" in der Regel eine westliche, zuweilen auch eine südliche Versetzung.

Ein gutes Schiff ist im Stande, in Lee der Insel, selbst gegen den gewöhnlich herrschenden Nordwest-Sturm, aufzukreuzen, wenn es nicht zu wenig Segel führt. Der Nordwest- resp. Westwind pflegt an der Südseite der Insel etwas südlicher, an der Nordseite etwas nördlicher zu stehen, als die Windrichtung auf hoher See ist.

Untiefen und Tangbänke. Die ausserhalb der Inseln vorkommenden Untiefen kennzeichnen sich, soweit die bisherige Erfahrung reicht, durchweg durch den darauf wachsenden Seetang (Macrocystis pyrifera Agardt). Dieser Tang haftet nur an Felsen und Steintrümmern fest, weshalb er flache sandige Stellen in einzelnen Baien nicht anzeigt. In der Tucker-Strasse wurde ein Fels gefunden, auf welchem der Tang ebenfalls nicht wuchs. Wahrscheinlich war es ein einzeln stehender spitzer Felsblock, der dem Tang nicht genügende Fläche zum Anheften gewährte.

Dieser Tang umgiebt die bis zur Wasserfläche und die über sie reichenden Felsenriffe in der Regel in ziemlichem Umfange. Vor vielen Baien sind ausgedehnte Tangbänke, welche aber eine — oft schmale und gewundene — Passage zwischen sich zu lassen pflegen. In solchen Passagen sind zwischen 26 und 56 Meter Wasser, zuweilen auch mehr gefunden worden.

Wo innerhalb der Tangbänke Lothungen gemacht wurden, ergab sich immer, dass die Wassertiefe geringer war, als in der tangfreien Umgebung. Selbst in ziemlich dichten Tangbänken sind indess Tiefen von nicht weniger als 15 bis 34 Meter gelothet worden. Man kann daher häufig die Tangbänke passiren, indess ist dies nicht ohne Gefahr, weil sie nur sehr mangelhaft ausgelothet sind. Die Eingänge in die Baien sind zuweilen mit Tangbänken nahezu verschlossen, ebenso die Strassen zwischen einzelnen Inseln. Man nehme dann seinen Kurs über diejenigen Stellen, wo der Tang weniger dicht ist. Es sind an solchen Stellen nicht weniger als 13 Meter von S. M. S. „Gazelle" gefunden worden. Eine Tangbank kennzeichnet sich aus ein bis zwei Seemeilen Entfernung in der Regel dadurch, dass dort der Wasserspiegel heller, glänzender ist. Der Tang selbst ist genau erst auf ein bis zwei Kabellängen zu erkennen.

Gezeiten. Ausserhalb der Baien und Strassen hat keine erhebliche durch Ebbe und Fluth erzeugte Strömung konstatirt werden können, wenngleich bei Fluth eine geringe Versetzung nach der Küste resp. nach den Baien zu bemerkt wurde. Als Hafenzeit ist 2^h 0^m an der Nordseite der Insel im Weihnachtshafen bei einer Fluthhöhe von $^1/_2$ bis $^3/_4$ Metern und 0^h 50^m an der Südostseite in Betsy Cove bei einer mittleren Fluthhöhe von 1 Meter beobachtet worden; nach den Berechnungen von Professor Börgen ergeben die in Betsy Cove angestellten Pegelbeobachtungen ein mittleres Mondfluthintervall von 0^h $18,3^m$ während das Mondfluthintervall bei Neu- und Vollmond oder die Hafenzeit 0^h $49,9^m$ beträgt; ferner als mittlere Grösse des Fluthwechsels für Springfluth 1,36, für Nippfluth 0,38 m.

Charakteristisches Aussehen. Die Hauptinsel Kerguelen ist fast in allen Theilen hoch und bergig; plateauförmige Basalt-Bergzüge mit steil terrassenförmigen Abhängen geben der Insel ihren besonderen Charakter. Nur im Innern und im südlichen Theile der Insel treten diese tafelförmigen Berge zurück gegen felsige Kämme und kegelförmige, oft gegabelte Spitzen. Im nördlichen und mittleren Theile der Insel kommen in Folge der durchschnittlichen Beschaffenheit der Atmosphäre diese letzteren höheren Bergpartien häufig später in Sicht als die niedrigeren plateauförmigen Ausläufer. Der mittlere Theil der Insel bildet ein ausgedehntes Feld nie schmelzenden Schnees, welches indess trotz seiner Höhe von 500 bis 1000 Meter nicht häufig von See aus gesehen wird, weil es, von weissen Wolken umgeben, von diesen sich garnicht abhebt. Von diesem Schneefeld nehmen mehrere Gletscher ihren Ursprung. Die Kuppen der höheren Berge (Mt. Richards, Mt. Ross) sind ebenfalls Winter und Sommer hindurch mit Schnee und Eis bedeckt, sofern sie nicht so steil abfallen, dass die Niederschläge darauf nicht zu haften vermögen. Einige solcher dunklen Felsspitzen entsteigen dem erwähnten Schneeplateau.

Die Baien, Häfen und ihre Hülfsmittel. Die Hauptinsel Kerguelen besitzt eine grosse Anzahl vorzüglicher Häfen, insbesondere an ihrer Nordost- und Südost-Seite. Dieselben sind zuweilen landumschlossen und gewähren dann gegen Stürme aus allen Richtungen Schutz, zum grösseren Theil sind sie indess nach einer Seite offen. Die offene Seite liegt bei den meisten nach Ost und Südost, von wo Stürme so gut wie gar nicht vorkommen. Der Ankergrund ist überall ein hellerer oder dunklerer ziemlich weicher Schlamm (oder Schlick), in welchem die Anker recht gut festhalten. Einige Baien sind indess so tief, und der Boden steigt nach der Küste so steil auf, dass sie deshalb als Ankerplätze nicht empfohlen werden können.

Trinkwasser sehr guter Qualität ist fast in allen Häfen vorhanden und ohne Schwierigkeit aufzufüllen. Holz resp. Bäume giebt es nirgends, auch kein Strauchwerk, das als Brennmaterial zu benutzen wäre. Die in einigen nördlichen Häfen vorhandene Kohle ist schwer zu brechen und brennt nicht besonders.

Weihnachtshafen (Christmas Harbour). Die erwähnten terrassenförmigen Basaltplateaus bilden zugleich die Umgebung des Weihnachtshafens. Das Kap Français ist der Ausläufer eines schräg gelagerten terrassirten Plateaus. Mehr nach dem Boden des Hafens steht auf demselben ein kraterartiger Kegel, dessen Spitze ca. 400 Meter über dem Meeresspiegel liegt. Der gegenüber d. h. auf der Südseite des Hafens liegende terrassenförmige Bergrücken hat eine etwas abgerundete Kuppe, den Mt. Havergal, mit einem grossen, auf seiner nördlichen Abschrägung ruhenden Felsblock. Der Rücken macht eine Ausbuchtung nach Süd und fällt zu dem sehr charakteristischen Arch-Rock ab. Dieser letztere Fels, ein vollkommenes Felsenthor, mit ganz regelmässigem Bogen überspannt, ist die beste Marke für den Weihnachtshafen und schon aus ziemlicher Ferne sichtbar.

Es ist hier überall bis dicht unter die Felsen tiefes Wasser und daher weitere Anweisung für die Einsegelung nicht erforderlich. Der beste Ankerplatz ist im oberen Ende der Bai auf 17 bis 19 Meter, woselbst man kleine Bäche zum Auffüllen des Wassers in der Nähe hat. In der Richtung der herrschenden Winde (NW mw) hat die Küste leider eine Einsenkung, so dass heftige Böen hier durchzustossen pflegen und ein Treiben des Schiffes oder Brechen der Kette möglich machen.

In der erwähnten Ausbuchtung der Südseite des Hafens zwischen Mt. Havergal und dem Arch-Rock traten bis 1,3 Meter starke Kohlenschichten an drei bis vier Stellen der steilen Basaltwand zu Tage. Diese Stellen liegen 6 bis 10 Meter über Wasser und sind schwer zugänglich, weil sie an der steilen Felswand theilweise mit Felstrümmern überdeckt liegen und weil an den Felsentrümmern des Strandes starke Brandung steht. An den mittleren dieser Stellen bilden die Trümmer eine Art von kleinem Bootshafen, und dort ist es allenfalls möglich, die gebrochenen Kohlen in Boote zu laden.

Die südlich vom Weihnachtshafen gelegenen Baien und Fahrwasser. Die zunächst südlich vom Weihnachtshafen gelegenen Foul Hawse Bai und Muscle Bai sind noch nicht vermessen, sollen aber nach Angabe der Robbenschläger gute Ankerplätze gewähren. Nach Cumberland Bai kann man zwischen den Davis-Inseln und einem östlich von Kap Cumberland gelegenen Felsen, Sentry Box benannt, durchsegeln. Es wurden in der Passage 39 Meter Wasser gefunden. Eine im Eingang zur Cumberland-Bai in der englischen Karte als zweifelhaft bezeichnete Untiefe existirt, soweit man aus dem dort sehr dicken Tang und der Wasserfarbe schliessen kann; der offene Eingang in die Bai ist der südlich von der Untiefe gelegene, wenigstens erstrecken sich auf der Nordseite Tangstellen nach dem Sentry Box hin.

Cumberland Bai, Breakwater Bai, White Bai, Centre Bai, Bear up Bai sind garnicht oder nur mangelhaft ausgelothet, sollen nach Angabe der Robbenjäger aber sämmtlich gute Ankerplätze gewähren. In Breakwater Bai kommen nach derselben Angabe bessere Kohlen vor, als im Weihnachtshafen.

Die Passage nach dem Aldrich-Kanal und durch denselben ist frei von Gefahren. Das Riff bei Breakers Bluff kennzeichnet sich durch Brandung; die Insel Mc. Murdo fällt sehr steil nach der Strasse hin ab, deren Tiefen in der Mitte nicht unter 43 Meter betragen. Der Ausgang des Kanals nach Südost wird durch Tangbänke von beiden Seiten eingeengt, man bleibt aber in tiefem Wasser, wenn man der tangfreien Passage folgt, welche nahe an der Nordostspitze der Prinz Adalbert-Insel vorbeiführt. Bevor man aus der Strasse kommt, passirt man nördlich eine Bucht, welche von der Mc. Murdo-Insel und den kleinen Inselchen östlich von ihr gebildet wird. Diese Bucht wurde tangfrei gesehen und bietet wahrscheinlich einen guten Ankerplatz. Die Strasse zwischen den Mc. Murdo und Howe-Inseln soll nach Angabe der Robbenjäger für kleinere Schiffe mit raumem Winde von Fullers-Hafen aus passirbar sein.

Prinz Adalbert-Insel und Rhodes-Bai. Die Prinz Adalbert-Insel ist in ihrem nordöstlichen Theile bis gegen 625 Meter hoch. Vom mittleren Theile (Marienhafen) an flacht sie nach der Tucker-Strasse ab. Die Berge und Plateaus des südlichen Theiles sind nur 95 bis 190 Meter hoch. Von der Rhodes-Bai aus sieht man den niedrigeren Theil der Prinz Adalbert-Insel von dem schneebedeckten Mt. Richards überragt, welcher zwei flache Spitzen hat.

Die Rhodes-Bai ist tief und ausgedehnt und scheint in mässiger Entfernung von den Ufern ganz frei von Gefahren zu sein, bis auf den mittleren Theil der östlichen Küste der Bai, dem Marien-hafen gegenüber, wo von diesem Hafen aus bei starkem Sturme Brandung gesehen wurde. Die Bai hat drei gute Häfen: den Marienhafen, Crednerhafen und Helenenhafen. Ersterer und letzterer sind für Schiffe jeder Grösse, der Crednerhafen für kleinere Schiffe geeignet.

Der Marienhafen ist ein auf drei Seiten von 190 bis 375 Meter hohen terrassenförmigen Bergen eingeschlossenes Bassin, welches sich in nordwestlicher (mw.) Richtung ca. 1$\frac{1}{2}$ Seemeilen ausdehnt und $\frac{1}{2}$ Seemeile breit ist. Der Terrassenzug in Südwest des Hafens macht eine Biegung nach Nord und schliesst den Hafen im Innern (gegen West und Nordwest) ab, während der nordöstliche Bergrücken sich in der rechten Ecke, d. h. im Norden (mw.) mit ihm vereinigt, dort eine Schlucht bildet, aus der ein Bach strömt. In der Mitte dieses Bodenabschlusses liegt etwas vorspringend ein niedrigerer, ca. 125 Meter hoher Berg, der von dem erwähnten Bache und auch von einem südlichen eingeschlossen wird. Andere Bäche stürzen von den steilen Seitenwänden in den Hafen, namentlich bei Regen, sämmtlich sehr schöne Wasserfälle bildend. Der Strand im Innern der Bai besteht aus schwarzem und gelbem Sande. Die Berge führen Quarz- und schöne Spathkrystalle. In dem schmalen Eingange des Hafens liegen zwei Felseninselchen. Diese, sowie die gegenübergelegene Küste der Bismarck-Halbinsel schützen den Hafen auch gegen östliche Winde, so dass er, zumal da auch der Ankergrund ein gut haltender heller Schlamm ist, als einer der besten Häfen Kerguelens bezeichnet werden kann.

Behufs Einsegelung in den Hafen halte man sich dicht unter der nördlichen Seite, die Inselchen im Eingange an Backbord, da in dem sie nordwärts umgebenden Tang eine 7,5 Meter-Stelle vorkommt, während die Passage nahe der Nordhuk nicht weniger als 13 bis 15 Meter hat. Sobald man die Inseln passirt hat, steuere man mitten in den Hafen; man kann dort zwischen 19 und 13 Meter Wassertiefe ankern. Die Passage südlich der Inselchen hat dichten Tang und flache Stellen.

Der Crednerhafen hat den Vorzug, dass eine freie Südwest-Passage hineinführt, so dass ein Segelschiff bei dem vorherrschenden Nordwest-Winde gerade hineinliegen kann. Er ist indess wegen seiner Beschränktheit nur für kleinere Fahrzeuge zu empfehlen, die auf 18,8 Meter ankern müssen, da sich ganz in der Nähe der 9 Meter (5 Faden-) Linien im Innern der Bai eine 5,6 Meter-Stelle findet. Der Eingang südlich der kleinen Insel ist mit 24,5 bis 18,8 Meter Wassertiefe ebenfalls benutzbar, doch ist er vom Boden der Bai durch flachere und dicht mit Tang bedeckte Stellen abgeschlossen, so dass der nördliche Theil des Hafens als Ankerplatz gewählt werden sollte.

Der Helenenhafen ist ebenfalls ein sehr guter Hafen mit einer geraden ganz freien Einfahrt und mit etwas grösseren Tiefen als der Marienhafen. Er wird auf der offenen Ostsüdost-Seite vollkommen durch die nahe Küste der Bismarck-Halbinsel geschlossen. Die ihn auf drei Seiten umgebenden Terrassen-Berge sind ca. 125 bis 190 Meter hoch; im Innern, d. h. in WNW$\frac{1}{2}$W (mw.) befindet sich eine Bergeinsenkung, durch welche Stürme aus nordwestlicher Richtung wahrscheinlich heftig hindurchstossen. Man ankere mitten im Hafen auf 26 Meter.

Tucker-Strasse. Die Prinz Adalbert-Insel wird von der Hauptinsel der Gruppe durch die Tucker-Strasse getrennt, von der nur der östliche Theil ausgelothet und mit 13 Meter passirbar gefunden wurde. Der Eingang in die Strasse ist von der Rhodes-Bai aus schwer erkenntlich, da die Breusing-Spitze ziemlich niedrig verläuft. Man halte auf den rechten Abhang eines hohen tafelförmigen Berges südlich der Tucker-Strasse (der westlichste Tafelberg der Bismarck-Halbinsel) zu, wobei man die Breusing-Spitze etwas an Steuerbord hat. Die von ihr ausgehende dichte Tangbank an Steuerbord lassend, gelangt man nahe der Küste der Bismarck-Halbinsel mit tiefem Wasser in die Strasse. Vom Eingang der Strasse sieht man bald ein paar niedrige von Tang umgebene Felseninseln an Backbord und eine höhere Insel oder Halbinsel voraus. Vor der letzteren, d. h. links davon liegt ein Fels über Wasser und westlich davon eine Tangstelle, die nur 5,6 bis 7,5 Meter Wasser hat, sowie etwas nördlich von dieser eine nicht mit Tang bewachsene Klippe unter Wasser.

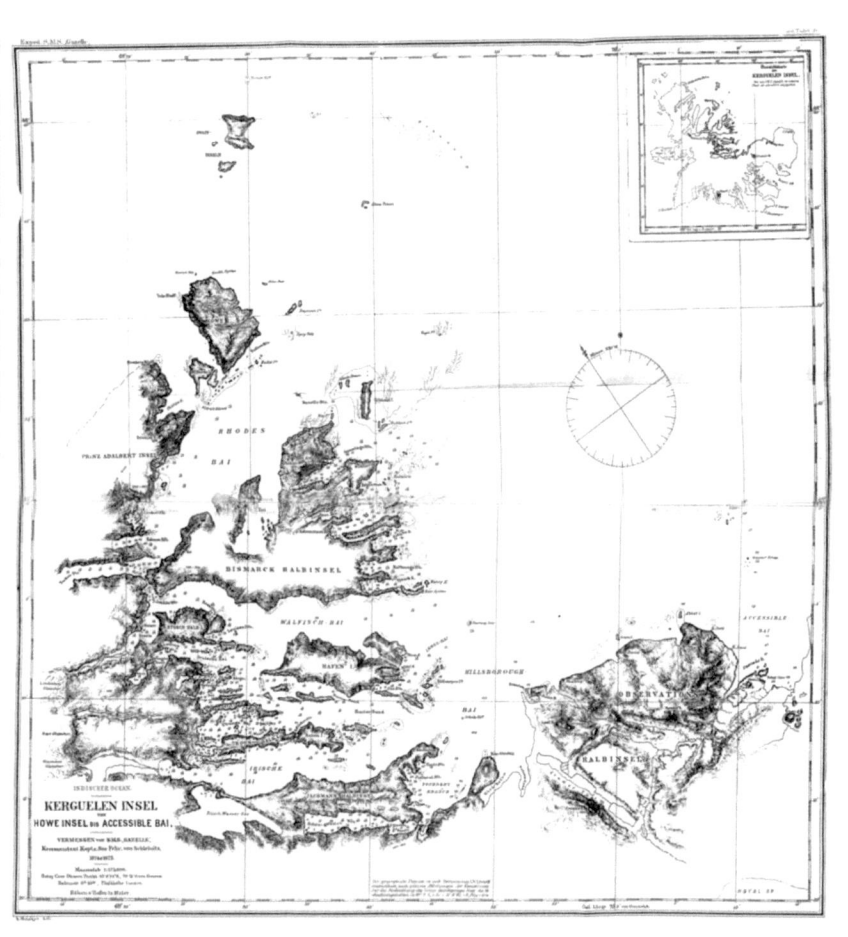

KERGUELEN INSEL
von
HOWE INSEL bis ACCESSIBLE BAI.

Man steuere zur Vermeidung des Tangs bei den Inseln an Backbord zunächst auf den Fels zu, halte aber, bevor man an die Tangstellen östlich davon kommt, nach Backbord ab, so dass die Tangstellen und der Fels an Steuerbord bleiben, worauf man wieder in die Mitte der Strasse hält, welche weitere Gefahren in ihrem östlichen Theile nicht zu enthalten scheint. Der westliche Ausgang ist, wie gesagt, noch nicht ausgelothet.

Die Bismarck-Halbinsel besitzt nur terrassenförmige Tafelberge, welche durchschnittlich eine Höhe zwischen 125 und 470 Meter haben. Sie ist durch eine niedrige Landenge mit dem Haupttheile von Kerguelen verbunden, welche die Tucker-Strasse von der Walfisch-Bai scheidet. Letztere grosse Bai nordwärts begrenzend, besitzt sie an ihrer Ostseite eine Reihe von sehr guten Häfen und bildet an ihrer Nordwest-Seite die grosse, aber noch nicht ausgelothete Weineck-Bai.

Auf ihrer nördlichen Spitze liegt der ca. 220 Meter hohe Mount Palliser, dessen oberes Plateau keine grosse Ausdehnung besitzt und nach den Seiten schräg (jedoch terrassenförmig) abfallend aus einigen Richtungen wie ein Berg mit rundlicher Kuppe an der Nordseite erscheint. Aus anderen Richtungen gesehen, ist er aber ganz tafelbergförmig. Mount Palliser fällt in langen Terrassen nach Kap Neumayer, der Nordspitze der Bismarck-Halbinsel ab, welches Kap sich als ein ca. 80 Meter hoher Berg mit etwas rundlicher Kuppe markirt, nach Nord allmählich in die Spitze des Kaps abflachend, vor der sodann die niedrigen felsigen Kay-Inseln liegen.

Um aus der Rhodes-Bai nach der Hillsborough-Bai, unter welcher die grosse Einbuchtung zwischen der Bismarck- und Observations-Halbinsel zu verstehen ist, zu gelangen, kann man entweder mit WzN-Kurs (mw.) Howe-Insel, Spry- und Glass-Felsen an Backbord und Kap Neumayer, Woods- und Vogel-Fels an Steuerbord lassend nach See liegen und nördlich vom Vogel-Fels passirend mit Südwest- und dann Süd-Kurs hineinsegeln, oder man nimmt die kürzere Passage, zwischen den Woods- und Kay-Felsen hindurch, durch die *Gazelle-Strasse*. Die Woods- und Kay-Felsen sind durch Tang mit einander verbunden und die Tiefen in der Strasse sind sehr wechselnd. Man kann indessen an der Stelle, wo der wenigste Tang ist, in der Nähe eines nördlich der Woods-Felsen gelegenen schwach brandenden Riffes, dieses südlich lassend, mit 26 Meter Minimaltiefe passiren.

Die nordöstlichsten kleinen Inseln. Man wird eine dieser Passagen nehmend oder von Nordost aus See kommend, die nordöstlichsten Inseln der Gruppe in Sicht bekommen. Die nördliche *Swain-Insel* ist in ihrem nördlichen Theile gegen 125 Meter hoch. Aus nordwestlicher oder südöstlicher Richtung gesehen, erscheint sie wie zwei von einander getrennte Inseln. Die *Dayman-Inseln* sind ebenfalls hoch im Verhältniss zu ihrer Grösse. *Glass-Fels* und *Vogel-Fels* sind flach. *Sibbald-Insel* und die südlich davon gelegenen *Robben-Inseln* erscheinen aus einiger Entfernung ebenfalls als lang gestreckte ziemlich flache Inseln.

Sonntags- und Erfolgshafen. Abgesehen von einer kleinen Einbuchtung an der östlichen Seite der Nordspitze der Bismarck-Halbinsel sind die nächsten guten Häfen der Erfolgs- und Sonntagshafen. Ersterer ist räumlich beschränkt, gewährt aber den Vorzug, auch nach Ost hin durch nicht fernes Land Schutz zu haben und für Segelschiffe leicht erreichbar zu sein, während der beste Ankerplatz im Sonntagshafen, welcher im mittleren Theile sehr tief ist, mehr im Grunde der Bai liegt und daher für Segelschiffe bei dem vorherrschenden Winde schwerer zu erreichen ist.

Der Sonntagshafen ist ebenfalls überall von hohen Bergen eingeschlossen, die viel Quarzkrystalle und Achat führen. Nur im Westen ist, ähnlich wie beim Helenenhafen, eine Einsenkung (niedrige Landscheide von Rhodes-Bai), durch welche der WNW-Sturm heftig hindurchstösst. Im Grunde des Hafens, nicht weit von der nördlichen Küste, ist eine 6,6 Meter-Stelle, weshalb man besser etwas weiter, d. h. ca. eine halbe Seemeile vom Innern der Bai entfernt, in 26 bis 30 Meter Tiefe ankert. Die Bai ist Brütplatz verschiedener Pinguin-Arten und anderer Seevögel. Trinkwasser ist an verschiedenen Stellen vorhanden.

Palliser'Rhede und Schlusshafen. Palliser Rhede, wo Cook zuerst ankerte, und Schlusshafen sind von Nordost, d. h. zwischen der Wittsteinspitze und den Bobzien-Inseln, und von Südost, d. h. zwischen diesen Inseln und Kap Francis aus zugängig. Oestlich der *Bobzien-Inseln* sind eine Anzahl Klippen fast mit der Wasserlinie gleich und durch ausgedehnte Tangbänke mit einander verbunden. Der südöstliche Zugang ist vorzuziehen, wenn man von Osten oder von der HillsboroughBai kommt, weil der Nordost-Eingang nur sehr schmale tangfreie Strassen bietet. Von hier kommend ist die Orientirung und Navigirung nach der Karte mittelst Peilung von Kap Neumayer und Kap Henry auf der gleichnamigen Insel nicht schwierig. Kap Francis ist die Spitze einer Insel mit ca. 125 Meter hohem kleinen Plateau und schrägen, terrassenförmigen Abfällen, vor der eine ca. 38 Meter hohe kleine Felseninsel liegt; die Insel resp. das Kap markirt sich schlecht aus östlicher Richtung.

Der Schlusshafen ist in seinem oberen Theile ein geräumiges, ganz landgeschlossenes Bassin und bildet einen ausgezeichneten Hafen, der aber für Segelschiffe schwerer zugänglich ist, als die Palliser Rhede. Diese hat den Mangel, dass der Ankergrund ziemlich steil ansteigt und dass sie gegen ONO ganz offen ist. Man kann aber, wenn es aus dieser Richtung anfängt zu wehen, ohne Schwierigkeit in den Schlusshafen flüchten. In demselben findet sich an mehreren Stellen leicht einzunehmendes Trinkwasser.

Der Zwischenhafen und die Astronomen-Bai bieten ebenfalls gute Ankerplätze und sind am besten aus der nach Palliser Rhede führenden Strasse zugängig, da die direct nach der AstronomenBai gehende, noch nicht völlig untersuchte östliche Passage zwischen Klippen und Tang und diejenige von Eclipse-Bai über Stellen von weniger als 5,6 Meter Wassertiefe führt.

Eclipse-Bai, Hoffnungshafen und Tysack-Bai. Die vor Eclipse-Bai liegenden Klippen und Tangbänke sind noch nicht genügend untersucht, um die Eclipse-Bai empfehlen zu können. Auch ist diese Bai, wie der Hoffnungshafen, von OSO offen. Letzterer ist von der nach Tysack-Bai führenden Passage leicht zugängig. Zwischen den in diesem Zugange (nördlich von Kap Henry) gelegenen Tangbänken führen gute Passagen, in denen tiefes Wasser gefunden wurde.

Tysack-Bai ist eine sehr geräumige, ganz landgeschlossene Bai, die aber leider so grosse Wassertiefen und steil ansteigenden Boden hat, dass sie als Ankerplatz nicht sehr geeignet ist. Der Eingang zu der Bai wird ganz durch eine, sich von der Ostspitze des nördlichen Ufers aus erstreckende Tangbank geschlossen; wenn man indess auf zwei Drittel von der Nordseite einsegelt, wo der Tang sehr dünn ist, erhält man mit 26,4 Meter Leine keinen Grund. Will man in der Bai ankern, so ist der beste Platz die westlichste Ecke nahe bei einem dort gelegenen Felsen. Die südwestliche Ecke, in welcher eine kleine Felseninsel liegt, ist versandet. In dieser Richtung fallen die sonst hohen Berge, welche die Bai umgeben, bis auf ca. 30 Meter ab.

Kap Henry, die östlichste Spitze der Bismarck-Halbinsel, ist eigentlich eine ca. 63 Meter hohe Felseninsel, die das Aussehen einer dicken Felsplatte hat, auf welcher eine ebenso dicke etwas kleinere liegt. Sie fällt nach allen Seiten hin steil ab und markirt sich auch von Ost gesehen recht gut.

Walfisch-, Deutsche, Uebungs- und Irische Bai. Zwischen der Südküste der Bismarck-Halbinsel und der Küste der Hauptinsel liegen vier ausgedehnte und tiefe Baien, die mit Inseln erfüllt und unter einander durch Strassen verbunden sind. Es sind dies die Walfisch-Bai, die

Deutsche Bai, die Uebungs-Bai und die Irische Bai. Jede dieser Baien besitzt mehrere Häfen resp. Ankerplätze.

Man passire zwischen dem Kap Henry und Fairway-Fels resp. der Hafeninsel. Die ganze Bai hat tiefes Wasser (in der Mitte fast überall über 94 Meter) bis auf einige Stellen dicht bei zwei Spitzen der Bismarck-Halbinsel, die sich durch Tang resp. sichtbare Steine kennzeichnen.

Jeschkehafen. Der beste Hafen dieser Bai ist der Jeschkehafen am Westende der Bai. Derselbe ist von Südwest bis Nord durch hohes Land geschützt, ebenso östlich. Im Nordosten ist das nähere Land etwas niedriger, nämlich die Landenge, welche den Hafen von der Tucker-Strasse trennt. Gegen die Walfisch-Bai hin wird der Hafen durch eine niedrige Landzunge, die Wolff-Spitze, abgeschlossen, welche man beim Einlaufen in einer Kabellänge Distance umsegeln muss. Man ankere in 15 bis 11 Meter Wasser. Bis in das Innere des Hafens, wo 19 bis 21 Meter sind, können grössere Schiffe nicht gehen, weil dieser Theil von dem äusseren durch eine 6 Meter-Bank getrennt wird.

Kaiser-Bassin. Ein anderer guter Ankerplatz ist in 11 bis 32 Meter Wasser an der Nordwest-Seite des Kaiser-Bassins; dieses ist ein von schönen hohen Bergen rings umschlossenes grosses tiefes Becken, in dessen Südende ein breiter Gletscherfluss sich ergiesst, das Bassin hier verflachend. Den Fluss aufwärts verfolgend, trifft man auf den Lindenberg-Gletscher.

Stosch-Halbinsel. Die Walfisch-Bai resp. das Kaiser-Bassin wird von der Deutschen Bai durch die Stosch-Halbinsel getrennt, welche von sehr hohen, steilen felsigen Bergen gebildet wird, in denen weniger der tafelbergförmige Charakter vorherrscht. Die Berge fallen zu dem an der Nordost-Seite der Halbinsel gelegenen *Rosahafen* steil ab und erheben sich dann wieder, so dass in der Verlängerung dieses Hafens eine tiefe Einsattelung gebildet wird.

Die Einsattelung verläuft in der Richtung auf den *Louisenhafen*, welcher gegen die vorherrschenden Stürme ebenfalls einen guten und sicheren Ankerplatz gewährt, aber in östlicher Richtung weniger gut geschützt ist.

Von der Walfisch-Bai kann man zur Deutschen Bai die breitere, östliche Passage bei der Hafen-Insel vorbei nehmen, oder die enge zwischen der Stosch-Halbinsel und den Passage-Inseln beim Louisenhafen vorbei, welche in der Mitte 15 Meter Wasser hat. Die Deutsche Bai besitzt ebenfalls grosse Tiefen, namentlich in der Mitte und an ihrer südlichen Seite, während sich an der nördlichen Seite Ankergrund findet.

Kronprinzen-Bassin und Prinz Heinrich-Hafen. Die besten Häfen der Deutschen Bai sind: der Prinz Heinrich-Hafen und das Kronprinzen-Bassin. Ersterer liegt zwischen der kleinen Insel am Westende der Bai, welche das Kronprinzen-Bassin von dem übrigen Theile der Bai absondert. Der Hafen ist nur klein, und man muss mit grösseren Schiffen darin vertäuen; er ist aber ein sehr sicherer, wohlgeschützter Hafen mit gutem Ankergrunde auf 9 bis 13 Meter Wasser. Das äusserste nordwärts davon gelegene Ende der Bai hat sehr grosse Tiefen und ist daher als Hafen nicht benutzbar.

Das Kronprinzen-Bassin, in welches schiffbare Passagen zu beiden Seiten der im Eingange gelegenen bereits erwähnten Insel führen, bietet sehr guten Ankerplatz in seinem westlichen Theile, woselbst sich eine doppelte, aber nur für kleinere Boote passirbare Einfahrt in den Victoria-See befindet.

Victoria-See. Dieser grosse Brackwasser-See, in welchem mit 38 Meter Leine der Grund nicht erreicht wurde, ist von hohen Bergzügen eingeschlossen, welche in ihrer Formation weit mehr Abwechselung bieten, als die gewöhnlichen terrassenförmigen Basaltberge, indem steile dunkle Felswände, in denen sich tiefe Höhlen befinden, mit sanfter abfallenden, hellgefärbten Bergen abwechseln.

Diese wechselnden Formen, in Verbindung mit der hier ziemlich dichten Vegetation, sowie zwei in schönen Wasserfällen herabstürzende Bäche und ein kleiner aus einem Thale in der Südwestecke austretender Fluss machen die Umgebung des Sees zu einer weit anmuthigeren, als man sie sonst auf dieser felsigen Inselgruppe findet. Die Ufer des Sees dienen zahllosen Vögeln als Brutplätze. Ueber den Höhenzug, welcher den Berg im Westen begrenzt, gelangt man zu einem grossen Süsswasser-See und sodann zu dem Zeye-Gletscher.

Die Deutsche Bai wird von der Uebungs-Bai durch eine Halbinsel mit sehr hohem Gebirgskamm von heller Färbung und eine Anzahl Inseln von tafelbergförmiger Formation, die Börgen-Inseln, geschieden.

Die Verborgene Bai. Zwischen jener Halbinsel und dieser Inselgruppe befindet sich die Verborgene Bai mit gutem Ankerplatze, aber in Folge des Gewirres von Inseln, Klippen und Tangbänken ist sie schwer zugänglich. Die klarste Passage in diese Bai ist die, welche an der Nordseite der Tafelberg-Halbinsel entlang führt.

Die Tafelberg-Halbinsel besteht aus einer Reihe tafelförmiger Berge, welche die Uebungs-Bai nach Nord hin begrenzen und durch niedriges Land resp. flache Wasserrinnen mit einander verbunden sind.

Die Uebungs-Bai wird an der Südwest-Seite von den steilen Abhängen der 95 bis 190 Meter hohen plateauförmigen Roon-Halbinsel begrenzt, welche die Scheidewand zwischen ihr und der Irischen Bai bildet. Dieser nordwestlich verlaufende Bergzug macht nach dem Ende der Bai hin, dort niedriger werdend, dann aber zu einem ca. 565 Meter hohen Bergrücken aufsteigend, eine Ausbiegung und bildet dadurch dort eine bassinartige Erweiterung der Bai, in welcher sich unter einem 470 Meter hohen Berge mit runder Kuppe ein guter Ankerplatz findet. Es mündet hier ein schmaler, von hohen Felswänden eingefasster Kanal, der in einen Brackwasser-See führt.

Zwischen dem Bergrücken von 565 Meter und dem rundkuppigen Berge von 470 Meter strömt ein wasserreicher Bach, der an seiner Mündung ein einigermaassen ebenes Terrain angeschwemmt hat. Es ist dies der einzige auf der ganzen Inselgruppe gefundene Platz, auf welchem ein Kriegsschiff allenfalls ein Landungs-Exercitium ausführen könnte.

Winterhafen. Einen zweiten, ziemlich guten Ankerplatz hat die Bai in dem Winterhafen, der durch die steilen Abhänge der Roon-Halbinsel im Südwesten und durch drei kleine niedrige Felseninseln im Nordosten gebildet wird und gegen Nordwesten Schutz durch den rundkuppigen Berg und die ihn mit der Tafelberg-Halbinsel verbindenden Höhenzüge hat, auch durch eine zwischen dem Winterhafen und dem erst beschriebenen Bassin liegende zweikuppige Insel weiteren Schutz gegen nordwestliche See erhält. Dennoch kann bei Nordwest-Sturm hier eine für die Boote unangenehme See aufkommen.

Um von Nordost oder Ost in die Uebungs-Bai resp. den Winterhafen zu gelangen, hat man, nachdem man die Rittmeyer-Inseln passirt hat, NWzW½W gerade auf den sich ziemlich weit markirenden rundkuppigen Berg zuzusteuern. Man wird bald die niedrigen, im Eingange der Bai gelegenen Felseninselchen sehen und lässt diese an Steuerbord, wenn man im Winterhafen, dagegen an Backbord, wenn man im Innern der Uebungs-Bai unter dem runden Berge ankern will.

Auf beiden Ankerplätzen ist man landumschlossen, für ESE-Winde ist zwar das Land sehr fern, doch wehen diese niemals stark. Will man im Winterhafen ankern, so darf man die kleinen Inseln nicht passiren, sondern muss zwischen ihnen und den steilen Abhängen der Roon-Halbinsel ankern, da weiterhin die Tiefen unregelmässig sind und eine 3,8 Meter-Stelle vorkommt. Man ankere auf einer Tiefe von 13 bis 23 Meter. Der Ankergrund ist gut haltender Schlamm. In unmittelbarer

Nähe des Winterhafens findet man kein Trinkwasser; dasselbe muss vielmehr hinter der westlichen Huk, bei welcher die bassinartige Erweiterung der Uebungsbai beginnt, geholt werden.

Die Irische Bai. Von der Uebungs-Bai gelangt man durch die Hüsker-Strasse mit 13 Meter Wassertiefe in die Irische Bai. Diese bietet nicht so viele gute Ankerplätze als die anderen Baien. Man kann entweder unter der Raben-Insel, unter der Roon-Halbinsel oder im Innern der Bai ankern, woselbst ein breiter Fluss mündet, dem Naumann-Gletscher entströmend. An ersterem Platze hat man nur guten Schutz, wenn die Winde nördlich von West wehen; an letzterem Platze steigt der Boden sehr steil an zu der durch den Gletscherfluss gebildeten Bank. In dieser Bai kommen viele See-Elephanten vor. Man hat in die Irische Bai, die Uebungs-Bai, die Deutsche Bai und die Walfisch-Bai klare Passagen von Ost her. Als leicht erkennbare Marken dienen für diese Einfahrten das bereits beschriebene Kap Henry, der flache Fairway-Fels, die sehr hohe Hafen-Insel und die davorliegenden steilen und felsigen Rittmeyer-Inseln, so wie das schwach brandende kleine Schulz-Riff vor der Irischen Bai.

Hunter- und Norton-Sund. Nach der Uebungs-Bai gelangt man durch den Hunter-Sund, nach der Deutschen Bai durch diesen oder den Norton-Sund.

Die Hafen-Insel ist in ihrem westlichen Theile viel höher als in ihrem östlichen. Ein tiefer Einschnitt in die Berge auf ihrer Nordost-Seite lässt die Insel, von Südosten und Nordwesten gesehen, als zwei Inseln erscheinen.

Insel-Bai. An der Ostseite der Hafen-Insel liegt die für die Segelschiffe leicht erreichbare Insel-Bai, welche so tiefes Wasser hat, dass man in einer der vier östlichen Einbuchtungen der Hafen-Insel ankern muss. Von diesen Häfen ist indess ihrer geringen Grösse wegen nur der Südhafen zu empfehlen, in welchem sich eine Robbenjäger-Station befindet.

Aus der Insel-Bai führen zwischen den Rittmeyer-Inseln hindurch Passagen nach Ost und Süd. Die nach Osten sind aber sehr gewunden und nicht zu empfehlen. Die nach Süd — Tang-Passage genannt — ist völlig mit Tang zugewachsen, es führt aber ein gerader Kanal von 11 bis 13 Meter Tiefe mitten zwischen den Inseln hindurch.

Foundery Branch, Seelhorst- und Taube-Hafen. Die Irische Bai wird südlich durch die hohe Jachmann-Halbinsel abgeschlossen, welche an ihrer Ostseite die Foundery Branch mit zwei guten Häfen, dem Seelhorst- und dem Taube-Hafen, hat. In diesen Häfen ist man gegen alle Winde geschützt, wenn man weit genug hineingeht.

Für die Einsegelung in Foundery Branch ist die Marke ein steil abfallender, ca. 470 Meter hoher Berg östlich vom Gazelle-Bassin, den man mit SWzW½W (mw.)-Kurs ein wenig an Backbord nehme. Man wird dann, wenn es klar genug ist, über dem Berge oder etwas links davon die beiden schneebedeckten Spitzen des Mt. Ross sehen, und einen anderen aus einem Schneeplateau hervorragenden kegelförmigen hohen Berg etwas rechts davon. Weiter hinein gekommen, sieht man eine helle Sandstelle im Innern der Bai, welche der Sand von Sandy Cove ist, und auf den man zusteuern muss, um den gänzlich verdeckten schmalen Eingang in das Gazelle-Bassin zu finden.

Gazelle-Bassin und Schönwetter-Hafen. In dieses Bassin führt ein von hohen Felswänden begrenzter thorartiger Eingang von kaum einer Kabellänge Breite, welcher in der Mitte 17 bis 22 Meter Wasser hat. In dem schräg gegenüber gelegenen Winkel des Bassins WSW½W vom Eingang ist auf 15 Meter ein sehr guter Ankerplatz. Man kann indess auf 13 bis 17 Meter Wasser durch die westliche Passage in den Schönwetter-Hafen laufen, der in seinem Innern ebenfalls einen sehr guten Ankerplatz gewährt. Die kleinen Inseln in der Verbindungsstrasse der beiden Häfen lasse man beim Einlaufen an Steuerbord (nördlich).

Diese beiden Becken sind von einer ununterbrochenen Reihe hoher Berge eingeschlossen und bilden die besten aller Häfen der Kerguelen-Gruppe. Die Stürme werden durch die hohen Ufer gemässigt, und die Sonnenstrahlen scheinen in diesem Kessel grössere Wirkung auszuüben, als auf anderen Theilen der Inseln, soweit man aus der hier üppigeren Vegetation schliessen darf. Die Becken sind von Wasservögeln aller Art belebt, namentlich auch von wilden Enten, und an verschiedenen Stellen des Ufers sind unerschöpfliche Bänke von essbaren Muscheln. Der Kerguelen-Kohl wächst überall im Ueberfluss. Wasserläufe, an einzelnen Stellen schöne Wasserfälle bildend, giebt es mehrere.

Der Schönwetter-Hafen wird von einem ca. 250 Meter hohen Berge im WNW abgeschlossen, welcher ihn von einem sehr grossen Süsswasser-See trennt, der wahrscheinlich von einem Gletscher gespeist wird und in kleinen Kaskaden nach der Irischen Bai abfliesst.

Vom Gipfel des Berges übersieht man die beiden Becken und zum Theil die Hillsborough-, die Irische, die Uebungs- und die Deutsche Bai und jenen See; auch hat man einen Blick auf das das Innere der Insel einnehmende Schneefeld, einige Gletscher, den Mt. Ross und die hohen Berge der Observations-Halbinsel. Zwischen diesem Berge und dem das steile südliche Ufer des Schönwetter-Hafens bildenden Bergzuge ist eine Schlucht, die von dem Schönwetter-Hafen nach dem See führt. Der aus ihr in den Hafen strömende Wasserlauf kommt nicht aus dem See, sondern von den erwähnten Bergzügen.

Kirk-Hafen, Vulcan Cove, Elisabeth-Hafen, Cascade Reach, Accessible-Bai, Betsy Cove. Mit diesen oben erwähnten Becken schliessen die guten Häfen der Nordostküste der Insel ab. Leidliche Ankerplätze, insbesondere für kleinere Schiffe, bieten zwar noch einige Baien der Observations-Halbinsel, nämlich Vulcan Cove, Elisabeth-Hafen, Cascade Reach, Betsy Cove (von den Robbenjägern Pot harbour genannt) und vielleicht auch der noch nicht ausgelothete Kirk-Hafen (zwischen Foundery Branch und Vulcan Cove). Elisabeth-Hafen, Vulcan Cove und Cascade Reach sind aber nach Nordosten nicht hinreichend geschützt, Elisabeth-Hafen ist überdies beschränkt und hat ein die Einsegelung erschwerendes Riff im Hafeneingange, auch ist er im Innern ganz mit Tang verwachsen.

Betsy Cove, ein Seitenzweig der offenen Accessible-Bai, ist so beschränkt, dass kaum ein grösseres Schiff darin vertäut liegen kann. Ueberdies ist in diesem kleinen Hafen niemals ruhiges Wasser, weil die See längs der Westküste der steinigen Halbinsel fast immer hineinsteht. Die nächsten guten Häfen finden sich erst an der Südostküste im Royal Sound.

Observations-Halbinsel. Diese Halbinsel, welche die vorgenannten Häfen enthält, unterscheidet sich im Aussehen wesentlich von den vorher beschriebenen nördlicheren Theilen der Nordostküste. Während an der letzteren fast nur terrassige Tafelberge vorkommen, sind die höheren Berge der Observations-Halbinsel hohe Piks, in der Regel mit schroffen Felsen und Abfällen, zuweilen dachförmige oder terrassenförmige Spitzen. Sie bilden gewissermaassen den Uebergang von den Tafelbergen des nördlichen Theils der Insel zu den mehr kegelförmigen und rundlichen Piks der Berge südwestlich des Royal Sound.

Wenn Kerguelen von Ost oder Nordost bei klarem Wetter angesegelt wird, geben die Berge der Observations-Halbinsel durch ihre zum Theil schon aus der Benennung abzuleitenden eigenthümlichen Formen (Chimneytop, Terrassenspitze, Dachberg) nicht zu verkennende Marken ab. In der Regel aber sind sie völlig in Wolken oder Dunst gehüllt. Dann ist die einzige und ausser bei Nebel stets sichtbare Marke der viel niedrigere Mount Campbell.

Mount Campbell, Steinige Halbinsel. Beim Sichten hält man den Mount Campbell für eine kegelförmige Felseninsel, da das niedrige Land der Steinigen Halbinsel erst sehr spät in Sicht

Gez. von Weinek.   Entnhm a. d. Illustr. Ztg.   DIE VERLASSENE BEOBACHTUNGSSTATION AUF KERGUELEN.

kommt. Von den meisten Seiten gesehen, bildet er einen etwas schräg abgeschnittenen und etwas nach einer Seite geneigten Felsenkegel. Sich dem Mount Campbell nähernd, wird man bald die vierkantigen Kent-Inseln und die flacheren Despair-Felsen in Sicht bekommen, und die Orientirung und Navigirung ist dann nach der Karte einfach. Der Mount Campbell ist fast aus allen Himmelsrichtungen, selbst von der anderen Seite der Halbinsel, von Osten her, sichtbar, nur aus südöstlicher Richtung wird er durch einen zwischen ihm und Kap Digby hinlaufenden kurzen Bergrücken von 94 bis 125 Meter Höhe verdeckt. Dort hat man aber als Marken: die Berge südlich des Royal Sound, den hohen Bergrücken des Prince of Wales Foreland, den kraterförmigen niedrigen Mount Bungy oder den flach kegelförmigen höheren Mount Peeper, welche letzteren beiden Berge sich trotz ihrer geringen Höhe gut markiren, weil sie in dem flachen höhenlosen Terrain der Steinigen Halbinsel liegen.

Aufbruch von den Kerguelen.

Nachdem die „Gazelle" von ihrer letzten Exkursion am 29. Januar nach Betsy Cove zurückgekehrt war, begannen sofort der Abbruch der Station und die Wiedereinschiffung der Instrumente und des gesammten Materials an Bord. Das meteorologische Häuschen mit einem Maximum- und einem Minimum-Thermometer wurde, mit einem Stein- und Mooswall umgeben und nach allen Seiten durch Tauwerk gut abgestützt, um Wind und Wetter besser Trotz bieten zu können mit der Aufschrift S. M. S. „Gazelle", dem Datum, der geographischen Breite und Länge versehen am Lande zurückgelassen. Ein beigefügtes Beobachtungsbuch giebt den Zweck an und enthält eine in englischer Sprache abgefasste Instruktion über Ablesung und Einstellung der Instrumente. Sie lautet:

Request
to commanders of vessels touching Betsy cove.

Commanders of any vessels, that are touching at Betsy cove, are in the interest of science requested to take readings of the two thermometers, left behind by H. I. German M. S. „Gazelle" in the little thermometer stand and to note them in this book along with the date and the name of the observer.

The thermometers are a maximum- and a minimum-thermometer, divided in the centigrade scale, for the use of which may serve the following notes:

1. Minimum-thermometer

with yellow liquid containing a small black peg swimming in it. The reading on the porcelaine plate (estimating tenth's of degree) at the right-hand end of this peg, gives the minimum temperature, from last reading up to the date of the observation. After the reading has been taken, loosen the screw, by which the instrument is fastened and adjust it by reversing it, bulb uppermost, until the peg is down on the end of the liquid column and replace the instrument in its former position.

2. Maximum-thermometer,

the mercury of which is separated by an air-spec. The reading is to be taken from the upper end of the small column separated from the rest of the mercury. One degree of temperature being divided into 5 parts. Please adjust it after reading, by taking it from its hold and softly knocking the bulb against the palm (holding all the while the thermometer in a vertical position) until the upper column is only separated from the rest of the mercury by a spec of about $1/6$ of an inch.

17*

In leaving Kerguelen for other ports please bring a copy of the readings to the knowledge of the Imperial German Consul or any scientific authority. In Capetown for instance the best authorities would be the German consul and H. M. Astronomer (Mr. E. J. Stone, observatory). In Mauritius it would be advisable to give the results to Mr. Meldrum (Government observatory). —

The instruments and this request please leave behind for the reading of any other gentleman who may come here in later years.

His Imperial German Majesty's ship „Gazelle".

Betsy cove, Kerguelen, February 1st 1875.

Frhr. von Schleinitz.
Captain.

Ausserdem wurden noch zwei andere Thermometer in den Boden versenkt, das eine 2,4 Meter (8 engl. Fuss), das andere 1,2 Meter (4 engl. Fuss) in einem Zinngefässe, welches nahezu 0,3 Meter (1 Fuss) über den Boden hervorragte.

Auch für diese Beobachtungen wurde eine ähnliche Aufforderung an die später hierher kommenden Schiffe zur Anstellung weiterer Beobachtungen zurückgelassen und im meteorologischen Häuschen aufbewahrt. Sie hatte folgenden Wortlaut:

Besides the above mentioned thermometers, there are left two others, sunk into the ground, the occasional observation of which will be of the greatest interest.

The thermometers are suspended by a thin rope 8 and 4 feet deep, within a tintube, projecting nearly one foot over the ground (a mould of moss), situated 100—130 paces eastward of the thermometer-stand containing the maximum- and minimum-thermometers and nearer to the shore.

The thermometers are, like the other, divided according to the centigrade scale, each degree subdivided in 5 parts. The only thing, which requires some attention, is the numerating of the degrees, only the even numbers being written on the scale.

Only one reading a month is necessary, but it would be very interesting, to have a series of observations in different successive months, if any one happens to stay here so long.

The readings of the thermometers are at present:

1st February 1875, upper: 5,3.
lower: 4,8.

Please send a copy of these observations along with the above desired dates to the formerly mentioned authorities.

Betsy cove 1875 February 1.
on board H. I. G. M. S. „Gazelle".

Dr. C. Börgen.

Zur Bezeichnung des beobachteten mittleren Wasserstandes wurden ferner zwei Marken hinterlassen, von denen die eine in einer Felsplatte neben dem früheren Aufstellungsorte des Fluthmessers eingemeisselt ist und die Inschrift „4,10 Meter über dem mittleren Wasserspiegel" trägt, die zweite mit der Angabe „19,30 Meter über dem mittleren Wasserspiegel" an dem für das photographische Fernrohr errichteten Pfeiler in derselben Weise angebracht ist. Der letztgenannte Pfeiler steht oberhalb einiger leicht zu findenden Gräber von Walfischfängern, während die erste Marke ungefähr 100 Meter in nordöstlicher Richtung von demselben liegt.

Der Abbruch der Station war bereits am 1. Februar Mittags beendet. Vor dem Verlassen des Hafens sollte das Schiff noch zur Bestimmung der Deviation geschwungen werden, was erst geschehen konnte, nachdem die eisernen Thürme der Beobachtungsstation an ihrem Platze an Bord untergebracht waren, weil anderenfalls die unterwegs zu machenden magnetischen Beobachtungen ungenaue Resultate ergeben mussten. Das stürmische Wetter machte es jedoch unmöglich, das Schwingen an diesem und dem folgenden Tage zu Ende zu führen, weil die ausgebrachten Warpanker nicht hielten und, als sie hinter Felsen befestigt wurden, entzwei brachen. Am 2. Februar wehte es so stark, dass trotz des guten Ankergrundes sowohl die „Gazelle", wie eine amerikanische Bark, die hier auf Robbenstation lag und wie alle diese Fahrzeuge Ankergeschirre von der doppelten Schwere hatte, als Fahrzeugen von der Grösse sonst zukommt, vor zwei Ankern trieben. Die „Gazelle" lichtete daher am 3. Februar Nachmittags die Anker, um unter Dampf und Segel nach Palliser-Hafen zu kreuzen und dort eine Gelegenheit zur Beendigung des Schwingens abzuwarten, da gleichzeitig daselbst noch einige Häfen zu vermessen waren, die Zeit also nützlich angewendet werden konnte. Der Wind erwies sich indess zu stark, um den Hafen zu erreichen, weshalb die „Gazelle" unter Segel nach See lief, die Nacht über aufkreuzte und erst am folgenden Tage im genannten Hafen ankerte.

Bei dieser Tour konnte die Lage des Grundes östlich der Swain-Insel genauer festgestellt werden, der sich viel weiter östlich erstreckt, als in der Karte angegeben war. Palliser-Hafen, in welchem Cook geankert hatte und der als einer der am besten bekannten Häfen galt, war auf der Karte ebenfalls ganz unrichtig eingezeichnet. Das innere ganz landgeschlossene Bassin, der beste Theil des Hafens, fehlte dort gänzlich.

Am folgenden Vormittag war es möglich, die Deviationsbestimmungen zu Ende zu führen und die Vermessungen hier abzuschliessen, so dass die „Gazelle" am 5. Februar $5^{1}/_{2}$ Uhr Nachmittags bei frischem Westwinde die Kerguelen verlassen konnte.

Kapitel VIII.

Von den Kerguelen-Inseln bis Amboina.

Von Kerguelen nach Mauritius. Die Inseln St. Paul und Amsterdam. Aufenthalt bei Mauritius. Von Mauritius nach Koepang. Korallenriff Kali Maas. Der Naturalisten-Kanal. Insel Dirk Hartog. Ritchie-Riff. Die Mermaid-Strasse. Der Dampier-Archipel. Winde im Indischen Ocean. Corona-Bank. Insel Dana. Oceanographische Beobachtungen. Koepang und Atapopa auf Timor. Von Atapopa nach Amboina. Amboina.

Von den Kerguelen nach Mauritius.

Auf der Reise nach Mauritius traf die „Gazelle" die ersten zehn Tage bis zu 35° S-Br fast ununterbrochen ungünstige nordnordwestliche Winde bei gleichzeitigem östlichen Strome, so dass das Schiff bis auf fast 82° O-Lg versetzt wurde. Erst auf der genannten Breite und Länge ging der Wind über West nach Süden und dann allmählich in einen kräftigen Ostsüdost-Passat über.

Da die nordnordwestlichen Winde die „Gazelle" in die Nähe der Inseln St. Paul und Amsterdam brachten, so wurde beschlossen, dieselben, auf welchen die französische Venus-Expedition unter Leitung von Kapitän C. Mouchez stationirt war, obgleich es allerdings sehr zweifelhaft war, ob dieselbe daselbst zur Zeit noch verweilte, anzulaufen. Wenn auch in der dem Kommandanten mitgegebenen Instruktion Amsterdam als Sitz der französischen Station bezeichnet war, so lag doch die Vermuthung nahe, dass die Expedition sich nicht hier, sondern auf St. Paul niedergelassen hatte, da nach allen vorhandenen Nachrichten Amsterdam so gut wie unzugänglich war.

Bei Windstille wurde daher am 10. Januar Dampf aufgemacht, um St. Paul am folgenden Tage zu erreichen. Starker plötzlich eintretender nördlicher und nordnordöstlicher Wind verhinderte jedoch die Kommunikation mit der nur an dieser Seite zugänglichen Insel, weshalb, nachdem die Gelegenheit des Maschinenbetriebes benutzt war, auf 2624 Meter eine Lothung und einen Schleppzug auszuführen, die Feuer wieder gelöscht wurden. Am folgenden Tage traten alle Anzeichen eines Orkans auf, der indess in ziemlicher Entfernung westlich von dem Schiffsorte vorüberging. Der Wind war inzwischen nordnordwestlich geworden, so dass die „Gazelle" am 12. nach St. Paul hin liegen konnte und dort Nachmittags 4 Uhr vor der Krateröffnung der Insel ankerte. Von dem Vorsteher der hier von einem französischen Hause auf Reunion etablirten Fischereistation wurde in Erfahrung gebracht, dass die französische Beobachtungsexpedition allerdings hier gewesen sei, aber bereits vor mehreren Wochen die Insel wieder verlassen habe, nachdem die Beobachtung des Venus-Durchganges geglückt sei. Deshalb wurde auch nur ein sehr kurzer Aufenthalt genommen, der kaum einen flüchtigen Ausflug und eine Besichtigung der Insel gestattete. Die Insel St. Paul, am 17. Juli 1633 von Antonio van Diemen, Kapitän des Schiffes Nieuw Amsterdam, gleichzeitig mit der nach dem letzteren benannten Insel Amsterdam entdeckt, bildet einen mächtigen Krater, dessen eine Seite derartig eingestürzt ist, dass eine Verbindung des Kraters mit dem Meere stattfindet, so dass Boote und kleinere Fahrzeuge in den Kratersee fahren können. Die aus vielen unter Wasser befindlichen Spalten entströmenden Dämpfe bringen das Wasser stellenweise zum Sieden, so dass sich die Bewohner der Insel, welche zur Zeit nur aus einigen Mitgliedern einer französischen Fischerniederlassung bestanden, in dem Wasser ihre Fische und Krebse ohne Feuer kochen.

Der Kratersee bildet einen sehr gesuchten Laichplatz für viele Arten von Seefischen und Krebsen. Die sonst spärliche Fauna der Insel wurde durch die „Gazelle" um einige der nur auf den Kerguelen und bei den Falklandsinseln vorkommenden Chionis bereichert. Dieselben waren von den Kerguelen mitgenommen; da aber unterwegs schon mehrere Exemplare gestorben waren, und zu befürchten stand, dass auch die übrig gebliebenen, ein Männchen und mehrere Weibchen, in den Tropen zu Grunde gehen würden, so wurden sie hier ausgesetzt. — Um 6½ Uhr Abends wurde bereits wieder Anker gelichtet mit der Absicht, jetzt noch die Insel Amsterdam anzulaufen, oder wenigstens genaue Ortsbestimmungen zu machen, da die Angaben namentlich in Bezug auf die Lage der Südseite der Insel sehr erheblich schwankten. Die Westspitze derselben war nämlich von d'Entrecasteaux zu 37° 47' 46" S-Br und 77° 25' 5" O-Lg, nach den Beobachtungen der österreichischen Fregatte „Novara", welche bei ihrer bekannten Weltumsegelung im Jahre 1857 einen vierzehntägigen Aufenthalt genommen und die Insel nach mancher Richtung hin genauer explorirt hat, zu 37° 58' 30" S-Br und 77° 34' 44" O-Lg, nach englischer Annahme zu 37° 52' S-Br und 77° 35' O-Lg angegeben worden. Durch Observationen von Sonne und Mond (Sonnen- und Mondmeridian-Breiten und Chronometer-Längen) wurde von der „Gazelle" die geographische Lage der Südwestspitze der Insel, eines etwas detachirten ca. 50 Meter hohen Felsens, auf 37° 50,7' S-Br und 77° 34' O-Lg von Greenwich festgelegt. Die Höhe eines sich, von Süden gesehen, als höchsten Theil der Insel markirenden Gebirgskammes an der Westseite der Insel wurde zu ungefähr 640 Meter bestimmt. — Am Morgen dieses Tages wurde in 1485 Meter Tiefe gelothet und demnächst mit 2926 Meter (1600 Faden)

S⸖ PAUL.
Nordnordwest-Seite.

S⸖ PAUL.
Kraterbucht.

NEU-AMSTERDAM.
Südsüdost-Seite.

Leine geschleppt. Als bereits 366 Meter (200 Faden) von der Leine wieder eingeholt waren, brach dieselbe ohne andere erklärbare Ursache, als durch das Gewicht des gefüllten Netzes, das wahrscheinlich irgendwo gehakt hatte.

Von hier ab verlief die Reise schneller; am 15. Februar machte die „Gazelle" noch eine Lothung unter Segel und später noch einige Temperatur-Reihenmessungen, da der Passat zu kräftig war, um unter Segel zu lothen.

Für die oceanographischen Messungen wurden auf der Reise im Ganzen neun Stationen (56 bis 64) gemacht, auf denselben fünf Mal (Stationen 56, 58, 59, 60, 61) gelothet, auf allen, mit Ausnahme der Station 60, Temperaturreihen und auf den meisten Strom und specifisches Gewicht des Wassers bestimmt, so wie vier Mal mit dem Grundnetz geschleppt. Zwei der Lothungen, welche in die Nähe der Inseln St. Paul und Amsterdam fallen (Station 58, 59), sind bereits erwähnt, sie ergaben 2624 und 1485 Meter Tiefe.

Auf beiden Stationen war auch das Grundnetz in Thätigkeit; während durch Brechen der Leine der zweite Schleppzug misslang, lieferte der erste vom Grunde zahlreiche Foraminiferenschalen, sonst nur zwei Bruchstücke einer Gliederkoralle und einen einer neuen Art angehörenden Schlangenstern von bläulich rother Farbe. Eine dritte Lothung wurde ganz in der Nähe auf 37° 56,0′ S-Br und 77° 56,0′ O-Lg (Station 60) angestellt, das Loth brachte aus 1554 Meter Tiefe schwarzen Basaltsand herauf. Von den übrigen Lothungen fiel die eine in die Nähe der Kerguelen (47° 13,5′ S-Br und 69° 51,5′ O-Lg, Station 56) auf 210 Meter, die zweite in 35° 3,0′ S-Br und 81° 42,5′ O-Lg (Station 61) auf 2743 Meter Tiefe. Mit der ersteren war ein Schleppzug am Grunde verbunden. Grauer Schlamm mit Diatomeen und wenige Thiere füllten das Netz. Unter letzteren befand sich ein interessanter Quallenpolyp, ein Medusenhaupt, ein dunkelrother, mit warziger Scheibe versehener Schlangenstern, die schon bei früheren Gelegenheiten gefundene Assel und eine zu derselben Familie gehörende neue Form, Arcturides cornutus Stud. Von einem merkwürdigen Seestern kam leider nur ein Arm herauf, an dem aber schon konstatirt werden konnte, dass hier eine neue eigenthümliche Gattung vorlag.

Am 25. Februar Abends kam Mauritius in Sicht, und nachdem noch an denselben Abend und am nächsten Morgen vor der Insel mit gutem Erfolge oceanische Messungen und Schleppzüge gemacht waren, wobei ein weisser aus Foraminiferenschalen bestehender Kalksand mit faustgrossen Knollen von Kalkalgen vom Grunde gehoben, einige Korallen, meist rothe Rindenkorallen und eine Perspektivschnecke erbeutet wurden, lief die „Gazelle" Mittags in den Hafen von Port Louis ein und machte daselbst an zwei von der Hafenbehörde sofort bereitwilligst zur Verfügung gestellten Tonnen fest.

In Port Louis wurde die „Gazelle" mit ausserordentlicher Zuvorkommenheit und Gastfreundschaft Seitens des Gouverneurs Sir Arthur Phayre und der dort lebenden Engländer aufgenommen. Der mehr als vierzehntägige Aufenthalt in dem Hafen bot der Besatzung nach der langen Abgeschiedenheit von jedem Verkehr mit der Welt, nach den strapaziösen Fahrten in den rauhen und kalten Regionen der hohen Breite und nach der einförmigen anstrengenden Thätigkeit auf den Kerguelen eine angenehme Erfrischung und Erholung. Gleichzeitig wurde die Zeit benutzt, die bisherigen wissenschaftlichen Arbeiten so weit wie möglich zum Abschluss zu bringen, um sie mit der sich hier bietenden Postverbindung nach Europa zu senden. Die Mitglieder der Venus-Expedition, mit Ausnahme von Dr. Studer, welcher, um auch auf der Weiterreise den zoologischen Forschungen sich zu widmen, an Bord verblieb, schifften sich aus und traten am 5. März mit dem Postdampfer die Rückreise in die Heimath an. Das Schiff wurde in Stand gesetzt und für eine sechsmonatliche Reise mit Proviant und mit Kohlen, so viel es irgend fassen konnte, versehen. Die Instrumente wurden mit denen des auf Mauritius befindlichen Observatoriums verglichen und die magnetischen Kräfte des Schiffes von Neuem bestimmt.

Nachdem zum Abschluss von den Offizieren des Schiffes, als Erkenntlichkeit für die vielen denselben von den dortigen Europäern erwiesenen Freundlichkeiten, ein Ball an Bord veranstaltet war, dampfte die „Gazelle" am 15. März in See, um, den Indischen Ocean durchquerend, den Australischen und Südsee-Archipel aufzusuchen.

Von Mauritius nach Koepang.

Das nächste Ziel war Koepang auf Timor. Da der Instruktion gemäss der Indische Ocean so weit wie möglich auf dem dreissigsten Breitenparallel durchschnitten werden sollte, die „Gazelle" durch ungünstige Winde aber noch weiter nach Süden gedrängt wurde, so musste die Reise auf einem grossen, weit nach Süden ausholenden Bogen zurückgelegt werden. Nachdem an dem Tage des Abganges von Mauritius sowie am folgenden an der West- und Südküste der Insel geschleppt und gelothet war, wurde Kurs auf ein Korallenriff genommen, welches ca 280 Sm südlich von Mauritius in 25° 9′ S-Br und 58° 28,5′ O-Lg liegen und auf welchem sich nur 3½ bis 4 Meter Wasser befinden sollte, um die Existenz desselben festzustellen. Dasselbe war im April 1866 von dem Schiffsführer N. Spring gemeldet und von ihm nach seinem Schiffe Kali Maas benannt, seit der Zeit jedoch nicht wieder gesehen worden. Konträrer Wind und ziemlich hohe Dünung zwangen zur Erreichung der Stelle die Maschine in Betrieb zu setzen. Die Umstände waren in Folge der Dünung und des böigen Wetters mit Gewittern für die Untersuchung eines etwas unter Wasser gelegenen Riffes, dessen Lage nicht ganz sicher ist, ungünstig, weshalb sich das Schiff nur langsam und mit grosser Vorsicht, unter stetem Gebrauch des Lothes dem Platze näherte. Es wurden folgende Lothungen vor und nach dem Passiren der bezeichneten Stelle ausgeführt:

19. März 1875	4ʰ 42ᵐ	24° 41,2′ S-Br	57° 46,9′ O-Lg	. . .	4736	Meter	oder	2590	Faden,					
	11 30	24 44,0	„ 57 48,4	„ . . .	549	„	„	300	„	kein Grund,			
	12 20	24 44,7	„ 57 48,5	„ . . .	549	„	„	300	„	„	„		
	13 20	24 45,9	„ 57 49,1	„ . . .	549	„	„	300	„	„	„		
	14 10	24 46,6	„ 57 49,4	„ . . .	549	„	„	300	„	„	„		
	14 45	24 46,9	„ 57 49,4	„ . . .	549	„	„	300	„	„	„		
	16 55	24 48,1	„ 57 48,4	„ . . .	549	„	„	300	„	„	„		
20. März 1875	0 35	25 12,7	„ 58 9,6	„ . . .	411	„	„	225	„	„	„		
	3 0	25 9,9	„ 58 17,0	„ . . .	549	„	„	300	„	„	„		
	4 30	25 10,6	„ 58 22,2	„ . . .	1737	„	„	950	„	„	„		
	6 40	25 11,1	„ 58 29,2	„ . . .	457	„	„	250	„	„	„		
	8 30	25 12,9	„ 58 34	„ . . .	31	„	„	17	„	„	„		
	10 0	25 15,1	„ 58 40	„ . . .	31	„	„	17	„	„	„		

Die Lothung von 1737 Meter (950 Faden) fällt 5 bis 6, diejenige von 457 Meter (250 Faden) ca. 2½ Seemeilen von der Bank. Die Längen sind bei diesen Angaben nach der Chronometer-Regulirung in Port Louis bestimmt. Wird indess ein Fehler von 11 Längen-Minuten in Proportion der Zeit darauf angewandt, welchen die Chronometer nach dem späteren Vergleich in Koepang zeigten, so kommt die erstere Lothung noch näher an die angebliche Stelle der Bank. Eine Lothung an der Stelle bis an den Meeresgrund zu nehmen, verhinderte die vorgeschrittene Tageszeit, da der Kommandant

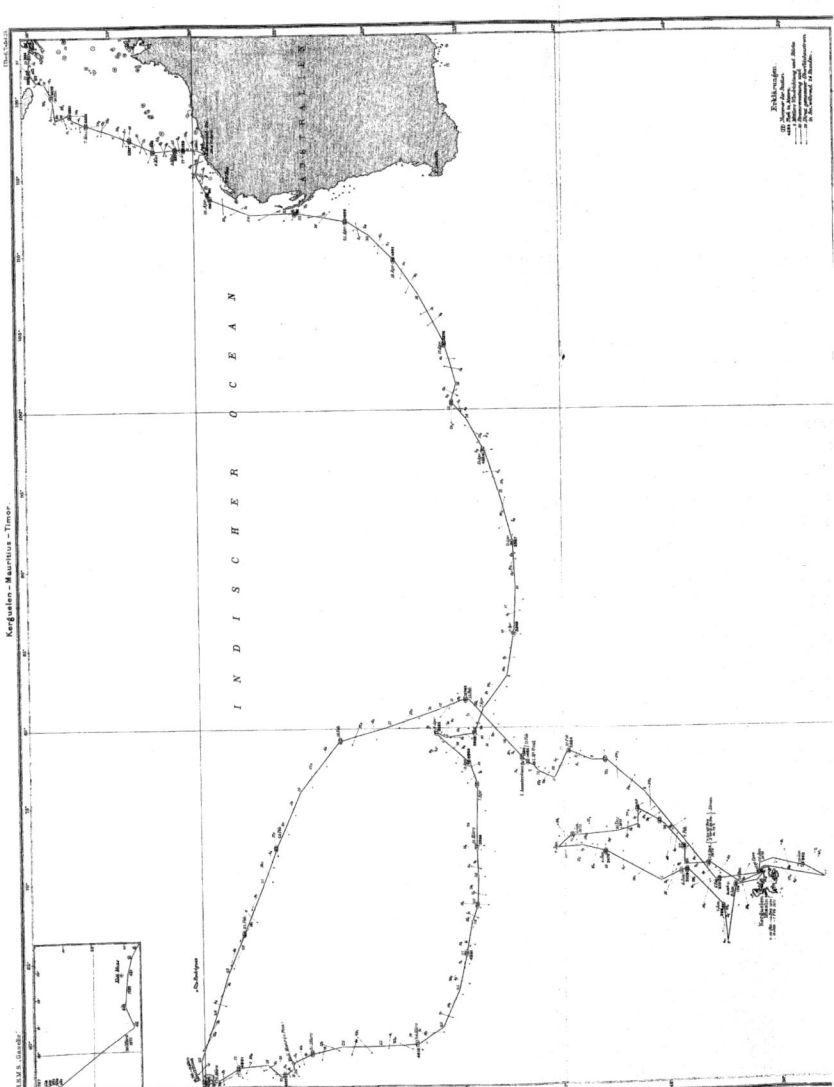

wegen der herrschenden Dünung, die ein Stossen des Schiffes auf der Bank gefährlich gemacht hätte, sich noch bei Tageslicht etwas von der Stelle entfernen wollte.

In der Tiefe von 1737 Meter wurde auch die Wassertemperatur gemessen, weil diese nach den gemachten Erfahrungen häufig einen Schluss auf die Tiefe des Meeres gestattet, wenn man nicht in der Lage ist, bis auf den Boden lothen zu können. Die Temperatur wurde 3,25° und unbedeutend kälter gefunden, als die am Tage vorher, 54 Seemeilen davon für die gleiche Tiefe bestimmten Temperaturen, wo die Meerestiefe 4736 Meter betrug. Eine am Tage darauf ca. 70 Seemeilen südlich von der angeblichen Bank bis 1463 Meter (800 Faden) genommene Temperaturreihe zeigte ebenfalls etwas kälteres Wasser in dieser Tiefe. „Die Temperaturen lassen es deshalb nicht gerade unmöglich erscheinen, führt der Kommandant S. M. S. „Gazelle" aus, dass — vielleicht östlicher — eine Boden-erhebung existirt. Man darf indess aus der Temperatur schliessen, dass der Meeresboden mit den 1737 Metern noch lange nicht erreicht war; da derselbe ferner aus so grosser Tiefe nie so plötzlich bis zur Oberfläche ansteigt, und da von den Toppen aus, wo Brandung auf wenigstens acht Seemeilen im Umkreise hätte bemerkt werden müssen, wenn sie existirte (und bei 4 Meter Wassertiefe hätte bei dem herrschenden Seegange hohe Brandung stehen müssen), nichts Auffallendes entdeckt werden konnte, so kann man sicher annehmen, dass die Bank ebensowenig im Umkreise von fünfzehn See-meilen von der Lothung 1737 Meter, wie im Umkreise von acht Seemeilen von der bei Tage durch-laufenen Kurslinie, wie sie aus den oben gegebenen Positionen hervorgeht, existirt."

Der während der Untersuchung auf 25° S-Br auffrischende Passat begleitete das Schiff bis zum 30. Breitenparallel, auf welchem nach Osten gesegelt werden sollte; da jedoch der Wind hier noch in der Stärke 6 aus Ostsüdost wehte und allmählich, stets frisch bleibend, nach Ostnordost und Nordost ging, so konnte der bestimmte Breitengrad für die Reise nicht gehalten werden, sondern dicht am Winde steuernd gelang es erst auf dem 34. und 35. Breitenparallel, ostwärts zu segeln. Selbst in diesen Breiten konnte eine schnelle Reise nicht erwartet werden, da das Schiff dicht beim Winde und gegen die hier beständige östliche Passat-Dünung nur geringe Fahrt laufen konnte und Stillen unmittelbar an der Grenze des Passates häufig sind. Am 28. März begannen denn auch auf 35° S-Br und 67½° O-Lg nordöstliche Flauten und Stillen und liessen das Schiff bis zum 31. März nur wenig vorauskommen. Der am 1. April wieder frisch einsetzende Nordost sprang in stürmischen Süd- und Südost um, so dass die „Gazelle" beim Winde wieder auf den 33. Breitenparallel zurückkam, wo flaue östliche Winde, unterbrochen von Stillen, bei beständiger östlicher Dünung eintraten und bis zum 8. April anhielten. Da die Korvette auf diese Weise in Monaten nicht die Australische Küste erreicht hätte, sah sich der Kommandant genöthigt, südlich zu dampfen, um bessere Winde zu finden, die denn auch auf 37½° S-Br und 83° O-Lg eintraten und mit anderthalbtägiger Unterbrechung am 14. und 15. April, wo das Schiff, weil jetzt wieder nordostwärts gehalten wurde, auf 35° S-Br die Passatgrenze erreichte, bis zum Nordwest-Kap Australiens (Exmouth Golf) anhielten. An der Westküste Australiens befand sich der Südostpassat mit dem zur jetzigen Zeit einsetzenden Nordwest-Winden im Kampf, der sich durch heftige Gewitter über dem Kontinente und abwechselnde Südost- und Nordwest-Winde äusserte; beide Winde schienen sich dann zu einem stürmischen Südwest zu verbinden, der eine enorm hohe südliche See längs der Küste erregte, die „Gazelle" aber rasch nordwärts brachte.

Da Shark-Bai nahe passirt werden musste, so lief die „Gazelle" zu Forschungszwecken am 23. April in den *Naturalisten-Kanal* ein und ankerte dort Mittags in der an der Nordspitze der Insel *Dirk Hartog* gelegenen *Turtle-Bai*.

Dirk Hartog, eine der Küste fast parallel laufende langgestreckte Insel, besteht aus Ver-steinerungen führendem, steil zum Meere abfallendem Sand- und Kalksteinfels und dünenartigen Sandhügeln von 60 bis 200 Meter Höhe und ist mit hartem Grase und australischem, zum Theil stachligem Buschwerk bewachsen. Abgesehen von Fliegenschaaren, die den Wanderer stark belästigen, Ameisen und einigen Vögeln, ist thierisches Leben wenig vorhanden. Von Säugethieren kommt eine Känguruhratte vor, die sich in dem sandigen Boden Löcher scharrt, von Vögeln namentlich Fliegenschnäpperarten und kleine Honigsauger; ein grauer Reiher lebt am Strande, sich von Fischen nährend, und als Raubvogel kreist ein Seeadler über dem Wasser, auf Krabben und Fische Jagd machend. Die hellbraune oder gelbe Sandsteinküste zeigt so gleichmässig verlaufende Konturen, dass es an Marken für die Navigirung ganz fehlt. Der südliche Theil der langen Insel ist durchschnittlich höher als der nördliche. Von diesem höheren südlichen Theile fällt das Land in der Richtung des falschen Kanals (False Entrance) nach Süd hin ab, worauf wieder eine hügelartige Erhebung folgt, welche wahrscheinlich die in der Karte mit Steep Point bezeichnete Spitze ist. Die Küstenlinie besitzt ein paar Einbuchtungen, welche in dem kleinen Maassstabe der Küstenkarte kaum markirt sind, jedoch wenn man von Süden kommt, leicht zu dem Irrthum verführen, dass man dort den Eingang in den Naturalisten-Kanal zu suchen habe. Insbesondere tritt ungefähr auf ein Drittel der Insellänge von der Nordspitze ein dunkeles niedriges Kap hervor, an welchem sich ein paar Abfälle kennzeichnen, und welches nach der in den englischen Segelanweisungen gegebenen Beschreibung wohl für Kap Inscription gehalten werden kann, indem man das allmählich nördlich in Sicht kommende Land für die Insel Dorre ansieht. Das wirkliche Kap Inscription ist indess daran leicht kenntlich, dass die Nordspitze der Insel bis zu demselben fast genau parallel mit dem Wasser, ohne irgend welche wellige Konturen, verläuft. Diese Spitze fällt dann im Winkel von ca. 70° als Kap Inscription mit einigen aus der Ferne wenig markirten Absätzen ins Wasser ab. Erst näher herangekommen tritt namentlich ein Absatz als Felsenspitze hervor. Der Naturalisten-Kanal ist ausserdem eine so breite Wasserstrasse, dass man, von Süden kommend, die Insel Dorre überhaupt gar nicht sieht. Selbst vom Kap Inscription ist die Insel nur bei klarem Wetter einigermaassen deutlich zu sehen.

Die flache *Turtle-Bai* bot in dieser Jahreszeit, in der noch die südlichen Winde vorherrschen, einen ziemlich guten Ankerplatz. Wenn man auf 14 bis 16 Meter Wassertiefe ankert, liegt man ungefähr $^1/_3$ Sm vom Strande und hat Kap Inscription in WNW, das östliche Kap Levillain in OzS. Schutz von der Insel Dorre und von der Küste des Festlandes hat man hier nicht, da beide zu weit ab und vom Ankerplatz kaum sichtbar sind. Der westliche Theil der die Bai bildenden Küste besteht aus ziemlich steilen Abhängen von Sand und Sandsteinen junger Formation, welche viel versteinerte Muscheln enthalten und, nach Ost hin niedriger werdend, dünenartige mit einigem Buschwerk bewachsene Sandhügel bilden. Der Strand ist von dunklen, niedrigen Sandstein- resp. auch Korallenriffen umgeben, die an einigen Stellen, namentlich unter dem steileren Theile der Küste, einen guten zum Landen geeigneten Sandstrand frei lassen, an welchem bei südlichem Winde nur wenig Brandung steht.

Das obere Plateau der Insel ist ein nach Südost abflachendes Sandterrain, mit Strauchwerk, Haidekraut und sehr wenig grobem Grase bedeckt. Holz und frisches Wasser sind hier nicht vorhanden, Fische sind leicht zu fangen, besonders bei Niedrigwasser, wo sie in den Vertiefungen des Küstenriffes zurückbleiben.

Auf dem südlichen Theile der Insel existirte eine Viehzucht-Niederlassung, während in der Shark Bai Perlenmuschel-Fischerei betrieben wurde.

Das Schleppen auf den Sandbänken ergab eine reiche Ausbeute, namentlich an verschiedenartigen Schwämmen, Hornkorallen und Hydroiden.

Der Grund der Bai bestand aus grauem mit Seegras bewachsenem Sande.

Von Fischen lebt hier ein Seepferdchen (Hippocampus), dessen Art sich für die Wissenschaft als neu erwies, zwischen den Blättern des Seegrases krochen weisse Nacktschnecken, und an den Stengeln hafteten gelbe Seescheiden (Ascidia).

Nach einem siebenstündigen Aufenthalt in der Turtle-Bai setzte die „Gazelle" am Abend des 23. April ihren Weg an der Küste Australiens weiter nordwärts steuernd fort, auf demselben einige auf den Karten eingetragene Untiefen, über deren Lage oder Existenz Zweifel obwalteten, untersuchend.

Zunächst wurde am 25. April eine auf 20° 39' bis 41' S-Br und 114° 15' bis 17' O-Lg verzeichnete Untiefe, welche 1860 entdeckt war und 3 m Wasser haben sollte, aufgesucht. Ungefähr 8 Seemeilen westlich von derselben wurden 915 Meter, brauner Schlick, gelothet, sodann nach den Schiffschronometern nur wenig westlich von der angegebenen Position 840 Meter mit denselben Bodenbestandtheilen. Da die Chronometer der „Gazelle", wie sich in Koepang ergab, etwas geändert hatten, so fiel die zweite Lothung indessen ca. 7 Seemeilen östlich, das Schiff ist jedoch, fortwährend bis auf 27 Meter (15 Faden) lothend, genau zwischen den beiden für die Untiefen angegebenen Positionen passirt. Zur Zeit des Passirens der Stelle war Niedrigwasser, was in Betracht kommt, da die Springfluth hier ca. 4 Meter steigt, und gerade Vollmond war. Bei einer 3 Meter-Untiefe hätte daher starke Brandung stehen und dieselbe auf 8 Seemeilen vom Topp aus sichtbar sein müssen. Die Untiefe existirt daher in der angegebenen Lage wahrscheinlich nicht.[1]

Von hier aus wurde am nächsten Tage das Ritchie-Riff angesteuert, dessen Lage für die Schiffahrt wichtig ist, weil es von allen Schiffen, die von Süden kommen und nach der Nordwestküste Australiens oder der Torresstrasse bestimmt sind, angesteuert wird, über dessen Länge aber sehr verschiedene zwischen 114° 46' und 115° 24' variirende Angaben existirten. Als Länge von Koepang, Flaggenstock des Forts, 123° 33' 39" Ost von Greenwich zu Grunde legend, ergab sich für die Ostspitze des Riffes nach den Beobachtungen S. M. S. „Gazelle" eine Länge von 115° 22' 7" Ost.

Da in der dem Kommandanten ertheilten Instruktion auf die Wichtigkeit einer Untersuchung des Scheidegebietes zwischen der australischen und asiatischen Fauna und Flora hingewiesen war, so erschien es demselben nothwendig, zunächst Untersuchungen und Sammlungen an der noch wenig erforschten Nordwestküste des australischen Kontinents anzustellen. Insbesondere muste es von Werth sein, den mit dem Untersuchen und Sammeln betrauten Herren Gelegenheit zu geben, die Natur Australiens kennen zu lernen, bevor dieses Gebiet verlassen wurde. Wenn schon der Aufenthalt in der Shark-Bai hierzu günstige Gelegenheit geboten hatte, so sollte dieselbe noch durch Anlaufen des Dampier-Archipels vervollständigt werden. Gleichzeitig konnten hierdurch möglicher Weise Kohlen aufgefüllt und für die Mannschaft frischer Proviant beschafft werden, was um so erwünschter war, da sie anderenfalls zwei Monate gänzlich auf Seeprovisionen angewiesen blieb. Nicols-Bai zu diesem Behufe anzulaufen, schien nicht räthlich, weil der Passat an dieser Küste in der Regel aus ENE gerade in die nach dieser Richtung offene Bucht hineinweht. Der Kommandant beschloss deshalb, in die zwischen dem Festlande und dem Dampier-Archipel liegende, noch wenig bekannte Mermaid-Strasse einzulaufen, von wo die Verbindung nach Nicols-Bai leicht per Boot und zu Lande zu bewerkstelligen war. — Am 27. April mit Dunkelwerden ankerte die „Gazelle" in dieser einen sehr guten Hafen bildenden Strasse, nachdem zuvor versucht war, denselben durch die noch nicht vermessene westliche Einfahrt zwischen den Inseln Rosemary, Enderby und Lewis anzusteuern. Der Versuch wurde, um ein Festkommen des Schiffes nicht zu riskiren, aufgegeben, da in der Absicht,

---

[1] Im Jahre 1880 passirte das britische Schiff „Meda" ebenfalls in der Nähe der fraglichen Untiefe, ohne dieselbe zu entdecken, noch überhaupt irgend ein Anzeichen von flachem Wasser zu sehen.

westlich von der ersteren Insel zu passiren, bei Hochwasser sehr geringe Tiefen gefunden wurden. Um zu erfahren, ob in Nicols-Bai eine Niederlassung sei, wurde die Dampfpinnass zwischen den die Mermaid-Strasse westlich begrenzenden Inseln hindurch dorthin geschickt mit dem gleichzeitigen Auftrage, die Strasse zwischen diesen Inseln auszulothen. Hierdurch und durch den Kapitän des Regierungs-Zollkreuzers „Pearl", welcher zufällig am Tage nach der „Gazelle" in die Strasse einlief, wurde in Erfahrung gebracht, dass in Nicols-Bai keine Niederlassung existirte, dass vielmehr die nächste Niederlassung das in der Karte verzeichnete Cossac an der Tientsin-Rhede wäre, woselbst in der Regel Provisionen, aber keine Kohlen und nur schlechtes Wasser zu haben seien.

Die Bai und ihre Umgebung wurden, soweit es ohne längeren Aufenthalt möglich war, naturwissenschaftlich explorirt.

Eine Exkursion, welche der Kommandant mit Dᴿ Studer über die die Küste einfassenden Bergzüge hinweg in das mehr ebene Innere unternahm, war sehr mühselig. Die Bergzüge der Festlandsküste sowohl wie des Dampier-Archipels bestehen hier aus einem granitischen Gestein, welches in rothen würfel- und tafelförmigen Blöcken verwitternd, namentlich die Kuppen und Grate mit grossen Trümmermassen bedeckt. In allen Spalten und Vertiefungen wachsen stachlige Sträucher, welche den Bergen durch den Wechsel von Grün und Roth ein ganz eigenthümliches Gepräge verleihen.

Die Schluchten und namentlich die bis auf einige Pfützen ausgetrockneten Flussläufe zeigten eine leidliche Vegetation von Kasuarinen, Eukalypten, Akazien und hohen Gräsern. Zahllose Insekten und Vögel, Känguruhs und Beutelratten sammelten sich um das gelbliche Wasser der armseligen Pfützen. Jenseits des Küstengebirges fanden sich vereinzelte domförmige Granitberge und grosse, zum Theil mit Salz inkrustirte, fast vegetationslose Ebenen, welche in weiter Ferne von anderen Gebirgszügen abgeschlossen wurden. In dieser Gegend zeigten sich auch Eingeborene, bis auf ein Hüftentuch nackt, mit Speer, Keule, Bumerang und einem schmalen Schilde bewaffnet. Von Gestalt waren sie klein, aber gut gebaut, von brauner Hautfarbe und ganz behaart, mit Bart um Kinn und Backen. Das Kopfhaar war nicht kraus und schwarz, sondern braun und schlicht, etwas wellig.

Aehnliches Haar wurde später bei Knaben beobachtet, welche als Taucher auf einem Perlenfahrzeuge engagirt waren, so dass vielleicht diese Eigenschaften der Wirkung des Seewassers zuzuschreiben sind.

Wir lassen hier Einiges aus dem von Herrn Dᴿ Studer eingereichten Bericht über seine Beobachtungen in der Strasse und auf der erwähnten Exkursion ins Innere folgen.

Das Festland, welches die Mermaid-Strasse im Süden und Südosten begrenzt, die Halbinsel, welche sie von der Nicols-Bai trennt, sowie die Dampier-Inseln bestehen aus einem granitischen Gestein. Dasselbe bildet Hügelreihen, welche am Festlande der Küste parallel laufen und häufig nackte Köpfe zeigen, auf welchen das Gestein in kubische Trümmer zerfallen ist. Eine dieser Ketten läuft zunächst der Küste, eine zweite der ersten parallel, aber höher, von der Raynard-Bai nach dem Ende der Nicols-Bai, wo sich nach Süden noch ein kuppenartiger Hügel von ihr detachirt; es folgt dann eine meilenbreite Niederung, hinter der sich wieder Hügelketten erheben. Das Land zwischen den beiden ersterwähnten Ketten ist uneben und von Wasserläufen durchzogen, die im Allgemeinen von der zweiten Kette entspringend, nach Nordosten laufen, um in die Nicols-Bai zu münden. Dieses ganze Land ist mit Gesteinsblöcken übersät. Das Gestein ist ein lavendelblauer körniger Granitporphyr, der dunkelroth verwittert; seine rothen Schichtenköpfe ragen überall aus dem grünen Boden hervor und geben der Landschaft ein eigenthümlich steriles Aussehen. Dasselbe Gestein steht auch auf den die Mermaid-Strasse im Norden begrenzenden Dampier-Inseln. Der domartige Hügel, welcher sich südlich an die zweite Kette anschliesst, besteht aus einem feinkörnigen Granit.

Die dahinter liegende Niederung ist zunächst der Bergkette bewachsen, verliert aber südlicher ihre Vegetationsdecke. Sie ist bedeckt mit einem dunklen festen Thon, auf welchem an mehreren Stellen Salz auswittert; überall liegen Muschelschalen umher. Eine zweite Niederung, zum Theil von Creeks durchzogen und mit Mangroven bewachsen, bildet die Landenge, welche die Halbinsel zwischen der Mermaid-Strasse und Nicols-Bai mit dem Festlande verbindet. Auch hier besteht der Boden aus erhärtetem Thon, der mit Muschelschalen überdeckt ist. Einzelne Tümpel haben brackiges Wasser. Folgt man von hier aus einem das Thal zwischen den beiden Hügelketten durchziehenden Wasserlauf, der in dieser Jahreszeit nur wenige Tümpel an tieferen Stellen aufzuweisen hat, so geht man eine Stunde lang noch durch thonigen Boden, zu beiden Seiten durch die nackten Schichtenköpfe von metamorphischem Gestein begrenzt. In den Tümpeln ist das Wasser noch brackig, auf dem Boden liegen zahlreiche Schalen von Seemuscheln; mit dem Wasserlaufe etwas höher steigend, wird das Wasser süss, Gerölle von metamorphischem Gestein und Granit liegen im Bett, aber noch bis der Wasserlauf zu der zweiten Gebirgskette ansteigt, fanden sich hier und da am Ufer Schalen von Seemuscheln.

Die Gegend ist im Allgemeinen wenig bewachsen, meist bedeckt Gras den Boden, und nur längs den Wasserläufen erheben sich schattenlose Eukalypten und andere Bäume mit den für Australien so charakteristischen vertikalen Blattstellungen. Grasbüschel, trockene Zweige, die von den Eukalypten hoch über dem ausgetrockneten Bett hängen, zeigen, dass zur Regenzeit die Bäche eine ziemlich reichliche Wassermasse enthalten, die aber schnell zu entstehen und eben so schnell wieder zu verschwinden scheinen, da das Bett selten tiefere Auswaschungen, wie sie von kontinuirlichen Wasserströmen erzeugt werden, zeigt.

Am Meeresstrande findet sich ein weisser Korallensand, gemengt mit Muscheltrümmern und gebleichten Skeletten von Riffkorallen.

Das Thierleben tritt in dieser Gegend ziemlich zahlreich auf. Es ist dies allerdings wohl mehr der offenen Gegend, in welcher es für grössere Thiere schwer ist, sich den Blicken des Beobachters zu entziehen, und dem Umstande zuzuschreiben, dass sich die Thiere hauptsächlich an den wenigen Stellen sammeln, wo noch süsses Wasser übrig geblieben ist.

Das vorwiegendste Säugethier der Gegend ist ein oft über 1½ Meter grosses Känguruh, welches häufig in Schaaren von zehn Stück zwischen den rothen Felsköpfen zu finden ist. Wenn das Thier mit seinem rothen Fell zwischen den Steinen kauert, ist es dem ungeübten Auge nicht möglich, dasselbe von einem Felsstück zu unterscheiden, bis es sich plötzlich mit ungeheuren Sätzen in kurzer Zeit dem Schussbereich entzieht. Eine kleinere dunklere Känguruart zeigte sich in ziemlich grosser Anzahl bei der zweiten Hügelkette.

Ein Nager von der Grösse des grossen Siebenschläfers, grau mit langem, weissem, buschigem Schwanz, der am Ende einen Pinsel trägt, wurde erlegt, als er eben einen Eukalyptusstamm erstieg.

Von Vögeln sind Fliegenschnäpper und Honigsauger häufig, die sich im lichten Gebüsch in der Nähe des Wassers herumtreiben, und besonders des Morgens der australische Rabe.

Auf den rothen Steintrümmern treibt sich eine kleine Erdtaube, meist paarweise, herum, bei der das Männchen einen zierlichen Schopf besitzt. Ihre Farbe ist ebenfalls so dem Gestein angepasst, dass das Thier, wenn es aufgescheucht sich auf einen Stein setzt, plötzlich dem Auge wie verschwunden ist. Sie fliegt, auf den Boden geduckt, gewöhnlich erst auf, wenn man fast auf sie tritt.

Gleich nach der Ankunft der „Gazelle" in der Mermaid-Strasse wurde eine 174 Centimeter lange Riesenschlange gefangen; Kopf, Hals und Nacken waren tief glänzend schwarz, der übrige

Körper graubraun, der Rücken etwas dunkler mit 99 unregelmässigen schwarzbraunen Querbinden, der Bauch weiss.

Seeschlangen trieben mehrere am Schiff vorbei, einige sich schlängelnd bewegend, die meisten regungslos an der Oberfläche sich treiben lassend; leider konnte keine gefangen werden.

Im Grase und zwischen Steinen huschte überall eine kleine 16 Centimeter lange Erdagame umher, welche sich als neue Art erwies; der Körper ist mit harten Schuppen bedeckt, die Farbe oben braungrau, der 11 Centimeter lange Schwanz dunkler mit schmalen weissen Querbinden, unten weiss.

Von Fröschen hielten sich in der Nähe der Tümpel kleine graue Laubfrösche auf.

An Landschnecken fanden sich hauptsächlich zwei kleinere Helixarten, deren Schalen überall herumlagen, von denen aber nur wenig lebende an Grasstengeln sassen.

Die Insektenwelt schien wenig mannigfaltig, wenngleich an Individuenzahl reich. Sehr häufig schwamm auf den Tümpeln, auch wo das Wasser brackig war, ein grüner Wasserkäfer (Cybister). Auf Blüthen fanden sich grosse grüne Prachtkäfer (Buprestiden) und schwarzblaue Blattkäfer (Chrysomelen).

Ein Raubkäfer (Carabide) sass unter Steinen.

Von Orthopteren war überall im Grase eine grosse Schnarrheuschrecke häufig, unter Steinen eine flügellose Schabe, von Hymenopteren eine Wespe, deren kugelige Nester an Baumästen in der Nähe der Wassertümpel befestigt waren.

An Eukalyptusstämmen sah man oft eine grosse schwarze Pentatomide mit gelbgestreiftem Thorax-Schildchen und Flügeldecken, mit gelb geringelten Beinen. Libellen waren zahlreich an den Wasserplätzen.

Die Mangrovegegend birgt in ihren Brackwassertümpeln und dem feuchten thonigen Erdreich eine eigene Fauna, welche zwar mit der Mangrovefauna der anderen tropischen Gegenden den Gattungen nach übereinstimmt, aber auch einige eigenthümliche Formen enthält. Der Boden ist da, wo das Wasser bei jeder Fluthzeit denselben benetzt, weich und schlammig, höher aber, wo nur ausnahmsweise das Wasser hingelangt, aber kleine brackige Teiche zurückgelassen hat, ein fester Thon, von zahlreichen Löchern durchbohrt, welche in Gängen nach den Tümpeln führen. Ueberall liegen die Schalen der für diese Zone so charakteristischen Muscheln. In den Löchern versteckt, oder sich bei Annäherung von Gefahr schnell dahin zurückziehend, lebt eine Krabbe, hochgelb, mit zwei schwarzen Flecken, und über den dunklen Schlamm läuft pfeilschnell eine Laufkrabbe; ihre Farbe stimmt, wie überall, mit der des Grundes überein. Am Saume des Wassers hält sich ein kleiner Schlammfisch auf, der von Weitem ganz einer Salamanderlarve ähnlich sieht.

Die Meeresfauna der Strasse ist eine ausserordentlich reiche und mannigfaltige. In dem grauen Sande, der meist den Boden bedeckt, leben Mengen von Seewalzen und Schnecken, an einzelnen Stellen, wo wohl der Boden mehr Festigkeit gewährt, haben sich Korallen angesiedelt, worunter namentlich Rindenkorallen und Schwämme dichte Wälder auf den Riffen bilden. Hier lebt auch in grossen Bänken die Perlenmuschel, deren Gewinnung Veranlassung zu einem regelmässigen Besuch der Insel gab.

Die während der kurzen Zeit theils mit der Angel, theils mit dem Netz gefangenen zahlreichen Arten von Fischen liessen auf einen grossen Fischreichthum schliessen.

Auch an Mollusken gab es eine reiche Ausbeute.

Die hydrographischen Untersuchungen im Dampier-Archipel und der Mermaid-Strasse geben zu folgenden Bemerkungen Veranlassung:

Die englischen Karten waren in Bezug auf die Lage und Gestalt der Inseln des Dampier-Archipels nur ungenau, da noch keine Detailaufnahme stattgefunden hatte.

Die Inseln haben alle ziemlich gleichmässig verlaufende Konturen, weshalb die Orientirung beim ersten Sichten der Inseln nicht ganz leicht ist. In den Segelanweisungen sind drei Hügel als Kennzeichen der Insel Rosemary erwähnt. Diese sind indess nur in der dort angegebenen Richtung NNO bemerkbar, und zwar markiren sie sich auch in dieser Richtung nur wenig, da sie flach und langgestreckt sind. Auf der anderen Seite kommt die Insel Enderby von Nord gesehen ebenfalls mit drei Erhebungen in Sicht, von denen die westlichste die längste ist.

Von Nordwest gesehen markirt sich Rosemary durch einen roth und grün gefärbten Hügel. Diese eigenthümliche Färbung, welche man aus der Ferne für rothe Blüthen in grünem Felde halten möchte, wiederholt sich noch an anderen Stellen.

Die rothen Flecken, welche namentlich in den oberen Theilen der Inseln hervortreten, sind indess keine Blüthen, sondern eisenhaltige Quarzitfelsen, zwischen denen Buschwerk wuchert, wie oben bereits angedeutet wurde.

Nach den Segelanweisungen sollte man beim Kreuzen bis dicht unter Rosemary liegen können. Dies trifft jedoch wenigstens an seinem westlichen Ende nicht zu. In 3 bis 4 Seemeilen Entfernung sind 22 bis 29 Meter (12 bis 16 Faden), in 1½ Seemeilen 18,3 Meter (10 Faden), welche Tiefe schon nach wenigen Schiffslängen auf 7,3 Meter (4 Faden) abnimmt, während das Wasser ein klein wenig näher der Insel bereits ganz hell gefärbt ist, so dass es gerathen ist, wenigstens 1 bis 1½ Seemeilen abzubleiben.

An der Südwest-Spitze der Insel erstreckt sich, nach der Wasserfarbe zu urtheilen, flaches Wasser weit hinaus.

Die Inseln Legendre und Gidley sind ebenfalls lang gestreckt ohne Kuppen oder sonstige Merkmale.

Die Mermaid-Strasse schien ohne Untiefen zu sein. Ebenso die Fahrt von Westen und Norden nach dem Eingang der Strasse. Wenn man sich ca. zwei Seemeilen nördlich der zwischen Rosemary und der Strasse gelegenen niedrigen Felsen hält, hat man nicht unter 33 bis 37 Meter Wasser.

Im Eingange der Strasse selbst findet man etwas östlich von der in der britischen Admiralitäts-karte eingetragenen Lothungslinie grössere und ziemlich gleichmässige Tiefen. Um auf den Ankerplatz am Ende der Strasse zu gelangen, halte man ziemlich die Mitte der Strasse, wo man dann später die am Ende derselben gelegenen kleinen Felseninselchen sehen wird, bei welchen der Ankerplatz ist. Wenn sich die niedrige Verbindung des links liegenden Landes mit dem Festlande, welche den Hafen der Mermaid-Strasse von Nicols-Bai scheidet, geöffnet hat, drehe man nach ihr auf und man kann dann 1 bis 1½ Seemeilen vom niedrigen Lande in 9 Meter Wasser ankern.

Von der Mermaid-Strasse nach Nicols-Bai existirt südlich von Legendre eine kürzere Fahr-strasse, welche zwar genügend Wassertiefe auch für grössere Schiffe hat, indess zu gewunden ist, um für grössere Segelschiffe brauchbar zu sein.

Bei dem niedrigen Mangroven-Land, welches das Ende der Mermaid-Strasse von Nicols-Bai trennt und woselbst sich eine fischreiche kleine Einbuchtung befindet, mündet ein Bach, dessen Wasser in der trockenen Zeit indess soweit austrocknet, dass nur Wassertümpel stehen bleiben. Hier würde ein Schiff zur Noth etwas mangelhaftes Wasser einzunehmen vermögen. Holz ist nur sehr wenig vorhanden.

Nicols-Bai ist ein mangelhafter Ankerplatz, und befindet sich dortselbst keine Niederlassung. Der einzige Platz dieser Gegend, wo man schlechtes Wasser und einzelne Vorräthe, namentlich frisches Fleisch, bekommen kann, ist der Tientsin-Hafen mit der Niederlassung Cossac, als Vorort der Farmer-stadt Roeburn. Für grössere Schiffe ist die Tientsin-Rhede ebenfalls sehr mangelhaft, namentlich im Südost-Monsun, der mitunter sturmartig weht und hohe See erzeugt.

Am 30. April rüstete sich die „Gazelle" zum Aufbruch aus der Strasse in der Absicht, durch die westliche, bisher nur mangelhaft vermessene Passage in See zu gehen, weil nach Aussage des mit den Verhältnissen durch langjährige Anwesenheit wohl vertrauten Kapitäns der „Pearl" dort und namentlich bei den südlich von Enderby gelegenen Riffen interessante und seltene Seethiere, besonders Schwämme, Korallen und Muscheln, vorkommen, und das Fahrwasser für die „Gazelle" genügende Wassertiefe bieten sollte. Das letztere sollte sich jedoch nicht bewahrheiten. Denn während das Schiff in der Passage zwischen Lewis und der südlich gelegenen kleinen Insel vorausdampfte, nahm plötzlich die Fahrt, nachdem eben noch an beiden Seiten genügende Tiefe gelothet war, ab, und das Schiff stand, ehe die Maschine rückwärts arbeiten konnte. In Folge des ruhigen Wassers und des weichen Bodens war das Auflaufen nur an der aufhörenden Fahrt zu bemerken gewesen. Nachdem ein Anker ausgebracht war, um das weitere Hinauftreiben durch den Wind zu verhüten, wurde das Steigen des Wassers abgewartet, worauf das Schiff ohne Anstrengung und ohne Schaden genommen zu haben, wieder flott wurde. Die Zwischenzeit wurde benutzt, um mit allen Booten für die Zoologie mit sehr gutem Erfolge zu schleppen und zu fischen und im ethnographischen Interesse Photographien von Eingeborenen aufzunehmen, welche auf einem Perlenfahrzeug als Taucher engagirt waren.

Nach den beim Festsitzen genommenen Peilungen ergab sich, dass das Schiff auf dem Ende einer abschrägenden Bank aufgelaufen war, welche in der Karte nicht verzeichnet war. Da die Perlen-fischer behaupteten, dass die westliche Durchfahrt für grössere Schiffe nicht praktikabel sei, und das Wasser mit der Fluth bereits stark gestiegen war, dampfte die „Gazelle" nach der Insel *Gidley*, wo ebenfalls interessante Thiere vorkommen sollten, ankerte dort, arbeitete mit dem Schleppnetz und ging am nächsten Morgen, den 1. Mai, in See.

Auf der Fahrt nach den Sunda-Inseln wurde der Passat zwischen Ostnordost und Ostsüdost angetroffen, häufig von Flauten und Stillen unterbrochen. Bei dem gleichzeitigen westlichen Strom würde für ein Segelschiff die Reise von der australischen Westküste nach Koepang in dieser Jahreszeit kaum ausführbar sein, da ein Aufkreuzen gegen den Strom bei dem flauen Passat nicht möglich.

Der „Gazelle" gelang es, unter Segel nur $11\frac{1}{2}°$ S-Br und 119° O-Lg, südlich von Sumbawa, zu erreichen, und hatte sie von hier gegen einen Strom von durchschnittlich $1\frac{1}{2}$ Knoten zu dampfen. Nur stundenweise kam frische Briese aus Ostsüdost und Südost durch und gestattete, Segel zu führen.

Die Erfahrungen, welche die „Gazelle" bezüglich der **Winde im Indischen Ocean** gemacht hat, lassen sich, wie folgt, zusammenfassen:

Die Tour zwischen den Kerguelen und dem 40. Breitenparallel hat die „Gazelle" zwischen Ende Dezember und Mitte Februar dreimal zurückgelegt. Die Winde wurden dabei nicht in völliger Uebereinstimmung mit den Windkarten gefunden, welche in diesem Theile Winde zwischen Nordwest und WNW und zwischen WSW und SSE (rechtweisend) angeben.

Wie bei den Kerguelen selbst, so wurden auch nördlich bis zum 40. Breitenparallel nur wenige Stunden die Winde südlicher als WSW gefunden, dagegen wehten sie nördlich von den Kerguelen durchschnittlich aus nördlicherer Richtung, als bei diesen Inseln selbst, und zwar vorzugsweise zwischen NzE und Nordwest (rw) bis zum 43. Breitenparallel, wo sie veränderlicher wurden und zwischen NzE und SWzS (über Nordwest) schwankten.

In dem breiten Strich zwischen den Kerguelen und ca. 37° S-Br scheinen sich also auf dieser Länge (70—80° Ost) und in dieser Jahreszeit (Sommer) die Winde auf die genannten 14 Kompass-striche zu beschränken und in den 18 anderen Strichen kaum vorzukommen.

Von Kerguelen bis zum 43. Breitengrade waren die Winde fast immer frisch, in der Regel stürmisch, nördlich vom 43. Parallel kamen zuweilen flaue Winde vor.

Das Schiff hat ferner die südliche Passatgrenze auf der Reise nach Mauritius einmal, auf der Reise von hier nach Australien zweimal passirt und ist lange Strecken an der Grenze entlang gesegelt.

Nach den dabei gemachten Beobachtungen ist der Passat im Indischen Ocean ebenso wie die Passate im Atlantischen Ocean von einem Gürtel begrenzt, in welchem Stillen öfter vorkommen, doch wahrscheinlich nicht so häufig sind, als in den Rossbreiten des Atlantic.

Dieser Gürtel liegt zwischen 34° und 37° S-Br. Die Stillen wechseln darin mit frischen Winden zwischen Nordost und Nord. Häufig bringt ein solcher frischer Nordost das Schiff nach einigen Regengüssen ohne Stillen direct in den Passat.

Andere als östliche Winde sind erst südlich von 37° S-Br zu erwarten, weshalb kein Schiff die Reise nach Ost nördlicher als auf 38° S-Br machen sollte. Der beste Breitenparallel dafür wird 44° Süd sein.

Der Passat scheint zu dieser Jahreszeit nur strichweise aus einer Richtung südlich von Ost zu wehen. Sowohl zwischen dem 21. und 24. Breitenparallel und dem 65. und 73. Meridian, als zwischen dem 33. und 35,5. Breitenparallel und dem 60. und 75. Meridian traf das Schiff beständige, in der Regel frische Winde aus einer Richtung zwischen Ost und Nord. Westliche Winde kommen erst südlich vom 37. Breitenparallel vor, doch auch da noch vielfach von östlichen Winden unterbrochen.

An der australischen Seite setzte der Passat auf 36½° S-Br und 94° O-Lg kräftig aus SSE und Südost ein. In dieser Jahreszeit scheint er, beeinflusst durch die Nähe der Küste und die dort im April einsetzenden Westwinde, zuweilen stürmisch zu werden und über Süd nach SSW zu drehen.

Innerhalb der in den britischen Windkarten leer gelassenen Quadrate zwischen 30° und 40° S-Br und 100° und 105° O-Lg wurde im Monat April der Wind nordwestlich und südwestlich frisch gefunden, nachdem er westlich von 100° Lg östlich gewesen war.

Im Gegensatz zu diesen Windkarten, jedoch in Uebereinstimmung mit einzelnen Angaben der Segelanweisungen wehte an der Westküste von Australien im Monat April von 30° bis 20° S-Br der Wind grossentheils frisch aus südlicher Richtung (zwischen Südost und Südwest). Ueber der (100 Seemeilen entfernten) Küste Australiens stehende Gewitter brachten vorübergehendes Umspringen des Windes nach Nordwest und Ost hervor, worauf er wieder mit Stärke 6 bis 8 nach Südwest ging.

Der südliche Wind erregt unverhältnissmässig hohe See auf der diese Küste umgebenden 100 Faden- (183 Meter-) Bank. In Uebereinstimmung mit Angaben der Segelanweisungen (jedoch wiederum nicht der Windkarten) fand die „Gazelle" den südöstlichen Wind nach Ost, Ostnordost und Nordost gehend sobald sie sich nach Passiren des Nordwest-Kaps dem Ritchie-Riff näherte.

Zwischen der Nordwest-Küste Australiens und den kleinen Sunda-Inseln herrschte im April und Anfang Mai flauer Wind zwischen Nordost und ESE, doch weit vorherrschender aus ENE und Ost als südlich von Ost.

Der Kurs der „Gazelle" vom Dampier-Archipel nach den Sunda Inseln führte über eine in der Karte mit 10 (Faden oder Fuss) bezeichnete und Corona benannte Bank oder Untiefe.

Obgleich 55 Seemeilen von dieser Stelle am 7. Mai noch 5541 Meter gelothet wurden, was die Existenz der Untiefe unwahrscheinlich machte, so erschien es doch zu gewagt, in der Nacht über dieselbe zu laufen; das Schiff wurde deshalb während der Dunkelheit über den anderen Bug gelegt, und lief am nächsten Morgen über den Rand der Bank, auf derselben und zwar ca. 13 Seemeilen von ihrem Mittelpunkte 5258 Meter (2875 Faden), braunen Schlick lothend. Die Lothung ist nach der Chronometer-Regulirung in Koepang auf 12° 27,7′ S-Br und 119° 1,4′ O-Lg genommen. (Die Länge von Koepang-Flaggenstock zu 123° 35³/₄′ Ost angenommen; legt man die nach den neuesten Beobachtungen ermittelte Länge dieses Punktes von 123° 33′ 39″ zu Grunde, so würde sich eine Länge von 118° 59,3′ Ost ergeben). Nach der Mauritius-Regulirung wäre das Schiff gerade über den Mittelpunkt der Bank gegangen. Dieselbe scheint daher in dieser Gegend nicht zu existiren.

Da auf der Weiterfahrt die Insel Dana oder New Island ziemlich nahe passirt werden musste, und dieselbe als südlichster Vorposten des indischen Archipels ein naturwissenschaftliches Interesse beanspruchte, so wurde dieselbe am 11. Mai angelaufen und vor derselben auf einige Stunden geankert. Ein weiterer Grund, dieselbe aufzusuchen, bildete die Aussicht, hier vielleicht der Besatzung, welche bereits seit 2 Monaten auf Seeproviant angewiesen war, und bei welcher sich der Skorbut schon anfing zu zeigen, einigen frischen Proviant zu verschaffen und zwar in Gestalt von wilden Ziegen, welche die sonst unbewohnte Insel bevölkern sollten. Diese Hoffnung ging in Erfüllung; den sofort mit Jagdgewehren an Land rückenden Offizieren, welchen eine Anzahl mit Zündnadelgewehren ausgerüstete Unteroffiziere beigegeben war, gelang es auch in der kurzen Zeit eine genügende Menge der wilden oder vielmehr verwilderten Ziegen zu erlegen, um für die Schiffsbesatzung die erwünschte Mahlzeit zu bereiten.

Die kurzen Streifzüge genügten, um einen Einblick in die Verhältnisse der Insel zu erlangen.

Die ganz aus Korallenkalk neueren Ursprungs bestehende Insel wird ringsum von einer 120 Meter hohen, zerrissenen und zerklüfteten, meist schroff zum Meer abfallenden Wand dieses Korallenkalksteins umschlossen. Der Kalk ist porös, tuffartig und enthält zahlreiche Korallenbruchstücke (Cypraea, Ricinula, Cerithium), deren Schalen erhalten sind, aber die Politur vollständig verloren haben und eine eigenthümlich rauhe Oberfläche zeigen. An der Südwestseite lehnt sich an den schroffen Kamm ein niedriges Vorland mit sandigem Boden, der sich am Meere dünenartig erhebt. Der Sand ist weiss und besteht aus Korallen und Muscheltrümmern und zahlreichen Foraminiferenschalen. Das Thal, welches der ringförmige Kamm einschliesst, ist bedeckt mit einem grauen feinen Lehm und zum Theil von einer seichten Brackwasserlagune ausgefüllt, welche wahrscheinlich zeitweise durch eine nach Westen gehende Lücke mit dem Meere in Verbindung tritt. Im Thal liegen, halb in Lehm versenkt, mächtige Blöcke von Korallen, vorwiegend Astraeen und Maeandrinen. Süsswasser findet sich nirgends. Die Lagune ist von Mangroven umstanden, sonst bedecken Buschvegetation und Cypergräser den Boden. Nur hin und wieder ragen Pandanus und an einer Stelle Casuarinen in einzelnen Gruppen hervor.

Die Ziegen, welche die Inseln bevölkern, kommen, nach ihrer Anzahl zu schliessen, sehr gut fort. Sie treiben sich familienweise herum, ein alter Bock führt gewöhnlich 2—3 Ziegen, denen die Jungen folgen. Sie sind durchgängig schwarz und weiss, nur selten kommen Exemplare von brauner Farbe vor.

Die Vögel sind, wenn auch in grosser Individuenzahl, so doch nur in wenigen Arten vertreten; Seeadler, ein blauer Eisvogel und Nachtreiher wurden erlegt.

Der Sandstrand scheint ein Lieblingsaufenthalt und Brutplatz für die Riesenschildkröte zu sein; grosse Furchen im Sande, die vom Meere über die Düne führen, zeigen den Weg, den die Thiere, an Land kriechend, genommen haben. Zahlreiche Knochen und Schildpattstücke liegen im Sande. In Sandlöchern fand sich auch die Brut dieser Thiere; es waren 80 Stück, die zusammen im Sande begraben lagen, wahrscheinlich erst frisch ausgekrochen.

Die Thierchen waren 6 cm lang und 4 cm breit, die Schale noch ziemlich weich. Sobald sie ausgegraben waren, strebten sie alle der See zu.

Ankergrund ist nur an der Nordostseite der Insel vorhanden (mit 20 Meter Wasser liegt man ungefähr ⅓ Seemeile vom Sandstrande entfernt). Das Wasser in der Lagune der Insel ist brack. Die geographische Lage der Nordost-Seite wurde zu 10° 49′ S-Br und 121° 16′ 27″ O-Lg bestimmt.

Mit Dunkelwerden desselben Tages war die „Gazelle" wieder unter Segel und steuerte nun ohne Aufenthalt ihrem nächsten Reiseziele auf der Südwest-Spitze Timors zu. Die Inseln *Savu* (Raihawa) und *Benjoan* (Rai Diuwa), welche auf dieser Strecke in geringem Abstand passirt wurden, sind beide bergig und weit zu sehen. Von Savu sieht man von Nord her in 30 Seemeilen Entfernung einige Berggruppen, zwischen welchen das verbindende niedrige Land in diesem Abstande grossentheils noch unter dem Horizont bleibt.

Die Lothungen, Temperatur-Messungen, Strombestimmungen und die übrigen oceanographischen Forschungen wurden während der Reise durch den Indischen Ocean mit grosser Regelmässigkeit fortgesetzt, was von um so höherem Werth sein musste, als für diesen Meerestheil bis dahin nur sehr wenig derartige Beobachtungen vorlagen.

Auf der ostwestlichen Route quer durch den Ocean von Mauritius bis Dirk Hartog wurden im Ganzen 22 Beobachtungsstationen (65—86) gemacht, von denen die ersten vier und die letzte allerdings auf flaches Wasser in die Nähe der ersteren Insel resp. der Westküste Australiens, die übrigen aber durchweg in grosse Tiefen fallen; 18 Mal wurde gelothet, ebenso viele Temperatur-Reihen genommen und auf den meisten Stationen das specifische Gewicht, Strom und Durchsichtigkeit des Wassers gemessen. Auf Tafel 24 sind die Stationen mit den bestimmten Tiefen verzeichnet, so dass es nicht nöthig sein wird, hier die genaueren geographischen Positionen, welche man ohnedies im zweiten Theile dieses Werkes zusammengestellt findet, anzuführen.

Die grössten Tiefen von 4000 bis über 5000 Meter liegen auch hier zu beiden Seiten des Oceans, während in der Mitte eine auf beiden Seiten allmählich aufsteigende Bodenerhebung von grosser Ausdehnung existirt, auf welcher als geringste Tiefe in 35° 26,6′ S-Br und 79° 42,3′ O-Lg (Station 78) 2908 Meter gelothet wurden. Der Meeresboden besteht fast durchweg in den tieferen Regionen aus graugelbem Globigerinen-Schlamm.

Auf der Weiterreise von Dirk Hartog nach Koepang wurden noch elf Beobachtungsstationen (87 bis 97) gemacht, auf denen zehn Lothungen und sieben Temperaturreihen genommen wurden, während die übrigen oceanographischen Messungen überall stattfanden. Die ersten vier Lothungen in unmittelbarer Nähe der australischen Küste galten hauptsächlich der Untersuchung von Untiefen und sind bereits erwähnt, die übrigen fallen in tiefes Wasser und bestätigen die bereits mehrfach gefundene Erscheinung, dass die grössten Meerestiefen in der Nähe des Festlandes vorkommen. Nach den gemachten Beobachtungen senkt sich der Meeresboden in ungefähr 100 Seemeilen Entfernung von der australischen Küste ausserordentlich steil abwärts zu bedeutender Tiefe; es wurden hier die grössten Tiefen des Indischen Oceans 5523 und 5505 Meter auf 16° 10,5′ S-Br und 117° 31,9′ O-Lg (Station 92), und auf 13° 29,6′ S-Br und 118° 29,2′ O-Lg (Station 93) gelothet; erst bei Annäherung an die Sunda-Inseln erfolgt wieder eine allmähliche Hebung. Ein dunklerer, meist chokoladenfarbener lehmiger Schlamm charakterisirt hier den Meeresboden.

Mit dem Grundnetz konnte bei den grossen Tiefen verhältnissmässig wenig gefischt werden, die Arbeiten mit demselben mussten sich naturgemäss auf flacheres Wasser beschränken.

Hinter Mauritius wurde zwei Mal mit Erfolg das Netz geschleppt. Das erste Mal auf 20° 7′ S-Br und 57° 26,5′ O-Lg (Station 66) brachte es aus 411 Meter Tiefe einen grauen sandigen Schlamm herauf, der aus Foraminiferen, Korallenbruchstücken, Diatomeen und zerbrochenen Muschel-

19*

schalen bestand, zwischen welchen faustgrosse tuffartige, durch Zusammenbacken des sandigen Materials entstandene Steine lagen.

An Thieren fand sich lebend nur eine einzellebende Sternkoralle, sonst nur Schalen von Seeigeln, Skelette von Moosthierchen und Muschelschalen.

Wenig südlicher, in 20° 32′ S-Br und 57° 23,8′ O-Lg (Station 67), bestand der Grund in 347 Meter Tiefe aus gelbem Sand, theils gerollte Korallenfragmente, Muschelschalen und Seeigelstacheln, theils grosse Foraminiferen enthaltend und dazwischen faustgrosse Korallinen von weisser und purpurrother Farbe. Lebend wurden nur einige Krebse und Meerzähne gefangen.

Der folgende Schleppzug mit dem Grundnetz wurde mitten im Ocean und zwar an der nach den gemachten Lothungen flachsten Stelle des Hochplateaus von 2908 Meter Tiefe (Station 78) angestellt. Da jedoch das Netz in der immerhin noch recht bedeutenden Tiefe unklar wurde, so kam nur sehr wenig mit herauf; ein kleiner Schlangenstern und eine Assel waren die einzigen lebenden Thiere.

Dagegen wurde endlich vor Dirk Hartog in 25° 50,8′ S-Br und 112° 36,8′ O-Lg (Station 86) eine ungemein reichliche lebende Ausbeute erzielt, namentlich an Schwämmen, Rindenkorallen und Quallenpolypen. Der Meeresboden bestand hier bei 82 Meter Tiefe aus feinem Kalksand von gelblichgrauer Farbe, der aus Muschelfragmenten, Korallenstücken und Foraminiferenschalen gebildet wurde, alle gerollt und zu rundlichen Körnern abgeschliffen. Die Schwämme waren als Kalk-, Kiesel- und Hornschwämme in den mannigfaltigsten Formen vertreten, bald in Form kugeliger oder kopfartiger Massen, bald als Fächer, Röhren oder Rinden. Zahlreiche Moosthierchen-Kolonien, oft kalkig und netzförmig verzweigt, wie die eigenthümliche Gattung Adeona, wuchsen dazwischen. Von anderen Thierformen fanden sich hauptsächlich solche, welche Schwämme und Korallen bewohnen. So hatten eigenthümliche Schlangensterne die langen beweglichen Arme um die Aeste von Korallen gewunden, Krebse, zur Gattung Porcellana und Alpheus gehörend, bewohnten Löcher in den Schwämmen.

Die Oberflächenfischerei wurde während der ganzen Ueberfahrt sehr fleissig, fast täglich betrieben, sowohl mit dem grossen Schleppnetz, als mit Handnetzen. Auf die Resultate derselben kommen wir später wieder zurück. Hier sei nur noch erwähnt, dass bei dem prachtvoll intensiven Meeresleuchten, welches das Schiff die meiste Zeit begleitete, besonders reiche und interessante Fänge an Leuchtthieren gemacht wurden.

Koepang.

Am 14. Mai lief S. M. S. „Gazelle" in die an der Südwest-Spitze Timors gelegene Bai von Koepang ein und ankerte vor dem Orte gleichen Namens zu mehrtägigem Aufenthalt. Die Stadt Koepang, die Hauptniederlassung der holländischen Besitzungen auf der Insel und Sitz des Gouverneurs, machte, von Gärten und Palmen umgeben und von der tropischen Sonne beschienen, einen freundlichen Eindruck, welcher erhöht wurde durch die zuvorkommende Aufnahme, die der „Gazelle" von Seiten des Residenten und der europäischen Bewohner des Ortes zu Theil wurde. Die Stadt, deren Bevölkerung aus Holländern, Chinesen, eingeborenen Timoresen und Malayen aus Rotti und Savu besteht, wird durch den Fluss Koinino in zwei Hälften getheilt.

Auf dem rechten Ufer desselben lag das Haus des Gouverneurs, an einem breiten Platze, auf welchem ein stattlicher Banjanbaum weithin seine Aeste ausbreitete, sowie die Gebäude der Beamten und die Wohnhäuser der europäischen und chinesischen Kaufleute. Unmittelbar am Strande erhob sich auf steinerner hoher Plattform die Kirche. Am linken Flussufer standen die Mauern des alten Forts Concordia, welches halb in Verfall, der Kompagnie malayischer Polizeisoldaten, welche die

einzige Truppenmacht Hollands auf der Insel bildeten, als Kaserne diente. Weiter westlich dehnen sich, von Kokos- und Arekapalmen umgeben, die Hütten der hier ansässigen Rottinesen aus.

Hinter der Stadt steigen, von einem kleinen Fluss durchzogen, kahle Hügel aus Korallenkalk empor, welche in einen Bergzug übergehen, der die Insel von Ost nach West durchsetzt. Dieser Korallenkalk bildet oft am Flusse hohe Felsköpfe mit schroffen Wänden, und auf einem derselben, ungefähr eine halbe Stunde von der Stadt, liegt das Dorf oder Kampong des den Niederländern ergebenen Radjah von Koepang, eines sonst unabhängigen Fürsten, dessen Reich südlich vom niederländischen Regierungsbezirk an der Südküste der Insel liegt. Das Dorf ist auf einem kleinen Felsplateau ganz im Grün von Kokospalmen gelegen. Die Gebäude, darunter das europäisch gebaute Haus des Radjah, umschliessen einen freien Platz, in dessen Mitte sich ein prachtvoller Banjanbaum erhebt. So eintönig und fast öde im Ganzen die nächste Umgebung von Koepang ist, so fehlt es doch nicht an reizvoller Abwechselung. So liegt hinter der Stadt ein von einem Nebenzufluss des Koinino durchflossenes sanft ansteigendes Thal, welches durch eine üppige tropische Vegetation geschmückt ist.

Das Strassenleben Koepangs ist für den Neuling ungemein anziehend. Fast alle Händler, deren Kaufläden längs der Strasse liegen, sind Chinesen oder gehören der eigenthümlichen hellbraunen Rasse an, welche durch Vermischung von diesen mit malayischen Frauen entstanden ist. Auf der Strasse hocken rottinesische Weiber, mannigfache Früchte, Büffelfleisch und chinesische Delikatessen feilbietend, und dazwischen drängen sich der ernste Malaye, der Chinese mit seinem lackirten Sonnenschirm, Europäer und der dunkle timoresische Bergbewohner, welcher mit scheuem Blick durch die Menge schleicht, um sich seinen Bedarf an Tabak, Arrak und Pulver zu holen.

Als Schiffsausrüstungsplatz entsprach Koepang nicht allen Anforderungen. Frisches Büffelfleisch war zu mässigem Preise zu haben, das Wasser gut und aus einer Wasserleitung leicht einzunehmen, wenn keine Brandung am Strande stand, Seeprovisionen waren aber nur in geringen Quantitäten und nicht in der besten Qualität, viele Artikel gar nicht zu haben. Grössere Schiffsreparaturen waren nicht ausführbar. Es wurden Borneo-Kohlen dortselbst auf Lager gehalten, welche zwei Drittel des Heizungswerthes der englischen Newcastle-Kohlen besitzen und bei scharfem Feuern die Kesselbleche etwas angreifen.

Die Ansegelung und Einfahrt in die Koepang-Bai bietet der Navigirung keine Schwierigkeit. Von Westen kommend, tritt der an der nordwestlichen Spitze der Insel gelegene Berg Binima oder Timu als eine flachkegelige Erhebung bereits auf eine Entfernung von mehr als 80 Seemilen über den Horizont, welchem bald eine Bergpartie mit dem charakteristischen, einen schräg abgeschnittenen Kegel bildenden, nordöstlich von der Koepang-Bai gelegenen Fatu Leo (der geheimnissvolle Berg) folgt.

Nach der Segeldirektion sollte die die Koepang-Bai im Südwesten abschliessende Insel Semao einen ähnlichen Anblick gewähren wie Timor. Die erstere kam jedoch bei der Ansegelung von Westen als Land mit lang gestreckten flachen Hügeln in Sicht und bildete einen grossen Gegensatz zu den schroffen Formen des Gebirgslandes von Timor. Allerdings hat diejenige Halbinsel Timors, welche sich südlich von der Koepang-Bai erstreckt, in den Formen einige Aehnlichkeit mit Semao, da sie keine hervorragenden Berge besitzt und niedriger ist, als das übrige Timor. Semao ist auch wohl nur als ein durch einen schmalen Kanal von dieser Halbinsel abgetrennter Landestheil zu betrachten. Die Insel Sandy oder Kera stellt sich nicht als eine sandige Insel dar, wie man nach dem Namen vermuthet, sondern ist niedrig und mit Sträuchern bewachsen. Wenn man auf 55 Meter Wassertiefe vor Koepang ankert, wie in den Segelanweisungen empfohlen, so liegt man gegen

2 Seemeilen von der Stadt. Während des Südost-Monsuns kann man ohne Bedenken bis auf 37 und 33 Meter (20 und 18 Faden) herangehen; man liegt dann auch noch fast eine Seemeile von Land ab.

Ein guter Ankerplatz ist 0,8 bis 1 Seemeile in NNW½W von dem Fort Concordia, welches, wie bereits oben erwähnt, unmittelbar an der Westseite der Stadt liegt und an seinen Erdwällen und der Flaggenstange (allerdings erst auf kurze Entfernung) kenntlich ist.

Die ganze äussere Erscheinung Timors macht einen öden und kalten Eindruck. Die Küsten-linien sind einförmig und nur durch wenige tief einschneidende Buchten unterbrochen; die Küsten sind grösstentheils mit trockenen grasbewachsenen Hügelreihen umsäumt, aus welchen nur einzelne Bäume und Buschwerk hervorragen; hinter denselben erheben sich hohe kahle Bergketten, deren höchste Erhebungen 1500 bis 1800 Meter erreichen. Nur einzelne enge Thäler werden durch Wasser-läufe belebt, welche hier im scharfen Kontrast zu der trockenen und kahlen Umgebung eine üppige Tropenvegetation erzeugen. Wenig gemildert wird dieser dürre und öde Charakter des Gebirges in der Periode des Südwest-Monsuns, welcher, von November bis April wehend, zwar viel Regen bringt, jedoch rinnt das Wasser zu schnell von den steilen Höhen herab, um befruchtend auf dieselben ein-wirken zu können.

Die Thierwelt Timors bietet nach dem Bericht von Professor Studer keine auffallenden Formen. Die Säugethiere halten sich wie überall mehr versteckt, und Vögel treten nur an bestimmten offenen Plätzen in den Flussthälern häufiger auf, während die dichten Bambuswälder der Höhen und die Casuarinenwälder wenig Leben blicken lassen.

Von Insekten beherbergen die trockenen Grasfluren der Umgegend von Koepang zahlreiche Heuschrecken, an offenen Stellen zeigen sich Schmetterlinge in wenigen Arten, Abends schwirrten, namentlich bei Pariti, Leuchtkäfer in grösserer Anzahl durch die Luft. Wenige Landschnecken fanden sich im Gebirge an feuchten Blättern.

Das Meer giebt im Golf von Koepang wenig Beute. Die bei Koepang, Pariti und an anderen Stellen einmündenden Flüsse bedecken den Boden des Golfes mit einer Schicht schwarzgrauen Schlickes und hindern so das Thierleben, namentlich das Wachsthum von Korallen. Nur Muriciden und Venus finden im tieferen Wasser, Aria, Oliva, Ranella, Dolium an der flachen Küste von Pariti ihren Unterhalt.

Von den 22 Säugethieren, wovon 13 Fledermäuse sind, sieht der Wanderer höchstens in den Bergwäldern des Tai Mananu das kleine Timorschwein, Sus timoriensis; es ist dunkel, fast schwarz gefärbt, sein Schädel hat die geringe Entwickelung der Eckzähne, die starke Enfaltung der Molaren und Praemolaren und das kurze Thränenbein mit dem Sus indicus gemein. Die Timoresen haben keinen eigenen Namen dafür, sie nennen es Tafi nach dem malayischen Babi. Sonst findet man bei den Timoresen fast immer eigene, von den Malayen verschiedene Thiernamen.

Im Innern, namentlich an ebeneren Plätzen, findet sich häufig der Hirsch, Cervus Peroni; er treibt sich in grösseren Rudeln herum und bildet eine häufige Jagdbeute der Bewohner; seine Geweihe, von denen keines über drei Enden hatte, wurden sehr häufig in Koepang zum Verkauf angeboten.

Ueberall sieht man in Gefangenschaft den javanischen Affen, der an einigen Stellen wild vor-kommen soll. In den Häusern wird ausserdem eine kleine Zibethkatze gehalten, um Mäuse zu fangen. Die übrigen Säugethiere führen ein mehr verborgenes Dasein, nur grosse fliegende Hunde sieht man Abends in der Nähe von Wohnungen um die Bananen- und Pompelmusenbäume fliegen. Die wilde Katze Timors, Felis megalotis, soll nur vereinzelt in Wäldern im Innern vorkommen und sehr wild und scheu sein.

Von Hausthieren verdient hauptsächlich das Pferd eine Erwähnung. Das Timorpferd gehört einer kleinen Rasse von durchschnittlich 120 Centimeter Schulterhöhe und 158 Centimeter Länge an, mit starker Mähne und Schweif und feinen Gliedmaassen. Die Farbe ist sehr verschieden, braun, weiss, isabellfarben und seltener schwarz, häufig auch gefleckt braun und weiss. Bei hellen isabellfarbenen Thieren sieht man zuweilen einen schwarzen Rückenstreifen. Die Schnelligkeit und Kraft, mit der diese Pferde mit unbeschlagenen Hufen steile Bergpfade, die mit scharfen Kalkbrocken besät sind, erklettern, ohne dass der Reiter absteigt, ist staunenerregend. Neben dem Pferd ist der indische Büffel sehr verbreitet; er wird in Heerden, namentlich in den zum Theil sumpfigen Gegenden bei Pariti und a. O. gehalten, während man im Innern hin und wieder verwilderte antrifft.

Ausser diesen wird das Rind, das Schaf, die Ziege und der Hund gehalten.

Von den 118 Vogelarten, welche WALLACE und FINSCH von Timor anführen, sind nur wenige in den Gebirgswäldern zu sehen. Nur hin und wieder zeigt sich der schöne rothe Papagei, Platycercus vulneratus, oder hört man das Gurren einer Taube. Dagegen haben die Flussthäler ein reiches Vogelleben aufzuweisen. Die hier licht stehenden Gawang- und Weinpalmen bieten reichlich Nahrung, namentlich lockt die letztere viele Vögel an; der süsse Saft, der in eigene an der Krone befestigte Behälter fliesst, lockt zierliche kleine Honigsauger und namentlich den Tropidorhynchus timoriensis; das Thier soll sich häufig an dem gährenden Safte förmlich berauschen. Andererseits sammeln sich um den triefenden Saft zahlreiche Insekten, die wieder von insektenfressenden Vögeln aufgesucht werden, so findet sich namentlich bei Pariti häufig der schwarz-weisse Fliegenschnäpper, Muscicapa melanoleuca, der auch am Strande im Mangrovendickicht und in den Gärten des Dorfes angetroffen wird. In den Wipfeln der Palmen fliegt meist paarweise ein Artamus. Die pflaumengrossen runden Früchte der Gawangpalme geben namentlich einer grossen Taube, Carpophaga rosacea, ihre Nahrung; schaarenweise kommt dieselbe Morgens in den Busch geflogen, ihre Nahrung zu suchen. Im Kropfe findet man fast immer eine Frucht der Palme. Auf dem Boden zwischen den Palmen hüpft eine kleine graue langschwänzige Erdtaube, Geopelia Maugei, deren Lockruf, ein kurzes Girren, immer in diesen Niederungen zu hören ist. Am Ufer der Flüsse selbst hält sich ein prachtvoller blaugrüner Eisvogel mit schneeweisser Brust auf; er sitzt gewöhnlich ruhig auf einem niedrigen Ast und lauert auf Fische oder Süsswasserkrebse und wird deshalb von den Eingeborenen auch Burung makanikan, Fischfresser, genannt. Er wurde besonders häufig in den Mangrovesümpfen bei Pariti und später bei Atapopa gesehen. Mit ihm theilen den Aufenthaltsort graue und weisse Reiher und das prachtvolle Sultanshuhn, Porphyrio smaragdinus. In den Gärten bei den Wohnungen wurde Morgens der Rabe, Corvus validus, beobachtet, auf den Bäumen ein scheuer grüner, langschwänziger Papagei, Trichoglossus iris, und um die Hütten fliegt eine Schwalbe, Hirundo nigricans, ganz nach Art unserer Hausschwalben.

Von Reptilien ist in den Mangrovecreeks das Krokodil, Crocodilus biporiatus, häufig; dasselbe wird sehr gefürchtet und soll Menschen angreifen. Am Ufer bei Koepang fand sich an Eidechsen Monitor timoriensis, 48 Centimeter lang, braun und mit schwarzen Flecken, deren jeder einen weissen Punkt hat, und Monitor salvator. In den Palmendächern der Häuser haust ein Gecko und lässt Nachts seinen lauten Ruf ertönen. Ziemlich häufig ist auch ein fliegender Drache, Draco timoriensis, von grauer Farbe mit schwarzen Flecken.

An Schlangen zeigte sich eine Giftschlange, Trimeresurus erythrurus, wovon ein todtes Exemplar im Gebirge bei Baung, abgestreifte Häute an Mauern bei Koepang gefunden wurden. Im Mangrovesumpf bei Pariti hielt sich eine Wasserschlange, Cerberus rhynchops, auf, welche in der Färbung auffallend unserer Würfelnatter ähnelt. Eine andere Art, Hemiodontus leucobalia, wurde in einem Schlammloche bei Atapopa gesehen.

Ein kleiner Frosch, Rana tigrina, oben grünlich, unten weiss, lebte in den Quellen bei Baung. Landschnecken gab es nur wenig Arten, zwei Helix, ein Bulimus und ein Stenogyra.

Der Fluss bei Koepang beherbergte einige Wasserschnecken, Melania, schwarz, meist mit abgestossenen ersten Windungen, und Neritina, schwarz mit weissen Zickzackbinden; beide waren gewöhnlich mit einer Schmutzkruste überzogen.

Die Ausbeute an Insekten war ausserordentlich spärlich. Bei Koepang fand sich von Coleopteren eine kleine grün und grau marmorirte Cetonia an Blättern und eine glänzend blauschwarze Lytta ruficeps, bei welcher der Kopf von rothgelber Farbe eigenthümlich abstach.

Die Orthopteren sind namentlich in den trockenen Busch- und Grasgegenden der Umgebung von Koepang anzutreffen; die auffallendste Form ist eine Cyphocrania-Art (C. Goliath), welche 20 Centimeter lang wird.

Ziemlich häufig findet sich an Blättern und Blattstengeln, durch die fast grüne Farbe kaum zu unterscheiden, eine Raubheuschrecke (Mantis) mit rhombisch erweitertem Thorax; die Wiesen werden von Schnarrheuschrecken verschiedener Arten belebt. Eine Grille ist überall zu hören. Von Libellen sind namentlich Aeschniden häufig, wovon eine mit sammetrothem Hinterleib sehr auffallend ist. Ameisen verschiedener Arten sind überall verbreitet, einige leben auf Sträuchern, wo sie eiförmige Nester aus Blättern bauen.

Von Spinnen sind die grossen Kreuzspinnen hervorzuheben, welche grosse radförmige Nester bauen, in deren Mitte sie auf Beute lauernd sitzen. Unter altem Holz findet man oft auch bei Wohnungen einen kleinen schlanken 5 Centimeter langen Skorpion (Centrurus).

An Süsswasserkrebsen finden sich in dem bei Koepang mündenden Bache zwei Palaemonarten (P. grandimanus und latimanus), die eine 12 Centimeter lang, beim Männchen das zweite rechte Fusspaar stark verlängert und eine Scheere tragend.

Die **Bevölkerung Timors** besteht überwiegend aus den Eingeborenen der Insel, welche über die ganze Insel verbreitet sind, während Europäer und Chinesen sowie die hauptsächlich aus Savu und Rotti eingewanderten Malayen sich lediglich in den Küstendistrikten niedergelassen haben. Ihrem Typus nach gehören die Timoresen keiner einzelnen Rasse an, sondern scheinen aus einem Gemisch von Papuas, Negritos und Malayen hervorgegangen zu sein.[1]

Sie sind kräftig und schlank gebaut, von dunkelbrauner Hautfarbe, dunkler als die Malayen, aber heller als die Papuas, die Haare sind kraus aber durchschnittlich länger als die der Papuas, die Augen gross, die Nase vorstehend und oft mit überhängender Spitze, die Wurzel und namentlich die Flügel breit. Durch Lebhaftigkeit und Gesprächigkeit unterscheiden sie sich von den stillen und verschlossenen Malayen. — Die gewöhnliche Bekleidung besteht aus einem langen um die Hüften geschlungenen und bis über die Kniee reichenden Tuch, dem Sarong, und einem shawlartigen Ueberwurf; beide sind gewöhnlich braun, bei Vornehmeren jedoch das Tuch weiss mit einem bunten Streifen um den Rand, während die Radjahs in der Regel einen weissen Sarong und einen rothen Ueberwurf tragen. Das Haar wird entweder einfach mit einer Schnur zu einem Schopf zusammengebunden und mit einer Feder geziert oder mit einem weissen oder rothen Tuch umschlungen. Als besonderer Schmuck werden Kopfbänder von Silber oder Zinn getragen, die aus einem rothen Band mit anhängenden Silberplatten oder aus einem metallenen Ring, oft mit hohen Zacken, bestehen; ferner sieht man oft

---

[1] Weitere anthropologische Angaben finden sich im ersten Anhang dieses Theiles.

L. Haromann, gez.   W.A.Meyer, lith.

MEO, VORKÄMPFER AUF TIMOR.

Armbänder von Elfenbein oder Perlen, bei den Bergbewohnern häufig Knöchelbänder aus Ziegenfell. An dem Leibgurt, welcher den Sarong festhält, hängen gewöhnlich ein breites Messer in hölzerner Scheide, mit polirtem oder elfenbeinernem Griff (Tafel 28 Fig. 4), Bambusbüchsen zur Aufbewahrung von Tabak und Betel (Tafel 28 Fig. 3 und 6) und zwei Patrontaschen für Pulver und Kugeln. Als Bewaffnung dient ausser dem Messer oder Kries eine Flinte mit Steinkugeln. Der Timorese ist geborener Reiter, da ihm Pferde, welche auf der Insel in grossen Heerden vorkommen, leicht zu Gebote stehen. Er reitet gewöhnlich ohne Bügel und Sattel, nur eine lose Decke unter sich; Gebiss nebst Zaum werden aus Palmfasern gefertigt. Auch Frauen und Kinder reiten in der Regel.

Die Pferde sind klein und schlank gebaut, die Glieder fein, Mähne und Schwanz dagegen stark. Die Thiere sind sehr ausdauernd, ausserordentlich geschickt im Klettern und für das gebirgige Terrain vorzüglich geeignet.

Die Beschäftigung der Eingeborenen besteht, wenn sie nicht Krieg mit einander führen, im Anbau von Reis, Mais, Bananen und Palmen, Zucht von Pferden und Büffeln, sowie Bienenzucht zur Gewinnung von Honig und Wachs.

Die Häuser sind aus Rippen und Blättern von Palmen gebaut. Trotz der kriegerischen Neigung existirt häusliches Leben. Abends wird vor den Häusern auf Violinen und Guitarren, die auch aus Palmblättern hergestellt, musicirt oder nach der Begleitung von Gongs und Trommeln von hübsch geschmückten jungen Mädchen Tänze aufgeführt.

Die ganze Insel ist in viele kleine Reiche getheilt, welche von einheimischen *Radjahs* beherrscht werden und in Bezirke zerfallen, denen Statthalter des Radjahs vorstehen. Die Dörfer, Kampongs, liegen meistens auf Höhen und sind durch Steinwälle befestigt. Die Holländer und Portugiesen haben freilich nominell die Insel im Besitz, üben aber in Wirklichkeit nur eine Art Protektorat über die einheimischen Reiche aus.

Die verschiedenen kleinen Reiche liegen in fast beständiger Fehde mit einander; Grenzstreitigkeiten bieten gewöhnlich die Veranlassung dazu. Der Krieg wird grossentheils zu Pferde geführt und besteht weniger in Schlachten, als in Legen eines Hinterhaltes, Erschiessen einiger vorbeiziehender Feinde, Abschneiden ihrer Köpfe und Verschwinden. Der Kampf, an welchem jeder waffenfähige Mann theilzunehmen verpflichtet ist, wird damit eingeleitet, dass die Heere beider Parteien gegen einander vorrücken. Stehen sie einander gegenüber, so treten phantastisch aufgeputzte Vorkämpfer oder Meos vor die Front, führen Kriegstänze auf, verbunden mit einem heftigen Wortkampf, der zuweilen auch in ein Gefecht zwischen beiden übergeht; dann ziehen sich die Heere zurück, und nun beginnt der Hinterhaltskrieg, bei dem es darauf ankommt den Gegner so viel wie möglich zu schädigen. Vielfach fallen Frauen und Kinder demselben zum Opfer, welche überfallen, getödtet und der Köpfe beraubt werden. Das Kopfabschneiden gilt als die grösste Heldenthat. Die Köpfe werden dem Radjah eingeliefert und zur Schmückung der Umzäunung seines Hauses verwendet. Derselbe belohnt den Kopfabschneider für jedes Haupt mit einem silbernen oder elfenbeinernen Ringe, der als Dekoration gewöhnlich an dem Oberarm getragen wird. Da der Besitz solcher Ringe grosses Ansehen gewährt, so giebt es förmliche Berufskopfabschneider, welche sich von den kriegführenden Parteien anwerben lassen.

Ein solcher Krieg zieht sich oft Jahre lang hin und ist sehr nachtheilig für Handel und Wandel. Die allgemeine Unsicherheit in den zunächst bedrohten Distrikten beeinträchtigt den Feldbau, die Jagd und die Viehzucht. Aus den ebenen Gegenden ziehen sich die Bewohner in die hochgelegenen, oft verschanzten Dörfer zurück. Die Felder liegen brach, es tritt Mangel und Hungersnoth ein, bis eine der Parteien es müde wird und sich schliesslich an die niederländische Regierung in Koepang wendet. Diese versucht durch Abgeordnete auf gütlichem Wege die Parteien zu versöhnen.

Der ziemlich kostbare Anzug eines Timoresischen Vorkämpfers wurde von einem holländischen Kaufmann in Koepang dem Kommandanten S. M. S. „Gazelle" als Geschenk für Seine Majestät den Kaiser und König übergeben und ist auf Befehl Seiner Majestät in dem Museum für Völkerkunde zu Berlin aufgestellt worden.

Dieser Anzug ist auf Tafel 28 abgebildet, während Tafel 27 einen nach der Natur aufgenommenen Vorkämpfer darstellt.

Atapopa.

Am 26. Mai verliess S. M. S. „Gazelle" die Rhede von Koepang, um auf der nördlichen Route durch die Ombay-Passage, die Flores- und Celebes-See und nördlich von Neu-Guinea herumsegelnd, die Inseln Melanesiens und zunächst den Bismarck-Archipel aufzusuchen. Der Kommandant zog diese Route der zweiten ihm in der Segelordre freigestellten durch die Torres-Strasse vor, weil er auf derselben für einen grösseren Theil der Reise günstige Winde erwarten durfte und die Kohlen an einem dem letztgenannten Archipel näher gelegenen Orte ergänzen zu können hoffte, als dies auf der zweiten Tour möglich gewesen wäre. Auf der Fahrt bis Neu-Guinea sollten noch Atapopa und Amboina angelaufen werden, ersterer Ort hauptsächlich seines geologischen Interesses halber, Amboina, um daselbst die Post, welche in Koepang ausgeblieben war, in Empfang zu nehmen.

Atapopa oder die Umgegend dieses kleinen an der Nordküste Timors gelegenen Ortes hatte nämlich die besondere Aufmerksamkeit auf sich gezogen, weil man daselbst einen grossen Reichthum an Kupfererzen vermuthete. Die bei Atapopa zu Tage tretenden grünen Serpentinschichten hatten wahrscheinlich diesen Verdacht erregt und verschiedene Nachforschungen nach Kupfer veranlasst. 1872 wurde die Gegend von dem holländischen Mineningenieur Jonker geologisch untersucht und namentlich die angeblichen Kupferminen einer genauen Prüfung unterzogen. Diese Untersuchungen bereiteten den gehegten Hoffnungen eine bittere Enttäuschung. Von 17 ihm angegebenen Kupferfundorten waren fünf überhaupt nicht zu finden, an den übrigen Plätzen zeigten sich nur so geringe Spuren von Kupfer, dass an eine erspriessliche Ausbeutung nicht zu denken war.

Die „Gazelle" erreichte Atapopa in einem Tage und ankerte am 27. Mai, nachdem zuvor in 8° 48' S-Br und 124° 15' O-Lg (Station 98) eine Tieflothung, Temperaturbeobachtungen, specifische Gewichtsbestimmungen etc. gemacht, wobei eine Tiefe von 3758 Metern und grünschwarzer Schlamm als Grundprobe gefunden wurde, in dem durch Riffe ziemlich gut geschützten, indess räumlich beschränkten Hafen. Grössere Schiffe können in demselben nur vermoort liegen. Bei der Ansegelung von Westen kam der Ort selbst, d. h. ein paar Häuser desselben, erst in Sicht, als die „Gazelle" ziemlich dicht davor war. Jedoch war schon in grösserer Entfernung eine Flaggenstange unter einem scharfgratigen kurzen und steilen Bergrücken sichtbar. Vorher traten die Hütten einzelner südwestlich gelegener Dörfer heraus, von denen das Atapopa nächste Bernuli ist.

Der Hafen hat von der Seeseite nur durch zwei unter Wasser befindliche Korallenriffe Schutz, zwischen denen der Eingang liegt. Das östliche dieser Riffe brandet in der Regel, das westliche selten. Im Innern des von den Riffen gebildeten Bassins liegt eine Korallenbank, welche den Raum noch mehr einschränkt; auf derselben stand eine kleine weisse Bake. Die leitende Marke für die Einsegelung ist ein weisses pyramidenähnliches Grabdenkmal (einem im Kampfe mit den Eingeborenen hier gefallenen holländischen Seeoffizier gewidmet), welches in die Peilung S 17° bis 18° O (miss-

Erklärung der Tafel 28.

(Gegenstände von Timor, Fig. 7 von Punta Arenas, Fig. 9 aus der Galewo-Strasse.)

1   Vollständige Ausrüstung eines Vorkämpfers von Timor.

2. u. 2a.   Filanga.   Hut aus den Blättern von Borassus flabelliformis, gefertigt von den Bewohnern von Rotti und meist von diesen auch zu Koepang getragen; 2. Ansicht von unten; 2a. von oben.

3.   Tibak, cylindrische Bambusbüchse für Betelkalk; das darin steckende Bambusstöckchen dient zur Herausholung des Kalkes, indem es mit den Lippen befeuchtet wird; 11½ cm gross, 5 cm Durchmesser.   Timor.

4.   Messer, sowohl als Waffe wie als Werkzeug zum Oeffnen von Kokosnüssen dienend; 42 cm lang. Koepang, Timor.

5.   Pulvermaass, aus einem grossen Zahn mit Holzhals, der in der Mitte sich öffnet, doch so, dass der Deckel und das Gefäss an Lederstreifen auseinandergeschoben werden. Ueber dem Deckel befindet sich ein langer Ansatz, bestehend aus zwei Kupferplättchen, einer Reihe von Muschelschalen und einer grossen Glasperle.   Länge 38 cm. Atapopa, Timor.

6.   Tibak, cylindrische Bambusbüchse mit hölzernem Boden und Deckel aus Kokosnuss für Tabak, Betelnüsse u. dergl., 7½ cm hoch, 5¼ cm Durchmesser.

7.   Kalebasse für Thee.   Patagonisch, in Punta Arenas erworben.

8.   Kaiselemi, Stoffprobe, dieselbe Borte rechts und links, in der Mitte der Stoff gleichförmig mattgelb; timoresische Arbeit; Länge 1,64 cm, Breite 1,3 cm.

9.   Bank zum Oeffnen von Kokosnüssen; der Betreffende setzt sich quer über die Bank und schält die Nüsse mit dem Eisen (gocko) aus.   63 cm lang; 8½ cm hoch.   Prinzen-Insel, Galewo-Strasse.

weisend) zu bringen ist, wobei es sich recht unter einer hochgelegenen Felsenschlucht oder Pass, Batu Gadoa, befindet, und so gehalten werden muss. Die Bank lässt man beim Einsegeln an Steuerbord und ankert, sobald sie passirt ist, etwas westlich der Einsegelungslinie auf 13 bis 15 Meter Wasser.

Von dem eigentlichen Orte waren von See aus nur die zwei Häuser des niederländischen Beamten (Postenhalter) und der ihm unterstellten Polizisten zu sehen, das eigentliche fast nur von Chinesen bewohnte Dorf liegt am Boden der hier von steilen, aber zum Theil mit schöner Vegetation bekleideten felsigen Bergen gebildeten Schlucht. Dieselbe wird durchströmt von einem Bache, welcher sich in ein Vorbecken ergiesst und, hier in einzelnen Theilen stagnirend, gesundheitsschädliche Mangrovesümpfe bildet. Das Wasser des Baches, wo es, von den Bergen kommend, in das Dorf eintritt, ist indess sehr gut, es darf nur nicht aus der unteren Ansammlung genommen werden.

Von Provisionen waren nur etwas Büffelfleisch und Früchte zu haben.

Kleinere Fahrzeuge finden noch genügende Wassertiefe und Raum in der Flussmündung selbst.

Der Handel des Platzes besteht vorzugsweise in der Verschiffung von Sandelholz und wird von Chinesen betrieben.

Grössere Schiffe können im Südost-Monsum auf der Rhede in 73 Meter Wassertiefe, das Grabdenkmal zwischen SSO und SzO, ankern. Der Meeresgrund steigt indess sehr steil zu den Eingangsriffen an, von denen man auf 70 bis 90 Meter Tiefe nur 2 bis 3 Kabellängen entfernt liegt.

Die Position des Grabdenkmals wurde auf 8° 59′ 49″ S-Br und 124° 51′ 8″ O-Lg bestimmt.

Atapopa ist ein niederländischer Regierungsposten, an welchem ein Postenhalter mit einer Anzahl malayischer Polizeisoldaten stationirt ist.

Die Berge erheben sich an dieser Küste als steil abfallende Höhenrücken gleich vom Strande an, der nur ein schmales mit Gebüsch und einigen Kokospalmen bewachsenes Vorland bildet. Die Höhenzüge bestehen aus Serpentin und Serpentinkonglomerat, auf dem nur eine spärliche Vegetation wächst. Gelbgebrannte Wiesen von Alang-Alang-Gras überziehen die Hügelflächen, und vereinzelte Eukalypten und Akazien sind nicht im Stande, den Eindruck einer unfruchtbaren Trockenheit zu mildern. Mitunter ist diese Hügelreihe von einem bewässerten Querthale durchbrochen oder von einer Schlucht zerrissen, durch welche ein kleines Bergwasser zur Tiefe eilt, und hier ruft die belebende Feuchtigkeit den ganzen Reichthum einer Tropenvegetation hervor. So fliesst einige Meilen westlich von Atapopa der kleine Fluss Sume oder Bernuli durch ein breites Querthal dem Meere zu und bringt in seinem Bereich üppiges Grün hervor, zwischen dem sich die Hütten des gleichnamigen Dorfes verstecken.

Die Schlucht von Atapopa, welche die Serpentinhügelkette der Küste durchbricht, wird durch eine eigenthümliche Felsbildung nach Süden abgeschlossen. Dieselbe stellt zwei hohe Pfeiler dar, welche eine schmale thorartige Lücke zwischen sich lassen. Sie heissen Batu Gadoa, die Thorfelsen, und bilden, wie schon oben erwähnt, eine gute Landmarke für die Ansteuerung des Hafens. Diese Felsen bestehen nicht mehr aus Serpentin, sondern aus einem neueren vulkanischen Konglomerat von Trachyt, das sich südlich an die Serpentinhügel der Küste anlehnt und die dahinter liegenden Schichten von Kalk und Sandstein durchbrochen hat. Mit raschem Gefälle durchströmt die Schlucht ein klarer Bergbach, mannigfaltige kleine Kaskaden und wieder ruhige Weiher bildend, bis er, tiefer gelangt, zwischen den in Gärten versteckten Hütten von Atapopa ruhiger dahinfliesst, um sich endlich in eine kleine von Mangrovevegetation umsäumte Bai zu ergiessen. Der steilere Theil der Schlucht ist bewaldet. Hier wachsen Bambus, Sandelholzbäume, Ficus- und Arekapalmen, Cykadeen und Farren breiten ihre Wedel im Schatten der Baumkronen aus, deren Stämme von Farren, Orchideen und Rotang überwuchert und umschlungen werden, während sich am Boden ein schwellender Teppich von zierlichen Selaginellen ausbreitet. Tiefer ziehen sich das thalartige Ende der Schlucht entlang die freundlichen Häuser des Dorfes, meist saubere, geräumige Hütten, von Obstbäumen und Bananen-pflanzungen umgeben.

Geht man über das bewässerte Thal hinaus und steigt aus der Schlucht nach Westen auf den in das Innere führenden Pass des Busamuti, so tritt man sogleich wieder auf den trockenen, ausgedörrten Serpentinboden, der nur spärliches Gesträuch und steifes Alanggras hervorbringt.

Eine Partie ins Innere nach einem ungefähr eine halbe Tagereise entfernten Hügel, dem Suka-bularan, welchen zu erreichen die Küstenhügelreihe, die alle Aussicht auf das Innere abschloss, über-schritten werden musste, gab Gelegenheit, während des kurzen Aufenthalts S. M. S. „Gazelle" in Atapopa die Umgebung nach Möglichkeit kennen zu lernen.

Von Atapopa nach Amboina.

Nachdem der Kommandant und die ihn begleitenden Offiziere von dieser Exkursion zurück-gekehrt waren, verliess die „Gazelle" noch denselben Abend, den 28. Mai, Atapopa, um die Ombay-Passage, die Flores- und Banda-See durchsegelnd, Amboina zuzusteuern. Der Kurs führte zwischen Ombay und Kambing hindurch, westlich von der Insel Wetta und ziemlich dicht bei Gunong Api und den Lucipara-Inseln vorbei. Auf der Fahrt wurden folgende für die Navigirung wichtige Beobach-tungen gemacht.

Die *Insel Flores* zeichnet sich durch eine Reihe von hohen Piks aus, die man bis auf 90 See-meilen Entfernung und viele Stunden früher als das übrige Land dieser Insel in Sicht haben kann.

Lomblen oder *Kawella* hat drei Berge, welche das dazwischen liegende Land überragen; der südwestliche Mt. Lamararap, flach kegelförmig; auf der nordöstlichen Spitze wurde ein hoher, plateau-förmiger Berg, wahrscheinlich Mt. Lobetolo, gesehen und zwischen beiden ein weiter zurückliegender von kraterförmiger Gestalt.

Hervorragende Berge mit etwas rundlichen, aber gespaltenen Kuppen sind die beiden auf der Südspitze der Insel *Pantar* gelegenen, deren Westspitze ein Hochplateau bildet. Zwischen diesem und dem bei der Insel Lomblen erwähnten Plateau ist der Eingang in die *Allor-Strasse*. Von den in der-selben gelegenen kleinen Inselchen ist die eine ebenfalls hoch und über 25 Seemeilen weit sichtbar.

Auch die beiden in der *Pantar*- oder *Twerin-Strasse* gelegenen Inseln sind hoch, Gr. Pura kraterförmig, Twerin rundlich. Da der höhere der beiden Berge auf der Insel Pantar (der östliche) ein vorzügliches Peilungsmark abgiebt, so wurde von der „Gazelle" die Position bestimmt, welche von der auf den englischen und holländischen Karten angegebenen etwas abwich, und zwar zu 8° 30′ S-Br und 124° 5′ O-Lg.

Die Insel *Ombay* (oder Allor) hat von Südwest gesehen keine hervorragenden Berge, die Konturen des sie durchziehenden Gebirgsrückens sind indess schroff.

Aehnlich, aber noch schroffer und zerrissener ohne hervorragende Berge ist der Rücken der Insel *Wetta*, während *Kambing* drei höhere Berge auf ihrem südlicheren Theile besitzt, welcher durch niedriges Land mit dem aus mehreren kleinen Hügeln bestehenden nördlichen Theile zusammenhängt. Die kleine Insel *Babi* ist nicht sehr hoch und besteht aus einem oben flachen Berge oder Hügel.

Der Strom in der Strasse zwischen der Insel Pantar und Ombay einerseits und Timor anderer-seits ist in seiner Richtung veränderlich. Er setzte zur Zeit des Südost-Passates zwischen WzN und SSO ½ bis 2 Seemeilen in der Stunde; seine volle Stärke erlangte er erst in der eigentlichen

Ombay-Passage, d. h. zwischen Ombay und Kambing, wo er mit 3 Knoten und mehr auf die Insel Timor zu und an ihrer Küste südwestwärts läuft. Nach glaubwürdiger Mittheilung soll er sogar zuweilen 6 bis 7 Knoten laufen.

Um diesem heftigen Strome bei einer Passage nordwärts zu entgehen, thut man gut, dicht unter der Insel Ombay entlang zu gehen, woselbst sich bis auf mässige Entfernung vom Ufer keine Gefahren unter Wasser befinden und nur ganz unbedeutender, zuweilen sogar etwas mitsetzender östlicher Strom läuft. Das Riff an der Südost-Spitze von Ombay kennzeichnet sich und ist daher zu vermeiden, während die in den Karten an der Nordostspitze eingetragene kleine Insel nicht existirt. Dagegen liegt eine mit einem Riff umgebene kleine Sandbank ungefähr OSO von jener Nordostspitze. Die Spitze selbst wird von einem Riffe eingefasst, das mit jener Sandbank zusammenhängen mag.

Die Existenz des in der britischen Admiralitätskarte östlich jener nicht vorhandenen kleinen Insel als „reported" eingezeichneten Felsens ist zweifelhaft, da beim Passiren der Stelle keinerlei Anzeichen einer Untiefe bemerkt wurden. Hier pflegt jedoch starke Stromkabbelung zu herrschen, welche für Riffbrandung gehalten sein mag. Trotzdem ist Vorsicht zu empfehlen, bis die Nichtexistenz des Felsens durch sorgsames Suchen positiv konstatirt ist.

Da in der Ombay-Passage kein Ankergrund vorhanden ist, so verlangt die Navigirung durch dieselbe bei Nacht mit Gegenwinden in Folge der starken und veränderlichen Strömungen grosse Vorsicht. Es verdienen unter solchen Umständen die schmaleren Passagen durch die Flores- oder die Boleng-Strasse den Vorzug, weil in ihnen des Nachts geankert werden kann.

Die Insel *Gunong Api* ist ein sich kegelförmig hoch und steil aus dem Meere erhebender Krater. Ein Theil der Kraterwand des Gipfels ist eingestürzt, weshalb von einzelnen Seiten zwei Bergspitzen erscheinen. An den schrägen Wänden sieht man den rothen Lavafluss, dazwischen ein wenig Strauchvegetation.

Auf dem Krater pflegen weisse Dampfwölkchen zu lagern, ein eigentliches aktives Verhalten war nicht wahrnehmbar. In der kurzen Entfernung von 12 Seemeilen im Nordwesten der Insel wurden 4243 Meter (2320 Faden) Tiefe gelothet.

Die *Lucipara*-Inseln. Von diesen Korallen-Inseln kam die grösste auf 14 bis 15 Seemeilen Entfernung als ein kleiner haufenartiger Busch in Sicht, nach und nach tauchten die Palmen dieser und der anderen Inseln aus dem Wasser auf. Die grösste Insel hat zwei mit Buschwerk bedeckte Erhebungen, die übrigen Inseln sind eben und alle belaubt, vorzugsweise mit Kokospalmen. Das die Inselgruppe umgebende Riff geht ziemlich dicht an das Westende der grösseren Insel heran, während es sonst weiter von den Inseln abbleibt und eine — wie es schien flache — Lagune einschliesst. In Lee der Insel zu ankern, war nicht möglich. Ein dorthin entsandtes Boot fand drei bis vier Bootslängen vom Strande 55, eine Schiffslänge davon 70 Meter, auf kaum zwei Seemeilen Entfernung schon 1060 Meter Wasser und felsigen Grund. Das Ankern ist also, wenigstens an dieser westlichen Seite, ausgeschlossen. Ebenso wenig befindet sich hier ein Eingang in die Lagune.

Die Lage der Inseln unter einander, sowie die Länge wurde mit der niederländischen Karte in Uebereinstimmung gefunden, die Breite dagegen besser mit der britischen Karte stimmend. Die für das Nordende der westlichsten und grössten Insel bestimmte Position ist: 5° 27′ 24″ S-Br und 127° 31′ 54″ O-Lg.

Wind und Wetter. Der Südost-Passat in der Banda-See (zwischen den Sunda-Inseln und Amboina) wurde Ende Mai und Anfang Juni zwischen SSE und ESE und in einer Stärke zwischen 1 und 5 schwankend angetroffen. Bei SSE und ESE pflegte der Wind am frischesten zu wehen.

Das Wetter war dabei gut. Erst mit dem Sichten Amboinas machte sich die zu der Zeit dort herrschende Regensaison geltend.

Strömungen. Unmittelbar nördlich der Sunda-Inseln hatte die Driftströmung eine südwestliche Richtung, im Uebrigen wurde ein WNWlicher Strom von 0,7 bis 2,2 Knoten Geschwindigkeit gefunden. Der stärkere Strom lief zwischen Gunong Api und den Lucipara-Inseln, zu welcher Zeit allerdings gleichzeitig der Südost-Passat frisch wehte.

Lothungen, Temperatur - Messungen und Bestimmungen des specifischen Gewichtes wurden zwischen Timor und Amboina nur drei Mal gemacht, und zwar in 7° 35′ S-Br und 125° 27′ O-Lg (Station 99), in 6° 33′ S-Br und 126° 29′ O-Lg (Station 100) und in 5° 27′ S-Br und 127° 32′ O-Lg (Station 101). Auf den ersten beiden Stationen wurden ausser den Lothungen auch Temperatur-Reihen genommen, das specifische Gewicht des Wassers an der Oberfläche, in 91 und 183 Meter (50 und 100 Faden Tiefe) und am Grunde, sowie auf der ersten auch der Strom in verschiedenen Tiefen gemessen. Das Loth ergab auf beiden Stellen gleiche Meerestiefe, 4243 Meter, in welcher das Thermometer eine Temperatur von 2,9 resp. 3,0° C anzeigte, der Strom setzte nach Osten, an der Oberfläche wenig nördlicher als Ost, in den tieferen Schichten etwas südlicher. Die letzte Station mit 1152 Meter Tiefe fällt dicht an die Lucipara-Inseln, bei welchem der steile Abfall des Meeresbodens bereits oben erwähnt ist. Die hier gefundenen für die Tiefen verhältnissmässig hohen Bodentemperaturen legen die Vermuthung nahe, dass die Banda-See nicht in direkter Kommunikation mit dem offenen Meere steht, sondern dass sie durch eine ungefähr bis zu 1700 Meter unter die Meeresoberfläche reichende Bodenschwelle sowohl gegen den Indischen als den Stillen Ocean abgeschlossen wird.

Amboina.

Am 2. Juni kam die „Gazelle" in Amboina an und nahm daselbst, auf die Post wartend, einen mehrtägigen Aufenthalt. Die Insel Amboina zerfällt durch zwei von Westen und Osten tief einschneidende Buchten in zwei Theile, welche nur durch eine schmale Landzunge mit einander verbunden sind und sich in ihrem geologischen Charakter wesentlich von einander unterscheiden. Der nördliche grössere Theil hat hohe Berge und besteht vorzugsweise aus vulkanischem Gestein, während der südliche Theil nur geringe Erhebungen hat und Granit, Gneiss und sedimentäre Gesteine aufweist. Die westliche langgedehnte Bucht bildet einen schönen Hafen, an dessen südlicher Seite die Stadt Amboina in einem von hohen bewaldeten Bergen umgebenen Thalkessel sehr hübsch gelegen ist.

Am Nordufer der Bai von Amboina trifft man schon am Strande vulkanische Gerölle von Trachyt, in den zahlreich das Land durchschneidenden Bachbetten an den Seiten ein Trachytkonglomerat aus einer tuffartigen Grundmasse und Rollstücken von Trachyt. Der Boden ist dicht bewaldet, und über die Baumkronen ragen noch die mächtigen Wipfel des Durrianbaumes. Die Gegend ist ziemlich eben, nur hier und da zu domförmigen Hügeln erhoben.

Das Südufer der Bai, wo die Stadt liegt, zeigt keine vulkanischen Spuren. Die südlich der Stadt liegenden Höhen, von tiefen, in üppigem Grün prangenden Thälern durchschnitten, bestehen aus einem gelbrothen Sand, in welchem Gerölle von Granit, Gneis und schwarzem Kalk liegen. Weiter südlich trifft man auf einen rostrothen Sandstein aus Quarzkörnern und kalkigem Bindemittel. Diese Sandsteinzüge zeigen eine weniger üppige Vegetation, sind vielmehr meist mit hartem Grase und dem lichte Wälder bildenden Cajeputbaum bestanden. Am Südwestende der Insel erstreckt sich am Fusse des Bergrückens längs des Meeres eine kleine Ebene, deren Boden ganz aus jungem Meereskalk besteht. Die die beiden Theile der Insel trennende Bucht verengt sich eine halbe Seemeile östlich von Amboina, um sich dann wieder zu einem grösseren Becken zu erweitern. Die ganze Umgebung dieses Beckens ist mit dichtem Walde bedeckt. Der Meeresboden dieses Beckens besteht aus schwarzem Schlick, der nur Pflanzenreste enthält, und erhebt sich sanft gegen das Nordufer, während am ganzen Südufer längs der Küste ein Korallenriff läuft, das, aus 13 Meter aufsteigend, bei Ebbe fast trocken fällt und nur noch kleine Korallenformen lebend aufzuweisen hat. Der Boden des westlichen Beckens mit dem Hafen von Amboina besteht aus schwarzem Schlamm. Etwas östlich der Stadt an der hier felsigen Küste trifft man in 1 bis 6 Meter Tiefe die Korallen in schönster Entwickelung. Das Wasser ist bei ruhigem Wetter vollständig durchsichtig, so dass man die Stämme der Madreporen, die kopfartigen Stern- und Labyrinthkorallen in voller Entfaltung sieht. Dazwischen schwimmen bunte Fische, worunter der saphirblaue Glyphisodon einer der auffallendsten ist.

Eine weitere Exkursion wurde nach einer 1½ Stunden südlich der Stadt liegenden Sandstein-höhle unternommen. Ein sehr steiler Eingang führt hier ungefähr 20 Meter in die Erde hinunter, worauf der Boden ziemlich eben verläuft. Die Höhle besteht aus drei hintereinander liegenden Räumen, alle etwas über Mannshöhe hoch; der Boden der beiden hinteren Abtheilungen ist mit Wasser bedeckt; die Wände bestehen aus Kalksinter, während Stalaktiten zapfen- und mantelförmig von der Decke herabhängen. Im letzten, vollkommen dunkelen Raum ist der Boden mit schwarzem Schlick bedeckt, in welchem Zweige und Pflanzenreste stecken; hier wurden auch einige Thiere beobachtet. Flügellose Heuschrecken von grillenartigem Habitus mit grossen Augen, langen Beinen und Fühlern bewegten sich mit grosser Geschwindigkeit an den Wänden, neben denselben eine kleine Krabbenspinne und eine Skorpionspinne. Zahlreiche Salanganen, welche in der Höhle nisteten, flogen, durch die Fackeln erschreckt, mit schrillem Geschrei durcheinander.

Kapitel IX.

Von Amboina nach dem Mac Cluer-Golf, Neu-Guinea.

Die Manipa-Strasse. Die Pitt-Strasse. Neu-Guinea und Beschreibung des Mac Cluer-Golfes. Ethnologische Beobachtungen. Die Bevölkerung des Mac Cluer-Golfes. Aeussere Erscheinung und Charaktereigenschaften der Eingeborenen. Kleidung, Pflege des Leibes. Schmuckgegenstände. Häuser und Dörfer; Hausgeräthe. Hausthiere. Nahrungsmittel. Familienleben, Stellung der Frauen. Beschäftigung; Bootsbau; Werkzeuge. Waffen. Geräthe zur Jagd und zum Fischfange. Musik-Instrumente. Religion und Kultus.

Am 11. Juni verliess die „Gazelle" nach Auffüllen von Kohlen Amboina und steuerte durch die Manipa-Strasse in die Pitt-Passage und dann ostwärts an der Nordküste von Ceram entlang.

Die *Manipa-Strasse*, als die breiteste der drei nach der Pitt-Passage führenden Fahrstrassen, scheint während des östlichen Monsuns nur geringen Strom zu haben und kann — da sie frei von Untiefen und die angrenzenden Inseln hoch sind — auch unbedenklich während der Nacht befahren werden. Die kleine Insel Suangi, welche im östlichen Theile der Strasse liegt (westlich von Manipa), ist hoch und steil, das gegenüberliegende Bouro hoch und gebirgig. Manipa und Kelang, sowie der südliche Theil von Boano haben zerrissene Kämme und einzelne steile Gipfel von einer Durchschnittshöhe von ca. 150 bis 180 Meter. Das Nordostende von Boano, vor welchem ein Riff und Felsen liegen, ist dagegen niedrig. Die Insel Ceram ist ebenfalls sehr hoch und gebirgig. Ihre Nordwest-spitze, Kap Talanuru, fällt, von Westen gesehen, ziemlich steil ab.

Der Strom in der *Pitt-Passage*, ca. 12 Seemeilen westnordwestlich von Boano, setzte 2,3 Knoten nach W ½ N mw. Die Messung fand allerdings bei starkem östlichen Winde statt, welcher in diesen Meeren sofort eine starke Driftströmung zu erzeugen scheint. Der durchschnittliche Strom in der Pitt-Passage wurde durch das Besteck in derselben Richtung, aber nur 1 Knoten stark setzend, ermittelt. Der Südost-Monsun wird hier überall stark durch das Land beeinflusst. Aus der zwischen Bouro und Ceram von der Pitt-Passage südwärts führenden Strasse stösst er in starken Regenböen heraus und wechselt in der Richtung zwischen SSW und Ost.

Die an der Nordküste Cerams gelegenen *Nusa-Ella-Inseln* sind schön bewaldete, aber niedrige Inseln, während die in der Bai von Savaai gelegene Inselgruppe höhere Inseln hat, eine davon rundkuppig.

Vor dieser Bai wurde schwacher nordnordwestlicher Strom an der Oberfläche, dagegen in 91 und 183 Meter Tiefe östlicher Strom von 0,6 bis 0,7 Knoten Geschwindigkeit gemessen. Es erscheint wahrscheinlich, dass der erstere ein Ebbestrom ist, da an der Küste Cerams von der genannten Bai ostwärts nur ein ganz unbedeutender nordwestlicher Durchschnittsstrom ermittelt wurde.

Oestlich der Bai von Savaai hat Ceram flaches Vorland, während das Hinterland zu bedeutender Höhe ansteigt. Die Nordost-Spitze dieser grossen Insel hat weit mehr gestreckte Berge, als der übrige Theil und endigt als Kap Lengova (Semgum) in einem Hügel von rundlicher Form, jedoch mit einigen Unebenheiten.

Die Inselchen südlich der Insel Mysole scheinen steil, aber nicht hoch zu sein. In Bezug auf die Lage dieser Inselchen sind die Karten wahrscheinlich ziemlich ungenau, wie auch die Längen des östlichen Theiles von Ceram nebst der Insel Parang zu östlich gefunden wurden, indess gestatteten Wetter und Entfernung keine zuverlässige Beobachtung.

Die Insel *Sabuda* (Wonimelot) und die *Pisangs* lagen in den Karten falsch, namentlich in der Breite. Es wurden für die Ostspitze der Insel Sabuda folgende Position bestimmt: 2° 36,7' S-Br und 131° 41' O-Lg, während die Pisangs (Dampiers Fledermaus-Inseln) auf ungefähr 2° 41' S-Br liegen.

Die Ostspitze Sabuda's ist entweder eine besondere kleine Insel oder nur durch niedriges Land mit der Hauptinsel verbunden. Die Insel Sabuda ist mittelhoch, mit welligen Konturen und bewaldet, während die Pisangs niedriger sind und etwas weniger sanfte Konturen haben. Sie markiren sich, aus südlicher Richtung gesehen, als drei grössere hügelige Inselchen oder Gruppen und ein paar ganz kleine Inselchen resp. Felsen, und sind alle mit Vegetation bedeckt.

Die Wassertiefe nimmt von der Pitt-Passage her auf dem Breitenparallel der Pisangs nach diesen Inseln zu allmählich ab, indem nördlich von Kap Lengova 1810 Meter und 40 Seemeilen östlicher (in Sicht der Pisangs) noch über 183 Meter, bei den Pisangs selbst 91 bis 110 Meter Tiefe gefunden wurde, und die Tiefen von hier nach dem Mac Cluer-Golf auf Neu-Guinea sich zwischen 82 und 55 Meter hielten.

Im Allgemeinen scheinen sie gleichmässig, d. h. ohne bedeutende Sprünge zu verlaufen, obgleich der Boden bei den Tiefen unter 183 Meter, ausser in dem Mac Cluer-Golf und den Baien desselben, aus Fels oder grobem Muschelsand besteht. Bei den tieferen Lothungen in der Pitt-Passage war der Grund ein grünlich grauer Schlick.

Stationen für oceanographische Beobachtungen wurden auf dieser Tour drei gemacht, in 2° 54,5' S-Br und 127° 46,5' O-Lg (Station 102), in 2° 37,5' S-Br und 129° 19,5' O-Lg (Station 103),

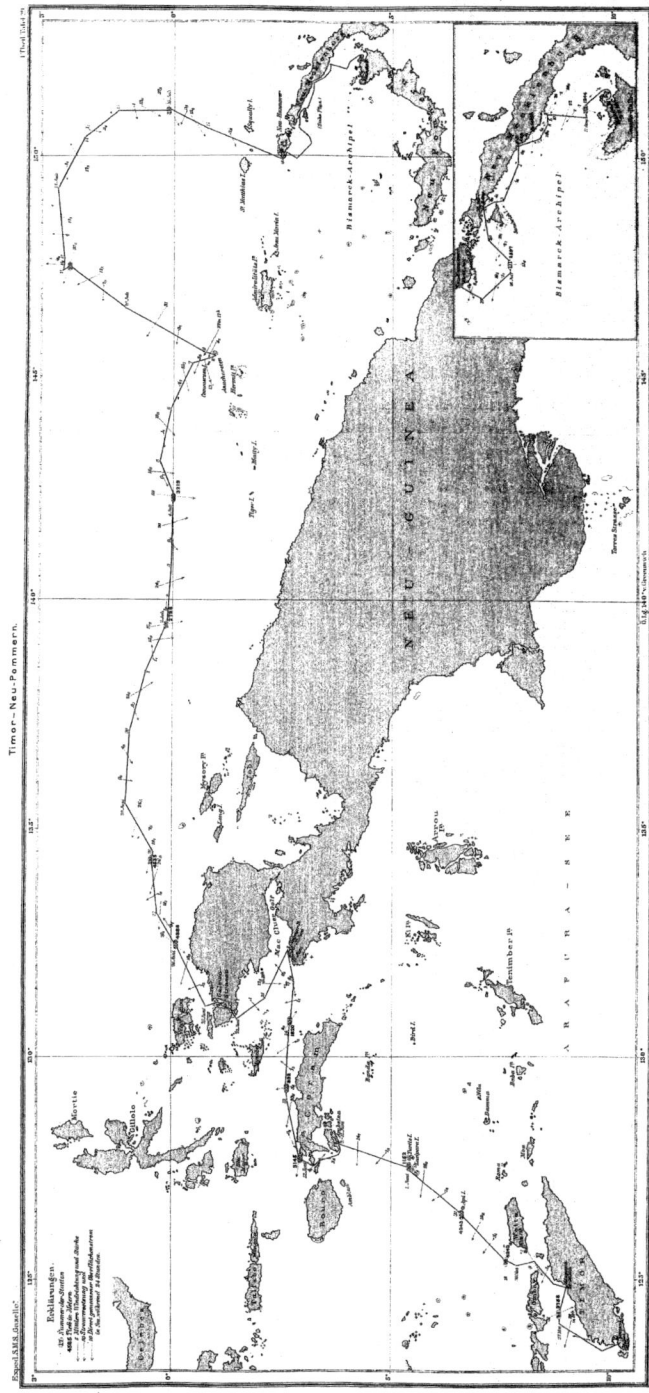

NEU-GUINEA

Bismarck Archipel

Bismarck Archipel

sowie in 2° 42,5′ S-Br und 130° 46′ O-Lg (Station 104); es wurden 3145, 832 und 1820 Meter Wassertiefe gelothet; der Meeresboden bestand aus grüngrauem Schlick.

Statt des erwarteten Südost-Passates traf die „Gazelle" auf der Reise meistens Windstille mit
starken Regengüssen, so dass sie genöthigt war, längs der Nordküste von Ceram zu dampfen.

Theils um die verbrannten Kohlen vor dem Eintritt in den Stillen Ocean durch Einnahme von
Holz etwas zu ergänzen, theils um zur Erforschung der noch mangelhaft bekannten Nordwestküste
von Neu-Guinea beizutragen, beschloss der Kommandant, dieselbe anzulaufen, steuerte am 15. Juni in
den Mac Cluer-Golf und ankerte Abends nach Dunkelwerden in einer an der Südwestseite des Golfes
gelegenen Bai, der Segaar-Bai, welche weder in den englischen noch in den holländischen Karten
angegeben war, über dessen Existenz der Kommandant indess durch eine holländische Skizze, in
welche derselbe während des Aufenthaltes in Amboina Einsicht erlangt hatte, unterrichtet war.

Neu-Guinea.

Obgleich die Entdeckung Neu-Guineas bereits vor derjenigen des jetzt mit blühenden Kolonien
bedeckten australischen Kontinentes stattfand, und die Insel von vielen europäischen Reisenden und
Forschern berührt worden ist, so waren doch die Kenntnisse über dieselbe nur ausserordentlich dürftig
und erstreckten sich nur auf einige Küstenpartien; das Innere war noch so gut wie vollkommen verschlossen, und erst in der neuesten Zeit ist es einzelnen kühnen Forschern gelungen, in das Herz des
Landes vorzudringen.

Die Entdeckung der Insel durch Europäer fällt in den Anfang des 16. Jahrhunderts und ist
portugiesischen Seefahrern zuzuschreiben. Bereits 1511 hat Antonio di Abreu diese Gewässer befahren,
die Aru-Insel aufgesucht und von dort sich nach den Molukken begeben. Obgleich es wahrscheinlich
ist, dass er auf dieser Reise wenigstens Neu-Guinea zum ersten Male gesehen, so ist es doch nicht
nachweisbar. Glaubhafter ist, dass der Portugiese Jorge de Meneses der Entdecker ist, welcher, vom
Gouverneur von Goa abgeschickt, um auf der Molukken-Insel Ternate einen Aufruhr zu unterdrücken,
durch den Nordwest-Monsun dorthin getrieben und bis zum Eintritt des Südost-Monsuns daselbst aufgehalten
wurde. Es folgte nun eine grosse Reihe von Entdeckungsfahrten, von denen hier nur einzelne
erwähnt werden können. Schon zwei Jahre nach Meneses ging der Spanier Alvaro de Saavedra in
einer inselreichen Bucht der Nordküste zu Anker und nannte die Inseln, da er ein Goldland suchte,
Islas de Oro.

Ortiz de Rete, welcher 1545 die Nordküste befuhr, legte dem Lande den Namen Neu-Guinea
bei, da ihn dasselbe nach seinen farbigen Bewohnern an die Westküste Afrikas erinnerte. 1606
entdeckte Vaez de Torres die Louisiaden-Inseln, die nach ihm benannte Strasse und die Südküste
von Neu-Guinea; seine Aufzeichnungen wurden jedoch im Archiv von Manila niedergelegt und blieben
bis 1762 der Welt verborgen. Die Holländer Schouten und Jacob le Maire machten 1616 an der
Nordost- und Nordküste einige wichtige Entdeckungen, und verdanken wir denselben die ersten
Berichte über die Bewohner des Landes.

Seit Anfang des 18. Jahrhunderts nahmen auch die Engländer an diesen Entdeckungsreisen
Theil; 1700 berührte Dampier auf seiner Weltumsegelung Neu-Guinea und fand die nach ihm benannte
Strasse auf, die Neu-Guinea von Neu-Pommern trennt. 1705 entdeckte Jacob Weijland auf einer
grösseren Expedition mit dem Schiffe Geelvink die nach dem Schiffe benannte grosse Bucht im Nord-
westen der Insel und machte an der Küste verschiedene werthvolle Aufnahmen. 1767 berührte
Carteret die Nordküste, 1768 entdeckte Bougainville die seinen Namen führende Strasse, 1770

endlich segelte Cook bei seiner ersten grossen Expedition durch die Torres-Strasse und konstatirte die vollkommene Trennung Neu-Guineas von dem australischen Kontinent.

In Folge seines Besuches schickte die englisch-ostindische Kompagnie 1774 Forrest dorthin, welcher werthvolle Forschungen anstellte. Die durch seine Berichte erlangte geographische Kenntniss der Insel wurde erst durch den französischen Kapitän Duperrey wesentlich bereichert, welcher 1822 bis 1825 die Nordküste befuhr, Doreh und die Schouten-Inseln besuchte.

Durch einen Vertrag zwischen Holland und England wurde die Insel nominell im Jahre 1824 in zwei Theile getrennt, welche durch den 141. Grad östlicher Länge geschieden wurden. Bald darauf begann die holländisch-ostindische Kolonie die Kolonisirung ihres Theils der Insel und liess durch Lieutenant Steenbom und Modiera mit den Schiffen „Triton" und „Iris" an der Südwestküste im Hafen Dubus eine Niederlassung mit Fort errichten, welche jedoch schon 1835 wegen zu ungesunden Klimas wieder aufgegeben werden mussten. Als Dumont d'Urville, welcher mit der „Astrolabe" bereits 1827 Neu-Guinea besuchte, später im Jahre 1839 wieder nach Dubus kam, fand er vom Fort keine Spur mehr.

Von den weiteren Forschungsreisenden sind besonders hervorzuheben: Belcher 1840, Blackwood 1843, Owen Stanley und Mac Gillivray 1846 bis 1850, Wallace 1858, Rosenberg auf der „Etna" 1858, Cerrutti 1861, Bernstein 1862, Beccari und d'Albertis 1872, Moresby 1871 bis 1873, Miklucho Maklay 1871 bis 1882.

Der Mac Cluer-Golf hat seinen Namen von dem Engländer Mac Cluer, welcher im Jahre 1791 denselben besuchte, wenngleich die Entdeckung aus einer viel früheren Zeit, dem Jahre 1663, datiren soll und Nicolaus Vink zugeschrieben wird.

Die „Gazelle" blieb fünf Tage, bis zum 20. Juni, in der Segaar-Bai und benutzte die ganze Zeit zu möglichst gründlichen Vermessungen des Mac Cluer-Golfes, vornehmlich der Südküste, der Ankerbai und der ebenfalls an der Südseite, westlich von der Segaar-Bai, gelegenen Patippi-Bai, sowie zu Untersuchungen und Sammlungen auf geologischem, botanischem, zoologischem und ethnographischem Gebiete. Namentlich in letzter Beziehung bot sich hier ein reiches und — weil noch wenig betreten — dankbares Feld; es gelang, eine stattliche und werthvolle Sammlung interessanter ethnologischer Gegenstände zusammenzubringen, welche, in die Heimath gesandt, jetzt im Königlichen Museum für Völkerkunde zu Berlin Aufstellung gefunden haben.

Beschreibung des Golfes von Mac Cluer.

Wassertiefen. Der Golf hat in einiger Entfernung von der Küste, abgesehen von der auch in den bisherigen Karten eingetragenen 2 bis 4 Faden (3,6 bis 7,3 Meter-) Bank und einer 2 Faden- (3,6 Meter-) Stelle ganz im Boden des Golfes wahrscheinlich keine Untiefen. Die Tiefe ist überall ziemlich allmählich zu- oder abnehmend gefunden worden, so dass die flacheren Stellen ohne Gefahr angelothet werden können. Während die Tiefen des Golfes selbst im Eingange durchschnittlich nur 33 bis 46 Meter betragen, zieht sich dicht unter dem steilen und bergigen westlichen Theile der Südküste ein tieferer Kanal von 55 bis 82 Meter hin.

Die Küsten des Golfs waren in Folge noch mangelnder Vermessung, sowohl in den existirenden holländischen wie englischen Karten nur ganz oberflächlich eingetragen. Die am Eingange des Golfs an der Südküste in die Karten eingezeichnete grosse Inselbai existirt in dieser Weise nicht. Dagegen befinden sich an dieser Küste mehrere gute Ankerplätze resp. Häfen, welche nachfolgend beschrieben werden sollen.

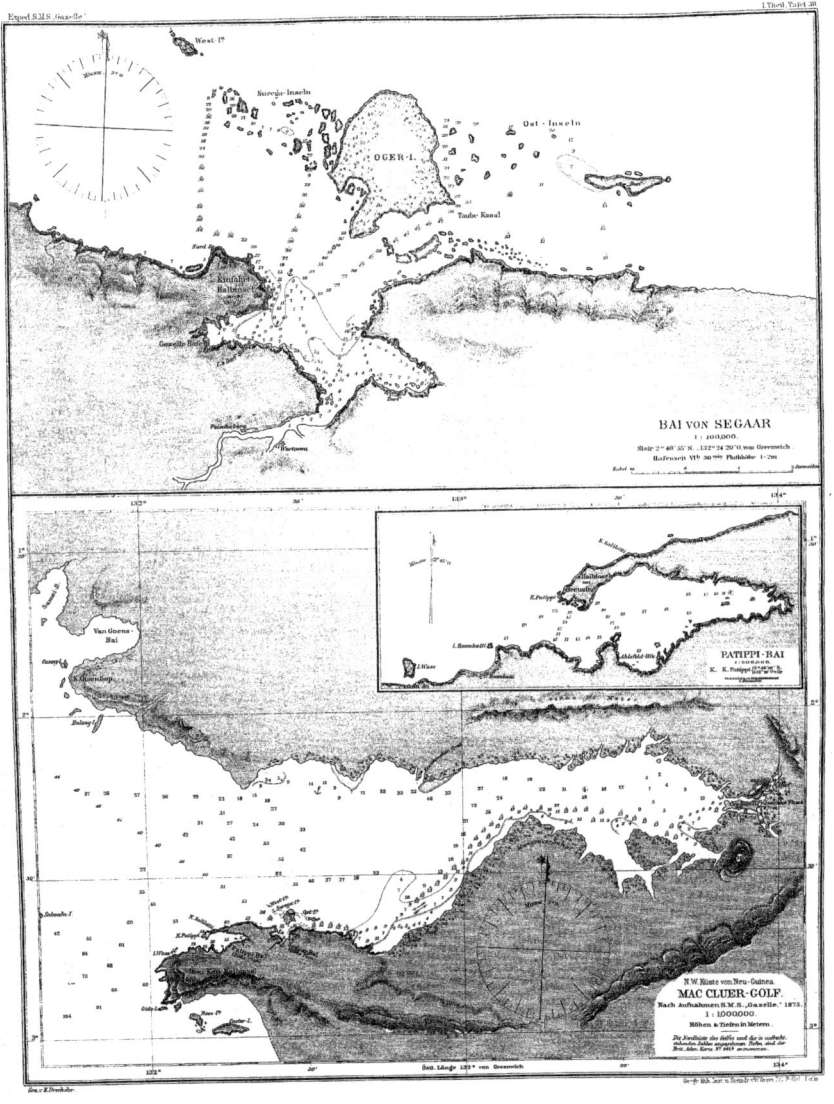

BAI von SEGAAR
1 : 100,000.

N.W. Küste von Neu-Guinea.
MAC CLUER-GOLF.
Nach Aufnahmen S.M.S. "Gazelle." 1875.
1 : 1000000.
Höhen & Tiefen in Metern.

PATIPPI-BAI
1 : 100000.

Drei-Kap-Halbinsel. Die den Mac Cluer-Golf südlich begrenzende Halbinsel, die Drei-Kap-Halbinsel besteht aus einem ca. 500 Meter hohen, wenig unterbrochenen, üppig bewaldeten Gebirgszuge, nach West in die drei unter einander ziemlich ähnlichen Kaps auslaufend, von denen das mittlere das höhere ist und etwa 200 Meter hoch sein mag. Die beim südlichen Kap gelegene Gide-Insel kann man zuerst leicht für dieses Kap halten, da sie sich vom Lande nicht abtrennt, wenn man in den Mac Cluer-Golf einläuft. Sie hat mehr gebrochene Konturen als die Halbinsel und ist weniger hoch. Die englische Karte gab dort zwei Inseln an, während von der „Gazelle" nur eine gesehen wurde. Die Drei-Kap-Halbinsel war namentlich in Bezug auf die geographische Breite in den Karten sehr falsch angegeben, nämlich die des nördlichen der drei Kaps in der holländischen Karte auf 2° 43,5′ S-Br, in der englischen auf 2° 40′, während sie in Wirklichkeit 2° 47′ beträgt.

Pulo Wass und Ankerplatz von Atti-Atti. An der Südküste nördlich der oben genannten Halbinsel liegt Pulo Wass, eine auch in den Karten angedeutete kleine felsige und mit Buschwerk bestandene Insel, welche sich erst, wenn man nahe herankommt, deutlicher von dem hohen Hinterlande abhebt.

Zwischen der Insel und dem Festlande, auf welchem hier das Dorf Atti-Atti liegt, existirt kein für grössere Schiffe passirbarer Kanal. Es finden sich aber Ankerplätze, an der Westseite gegen Süd- und Ostwinde und an der Ostseite gegen Süd- und Westwinde geschützt.

Auf dem ersteren Ankerplatz kann man, die Nordspitze der Insel zwischen NOzO$^{1}/_{2}$O und ONO, auf 36,6 Meter Wasser und Sandgrund ankern, und zwar zwischen der Nordspitze der Insel und einem in SWzW von derselben gelegenen Felsen, jedoch ausserhalb einer ihn mit jener Spitze verbindenden Linie. Beim östlichen Ankerplatz auf 27,4 Meter Wassertiefe ist die Mitte der Insel in West. Die Küste verläuft von hier NOzO mw. bis zum Kap Salikitti, wo sie nach Ost biegt. Auf der ersteren Strecke sind einige Vorsprünge resp. Einbuchtungen und ein paar Inselchen. Es liegen hier die Dörfer Roembatti und Patippi. Von den Einbuchtungen wurde nur die östlichere untersucht, welche eine tiefe Bai mit schmalem Eingange ist und nach dem daran gelegenen Orte Bai von Patippi genannt worden ist.

Bai von Patippi und Ahlefeld-Hafen. Die Bai wird durch die steile Breusing-Halbinsel von Nord geschlossen, welche sich von dem erwähnten Kap Salikitti nach WSW, also fast parallel dem Verlauf der Küste, erstreckt. Der nach West gelegene Eingang in die Bai ist südlich dieser Halbinsel und ungefähr 1$^{1}/_{2}$ Seemeilen breit, durch die steil abfallende Spitze der durchschnittlich 100 Meter hohen Halbinsel scharf markirt und hat bis dicht an Land Wassertiefen zwischen 14,6 und 18,3 Meter. An der Spitze der Halbinsel selbst liegen ein paar hübsch bewaldete Felseninselchen in Buchten eingezwängt. Die in östlicher Richtung über 7 Seemeilen tiefe und in südlicher Richtung bis 4 Seemeilen breite Bai gewährt einen fast gegen alle Winde völlig geschützten Ankerplatz. Die Mitte der Bai ist gegen West offen, doch ist nichts im Wege, bei diesem Winde in der südlichen Vertiefung der Bai, im Ahlefeld-Hafen, zu ankern; überall findet man in den äusseren Theilen der Bai 12,8 bis 18,3 Meter Wasser bis nahe an die steil abfallenden Küsten.

Es liegen in der Bai einige kleine Inselchen und an mehreren Stellen Hütten der hier ganz friedlichen Eingeborenen, zum Theil auf dem Lande, zum Theil im Wasser auf Pfählen erbaut. Im östlichen Boden der Bai, woselbst die Berge schluchtartig zusammentreffen, nimmt die Tiefe auf 5,5 und weniger Meter ab. Dort mündet wahrscheinlich ein Fluss.

Von Kap Salikitti verläuft die Küste auf ca. 9$^{1}/_{2}$ Seemeilen Entfernung fast in gerader östlicher Richtung. Es liegen ganz dicht an dieser aus steilem, in der Wasserlinie vielfach höhlenartig ausgewaschenem Kalkgestein bestehenden Küste zwei kleine Felseninselchen, welche mit ihrem die steilen

Seiten überhängenden Baum- und Strauchwuchs ein pilzartiges Aussehen haben. Eine Kabellänge von dieser Küste findet man noch 55 bis 82 Meter Wasser, welche Tiefe nach Passiren des zweiten Inselchens, von wo die Küste mit einer flachen Einbuchtung die Richtung OzS nimmt, auf 36 Meter und weniger abnimmt. Vier Seemeilen nordwestlich dieser Insel beginnt eine aus zahllosen grösseren und kleineren Inseln bestehende und auch in den bisherigen Karten angedeutete Reihe von Insel-gruppen, von denen die westlicheren vor der Bai von Segaar liegen. Die westlichste Gruppe, bestehend aus einer grösseren und ein paar kleinen Inselchen, sind die West-Inseln, die folgende, aus zahllosen kleinen Inseln bestehend, die Surega-Inseln, demnächst eine grosse Insel Oger und im Osten eine aus vielen kleinen und einer grösseren Insel bestehende Gruppe, die Ost-Inseln genannt worden. Alle diese Inseln sind steil, tafelförmig, steigen mit schroffen Wänden aus ziemlich grossen Tiefen auf und tragen oben ein flaches, mit Vegetation reich bekleidetes Plateau. Eigenthümlich ist an der Insel Oger ein terrassenartiger Vorsprung, der sich in der Tiefe von 2 bis 5 Meter unter Wasser hinzieht und dann schroff gegen tiefes Wasser abfällt. Derselbe ist mit Korallen bedeckt. Zwischen den West-Inseln und jenem vorgenannten kleinen Küsteninselchen ist der untiefenfreie Eingang in die Bai von Seegar. Von West kommend, sehen die äussersten der West-Inseln wie ein Schiff aus. Es sind zwei spitze Felsen mit Bäumen darauf. Die folgenden Inseln sind grösser.

Bai von Segaar. Die Bai von Segaar ist eine in südsüdöstlicher Hauptrichtung verlaufende ca. 3 Seemeilen tiefe Einbuchtung, in deren südwestlichstem Winkel ein tief ins Land gehender und gewundener Brackwasserfluss mündet. Die Bai ist nach Nord offen, indess gewähren hier die West-und Surega-Inseln und die sich an sie südostwärts anschliessende Insel Oger Schutz bis auf ein kleines Stück in nordwestlicher Richtung. Von West kommend, erscheint die Bai zunächst durch die Einfahrtshalbinsel, welche nach Ost mehrere Spitzen resp. dicht am Lande gelegene (und als solche nicht erkennbare) Inselchen hat, geschlossen. Diese Halbinsel, von der man eine bluffartige Spitze nach der andern vorkommen sieht, ist 20 bis 50 Meter hoch und markirt sich deutlich.

In der Mitte der Bai erstreckt sich eine 7,3 Meter- (4 Faden) Bank nach dem Eingange zu. Wenn man an der Spitze dieser Bank auf 9 bis 13 Meter Tiefe ankert, so ist man gegen alle Winde, bis auf die aus westnordwestlicher Richtung, geschützt. Man findet indess einen völlig landgeschlossenen und sehr sicheren Ankerplatz im Gazelle-Hafen, einer westlichen Abzweigung der Segaar-Bai, welcher nordwärts durch die Einfahrtshalbinsel begrenzt wird.

Nach diesem Hafen gelangt man nicht direkt aus der Mitte der Bai, weil dort die schon erwähnte 7,3 Meter-Bank vorliegt, vielmehr muss man die Ostspitze der Einfahrtshalbinsel mit Süd-kurs auf 1/2 bis 1 1/2 Kabellängen Distance passiren, wo man dann Tiefen zwischen 9 und 15 Meter finden wird. Nach Passiren der südlichen Spitze der Einfahrtshalbinsel kann man etwas in die Bai hinein, auf das dort an einer kleinen Insel gelegene Pfahldorf Sissir, zuhalten, indess nicht weit, da der Hafen hier bald auf 5,5 bis 7,3 Meter abflacht. Der beste Ankerplatz ist die erwähnte Südspitze zwischen Nord und NWzN und das Dorf zwischen SW und SW³/₄W auf 9 bis 10 Meter Wasser. Der Ankergrund ist hier, wie in der Segaar-Bai, gut haltender Schlick.

Die Segaar-Bai hat noch einen zweiten Eingang von Osten her durch den zwischen der Insel Oger und dem Festlande gelegenen Taube-Kanal, welcher sehr tiefes Wasser besitzt. Es liegen in ihm verschiedene grössere und kleinere Felseninselchen, die, mit üppiger Vegetation bedeckt, ein an-ziehendes Bild gewähren.

In den Taube-Kanal gelangt man aus dem Mac Cluer-Golf, indem man an der Ostseite der Insel Oger zwischen ihr und der östlichen Inselgruppe (Ost-Inseln) hinsegelt, wo 22 bis 31 Meter

Wassertiefe ist, oder, indem man auch die östliche Gruppe in West lässt, da zwischen ihr und dem Festlande ebenfalls überall mehr als 13 Meter Wasser gefunden worden sind.

Die grösste dieser Ost-Inseln bildet an ihrer Südseite eine Bucht, an der ein grösseres Dorf liegt mit einem selbst für grössere Schiffe geeigneten Ankerplatze, der letzte in diesem Theile des Golfes, welcher Schutz vor Westwinden gewährt.

Die ungefähre Hafenzeit in der Segaar-Bai wurde 6^h 30^m gefunden bei einer Fluthhöhe von 1,2 bis 1,8 Meter. Die Ebbe lief 0,6 bis 1,0 Knoten, die Fluth 0,5 bis 0,9 im Maximum. Die Beobachtungsperiode war indess zu kurz für ganz sichere Angaben.

Sowohl die sämmtlichen Inseln wie die Küste bestehen aus hellgrauem, dichtem Kalke, dessen Verwitterung an der Oberfläche nur soweit vorgeschritten ist, um die äusserst üppige Vegetation zu ermöglichen. Auf der kleinen Insel, wo das Dorf Sissir steht, kommt ungefähr 6 Meter über Wasser an dem schroffen Hügel, der das Dorf überragt, ein Nest von gelbem Lehm vor. Dicht unter dem Gipfel des Hügels ist eine kleine spaltförmige Grotte, in der sich Kalkspath in zapfenförmigen Stücken findet. Der dichte Wald, welcher alles Land bedeckt, steht direkt auf den Schichtenköpfen des Kalksteins. Nirgends ist die Spur von einem fremden Gestein zu finden. Die Küste selbst besteht aus zahllosen inselartigen Felsen und Felsbergen, welche entweder durch Mangrove-Sumpf oder durch schmale Mangrove-Wasserläufe von einander getrennt sind, so dass man stellenweise kaum weiss, ob man den äusseren Theil der Küste einen Archipel oder ein Festland nennen soll. Ein Eindringen ist aus diesem Grunde und wegen der ungemein dichten Vegetation mit fast unüberwindbaren Schwierigkeiten verknüpft. Am leichtesten ist dies noch auf der sehr hübschen Insel Oger ausführbar, deren steile Ufer mit Korallen eingefasst sind.

Die eigenthümliche geologische Bildung der Küste, gewissermaassen ein durch Anschwemmung mit einander verbundener Archipel kleiner Felseninseln, bringt es mit sich, dass in nächster Nähe der Segaar-Bai keine Frischwasserflüsse sind. Ab und zu findet man indess einen unbedeutenden Abfluss des Regenwassers über die Felsen oder den Sand nach der Bai hin, welcher für geringe Wasserbedarf genügen würde. In den tiefer hinein gehenden Wasserläufen (Creeks) ist das Wasser, obgleich meilenweit hinauf gefahren wurde, immer brack gefunden worden.

Bei der grossen Anzahl über Wasser gelegener Felsen ist es merkwürdig, dass, abgesehen von einer Bank innerhalb der Surega-Inseln und innerhalb der Ost-Inseln, keine Felsen unter Wasser gefunden worden sind.

Die im Mac Cluer-Golf und in dem verhältnissmässig flachen Meerestheile zwischen ihm und der Westspitze Neu-Guinea's, dem English Point, in die Karten eingetragenen Untiefen scheinen auch keine Felsen zu sein, sondern den Charakter anlothbarer Bänke zu haben. Vielleicht ist dieser Kalkfels, wenn das Seewasser ihn bespült, so leicht löslich, dass alle einstmals unter Wasser gelegenen Felsen bereits zerstört sind. Die starken höhlenartigen Auswaschungen in der Wasserlinie der meisten sichtbaren Felsenufer, selbst dort, wo kaum je Seegang sein kann, scheint obige Vermuthung zu bestätigen.

Das Wachsen der Korallen muss durch den aus der Auflösung der Kalkfelsen entstandenen Schlick beeinträchtigt sein, da sie nur unmittelbar an den steil abfallenden Felswänden selbst gefunden worden sind.

Weiterer Verlauf der Südküste des Mac Cluer-Golfs. Die beschriebenen Küsten und Inseln sind selten höher als 25 bis 120 Meter, nach dem Innern zu steigen sie aber zu einem Gebirgslande von 400 bis 600 Meter an. Das circa 120 Meter hohe und in der Regel nach dem Mac Cluer-Golf steil abfallende Küstengelände erstreckt sich von der Segaar-Bai ungefähr noch 20 Seemeilen weit ostwärts.

Hier beginnt ganz niedriges Mangrove-Vorland mit zahlreichen Brackwasserläufen die Küste zu bilden, indem sie sich gleichzeitig von ihrer bisherigen Ostsüdost-Richtung nach Nordost abwendet und so ca. 40 Seemeilen weit verläuft, um dann die ursprüngliche Ostsüdost-Richtung bis zu dem 30 Seemeilen weiter östlich gelegenen Ende des Mac Cluer-Golfs wieder aufzunehmen.

Dieser letztere Theil der Küste wird durch zwei tiefe südöstlich verlaufende Buchten, welche Ankerplätze enthalten und wahrscheinlich Flüsse aufnehmen, unterbrochen. Die zweite Bucht bildet das Südostende des Golfs, welcher, indem sich die Küste nochmals nordöstlich wendet, sich indess noch ein paar Seemeilen als östliches Ende fortsetzt und dort den tiefen Jeschke-Fluss aufnimmt, der südlich des steilen 100 Meter hohen Credner-Berges mündet. Der Fluss, welcher sich 5 Seemeilen von der Mündung gabelt, und in dem einen Arme eine nordnordöstliche, in dem anderen eine süd-südöstliche Richtung hat, ist noch mehrere Seemeilen von der Gabelung stromaufwärts schiffbar. Im Hintergrunde der Bai läuft ein ferner hoher Gebirgszug scheinbar in südlicher Richtung, während zwischen ihm und dem Ende der Bai noch niedrigere Bergzüge von ca. 380 Meter sichtbar sind.

Obgleich der Mac Cluer-Golf mehr in der Mitte durchschnittliche Tiefen von 33 Meter und darüber besitzt, und sehr erhebliche Tiefen dicht an den bergigen steilen Küsten gelothet wurden, ist es gerathen, sich den flachen Küsten nur mit Vorsicht auf kürzere Entfernungen als 3 bis 4 Seemeilen zu nähern, weil stellenweise 3,6 bis 5,5 Meter- (2 bis 3 Faden) Bänke ausspringen. Die in den Karten eingetragene 3,6 bis 7,3 Meter- (2 bis 4 Faden) Bank, einige Seemeilen östlich der Ost-Inseln, ist in ihrem nördlichen Theile nicht ausgelothet worden, an ihrer Existenz ist indess nicht zu zweifeln, da in der Gegend ihres südlichen Theiles eine erhebliche Abnahme der Tiefe gefunden wurde. Man kann dort in Entfernung von 3 Seemeilen von der Küste nur mit 5,5 Meter Wassertiefe passiren. In den Jeschke-Fluss kann man bei 7,3 bis 9,1 Meter Minimaltiefe gelangen, wenn man mit Ostnordost-Kurs auf den Credner-Berg zu steuert, bis man die Mündung in Ost hat und direkt einlaufen kann.

Ebbe und Fluth. In der Nähe der Küsten des Mac Cluer-Golfes machten sich Ebbe und Fluth bemerkbar, die in der Regel in der Richtung der Küsten setzte. Der Strom wurde zu 0,8 bis 1 Knoten gemessen und die Fluthhöhe bei Vollmond 1,8 Meter gefunden. Der auslaufende Strom (die Ebbe) scheint etwas stärker zu sein, als der einlaufende, wahrscheinlich in Folge des durch die Flüsse in den Golf geführten Wassers.

Klima. Das Klima wurde im Monat Juni im Mac Cluer-Golf angenehm gefunden. Trotz der Regenzeit brachten nur einzelne Gewitter etwas Regen, während sonst bei grossentheils flauer Briese aus Richtungen zwischen Süd und Ost oder Nord und West schönes und nicht übermässig heisses Wetter herrschte.

Die Nordküste des Mac Cluer-Golfes wurde nur aus ziemlicher Entfernung gesehen, hat aber, soweit sich ausmachen liess, einen ganz dem östlicheren Theile der Südküste ähnlichen Charakter, nämlich Mangrove-Vorland mit einem dahinter liegenden Bergzuge von ca. 100 Meter und einem entfernteren von 500 bis 600 Meter Höhe.

Ueber das beobachtete **Thierleben** entnehmen wir aus dem Bericht von Dr. STUDER das Folgende:

Die Vegetation, welche in einer so üppigen Fülle das Land bedeckt, dass sie jedem Versuch, durchzudringen, eine dichte Mauer von Ranken, Zweigen und Wurzeln entgegenstellt und selbst den Menschen zwingt, seine Wohnungen über dem seichten Wasser auf Pfählen zu bauen, scheint alle

Thiere, welche nicht durch Klettern oder Fliegen nach oben zum Lichte gelangen können oder licht-scheu auf dumpfe Dämmerung angewiesen sind, fernzuhalten. Deshalb ist in dem dunklen Dickicht wenig Leben zu spüren, und selbst auf den Hügeln, wo künstliche Lichtungen zur Anpflanzung von Taro, Bananen, Yams und Zuckerrohr geschaffen sind, sieht man ausser bunten Schmetterlingen wenig Thiere. Wird dagegen ein gestürzter oder gefällter Baumstamm seiner Rinde beraubt und seine Spalten untersucht, so findet sich eine Fülle von lichtscheuen Geschöpfen, die sich hier verborgen haben, Eidechsen, Skorpione, Skorpionspinnen, Schaben, Tausendfüsse und Süsswasserkrabben, Bork-käfer u. v. a. Die riesigen Tausendfüsse halten sich hauptsächlich an den feuchten Baumstämmen auf. Die Landschnecken waren in merkwürdiger Weise vertheilt. Während sich auf der Nordseite der Bai von Segaar und längs dem grossen Creek nur hier und da auf Blättern eine kleine Helicina und eine Helix an Blättern vorfand, lieferte die Insel Oger drei Helixarten, eine Pupina, Helicina und Cyclotus, letztere in bedeutender Individuenzahl, die theils an der Erde lagen, theils an Baum-stämmen sassen.

Säugethiere wurden garnicht gesehen; nur das Fell eines Cuscus wurde zum Verkauf angeboten.

Zahlreiche bunte Papageien trieben sich in den Baumwipfeln herum, auffallend war namentlich ein schwarzer grosser Kakadu, der gewöhnlich einzeln auf einem hohen Ast sitzend, unter beständigen Verbeugungen eine Reihe sonderbarer Basstöne hören liess. Die Eisvögel hatten zahlreiche Vertreter, zierliche Honigvögel flogen um die Blumen, namentlich an dem Creek und an den Felswänden von Pulo Oger. Das beutelförmige Nest hing an schlanken Zweigen über Wasser an langen geflochtenen Stielen und enthielt gewöhnlich zwei kleine weisse Eier. Der Paradisea papuana, der winzigste hier beobachtete Paradiesvogel, besass noch nicht seinen prachtvollen Schmuck.

Von Sumpfvögeln zeigten sich namentlich gegen Abend zahlreiche weisse und graue Reiher, die am Ufer der Creeks ihre Beute suchten, während die Seeschwalbe (Sterna velox) die Bai belebte. Der Kasuar scheint, nach den Knochen zu rechnen, welche von den Eingeborenen zu Speer- und Pfeilspitzen gebraucht werden, nicht selten zu sein.

Von Reptilien soll das Krokodil, Crocodilus biporcatus, in den Creeks häufig sein; ein junges Exemplar von nur 60 Centimeter Länge wurde in Sissir gesehen.

Am Strande war ein Hydrosaurus nicht selten, der auf Bäume kletterte; ein Exemplar maass 92 cm, hatte einen gekielten Schwanz und war schwarz mit gelben Flecken und Streifen. Die übrigen drei Saurier waren Scinciden, eine von 56 cm Länge lief auf einem schmalen Felsrande an der senk-rechten Felswand der Insel Oger über Wasser und wurde erlegt; das Thier ist auf dem Rücken braun mit zwölf schwarzen Querbinden, die gegen den Schwanz breiter werden, der Schwanz ist bis auf ein paar helle Querbinden schwarz, ebenso sind die Extremitäten und die Unterseite schwarz mit röth-lichen Flecken, die Kehle roth.

Eine andere Scincide, Lygosoma naevia, von 26 Centimeter Länge, oben metallisch kupfer-braun mit schwarzen Querbinden, unten orangefarben, fand sich in einem Baumstamm auf Oger, eine dritte Art, 19 Centimeter lang, braun, an den Seiten dunkler und mit hellbraunem Bauch ebenda.

Von Geckonen kam ein grauer, dunkel gebänderter Hemidactylus unter Baumrinden auf Oger vor, während ein kleiner grauer Platydactylus in den Hütten der Eingeborenen sein Wesen trieb.

Von Schlangen wurde eine 145 Centimeter lange Baumschlange in einem Mangrovensumpf gefangen; dieselbe war oben braun, der Kopf schwarz, Lippen und Kehle gelblich weiss, nach hinten in grau übergehend.

Amphibien wurden garnicht gesehen, dagen 13 Arten Landschnecken. Von Schmetterlingen zeigten sich prachtvolle Ornithoptera, welche meist hoch in der Luft flogen, unerreichbar für das Netz, sowie schöne Pieriden und Euploea-Arten.

Der dunkle Wald birgt eine Unmasse von Tausendfüssen und Spinnen. In den Spalten morscher Bäume wurden zwei Arten Skorpione gefunden, von eigentlichen Spinnen war eine riesige schwarze Tetragnatha häufig, welche mächtige Netze spannt, daneben zwei Arten der merkwürdigen Gastracantha; die eine mit quadratischem Bauchschild war intensiv karminroth mit schwarzen Tupfen, die andere gelb. Auf der Insel Oger fand sich, auf Blättern hüpfend, eine schwarze Attide mit smaragd-grünen Flecken.

Die Segaar-Bai ist reich an Fischen und anderen Meeresprodukten; der Boden ist an der Südküste mit Korallen bewachsen, die tieferen Stellen der Bucht, die Creeks und ihre Mündung, sowie der Gazelle-Hafen sind mit schwarzem Schlick bedeckt, die längs der Oger-Insel verlaufende Terrasse ist mit Korallen besetzt. Nahe am Strande und in den Creeks zeigt sich häufig eine eigen-thümlich brodelnde Bewegung im Wasser, es schäumt und wirft Blasen; die Erscheinung ist in einer gewissen Richtung fortschreitend und verschwindet nach einiger Zeit wieder. In einem Falle waren nahe am Strande kleine Fische zu erkennen, die, wahrscheinlich verfolgt, über Wasser hüpften; ein anderes Mal, wo die Erscheinung am auffallendsten war, zeigten sich eine Menge kleiner 3 Centi-meter langer Crustaceen, die das Wasser dicht erfüllten und sich zuweilen aus demselben aufschnellten und dann senkrecht wieder hinabstürzten. Unter den gesammelten Fischen ist namentlich ein Igelfisch (Tetraodon fascicularis) hervorzuheben; derselbe, oben braun und dunkelbraun gefleckt, am Bauch hell mit braunen Streifen, kann sich bis zur Grösse eines Kürbisses aufblasen und treibt dann wie ein Ballon auf der Wasseroberfläche. Seine Haut wird in getrocknetem Zustand als Ueberzug von Trommeln benutzt. Ferner kommt ein Stachelroche nicht selten vor mit gezähneltem Stachel, welcher am Schwanze des Thieres sitzt; der Stachel wird zu Pfeilspitzen verwendet.

Von Mollusken bewohnen den steinigen Strand Käferschnecken (Chiton spinifer), Cerithium, Nerita undata, welche als Nahrungsmittel dient, u. A. Tiefer auf dem schlammigen Grund leben Stachelschnecken (Murex recticornis Mart.), Kreiselschnecken (Turbo porphyrites), welche gegessen werden, Tritonium variegatum, die zu Trompeten verwendet wird, Fusus colosseus, Corbula scaphoides u. A. Zwischen Korallen fand sich die Riesenmuschel (Tridacna gigas).

Von Krebsen war eine Viereckkrabbe (Sesarma erythrodactyla) interessant, welche in den immer feuchten Rissen morscher Baumstämme unter der Rinde lebte. Am Wasser fanden sich Grapsusarten u. a.

Für die niederen Seethiere muss auf den zoologischen Theil verwiesen werden. So namentlich für die zwischen den Korallen lebenden Seewalzen, die hoch orangeroth gefärbten Seesterne, von denen sich Arten von 32 Centimeter Durchmesser fanden, sowie die auf der Bank bei Pulo Oger vor-kommenden Stern-, Blatt- und Fleischkorallen.

Ethnologische Beobachtungen.

Die Bevölkerung des Mac Cluer-Golfes. Die Bewohner des Mac Cluer-Golfes leben, wie fast auf ganz Neu-Guinea, durchgängig in Dörfern und kleinen Gemeinschaften, an deren Spitze ein Ober-haupt oder Radjah steht. Von S. M. S. „Gazelle" wurden auf den verschiedenen Ausflügen und Expeditionen ausser dem in der Segaar-Bai, dem Ankerplatze gegenüber gelegenen Dorfe Sissir, vier solcher Dörfer oder Kampongs besucht, welche, da ihre Namen nicht ermittelt werden konnten, mit

A, B, C und D bezeichnet werden sollen. Kampong A lag auf einer kleinen Insel, ca. 10 Seemeilen ONO von Sissir, B ca. 14 Seemeilen in Ost, C 30 Seemeilen O½N, und D am Ende des Golfes, ungefähr 100 Seemeilen ONO³/₄O von Sissir.

Nach den von der „Gazelle" gemachten Beobachtungen war das Gebiet bis zum Kampong C schon mehr oder minder von der Kultur berührt und schien in einem regelmässigen, wenn auch nicht lebhaften Verkehr mit Händlern von Ceram, Ternate und ähnlichen Plätzen zu stehen. Das Land steht unter der Oberhoheit des Sultans von Tidore, welcher dies Recht über Neu-Guinea bis zum 141. Grad östlicher Länge beansprucht, dasselbe jedoch nur durch Erhebung von Abgaben ausübt, welche hauptsächlich in Paradiesvögeln, Trepang, Schildpatt und dem Bast eines zu den Laurineen gehörenden Baumes, der Masoje (Sassafras goheianum), welche als Fiebermittel im ganzen malayischen Archipel geschätzt ist, bestehen. Zur Erhebung dieser Abgaben sind von ihm besondere Beamte eingesetzt. Dieselben schienen zweierlei Art zu sein: 1. Ständige Repräsentanten der Tidore'schen Regierung mit festem Sitz und für kleine Bezirke. 2. Eine Art von Inspektoren oder Agenten ohne ständigen Sitz für grössere Bezirke. Von ersteren schien sich in jedem Dorf einer unter dem Titel „Major" oder „Lieutenant" zu befinden, dem hauptsächlich die regelmässige Sammlung von Abgaben oblag. Letzteren war die Aufsicht über einen grösseren Bezirk und deren Majors und Lieutenants, die Empfangnahme und Beförderung dort gesammelter grösserer Mengen von Abgaben, sowie die Beobachtung des Verhaltens der einheimischen Radjahs übertragen. Beide Kategorien waren Tidoresen, stammten aus dem Gebiete des Sultans von Tidore und führten als äusseres Zeichen ihrer Stellung die Flagge des Sultans, blau, weiss und roth, horizontal gestreift. Eine andere staatliche Funktion, als die erwähnte, schienen sie nicht auszuüben, die eigentliche Herrschaft ist den angestammten Radjahs überlassen. Auf diese und deren Verwaltung übte der Sultan von Tidore keinen anderen Einfluss mehr, als ihm für seinen Zweck, die Tributerhebung, passend erschien. Seine Macht war nicht mehr ausreichend, um wie früher Honginflotten auszurüsten und die Radjahs ohne Weiteres ein- und abzusetzen. Es war natürlich, dass die Eingeborenen diesen mehr Achtung erwiesen, als den ihnen aufgedrungenen fremden Beamten, deren Verhältniss zu den Radjahs und den niederen Eingeborenen jedoch im Uebrigen kein schroffes zu sein schien.

Aeusserlich unterschieden sich die Radjahs von den Beamten des Sultans auch dadurch, dass sie nicht, wie diese, ganz bekleidet, sondern in der hier üblichen Tracht, einem turbanartig um den Kopf gewundenen Tuch (lenço) und Kattunschurz oder togaartigem Ueberwurf, gingen.

Nachdem S. M. S. „Gazelle" bei Sissir geankert hatte, besuchte einer der erwähnten Agenten, der für die Segaar-Bai und Umgegend bestimmt schien, in Begleitung eines Majors und eines Lieutenants das Schiff, und somit bot der Verkehr mit den Eingeborenen, die bald zahlreich von Sissir und den benachbarten Dörfern in ihren Booten herbeikamen, bei dem Schiffe keine Schwierigkeiten.

Die noch vorhandene anfängliche Scheu verwandelte sich an Bord bald in Zutrauen, manchmal sogar in Zudringlichkeit.

Einiges Misstrauen erregte jedoch stets das Erscheinen eines Schiffsbootes, sowohl in Sissir als auch anfangs in den von den beiden ausgeführten Bootsexpeditionen besuchten Dörfern; in ersterem Dorf schwand sie während der ganzen Zeit des Aufenthaltes nie völlig, obgleich zwischen demselben und dem Schiffe ein fortwährender Verkehr stattfand.

Gegen ein sofort nach dem Ankern und vor dem erwähnten Besuch der Tidoreser Beamten nach Sissir geschicktes Boot nahmen die Eingeborenen anfangs sogar eine defensive Haltung an, welche sie jedoch, nachdem sie sich von den friedlichen Absichten überzeugt hatten, aufgaben.

Ein anfänglich geradezu feindliches Verhalten der Eingeborenen am Ende des Golfes, im Kampong D, muss als Ausnahme angesehen werden, da diese wahrscheinlich zum ersten Mal Weisse erblickten und noch vollkommen im Naturzustande lebten.

Der Uebergang zu diesem im Innern des Golfes auftretenden Naturzustand konnte nicht beobachtet werden, da das letzte besuchte, noch von fremder Kultur berührte Dorf, Kampong C, etwa 30 Seemeilen, Kampong D dagegen 100 Seemeilen östlich von Sissir liegt. Es ist auch zweifelhaft, ob ein solcher überhaupt existirt, da der Theil des Golfes zwischen Kampong C und seinem Ende wegen der sumpfigen, mit Mangroven besetzten Ufer sich zur Anlage von Niederlassungen, selbst für Eingeborene, sehr wenig eignet (und in der That auch, soweit von Bord bemerkt werden konnte, nicht bewohnt war); ferner liegt Kampong D nicht unmittelbar am Ende des Golfes, sondern an einem schmalen Arm, 15 Seemeilen weit im Lande und ist somit eigentlich schon zum Innern des Landes zu rechnen.

In dem westlichen Theile des Golfes hatte sich der fremde Einfluss in jeder Beziehung geltend gemacht. Händler hatten den Eingeborenen Kleidungsstücke, Geräthe, Schiesswaffen und andere Dinge zugeführt, und die malayische Sprache war so verbreitet, dass sie in der Segaar-Bai fast jedem Eingeborenen geläufig war. Eine starke Vermischung mit Tidoresen, Ceramesen u. a. scheint stattgefunden zu haben, und der Muhamedanismus, wenn auch nur in äusseren Formen vorhanden, die herrschende Religion zu sein.

Aeussere Erscheinung und Charaktereigenschaften der Eingeborenen. Bei der Bevölkerung fielen zwei verschiedene Typen in die Augen, der Bewohner des Inneren, wohl der eigentliche Papua, und der Bewohner der westlichen Küste, welcher durch die Berührung mit malayischen Händlern wahrscheinlich aus einer Mischung des ersteren mit Malayen hervorgegangen ist. Je weiter man im Mac Cluer-Golf nach Osten vordringt, oder je mehr man sich von der Küste entfernt, desto mehr herrscht das Element der ersteren Gruppe vor.

Die Eingeborenen des westlichen Mac Gluer-Golfes, d. h. die männlichen Individuen, denn Frauen wurden so selten und so flüchtig gesehen, dass über sie kein genaueres Urtheil gewonnen werden konnte — sind von mittlerer Statur, ziemlich schlank aber wenig kräftig gebaut, jedoch mit vortretender Muskulatur, durchschnittlich dunkelbraun, chokoladenfarbig; nur einige wenige waren von hellerer Hautfarbe. Sie sind eher klein als gross zu nennen. Die Nase ist lang, mit breiter Wurzel und weiten Flügeln, oft römisch gebogen; die Nasenspitze meist überhängend. Der Mund ist ziemlich gross, die Lippen sind dick, aber nicht aufgeworfen, die Haare gewöhnlich kraus oder spiralförmig gewunden.[1]

Der Gesichtsausdruck der Eingeborenen ist durchweg ein gutmüthiger, und demselben scheint ihr Charakter zu entsprechen. Ein Akt der Rohheit oder Wildheit wurde nie bemerkt; obgleich ihnen absichtlich Gelegenheit zum Diebstahl geboten wurde, so ist ein solcher nie vorgekommen. Geschenke, welche für die Allgemeinheit bestimmt waren, wurden redlich getheilt, persönliche suchten sie zu erwiedern. Ihr heiteres Temperament artete nur zuweilen in zu grosse Freundlichkeit aus.

Ueber die Behandlung ihrer Frauen, welche sie sorgfältig verbargen, konnte nichts in Erfahrung gebracht werden, gegen ihre Kinder schienen sie sehr zärtlich zu sein.

Entschieden intelligent und körperlich geschickt, besitzen sie einen grossen Hang zur Faulheit. So waren sie aus Bequemlichkeit nicht zu bewegen, einen Paradiesvogel herbeizuschaffen, selbst nicht

---

[1] Nähere Angaben über die anthropologischen Beobachtungen sind in Anhang I. dieses Theiles verzeichnet.

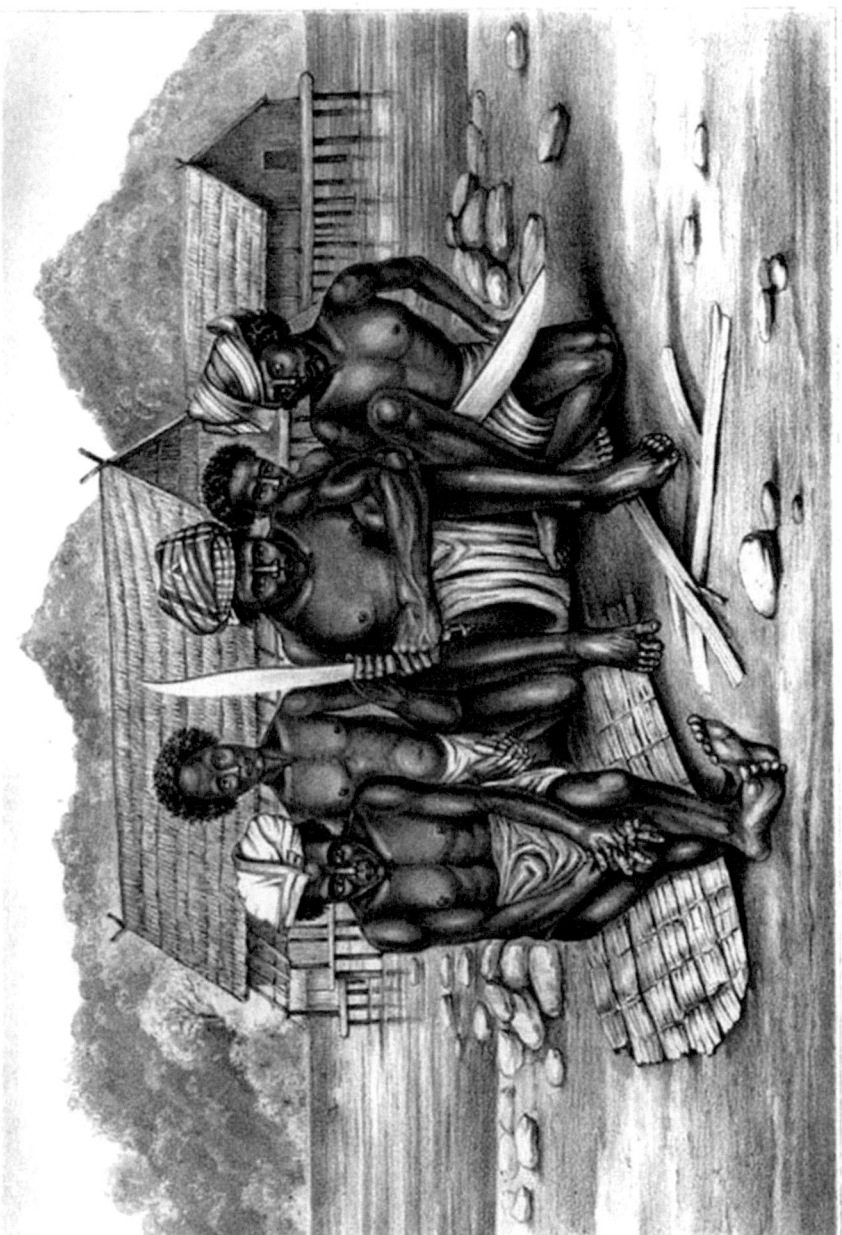

durch das Versprechen einer grösseren Menge von Lebensmitteln, obgleich sie stets hungrig waren und um Brot bettelten.

Das Auffassungsvermögen der Eingeborenen ist ein sehr gutes und schnelles. Kindisches Erstaunen beim Anblick von Dingen, welche ihnen wunderbar erscheinen mussten, zeigten sie nie, vielmehr betrachteten sie dieselben aufmerksam und suchten nach einer Erklärung. War ihnen der Zweck eines Gegenstandes klar geworden, so theilten sie ihre Erfahrung sofort Anderen mit. Unermüdlich waren sie ferner, nach einiger Zeit auch ungefragt, im Mittheilen von Wörtern, verlangten aber für jedes Wort auch die deutsche Bezeichnung zu wissen.

Da sie die deutschen Wörter nur kurze Zeit und in sehr geringer Anzahl behielten, so kamen sie häufig nach einiger Zeit wieder, um sich die Bezeichnung eines sie besonders interessirenden Gegenstandes immer wiederholen zu lassen. Die Aussprache deutscher Wörter fiel ihnen im Allgemeinen nicht schwer, nur war es ihnen vollkommen unmöglich das „St" auszusprechen. Trotz vieler Versuche und vielem Bemühen konnten sie z. B. „Stein" nur mit „i-stein" wiedergeben. Um nicht von persönlicher Aussprache abhängig zu sein, wurden ihnen ähnliche Wörter von verschiedenen Personen vorgesprochen, aber ohne anderen Erfolg. Als die Eingeborenen bei solchen Gelegenheiten bemerkten, dass man Wörter ihrer Sprache durch Aufschreiben fixiren könne, verlangten sie, dass man sie auch schreiben lehre, und war ihre Wissbegierde durchaus nicht durch das Geschenk von Bleifeder und Papier zufrieden gestellt.

Ein ähnliches Interesse hatten sie für das Zeichnen und erkannten aus geringen Umrissen sofort die Bedeutung derselben.

Als Belohnung für derartige linguistische Mittheilungen nahmen sie am liebsten Getränke, die sie überhaupt sehr gern hatten und ohne Rücksicht auf ihren verschiedenen Gehalt in Mengen wie Wasser tranken. Da sie stärkere Getränke zu bevorzugen schienen, so wurden ihnen solche nur selten und in geringen Mengen verabfolgt.

Sehr wohl wussten sie ferner einen Unterschied zwischen den Offizieren und der Mannschaft des Schiffes zu machen, wie sie auch ihren Radjahs einen grossen und anscheinend nicht erzwungenen Respekt erweisen. So wollte ein Eingeborener eine ihm in Gegenwart eines älteren, unbekannten Mannes angebotene Cigarre nicht annehmen, sondern bat (pantomimisch) um die Erlaubniss, sie diesem übergeben zu dürfen. Erst als dies geschehen und der Alte sich die Cigarre angezündet hatte, nahm er selbst eine andere an. Auf die Frage, wer dieser Mann sei, flüsterte er in respektvollem Tone: Radjah so und so.

Die Radjahs zeichnen sich vor den niederen Eingeborenen durch ein gesetzteres und selbst würdevolles Benehmen aus.

Sehr auffällig war die geringe Anzahl älterer Personen; mit Ausnahme der meist bejahrten Radjahs und der Kinder sah man fast nur Individuen, die etwa in dem Alter von 17 bis 30 Jahren standen. Diese Verhältnisse sind zwar hauptsächlich nach Beobachtungen in der Segaar-Bai und deren nächster Umgebung festgestellt und entbehren vielleicht einer sicheren allgemeinen Gültigkeit für den übrigen Theil des Mac Cluer-Golfes, jedoch lässt sich nach den Erfahrungen der beiden oben erwähnten Expeditionen (besonders der nach Osten), wenn sie auch wegen des kurzen Aufenthalts in den einzelnen Orten flüchtiger sein mussten, mit ziemlicher Sicherheit eine Gleichheit der Verhältnisse im grössten Theil des Golfes annehmen.

Die Bewohner des Inneren, wie sie im Kampong D beobachtet wurden, schienen, wie schon erwähnt, noch vollkommen im Naturzustande zu leben. Ein grösseres Stück rothes Tuch, welches aber nicht näher besichtigt werden konnte, und einige Glasperlen waren die einzigen Zeichen eines

22*

Verkehrs. Ihre Statur ist mittelgross und kräftig, die Farbe braunschwarz, der Mund breit, der Nasenrücken schmal, die Nasenflügel dick, der Haarwuchs stark abstehend. Ihr Gesichtsausdruck ist ebenfalls gutmüthig, wenn auch, vielleicht in Folge der besonderen Veranlassung, etwas misstrauisch.

Bei dem Erscheinen des Bootes, welches, um eine Biegung fahrend, sich plötzlich vor dem Dorfe befand, wurden einige Pfeilschüsse auf dasselbe abgegeben, die jedoch, wahrscheinlich mit Absicht und nur zur Abschreckung, zu kurz oder zu weit gerichtet waren. Zugleich kamen auch auf den Ruf eines Muschelhorns eine Anzahl Kanoes aus den benachbarten Kanälen herbei. Diese Feindseligkeiten wurden nur durch Zeichen friedlicher Absicht, Winken mit Tüchern und Hinwerfen einiger Geschenke erwiedert, welche die Eingeborenen auch bald als solche erkannten und mit dem oben erwähnten rothen Tuch, welches erst aus einer Hütte geholt wurde, erwiederten. Es entstand sofort ein lebhafter Tauschhandel, bei dem sie ihre Waffen, Schmucksachen u. a. m. für die geringsten Kleinigkeiten hingaben. So hielt z. B. ein Eingeborener ein Stückchen weissen Papiers mit einem darauf gezeichneten Paradiesvogel, das ihm mit der Bedeutung, solche zu bringen, gezeigt wurde, für einen begehrenswerthen Tauschartikel, riss dasselbe an sich und gab sofort ein Bündel Pfeile dafür. Eisen schien ihnen gänzlich unbekannt zu sein.

Kapitänlieutenant Jeschke, welcher diese Expedition in das Innere des Golfes führte, berichtet über die Begegnung: „Bei der Untersuchung eines am Fusse eines steilen Berges mündenden Flusses trafen wir, etwa 15 Seemeilen von der Mündung entfernt, auf ein Dorf, das einzige, welches wir im inneren Theile der Bai gesehen. Die Einwohner schienen anfangs durch unser Erscheinen in grosse Aufregung versetzt zu sein, sie gaben Alarmsignale durch Muschelhörner und Trommeln und empfingen uns beim Näherkommen mit Pfeilschüssen. Nachdem wir unsere friedliche Absicht durch Winken etc. zu erkennen gegeben, wurde das Schiessen zwar eingestellt, zu einer Annäherung waren die Bewohner jedoch erst zu bewegen, als die Pinnass dicht bei dem Dorfe zu Anker gegangen war.

Dieselben zeigten sich dann durchaus friedlich gesinnt und zutraulich, nur bei unserer Abfahrt kam die frühere Scheu wieder zum Vorschein, vermuthlich weil sie fürchteten, mitgenommen zu werden. Die Eingeborenen waren von mittlerer Figur, hellschwarzer Farbe und intelligenten Gesichtszügen. Die Nase war platt, Arme und Beine verhältnissmässig nur schwach. Das Haar trugen die Männer meist in die Höhe, die Frauen glatt nach hinten gekämmt. Bei den letzteren war dasselbe am Hinterkopf in einen Knoten geschürzt. Die Bekleidung der Frauen bestand in einem um die Hüften geschlungenen Tuche, bei den Männern waren nur die Geschlechtstheile bedeckt. Die Bewaffnung der Eingeborenen bestand aus Bogen und Pfeilen und schwachen Wurfspeeren mit Holz- und Knochenspitzen, Eisen schienen sie nicht zu besitzen.

Das Dorf selbst bestand aus mehreren, in grösseren Zwischenräumen von einander liegenden Hütten, deren jede von einer Anzahl Familien bewohnt zu werden schien. Die Hütten waren auf Pfählen erbaut, doch waren die Pfähle höher und zahlreicher, die Hütten selbst niedriger als in den weiter ausserhalb liegenden Dörfern. Zu jeder Hütte führte eine Leiter mit weiten Sprossen."

An besonderen Eigenschaften wurden bei den Eingeborenen des Golfes folgende bemerkt: Beim Gehen liessen sie meistens die Arme lang herunterhängen oder kreuzten sie auf der Brust. Die Füsse setzten sie stark auswärts und drückten die Kniee wenig durch. Den Mund halten sie meistens etwas geöffnet, dabei fortwährend ausspeiend. Das Trinken geschah mehr schlürfend (giessend) als schluckend. Zur Begrüssung wurde die Hand gegeben. Der Kopf wurde beim Lauschen gewandt.

Als Zeichen der Bejahung wurden Kopf und Schulter gehoben. — Unwillen oder Unzufriedenheit äusserten sie durch eine Art Stöhnen — ö —, Zusammenziehen der Stirnhaut und Krauen des Kopfes mit einer Hand.

Gegen Sonnenlicht waren sie sehr empfindlich, eine Vorrichtung zum Schutz gegen dasselbe ist jedoch nicht bemerkt worden.

Kleidung. Pflege des Leibes. Die erwachsenen männlichen Eingebornen des Mac Cluer-Golfs waren sämmtlich mit einem Lendenschurz aus Kattun bekleidet, wozu häufig noch ein turbanartiges um den Kopf geschlungenes Tuch (lenço) trat (Tafel 31 u. 54). Die Radjahs zeichneten sich vor den Uebrigen durch grössere Sauberkeit in der Kleidung und grössere Güte des Stoffes aus und trugen statt des einfachen Lendenschurzes zuweilen ein togaartiges Gewand. Die wenigen Frauen, welche gesehen wurden, trugen wie die Männer einen Lendenschurz aus Kattun.

Als Farben für diese Kleidungsstücke waren mehr matte als grelle beliebt. Blaue und weisse einfarbige oder mit einfachen Mustern versehene Stoffe wurden rothen, gelben oder bunten Stoffen vorgezogen.

Im inneren Golf trugen die Männer eine Art schmutzig-weissen Suspensoriums, die Frauen einen Lendenschurz von blaugrauem Stoff, dessen Beschaffenheit nicht näher untersucht werden konnte. Einheimische Stoffe oder Rohstoffe, Werkzeuge, Farbstoffe u. dergl., die auf eine Anfertigung solcher schliessen liessen, wurden nirgends gefunden.

Von Gegenständen zur Pflege des Leibes existirt nur der Kamm; auch scheint das Haar der einzige Körpertheil zu sein, dessen Pflege man für nöthig hält. Dasselbe wird zuweilen mit einer Lehmart beschmiert. Das Barthaar wird ausgerupft oder abgeschoren.

Im Uebrigen geben die Eingebornen, wenigstens die niederen, recht wenig auf die Reinlichkeit ihres Körpers. Mit Geschwüren, Pusteln, Pocken, Ausschlägen, sowie schinniger, schuppender Haut, besonders an Armen und Beinen, ist fast jeder Eingeborene behaftet. Letzteres rührt wahrscheinlich von dem vielen Aufenthalt in ihren Kanoes und der damit verbundenen fortwährenden Berührung mit Seewasser her. Sonst schienen sie eine grosse Abneigung gegen das Wasser zu haben; badende Eingeborene sind nicht gesehen worden; vielmehr waren sie stets bemüht, aus ihren Booten oder in dieselben auf trockenem Wege zu gelangen. Tätowirungen durch feine, farbige Punkte, den polynesischen ähnlich, sind nicht gebräuchlich, sondern nur symmetrische, mit glühenden Kohlen erzeugte Narben auf Brust und Rücken, welche in Linien gruppirt sind, von denen zwei oder drei auf beiden Schulterblättern konvergiren.

Bei den Eingeborenen des Kampongs D wurde keine Tätowirung, dafür aber eine sonst nicht übliche Durchbohrung des Nasenknorpels bemerkt. Die Einwohner des westlichen Golfes durchbohren dafür die Ohrläppchen zur Aufnahme von Ohrringen. Dieselben bemalen oder beschmieren auch einzelne Körpertheile mit demselben Lehm, welcher zur Beschmierung der Haare benutzt wird. Allgemein verbreitet ist diese Sitte jedoch nicht. Der Lehm wurde aus einer Grube bei Sissir entnommen. Die Sitte des Entstellens der Zähne durch Betelkauen ist allgemein und über den ganzen Golf verbreitet. Zur Aufnahme der Ingredienzien zum Betelkauen dienen entweder blecherne, von Händlern eingeführte Kästchen oder solche aus Bambus, welche sie selbst anfertigen.

Schmuckgegenstände. Ausser dem Haarputz werden als Schmuckgegenstände Armringe, Finger- und Ohrringe getragen, von denen die ersteren am verbreitetsten waren, während die letzteren beiden Arten seltener gesehen wurden.

An Armringen kamen verschiedene Sorten vor, Muschelarmringe, aus einer Wurzel gefertigte Ringe, geflochtene und aus Schweinshauern zusammengesetzte.

Die Muschel-Armringe, pap. sennawér, wurden von männlichen Personen jeden Alters und zwar auf dem linken Handgelenk getragen. Sie sind wahrscheinlich aus der Riesenmuschel, Tridakna gigas, gefertigt, wenigstens gleicht einer der in der Sammlung befindlichen Ringe den später in Neu-Mecklenburg erworbenen, von denen es konstatirt ist, dass sie aus genannter Muschel gearbeitet sind.

Sie schienen sehr hoch geschätzt zu werden und stammen vielleicht aus der Zeit, wo noch keine Kultur bis hierher gedrungen war; denn ihre Herstellung durch Schleifen war wahrscheinlich eine äusserst mühsame, und die Eingebornen würden sich kaum noch mit der Anfertigung befassen, da sie durch einen gleichen Aufwand von Zeit und Arbeit sich für ihren jetzigen Kulturzustand viel begehrenswerthere Gegenstände verschaffen könnten.

Selbst das Anbieten derartiger Gegenstände als Ersatz für einen grösseren von einem Erwachsenen getragenen Ring war erfolglos. Als es ein einziges Mal beinahe gelungen war, einen Eingeborenen zu überreden, seinen Ring herzugeben, liess er sich noch im letzten Moment durch die Vorstellungen seiner Kameraden anders bestimmen.

Ein für die Sammlung erworbener Ring stammt von einem sechsjährigen Knaben, welcher ihn aber auch erst auf Zureden seines Vaters, und nachdem er diesem seine Zufriedenheit mit den angebotenen Gegenständen, einem bunten Taschentuch und einigen Uniformsknöpfen, hatte erklären müssen, hergab. Das Tuch und die eingetauschten Knöpfe übergab der Vater sofort dem Knaben, anscheinend mit dem Bedeuten, dass er sie als sein ganz specielles Eigenthum betrachten dürfe.

Ein anderer Mann wollte den Ring seines wirklich hübschen, wenn auch etwas schmutzigen, 6 bis 8 Monate alten Söhnchens, das er sorgsam auf dem Arm trug, nicht vertauschen und gab, als seine anfängliche Standhaftigkeit durch immer höheres Gebot zu wanken anfing, zu verstehen, dass er sich vielleicht bewegen liesse, ein Unrecht zu thun, wenn man ihn noch länger auf die Probe stelle und die angebotenen Tauschartikel nicht entferne; der Ring sei ihm „puniapaki". Dem puniapaki oder malayisch „pomali", welches letztere Wort die Eingeborenen oft als Uebersetzung hinzusetzten, wurde zur Verstärkung ein betheuerndes Klopfen auf die Brust mit der flachen Hand hinzugefügt. Diese Versicherung hörte man fast immer, wenn man Verlangen nach solchem Ring zeigte, oder den Wunsch äusserte, eine selbstgefertigte Betelbüchse zu erhalten, mit deren Abtretung sie ebenso schwierig waren. Allerdings wurde eine puniapaki-Erklärung auch einmal bei einem Bogen und einem Netz mit kleinen Büchsen gegeben, obgleich diese Gegenstände sonst nicht so hoch geschätzt und gern veräussert wurden.

Ein im Kampong C erworbener Muschelring, dessen Eintausch keine Schwierigkeit machte, und der auf dem Oberarm getragen wurde, scheint anderer Art zu sein.

Die zweite Art der Armringe, Wurzel-Ringe, pap. sorruma, werden aus der Wurzel des Areca-Nussbaumes gefertigt, indem sie durch Erwärmung gebogen werden. Sie werden meistens auf dem linken — einzeln oder zu zweien —, seltener auf dem rechten Handgelenk getragen. Sie sollen nicht am Mac Cluer-Golf, sondern in Salwatti gefertigt werden, was auch die häufig vorkommende Verzierung mit kleinen eingeschlagenen Messing- oder Silber-Stiftchen zu bestätigen scheint. Sie waren übrigens schon früher zahlreich auf Timor gesehen und wurden in der Segaar-Bai nicht nur von den Eingeborenen, sondern auch von Fremden getragen. Während diese Ringe hauptsächlich in der Segaar-Bai vorkamen, waren die geflochtenen und aus Schweinshauern gefertigten überall und gleich stark verbreitet.

Die geflochtenen Ringe, im Kampong B „sumna" genannt, wurden auf dem rechten oder linken Oberarm getragen.

Die Ringe von Schweinshauern, onionik, bestehen aus zwei durch Bast oder Draht zusammengehaltenen Schweinshauern (nifan-papi) und werden auf dem Oberarm getragen.

Im Kampong C kam noch ein ganz einfacher, aus Rohr bestehender Ring vor, der anderweitig nicht gesehen wurde und der aus einem spiralförmig gewundenen Stück spanischen Rohrs gearbeitet war.

Finger- und Ohrringe einheimischer Art wurden selten bemerkt, dagegen waren Fingerringe aus Tombak, Silber oder Gold europäischen Fabrikats häufiger. Die Form des Ringes scheint die einzige zu sein, in der Silber oder Gold einen höheren Werth für die Eingeborenen hat. Siegelringe oder ähnliche mögen sie lieber als den einfachen Reifen. Ob der Ring eine symbolische Bedeutung hat, konnte nicht festgestellt werden.

Der Fingerring (Fingerring oder überhaupt Ring pap. jian oder djian), welcher in der Segaar-Bai durch Tauschhandel erworben wurde, ist aus Schildpatt und dort gearbeitet, nicht eingeführt.

Von Ohrringen (djian legerpating) wurden in der Segaar-Bai zwei erworben, die aus Kokosnussschale geschnitzt sind und je von einem Mann am linken bezw. am rechten Ohr getragen wurden. Ein anderer von einer Frau getragener Ohrschmuck (won), welcher aus drei aneinander hängenden Ringen besteht, stammt aus der Galewo-Strasse.

Als Haarschmuck wurde von fast jedem Eingeborenen ein Kamm, suar, in der Galewo-Strasse s-ché genannt, getragen, wenn er auch vielleicht ursprünglich mehr Geräth als Schmuck war und im Haar den bequemsten Aufenthaltsort gefunden haben mag. (Tafel 33 Figur 3.) Die Sorgfalt, mit welcher die Eingeborenen bei dem Einstecken des Kammes in das Haar verfahren, bezeichnet ihn als Putz. Es ist ihnen nicht gleichgültig, wie und wo er sitzt, sondern sie geben ihm eine möglichst symmetrische Stellung zum Haarwuchs oder der Haarfrisur, und zwar schiebt man ihn entweder, etwas nach hinten geneigt, von vorn nach hinten so in das Haar, dass er recht über der Nase sitzt und nur mit seiner Krone hervorragt, oder man schiebt ihn wagerecht in der Richtung von Ohr zu Ohr so in das Haar des Hinterkopfes, dass seine äussere glatte und meistens verzierte Fläche nach aussen kommt, und an der einen Seite die Zahnreihe, an der anderen die Krone hervorsieht. Die erstere Tragweise war die häufigere. Die in der Sammlung befindlichen Kämme bestehen aus Bambusrohr, meistens mit geschnitzter Krone, auf deren äusserer Fläche sich mitunter eingeritzte Verzierungen befinden.

Ferner wurden als Kopfschmuck, allerdings weniger häufig, Federn verwandt, meistens gewöhnliche, schwarze, etwas gebogene Hühnerfedern, die so in das Haar des Hinterkopfes gesteckt wurden, dass die Spitze nach hinten zeigte. Selten sah man die Federn mit andersfarbigen z. B. gelben beklebt.

Ein aus mehreren Federn zusammengesetzter Kopfputz oder überhaupt mehr als eine Feder wurde nicht gesehen. Auszeichnende Bedeutung haben die Federn jedenfalls nicht.

Ein Halsband wurde nur im Kampong D bemerkt und erworben; an demselben trug der Eigenthümer die Nabelschnur, welche er jedoch nicht mitgeben wollte, sondern abbiss und ins Wasser warf.

Schliesslich sind noch zwei durch ein Stück Tuch verbundene Paradiesvogelschwänze zu erwähnen, die aus Kampong C stammen und als Kopfputz gedient zu haben scheinen.

Die am Mac Cluer-Golf vorgefundenen Schmuckgegenstände sind hiernach weder sehr mannigfaltig, noch sehr originell, ebenso wenig sind dieselben, besonders einheimische Sachen, sehr verbreitet.

Im westlichen Golf hatten von zehn Eingeborenen etwa nur sieben Schmucksachen, und Niemand zeigte grosses Verlangen, solche einzutauschen, sondern suchte nützlichere Artikel zu erwerben.

Häuser und Dörfer. Hausgeräthe. Die Häuser haben alle denselben Typus und unterscheiden sich nur durch ihre verschiedene Grösse, sowie durch mehr oder minder sorgfältigen Bau von einander, sie stehen meistens auf einem Pfahlwerk, 1¹/₃ bis 2¹/₂ Meter über Wasser (Taf. 31), seltener auf dem festen Lande (Tafel 32). Der Grundriss ist immer rechteckig, die Pfosten sind aus Holz, die Wände bestehen aus kurzen Brettern und Bambusstäben und sind häufig mit Palmblättern gedichtet oder ausgebessert, oder bestehen auch ganz aus Palmblättern, welche, dicht auf- und nebeneinander geschichtet, durch horizontale Latten fest gehalten werden. Die Dächer sind giebelförmig, meistens mit gekreuzten Giebelbalken, zur Bedeckung dienen ebenfalls Palmblätter. Die etwa 1¹/₃ Meter hohe Thür befindet sich (meistens je eine) in den Längsseiten. Runde oder viereckige Einschnitte, die als Fenster dienen, sind selten. Während man an der Schmalseite der Häuser oft einen kleinen Anbau sieht, befindet sich an einer oder auch häufig an beiden Längsseiten eine Plattform von Brettern oder kleinen dünnen Stämmen, welche mit dem in diesem Falle meistens überschiessenden Dach eine Art Veranda bildet. Zu der Thür der Häuser oder zu der Plattform vor derselben gelangt man vermittelst eines als Treppe dienenden eingekerbten Baumstammes hinauf.

Die über Wasser stehenden Häuser sind zum Theil unter sich und mit dem Lande durch Brettergänge, die ebenfalls auf Pfahlwerk ruhen, verbunden.

Das Innere der Häuser enthält meistens einen grösseren und einen kleineren Raum, häufig aber auch nur ersteren. Dieser grössere Raum dient hauptsächlich zum Wohnraum, während der kleinere wahrscheinlich Schlafgemach oder Frauengemach ist. . Der Boden dieser Räume besteht aus einem dichten, in der Regel ziemlich rein gehaltenen Rohrgeflecht oder ist wenigstens mit Palm- oder Pandanusblättern dicht belegt.

Die Höhe der Räume beträgt etwa 2¹/₃ Meter, die Decke besteht aus ziemlich dicht nebeneinander gelegten Balken, welche zugleich zur Aufnahme von Waffen und Geräthen dienen. In der Mitte des Zimmers befindet sich fast immer ein aus Steinplatten hergestellter Herd, auf welchem das stets unterhaltene Feuer brennt, an den Seiten Matten, bei den Radjahs auch wohl mit Kattun bezogene Kissen malayischen Ursprungs als Sitze. An den Wänden sind Bretter angebracht, auf denen Holzkisten und Schädel, Geschirrstücke europäischer Manufaktur, wie Schüsseln, Näpfe u. a., stehen, daneben hängen Waffen, Gewehre und Lanzen, Schilde, Trommeln u. dergl.

Im innersten Golf (Kampong D) sind die Häuser bei Weitem ärmlicher; sie stehen hier zwar höher, ca. 4 Meter, über Wasser, sind aber selbst viel niedriger als die des westlichen Theiles des Golfes und bestehen eigentlich nur aus einem Dach mit breiter Thürluke im Giebel, vor der sich eine kleine Plattform befindet.

Der Grund für eine derartige Anlage der einzelnen Häuser, wie wir sie hier überall finden, scheint in der Rücksicht auf die Möglichkeit einer günstigeren Vertheidigung zu liegen. Noch mehr ist dieser Rücksicht bei der Anlage von Häuservereinigungen, von Dörfern, Rechnung getragen. Da das einzelne, mit wenigen Ausnahmen stets über Wasser liegende Haus schon durch diese Lage einen Angriff von der Landseite sehr erschwert, so hat man sich durch die Art der Anlage von Dörfern hauptsächlich gegen einen Angriff zu Wasser, also mit Booten, zu sichern gesucht. Zu diesem Zweck sind die Dörfer gewöhnlich in kleinen Buchten angelegt, deren Eingang bei einem Bootsangriff allein zu vertheidigen ist. Um diesen Angriff noch zu erschweren, ist vor den Eingang der Buchten eine so enge Pfahlreihe gesetzt, dass sie den, mit Auslegern an beiden Seiten versehenen feindlichen Booten den Eintritt erst nach Hinwegräumen einer Menge von Pfählen gestattet.

Für friedliche Kommunikation befindet sich in der Pfahlreihe eine Durchfahrt, welche gerade weit genug ist, um ein Kanoe durchzulassen, und leicht ganz geschlossen werden kann. Vor Dörfern,

H.A.Meyer.lith.

R.Stertzmann.gez.

welche nicht in solchen Buchten liegen, ist eine im Bogen gehende Pfahlreihe gezogen. Bei dem Kampong D schien die Pfahlreihe nur gegen Seitenangriffe schützen zu sollen.

An diesen Pfahlgürteln, besonders an den Oeffnungen, findet man allerlei Gegenstände, wie grosse Muscheln, Palmzweige, Vogelskelette und dergl. aufgehängt.

Die Anzahl der die Dörfer bildenden Häuser beträgt etwa 5 bis 10, von diesen sind meistens je 2 bis 3 sowohl unter sich als auch mit dem Lande durch Brettergänge verbunden, welche leicht abgebrochen werden können. Im Kampong Sissir hatte man die Oertlichkeit noch zu einer Vertheidigung dieser nach dem Lande führenden Bretterstege geschickt zu benutzen gewusst. Am Eingang der kleinen Bucht, in welcher das genannte Dorf liegt, befindet sich nämlich eine kleine Insel, deren Ufer nach aussen steil abfällt, nach dem Innern der Bucht aber einen flachen Strand hat, hinter welchem sich das Terrain wieder steil erhebt. An diesem Stück Strand, welches nach aussen durch einen Steinwall eingesäumt ist, münden konvergirend die Zugänge von den Häusern; diese können also noch vortheilhaft vertheidigt werden, ehe man zum Abbruch derselben und zum Rückzug in die Häuser schreitet. Vor der Bucht war wie gewöhnlich noch eine Pfahlreihe errichtet. Der von dem Wall und dem sich steil erhebenden Terrain eingeschlossene Platz wurde zugleich zum Aufschleppen von Booten, zur Reparatur und zum Bau derselben benutzt und diente den wenigen vorhandenen Hühnern zum Aufenthalt.

An Hausgeräthen sind nur noch wenig ursprüngliche gesehen worden. Europäische Geschirrstücke sind sehr verbreitet, haben jedoch die einheimische Industrie nicht vollkommen verdrängt. So befand sich im Kampong A eine Töpferei, bei der aber nur eine Anzahl zum Trocknen aufgestellter Gefässe gesehen wurde.

An anderen einheimischen, derartigen Gegenständen wurden häufiger bemerkt: 1. Rohe, viereckige Bastkasten, welche zum Aufbewahren von Vegetabilien zu dienen scheinen. 2. Kleine zierliche Bambuskästchen mit Fächern, für die Ingredienzien zum Betelkauen. 3. Runde, längliche, rautenförmige oder viereckige Bastschachteln (kop-kop genannt) zum Aufbewahren von Zwirn, Nähnadeln u. s. w. Der Boden dieser Büchse besteht aus einer Rinde (bāūm), die auch zu anderen Gegenständen häufig verwendet wird; Deckel und Wände sind aus einem Blatt gefertigt. (Tafel 33 Figur 4). Diese Büchsen werden in der Regel mit noch anderen kleinen Sachen in einem zierlich gearbeiteten um den Hals gehängten Netz (wakar) getragen.

Matten als Sitze oder zur Bedeckung von Kissen malaischer Arbeit waren überall ziemlich gleich und roh gearbeitet.

Ein sehr verbreitetes und anscheinend sehr geschätztes, obgleich ziemlich einfaches Stück bestand in einer Art Truhe von Bambusstäbchen, welche zum Verschliessen eingerichtet, und deren Deckel durch Muscheln verziert war. Meistens waren sie 0,6 bis 0,8 Meter lang, 0,3 Meter hoch, 0,5 bis 0,7 Meter breit und dienten zur Aufbewahrung von Pulver, Blei, Tüchern, Geschirrstücken, Messern und sonstigen Kleinigkeiten. Sie wurden eingeführt und schienen ein begehrter Handelsartikel zu sein, da vielfach Verlangen danach gezeigt wurde.

In der Galewo-Strasse wurde ein Geräth (oder besser Instrument) gefunden, welches im Mac Cluer-Golf nicht, wohl aber später auf den Anachoreten-Inseln in ganz ähnlicher Ausführung gesehen wurde. Es war dies eine Art Schemel zum Oeffnen resp. Aushöhlen von Kokosnüssen, gocko genannt. (Tafel 28 Figur 9).

An Geräthen zur Bereitung oder zur Einnahme von Nahrung sind ausser den schon oben erwähnten Steingut-Stücken noch eiserne Kessel und Kannen, die natürlich eingeführt sind, zu nennen.

Hausthiere, Nahrungsmittel. Von Hausthieren giebt es nur Schweine, in geringer Menge Hühner, und noch seltener Hunde. Erstere werden von den muhamedanischen Eingeborenen wohl garnicht, sondern nur von den Fremden, die es mit den Satzungen des Muhamedanismus nicht so genau zu nehmen scheinen, und auch nur im Geheimen gehalten. Von einem solchen, dem Major des Kampong Sissir, wurde ganz verstohlen ein Schwein an Bord geschmuggelt, welches aber nicht aus seinem Dorf, sondern irgend einem benachbarten stammte. Die Eingeborenen selbst scheinen darüber strenger zu denken, denn sie stellen die Kannibalen des Innern mit Schweinefleischfressern auf dieselbe Stufe.

Die Hunde gehören einer kleinen, glatthaarigen, hochbeinigen Race an, mit spitzem Kopf und aufrecht stehenden Ohren. Man trifft diese Thiere gewöhnlich in geringer Zahl als Wächter vor den Hütten, mit lautem Gekläff den Fremdling ankündigend.

Zur Nahrung dienen den Eingeborenen ausser Hühnern, die sie wegen ihrer geringen Menge wohl nur selten opfern, hauptsächlich Fische, ferner Bananen, Zuckerrohr, Jams, Taro, Sago und die sehr grosse Larve eines Borkkäfers, die im Holz lebt.

Fische und Bananen rösten die Eingeborenen meistens am Feuer, Jams und Taro scheinen sie gedämpft zu geniessen. Das Zuckerrohr schaben sie an einem mit kurzen Stacheln besetzten Stock auf ein als Unterlage dienendes Stück Rinde (baum), formen daraus einen faustgrossen Kloss, nehmen diesen in den äusserst ausdehnungsfähigen Mund und saugen ihn aus. Ein so benutzter Kloss wird aufbewahrt — vielleicht um den noch darin enthaltenen Zuckerstoff durch ein anderes Verfahren gänzlich auszuziehen.

Aus dem Sago bereiten sie eine Art Brod oder vielmehr einen Sagoteig. Der Sago war wahrscheinlich eingeführt, es wurden wenigstens keine Sagopalmen bemerkt, auch sagten die Eingeborenen von den Sagopalmblatt-Rippen, dem gabba-gabba der Malayen, pap. gapár, aus, dass sie eingeführt würden. Wahrscheinlich geschieht dies von Nordwest-Neu-Guinea, dem nördlich vom Mac Cluer-Golf liegenden Theil, oder von Salwatti aus, wo die Sagopalme sehr häufig ist.

In dem Kampong, welcher später auf der Prinzen-Insel (Galewo-Strasse) besucht ist, wurde unter Aufsicht eines Mischlings von den Eingeborenen Sago in grösseren Mengen bereitet. Die Art der Bereitung, sowie die hierzu dienenden Geräthe sind die allgemein in Niederländisch Ost-Indien gebräuchlichen, schon vielfach beschriebenen und bildlich dargestellten. Diesem Sagobrod zogen die Eingeborenen das gewöhnliche Schiffshartbrod bei Weitem vor; nach dem letzteren waren sie sehr begierig. Aus der erwähnten Larve und Fischen bereiten sie eine Art Salat, allein zubereitet wurde die Larve nicht gefunden. Von einem Anbau der heimischen erwähnten Vegetabilien ist nicht viel bemerkt worden, meistens wurden Zuckerrohr, Bananen und Taro angebaut, weniger Tabak und Jams.

Kokosnuss-Bäume sind nur sehr vereinzelt gesehen worden, sie schienen ebenfalls angepflanzt zu werden.

Die schädliche Wirkung des Wassers der kleinen Bäche ist den Eingeborenen jedenfalls bekannt, da sie zum Trinken mit Vorliebe Regenwasser brauchen. Sie fangen dasselbe in Bambushölzern auf, welche zu diesem Zwecke unter Bäumen aufgestellt werden und gefüllt zugleich als Reservoirs auf den Booten mitgeführt werden. Einem Radjah schien auch Thee, welcher ihm angeboten wurde, bekannt zu sein.

Als Narcotica sind überall Tabak und Betel verbreitet. Ersterer wird meistens in Form von Cigaretten, d. h. in Bananenblätter gewickelt, geraucht, letzterer in der gewöhnlichen Weise mit Kalk vermischt gekaut.

Familienleben, Stellung der Frauen. Die Frauen wurden möglichst in den Häusern verborgen gehalten, und es war den Eingeborenen schon der Versuch eines Fremden, ein Haus zu betreten, in dem sich Frauen befanden, unangenehm. Ein Anhalten der Frauen zum Feldbau oder überhaupt zur Arbeit ausserhalb des Hauses ist nicht bemerkt worden. Die Stellung der Frauen, deren Anzahl (soweit auf sie geschlossen werden konnte) im Verhältniss zu den Männern auf Monogamie schliessen lässt, scheint eine recht angesehene zu sein. Im Kampong Sissir liessen sich Eingeborene häufig Tauschartikel, wie Spiegel, Tücher etc. geben und liefen, nachdem sie die Versicherung gegeben, dieselben wiederzubringen, in ihr Haus. Nach einiger Zeit kamen sie wieder und tauschten dann den Gegenstand ein, ohne selbst vorher besonderes Verlangen danach gezeigt zu haben. Zuweilen verschwanden sie so mit mehreren Gegenständen nacheinander und tauschten erst den dritten oder vierten ein. Mitunter wurden sie bei einem Tauschartikel, in dessen Besitz sie zu gelangen wünschten, erst Handels einig, nachdem sie sich mit demselben einige Zeit in ihrem Hause aufgehalten hatten, öfter baten sie dann auch um einen Umtausch von Sachen. Die von ihnen im Dorf eingetauschten Gegenstände brachten sie gewöhnlich sofort in ihre Häuser. Da bei diesen Gelegenheiten alle Männer auf dem Markt anwesend waren, so lässt sich annehmen, dass sie mit den fraglichen Tauschgegenständen in ihre Häuser eilten, um sie den dort befindlichen Frauen zu zeigen.

Bei dieser Gelegenheit mag noch erwähnt werden, dass man den Eingeborenen ohne Bedenken Tauschartikel anvertrauen konnte, stets brachten sie dieselben so schnell als möglich wieder zurück, obgleich es ihnen ein Leichtes gewesen wäre, mit denselben zu verschwinden. Jüngere, die vielleicht durch Neugier lästig fielen, wurden stets von Aelteren zurückgehalten, während letztere gegenseitig unter sich auf Ordnung hielten. Augenscheinlich bemühten sie sich, auch jeden Schein zu vermeiden, der sie verdächtigen könnte, sich heimlich und unerlaubt etwas aneignen zu wollen.

Niedere Dienstbarkeit oder eine Art Sklaverei schien zu bestehen; so sah man sowohl in den Dörfern als auch in den Booten häufig kurz geschorene Eingeborene, die sich stets scheu zurückhielten oder, wenn die sonstigen Insassen eines Bootes an Bord kamen, in diesem zur Aufsicht und zum Festhalten blieben; die Boote, in denen sich derartige Eingeborene befanden, wurden auch von diesen gerudert. Zahlreich waren dieselben jedoch nicht.

Von einem besonderen Gastrecht oder Gastfreundschaft ist nichts bemerkt worden, jedoch war das Benehmen der Radjahs beim Empfang von Besuchen immer mit einer gewissen Förmlichkeit verbunden. Dieser Empfang geschah stets (im Gegensatz zu den niederen Eingeborenen) im Hause, in dem grösseren Raum; der Radjah sass dabei, gab seinen Gästen auch sitzend die Hand und strich dann mit der rechten flachen Hand über das Gesicht, worauf die Gäste ebenfalls Platz nahmen. Das Verlangen, weiter in das Innere des Landes einzudringen, schien ihnen nicht genehm zu sein, jedenfalls, weil sie für die Sicherheit der Fremden Besorgniss hegten. Führer oder Begleiter gaben sie dagegen um so bereitwilliger mit.

Ueber andere sociale Verhältnisse, Sitten u. s. w. konnte Nichts in Erfahrung gebracht werden.

Beschäftigung, Bootsbau, Werkzeuge. Die Hauptbeschäftigung der Eingeborenen bildet der Fischfang; Ackerbau wird, wie bereits angedeutet, nur wenig betrieben, und die eigene Industrie beschränkt sich auf Anfertigung von Matten, Fischereigeräthen, Waffen, Töpferwaaren, Kisten und Schachteln von Bast, Bambus und Palmstroh, sowie auf den Bau von Booten. Als Fischervolk haben sie es in letzterem Industriezweig ziemlich weit gebracht.

Im Mac Cluer-Golf sind zwei Arten von Booten gesehen worden, eine grössere und eine kleinere. Letztere ist bei Weitem die häufigere und wird zum gewöhnlichen Verkehr benutzt, erstere ist selten und dient vielleicht nur zu weiten Fahrten.

23*

Die kleinere Art der Boote (Boot: raï) besteht meistens aus einem Kielstück und zwei Reihen Planken; wenn ausser diesen noch ein vorderes oder hinteres Endstück, Steven, oder beide vorhanden sind, so ist das Kielstück entsprechend kleiner.

Das Kielstück, tawan genannt (es ist ungewiss, ob bei manchen dieser Bezeichnungen das Wort den betreffenden Gegenstand oder das Rohmaterial, aus dem er besteht, bezeichnet), besteht aus einem ausgehöhlten Stück eines bräunlichen, nicht allzuleichten Holzes; ein Ansatz nach unten, ein wirklicher Kiel, ist nicht vorhanden. Die Seitenwände dieses Kielstückes sind nicht sehr stark, und man hat sie daher gegen Ein- oder Ausbiegen durch Querhölzer, die beide Wände verbinden, zu schützen gesucht.

Diese Querhölzer, deren jedes Boot meist vier hat, werden an je zwei an der Innenseite der Wände einander gegenüberliegende Klötze mit schwalbenschwanzförmigem Ausschnitt befestigt, indem sie mit passenden, schwalbenschwanzförmigen Enden in die Ausschnitte der Klötze hineingepresst und in diesen durch einen Holznagel festgehalten werden.

An das Kielstück werden, gewöhnlich an beiden Enden, Schnäbel angesetzt. Diese bestehen aus leichterem und weicherem Holz, als das Kielstück, ragen meist über die oberste Planke des Bootes hinaus und sind an ihren Köpfen zur Verzierung mit Einschnitten versehen. Oefters gehen diese Stücke an einem oder an beiden Enden nur bis zur obersten Planke, zuweilen fehlen sie ganz, und ist in diesen Fällen das Kielstück selbst vorn und hinten höher hinaufgezogen.

Auf die Wände des Kielstücks wird je eine, aus demselben Holz wie die Schnäbel gefertigte Planke gesetzt. Diese Planken (sarak) sind ebenso wie das Kielstück durch Querhölzer, welche genau über denjenigen des letzteren liegen, abgesteift und mit Kielstück und Schnäbeln verbunden. Auf die Planke kommt noch eine dritte (aus einem Stück zusammengesetzt), die mit der zweiten und eventl. auch mit den Schnäbeln verbunden, aber nicht durch Querhölzer verstärkt wird.

Die Verbindung der einzelnen Theile mit einander geschieht durch Nägel von einem braunen, harten Holz. (Dies Holz heisst torim, die Nägel ruaf). Die sorgfältig gearbeiteten und geglätteten Stösse der einzelnen Theile werden durch diese Nägel genau aufeinander befestigt, die Nähte kunstgerecht abgedichtet und mit einem Baumharz verpicht. Das Abdichten geschieht mit dem nach Entfernen der Rinde von einem lebenden Baum abgeschabten feinen Bast.

Auf das so vollendete Boot kommt die Auslegervorrichtung zu liegen, welche stets nach beiden Seiten geht. Dieselbe ist wie folgt eingerichtet:

Quer über das Boot und zwar entweder auf die oberste Planke (bei kleineren schwach gebauten Booten) gelegt oder (bei stärker gebauten Booten) in dieselbe eingelassen, gehen vier Hölzer (wramar) meistens von rechteckigem Querschnitt, die etwa, je nach der Grösse der ganzen Einrichtung, 1²/₃ bis 2¹/₃ Meter über die Bootswände hinausragen und in ihrer Lage durch eine dünne runde Stange, die parallel dem Boot läuft, gehalten werden; die vier „wramar" liegen genau über den acht oben erwähnten Querhölzern, die Kielstück und erste Planke verbinden, und werden an diesen mit Bast befestigt. An jedem Ende der Querhölzer ist, ebenfalls mit Bast, je ein knieförmig gewachsenes Holz, jaman, befestigt, dessen äusserer, längerer Arm den Auslegerbaum, samar, trägt.

Vorn und hinten im Boot befindet sich noch eine Ducht, ein Querholz zum Sitzen für die Ruderer (fafan).

Die Ruder sind kurz, sog. Pagaier, baessa oder pessa genannt.

Der Raum zwischen den wramar und den Bootswänden ist oft mit einem feinen Rohrgeflecht versehen, wie es sich auf den Fussböden vieler Häuser befindet; ganz hinten steht meistens ein flacher viereckiger, mit Sand gefüllter Holzkasten, auf dem ein Feuer brennt.

In den Dreiecken, welche durch wramar und jaman gebildet werden, sowie auf den Querhölzern ausserhalb des Bootes werden die Stangen, mit denen das Boot auf flachem Wasser vorwärts geschoben wird, Fischspeere, Lanzen, Bambus-Wasserbehälter und ähnliche Dinge aufbewahrt.

Die hier beschriebene ist die einfachste Art der Boote. Häufig befindet sich auf denselben noch eine Vorrichtung zum Tragen eines aus Bast geflochtenen Daches, sanoch oder sanok. In diesem Fall liegt meist vor dem vordersten und hinter dem hintersten Querholz noch ein fünftes, resp. sechstes, bedeutend kürzeres; über alle sechs Querhölzer werden dann parallel mit dem Boot an beiden Seiten je zwei Stangen gebunden, welche zur weiteren Verstärkung der eigentlichen Auslegervorrichtung und zur Aufnahme des Bastdachgerüstes dienen. Letzteres besteht aus zwei Querhölzern, die über dem vordersten und hintersten der vier ersten Querhölzer der wramar und auf den eben erwähnten Längsstangen liegen; auf jeder Ecke dieser beiden (kürzeren) Querhölzer befindet sich je eine Stütze, figope genannt, die gewöhnlich geschnitzt ist und mit dem darunter liegenden wramar verbunden, sowie auf dem Querholz durch ein winkliges Holz gestützt wird. Die beiden an einer Seite befindlichen figope werden durch eine darauf gebundene Stange verbunden; in der Mitte zwischen je zwei gegenüberstehenden figope befindet sich noch eine dünnere, aber höhere Stütze mit einer Gabel an ihrer Spitze, saksaga genannt, in welche ebenfalls eine Längsstange gelegt wird, die so den Dachfirst bildet. Ueber diese drei Stangen wird das Bastdach gelegt, welches häufig bis auf die Querhölzer fällt und so eine förmliche, nur vorn und hinten offene Hütte bildet. Wenn das Dach abgenommen wird, nimmt man auch meistens die in den beiden saksaga liegenden Stangen herunter und verwahrt sie wie das Bastdach neben den festen Stützen, den figope, an der Aussenseite. Boote, welche solche Dächer führen, sind gewöhnlich auch mit einem Boden-Rohrgeflecht versehen, welches bei etwa 8 bis 10 Meter langen Booten eine sehr geräumige Plattform bildet, die einer grossen Anzahl von Personen einen bequemen Aufenthalt bietet. Auf diesen Booten schleppen die Eingeborenen, welche aus den benachbarten Dörfern herbeikommen, anscheinend auch ihren ganzen Hausrath mit und haben sich immer auf ein längeres Ausbleiben eingerichtet.

Was die grössere Art von Booten betrifft, die etwa 6 bis 8 Meter lang, 1½ Meter breit und 1 Meter hoch sind, so konnte über deren Zweck nichts erfahren werden. Im Princip sind sie ebenso gebaut, wie die gewöhnlich benutzten Boote, nur stärker; die Planken werden durch Querrippen gehalten.

Die Fortbewegung der Boote geschieht meist mit Hülfe der kurzen Ruder; auf flacherem Wasser werden auch Stangen zum Fortschieben benutzt. Segel (rar) haben zwar viele der Boote, sind jedoch nicht allgemein verbreitet; sie bestehen aus einer einfachen Bastmatte, die an einer als Mast dienenden Stange ausgespannt wird, und scheinen nur bei günstigem achterlichem Winde gebraucht zu werden.

Die Werkzeuge, welche zum Bootsbau oder anderweitig gebraucht werden, sind zum grössten Theil eingeführt, also eiserne; ältere Werkzeuge, wie steinerne, sind garnicht mehr vorhanden. An eisernen Werkzeugen wurden folgende gesehen: 1) Aexte, die sich von denen europäischer Arbeit dadurch unterscheiden, dass sie in einen Holzstiel gesteckt und an diesem mit Bast befestigt werden; man hat also bei ihnen die Schwierigkeit der Durchlochung zur Aufnahme des Stiels umgangen. Die Eingeborenen gaben an, dass diese Aexte im Kampong Patippi oder in der Patippi-Bai, in der mehrere kleine Dörfer liegen, gemacht würden, wohin das Eisen dazu eingeführt werde. Die nach der Patippi-Bai gesandten Boote hatten hiervon vorher keine Kenntniss (welche vielleicht zur Auffindung dieser Industrie hätte führen können) und haben auch keine derartigen Werkstätten in jener Bai vorgefunden. 2) Grosse, ca. ⅔ Meter lange und breite Messer eigenthümlicher Form mit kurzem

Holzhandgriff. (Tafel 31). Auffällig war die Art und die Geschicklichkeit der Eingeborenen im Tragen dieser Messer; sie legen dieselben mit der Schneide (den Rücken nach innen) in eine Halsfalte und auf die Schulter und führen sie so selbst bei schnellem Gang sicher mit sich. 3) Eine Art Löffelbohrer, aber ohne eigentliches Gewinde; dies Instrument wird durch einen Schlag mit einem Holzklöpfel in das zu bohrende Holz getrieben, gedreht und der ausgedrehte Holzspahn herausgehoben; diese Manipulation wird so oft wiederholt, bis das erforderliche Loch vorhanden ist. 4) Ein etwa 4 Centimeter langes, an einem Holzstiel befestigtes Stück Eisen dient beim Dichten der Boots-Nähte zum Eintreiben des dazu benutzten Bastes.

Von selbstgefertigten Werkzeugen gab es zwei Klöpfel oder Hammer und zwar: 1. ein länglich rundes, etwa $1/3$ Meter langes Instrument mit kurzem Handgriff, aus einem harten weissen Holz angefertigt, 2. ein diesem ähnliches Werkzeug, länglich viereckig mit abgerundeten Ecken und kurzem Handgriff und aus demselben Holz, aus dem die Nägel bestehen, gearbeitet.

Waffen. Im westlichen Golf waren Feuerschlossgewehre allgemein verbreitet; fast jeder erwachsene Eingeborene war im Besitz eines solchen, während den Bewohnern des innersten Golfes Feuerwaffen und deren Wirkung unbekannt waren. Neben den Gewehren waren aber, auch im westlichen Theile des Golfes, noch verschiedene, wenn nicht alle primitiven Waffen in Gebrauch; jedoch wird im letzteren Theile auf die Anfertigung derselben nicht die Sorgfalt verwandt, wie sie im Kampong D gefunden wurde, wo jede Waffe nicht allein besser gearbeitet, sondern auch mit Verzierungen versehen war.

Die Offensiv-Waffen beschränken sich auf Lanzen, Wurfspeere, Bogen und Pfeile; vereinzelt wurden auch Keulen und grosse Messer angetroffen.

Die Lanzen sind von zweierlei Art, von denen die eine eine besondere, an einem Schaft befestigte Spitze trägt und die andere nur aus einem Schaft mit einfach angespitztem Ende besteht. Die Schäfte der ersteren sind immer aus starkem, schwerem Holz, die Spitzen meistens aus Kasuarknochen, welche aufgesteckt und gegen Abstreifen durch eine Schaft und Spitze verbindende Schnur gesichert werden, oder aus Bambusholz, welches mit Bast an dem Schaft befestigt ist.

Beide Arten scheinen nur Kriegslanzen zu sein und werden lediglich zum Stossen, nicht als Wurfspeere gebraucht. Sie heissen mal. tika-tika, pap. wassar.

Anders verhält es sich mit den einfach zugespitzten Bambuslanzen, den tiboni, denn diese scheinen vornehmlich zum Fischfang zu dienen und nur im Nothfall oder in Ermangelung anderer Waffen im Gefecht gebraucht zu werden.

Im innersten Golf (Kampong D) wurden Lanzen nicht bemerkt, an ihrer Stelle gebrauchte man leichte, nicht allzu lange Wurfspeere mit Bambus-, Knochen- oder Holzspitzen.

Von Bogen (mal. panna-panna, pap. in Sissir: pussir, im Kampong D jo-jo (?) giebt es zwei nur durch ihre Grösse verschiedene Arten. Die grössere ist seltener und hat nur eine dazu gehörige Pfeilart, deren Schaft aus Rohr mit eingesteckter, eingekerbter und anscheinend im Feuer gehärteter Spitze, wahrscheinlich aus Palmenholz gefertigt, besteht; auf diese Spitze wird zuweilen noch eine Knochenspitze aufgesteckt, d. h. ein einfaches zugespitztes Röhrchen von Kasuarknochen. Dieser Bogen wird nur im Gefecht gebraucht. Die zweite, etwa halb so grosse Art der Bogen ist sehr häufig und wird wahrscheinlich fast ausschliesslich zur Jagd, namentlich zur Vogeljagd, und nur mit einer bestimmten Art von Pfeilen gegen Menschen gebraucht. Für diesen Bogen giebt es vier verschiedene Pfeilarten, die aber alle denselben Namen „atow" führen und zwar: 1) Pfeile aus einer Blattrippe, einfach zugespitzt, 2) dieselben Pfeile, unterhalb der äussersten Spitze noch mit Einkerbungen versehen, 3) Schaft wie bei 1 und 2, aber mit besonderer, eingekerbter kleiner Holzspitze,

Erklärung der Tafel 33.

(Gegenstände von Neu-Guinea, Neu-Hannover und [Fig. 1] den Salomons-Inseln.)

————

1. Lanze aus hartem Holz mit reich verzierter Spitze, 3,83 m lang. Salomons-Inseln.

2. Dibo, Trommel mit Haut eines Kuskus bespannt, 41 cm hoch, 25 cm Durchmesser oben. Neu-Guinea.

3. Suar, Kamm aus Bambus, häufiger von Männern als von Frauen getragen, 18 cm lang. Neu-Guinea.

4. Kop-kop, Tabakschachtel, aus Blättern geflochten, 17 cm : 10 cm. Neu-Guinea.

5. Jian oder djian, Fingerring aus Schildkrötenschale, von einem Manne getragen. Neu-Guinea.

6. Ata, Schild zum Decken gegen Pfeile, aus weichem, leichten Holz; 67 cm hoch. Neu-Guinea.

7. Holzbüste aus einer Hütte des Kampong Sissir, Bai von Segaar, 17 cm hoch. Neu-Guinea.

8. Maske aus weichem Holz, 48 cm hoch. Neu-Hannover.

9. Schnitzwerk in Vogelgestalt, 57 cm lang. Neu-Hannover.

10. Maske aus weichem Holz und Pflanzenmark. Höhe bis zur Federspitze 52 cm, Länge vom Schnabel bis zum Rückentheil 43 cm. Neu-Hannover.

————

pipia, die in dem Schaft eingeklemmt und festgebunden wird, oder 4) statt mit Holzspitze mit einer solchen von Rochenstachel (?) versehen.

Es ist möglich, dass diese letzteren Pfeile vergiftet sind oder vergiftet werden (an manchen war eine grünliche Farbe bemerkbar) jedenfalls schreibt man ihnen eine giftige Wirkung zu. Bei allen Pfeilen, die mit diesen Spitzen versehen sind, sowie auch bei den einzelnen in einer kleinen Bambusbüchse, und zwar wohl als Reserve geführten Spitzen wurde Folgendes pantomimisch angedeutet: Verwundung mit einer solchen Spitze (es wurde immer die Gegend des linken Pulses dabei berührt); Hinauffahren mit der andern Hand am linken Arm, über die linke Schulter nach dem Herzen hinunter — Andeuten des Verscheidens.

Wahrscheinlich sind diese Pfeile jedoch nicht mit einem Gift bestrichen, sondern denselben wird nur deshalb eine giftige Wirkung zugeschrieben, weil eine von ihnen verursachte und vernachlässigte Verwundung vielleicht häufiger den Tod herbeigeführt hat. Alle diese Pfeile wurden fast immer von einander getrennt, in Bast oder in ein Stück einer bestimmten Rinde eingewickelt, aufbewahrt, und darf man schon daraus schliessen, dass sie für verschiedene Zwecke bestimmt sind. So schossen die Eingeborenen auf Möven oder andere Vögel nur mit den unter 1) angeführten Pfeilen, wobei sie jedoch nicht gerade grosse Geschicklichkeit bewiesen; möglich, dass diese Pfeile nur für den Gebrauch am Lande bestimmt und nicht für den Wind, der auf dem Wasser, in der Nähe des Schiffes herrschte, berechnet sind. Die Pfeile flogen langsam, aber ziemlich weit. Die anderen Arten wurden beim Gebrauch nicht beobachtet.

Da die Vögel die Hauptjagdthiere bilden, bei den Paradiesvögeln überdies das Gefieder durch grosse Pfeile oder Gewehrschüsse arg beschädigt werden würde, und grosse jagdbare Thiere, ausgenommen vielleicht der Kasuar, überhaupt nicht vorhanden sind, so kann die Anwendung dieser kleinen Bogenart für die Jagd nicht auffallen; grössere Bogen würden dabei auch wegen des Dickichts unpraktisch sein.

Wie weit die unter 4 angeführten Pfeile zur Jagd, oder ob sie überhaupt zu dieser oder gegen Menschen allein gebraucht werden, konnte mit Sicherheit nicht in Erfahrung gebracht werden. Im Kampong D wurden die Pfeile in einer Art von Köcher auf den Booten mitgeführt. Die kleineren Bogen wurden hier nicht bemerkt.

Als einzige Defensiv-Waffen fänden sich Schilde, Faustschilde (Tafel 33 Figur 6) zum Auffangen von Pfeilen vor. Die roheren, ohne besondere Verzierungen versehenen Schilde waren im Mac Cluer-Golf selbst gefertigt, andere, sorgfältig gearbeitete und mit Muscheln ausgelegte von Salwatti eingeführt.

Die Eingeborenen scheinen sich dieser Schilde mit Gewandtheit zu bedienen; ein geworfener Pfeil wurde nicht allein mit dem Schild aufgefangen, sondern auch noch mit der andern, rechten, Hand bei Seite geschlagen.

Schliesslich sei hier noch ein Instrument erwähnt, welches, wenn auch keine eigentliche Waffe, doch in enger Verbindung mit derselben steht und dazu dient, zu den Waffen zu rufen, oder doch wenigstens auffordert, auf der Hut zu sein.

Es ist dies das überall verbreitete und überall gleiche aus der Tritonmuschel gefertigte Horn, welches in der Galewo-Strasse tapu genannt wurde.

Dasselbe erfordert beim Blasen zwar einige Anstrengung, ist aber dann auch auf sehr weite Entfernung deutlich zu hören. Ueberall, wohin die Bootsexpeditionen kamen, ging ihnen der Ruf dieses Instruments an den Ufern voran. Im innersten Golf rief das Horn in kürzester Zeit eine grosse Anzahl Kanoes aus der Nachbarschaft herbei.

Geräthe zur Jagd und zum Fischfange. Zur Jagd dient hauptsächlich der schon vorher erwähnte kleine Bogen; ob sonst noch Waffen dazu benutzt werden, konnte nicht festgestellt werden. Das grösste jagdbare Thier scheint der Kasuar zu sein, den man jetzt wahrscheinlich wohl mit dem Gewehr jagt, für die übrigen dürfte der kleine Bogen genügen.

Zum Fischfang werden hauptsächlich Speere und Angeln benutzt; die Speere sind dreierlei Art: 1) Der schon unter den Waffen erwähnte zugespitzte Bambusspeer (tiboni), vielleicht für grössere Fische. 2) Bambusschäfte, an denen Holzbüschelspitzen mit Bast befestigt sind. Die Holzbüschelspitze besteht aus einzelnen, verschieden langen Spitzen von einem harten braunen Holz, welche entweder glatt oder mit widerhakenartigen Einkerbungen versehen sind. 3) Bambusschäfte mit einer gabelförmigen, zweizinkigen und an der Innenseite mit Widerhaken versehenen eisernen Spitze.

Als Angeln dienen Schnüre mit gewöhnlichen Angelhaken europäischer Manufactur. An den Haken befestigen die Eingeborenen als Lockspeise für die Fische gelblichweisse Hühnerfedern, die sie in kleinen Büchsen, nef-nef, mit sich führen.

Fischreusen, wie solche im Kampong C gefunden wurden, scheinen wenig angewendet zu werden; die Art ihres Gebrauches wurde nicht beobachtet.

Zum Fischfang wurden ferner noch die Ebbe und Fluth ausgenutzt. Ein bei Hochwasser bedecktes Stück des Strandes wird je nach der Oertlichkeit an einer bis drei Seiten mit Pfählen umgeben, die genügend weit auseinander stehen, um die Fische vor dem Eintritt in diesen Raum nicht zurückzuschrecken. Mit Hochwasser werden an die Innenseite des Pfahlwerks Matten gesetzt, die beim Fallen des Wassers den Fischen den Ausweg versperren, so dass diese bei niedrigem Wasserstande gesammelt werden können.

Musik-Instrumente wurden nur in Gestalt von Trommeln bemerkt, welche im Allgemeinen dieselbe Form haben und nur in ihrer Verzierung von einander abweichen. Es sind davon drei gesammelt: Die erste aus dem Kampong Sissir, tepan-tepan genannt, war mit Haut vom Igelfisch bespannt; das Trommeln, tambumbu, scheint mit der Hand zu geschehen. Die zweite, aus Kampong B, hier dibo genannt, war mit Kuskus-Haut bespannt (Tafel 33 Figur 2). Die dritte, aus Kampong D, war ebenfalls mit derselben Haut bespannt.

Religion und Kultus. Es ist schon früher erwähnt worden, dass der Muhamedanismus im Mac Cluer-Golf sehr verbreitet war. In Folge dessen waren auch die äusseren Zeichen des früheren Kultus, Tempel, Götzen, Fetische u. A. fast vollständig verschwunden.

Was davon noch herrühren mag, bestand in Holzbüsten und Schädeln, die meistens auf einem an der Wand des grösseren Wohnraumes befestigten Brett standen. Es gelang nur zwei der erwähnten Holzbilder im Kampong Sissir für die Sammlung zu erlangen. Sie befanden sich an dem angeführten, gewöhnlichen Platz und waren ganz mit Staub bedeckt und verräuchert. Die eine der beiden Büsten trug um den Hals ein Bastband und in dem runden Untersatz eine Feder. Der Besitzer gab diese Bilder ohne Zögern gegen ein Messer und einen Spiegel her, nahm aber das Bastband und die Feder ab, welche Gegenstände er jedoch durch andere, den zurückbehaltenen übrigens vollkommen gleiche ersetzte.

In anderen Fällen wollten sich die Besitzer solcher Holzbilder oder Schädel durchaus nicht von diesen trennen, obgleich sie sich sicher zum Muhamedanismus bekannten.

Von sonstigen Ueberbleibseln des früheren Kultus, heiligen Gebräuchen etc. wurde wenig bemerkt oder in Erfahrung gebracht, nur liessen die bei allen Dörfern am Strande gefundenen Gräber auf einen gewissen Gräberkultus schliessen. Dieselben waren durch ein Gitter aus Rohr oder Walfischwirbeln eingefasst, oft auch mit einem Schutzdach versehen. Auf dem Grabe lagen Muscheln und Päckchen von Palmblättern, die einst Nahrungsmittel enthielten.

———

Kapitel X.

Von Neu-Guinea bis nach Neu-Hannover.

Wahl der Route. Die Insel Pinon. Die Galewo-Strasse. Die Anachoreten-Inseln: Beschreibung der Inseln; Ethnologische Beobachtungen. Route von den Anachoreten nach Neu-Hannover. Der Südost-Passat des Stillen Oceans. Oceanographische Beobachtungen.

———

Nachdem am 20. Juni Nachts das letzte Vermessungsboot nach fast fünftägiger Abwesenheit zurückgekehrt war, ging die „Gazelle" sofort Anker auf, um den Mac Cluer-Golf zu verlassen und die Reise nach dem Stillen Ocean fortzusetzen. Um aus der Molukken-See durch die Dampier-Strasse in den Stillen Ocean zu gelangen, konnte entweder diese Strasse direkt benutzt werden oder die Passage durch die Pitt- oder drittens die durch die Galewo-Strasse.

In den ersteren beiden Durchfahrten waren bei dem Südost-Monsun starke Gegenströmungen zu erwarten, so dass mit der Wahl dieser Passage ein verhältnissmässig grosser Kohlenverbrauch, um gegen Wind und Strom das Schiff vorwärts zu bringen, hätte aufgewendet werden müssen. Die Galewo-Strasse liess freilich nach der Konfiguration des Landes weniger Gegenstrom erwarten und bot, zwischen der Nordwestspitze Neu-Guineas und der Insel Salwatti gelegen, den kürzesten Weg, war aber noch fast gar nicht befahren und vermessen, so dass die Navigirung in derselben für ein Schiff wie die „Gazelle" mit der grössten Vorsicht gehandhabt werden musste.

Unter den Manuskriptkarten, deren die Niederländisch-Indische Regierung verschiedene von diesen Gewässern besass, und die nicht veröffentlicht waren, fand sich keine Karte von der Galewo-Strasse; Nachfragen bei den Hafenmeistern in Koepang und Amboina, sowie bei dem Kommandanten des Niederländischen Kriegsschiffes „Bali" führten ebenfalls zu dem Resultat, dass keine Aufnahme von der Strasse existirte. Obgleich der letztgenannte, in Folge seines langen Aufenthaltes in jenen Gewässern sehr gut orientirte Offizier wegen der vielfachen Gefahren den Weg durch dieselbe zu nehmen abrieth, so beschloss der Kommandant S. M. S. „Gazelle" doch, um im nautischen Interesse eine grössere Kenntniss der Strasse zu erlangen und den Vortheil der Kohlenersparniss mitzunehmen, dieselbe zu wählen.

Von der Segaar-Bai aus wurde zunächst nach der kleinen Insel Pinon eine Lothungslinie gelegt, welche auf der ganzen Strecke ziemlich gleichmässige Tiefen zwischen 36 und 55 Meter ergab. Nur im Eingange vom Mac Cluer-Golf wurden 31,1 Meter und dicht bei der Insel Pinon 32,9 Meter gefunden.

Auf dem Wege kamen die Falschen Pisangs-Inseln, obgleich sie nach der holländischen Karte in ca. 10 Seemeilen Entfernung passirt wurden, nicht in Sicht, während die Zeven Eilande, von denen die „Gazelle" viel weiter abstand, gesehen wurden. Die Inselgruppen waren daher wahrscheinlich in den Karten falsch eingezeichnet.

Da die Insel Pinon erst gegen Abend des 21. Juni erreicht wurde, so wurde, um erst bei Tageslicht in die Galewo-Strasse einzulaufen, bei derselben geankert.

Die Insel Pinon ist ein ca. 150 Schritt breiter und 500 Schritt in südöstlicher Richtung langer Korallensand-Streifen, mit hohen Bäumen und üppiger Strauchvegetation bedeckt, von einem nur in NNW offenen, nicht überall brandenden Korallenriff halbkreisförmig umschlossen. In den Karten war die Insel ungefähr zehn Mal grösser eingetragen, als sie in Wirklichkeit ist.

Die Wassertiefe beträgt in einiger Entfernung von der Insel nur 22 bis 31 Meter, im Osten und Norden der Insel nimmt sie aber nach der Insel hin auf 34,7 bis 38,4 Meter zu (auf der anderen Seite der Insel wurde nicht gelothet), so dass das Korallenriff gewissermaassen aus einer Bodenvertiefung aufgebaut zu sein scheint. Bei südöstlichem Winde findet man einen guten Ankerplatz an der offenen Seite des halbkreisförmigen Riffes auf 27,4 Meter Wasser, die Mitte der Insel in Südost. Diese Wassertiefe nimmt nach der Insel bis auf 18,3 Meter allmählich, dann sehr rasch bis auf 5,5 und 3,6 Meter ab.

Die hohen Bäume der Insel liessen dieselbe schon in ca. 15 Seemeilen Entfernung in Sicht kommen.

Die geographische Lage der Mitte der Insel wurde bestimmt zu 1° 46′ S-Br und 131° 5′.O-Lg.

Bewohnt ist die Insel nicht, dagegen findet sich in Folge der schönen Vegetation ein ziemlich reiches Vogelleben auf derselben, namentlich sind es hühner- und taubenartige Vögel, welche die Insel bevölkern, und von ihnen angelockt Adler und Habichte; ferner kommen dort fliegende Hunde, eine Fledermausart, und die auf der Kokospalme lebende Oelkrabbe vor.

Die Galewo-Strasse.

Am folgenden Tage Mittags lief die „Gazelle" in die Galewo-Strasse ein, nachdem sie vorher fast auf ein in der Karte nicht angegebenes Riff gerathen wäre. Der Eingang in die Strasse selbst erwies sich sonst als weit besser, als man nach den Karten vermuthen konnte, obgleich die falsche Lage der Eingangsinseln in der Karte die Orientirung sehr erschwerte. Nachdem der untere, breitere und einigermaassen rifffreie Theil der Strasse, d. h. das südliche Drittel derselben, passirt war, ankerte die „Gazelle" Nachmittags im Eingange eines nordwestlichen Wasserlaufes, um wegen der jetzt auftretenden zahlreichen Riffe vor dem Weitergehen erst einige Vermessungen vornehmen zu können. Der Ort Salwatti, nach welchem die Insel benannt, konnte an der in der Karte angegebenen Stelle nicht entdeckt werden, obgleich die „Gazelle" dicht dabei passirte.

An den beiden folgenden Tagen wurde durch den Navigationsoffizier, Kapitainlieutenant Jeschke, in der Dampfpinnasse ein Fahrwasser durch die Strasse und durch andere Boote die Umgebung des sehr guten Ankerplatzes ausgelothet, während gleichzeitig naturwissenschaftliche Beobachtungen angestellt wurden. Es ist dafür die Strasse allerdings noch ungeeigneter als der Mac Cluer-Golf, weil, so weit man sehen kann, alles Mangrove-Sumpf ist mit Ausnahme von einigen kleinen Kalksteinhügelchen, welche den Kern einzelner Inseln bilden. Die durch die Sümpfe führenden schmalen Brackwasserläufe sind derart mit gefallenen und gefällten grossen Bäumen verbarrikadirt, dass man auf ihnen nur mit grosser Mühe und viel Zeitverlust vordringen kann. Um ca. eine Seemeile mit dem Boote vorwärts zu kommen, musste ein Dutzend solcher Hindernisse beseitigt resp. das Boot übergeschleppt werden.

Der geographische Charakter der die Galewo-Strasse umsäumenden Küsten, sowohl der Nordwest-Spitze von Neu-Guinea, als der Südostseite der Insel Salwatti, ist ganz ähnlich wie derjenige an dem Mac Cluer-Golf, nur dass hier Küste und Inseln sich vielleicht noch weniger hoch über dem Meeresniveau erheben, so dass manche der Inseln überhaupt kaum einen über Wasser gelegenen festen Kern zu besitzen, sondern einen grossen Mangrove-Sumpf zu bilden scheinen. Bei drei- bis vierstündigem Fahren mit den Booten auf den die Mangrove-Sümpfe durchziehenden Brackwasserkanälen gelang es nicht, das eigentliche feste Land von Salwatti zu erreichen. Nur an wenigen Stellen erhebt sich das Ufer $2^{1}/_{2}$ bis 3 Meter über die Wasseroberfläche, oben ein tafelförmiges Plateau bildend, das üppige Waldvegetation trägt. Wo an solchen Stellen der Fels längs dem Wasser zu Tage tritt, zeigt er sich als ein grauer grobkörniger Quarzsandstein, ohne deutlich wahrzunehmende Schichtung. An einer Stelle des Südufers fand sich ungefähr 1 Meter über Wasser eingelagert ein linsenförmiges Nest von Braunkohle, die keine Holzstruktur mehr zeigte. Der Sandstein enthält Eisen und zeigt an Verwitterungsstellen ockergelbe Farbe. An dem Nordufer wurde in 1 bis 2 Meter Tiefe ein ähnlicher Terrassenvorsprung beobachtet, wie bei der Insel Oger im Mac Cluer-Golf; er trägt auch hier Korallen, die sich sehr leicht von ihrer Unterlage, dem ziemlich lockeren Sandstein, ablösen lassen.

Die ganzen Küsten, namentlich im südlichen Theil der Strasse, sind nur ausserordentlich dürftig bevölkert. Im südlichen und mittleren Theile der Strasse wurden nur zwei Dörfer gesehen; erst im nördlichen Theil, wo das Küsten-Terrain allmählich höher und schliesslich am Ausgange auf beiden Seiten gebirgig wird, treten sie zahlreicher hervor.

Auch das *Thierleben* konnte unter den angegebenen landschaftlichen Verhältnissen, in den dumpfen finstern Wäldern kein reiches sein.

Von Vögeln war nach dem Bericht von Herrn DR STUDER eine Tropidorhynchusart an der Ausmündungsstelle eines Kreeks sehr häufig. Die Thiere sassen schaarenweise in den Zweigen. Hin und wieder sah man rothe Papagaien und Kakadus im Walde, gewöhnlich hoch über den Wipfeln fliegend oder sich auf die höchsten Zweige setzend. Ein zierlicher gelber Honigvogel, das Männchen durch einen metallisch glänzenden grünen Nackenfleck ausgezeichnet, flog am Ufer des Kreeks. Von Krokodilen wurde nur ein Schädel gesehen; nach der Länge desselben, 60 Centimeter, müssen diese Thiere hier eine enorme Grösse erreichen.

Insekten kamen wenige zur Beobachtung. Von Käfern jagte die Tricondyla aptera zwischen den Baumwurzeln, und eigenthümliche Orthopteren bargen sich im dunklen Wald.

Grosse schwarze Tausendfüsse hafteten an Bäumen, und ein kleiner Scorpion fand sich, wie in der Mac Cluer-Bai, unter Baumrinden.

Eigenthümlich ist das Vorkommen von Korallen in den ziemlich schmalen Kanälen direkt unter dem Schatten der Mangroven, in wohl nie bewegtem Wasser. Dieselben sitzen auf dem erwähnten terrassenförmigen Vorsprung des Sandsteins am Nordufer, der nachher steil in das tiefere Wasser abfällt. Dabei läuft vom Lande her süsses Wasser nach heftigen Regengüssen, beladen mit Blättern, faulenden organischen Substanzen und Schlamm, welche Bestandtheile sonst das Wachsthum der Korallen direkt verhindern, in den Kreek über die Korallen hin.

Die Existenz der Korallen trotz dieser Hindernisse lässt sich nur daraus erklären, dass der starke Oberflächenstrom, der in der Passage herrscht, die Verunreinigungen abführt. Diese Korallenfauna hat auch einen von den übrigen Korallenriffen etwas abweichenden Charakter; neben den massigen Stöcken von Sternkorallen mit grünen Weichtheilen sind namentlich zarte Blattformen vertreten, die bald als grosse Becher, bald mehr in kohlkopfartigen Massen vorkommen. Die Löcher der Korallen sind von einer Menge Crustaceen bewohnt, namentlich Porcellanen und Chlorodinen. Dazwischen fand

24*

sich eine prachtvolle 16 Centimeter lange Planarie, blassblau mit dunkelblauem Rand; von vorn nach hinten laufen über den Rücken drei parallele breite Bänder, hochgelb mit purpurnem Rand.

Die Vermessungsarbeiten sind in der auf Tafel 34 beigefügten Karte niedergelegt, und nach denselben folgende für das Befahren der Wasserstrasse wichtige Ergebnisse zusammengestellt.

Die Galewo-Strasse bietet als Fahrstrasse nach dem Stillen Ocean vor der Pitt- und Dampier-Strasse zwei Vortheile, nämlich erstens den, wenig Strom zu haben und zweitens gute Ankerplätze für die Nacht zu besitzen. Sie empfiehlt sich daher namentlich für Dampfer, und zwar in derjenigen Jahreszeit, in welcher sie in den anderen Strassen gegen den herrschenden Wind und Strom anzugehen haben würden.

English Point. Die Nordwest-Spitze der Insel Neu-Guinea, in English Point endigend, ist niedriges Buschland, über welchem man — und in der Regel früher als die Küste selbst — einzelne 300 bis 600 Meter hohe Gebirgszüge sehen kann. Von SSO kommend, erhält man English Point als eine mit Gebüsch bedeckte Spitze in Sicht, ziemlich gleichzeitig mit der dahinter gelegenen, ebenfalls nicht hohen Küste der Insel Salwatti, von der sich English Point in grösserer Entfernung nur schwach, in kürzerer Entfernung aber deutlich abhebt. Ueber der westlichen Spitze Salwatti's war ein hoher Berg sichtbar.

Anweisung für die Einsegelung in die Strasse. Neben dem English Point, welcher auf 1° 24,5′ S-Br und 130° 52′ O-Lg liegt (nach den bisherigen Karten auf 1° 28′ S-Br), dienen als Marken für die südliche Einfahrt in die Galewo-Strasse die Insel Salewo und die „Einfahrts-Insel". Es ist jedoch zu bemerken, dass auch diese Inseln sich in grösserer Entfernung nicht besonders abheben, indem die dahinter gelegene Inselreihe, welche in Wirklichkeit viel näher an English Point resp. Salewo und der Einfahrtsinsel liegen, als in den bisherigen Karten angegeben, fast ebenso deutlich zu sehen ist als die vordere.

Die bisherigen Karten stellten sich ferner als falsch heraus in Bezug auf das den English Point umgebende Küstenriff, welches sich nach Süd gegen 4 Seemeilen weit von dieser Spitze erstreckt, während es nach West nur einige Kabellängen dieselbe umsäumt. Nach Nord, d. h. nach der Strasse, scheint tiefes Wasser bis nahe an English Point zu gehen.

Orse, welche in den Karten als eine Insel verzeichnet war, besteht aus zwei Inseln; ferner wurde in WzS oder WSW von Salewo im Abstand von ca. 7 bis 8 Seemeilen eine Inselgruppe gefunden, welche in den Karten nicht angegeben war.

Es mögen diese die Broken-Inseln oder gar die Schildpad-Inseln sein; dann liegen sie aber in der Karte ganz falsch zu Salewo und zu dem Eingange der Strasse.

Um in die Galewo-Strasse einzulaufen, thut man am besten, auf die Insel Salewo zuzuhalten, welche gleichmässig verlaufende Konturen hat (die Westspitze schien niedriger als der östliche Theil) und wegen ihrer Lage kaum mit einer anderen Insel verwechselt werden kann. Erst wenn man die kleine Einfahrtsinsel, welche gebrochene Konturen hat (die Inseln sind alle niedrig, der grösste Theil alles sichtbaren Landes ist Mangrove-Land), in NNO½O oder den English Point in NOzO hat, nehme man die Einfahrts-Insel einen halben Strich an Backbord und laufe mit NOzN in die Strasse ein. Südlich resp. südöstlich der Strasse wird man sehr stark wechselnde Tiefen finden zwischen 38,4 und 12,8 Meter, mitunter ist von einem Lothwurf zum anderen ein Sprung von 9 Meter. Da bei solchem starken Wechsel es wohl möglich ist, dass auch noch flachere Stellen existiren, muss bis zur gründlichen Auslothung gemässigte Fahrt und sorgsames Lothen empfohlen werden. Das Wasser ist hier nicht so klar, dass sich Untiefen dem Auge leicht anzeigten.

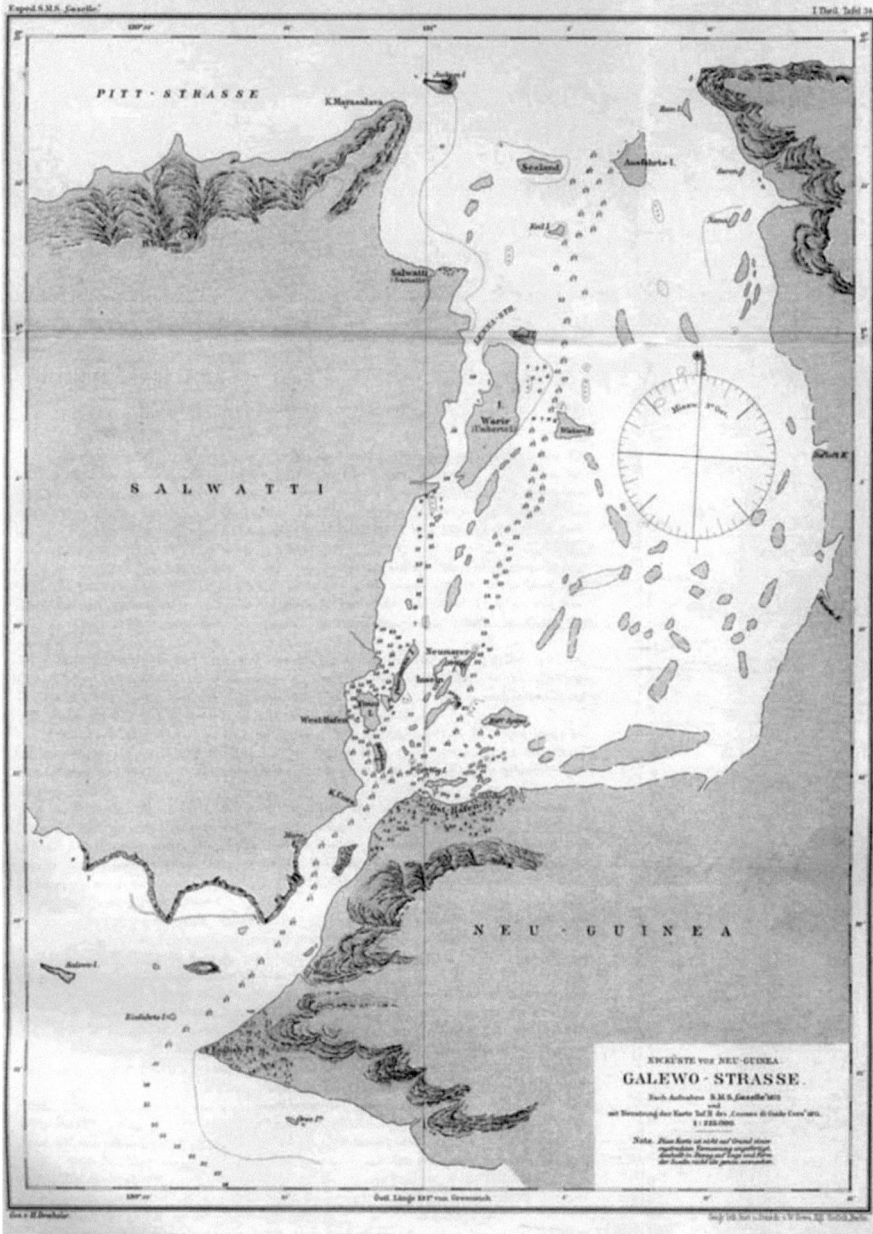

NORDKÜSTE von NEU-GUINEA.
GALEWO - STRASSE.

Nach Aufnahmen S.M.S. Gazelle 1875
und
mit Benutzung der Karte Taf. II. des _Laurence de Guido Cora_ 1874.
1 : 325.000

Note. Diese Karte ist nicht auf Grund einer
speciellen Vermessung angefertigt,
deshalb in Bezug auf Lage und Höhe
der Insels nicht als genau anzusehen.

Die im Eingange in die Strasse in die bisherigen Karten eingetragenen Lothungen von 7,3 bis 18,3 Meter beziehen sich vermuthlich auf die Ränder von Bänken, wenigstens ist zwischen der Einfahrts-Insel und English Point mit 27,4 Meter Leine nirgends Grund gelothet worden. Zwischen Salewo resp. der Einfahrtsinsel und der dahinter liegenden Inselreihe ist indess mehrfach Brandung gesehen, wie auch längs der ganzen Küste südlich von English Point nach Orse hin brandende Riffe existiren.

In den bisherigen Karten war eine Insel nordöstlich des English Point eingetragen, welche man, von Süd kommend, erwartet zu sichten, bevor man in die Strasse einläuft. Diese Insel liegt indess an ganz anderer Stelle, nämlich viel weiter in der Strasse und näher der Küste von Neu-Guinea, so dass man sie erst sichtet, wenn man in die eigentliche Strasse einläuft. Als Marke hat sie daher keine Bedeutung.

Von der Einfahrts-Insel halte man die sich gut markirende steile Südost-Spitze der Insel Salwatti etwas an Backbord. Die Wassertiefen sind hier bedeutend, und man wird mit dem Handloth erst Grund erhalten, wenn man sich der Spitze nähert, in deren Nähe 12,8 Meter, unmittelbar darauf aber wieder mit 27,4 und 31 Meter Leine kein Grund gelothet wurde.

Südwestlicher Theil der Galewo-Strasse. Der südwestliche Theil der Strasse bildet bis auf eine Entfernung von 11 bis 12 Seemeilen von English Point einen breiten, tiefen und klaren Kanal, sofern man die Insel Delfzyl an Steuerbord lässt, so dass für diesen Theil es keinerlei Segelanweisungen bedarf.

Nördlicher Theil der Galewo-Strasse. Dann aber verengert sich die Strasse zu einem Hals, um sich sogleich wieder zu einem grossen Becken zu erweitern, das mit Inseln und Riffen angefüllt ist. Zwischen diesen führt zwar auch eine wenig gekrümmte Fahrstrasse, sie bedarf aber genauer Beschreibung und vorsichtiger Navigirung, namentlich nach den bisherigen Karten, da diese in Bezug auf die Strasse ganz unrichtig sind. In Wirklichkeit ist die Fahrstrasse übrigens weit besser, als sie nach diesen Karten erscheint.

Sowie man aus dem eben erwähnten Hals mit Nordost-Kurs in das Becken tritt, sieht man an Backbord (in Nordwest) einen Wasserarm mit einer kleinen und einer grösseren Insel, einen zweiten breiten Wasserarm voraus in Nordost, der durch eine kleine Insel getheilt ist, und eine schmale zwischen Inseln hineinführende Strasse an Steuerbord (östlich).

Ankerplätze. West- und Ost-Hafen. Der nordwestliche dieser drei Wasserarme führt zu einem sehr guten Ankerplatz, wenn man die kleine Insel an Backbord, die nächst grössere an Steuerbord lässt und auf den in derselben Richtung sich flussartig zwischen einer folgenden Insel und Salwatti öffnenden Wasserarm zuhält, in welchem man beliebig auf einer Tiefe zwischen 18 und 22 Meter (West-Hafen) ankern kann. Wenn man will, kann man diesen Arm, der überall tief ist, mehrere Meilen aufwärts gehen. Er biegt sich 1 1/2 Seemeilen vom Eingange ostwärts und sodann wieder nordwärts. Das Wasser ist am Eingange und auch sonst tief, fast überall bis dicht an die Ufer. Eine halbe Seemeile vom Eingange liegt am östlichen Inselufer allerdings eine Korallenbank, die sich aber kaum auf eine halbe Kabellänge vom Ufer erstreckt. Der Ankergrund ist Schlick.

Einen ähnlichen Ankerplatz kann man finden, wenn man den östlichen Arm wählt, wo man drei kleine Inseln an Steuerbord (südlich) lässt und die grössere Insel an Backbord. Man hat dort allerdings weniger Wasser, indem man über 7,3 bis 9,1 Meter kommt und nach Passiren der drei kleinen Inseln auf 12,8 Meter ankern kann (Ost-Hafen).

Etwas weiter östlich dieses Ankerplatzes liegt auf der Küste Neu-Guineas und auf einer kleinen Insel ein Dorf, während in der Nähe des erstbeschriebenen Ankerplatzes keine Dörfer sind. Das

Terrain ist dicht bewaldeter Kalkfels mit umgebenden Mangrove-Sümpfen. Einige Wasserläufe führen das Wasser aus diesen Sümpfen ab, welches höher hinauf frisch, aber jedenfalls sehr ungesund ist. Abgekocht mag es geniessbar sein.

Das Fahrwasser durch den nördlichen Theil der Strasse. Will man nicht ankern, sondern die Strasse durchlaufen, so nehme man den mittelsten Wasserarm, in welchem, wie bereits erwähnt, eine kleine Insel, die „Erste Weg-Insel" liegt. Sie war zur Zeit kenntlich an einem höheren Baume in ihrer Mitte. Diese Insel halte man dicht an Steuerbord und passire eine kleine Schiffs-länge davon, denn gerade gegenüber, nur eine Kabellänge ab, liegt ein Riff unter Wasser, welches man also an Backbord lässt. Man darf dabei nicht unter 14,6 Meter Tiefe bekommen. Wenn man den Ausgang von der Mitte des vorerwähnten Halses der Strasse nahm, so wird man mit Kurs NO¼O bis NO¼O dicht bei dieser Ersten Weg-Insel passiren und kann diesen Kurs dann noch weitere zwei Seemeilen beibehalten.

An Backbord passirt man dabei, ziemlich nahe, mehrere Inseln, an Steuerbord hat man etwas weiter ab die nordwestliche Huk des Festlandes oder einer Insel — Riff-Spitze genannt — und recht voraus, ziemlich entfernt, drei andere Inseln, von denen die mittlere die grösste, die südlichere die kleinste ist.

Näher an Backbord voraus, ungefähr der Riff-Spitze gegenüberliegend, ist ebenfalls eine Insel-gruppe. Sobald die Ostseite dieser in NzO ist, was ungefähr gleichzeitig mit dem Abtrennen einer kleinen, aber verhältnissmässig hohen Insel von der dahinter gelegenen vor sich gehen wird, halte man mit NzO¼O bis NzO½O dicht bei dieser kleinen hohen Insel vorbei (die Insel an Backbord), um das Riff zu vermeiden, welches westlich von der Riff-Spitze liegt. Die Tiefen sind hier nicht unter 25,6 bis 27,4 Meter, in der Regel aber grösser. Man hat dabei eine andere Insel mit rundlichen Formen ¼ bis ½ Strich an Backbord, nicht weit ab die Dritte Weg-Insel, von deren Nordspitze eben-falls ein kurzes Riff nach NNO sich erstreckt. Man kann es mit demselben Kurse (NzO½O) klaren, thut aber besser, NNO zu steuern, bis diese Insel passirt ist. Beim Passiren wird man von 22 Meter auf 11 bis 13 Meter kommen, welche Tiefe einige Seemeilen bleibt, bis sie wieder auf 22, 31 und mehr Meter zunimmt. Die nächstfolgenden Inseln links und rechts bleiben weiter vom Kurse ab liegen; rechts voraus resp. ein wenig an Backbord (in NzO½O) hat man aber jetzt ziemlich fern die West-spitze der Watson-Insel, die man mit NzO-Kurs ein Weniges an Steuerbord nimmt. Mit diesem Kurs laufe man unter der Westseite dieser Insel in circa einer Kabellänge Entfernung entlang, wobei man über 7,3 bis 9 Meter Tiefe kommt.

Hat man die Nordwest-Spitze dieser Insel, von welcher nordwärts Riffe liegen, ¼ bis ½ See-meile hinter sich, so halte man nach Steuerbord ab und steuere NNO, um die Spitze einer Bank zu vermeiden, welche von dem Lande an Backbord (Watson-Insel gegenüber) sich ziemlich weit nach Ost hinaus erstreckt.

An Backbord voraus hat man dabei eine Insel mit Sandstrand und einem Dorfe (Sand-Insel); sobald die Häuser des Dorfes hinter den Busch des südlichen Randes der Insel gehen, oder wenn die Südspitze dieser Insel sich mit der Nordspitze des Landes (entweder grössere Inseln oder eine vor-springende Huk von Salwatti) vereinigt (die Südkante der Sand-Insel wird dabei ungefähr in WNW½W sein), ist die Bank passirt, und man kann nun N¼O bis N½O steuern, um zwischen der „Seeland" genannten Inselgruppe und der Westspitze der „Ausfahrts-Insel" nach See zu laufen. Man hat dabei eine kleine südlich von Seeland gelegene keilförmige Insel (der Keil ist scheinbar durch Baumwuchs gebildet) etwas an Backbord. Auf diesem Kurse wird man mit 27 Meter Leine keinen Grund finden.

Westlich der Spitze der Ausfahrts-Insel, und zwar ziemlich dicht bei derselben, liegt eine Klippe etwas über Wasser, es sind aber dicht bei derselben, d. h. westlich davon, noch 9 bis 11 Meter Tiefe.

Die Inseln Seeland sind zwei lange niedrige Inseln mit Sandstrand und einigen Felsblöcken; auf der Südseite der östlichen liegt ein grosses Dorf. Zwischen beiden, mehr seewärts, ist ein kleines aus zwei weissen Felsblöcken gebildetes Inselchen zu sehen, welches in Folge der weissen Farbe, auch wenn man von Nord kommt, von Weitem her kenntlich ist. An der Küste Salwattis, südwestlich der Inseln Seeland, liegt ebenfalls ein grosses Dorf.

Nordöstlich der Ausfahrts-Insel sind ein paar Felsen und Klippen, während man die ebenfalls keilförmige und hohe, aber bewaldete Jackson-Insel in nordwestlicher Richtung liegen sieht.

Bevor man in den Kanal zwischen Seeland und der Ausfahrts-Insel gelangt, sieht man links die hohen Berge von Batanta über den niedrigen Inseln der Galewo-Strasse und voraus die in Folge der Entfernung niedriger erscheinende, aber in Wirklichkeit sehr hohe Insel Waigiou, welche man zuerst in drei bis vier Theilen sichtet, da die niedrigeren Partien lange unter dem Horizonte bleiben.

Ebbe- und Fluth-Strömung. Es wurde beim Passiren der Galewo-Strasse kein anderer Strom als Ebbe und Fluth beobachtet, die aber nicht besonders stark und durchschnittlich in der Kursrichtung zu setzen scheinen. Im West-Hafen ergaben die Beobachtungen der Gezeiten das eigenthümliche Resultat, dass Ebbe resp. Fluth nicht je sechs Stunden laufen, sondern dass in 24 Stunden auf eine lange Ebbe und eine lange Fluth, jede von ca. acht Stunden, eine kurze Ebbe und eine kurze Fluth von je vier Stunden folgen. Demgemäss giebt es zwei Hafenzeiten, welche ca. acht resp. vier Stunden von einander entfernt liegen. Als ungefähre Hafenzeiten wurden $3^1/4^{\mathrm{h}}$ und $11^1/2^{\mathrm{h}}$ ermittelt. Der Strom lief im West-Hafen als Fluth südwärts mit 1,4 bis 2,2 Knoten im Maximum, und als Ebbe nordwärts mit 0,6 bis 1,9 Knoten im Maximum, wobei der stärkere Strom bei den achtstündigen Gezeiten, der schwächere bei den vierstündigen gemessen wurde, während es sich mit dem Fallen und Steigen des Wassers gerade entgegengesetzt zu verhalten schien, d. h. das höhere Hochwasser fand nach der vierstündigen Fluth statt, das niedrigere Niedrigwasser nach der vierstündigen Ebbe. Es ist indess in Bezug auf letzteren Punkt zu bemerken, dass das Steigen und Fallen nicht an einem Pegel beobachtet wurde, sondern mit Lothleinen, so dass dieser Theil der Beobachtung nicht hinreichend zuverlässig ist, weshalb die Höhe der Fluth über der Ebbe auch nur ungefähr als 3,6 Meter im Durchschnitt angegeben werden kann.

Die Erscheinung wird ihre Erklärung dadurch finden, dass in dieser Strasse sich die Gezeiten zweier Oceane begegnen. Wie aus obigen Stromangaben hervorgeht, überwiegt der südliche Strom den nördlichen um etwas, jedoch nur sehr wenig. Da die Beobachtung in einem flussähnlichen Seitenarme der Strasse stattfand, lässt sich annehmen, dass im breiteren Theile der Strasse der Strom geringer ist, wie dies auch beim Durchlaufen derselben erfahren wurde.

Winde. Im Monat Juni wurde der Wind vorherrschend zwischen Süd und Ostsüdost gefunden von Stärke 1 bis 4, doch kam auch Südsüdwest- und Südwest-Wind von Stärke 3 bis 6 vor. Das Wetter war, bis auf ein paar Regengüsse an jedem Tage, gut.

Da die einzuschlagenden Kurse nicht östlicher als NO führen, würde ein Segelschiff während des Südost-Monsuns, ohne zu kreuzen, die Strasse nordwärts passiren können, sofern die Winde durchschnittlich so sind, wie sie im Juni angetroffen wurden.

Kurse durch das Fahrwasser. Das durch die Strasse führende Fahrwasser ist im Ganzen kein komplizirtes. Es sind oben verschiedene Kurse vorgezeichnet worden, um mit Sicherheit den Riffen aus dem Wege zu gehen; es ist indess zu bemerken, dass, wenn gut gesteuert wird und keine Stromversetzung erfolgt, man den komplizirteren Theil der Strasse mit drei Kursen passiren kann, nämlich: NO vom Eintritt in das weitere Becken bis zur Zweiten Weg-Insel, NzO¹/₄O von hier bis nach Passiren des Riffes bei der Sand-Insel und von hier N¹/₃O bis in den Stillen Ocean.

Am 25. Juni setzte die „Gazelle" die Reise fort und durchlief die Strasse in dem ausgelotheten Fahrwasser ziemlich rasch und ohne besondere Schwierigkeiten zu finden. Obgleich der direkte Kurs nach dem nächsten Reiseziel, den etwas südlich vom Aequator liegenden Anachoreten-Inseln, welche anzulaufen die „Gazelle" besonderen Befehl erhalten hatte, fast rechtweisend Ost war, so wurde doch zunächst nördlich gesteuert, um dem starken an der Küste Neu-Guineas heraufsetzenden Aequatorial-strom zu entgehen und in der Hoffnung, die hier öfter wehenden westlichen Winde zu finden. Der Aequatorialstrom verliess das Schiff indess erst auf 1° N-Br und 137° O-Lg, während der erwünschte Westwind nur durch hohe Dünung aus WNW anzeigte, dass er hier vor Kurzem geweht hatte. Anstatt dessen herrschten seit dem 27. Juni Windstillen, von flauen östlichen Briesen und ab und zu von Böen aus Südost oder West unterbrochen, so dass fast stetig gedampft werden musste, um überhaupt vorwärts zu kommen. Am 28. wurden die niedrigen Davis- oder Freewill-Inseln passirt, während bis hierher noch die hohen Berge des nördlichsten Theiles von Neu-Guinea ab und zu in Sicht waren. Der durch die fortgesetzten Windstillen erforderlich gewordene verhältnissmässig bedeutende Kohlen-verbrauch, der noch durch das seit einiger Zeit nothwendige Destilliren, da weder in der Segaar-Bai noch in der Galewo-Strasse süsses Wasser vorhanden war, vermehrt wurde, stellte der weiteren Reise um so bedauerlichere Aussichten, als sich herausgestellt hatte, dass die zuletzt, namentlich in Koepang eingenommene Borneo-Kohle nur eine geringe Heizkraft besass. Man hoffte jedoch, bei den Anachoreten an Stelle der Kohlen Holz und auch Wasser nehmen zu können. — Am 7. Juli kamen die Commerson-Inseln in Sicht und am folgenden Tage die Anachoreten.

Die Commerson-Inseln (nicht eine Insel, wie die Karte angab) bestehen aus einer grösseren nicht vollkommen flachen, mit grossen Bäumen und Palmen bestandenen Insel und einem kleinen, im Nordosten davon gelegenen Palmen-Inselchen. Die geographische Lage von der Mitte der grösseren Insel wurde zu 0° 44' S-Br und 145° 18' O-Lg festgelegt.

Die Anachoreten-Inseln.

Nach den Anachoreten-Inseln musste gegen den allmählich frischer werdenden Ostsüdost-Passat unter Dampf und Segel aufgekreuzt werden. Der Versuch, einen Eingang in das die Inseln umgebende Korallenriff zu finden, um innerhalb desselben ankern zu können, war erfolglos. Ebenso wenig gelang es, ausserhalb des Riffes zu ankern, da ein längs des Riffes zum Lothen gehendes Boot mit 75 Meter Leine eine Schiffslänge vom Riff nirgends Grund erhielt. Es wurde aber mit dem Lande die Kom-munikation eröffnet, während das Schiff dicht am Riffe hin und her lag. Gegen Abend wurde noch-mals der Versuch gemacht, zu ankern, allerdings ganz dicht am Riff, wo an einer Stelle das Boot 68 Meter gelothet hatte, der Boden fiel jedoch so steil ab, dass der Anker sofort in tieferes Wasser rollte und nicht hielt. Die Nacht über suchte die „Gazelle" durch Kreuzen östlich der Insel Luv zu gewinnen, was jedoch bei dem auffrischenden Winde und konträren Strom von zwei Knoten Geschwindig-keit nicht gelang. Da unter diesen Verhältnissen das Aufkreuzen nur mit ziemlichem Zeitverlust wieder hätte bewerkstelligt werden können, die zur Verfügung stehende Zeit aber sehr beschränkt war, so wurde dasselbe und das weitere Anlaufen der Inseln aufgegeben. Eingehende Beobachtungen und Forschungen über die noch wenig bekannte Inselgruppe konnten daher leider nicht ausgeführt werden, und die folgenden Ergebnisse derselben dem kurzen Aufenthalte und der schwierigen Kom-munikation entsprechend keine umfassenden sein.

Die Anachoreten-Gruppe, für deren Nordspitze die geographische Position 0° 53′ 15″ S-Br und 145° 33′ 4″ O-Lg bestimmt wurde, besteht aus drei grösseren flachen Inseln und drei kleinen mit Palmen, vorzugsweise Kokospalmen, bestandenen Korallenfelsen resp. Korallen-Sandflecken zwischen denselben. Sie erstrecken sich ungefähr von NNO nach SSW, jedoch nicht in gerader Linie, sondern in einem nach Westen offenen flachen Bogen. Das sie umgebende Riff bleibt an der Westseite nur ein paar Kabellängen von der nördlichen, grössten Insel ab und drei- bis viermal so weit von der südlichsten, wo indess nicht weit von einem der vorerwähnten kleinen Inselchen ein Eingang für Boote zu sehen war. Die Lagune innerhalb des Riffes hat, soweit man von aussen wahrnehmen konnte, nur grünes Wasser, ist also wahrscheinlich überall seicht. Die Eingeborenen durchwaten sie stellenweise von Insel zu Insel. Unmittelbar d. h. etwa 30 Meter vom Riffe, sind an der Westseite 66 bis 75 Meter, und eine Schiffslänge davon über 190 Meter Wassertiefe, so dass ein Ankern unmöglich ist. Die Ostseite der Gruppe wurde nicht untersucht.

An der Nordwestseite der nördlichen Insel bildet das dieselbe umgebende Saumriff eine steil vom Meeresboden aufsteigende, ca. 500 Schritt breite Plattform, deren Rand bei Ebbe trocken fällt, während nach dem Lande zu ½ bis 1½ Meter Wasser bleiben. Dieselbe, welche eine reiche Fauna aufwies, wurde in geologischer und zoologischer Beziehung untersucht. Der erhöhte Rand der Plattform besteht nach diesen Untersuchungen aus einem festen Tuff aus Korallenfragmenten, Muscheln und Kalksand, die unter einander durch kalkiges Cement verkittet sind. Lebende Korallen sieht man nicht, dagegen mächtige Blöcke todter Korallen, namentlich Sternkorallen; dieselben müssen von der Aussenmauer losgerissen und auf den Rand geschleudert sein. Der Wall ist reich belebt. Am Aussenrand haftete fest angesogen ein Seeigel, Acroladia mamillata, dessen keulenförmige Stacheln überall sich der Hand, die sie losreissen wollte, entgegenstemmten. Löcher im Kalktuff des Bodens führten in einen meist gebogenen Kanal, an dessen blindem Ende ein anderer Seeigel, Echinometra lucunter, mit starken, spitzen, hellfleischfarbenen Stacheln und violettem Körper sass. Das Bohren geschieht mit den Zähnen, die Stacheln scheinen mehr zum Festhalten zu dienen; sie sind ausserordentlich schwer aus den Gängen herauszubekommen. In Spalten des Kalktuffs sitzt ferner häufig eine braune Holothurie, den Körper in geknickter Lage haltend, so dass Mund und After heraussehen. Von Muscheln hat sich die Riesenmuschel, Tridacna gigas, angesiedelt; sie ist zum grossen Theil in den Tuff eingesenkt, nur der Schalenrand sieht hervor.

Das Riff zwischen dem Aussenwall und dem Land ist uneben; Rippen und Höcker von Korallentuff ragen oft über Wasser, während tiefere Stellen dazwischen mit weissem oder gelblichem Sand bedeckt sind. Gegen die Küste hin wird der Boden ebener und geht allmählich in den Sandstrand über. Der Sand besteht aus Fragmenten von Korallen, Muscheln und namentlich aus Schalen einer grossen, flachen, scheibenförmigen Foraminifere, Orbitulina, dazwischen liegen todte Stücke von Madreporen. Von lebenden Korallen giebt es nur wenige Arten, Heliopora caerulea in tieferen Tümpeln und an der Aussenmauer des Riffs, eine knollige, unverzweigte Poritide in seichtem Wasser dicht unter der Oberfläche, eine verzweigte Madrepore nahe am Lande, deren obere Zweige bei Ebbe noch aus dem Wasser hervorragten. Auf dem Sande, wo Seegras und Kalkalgen wuchsen, lebten eine Menge Seewalzen, von denen der Boden oft ganz bedeckt war. Am auffallendsten war die Bohadschia argus, oft bis 45 Centimeter lang, mit schönen kastanienbraunen Flecken getigert. Beim Ergreifen umspann sie die Hand mit klebrigen Fäden, die sie aus dem After absonderte. Viel häufiger waren zum Theil ebenso grosse schwarze Holothurien und braune Stichopus-Arten. Auch Seeigel und Seesterne waren an den dichter mit Seegras bewachsenen Stellen reichlich zu finden.

Die *Eingeborenen* der Inseln sind von mittlerer Statur, nicht sehr gross, einige kaum 1²/₃ Meter, auch nicht sehr muskulös und im Vergleich zu den Eingeborenen des Mac Cluer-Golfes, Neu-Hannovers, Neu-Mecklenburgs und Neu-Pommerns von ziemlich heller Hautfarbe, kupferbraun oder besser leicht kastanienbraun.

Die *Nase* ist im Allgemeinen gebogen, nicht breit, nur bei einigen und besonders bei den Frauen fleischiger und breiter, die *Lippen* sind nicht aufgeworfen und kaum dick zu nennen. Das *Haar* ist kraus, dicht, ziemlich lang und nicht in Büscheln gewachsen. Eigenthümlich ist die Tracht desselben. Von den männlichen Eingeborenen wird es entweder zu einem Zopf auf dem Oberkopf zusammengeschlungen oder in quer über den Kopf gehenden fingerbreiten Rollen getragen, die zwei Finger breit über der Stirn anfangend bis auf den Haarwirbel gehen, nach welchem hin sie an Breite (in der Richtung von Ohr zu Ohr) zunehmen. Auf den Seiten und auf dem Hinterkopf hat das Haar seinen natürlichen Wuchs. Ueber die Herstellungsweise dieser Haartour konnte nichts in Erfahrung gebracht werden. Ausser dieser Frisur kam noch, wenn auch seltener, eine kürzere und schlichte Haartracht vor. Zur Pflege des Haares scheint ein Kamm zu dienen.

Bärte wurden in verschiedenen Formen getragen, meistens Backen- und Kinnbärte, bis zu ¹/₃ Meter Länge.

Die wenigen Frauen, welche sich sehen liessen, waren ziemlich klein, mit breiterer Nase als die der Männer und recht wohlgenährt. Einige hatten das ziemlich kurz geschorene Haar mit einer schwarzen, theerartigen Substanz beschmiert, die wahrscheinlich den Fremdlingen zu Ehren oder um deren Wohlgefallen zu erregen ganz frisch und so dick aufgetragen war, dass sie heruntertriefte.

Männer und Frauen gingen nackt bis auf die Scham. Erstere bedeckten diese mit einem einfachen, etwa 1 bis 1¹/₂ Meter langen und einige Centimeter breiten Baststreifen, der zwischen den Beinen durchgezogen wurde und dessen Enden vorn und hinten durch einen um die Hüften gehenden Gürtel gehalten wurden. Dieser Gürtel wird durch eine etwa 15 bis 20 Mal um die Hüften geschlungene Schnur gebildet. Die Frauen trugen einen wulstigen, etwa ²/₃ Meter langen und dichten Schurz von Blättern, die einfach an einer Bastschnur, oder auch an einem etwa 25 Centimeter breiten Gürtel von Flechtwerk befestigt waren.

Tätowirungen wurden nicht gesehen, hingegen bei den Weibern so grauenhafte *Entstellungen* der *Ohrlappen*, wie sie später nur an einer Maske in Neu-Mecklenburg — hier nach der Gewohnheit der Eingeborenen sehr übertrieben dargestellt —, nie aber in Wirklichkeit beobachtet wurden. Die Ohrläppchen werden anfangs durchlocht und allmählich ausgedehnt, dann durchschnitten und die beiden Theile immer länger und länger gezogen, bis sie etwa eine Länge von je 6 Centimetern erreicht haben, worauf auf dieselben Holzringe geschoben werden. Um sie in dieser Beschaffenheit wieder zu verbinden, — denn es scheint besonders darauf anzukommen, die frühere Form, nur bedeutend vergrössert, wieder herzustellen, — werden zwei dünne sehr biegsame Holzstäbchen zwischen die Enden der Ohrlappen und die auf diese geschobenen Ringe geklemmt, nachdem vorher auch auf diese Holzstäbchen ähnliche Ringe aufgereiht sind. Das Ganze macht so den Eindruck, als ob die verstümmelten Ohrläppchen noch zusammenhängen, und reicht bis auf die Schultern hinunter. Bei den Männern wurden ähnliche Entstellungen nicht bemerkt. Durch schwarze Zähne und vom Betelkauen rothe Lippen zeichneten sich beide Geschlechter aus.

Eigentliche *Schmuckgegenstände* hatten die Frauen nicht, die Männer dagegen trugen lange um den Hals bis auf die Brust herunterhängende Ketten von rothen Fruchtkernen und Muschelperlen sowie vielfach Federschmuck. Der letztere bestand entweder aus einigen Federn, die durch zierliches Flechtwerk verbunden und mit den rothen Fruchtkernen besetzt waren und in dieser Form in die

Haare gesteckt wurden, oder aus einem kleinen Stabe, um dessen Spitze ähnliche Stücke befestigt waren. Auf dem Stab eines solchen dort erstandenen und der Sammlung einverleibten Federschmucks befindet sich, ganz von den Federn umgeben, eine sehr zierlich und geschickt aus weichem Holze geschnitzte Büste eines bärtigen Mannes. Dieser Schmuck wird ebenfalls im Haar getragen, indem die Stäbchen senkrecht in das Haar des Hinterkopfes gesteckt werden.

An sonstigen Schmucksachen wurde nur noch bei einem Eingeborenen ein eigenthümliches Stück gesehen, welches derselbe an einer Schnur auf dem Rücken trug; es bestand aus einem wunderlich mit Federn, Knochen, Fischgräten, Muscheln und anderen Gegenständen verzierten Schädel; derselbe konnte leider nicht genauer in Augenschein genommen und untersucht werden, da der Eigenthümer fortwährend mit demselben hin- und herlief.

Was den *Charakter* der Leute anbetrifft, so war es natürlich schwer, darüber in kurzer Zeit ein Urtheil zu gewinnen, indess war der Eindruck, den ihr Verhalten machte, nachdem sie die erste Furcht vor dem Erscheinen eines grösseren Kriegsschiffes und bewaffneter Europäer überwunden hatten, ein durchaus günstiger. Bei der ersten Landung auf der grössten, nördlichsten Insel verliessen sämmtliche Einwohner das am Strande gelegene grosse Dorf und flüchteten in die Wälder resp. nach den anderen Inseln; erst nach einigen Stunden hatten sie soviel Zutrauen gewonnen, dass sie heran kamen und auf offerirten Tauschhandel eingingen. Nachdem aber einmal eine Annäherung resp. ein Verkehr begonnen hatte, erschienen mit den Männern zugleich auch die Frauen, und die Kinder waren in der Nähe, was nach den bisher mit den Wilden gemachten Erfahrungen bei den gewohnheitsmässig kriegerischen und feindseligen Stämmen nicht der Fall zu sein pflegt. Noch mehr spricht für ihre friedfertige Gesinnung der trotz Abwesenheit europäischer Artikel jedenfalls bereits öfter stattgehabte Verkehr mit Europäern, wie sowohl aus der an den Tag gelegten Kenntniss der Feuerwaffen, als auch aus der Kenntniss und dem Gebrauch von einigen englischen und französischen Worten seitens einzelner geschlossen werden konnte. Ob zur Zeit ein Verkehr mit Fremden bestand, ist nicht in Erfahrung gebracht; Anzeichen eines solchen fanden sich wenigstens auf der besuchten der drei Inseln nicht vor; die einzigen Gegenstände fremden Ursprungs, welche gesehen wurden, bestanden in einer Flasche und einem Beil, d. h. einem Stück Eisen, welches an einer rohen keilförmigen Handhabe befestigt war.

Das auf der Insel liegende *Dorf* bestand aus etwa 100 Hütten, die regellos vom Strande an über die ganze Südwest-Spitze der Insel in dem hier nicht sehr dichten und von Unterholz befreiten Walde zerstreut lagen. Der Raum zwischen den Hütten war weder geebnet, noch von Gras und Baumstümpfen befreit und äusserst unsauber und unordentlich gehalten. Die *Hütten* selbst haben rechteckigen Grundriss, sind 2 bis 2²/₃ Meter hoch und bis zu 3¹/₃ Meter breit. Ohne ein besonderes Dach, bestehen sie aus einem leichten Holzgerippe, welches nach oben durch eine Decke von zusammengeflochtenen Palmblättern und durch über dieser liegende lose Palmblätter geschlossen wird. Die Ausdehnung der Hütten in der Längsrichtung ist sehr verschieden und schwankt zwischen 5 und 10 Meter. Viele waren schon halb verfallen und schienen nicht mehr bewohnt zu werden, andere und zwar die grösseren, im Innern nur mit einem niedrigen Bambusgestell ausgerüstet, sonst vollkommen leer und ausnahmsweise rein, schienen einem besonderen Zweck zu dienen, und nur etwa die Hälfte aller Hütten war zur Zeit bewohnt. Die erwähnten grösseren Gebäude waren bis auf ein in der Längswand als Thür dienendes Loch vollkommen geschlossen, die bewohnten Hütten hatten entweder eine Oeffnung an der Seite oder eine grössere Thür an einer oder beiden Querwänden. Bei einigen Hütten war eine, zuweilen auch beide Schmalseiten ganz offen.

25*

Zwischen der besuchten und der dieser benachbarten, nur durch ein Riff von ersterer getrennten Insel standen abweichend von den anderen zwei hohe Häuser im Wasser, die aus Pfahlwerk mit Bedachung bestanden und, so viel mit dem Fernrohr beobachtet werden konnte, als Schuppen für grössere Boote dienten. Auch die übrigen Hütten auf dieser zweiten Insel sahen grösser aus, als die auf der besuchten.

Von den grösseren *Booten*, von welchen eben die Rede war, wurde nur eins in der Nähe der zweiten Insel gesehen, sonst fanden sich nur kleine elende, aus einem ausgehöhlten Baumstamme hergestellte und mit einem Ausleger versehene Kanoes am Strande vor.

Das Innere der Hütten war ebenso unsauber, wie der Raum zwischen ihnen, der Fussboden war gewöhnlich mit halbverfaulten Kokosnussschalen, angekohltem Holz, dumpfigem Laub, Asche u. dgl. bedeckt, dazwischen waren Haufen von Kokosnüssen und Brotfrüchten — die einzigen *Nahrungsmittel*, die gesehen wurden — aufgestapelt und lagen oder hingen die wenigen *Geräthschaften*, welche die Eingeborenen zu besitzen schienen. Die letzteren bestanden in länglichen, flachen Holzmulden von $1/2$ bis 1 Meter Länge und $2/3$ Meter Breite, sowie viereckigen Körbchen. Beide waren aus einem schwarzen Holz gefertigt, wahrscheinlich mittelst Feuer ausgehöhlt und nachher geglättet. Die Mulden waren ganz glatt, die Körbchen hatten einen wulstigen, gereifelten Rand. Ausserdem waren vorhanden: Wasserbehälter, die aus einfachen Bambusrohrstücken bestanden, Kokosnüsse mit eingeritzten Verzierungen auf der Oberfläche, die als Trinkgefässe benutzt wurden und aus Palmblättern geflochtene Körbe verschiedener Grösse.

Ein eigenthümliches Geräth, wie es in ganz ähnlicher Art schon in der Galewo-Strasse gefunden war. und bereits erwähnt ist, bildete eine kleine Bank zum Oeffnen der Kokosnüsse. Zwischen der hier gesehenen und der dort angetroffenen bestand der Unterschied, dass auf einer Vertiefung des Halses als Schneide hier eine Muschel befestigt war, während dort ein Stück Eisen diese Stelle vertrat. Die Muschel ist durchlocht und wird durch Bast auf dem Hals, an dessen Hinterseite sich ein korrespondirendes Loch befindet, befestigt. In der Galewo-Strasse ist die Bank aus hartem, hier aus weichem Holz.

In jeder Hütte standen niedrige Bambusgestelle, anscheinend Schlafstätten; auf ihnen lagen kurze Bambusstücke, die wohl als Kopfkissen dienten.

An *Waffen* wurden nur Lanzen gesehen, von denen verschiedene durch Tauschhandel erworben werden konnten. Sie bestehen aus einem Schaft von braunem, hartem Holz, der oben mit Widerhaken versehen ist, und sind, abgesehen von einem geringen Unterschiede in der Anordnung der Widerhaken, nur in der Länge verschieden. Vielleicht sind die längeren Stichlanzen, während die kürzeren als Wurfspeere benutzt werden. Schiesswaffen waren den Eingeborenen sehr wohl bekannt und sehr gefürchtet.

Von den in den Hütten vorgefundenen Gegenständen konnte bei dem kurzen Verkehr und da die Eingeborenen selbst in ihren Behausungen, als denselben ein Besuch abgestattet wurde, nicht anwesend waren, leider nichts erworben werden; von einer Mitnahme solcher Sachen, die sich gegen Hinterlassung von Aequivalenten in wissenschaftlichem Interesse wohl hätte rechtfertigen lassen, wurde Abstand genommen in der Erwartung eines weiteren Verkehrs am folgenden Tage.

Um die scheuen Eingeborenen nicht zu verletzen, wurde auch die Untersuchung einiger augenscheinlich Gräber darstellenden Anlagen unterlassen, welche sich sowohl im Dorf zwischen den Hütten, als auch an dem dem Landungsplatze zugekehrten Waldrande vorfanden. Am Strande bestanden dieselben aus einer kleinen, etwa 2 Meter langen und $2/3$ Meter hohen und breiten, mit Blättern bedeckten Hütte, an die sich nach beiden Seiten ein halbrundes, nach dem Strande zu offenes, etwa 1 Meter hohes Gitter aus Bambus anschloss. Der durch das Gitter begrenzte Raum war von Gras gesäubert und mit Muscheln, Fischgräten u. dgl. bedeckt; mit solchen Gegenständen waren auch die meisten der in der Nähe stehenden Bäume vollkommen behängt. Bei einer solchen Anlage stand vor der Hütte eine etwa 2 Meter hohe Figur, welche im Typus der oben erwähnten im Federschmuck befindlichen ähnlich war. Im Dorf fiel das Gitter weg, dagegen befanden sich vor den Hütten $^2/_3$ Meter hohe Zäune.

Um von den Anachoreten das nächste Ziel, die Insel Neu-Hannover oder Neu-Mecklenburg zu erreichen, wurde wieder ein bedeutender Umweg nach Norden gemacht, da das Schiff, nachdem hier zum ersten Male der Südost-Passat kräftig eingesetzt hatte, trotz sehr frischen Gegenwindes unter Segel allein gegen sehr starken Strom zu unbedeutende Fortschritte machte, um Aussicht zu haben, auf direktem Kurse in absehbarer Zeit nach den angeführten Inseln zu gelangen. In den Segelanweisungen von Rosser und Imray fand sich die Angabe des Kapitäns eines Walfischfahrers, dass er zu verschiedenen Malen von Neu-Hannover und den Admiralitäts-Inseln durch starken Strom nach Nordwesten abgetrieben, sein Terrain wieder gewonnen habe, indem er nach dem Aequator resp. auf nördliche Breite gelaufen und dort westliche Winde ohne Strom oder mit günstigem Strome gefunden habe, mit denen er dann östlich gesegelt sei, und zwar in den Monaten Juni, September und Oktober. Trotz der auf der Reise von der Galewo-Strasse nach den Anachoreten unter dem Aequator bereits erfahrenen Windstillen und ungeachtet des grossen Umweges, welcher nach diesem Plane bis zur Insel Neu-Hannover zu machen war, 700 bis 800 Seemeilen, während die direkte Entfernung von den Anachoreten bis Neu-Hannover nur 260 Seemeilen beträgt, beschloss der Kommandant, nochmals nordwärts des Aequators zu laufen und zwar bis in den äquatorialen Gegenstrom. Derselbe trat am 12. Juli in $2^1/_2$° Nordbreite ein, westliche und nördliche Winde dagegen nur in Böen, während im Uebrigen Windstillen und ganz flaue südöstliche und südliche Winde herrschten, so dass abermals nichts übrig blieb, als ab und zu die Maschine zur Hülfe zu nehmen. Ohne Zweifel kann man auf die angegebene Weise Ostlänge gewinnen, da der Strom mit, und die Winde, wenn auch flau und von Stillen unterbrochen, doch in der Regel nicht direkt konträr sind, man kommt indess nur sehr langsam vorwärts und muss, wie ein Walfischfahrer, Zeit zur Verfügung haben. Nach den Erfahrungen S. M. S. „Gazelle" Ende Juni bis Mitte Juli kann man kaum auf mehr Fahrt als ca. 40 bis 50 Seemeilen in 24 Stunden rechnen. Das Schiff kommt hauptsächlich in Regenböen vorwärts, während deren der Wind ebenso oft südlich und nördlich, wie westlich ist, und deren begünstigende Wirkung nur ein bis zwei Stunden dauert, worauf wieder mehrstündige Stillen oder hin- und herschwankende, ganz flaue Briesen folgen. Ab und zu treten aber auch hier Südost-, Nordost- und Ost-Winde auf. Der äquatoriale Gegenstrom hilft nicht viel mit, da seine Geschwindigkeit unbedeutend, ca. $^1/_2$ Knoten, seine Richtung in der Regel mehr südlich und nördlich als östlich ist.

Weiter lassen sich aus den von S. M. S. „Gazelle" gemachten Erfahrungen über das *Verhalten des Passates* und das Navigiren in diesem Theile des Stillen Oceans folgende Schlüsse ziehen.

Der eigentliche Südost-Passat scheint gleich nach dem Eintreten aus der Dampier-Strasse in den Stillen Ocean aufzuhören. Um dem Passat-Winde und -Strome aber ganz zu entgehen, thut man gut, möglichst rasch 2° bis 3° N-Br aufzusuchen, da die nördliche Grenze des Südost-Passates und eines starken Aequatorialstromes zwischen 2° N- und 0° 30′ S-Br schwankend gefunden wurde (auf $147^1/_2$° O-Lg lag sie sogar auf $2^1/_2$° N-Br).

Will man nach irgend einer Insel im südlichen Stillen Ocean, so wird man gut thun, je nach der Entfernung der Insel, nördlich des Aequators noch etwas mehr Ost zu machen, als ihre Länge beträgt, denn man kann nicht mit Sicherheit darauf rechnen, im Südost-Passat und -Strom mehr gut zu machen, als etwa SSW-, günstigen Falles SzW-Kurs.

Während des südlichen Winters in Lee des Bestimmungsortes zu halten, ist immer bedenklich, weil nur ein guter Segler im Stande ist, gegen Passat und Strom aufzukreuzen.

Die vorherrschende Richtung des Passates im westlichen Theile des südlichen Stillen Oceans ist Ostsüdost, indess springt er doch öfters zwischen Südsüdost und Ostnordost. Ein schlechter Segler, der in Lee seines Bestimmungsortes geräth, muss daher versuchen, durch geschicktes Benutzen dieses Springens des Windes sein Luv zu gewinnen.

Für ein solches nothwendig gewordenes Kreuzen ist noch zu bemerken, dass in Lee grösserer Inseln der Aequatorialstrom zwar häufig nur schwach ist, dass indess, wenn die Inseln hoch sind, der Passat dort ebenfalls oft so flau ist, dass man durch Vermeidung des Stromes doch nur wenig gewinnt. Südlich und nördlich der Insel pflegt der Aequatorialstrom eine vermehrte Geschwindigkeit zu haben, die indess selten 2 bis 2,5 Knoten überschreitet. Die durchschnittliche Stärke desselben ist $^3/_4$ bis 1$^1/_2$ Knoten.

Bei dem mehrmaligen Durchschneiden des Aequators auf dieser Reise von der Galewo-Strasse über die Anachoreten nach Neu-Hannover gelang es, eine Reihe von Tiefseeforschungen auf dem Aequator oder in unmittelbarer Nähe desselben zu gewinnen. Es wurden sechs Beobachtungsstationen gemacht auf 0° 5' S-Br und 132° 29' O-Lg (Station 105), 0° 30' N-Br und 134° 19' O-Lg (Stat. 106), 0° 11' N-Br und 139° 27,5' O-Lg (Stat. 107), 0° 0' und 142° 15,7' O-Lg (Stat. 108), 2° 25' N-Br und 147° 30,8' O-Lg (Stat. 109), 0° 7' N-Br und 151° 1' O-Lg (Stat. 110). Lothungen wurden nur auf den ersten vier Stationen gemacht, auf den beiden letzten Kohlenmangels wegen nicht, Temperatur- und die übrigen Beobachtungen wurden überall angestellt. Die beiden ersten gefundenen Tiefen, 4389 Meter auf Station 105 und 4535 Meter auf Station 106 gegenüber den auf den beiden nächsten, auf Station 107 und 108 ermittelten, 2798 und 3219 Meter, konstatiren wieder tiefere Depressionen in der Nähe grösserer Landmassen. Die Temperaturen des Wassers sind, wie sich dies bei derselben Breite erwarten lässt, überall ziemlich gleich, 28° bis 29° an der Oberfläche, und haben nach der Tiefe zu denselben regelmässigen Verlauf mit Bodentemperaturen von 1,6° bis 1,9°. Die gemessenen Strömungen waren in der ganzen oberen Wasserschicht bis zu 183 Meter (100 Faden) Tiefe nach West gerichtet, meist mit südlicher, auf den Stationen 106 und 110 mit nördlicher Neigung; die beiden letzteren Orte scheinen hiernach an der nördlichen Grenze des Aequatorialstromes zu liegen, wo derselbe, über Nord und Nordost umbiegend, in den Aequatorial-Gegenstrom übergeht. Grosse Mengen von Treibholz, welche die „Gazelle“ in dieser Gegend passirte, bestärkten die Vermuthung, dass man sich in der Region der Stromscheide befand. Namentlich zwischen den Stationen 105 und 107 wurden solche Treibholzfelder angetroffen, die übrigens für das Oberflächennetz reiche und interessante Beute lieferten. So fuhr das Schiff am 30. Juni Morgens in 1° 4' N-Br und 136° 49' O-Lg zwei Stunden lang durch eine braune mit sägemehlartiger Masse überdeckte Zone, in welcher Baumstämme von über 5 Meter Länge, Pandanus- und Leguminosenfrüchte, Sargassum, Schalen von Spirula und schwarzer Bimsstein schwammen. Nach der angestellten Untersuchung bestand die sägemehlartige Masse aus stabförmigen Algen. Die Baumstämme waren auf der über Wasser liegenden Seite trocken und unversehrt, auf der unteren ganz von Entenmuscheln bedeckt und von Gängen der Bohrmuschel durchsetzt. Die Entenmuscheln überzogen auch Früchte und Bimssteine. Zwischen den Algen fanden sich zwei Arten von Röhrenquallen, eine mit brauner, die andere mit blauer Knorpelscheibe. Sehr häufig tummelte sich dazwischen eine schwarze silberfarbige Wasserwanze, deren Eier zahlreich an den Schalen der Spirula angeheftet waren. Dieselben, 1 mm lang und oval, zeigten sich in Reihen von 8 bis 10 an einander geklebt und vermittelst einer gallertartigen Masse verbunden, in meist vorgeschrittenen Entwicklungsstadien, Schnabel, Fühler und Beine schon gebildet. Zwischen der braunen Masse sah man Schaaren von Fischen; ein kleiner Diodon mit langen dunkelbraunen Stacheln und olivengrüner Grundfarbe wurde gefangen.

Ein Baumstamm wurde an Bord geholt; derselbe war hohl und das Holz an der Seite, die im Wasser gelegen hatte, bis 10 cm tief verfault. Eine Menge Entenmuscheln in allen Stadien des Wachsthums haftete an demselben; in den Ritzen des Holzes und in dem inneren hohlen Theil sassen ferner zahlreiche Krabben. Die Bohrmuscheln hatten Gänge von 15 cm Länge gemacht, die aber nicht über 10 cm ins Holz eindrangen und alle parallel der Faserung liefen. In den Ritzen des Holzes fand sich ausserdem noch eine kleine Flügelmuschel mit unsymmetrischer Schale, die weiss und roth marmorirt war.

Nachdem am 16. Juli die „Gazelle" auf 160° O-Lg den Aequator südwärts steuernd passirt hatte, setzte am folgenden Tage der Passat wieder kräftig ein, so dass schon an demselben Tage die Insel St. Matthias und vom Topp aus Squally, sowie in der folgenden Nacht die bergige Insel Neu-Hannover gesichtet wurden. Die Insel *St. Matthias* ist hoch und kann ca. 45 Seemeilen weit gesehen werden. Sie bildet vom Mast gesehen einen Keil mit der hohen steilen Seite nach Süd. Am Nord- und Südende derselben waren auf über 30 Seemeilen Entfernung kleine Inselchen sichtbar.

<hr />

Kapitel XI.

Neu-Hannover.

Fahrt an der Nordwest-Küste. Nordhafen. Fahrt an der Westküste. Wasserhafen. Bootspartie; Feindseligkeiten mit den Eingeborenen. Ergebnisse der hydrographischen Forschungen und Küstenbeschreibung. Geologische und zoologische Beobachtungen. Ethnologische Beobachtungen: Aeussere Erscheinung der Eingeborenen. Charaktereigenschaften. Tracht und Kleidung. Schmuckgegenstände. Häuser, Hausgeräthe, Dörfer, Hausthiere; Nahrungsmittel. Sociale und Familienverhältnisse. Beschäftigung, Kunstfertigkeit, Werkzeuge. Boote. Waffen. Fischereigeräthe. Musik-Instrumente.

<hr />

An der Nordwest-Küste Neu-Hannovers in kurzer Entfernung vom Lande entlang segelnd, um einen geeigneten Ankerplatz zu suchen, wurde eine Anzahl in den Karten nicht angegebener, grossentheils durch Korallenriffe mit einander verbundener Inseln entdeckt, deren Position so genau, als es sich beim Passiren machen liess, bestimmt wurde. Zahlreiche Kanoes mit Eingeborenen — schwarzbraune, sehr wohl gebaute Gestalten, mit roth oder gelb gefärbtem kurzen Haar, geschlitzten Ohrläppchen, einigem Schmuck um die Arme oder in den Ohren, sonst aber völlig nackt — ruderten auf das Schiff zu, erreichten es aber nicht wegen der Fahrt, welche dasselbe lief, und welche aus Zeitmangel nicht verringert werden durfte. Am Strande der Inseln und auf den Korallenriffen schien der ungewohnte Anblick eines grossen Schiffes die zahlreich versammelten Eingeborenen in grosse, durch Laufen, Springen, Winken, Schreien kundgegebene Aufregung versetzt zu haben. Die Küste schien nach Allem hier stark bevölkert zu sein. Die Dörfer lagen unter Kokospalmen am Sandstrande der mit dichter Baumvegetation bedeckten Inseln. Neu-Hannover selbst zeigte sich von einem hohen Gebirgskamm durchzogen und fast überall von niedrigem, dicht bewaldetem Vorlande umgeben, welches als

Nordwest-Spitze — von Carteret „Point Queen Charlotte" genannt — besonders weit hinausspringt. Noch ausserhalb dieser Spitze, auf welche die „Gazelle" zusteuerte, kam ein brandendes Korallenriff in Sicht, welches das Vorland hier in einiger Entfernung umgiebt und innerhalb dessen das Wasser, nach der Farbe zu urtheilen, wieder ziemlich tief wurde. Da es an zwei schmalen Stellen brandungsfrei war, so beschloss der Kommandant, durch die westliche Oeffnung einzulaufen und einen Ankerplatz zu suchen. Dieselbe wurde, hauptsächlich nach der Wasserfarbe steuernd, mit 16 Meter Wassertiefe passirt, und dann in gerader Richtung fortlaufend, ein geeigneter Ankerplatz, eine gute Kabellänge von der Küste, in 32 Meter Wasser gefunden.

Nordhafen. Der durch das Riff gebildete Hafen, welcher von der „Gazelle" *Nordhafen* benannt wurde, war geräumig und gut. Nach Westen war er von den Korallen fest zugebaut, in den anderen Theilen besass er fast überall 28 bis 47 Meter Wasser. Das Landen ist beschwerlich in Folge eines zweiten die Küste einfassenden Korallenriffes, auf dem grossentheils selbst bei Ebbe ca. 40 Centimeter Wasser stehen bleiben, so dass man nirgends trockenen Fusses an Land kommt. Die Küste der Bucht war flach und dicht bewachsen mit hochstämmigen Bäumen, die durch Schlinggewächse verbunden und beladen mit Schmarotzer-Orchideen, Aroideen und Farnen, zusammen mit dem Unterholz von wilden Muskatbäumen und Cycadeen ein undurchdringliches Dickicht bildeten. An einer Stelle erhoben sich schlanke Kokospalmen, die einige niedrige Hütten hoch überragten.

Gleich nach dem Ankern stiessen von Land Dutzende von Kanoes ab, jedes mit drei bis vier Insassen, und umschwärmten das Schiff erst entfernt und schüchtern, dann nach Vorzeigen begehrenswerther Artikel, wie leerer Flaschen und bunter Tücher, kecker und näher, so dass sich bald ein lebhafter Tauschhandel entwickelte. Auf dem nahen Korallenriff hatten sich unterdessen die Frauen und Mädchen versammelt, um das fremde Schiff anzustaunen, bis endlich die Neugierde viele bewog, sich einfach ins Wasser zu stürzen, nach dem Schiffe hinzuschwimmen und hier die Kanoes ihrer männlichen Angehörigen zu erklettern. Auf das Schiff zu kommen, war Niemand zu bewegen. Obgleich meistens mit Speeren oder Keulen bewaffnet, verhielten sich die Eingeborenen friedlich, doch ist ihr friedliches Verhalten wohl nicht der Ausfluss freundlicher Gesinnung, sondern mehr Furcht vor der Ueberlegenheit eines Kriegsschiffes. Sie stahlen daher auch, wo sich irgend Gelegenheit bot, und wo sie es unentdeckt und ungestraft glaubten thun zu können, und suchten mit grosser Raffinirtheit demjenigen, den sie bestehlen wollten, durch freundliches und gefälliges Wesen jedes Misstrauen zu benehmen.

Um so viel wie möglich Holz zu schlagen und an Bord zu nehmen, blieb die „Gazelle" in diesem Hafen bis zum 21. Juli vor Anker, den Aufenthalt gleichzeitig benutzend, um in der Dampfpinnass die südwestliche Küste Neu-Hannovers festzulegen, den Hafen selbst zu vermessen, Ebbe- und Fluth-Beobachtungen anzustellen und die noch gänzlich unbekannte Insel in naturwissenschaftlicher Hinsicht zu erforschen und naturwissenschaftliche Objekte zu sammeln. Ueber die Resultate wird weiter unten im Zusammenhange berichtet werden.

Beim Verlassen des Hafens, wo in Folge der Beleuchtung die Wassertiefen sich durch die Färbung nicht deutlich genug kennzeichneten, kam das Schiff durch Strom der nordöstlichen Seite der Riffpassage etwas zu nahe und stiess bei 1½ bis 2 Knoten Fahrt, aber ohne festzukommen, auf eine 5 bis 6 Meter-Stelle, obgleich beim letzten Lothwurf wenige Sekunden vorher 25 Meter gelothet waren.

Als bei dem Dampfen an der Westküste Neu-Hannovers entlang das in dem Nordhafen geschlagene Holz, vorzugsweise eines wilden Muskatnussbaumes, zum Heizen in der Maschine verwandt werden sollte, stellte sich leider heraus, dass dasselbe hierzu wenig tauglich war. Beim Feuern in zwei Kesseln mit diesem weichen Holz war es unmöglich, die für die Bewegung der Maschine erforderliche Dampfmenge zu erzeugen; selbst beim Anstellen von drei Kesseln mussten ab und zu Kohlen mit zu Hülfe genommen werden. Dies Ergebniss war insofern ein wenig angenehmes, als die bei fast dreitägiger anstrengender Arbeit der Besatzung eingenommene Quantität Holz nur sechs bis acht Stunden bei zwei bis drei Knoten Fahrt ausreichte, und der für die Fortsetzung resp. Beschleunigung der Reise durch Einnehmen von Holz erhoffte Gewinn fast illusorisch wurde. Dabei traten südlich der Küste Neu-Hannovers ganz flaue südöstliche d. h. konträre Winde und Stillen ein, welche das Schiff bis zum St. Georgs-Kanal auch nicht mehr verliessen, und mit welchen unter Segel aufzukreuzen nahezu eine Unmöglichkeit war, da das Schiff selten mehr als $2^1/_2$ Knoten, in der Regel nur 1 bis $1^1/_2$ Knoten Fahrt lief, falls nicht gänzliche Stille herrschte.

Es sollte daher zunächst noch ein Ankerplatz aufgesucht werden, an welchem ein Fluss oder Bach gestattete, frisches Wasser einzunehmen, was im Nordhafen gänzlich mangelte, um das für das Destilliren erforderliche Brennmaterial wenigstens zu ersparen.

Gegen Abend des 21. Juli vor einigen kleinen Buchten ungefähr in der Mitte der Westküste Neu-Hannovers angelangt, in welche Bäche zu münden schienen, wurden mehrere Boote entsandt, um einen Ankerplatz zwischen den Riffen zu suchen, welcher nach Dunkelwerden endlich in einer der Buchten gefunden wurde. Im Allgemeinen sind diese Buchten zum Ankern ungeeignet, weil man entweder erst eine Schiffslänge vom Strandriff Ankergrund findet oder weil die Aussenriffe zu schmale oder gar keine Fahrrinnen frei lassen, mitunter auch die ganze Bucht ausfüllen.

Wasserhafen. Am folgenden Morgen lief die „Gazelle“ in die zum Ankern geeignet gefundene Bucht ein und ankerte daselbst in 56 Meter Wasser nicht weit von der Mündung eines Flusses. Die kleine Bucht giebt einen während des Südost-Monsuns gut geschützten und unter den hohen Bergen Neu-Hannovers hübsch gelegenen Ankerplatz, welcher sich für den Zweck des Wassereinnehmens wohl empfiehlt. Die Bucht erhielt deshalb die Bezeichnung „*Wasserhafen*“, die unmittelbar nördlich daran stossende Bucht „*Expeditions-Bucht*“. Es wurden hier der Hafen und die nächsten Baien und Küstenstrecken vermessen, Pegelbeobachtungen angestellt, Holz und Wasser eingenommen, sowie naturwissenschaftliche Beobachtungen und Sammlungen gemacht.

Häuser von Eingeborenen waren bei der Annäherung nicht zu entdecken, dagegen zeigten mehrere Rauchsäulen, die im Walde aufstiegen, und hohe Kronen von Kokospalmen, die sich über die Laubbäume erhoben, dass Ansiedelungen in der Nähe sein mussten. Bei Ankunft des Schiffes war auch der Strand voll Menschen, welche sich aber bei Annäherung eines Schiffsbootes rasch zurückzogen und nur einige Beobachtungsposten zurückliessen. Erst am nächsten Tage gelang es, denselben ihre Zurückhaltung zu nehmen und sie durch Geschenke und Vorzeigen von Tauschartikeln herbeizulocken, wodurch bald alle Scheu überwunden und ein reger Verkehr eingeleitet wurde. Die Eingeborenen unterschieden sich in nichts Wesentlichem von denjenigen der Nordwest-Küste, ausser dass in ihrem ganzen Benehmen zu erkennen war, dass sie noch nie Weisse gesehen, und dass sie sich daher scheuer und feindseliger verhielten, wofür auch eine, wie es schien, mehr kriegerische Beanlagung resp. Gewohnheit die Ursache gewesen sein mag. Vorzugsweise war es aber die gleiche Neigung zum Stehlen oder Rauben, welche bei Gelegenheit einer Boots-Exkursion zu Differenzen mit dem Schiffe führte.

Da hier ein Wasserweg das Eindringen in das Innere erlaubte, so wurde ein Versuch in dieser Richtung gemacht, und fuhr der Kommandant mit einigen Begleitern in seiner Gig den Fluss hinauf. Der letztere war in der Nähe seiner Mündung an beiden Ufern von einer ausgedehnten Waldfläche umsäumt. Der Wald war bald licht und die grossen vereinzelt stehenden Bäume mit Schling- und Kletterpflanzen, wie Araceen, Rotangpalmen, Leguminosen mit holzigem Stengel, umwachsen, bald durch ein Gebüsch von stacheligem Pandanus und allerlei grossblätterigen Stauden undurchdringlich. Viele Bäume zeichneten sich durch ihre weite Verzweigung oder durch bedeutende Höhe aus, die Stämme oft gestützt durch strebepfeilerartige, radial abstehende Holztafeln; einzelne waren mit prachtvollen, rosafarbenen, grossen Blüthen geschmückt (Barringtonia); Bäume von eisenhartem Holz wechselten mit solchen von ganz weichem, welches von den Eingeborenen besonders zu Schnitzereien oder ausgehöhlt zu Kanoes benutzt wird. Der Wald machte bald einer anderen Vegetationsformation, einer Art Savannenvegetation, Platz. Gebüsche, von einzelnen Fieder- und Fächerpalmen überragt, wechselten ab mit Hochgräsern, über die sich hier und da ein Farnbaum erhob, oder mit Gruppen weissstämmiger weitverzweigter Ficusbäume. Ein lichtes Gehölz war reich mit Lianen behangen, von welchen fusslange bohnenartige Hülsenfrüchte herabhingen. Das Vordringen auf dem Flusse mittelst des Bootes war bald mit Schwierigkeiten verknüpft, denn schon eine halbe Stunde von der Mündung legten sich Kiesbänke in den Weg, über die das leichte Boot geschoben werden musste. Die inzwischen ausgestiegenen und zu Fuss weiter wandernden Insassen des Bootes blieben nicht ganz unbelästigt von den Eingeborenen. Ein Schuss lockte eine Anzahl derselben herbei, welche sich frech und zudringlich benahmen und ohne Weiteres buntes Tuch forderten, für welches sie als Entgelt einige Steinbeile gaben. Die Ankunft des Bootes mit den Leuten verscheuchte sie. Später erschienen sie wieder in grösserer Anzahl, verhielten sich aber nur beobachtend. Mit dem weiteren Vordringen traten immer mehr Hindernisse auf, bis endlich das Weiterfahren zur Unmöglichkeit wurde. Das Boot wurde unter Bedeckung von vier Mann zurückgelassen, während die Uebrigen versuchten, im seichten Bett des Flusses watend weiter vorzudringen. Nach einigen Stunden beschwerlichen Marsches gabelte sich der Fluss, ein Arm wandte sich nach dem östlich gelegenen spitzen Kegelberg, der andere zog sich nach dem Hauptgebirgskamm; der letztere wurde verfolgt. Das Flussbett stieg hier steil an, von hohen schroffen Wänden eingefasst, im Bett selbst lagen mächtige Blöcke eines dunklen Hornblendegesteins. Hier begann wieder an beiden Ufern eine Waldvegetation, der Bergwald, noch riesenhafter und üppiger als an der Mündung; ein über 60 Meter hoher Baum mit kerzengeradem Stamm und bis zur Hälfte astlos, wurde an einer lichteren Stelle gesehen. Oft waren die mächtigen Stämme in den Bach gestürzt oder lagen brückenartig über dem schäumenden Wasser, ohne dass jedoch ihre Vegetationskraft erloschen war, denn aus dem Stamm hatte sich ein Ast senkrecht in die Höhe entwickelt, dessen Dicke fast diejenige des Mutterstammes erreichte, und an dessen Spitze sich die grüne Krone entfaltete. Weiter bergaufwärts folgte ein prachtvoller Bestand von Farnbäumen, einen Wald für sich bildend; bald überzogen die Farne zusammen mit Lycopodien jeden Felsblock und den Boden mit ihrem Blätterwerk. Thierisches Leben war wenig in der Wildniss zu entdecken, nur der schrille Laut einer Cicade unterbrach zuweilen das eintönige Plätschern des Wassers. Gegen Abend gelangten die Wanderer, aus dem Flussbett nach dem Uferrande steigend und einem schmalen ausgetretenen Pfade folgend, an ein kleines Plateau, das, einen terrassenartigen Vorsprung des Gebirgskammes bildend, sich 300 bis 350 Meter über das Meeresniveau erhob. Der Wald hörte ganz auf, nur ganz vereinzelt standen hochstämmige Bäume auf dem hauptsächlich mit Gras, Farnen und stacheligem Rubus dicht bewachsenen Höhenrücken. Ein weiteres Vordringen nach dem Höhenkamm verhinderte die dichte Vegetation; es musste deshalb der Rückweg nach dem Flusse und, seinem Bett folgend, nach dem Boote angetreten werden.

Die zurückgelassene Bootsbedeckung war unterdessen nicht unbehelligt geblieben. Es hatte sich hier eine grosse Menge Eingeborener eingefunden und verschiedentlich das Boot zu berauben versucht, so dass schliesslich der Bootssteurer, als blinde Schüsse ihnen keinen Respekt mehr einflössten, scharf feuern und einen Mann verwunden musste. Unter Geheul zogen sich darauf die Eingeborenen in ihre von hier ziemlich entfernten Dörfer zurück, wahrscheinlich um später mit verstärkter Macht wiederzukommen.

Am folgenden Tage erschienen sie auch in grosser Zahl am Strande und liessen sich an dem rechten Ufer der kaum 30 Meter breiten Flussmündung nieder. Auf dem anderen Ufer hatten einige Offizierburschen Zeug zum Trocknen aufgehängt.

Es dauerte nicht lange, so kamen einige der Eingeborenen mit ihren Speeren über den Fluss geschwommen, raubten mehrere Stücke Zeug, die unbewaffneten Burschen mit ihren Waffen bedrohend, und schwammen wieder zurück. Der Bootssteurer der Jolle, der zufällig mit seinem Boote unmittelbar darauf in die Flussmündung kam, um Wasser zu holen, verfolgte die Leute nach dem andern Ufer, wo er aber von dem ganzen Haufen mit Stein- und Speerwürfen empfangen wurde und sich mit der Jolle zurückziehen musste. Ihm selbst ging ein Speerwurf durch das Hemde unter dem Arme durch, und einer der Bootsruderer bekam einen grossen Stein an den Kopf, der ihn besinnungslos in das Boot streckte.

Der Vorfall wurde an Bord sogleich bemerkt und unverzüglich ein armirter Kutter an Land geschickt, da nach dem Rückzug der Jolle die Eingeborenen den Fluss zu durchschwimmen und die wenigen unbewaffneten Matrosen mit Speer- und Steinwürfen bis nach dem nahen Wald zu verfolgen begannen, sich aber wieder auf ihr Ufer zurückzogen, als der Kutter kam, und weiter in den Wald, als der erste Schuss vom Kutter aus fiel. Von Bord aus wurden gleichzeitig ein paar Granaten aus einem Bootsgeschütz in den Wald geworfen, welche sie zur schleunigsten Flucht veranlassten.

Es schien für den eventuellen weiteren Verkehr von Europäern mit diesen Eingeborenen wichtig, ihnen eine Lektion dahin zu ertheilen, dass Europäer ihnen stets überlegen sind und dass sie jedes Unrecht bestrafen. Dafür war es erforderlich, ihnen den Beweis zu liefern, dass man im Stande sei, sie in ihren Dörfern heimzusuchen; Blutvergiessen sollte dabei aber nach Möglichkeit vermieden werden, weil diese Wilden ihre Rache diesenfalls an jedem Weissen geübt hätten, der ihnen als Schwächerer in die Hände fiel, was sich bei zufällig hierher gerathenden Kauffahrteischiffen leicht ereignen konnte.

Es wurde daher ein Zug des Landungskorps in die Boote eingeschifft, um eventuell ihre Dörfer zu occupiren und nach den gestohlenen Sachen die Hütten zu durchsuchen, falls sie ihr Unrecht nicht bekannten. Der Kommandant, Kapitän zur See Freiherr von Schleinitz, welcher die Führung persönlich übernahm, berichtet über den Verlauf der Expedition wie folgt:

„Die Dörfer lagen an einem Flusse, der ca. 4 Seemeilen vom Schiffe im äussersten Winkel der nächsten ziemlich grossen und durch Korallenriffe fast geschlossenen Bai in sumpfigem Terrain mündete.

Da die Bai hier so flach ist, dass nur Gig und Jolle näher heran konnten, musste das Detachement bis über die Hüften im Wasser und im Schlamm, Waffen und Munition hochhaltend, landen. Von der Landungsstelle führt ein morastiger Weg am Flusse entlang, und ihn zweimal kreuzend, nach den ungefähr 2 Seemeilen im Innern gelegenen Dörfern. Der Uebergang über den im unteren Theile 15 bis 20 Meter breiten und hier ziemlich tiefen Fluss geht einmal über einen Baumstamm, das andere Mal kann er durchwatet werden.

Da sich bereits bei der Landung an verschiedenen Stellen bewaffnete Eingeborene gezeigt hatten, man auch in der Ferne überall die Kriegsmuschel blasen und die Kriegstrommel rühren hörte, liess ich zur Deckung der Uebergänge je eine Sektion zurück.

Kurz vor den Dörfern erhöht sich das Terrain, über welches der Pfad führt, so dass man einen Ueberblick über dieselben gewinnt. Sie sind am Fusse eines vom Gebirgsrücken der Insel ausgehenden Hügelzuges in einer etwas welligen fruchtbaren, mit Palmen, Bananen und anderen Anpflanzungen bestandenen Ebene gelegen. Das nächste Dorf, deren im Ganzen drei oder vier nahe bei einander liegen, lehnt sich an eine steile felsige Anhöhe, welche von den Eingeborenen als ein befestigter Waffenplatz benutzt wird. Sowohl hier wie zwischen den Hütten hatten sich einige Hundert Krieger, mit Speeren, Keulen und Schleudern bewaffnet, versammelt, während die Kriegsinstrumente namentlich von der erwähnten Anhöhe ertönten und aus den entfernteren Dörfern Erwiderung fanden. Es war klar, dass die Eingeborenen entschlossen waren, ihre Dörfer zu behaupten und einen eventuellen Kampf aufzunehmen. Die Weiber und Kinder waren entfernt worden.

Um zunächst den Weg gütlicher Verhandlungen zu versuchen, liess ich das Detachement, ca. 30 Mann, hier halten und ging, von meinem Adjutanten begleitet, dem Dorfeingange zu, wo einige Schritte vor den anderen Kriegern vier Männer, wahrscheinlich die Häuptlinge, hielten. Da sie sich bei unserer Annäherung zurückzogen, gab ich durch Winken mit einem Tuche meine friedliche Absicht zu erkennen, liess auch meinen Adjutanten zurück und steckte schliesslich meinen Revolver ein, vor dem sie besorgt zu sein schienen, da sie immer noch weiter zurückwichen und mich nöthigten, die ersten Hütten des Dorfes zu passiren.

Einer von ihnen reichte mir dann, wahrscheinlich als Zeichen der Bewillkommnung, ein junges Huhn an einen Stock gebunden, das ich annahm, jedoch in Erinnerung an die Hinterlist, mit der diese Leute gewohnt sind zu handeln, um für alle Fälle die Hände frei zu behalten, sogleich an einen Baum hing und den Häuptlingen einige Stücke bunten Tuches als Gegengeschenke gab. Hiermit schien das Vertrauen hergestellt zu sein, und ich machte den Häuptlingen durch kaum misszuverstehende Zeichensprache klar, dass ich gekommen wäre, weil sie Zeug gestohlen und nachher mit Steinen und Speeren geworfen hätten, dass ich nach den gestohlenen Sachen das Dorf durchsuchen lassen und wenn sie sich ferner feindselig zeigten, auf sie schiessen und die Häuser in Brand stecken lassen würde.

Da sie zwar bereits mehrfach schiessen gehört hatten, aber die Wirkung eines Schusses wohl noch kaum kannten, feuerte ich einige Revolverkugeln in einen Baumstamm, aus dem an den getroffenen Stellen der weisse Baumsaft floss, so dass sie kein besseres Bild von der Wirksamkeit der Schusswaffen haben konnten. Aus der Antwort und den Mienen des mir erwidernden Häuptlings konnte ich schliessen, dass sie den Diebstahl missbilligten (wenigstens so thaten), dass die Thäter aber nicht zu diesem, sondern zu einem der anderen Dörfer gehörten. Ich machte ihnen klar, dass sie mich dann nach dem betreffenden Dorfe führen möchten, was ihnen bedenklich schien, worauf sie aber Anweisungen nach hinten an die dort versammelte Menge gaben und mich bedeuteten, etwas zu warten. Es wurde unmittelbar darauf eines der gestohlenen Stücke herangebracht, worauf ich ihnen dafür meine Anerkennung aussprach und zu verstehen gab, dass, wenn sie ihr Unrecht einsähen, wir gute Freunde bleiben würden.

Da der von mir im Auge gehabte Zweck hierdurch völlig erreicht war, liess ich das Detachement zurückmarschiren und hatte, nachdem dasselbe bereits weit fort war und ich mich selbst auch schon auf den Rückweg begeben hatte, die Genugthuung, dass sie auch noch sämmtliche anderen gestohlenen Stücke uns nachschickten."

Ergebnisse der hydrographischen Forschungen und Küstenbeschreibung.

Die Insel Neu-Hannover besteht aus einem einzigen Gebirgsrücken oder bergigen Hochplateau von 300 bis 600 Meter Höhe, das sich im Osten (nach der Byron-Strasse hin) in einige Ausläufer theilt, während im Südwest (bei Kap Batsch) sich einige Berge und Hügel von der Hauptgebirgsmasse abtrennen. Sowohl nach der Nordost-Spitze (Kap Salomon Sweert) wie nach der Westspitze

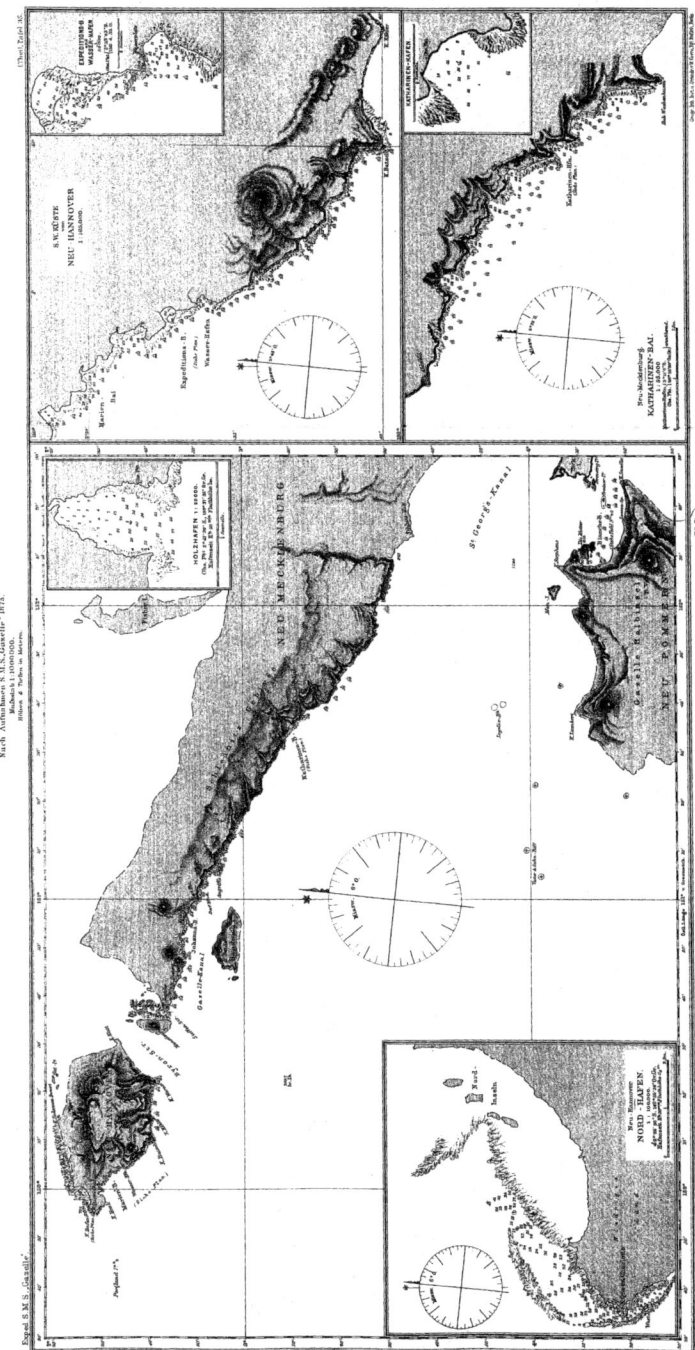

NEU-HANNOVER,
NEU-MECKLENBURG und NEU-POMMERN.
Nach Aufnahmen S.M.S. "Gazelle" 1875.

Maassstab 1:1000000.
Höhen & Tiefen in Metern.

NEU-MECKLENBURG

NEU-HANNOVER

NEU-POMMERN

S.W. KÜSTE
NEU-HANNOVER
J. ISLAND.

KATHARINEN-UFER

KATHARINEN-BAI.

HOLZHAFEN 1:60000.

NORD-HAFEN

St. George's Canal

Gazelle-Canal

Gravelle Halbinsel

(Kap Charlotte) erstreckt sich viele Seemeilen niedriges mit Bäumen, darunter viel Palmen, bestandenes Korallenland. Die Küste zwischen diesen Spitzen (Nordwest-Küste) ist gleicher Natur und in einer Entfernung von mehreren Seemeilen von einem Korallenriff umsäumt, innerhalb dessen eine Anzahl niedriger, durch Riffe miteinander verbundener Koralleninseln, die „Nord-Inseln", liegen.

An der Südwest- und Südküste ist weniger flaches Vorland, vielmehr treten einzelne der Hügel hier sehr nahe an das Meer. Das Riff, welches diesen Theil der Küste begrenzt, erstreckt sich nirgends weiter als einige Kabellängen und schliesst weder Lagunen noch kleinere Inseln ein, ausser einer kleinen Insel südlich von Kap Charlotte, der Westinsel, an welcher dieses Kap kenntlich ist. Das Meer sowohl an der Nordwest-, wie an der Südwest- und Südküste scheint bis dicht an die Lagunen resp. Küstenriffe heran überall tief und rein von Untiefen zu sein. Eine halbe Meile ausserhalb des Riffs in der Nähe des Nordhafens wurden 132 Meter gelothet.

Das Lagunenriff der Nordwest-Küste hat wahrscheinlich einige Einfahrten, und es mögen zwischen den Nordinseln und in einigen Buchten, welche die Küste hier macht, gute Ankerplätze vorhanden sein, wenn auch beim raschen Segeln entlang dieses Riffes erst in der Nähe von Kap Queen Charlotte zwei Einfahrten in die nördlich dieses Kaps gelegene besondere Lagune, „der Nordhafen" genannt, gefunden wurden.

Die ganze Nordwest-Küste scheint sehr stark bevölkert zu sein, da mehrere Dörfer gesehen wurden und überall viele Hunderte von Wilden in grosser Aufregung dem raschen Passiren des Schiffes zuschauten und mit Kanoes nachzufahren suchten.

Der Nordhafen. Derselbe liegt unmittelbar nördlich des Kaps Queen Charlotte in 2° 26,5′ S-Br und 149° 55,6′ O-Lg zwischen der Küste und einem ihm als Wellenbrecher dienenden in nordwestlicher Richtung laufenden Korallenriff, auf dessen beiden Seiten sich die Eingänge in den Hafen finden. Im Nordost-Eingange befinden sich 5,7- und 7,5-Meter-Stellen, weshalb der Westeingang vorzuziehen ist. Hier muss man, um nicht weniger als 15 bis 17 Meter Wassertiefe zu erhalten, eine halbe bis eine ganze Schiffslänge von der Westspitze des erwähnten Riffes einlaufen, weil in der südlichen Hälfte dieses Eingangs ebenfalls 5,7- bis 9,4-Meter-Stellen vorkommen. Man darf indess der Westspitze jenes Riffes sich auch nicht zu sehr nähern, da zuweilen etwas Strom darauf zusetzt und eine Schiffsbreite von der unter Wasser deutlich sichtbaren Spitze ebenfalls noch 5,7-Meter-Stellen liegen.

Im Hafen kann man nach Gutdünken auf Tiefen zwischen 28,2 und 37,7 Meter ankern; fast unmittelbar an den Küstenriffen sind noch 9,4 bis 17 Meter. Der Ankergrund ist gut haltender feiner Korallensand. Es erstreckt sich längs der inneren Seite des Aussenriffs nach der bei Kap Queen Charlotte gelegenen kleinen Insel ebenfalls eine für Schiffe genügend tiefe Wasserrinne, indess ist der Raum zwischen Aussen- und Küstenriff so schmal, dass ein Ankern hier nicht zu empfehlen ist.

Der Strand ist in Entfernung von ein bis zwei Kabellängen von einem Küstenriffe eingefasst, welches selbst für Boote unzugänglich ist, so dass man über das Riff waten muss, um an Land zu kommen.

Das nächste Dorf befindet sich am Strande nach Kap Charlotte hin, ein zweites auf der Westinsel und mehrere innerhalb des Waldes, mit welchem die niedrige Halbinsel bestanden ist.

Die Küste ist fast durchweg von einer Art Kalkwall eingefasst, hinter welchem das Land wieder tiefer wird und zum Theil sogar unpassirbaren Sumpf bildet.

Leider kann man hier kein Trinkwasser einnehmen, weil kein Fluss oder Quell existirt. Die Eingebornen benutzen etwas in kleinen Rinnen über den Sandstrand abfliessendes Wasser, welches indess nur in geringer Quantität vorhanden und ausserdem jedenfalls ungesund ist, weil es aus den erwähnten Sümpfen im Inneren kommt.

Gutes trockenes Brennholz von abgestorbenen Bäumen ist nicht viel vorhanden; es kommt zwar eine Art wilder Muskatnussbaum vor, dessen Holz den Vorzug hat, weicher zu sein, als die meisten Tropenholzarten, und sich daher leicht fällen lässt, dasselbe empfiehlt sich indess trotzdem als Feuerholz nicht, weil es nur wenig Hitze giebt. Besser ist das Holz von abgestorbenen Mangrove-Bäumen, die indess nicht häufig in unmittelbarer Nähe des Hafens vorkommen.

Die ungefähre Hafenzeit beträgt im Nordhafen $2^h\ 30^m$ und die Fluthhöhe 0,9 Meter. Es findet in 24 Stunden nur eine Fluth und eine Ebbe statt und scheint die Ebbe 10 bis 11 Stunden, die Fluth 13 bis 14 Stunden zu laufen.

Die Südwest-Küste und ihre Ankerbuchten. Die Küste der flachen Halbinsel erstreckt sich von ihrer Westspitze, dem niedrigen Kap Queen Charlotte, 3 Seemeilen nach Südost und läuft dort in ein zweites, scharf hervortretendes, bewaldetes Kap, das Kap Henk aus, welches, von Kalkfels gebildet, aus 10 bis 15 Meter Höhe steil zum Meere abfällt. Von hier ab springt die Küste in einer Länge von 3 Seemeilen nach OzN zurück, um dann den südöstlichen Verlauf wieder aufzunehmen, dadurch eine grössere Einbuchtung, die Marien-Bai, bildend. Diese schliesst eine Anzahl kleinerer Buchten und Häfen in sich. Zunächst hat das die Küste in geringer Entfernung umsäumende Riff im innersten nördlichen Winkel eine Oeffnung, die zu einer kleinen Bucht führt. Im Eingange sind 39,5 Meter, welche rasch auf 18,8 Meter und 3,8 Meter abnehmen. In Rücksicht auf die rasche Tiefenabnahme und die Beschränktheit kann die Bucht als Ankerplatz grösseren Schiffen nicht empfohlen werden. Dasselbe gilt von der eine Seemeile weiter folgenden Bucht, welche die erste in dem Theile der Bai ist, wo die Küste die südöstliche Richtung wieder aufnimmt und, etwas einwärts kurvend, diese Richtung auf eine Entfernung von $7\frac{1}{2}$ Seemeilen bis zu einer Huk beibehält, bei der die Vorberge näher an die Küste heranzutreten beginnen, und von welcher ab die Küste auf weitere $7\frac{1}{2}$ Seemeilen bis zum Kap Batsch wieder etwas heraustritt. Die in Rede stehende kleine Bucht ist bis auf einen ganz schmalen Eingang von den Riffen fast ganz geschlossen. Im Eingang sind 43,3 Meter Wassertiefe, welche auf 28,2 bis 18,8 Meter mitten in der Bucht abnehmen. Hierauf folgen zwei grössere Einbuchtungen der Küste und des sie begleitenden Riffes (auf $2°\ 31'$ und $2°\ 32'$ S-Br), von denen die nördlichere nach West und Süd ganz offen und für das Ankern daher nicht geeignet ist, wenn auch in der nördlichen Ecke, eine Kabellänge vom nördlichen Küstenriff, Ankertiefen zwischen 56,5 und 33,9 Meter vorhanden sind. Die südlichere gewährt Schutz vor Winden zwischen Süd und Nord über Ost und hat 2 Kabellängen vom Küstenriff 75,3 Meter, so dass hier ein Ankern möglich ist.

Von den nächstfolgenden Buchten ist die erste die Expeditions-Bucht, die folgende (auf $2°\ 34'$ S-Br) ist Wasserhafen genannt worden.

Die Expeditions-Bucht. Dieselbe ist durch Riffe nahezu geschlossen. Man läuft ein, indem man die unter Wasser sichtbare Spitze des sich von Nordwest erstreckenden Riffes dicht an Backbord nimmt und Nord steuernd auf 47,1 bis 56,5 Meter ankert. Der innere Theil des hier gebildeten verhältnissmässig grossen Bassins ist durch den in der nördlichen Ecke mündenden Fluss ganz versandet und hat nur wenige Fuss Wasser. Man muss daher nicht weit vom Eingange ankern und vertäuen, da der Raum durch die südlichen Riffe sehr eingeengt wird.

Die südlichen Riffe laufen nach NWzN in zwei fast parallelen Armen, zwischen welchen ebenfalls ein völlig geschützter aber noch beschränkterer und nur für kleinere Fahrzeuge geeigneter Ankerplatz mit 37,7 Meter Wassertiefe gefunden werden kann.

Der Fluss mündet in morastigem Mangroveterrain und eignet sich zum Wassereinnehmen nicht. Ungefähr eine Seemeile flussaufwärts liegen indess in schöner fruchtbarer Gegend am Fusse einiger Hügel mehrere grosse befestigte Dörfer, welche von See aus nicht sichtbar sind. Von der Flussmündung erreicht man auf einem Pfade, der zweimal über den Fluss resp. durch einen Seitenbach führt, die Dörfer.

Der Wasserhafen. Zum Ankern geeigneter ist die nächstfolgende Bucht, der Wasserhafen, obgleich sie gegen Westwinde nicht geschützt ist.

Die Bucht ist von niedrigem Lande eingefasst, dessen üppige Baum- und Strauchvegetation durch das ferne steile Gebirge und durch näher gelegene Hügel und Berge, namentlich nach Südosten hin überragt wird, dadurch ein sehr hübsches landschaftliches Bild gewährend.

Um den Hafen zu finden, bringe man den Berg Stosch, einen abgeschrägten, schon aus grosser Ferne in die Augen fallenden Kegel, der sich hoch über die ihn umgebende Gruppe von Bergen erhebt und den man nicht fern des südwestlichen Kaps, Kap Batsch, isolirt von dem Hauptgebirgszug der Insel sehen wird, in die Peilung OSO³/₄O und laufe eventuell in dieser Richtung, bis man die Bucht erkennt, halte dann mitten zwischen die unter Wasser sichtbaren Eingangsriffe mit NO¹/₂O-Kurs und ankere in der Mitte auf 75,3 bis 65,9 Meter. Im nördlichen Winkel dieses Hafens mündet ein hübscher Fluss, in welchen nicht zu grosse Boote, ausser bei niedrigem Wasser, immer einlaufen können. Die der Mündung vorliegende Korallenbarre hat das meiste Wasser ungefähr eine Bootslänge von der das linke Ufer der Flussmündung bildenden Sandspitze, die man also beim Einlaufen dicht an Steuerbord nehmen muss. Hinter dieser Barre ist tiefes Wasser, und kann der Fluss ca. ¹/₄ Seemeile aufwärts befahren werden. Das Trinkwasser, welches er liefert, ist rein und gut.

Diese Bucht ist eine der wenigen dieser Inseln, welche einen Theil Sandstrand haben ohne vorliegendes Korallenriff. Die Boote können daher direkt am Strande anlegen, weshalb hier auch das Holzeinnehmen bequemer ist als anderwärts.

Dörfer liegen in unmittelbarer Nähe der Bucht nicht; die sich hier sammelnden Eingeborenen gehören vielmehr den Dörfern der Expeditions-Bucht an, resp. einem ostwärts gelegenen Dorfe.

Weiterer Verlauf der Küste. Weiter südostwärts bildet die Küste noch einige offene und auf 2° 37,3′ resp. 2° 38′ S-Br zwei durch vorliegende Riffe gut geschützte Buchten. Die offenen Buchten bieten auf grössere Tiefen nur ganz nahe am Küstenriff Ankergrund und empfehlen sich als Ankerplätze nicht, die beiden letzterwähnten sind allenfalls für kleinere Fahrzeuge geeignet, auch mündet in der nördlicheren ein kleiner Bach. Es ist auf Tiefen zwischen 18,8 und 56,5 Meter zu ankern. Die Riffe sind unter Wasser sichtbar.

Von dem bereits erwähnten in die Augen fallenden Stosch-Berge ziehen sich hübsche grüne Hügel unregelmässig bis nahe an Kap Batsch, die westliche Südspitze Neu-Hannovers, vor welcher ein kleines Felsen-Inselchen liegt, und bis an das 4 Seemeilen östlich davon folgende Kap Köhler, welches letztere einem ziemlich hohen Ausläufer des Gebirges zur Basis dient.

Nach Kap Werner, der Südost-Spitze Neu-Hannovers hin, welche von Kap Batsch mw. O¹/₄N in 12 Seemeilen Entfernung liegt und eine Bucht auf der Ost-Seite begrenzt, dacht sich das Gebirge allmählich und in sanften nur von ein paar unbedeutenden Hügeln unterbrochenen Linien ab. Das Kap selbst jedoch fällt, in einiger Entfernung gesehen, ziemlich steil zum Meere ab. Zwölf Seemeilen in NW¹/₄N von ihm läuft die Insel in gleichmässigen Linien in ihre nicht hohe in die Byron-Strasse hineinragende Ostspitze, das Kap Klatt, aus.

Die Küste Neu-Hannovers südlich resp. östlich des Wasserhafens bietet in ihrer äusseren Erscheinung im Ganzen viel mehr Abwechselung als die nördlichere mit ihrem sich weithin erstreckenden flachen Korallenvorland, weil eine Anzahl welliger und vielformiger Hügelketten sich dort von dem Hauptgebirge abzweigt und, wie schon erwähnt, zuweilen bis dicht an das Meer tritt. Auf den Hügelreihen sind die Erhebungen in der Regel mit lichtem Grase bestanden, während die furchenartigen Vertiefungen dunkle Busch- und Baum-Vegetation aufweisen, hierdurch hübsche, lebhafte Schattirungseffekte erzeugend.

Geologische und zoologische Beobachtungen.

Die ganze Insel scheint, wie sich Dr Studer in seinem Bericht ausspricht, von einem Saumriff umgeben, vor dem an einigen Punkten Barriereriffe liegen, oder das Saumriff wird durch Einmündung eines Flusses von der Küste abgedrängt und bildet dann ein Barriereriff, das mit dem Saumriff in kontinuirlicher Verbindung steht.

Am Nordhafen ist die Küste flach, gegen das Meeresufer hin etwas wallartig gehoben, wodurch dieselbe den Charakter eines gehobenen Saumriffes trägt, entsprechend dem stets erhöhten Aussenwall der Riffe. Das herrschende Gestein ist ein poröser, weisser Kalk mit Korallen und Muscheleinschlüssen. Das die Küste umgebende Saumriff ist 2—4 Kabellängen breit und bildet eine Plattform, welche bei Ebbe fast ganz trocken fällt. Eine Seemeile davon entfernt zieht sich ein Barriereriff hin mit einem nördlichen und einem westlichen Durchbruch. Im Südwesten nähert sich das Barriereriff dem Saumriff auf vier Kabellängen und verschmilzt endlich ganz mit demselben. Der Aussenwall ist über das Ebbeniveau erhöht und besteht aus einem tuffartigen Kalk; da das dahinter liegende Saumriff keinen Aussenwall hat, so wird die Entstehung desselben wohl der Wirkung der Brandungswelle zuzuschreiben sein. Einzelne Theile des Aussenwalls sind stets über Wasser und bilden kleine Inseln.

Die junge Meereskalkbildung setzt sich längst der Küste fort, bildet vor dem Gebirgszuge der Insel ein niedriges Vorland und zeigt sich über dem Saumriff als 2½ bis 3 Meter hohe schroffe Felsen.

Am Wasserhafen ist das Saumriff auf eine kurze Strecke unterbrochen, die äusseren Enden treten etwas weiter nach innen vor und bilden eine Bucht. Die Ursache dieser Unterbrechung ist in dem hier mündenden Flusse zu suchen, der bei den häufigen Regengüssen, Geröll, Sand und Schlamm mit sich führend, das Wachsthum der Polypen behindert hat.

Westlich vom Flusse tritt der Korallenkalk wieder in 2½ bis 3 Meter hohen Felsen auf. Die Ufer des Hafens sind flach, mit Wald bewachsen und mit schwarzem Sand und Geröllen bedeckt; die letzteren bestehen aus Augitandesit.

Die im Flussbett unternommene Exkursion gab einigen Aufschluss über die geologische Beschaffenheit des Gebirgszuges. Das Geröll des Flusses bestand aus dunklem Andesit mit viel Magneteisen; einzelne Stücke enthielten Glimmer. Daneben kam ein dichter schwarzer, bräunlich verwitternder Kalk vor. Der Andesit scheint von dem südöstlichen Arme des Gebirges zu stammen. Anstehendes Gestein fand man erst in dem steilen Flussbett, dessen schroffe Ufer zum Theil keine Vegetation bergen, in halber Höhe zuerst ein nagelfluhartiges Konglomerat mit faust- bis kopfgrossen Geröllen von Andesit und Kalk; auf dieses folgt ein bräunlich verwitterndes Gestein, ein thoniger, schwarzer Kalk, und auf diesen schien Andesit zu stossen.

Die Thierwelt verschwindet wie in Neu-Guinea so auch hier unter der kolossal entwickelten Vegetation.

Von Säugethieren wurden ausser den wenigen Hausthieren, Hund, Schwein und Huhn nur Spuren des fliegenden Hundes, einer Pteropusart, gesehen. Reicher schien die Vogelwelt vertreten, namentlich auf lichten Stellen an der Bergkette. Hier zeigten sich besonders prachtvolle rothe Lorispapageien und ein schöner grüner Eclectus von Krähengrösse mit orangerothem Oberschnabel und schwarzem Unterschnabel. Am Wasser trieben sich blaue Eisvögel herum, darunter der weit verbreitete Halcyon sacra und eine zweite prachtvolle Halcyonide, weiss mit lazurblauen Flügeln, Rücken und Schwanz, sowie einem blauen Streifen hinter dem Auge. Aehnlich wie in Neu-Guinea baut hier eine Nectarinie ihr beutelförmiges Nest aus Fasern, Federn und dürren Blättern, das sie an die äussersten Zweige der Bäume hängt; dasselbe enthält zwei weisse, braun gesprenkelte Eier mit einem braunen Ringe am stumpferen Pol. Ihr Hauptfeind, vor dem sie ihre Brut sichert, ist wohl eine Warneidechse, Monitor indicus, welche sich häufig in hohlen Bäumen fand, und die vermöge ihrer scharfen Krallen wohl, wie die australische Art, an den Baumstämmen herumzuklettern und ihre Beute zu suchen vermag.

Im dichten Walde wurde wiederholt eine schöne Gracula-Art geschossen, welche, von Drosselgrösse, schwarzes Gefieder mit metallisch grünem Anfluge, weissen Steiss, orangefarbenen Schnabel und einen breiten ockergelben Ring um das Auge hatte. Ein schwarzer Fliegenschnäpper mit weissem Bauch und einem weissen Streifen über dem Auge hüpfte namentlich am Ufer umher. In höheren Gegenden wurden namentlich früh Morgens Raben, Tropidorhynchen und zahlreiche kleinere Fliegenschnäpper gesehen. Die Tauben waren durch eine grosse Carpophaga vertreten, bei der die Wurzel des Oberschnabels zu einer grossen rothen Karunkel aufgetrieben war; das Thier ist weiss, Rücken und Mantelfedern metallisch kupferfarben, Schwung- und Steuerfedern stahlblau. Von anderen Tauben wurde eine langschwänzige Form von zimmetrother Farbe mit schwarzen Wellenzeichnungen und rothen Füssen geschossen. Von Schwimmvögeln zeigten sich am Flussufer Enten, während eine Seeschwalbe, Sterna velox, den Meeresstrand belebte.

Die Reptilien lieferten 7 Saurier, worunter die schon erwähnte Warneidechse, 5 Scincoiden und ein Gecko, sowie eine Schlange. Amphibien wurden keine gesehen.

Die Schlange, welche zufällig mit Gras an Bord gebracht wurde, war 66 Centimeter lang und hatte ganz den Habitus der Lycodonten, oben glänzend schwarzbraun mit stahlblauem Anflug, unten weiss. Mollusken lieferte das Land und Süsswasser 15 Arten, alle verschieden von denen Neu-Guineas.

Die Gliederthiere gaben im Ganzen eine spärliche Ausbeute, weil sie sich theils im dichten Wald zu verborgen hielten, theils auf ihr Sammeln weniger Zeit verwendet werden konnte. Es wurden von Insekten beobachtet: 9 Coleopteren, 3 Hymenopteren, 4 Lepidopteren, 1 Neuroptera, 2 Hemipteren, 7 Orthopteren, 2 Myriapoden, 5 Arachnoiden und 2 Crustaceen. Unter den Käfern (Coleopteren) war die Tricondyla aptera am häufigsten, die im dichten Wald auf Baumwurzeln ihrer Beute nachging. Ein Rüsselkäfer, oben grau behaart, mit rostrothen Beinen kam in grosser Menge auf dem Höhenzuge an Blättern vor. Durch ihr massenhaftes Auftreten, namentlich beim Nordhafen, fiel eine blaue Chrysomelide mit rothem Halsschild auf. Zahlreiche Leuchtkäfer machten sich in der Nacht durch ihr helles Licht bemerkbar.

Ameisen waren überall reich vertreten, am Wasserhafen wurde das Nest einer Wespe gesehen, welches, an einem Blatte befestigt, aus fünf papierwandigen Zellen von 28 Centimeter Höhe bestand, die geschlossen waren und sich zu Puppen verwandelnde Larven enthielten, daneben offene Zellen mit Larven und Eiern.

Die Schmetterlinge lieferten eine prachtvolle Ornithoptera, O. Priamus, von 19 Centimeter Flügelspannweite; das Thier flog hoch über den Bäumen und konnte leicht mit Vögeln verwechselt werden.

Von den Geradflüglern (Orthopteren) war die riesige Euryacantha horrida am auffallendsten, gewöhnlich sassen ein Weibchen und ein Männchen zusammen auf Baumästen, von denen sie schwer zu unterscheiden waren; das Weibchen 170 Millimeter lang und hellbraun, das Männchen 143 Millimeter lang und dunkelbraun. Auf den Pandanusblättern sass eine zweite, zu den Stabheuschrecken gehörende Art, Cyphocrania, grasgrün, mit rothen Fühlern und Flügeldecken.

Unter den Krebsen verdienen die Bernhardskrebse förmlich zu den Landthieren gerechnet zu werden. Ueberall am Boden des Waldes, auf Büschen und Baumstämmen liefen dieselben mit Gehäusen von Litorina, Nerita u. a. umher, einer fand sich sogar zwei Seemeilen vom Meere entfernt in dem Gehäuse einer Melania in dem steilen Flussbette des Gebirgszuges.

Für die *Meeresfauna* bot besonders das grosse Riff an der Südwestecke der Insel eine grosse Ausbeute. In dem aus porösem Korallentuff bestehenden Rande des Aussenriffs leben namentlich der kalkbohrende Seeigel, Echinometra lucunter, und eine grosse Acrocladia, beide fest genug angeheftet, um von den anstürmenden Fluthwellen nicht weggespült zu werden. In seiner weiteren Ausdehnung unter Wasser nach der Lagune zu ist der Boden des Riffes sehr uneben gestaltet durch Korallenmassen, welche bei Ebbe bis dicht unter die Wasseroberfläche kommen. Diese Korallenmassen haben gewöhnlich als Grundstock eine mächtige Sternkoralle oder eine knollige Löcherkoralle; diese wird in ihrem Wachsthum nach oben bald dadurch gehemmt, dass die Polypen an der Oberfläche absterben; während indess die Umgebung in der Breite weiter wächst, kommt oben eine ebene Fläche zu Stande mit wulstigen Rändern und konkaver Basis, die aus lebenden Polypen gebildet ist. Die ebene Fläche wird nun bald mit Korallen, welche gegen zeitweises Trockenfallen weniger empfindlich sind, besetzt.

Das Saumriff ist nur an seinem äusseren Abfall mit Korallen besetzt, die Fläche selbst fällt bei Ebbe fast trocken, besteht aus Korallentuff, nach innen mehr aus Sand, der mit Seegras bewachsen ist. Hier halten sich hauptsächlich die Strandschnecken Nassa, Cerithium, Nerita u. a. auf, dazwischen auch ein grau marmorirter Archaster. In den Spalten des Gesteins kommt ein schwarzer Schlangenstern häufig vor.

An *Fischen* ist das Meer ungemein reich, vorherrschend sind Lippfische und Papageifische, meist mit brillanten Farben. Auch eine 41 Centimeter lange Seeschlange, Platurus fasciatus, wurde auf dem Aussenriff gefangen.

Ethnologische Beobachtungen.

Aeussere Erscheinung der Eingeborenen. Die Eingeborenen Neu-Hannovers sind von Statur mittelgross, meist kräftig, muskulös und wohl gebaut.

Für die Farbe eine allgemein treffende Bezeichnung zu geben ist schwierig, theils weil sie in ihren Tönen sehr schwankt, theils weil die einzelnen Töne wieder durch andere Einflüsse, wie schuppige, schinnige Haut, fortgesetzte oder übergewischte Bemalung verändert waren und nicht in ihrer Ursprünglichkeit erschienen. „Rostfarben braun" dürfte für die meisten die zutreffendste Bezeichnung sein, während einzelne, namentlich Mädchen, mit einer ebenso hellen Farbe gesehen wurden, wie sie die Polynesier besitzen.

Die Gesichtszüge sind plump, die Stirn weicht meist sehr zurück, die Nase ist breit und vorstehend, mit stark vorgewölbter Wurzel und vorspringenden Oberaugenbogen; Augen und Mund sind gross, die Extremitäten auffallend lang.

Das Haar ist kraus, meist kurz geschoren, und wächst in Büscheln. Bei den männlichen Eingeborenen wird es auf sehr verschiedene Art getragen, wie wir später sehen werden; die Frauen tragen es natürlich, und ist es bei ihnen auch etwas dichter und im Querschnitt nicht so dick. Die Männer tragen vielfach Backenbärte.

Charaktereigenschaften der Eingeborenen. Als S. M. S. „Gazelle" sich der Nordwest-Seite von Neu-Hannover näherte, zeigten sich am Strande viele Eingeborene, welche eine Anzahl Kanoes bemannten und sich bemühten, mit denselben längsseit zu kommen, was jedoch wegen der zu grossen Fahrt nicht gelang. Gleich nach dem Ankern im Nordhafen war das Schiff von einer Menge Kanoes umlagert, mit denen sich ohne Weiteres ein lebhafter Tauschhandel entspann. Die Eingeborenen waren hierbei in ihren Forderungen sehr genügsam und gaben die Gegenstände, welche sie mit sich führten, als Waffen und Schmucksachen, sofort gegen leere Flaschen, Spiegel, Perlen und am liebsten gegen Stücke leichten rothen Zeuges hin, was darauf schliessen liess, dass sie bisher wenig mit Fremden verkehrt hatten. Grosses Verlangen trugen sie ferner nach eisernen Gegenständen, wie Beilen und Messern, deren Werth sie sehr wohl zu kennen schienen; ob sie diese oder rothes Zeug nehmen sollten, darüber waren sie häufig im Zweifel, und man sah ihnen den inneren Kampf zwischen Verstand und Gefühl an. War das Stück Zeug nach ihren Begriffen recht gross, so siegte gewöhnlich das Gefühl, und es wurde, wenn auch mit einem letzten unsicheren Blick auf das etwa aufgegebene Messer, ergriffen und schleunigst in einer der kleinen Bastmatten verborgen. Vielleicht geschah es zum Trost, wenn sie das rothe Tuch wieder hervorholten, um sich an seinem Anblick zu erfreuen. Auch kleine Stücke wurden nicht verachtet. Wurde ein solches Stück einem Eingeborenen geboten, ohne dass man selbst glaubte, dass es seinen Forderungen genügen werde, so war doch oft Wegreissen desselben und Zuwerfen seines dafür gebotenen Tauschartikels das Werk eines Augenblickes. Unbeschreiblich komisch war die Aufregung der Eingeborenen, wenn vor ihren Augen von einem Packet solchen Zeuges ein Stück abgetrennt wurde, noch komischer das Entsetzen, wenn ein Eingeborener glaubte, er würde für ein angebotenes Objekt ein unverhältnissmässig grosses Stück Tuch erhalten und nun erfuhr, dass das Stück getheilt werden sollte; häufig wurde er dann übrigens für seine ungerechtfertigte Forderung und seine enttäuschte Hoffnung von seinen Nachbarn ausgelacht. Der Ausdruck dieses Entsetzens oder Bedauerns äusserte sich stets auf dieselbe Weise. Sollte ein Stück Tuch getheilt werden, so erhob sich der betreffende Eingeborene sofort in seinem Boot und langte mit der einen Hand nach dem Tuch, mit der anderen hielt er sein Tauschobjekt hin; begann die Theilung wirklich Ernst zu werden, so fing er eigenthümlich zu zischen an, indem er ein fortgesetztes schnelles se—se—se ausstiess, und mit der freien Hand auf den Oberschenkel oder vielmehr mit dem ganzen Arm auf seine Seite zu klopfen; je weiter das Stück getheilt wurde, desto heftiger, ja krampfhafter wurden diese Aeusserungen; sah er, dass die Theilung doch schliesslich erfolgte, so hörte die Bewegung mit dem Arme auf, und er langte nun wieder nach dem Zeug, und zwar nach dem Stück, welches ihm am grössten oder vortheilhaftesten erschien, das se—se—se nahm allmählich ab, um sich beim Trennen der letzten Fäden noch einmal mit verstärkter Lebhaftigkeit zu äussern, worauf es ganz verstummte, das Stück Zeug ergriffen und der gebotene Tauschartikel dafür hingegeben wurde. Von der Nachbarschaft wurde eine derartige Theilung stets mit demselben Zischlaut, wenn auch nicht so lebhaft wie von dem direkt Betheiligten begleitet. Es war erstaunlich, eine wie grosse Begeisterung dies Zeug hervorrief, d. h. es war eigentlich nicht das Zeug, sondern mehr die rothe Farbe, welche diese Begierde entfesselte, denn die grössten Stücke anderen bunten Zeuges konnten sie nicht rühren, wenn sie nur einen rothen Lappen witterten. „Bokup mellek" (Tuch rothes) war immer ihr erstes Verlangen.

Im Uebrigen benahmen sich die Eingeborenen aus der Umgegend des ersten Ankerplatzes ziemlich harmlos, und schien ihr Charakter ein friedfertiger zu sein, wenigstens gaben sie hier nie Beweise des Gegentheils. Vor dem Schiff schienen sie jedoch ein gewisses Misstrauen zu haben, denn obgleich täglich viele Eingeborene mit ihren Booten längsseit kamen und auch sonst im

27*

Verkehr durchaus nicht scheu waren, so war doch Niemand zu bewegen, an Bord zu kommen; jede Bewegung auf der Gazelle erregte ihre Aufmerksamkeit, unvermuthetes Geräusch liess sie zusammenfahren, und es war daher sehr schwer, ihre Aufmerksamkeit längere Zeit auf einen bestimmten Gegenstand zu lenken, wie es oft, z. B. beim Fragen nach Wörtern, sehr erwünscht war.

Weniger angenehm trat eine andere Eigenschaft der Eingeborenen, ihre Vorliebe zum Stehlen, hervor, welche sie gleich am ersten Tage mehrfach dokumentirten. Kaum hatten die ersten Kanoes an der Schiffsseite angelegt, als auch sofort ein Eingeborener versuchte, mit dem Fallreeps-Scepter-Tau, d. h. einem Tau, welches an der Schiffstreppe herunterhängt, unter Wasser zu verschwinden. Der ertappte Dieb nahm allerdings die ihm mit dem gestohlenen Tau verabreichten Prügel ganz freundlich und als etwas Selbstverständliches hin. Sie betrieben hier den Diebstahl zwar nicht im Grossen und immer nur einzeln oder vielleicht mit einem Helfershelfer, aber kein Taschentuch oder die geringste Kleinigkeit war vor ihnen sicher, und die grössten Taschendiebe konnten sie um die Geschicklichkeit beneiden, mit welcher sie einen Gegenstand aus einem Rock oder sonstigen Kleidungsstück verschwinden liessen. Sie gaben sich auch nicht damit zufrieden, eine günstige Gelegenheit für ihr Vorhaben abzuwarten, sondern sie wussten sehr geschickt eine solche herbeizuführen, indem sie die Aufmerksamkeit ihres Opfers auf einen anderen Gegenstand ablenkten und zu fesseln verstanden. Wenngleich diese Routine im Stehlen zwar darauf schliessen lässt, dass der Diebstahl bei den Neu-Hannoveranern etwas Gewöhnliches ist — auch unter einander wurde gelegentlicher, aber stets harmlos aufgenommener Kokosnuss-Diebstahl beobachtet —, so war es doch auffällig, dass Tauschartikel, welche herumgereicht wurden, und von denen es leicht gewesen wäre, einige zu unterschlagen, stets sicher über 6 und 8 Boote hinweg und durch viele Hände hin und her gingen und diensteifrig befördert wurden.

Im Allgemeinen gewährten die Eingeborenen des ersten Ankerplatzes und seiner Umgebung den Eindruck eines sonst harmlosen und heiteren Völkchens.

Anders waren die Verhältnisse auf dem zweiten Ankerplatze im *Wasserhafen*. Hier näherte sich anfangs kein Boot dem Schiff, und die Eingeborenen zeigten sich scheu und verschlossen. Es ist allerdings möglich und wahrscheinlich, dass S. M. S. „Gazelle“ das erste Schiff gewesen ist, welches ihnen zu Gesicht kam, und ihr Benehmen dadurch beeinflusst wurde. Ein merkbarer Unterschied zeigte sich zwischen den Bewohnern verschiedener Dorfschaften, zwischen denen ein Fluss die Grenze bildete. Die Bewohner des rechten Ufers legten ihre Scheu nie ab, stahlen oder raubten im Grossen und versuchten mit Gewalt zu erlangen, was ihnen durch List nicht gelungen war; die Bewohner des linken Ufers waren dagegen stets freundlich und friedlich, besuchten auch zuerst und am häufigsten das Schiff und betheuerten, dass sie nichts mit dem Vorgehen der anderen gemein hätten.

An *besonderen Eigenthümlichkeiten* wurden bei den Neu-Hannoveranern folgende wahrgenommen:

1. Beim Gehen setzen sie die Füsse wenig auswärts, die Kniee werden nicht durchgedrückt und in ihrem Gelenk wenig bewegt; das Gehen geschieht mehr mit dem Hüftgelenk, und der Gang erhält etwas Schiebendes.

2. Beim Stehen werden die Hände häufig auf dem Rücken zusammengelegt; mit Vorliebe ruht auch die linke Hand auf dem Hodensack.

3. Die Achselhöhle wird häufig zum Tragen oder vorübergehendem Placiren von Gegenständen benutzt; kleinere Sachen verstehen die Eingeborenen sehr geschickt in der Fläche ihrer allerdings nicht kleinen Hand zu bewahren.

4. Das Zeichen der Bejahung ist ähnlich wie bei den Neu-Guineern im Mac Cluer-Golf, nur wird der Kopf selbst nicht so merklich in die Höhe gehoben, sondern nur so viel als ihn die

Lüftung der Augenbrauen und Stirnhaut wohl unwillkürlich in Mitleidenschaft zieht. Diese Bewegung ist mit einem einsilbigen Laut „Ö" oder „Ä" verbunden.

5. Der Gruss oder das Zeichen der Unterwürfigkeit ist ein Klopfen mit der Hand auf den Kopf, oder besser ein mehrmaliges Tippen der gesenkten Finger auf den Kopf. Diese Pantomime scheint jedoch eine mehrfache Bedeutung zu haben. So wurde dieselbe Bewegung z. B. häufig ausgeführt, wenn ein Eingeborener einen Gegenstand zu haben wünschte und selbst dafür ein Tauschobjekt hergeben wollte. Der Händegruss ist unbekannt.

6. Der Kopf wurde beim Lauschen gewandt.

7. Das Trinken geschah fast ohne Schlucken.

8. Den Mund trugen sie fast immer ziemlich weit geöffnet.

9. Es wurde ihnen schwer, bei der Fülle des Neuen, einen Gegenstand zu fixiren, und ihr Blick glich deshalb demjenigen kleiner Kinder. Wenn sie in einen Spiegel sahen, so gerirten sie sich wie ein Affe, dem man einen Spiegel vorhält, die Wirkung desselben suchten sie aber nicht, wie dieser hinter dem Spiegel, sondern in dem Glase. Merkten sie, dass sie dabei beobachtet wurden, so war es ihnen nicht möglich, mit beiden Augen in den Spiegel zu sehen, sondern ein Auge blieb auf den Beobachter gerichtet.

Tracht und Kleidungsstücke. Die Männer gehen vollkommen nackt, selbst die Scham unbedeckt; ein um den Kopf gebundenes Stück Bast, welches bei einigen Individuen gesehen wurde, diente wohl mehr als Schmuck wie als Kleidungsstück. Bei den Frauen war die Scham dagegen meistens bedeckt, und zwar entweder durch einen Schurz aus gelben und rothen Schnüren oder aus eben so gefärbtem Blattfasergeflecht. Im Hause oder im Gehöft fiel auch dieses Wenige von Kleidung gewöhnlich weg.

Die Schnurschurze sind doppelt, die kürzere Seite wird nach innen, die längere nach aussen getragen. Die Faserschurze bestehen aus einem länglichen Wulst von halb gelben, halb rothen Fasern. Die Befestigung der Schurze um die Hüften ist verschieden; entweder werden sie an einer einfachen Faserschnur getragen, oder an einer Muschel-Perlschnur, oder sie werden auch an einer mehrmals um den Leib genommenen Kette von Fruchtkörnern befestigt. Die letztere Befestigungsart ist die minder gebräuchliche; in den beiden ersteren Fällen werden in die auf dem Rücken befindlichen Knoten der Schnüre gewöhnlich noch grüne Blätter eingebunden. Die Faserschurze wurden ganz vereinzelt vorn und hinten gleichzeitig getragen.

Zum Schutz gegen die Sonne und den Regen tragen sie auf dem Kopf viereckige Matten von Bast, deren schmale und lange Seiten zusammengenäht sind, so dass eine Art Kiepe gebildet wird. Die Matten hatten in einer Ecke eine Art Zeichen, vielleicht Eigenthumsmarke. Gelegentlich, z. B. in den Kanoes, wurden solche Matten auch von Männern während des Regens über den Kopf gestülpt; von den Frauen wurden sie stets, wenn nicht getragen, so doch mitgeführt.

Die Tracht der *Haare* war bei den Frauen, wie schon angeführt, die natürliche, meist kurz gehaltene, bei den Männern dagegen war sie auffallend verschieden. Einige hatten das ganze Haupthaar gelb gefärbt, gebeizt oder gekalkt. Das Kalken wurde in den verschiedensten Graden ausgeführt, vom leichten Pudern bis zum dicken Beschmieren, so dass von dem Haar selbst oft gar nichts zu sehen war. Andere trugen eine Seite ganz kurz geschoren und schwarz, die natürliche Farbe, während die stehen gebliebene Seite weiss gekalkt oder gelb gefärbt war, oder umgekehrt die geschorene Seite gekalkt oder gelb und die andere in ihrer natürlichen Beschaffenheit. Einige, und dies schienen die Dandies zu sein, hatten, nicht zufrieden mit einer einfach gekalkten Seite, mit Hülfe des sehr dick aufgetragenen Kalkes förmliche symmetrische Terrassen hergestellt, anscheinend durch Pressen mit einer passenden Form.

Ein so frisch frisirter Eingeborener zeigte, wenn er Morgens nach dem Schiffe kam, mit grossem Stolz seine Haartour und war hochbeglückt, wenn man sie bewunderte.

Aeltere Männer (vielleicht nur die verheiratheten?) trugen meistens das Haar in seinem natürlichen Wuchs, und machten sich die Spuren früheren Kalkens oder Beizens auf demselben nur durch einen mehr oder minder röthlich-braunen Schimmer bemerkbar; nur vereinzelt sah man bei ihnen etwas Bekalkung. Der Bart wird häufig, aber nur weiss, bemalt.

Zur Pflege der Haare dienen Kämme, die aus einzelnen, mit Bast zusammengeflochtenen Zinken bestehen. Der Kamm heisst kaing.

Zum Kalken, Färben und Beizen der Haare werden benutzt: weisser Kalk oder kalkartige, pulverförmige Masse, deren Bereitung nicht bekannt wurde, gelbe Ockererde und eine runde Frucht, welche frisch einen gelblich-weissen, kalkigen Inhalt hat.

Tätowirungen sind nicht gesehen worden, statt dessen werden jedoch der Körper oder einzelne Körpertheile häufig bemalt oder vielmehr beschmiert mit dem erwähnten Kalk oder mit einem rothen, tannu genannten Farbstoffe. Hauptsächlich Gesicht, Brust und Rücken werden dieser Procedur unterworfen.

Von anderen *Entstellungen* des Körpers kommen in Neu-Hannover vor:

Durchlöcherung und *Erweiterung der Ohrlappen* bei beiden Geschlechtern und *Durchbohrung der Nasenscheidewand.* Die durchlöcherten Ohrläppchen werden durch Einhängen schwerer Gegenstände oder durch Hineinlegen eines elastischen Ringes nach und nach so erweitert, dass das Fleisch, bis auf die Schultern herabhängend, allmählich fadendünn wird.

Die Ohrläppchen-Erweiterung war fast allgemein verbreitet, nur wenige Ausnahmen wurden bemerkt. Weniger verbreitet war die Durchbohrung der Nasenscheidewand, welche zur Aufnahme von Schmuckgegenständen diente.

Eine *Entstellung der Zähne* und Rothfärbung der Lippen durch Betelkauen ist nur in dem Neu-Mecklenburg näher gelegenen Theil bemerkt, auf dem ersten Ankerplatz in Neu-Hannover dagegen gar nicht beobachtet worden, die Eingeborenen zeichneten sich hier vielmehr durch sehr schöne glänzend weisse Zähne aus. Einigermaassen verbreitet war die Sitte aber schon auf dem nur um ein Geringes südlicher gelegenen zweiten Ankerplatz und hatte hier die unvermeidliche Korrumpirung der Zähne im Gefolge.

Schmuckgegenstände. Ob alle nachstehend aufgeführten Gegenstände in Wirklichkeit Schmucksachen bilden, oder ob einzelne als Abzeichen oder Auszeichnung, oder zu einem praktischen Zweck getragen werden, konnte nicht mit Sicherheit ausgemacht werden. Wo hierfür eine Vermuthung vorlag, ist dieser Ausdruck gegeben. Im Allgemeinen waren Schmuckgegenstände ausserordentlich beliebt, besonders bei männlichen Personen, während sie bei Frauen nicht so vielseitig und nicht so häufig vorkamen.

Fast jede männliche Person trug vorn auf der Brust eine grosse runde Muschelplatte, wahrscheinlich aus der Riesenmuschel (Tridacna gigas) gefertigt (Taf. 37, Fig. 3). Die Muschelplatte ist in der Mitte durchbohrt und durch die Durchbohrung eine Schnur gezogen, deren beide Enden hinten am Halse zusammengebunden werden. Diese einfachste, aber seltenste Art des Hals- oder Brustschmuckes ist wahrscheinlich erst durch Beschädigung aus einem anderen häufiger vorkommenden Schmuck entstanden, welcher noch einen ausgehöhlten Schildpattknopf in der Mitte und meistens unter diesem Knopf noch ein etwa 2 bis 3 Centimeter im Durchmesser haltendes, mit zierlichem Muster

Erklärung der Tafel 37.

(Gegenstände von Neu-Hannover.)

---

1. Grosses Schnitzwerk, 1 m hoch, 29 cm breit.

2. Keule aus hartem, schwarzen Holz, 83 cm lang.

3, 3a. Kapkap, Muschelplatten, von Männern um den Hals vorn auf der Brust getragen, mit fein-geschnittenen Rosetten aus Schildpatt verziert. 3.: 12½ cm, 3a.: 13 cm Durchmesser.

4. Federkopfputz, 61 cm hoch.

5. Schnitzerei aus weichem Holz, 56 cm hoch.

6. Desgl. ohne Bemalung, 57 cm hoch.

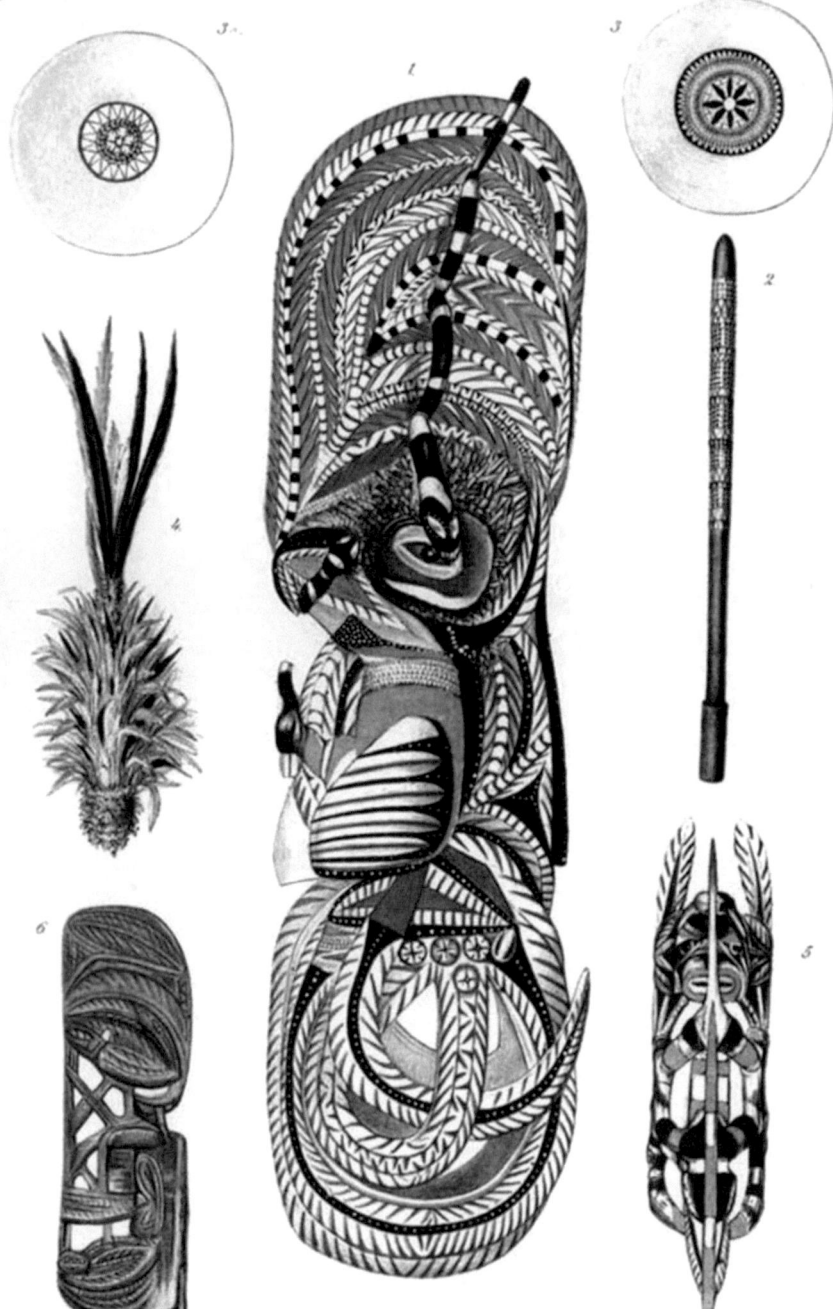

versehenes dünnes Schildpattplättchen trägt. Bis zu einer gewissen Grösse wird dieser Schmuck, kapkap genannt, stets einzeln und an einer einfachen Schnur getragen. Zuweilen wird die grössere Platte durch mehrere kleinere ersetzt, während dann das gemusterte Schildpattplättchen gewöhnlich wegfällt. Die Platten eines solchen Halsschmuckes sind entweder von derselben Grösse, etwa 1½ bis 3 Centimeter im Durchmesser, oder es befindet sich neben kleineren eine grössere Platte daran, welche vorn auf der Brust getragen wird. Eine solche Reihe kleiner Platten wird nicht, wie die einzelnen, an einer gewöhnlichen Schnur getragen, sondern an einer Perlenschnur, welche entweder einfach ist, d. h. nur aus aufgereihten Muschelperlen besteht, oder daneben noch mit kleinen unten abgeschliffenen Muscheln oder gar mit Zähnen besetzt ist. Diese Schnüre werden in einzelnen und mehrfachen Windungen (bis zu sechs) um den Körper geschlungen. Dieselben scheinen, wie auch andere ähnliche Schmuckgegenstände, nie abgelegt zu werden; die Knoten der Schnüre waren nämlich derartig fest zusammengezogen, dass, um sie abzunehmen, die Schnur zerrissen werden musste.

Perlenschnüre mit kleinen Muschelplatten wurden auch von Frauen getragen, während die einzelne Muschelplatte, die kapkap, das ausschliessliche Privilegium der Männer war.

Ein anderer, ebenso aber auch nur bei Männern verbreiteter Schmuck, besteht in einem aus Muschelringen gefertigten Armband. Dasselbe wird in grösserer Anzahl auf dem rechten oder häufiger noch auf dem linken Oberarm, zuweilen auch auf beiden über dem Ellenbogen getragen.

Ausser diesen schmalen Ringen mit einem winkelförmigen Vorsprung kommt noch eine andere Art vor, die aber nur in Neu-Mecklenburg, in Port Sulphur und in Neu-Pommern erworben werden konnte. Es ist dies ein etwa 2 bis 4 Centimeter breiter weisser, aus Tridacna gigas gefertigter Ring, der in Neu-Hannover sehr selten war und hier eine Auszeichnung, vielleicht der Häuptlinge, zu sein schien. Wahrscheinlich deshalb auch sehr hoch geschätzt, gelang seine Erwerbung hier nicht.

Der gebräuchlichste *Ohrenschmuck*, wenn er als solcher angesehen werden darf und nicht nur ein Erweiterungsmittel für die durchlochten Ohrläppchen bildet, besteht in einem Bastband, welches in die Durchlochung des Ohrläppchens gelegt wird und durch einen kleinen Holzstift, der neben dem Ohrlappen durch die beiden Enden des Bastbandes gesteckt ist, in Spannung und dadurch festgehalten wird. Sie wurden sowohl von Männern wie von Frauen getragen.

Ein zweiter, sehr allgemeiner Ohrenschmuck ist wie folgt hergerichtet. Auf dem Rande des durchlochten Ohrläppchens sind kleine Ringe aufgereiht und an einigen derselben etwa 3 bis 4 Centimeter lange Perlschnürchen befestigt, die an ihrem unteren Ende meistens kleine unten abgeschliffene Muscheln, ähnlich wie sie an den Halsbändern vorkommen, tragen. Diese Ringe, welche aus Schildpatt zu bestehen schienen, sind mit einem zierlichen gezackten Rand und einem Einschnitt versehen, welcher letztere dazu dient, sie auf den nicht durchgeschnittenen Ohrrand zu klemmen.

Als Unicum wurde ein aus einem Haken bestehendes Ohrgehänge von Schildpatt gefunden, an welchem mehrere Perlschnürchen mit Muscheln, Haifisch- und anderen Zähnen befestigt waren.

Als *Nasenschmuck* werden nur geglättete Muschel- und Holzstäbchen in der Nasenscheidewand getragen, und zwar von Männern und Frauen; auf dem ersten Ankerplatz war diese Sitte nicht so gebräuchlich, wie auf dem zweiten. Der Nasenstab heisst muralling.

Ferner wurden als Schmuck getragen:

1. Geflochtene Bastringe, nur bei Männern und Knaben gesehen. Sie wurden entweder um die Hüften oder etwas oberhalb derselben auf den untersten Rippen, sowie seltener solche von geringerem Umfange oberhalb der Wade getragen.

2. Schwarze Schnüre, nur von Männern und stets um die Hüften getragen.

3. Fruchtkolbenketten, Schnüre mit aufgereihten bläulichen Fruchtkolben, welche in vielfachen Windungen sowohl von Männern als auch von Frauen getragen werden und bei letzteren zugleich als Halter der Schurze dienen.

4. Perlschnüre verschiedener Art, von ähnlichen, nur etwas grösseren Muschelperlen gebildet, wie die schon oben bei den Halsbändern erwähnten. Kürzere Schnüre wurden um den Hals, längere sowohl um den Hals, auf die Brust herunterhängend, als auch um die Hüften, und zwar fast immer nur in einer Windung getragen. Sie fanden sich bei Männern seltener als bei Frauen; letztere benutzten sie auch zugleich zur Befestigung des Schurzes. Diese Perlen wurden (ebenso wie die europäischen Glasperlen) samui genannt.

5. Eine etwa 15 Centimeter lange Schnur mit einem kleinen Haarbüschel am unteren Ende; sie wird bei männlichen Personen mit dem oberen Ende in das Kopfhaar eingedreht, so dass sie hinter dem Ohr herunterhängt.

6. Kurze Baststreifen wurden, allerdings nur selten, bindenartig um den Kopf getragen.

7. Federschmuck wurde vielfach im Haar des Hinterkopfes befestigt und scheint daher keine Auszeichnung zu bilden.

8. Grasbüschel. Dieselben waren meistens an den Armringen befestigt, wurden aber auch an anderen Gegenständen, besonders an den Booten gesehen; sie schienen mehr einem praktischen Zweck, als zum Schmuck zu dienen. Soviel aus den Pantomimen verstanden werden konnte, sind diese Büschel, mit dem Stiel in den Mund genommen, ein Zeichen der friedlichen Absicht des Trägers. Werden sie nicht dort getragen, resp. bei einer Begegnung nicht dorthin gesteckt, so verräth man feindselige Absichten. Solche Büschel wurden im nördlichen Theile von Neu-Mecklenburg zu demselben Zweck und ebenso getragen, in Port Sulphur wurden sie anstatt in den Mund, in das Haar gesteckt. Dass dies ein Zeichen friedlicher Absicht ist, konnte an letzterem Ort mit Sicherheit constatirt werden: die feindliche Gesinnung wurde auch hier durch das einfache Fehlen des Zeichens zu erkennen gegeben.

9. Muschelglocken, d. h. Muscheln, die zur Form einer Glocke bearbeitet sind und einen klingenden Ton geben, der an schlechte Glocken unserer Viehheerden entfernt erinnert. Dieselben werden aus Muschelgehäusen durch Abschleifen der oberen Windungen hergestellt. Entweder sind mehrere solcher Muschelgehäuse mit einander vereinigt, oder in das einzelne Gehäuse wird ein Zahn als Klöpfel gesetzt.

Mögen die Muschelglocken auch vielleicht zu den Musikinstrumenten gehören, so sind sie doch auch unter die Schmuckgegenstände zu zählen, da sie vielfach einzeln (die mit Klöpfel versehenen) oder zu zweien und dreien an den Armringen oder auch an einzelnen Perlschnüren um den Hals, zuweilen auch um die Hüften getragen wurden.

Vorübergehend dienten auch Blätter und Blumen, entweder in die Armringe oder die verschiedenen Umgürtungen geflochten, zum Schmücken des Körpers.

Als *Schmuck bei besonderen Gelegenheiten* dienen: 1. Verschiedene Arten grösserer Masken, die jedoch nicht über den Kopf gezogen — dazu ist die Oeffnung zu klein — sondern auf den Kopf gesetzt werden. Das Gesicht wird mit einem an den Masken befestigten Stück Baumfasertuch bedeckt. 2. Hohe Mützen aus Flechtwerk oder Netzwerk, welche dicht mit Federn besetzt sind. 3. Gebogene, etwa $^2/_3$ Meter lange, mit Federn bekleidete Ruthen, welche mit der Biegung im Mund getragen werden, so dass die beiden Enden an den Ohren hinauf über den Kopf hinwegragen. 4. Kleinere Masken verschiedener Art aus einem weichen weissen Holz, die mit der Hand vor das Gesicht gehalten werden und mit Einschnitten für die Augen versehen sind.

Alle diese Gegenstände werden bei Tänzen gebraucht.

Exped.SMS „Gazelle"

HAUS in NEU-HANNOVER

Die Anfertigung der Masken ist eine äusserst originelle, und auf dieselbe wird grosse Sorgfalt verwandt. Auffällig an den Masken ist besonders die vorstehende Nase, die übertriebene Ohrdurchbohrung und der Versuch, die verschiedenen Haartrachten darzustellen. Die Mittel dazu sind sehr geschickt aus Naturprodukten gewählt.

Häuser, Hausgeräthe und Dörfer. Die *Häuser* der Neu-Hannoveraner sind von rechteckigem Grundriss und von verschiedener Grösse, durchschnittlich etwa 4 Meter breit und 7 bis 10 Meter lang. Die Konstruktion der Wände ist eigenthümlich, und scheint mit derselben ein Nebenzweck verbunden zu sein, über welchen jedoch nicht volle Klarheit erlangt werden konnte. Die etwa 1²/₃ Meter hohen Längswände und meistens auch der untere Theil der Querwände bestehen nämlich aus aufeinander geschichteten, zwischen Pfähle gelagerten Holzscheiten. Dieselben lagen meistens sehr dicht aufeinander, waren aber an einigen Stellen nicht vollzählig; dies legte die Vermuthung nahe, dass die Wände zugleich als Brennholz-Reservoir dienen, und verbrauchte, trockene Scheite wieder durch neue aufgefüllt werden. Die Hausthür wird ebenfalls durch eine solche Wandabtheilung gebildet, ist aber gewöhnlich nicht ganz, sondern nur etwa zu zwei Drittheilen mit Holz ausgefüllt. Das giebelförmige Dach besteht aus einem Gerippe von Bambus und ist mit Palmblättern gedeckt, woraus auch die Querwände entweder ganz oder nur über einer etwa 1 Meter hohen Holzscheitwand bestehen. An einer, seltener an beiden Längsseiten schiesst das Dach über die eigentlichen Wände über und bildet, von Stützen getragen, eine Veranda oder Vorhalle. Dieselbe ist entweder offen oder etwa zur Hälfte zwischen den Dachstützen mit Palmblättern geschlossen; der Eingang zur Vorhalle befindet sich gewöhnlich an der Schmalseite und wird durch zwei kreuzweise übereinander gelegte Stützen geschlossen.

Neben diesen grösseren mit Giebeldach versehenen Häusern, welche hauptsächlich Familienwohnungen zu sein schienen, gab es noch kleinere Hütten von ovalem Querschnitt, welche eigentlich nur ein Dach bildeten, aus einem einfachen mit Palmblättern gedeckten Bambusgestell bestanden und mit einer in Bastangeln beweglichen Thür an der Giebelseite versehen waren, dem Anscheine nach Wohnungen für ledige männliche Personen.

Das Innere der Wohnungen, welches durch das in die Thür fallende Licht spärlich erleuchtet wird, ist fast ganz leer; Bambusgestelle oder ähnliche Vorrichtungen, welche als Schlafstellen dienen könnten, sind nicht vorhanden; hierzu scheinen Lager von Palmblättern zu dienen; einige Bastmatten, Lanzen, Keulen, Körbe und Fischnetze bilden den übrigen armseligen Hausrath.

Es ist immerhin wunderbar, dass die Eingeborenen bei ihrer manuellen Geschicklichkeit nicht mehr auf die Anfertigung eigentlichen *Hausraths* geben; es giebt an solchem eigentlich nur Körbe, von welchen zwei Arten vorkommen, ausser der gewöhnlichen Form, bellu genannt, noch eine kleinere mit Henkeln versehene Sorte.

Zum Aufbewahren von kleineren Gegenständen werden Bastmatten, ganz ähnlich den als Kopfbedeckung für die Frauen dienenden, nur von geringerem Umfange, gebraucht; um sie zu schliessen, werden sie einfach aufgerollt. Diese kleineren Matten wurden auch häufig auf Booten mitgeführt und hatten hier meistens ihren Platz in dem auf einem Träger des Auslegers befindlichen Rohrbügel, oder sie wurden zusammengewickelt von den Eingeborenen in der Achselhöhle getragen. An diese Tragart der Matten sind die Eingeborenen so gewöhnt, dass sie dabei doch beide Arme unbehindert zum Rudern gebrauchen können.

Von *Gefässen* oder dergl. fanden sich nur als Trinkgefässe oder als Wasserbehälter benutzte Kokosnüsse vor.

Die Lage und Anlage der *Dörfer* ist sehr verschieden; aus etwa 5 bis 10 Hütten bestehend, liegen sie zum Theil am Strande, zum Theil eine Strecke landeinwärts; ersteres ist das Häufigere.

Während bei der Anlage oft sichtlich auf eine Vertheidigung Bedacht genommen ist, und Vorkehrungen für solche getroffen sind, liegen andere Dörfer ganz offen, ohne jeglichen künstlichen oder natürlichen Schutz. Dergleichen Vertheidigungs-Vorkehrungen bestehen zunächst in einer geschlossenen Lage der Häuser, meistens um einen freien Platz gruppirt, ferner in einer sie umgebenden Verpallisadirung mit engen Eingängen, bei einem weiter landeinwärts gelegenen Dorfe wurde auch eine Art wirklicher Befestigung, d. h. ein durch Steinwälle geschützter Hügel, der wahrscheinlich im Falle der Noth als Reduit diente, gesehen.

Auffallend und sehr gegen das ziemlich schmutzige und verräucherte Innere der Hütten abstechend war die Reinlichkeit der Umgebung derselben. Der erwähnte freie Platz sowie die Zwischenräume zwischen den Hütten waren von Gras und Unterholz gesäubert und mit Sand bedeckt.

Hausthiere, Nahrungsmittel. Von *Hausthieren* wurden nur Hunde und Hühner, beide in sehr geringer Anzahl, sowie einige Schweine bemerkt. Die Hunde waren gelb und weiss, die Hühner glichen unseren gewöhnlichen europäischen.

Als *Nahrungsmittel* dienen den Eingeborenen in erster Reihe Kokosnüsse, deren Fleisch sie mit einem löffelartigen Knochen, der ausschliesslich zu diesem Zwecke gebraucht zu werden scheint, ausstechen.

Im Wasserhafen wurden eines Nachmittags, etwa um 5 Uhr, ungefähr 20 solcher Löffel, wie auf ein Kommando in Bewegung gesetzt; vielleicht ist diese Zeit die gebräuchliche Essenszeit. Die Einwohner, die vorher sehr tauschbegierig waren, liessen sich während ihres Mahls absolut nicht stören, sondern kamen dem abgegrenzten Tauschplatz erst wieder näher, nachdem sie ihre Kokosnuss verspeist hatten.

Die Kokosnüsse scheinen übrigens auch eine symbolische Bedeutung zu haben und das Anbieten derselben ein Zeichen von friedfertiger Gesinnung oder Gastfreundschaft zu sein. Nach unseren Begriffen würde die Art und Weise der Darbringung der Kokosnüsse sogar auf ein Zeichen der Unterwürfigkeit deuten, denn der Geber legte sie stillschweigend vor die Füsse der durch dieselben auszuzeichnenden Person und entfernte sich ebenso. Es geschah dies öfter beim Betreten eines Dorfes.

Weiter dienen zur Nahrung Taro, Yams, Bananen und Fische. Die beiden ersteren werden gedämpft, die Bananen roh und geröstet genossen; Fische, welche die See im Ueberfluss bietet, werden in Bananenblättern leicht geröstet.

Der bereits vorhandene Anbau von Vegetabilien sollte eine weitere Ausdehnung erfahren, und wurden grosse Strecken Landes im Zustande der Urbarmachung gesehen.

Das Zuckerrohr kam nur vereinzelt vor, doch schien auch sein Anbau in grösserem Maassstabe vorbereitet zu sein; für den Genuss wird es nicht weiter zubereitet, sondern einfach ausgesogen. Es schien übrigens ein sehr beliebtes Nahrungsmittel zu sein und wurde, meistens in Stücke von $^1/_3$ bis $^2/_3$ Meter geschnitten, fast immer in den Booten neben Kokosnüssen mitgeführt.

Ob und wie weit Landthiere zur Nahrung dienten, konnte nicht festgestellt werden.

Die Frage, ob die Neu-Hannoveraner Anthropophagen sind, musste unbeantwortet bleiben, da nichts gesehen oder gehört wurde, was dafür oder dagegen spräche. Ein einziger Vorfall, wo ein Eingeborener sich beifällig über einen kräftig gebauten Europäer äusserte, könnte zwar zu Gunsten der Anthropophagie gedeutet werden, aber hierfür als Motiv den Gedanken an den Geschmack unterzuschieben, dürfte nicht gerechtfertigt sein.

Was die *Getränke* anbelangt, so liefert ihnen wiederum die Kokosnuss das vorzüglichste und ausser dem Wasser vielleicht das einzige Genussmittel, wenigstens ist kein anderes gesehen worden. Zur Aufbewahrung des Wassers und zugleich als Trinkgefäss dienen die Schalen der Kokosnuss, in deren Oeffnung ein dütenförmig gedrehtes grünes Blatt als Mundstück gesteckt wird. Zum Trinken scheinen sie aber nur dann benutzt zu werden, wenn sie gleichzeitig als Aufbewahrungsbehälter dienen, wie z. B. in den Hütten und in den Booten. Sonst gingen die Eingeborenen, um zu trinken, so weit in den Fluss hinein, dass sie mit der herunterhängenden Hand das Wasser erreichen konnten, und schaufelten es, den Kopf ein wenig nach vorne geneigt, aber sonst vollkommen aufrecht stehend, mit der hohlen Hand in den Mund; schon nach der zweiten oder dritten derartigen Bewegung bildete sich ein beinahe ununterbrochener Strahl nach dem Munde. Die Mengen des oft brackigen Wassers, welches sie so auf einmal zu sich nahmen, waren recht bedeutend. Nach der Geschicklichkeit zu urtheilen, mit welcher sie die Art des Wassertrinkens ausführten, schien sie allgemein gebräuchlich zu sein.

Von Narkotika wurden nur Betelnüsse bemerkt, die auf die gewöhnliche Weise mit Kalk gekaut wurden; zur Aufbewahrung dienten kleine Basttaschen. Allgemein verbreitet war diese Sitte jedoch keineswegs, sie wurde, wie schon angedeutet, im Nordhafen nur ganz vereinzelt, häufiger dagegen schon im Wasserhafen beobachtet; es scheint, als ob sie von Norden nach Süden in Neu-Hannover und Neu-Mecklenburg zunimmt. Tabak war den Neu-Hannoveranern unbekannt.

Sociale und Familienverhältnisse. Ueber die socialen Verhältnisse ist wenig bekannt geworden. Die Bevölkerung zerfällt in zahlreiche einzelne Stämme, welche miteinander wenig verkehren, wie das bereits angeführte Beispiel der beiden am Wasserhafen lebenden, durch einen Fluss getrennten Stämme zeigt, und in öfterer Fehde mit einander leben, wofür die befestigte und versteckte Anlage vieler Dörfer, und das stete Führen von Waffen von Seiten der Mehrzahl der männlichen Bevölkerung, sowie zahlreiche von Speerwürfen herrührende Narben sprechen.

Ueber die Existenz von Häuptlingen wurde nichts Genaues in Erfahrung gebracht; im Wasserhafen übten einige Personen eine gewisse Autorität über die anderen aus, unterschieden sich aber sonst von den übrigen Eingeborenen nicht.

Was die Familienverhältnisse betrifft, so ist eine Art Ehe entschieden vorhanden, und zwar anscheinend Monogamie; auch schien die Frau ein gewisses Ansehen und eine Art Autorität zu haben.

Beschäftigung, Kunstfertigkeit, Werkzeuge. Die Beschäftigung der Neu-Hannoveraner erstreckt sich auf Ackerbau, Fischfang, Boots- und Häuserbau, Anfertigung von Waffen, Geräthschaften und Schmuckgegenständen. In Anbetracht ihrer primitiven Werkzeuge zeigen sie bei Anfertigung dieser verschiedenen Industrieartikel eine grosse Geschicklichkeit und Ausdauer, und steht ihre Kunstfertigkeit auf verhältnissmässig hoher Stufe, doch wendet sich dieselbe mehr der phantastischen Seite als den Gegenständen des praktischen Lebens zu. Hauptsächlich findet sie ihren Ausdruck in der Anfertigung der Masken, welche schon oben besprochen sind, und grösserer Schnitzwerke (Taf. 37 Fig. 1, 5, 6), von denen einige zur Verzierung von Bootstheilen dienen, während die meisten wohl einem religiösen Zweck ihren Ursprung verdanken.

An diesen Schnitzwerken ist vor allen Dingen, ganz abgesehen von der technischen Ausführung, die Komposition zu bewundern; erst nach längerem Anschauen findet man aus den verschiedenen Windungen und anscheinenden Schnörkeln eine arabeskenhafte Verschlingung verschiedener Thiere heraus. Besonders beliebt sind Vögel, Fische, Delphine und eine Art Krokodil.

Die Schnitzereien sind aus einem Stück Holz gefertigt, und die technische Ausführung ist um so staunenswerther, als nur ganz rohe Werkzeuge dazu benutzt werden; gehoben werden diese Arbeiten

28*

öfters noch durch Malerei mit weisser, schwarzer, blauer und rother Farbe. Auffällig ist, dass für Schwarz und Blau nur ein sprachlicher Ausdruck (miting) existirt, obwohl beide Farben, Tiefschwarz und ziemlich helles Blau, an einem Schnitzwerk vorkommen, und daher mangelnder Farbensinn nicht anzunehmen ist.

Von solchen Schnitzwerken wurden für die Sammlung, welche ebenfalls wie die anderen von S. M. S. „Gazelle" mitgebrachten ethnographischen Gegenstände im Königlichen Museum für Völkerkunde zu Berlin aufgestellt ist, erworben:

1. Ein Vogelkopf, der vom Schnabel eines Bootes, dem er als Verzierung diente, abgesägt wurde. Diese Bootsschnabel-Verzierung war bei der Art von Booten, von welcher das in der Sammlung vorhandene den Typus darstellt, nicht besonders angesetzt, sondern mit dem Bootsschnabel aus einem Stück Holz gearbeitet. Vogelköpfe und guirlandenartige, durchbrochene Verzierungen, oft mit Perlschnüren besetzt, bilden den beliebtesten Zierrath. Für Boote, welche nicht aus einem Stamme bestehen, sondern aus mehreren Stücken zusammengesetzt und wahrscheinlich Kriegskanoes sind, werden besondere Verzierungen angesetzt. Dieselben sind, den Verhältnissen der Boote angemessen, grösser; von solchen wurden für die Sammlung erworben:

2. Bunte Stücke, welche direkt von einem Boot in den Besitz der „Gazelle" gelangten.

3. Braune Stücke, welche anscheinend ebenfalls Bootsschnäbel bilden.

4. Schildartige, längliche Bretter, deren eine Seite mit Malerei und Muscheln verziert war. Sie sollen nach später eingezogenen Erkundigungen als Bootsplanke benutzt werden, vielleicht bilden sie eine Erhöhung der eigentlichen Seitenplanken.

5. Eine Art Stütze für die Ausleger der Boote, dem Anscheine nach Vogelköpfe darstellend.

6. Eine Ducht (Sitzbank) aus einem grösseren zusammengesetzten Boot.

Mit Ausnahme der unter 4. aufgeführten Bretter wurde Alles an den grossen Kanoes gesehen.

An Häusern oder anderen Gegenständen sind derartige Schnitzwerke nicht bemerkt worden.

Die *Geräthe* oder *Werkzeuge* der Eingeborenen zum Bootsbau, Häuserbau, zur Anfertigung der Schnitzwerke, der Waffen u. a. sind wenig mannigfaltig. Steine und Muscheln liefern hauptsächlich das Material dazu.

Von Steinwerkzeugen sind gesehen und erworben:

1. Ein Beil, in zwei verschiedenen Formen; die Schneide wird entweder durch einen breiteren zugeschärften oder durch einen runden, mit einer Aushöhlung versehenen Stein gebildet; beide Arten Steinschneiden sind mit Bast an einer knieförmigen Handhabe befestigt. 2. Dieselben Steine kommen auch ohne Handhabe vor und dienen dann als eine Art Stemmeisen. 3. Muscheln oder Muschelstücke waren zu ähnlichen Werkzeugen verwandt und kamen in derselben Form vor wie die Steine, hatten nur eine etwas abweichend geformte Schneide, die vielfach an einem geraden Stiel befestigt wurde, wie sie bei den Steinschneiden nie gesehen sind.

Ganz roh dient als Werkzeug, besonders zum Schneiden und Schaben, die Cyrena; dieselbe kam meistens in grösseren Packeten, auf eine Schnur gereiht, vor und schien Handels- oder Tauschartikel zwischen den Eingeborenen zu sein, da sie als Flussmuschel wahrscheinlich nicht überall vorkommt. Zu einem ähnlichen Zweck wurden auch gewöhnliche Perlmuscheln benutzt.

Ob auch die in die Sammlung aufgenommenen Knochengeräthe verschiedener Art, sowie die Schildpatt-Messer (Schildpatt „romon") als Holzbearbeitungs-Werkzeuge benutzt werden (ein noch mit Fasern, vielleicht zum Schutze der inneren Handfläche bewickelter Knochen liess darauf schliessen), oder ob die ersteren nur zum Ausstechen des Kerns der Kokosnuss dienen, konnte nicht in Erfahrung gebracht werden.

Ein feilenartiges Geräth, ein mit Fischhaut überzogenes Stück Holz, wurde ein einziges Mal gesehen, aber nicht erworben.

Von europäischen Werkzeugen war in Neu-Hannover so gut wie gar nichts vorhanden; nur einige wenige Beile, d. h. scharfe Stücke Eisen, an knieförmigen Handhaben befestigt, ganz wie die oben erwähnten Steinbeile, wurden gesehen, welche wahrscheinlich auf Umwegen in die Hände der Eingeborenen gelangt sind.

Die **Boote** Neu-Hannovers sind kleine, 3 bis 6 Personen fassende Kanoes mit *einem* Ausleger und im Allgemeinen nach demselben Modell gearbeitet. Sie differiren nur in der Länge und den Endverzierungen von einander. Entweder ist an beiden Enden eine Verzierung angebracht, oder nur an einem, häufig sogar fehlt sie ganz. Wird das Ende nicht durch eine Verzierung abgeschlossen, so läuft es gewöhnlich spitz zu. Von besonderer Bedeutung ist diese Verschiedenheit wohl nicht, sondern hängt von dem Geschmack und vielleicht auch von dem Fleiss des Eigenthümers ab. In der Art der Verzierung ist ferner noch insofern ein Unterschied, als sie oft an einem Ende kleiner als an dem anderen ist, und entweder aus einem durchbrochenen Muster oder aus einem Vogelkopf besteht; letzteres schien das Beliebteste zu sein. Ueber das Beiwerk auf den Auslegerträgern ist nichts weiter beobachtet worden, als dass es vielleicht traditioneller Schmuck ist, einen praktischen Zweck haben nur zwei Gestelle von Rohrbügeln, von denen das grössere zur Aufnahme der schon öfters erwähnten kleinen Basttasche dient, das kleinere zur Aufbewahrung einer Pandanusfrucht, aus welcher durch Entfernung eines Theils der Umhüllung eine Art Pinsel gebildet ist. Dieser Pinsel dient wie die ganz ähnlichen Quaste in unseren Booten zum Reinigen derselben.

Der Bau der Boote kann bei dem dazu benutzten sehr weichen Holze nicht allzu mühsam sein. Das Aushöhlen der Fahrzeuge wird allerdings etwas durch die stehenbleibenden, oben überfallenden Seitenwände erschwert, welche das Eindringen des Wassers erschweren sollen, aber das Sitzen für die Insassen des Bootes sehr unbequem machen.

Kriegskanoes — als solche sind sie wenigstens angesehen — sind, so viel beobachtet werden konnte, ähnlich, wenn auch nicht so dauerhaft, wie die gewöhnlichen Boote im Mac Cluer-Golf gebaut, d. h. sie bestehen aus einem ausgehöhlten Baumstamm mit aufgesetzten Planken. Das Holz, aus welchem diese Kanoes gefertigt, schien auch härter und stärker zu sein, als das Material der gewöhnlichen Boote. Das Beiwerk auf den Ausleger-Trägern fiel weg. Emporgezogene Schnäbel hatten sie nicht, sondern geschnitzte Verzierungen, von denen sich die Eingeborenen nicht gern zu trennen schienen, und die sie auch meistens, wohl zum Schutz für die Farbe, mit Bast umwickelt hatten. Die Planken wurden hauptsächlich durch Querbänke, welche über die Oberkante der Planken fielen, festgehalten, die Nähte zwischen den Planken waren mit Harz verschmiert. Im Bau begriffene Boote wurden nirgends gesehen.

Die Fortbewegung der Boote geschieht mittelst kurzer Ruder und ist bei einiger Anstrengung der Ruderer eine ziemlich schnelle; auf flachem Wasser werden zuweilen auch Stangen zum Fortschieben benutzt. Segel wurden nicht gesehen. Die gewöhnlichen Boote waren meistens mit weisser Farbe, wahrscheinlich Muschelkalk, leicht angestrichen; ob zur besseren Erhaltung oder um den Booten eine gewisse fettige Oberfläche zu geben, ist ungewiss. Der Auslegerbaum wird zuweilen, jedenfalls zur Konservirung, etwas angekohlt.

Beide Bootsarten besitzen eine grosse Stabilität.

Waffen. Von Waffen sind nur offensive, keine defensiven gesehen. Sie bestehen in Lanzen und Keulen. Bogen und Pfeile giebt es in Neu-Hannover nicht, sind auch den Eingeborenen nicht bekannt. Schleudern sind nicht bemerkt worden, würden aber sicher zum Tausch gebracht sein, wenn sie gebräuchlich wären. Andererseits genirten sich die Eingeborenen nicht, einfach mit Steinen, welche sie am Strande auflasen, zu werfen, und bewiesen dabei eine Geschicklichkeit, die auf die Gebräuchlichkeit dieser Kampfweise schliessen liess.

Die *Lanzen* bestehen fast immer aus einem Bambusschaft mit eingesteckter und durch umgewickelten Bast befestigter Spitze. Der Bambusschaft ist mit arabeskenartigen Linien, die in ihrer Anordnung sehr verschieden sind, aber doch immer einige Muster erkennen lassen, verziert. Diese Linien sind eingeritzt und die Ritzen mit Farbstoff ausgeschmiert.

Im Werfen der Lanzen besassen die Eingeborenen eine ziemlich grosse Geschicklichkeit; auffallend war hierbei die vibrirende Bewegung des Handgelenks, welche auch dem Speer mitgetheilt und von diesem bis zur Mitte des absteigenden Astes beibehalten wurde. Es gehört zur Erzielung dieser eigenthümlichen Bewegung, welche man am Handgelenk des Werfenden kaum bemerkt, neben grosser Uebung auch eine kräftige Gelenkmuskulatur, wie sie die Eingeborenen besitzen.

Im Wasserhafen wurde eine Lanzenart gesehen, welche als Spitze einen Knochen trug und mit rother, weisser und schwarzer Farbe bemalt war.

Die *Keulen* sind entweder rund oder flach. Die runden (obidb) sind aus einem schwarzen, schweren Holz gefertigt, polirt und an ihrem Kopf mit eingeschnittenen Verzierungen versehen, in welche weisser Kalk eingeschmiert zu sein scheint; an dem anderen Ende dient als Handgriff meistens eine einfache Verdickung der sich nach derselben hin etwas verjüngenden Keule (Tafel 37 Fig. 2).

Die flachen Keulen bestehen aus einem bräunlichen, ebenfalls schweren Holz und haben etwa die Form eines Löffelstiels; die unteren Kanten sind jedoch ganz viereckig und scharf an den Längsseiten, während sich das viereckige Schneidenstück nach der Mitte zu etwas wölbt. Das obere Ende des Keulenstiels ist um ein Geringes breiter als der übrige Theil und etwa so weit, als man es mit der Hand umfasst, mit einem Faserflechtwerk umgeben, wahrscheinlich um diesen Theil etwas rauher und geeigneter zum Festhalten zu machen.

Meistens sind die oberen Ecken, zuweilen auch das untere Ende des Griffes mit einem schmalen Schnurpuschel geziert.

Die Verhältnisse dieser flachen Keule, d. h. die Länge des Stiels zum Schneidenstück, sowie die Breite des letzteren sind in Neu-Hannover immer dieselben, während später in Neu-Mecklenburg darin eine grosse Verschiedenheit gefunden wurde.

Ausser diesen Waffen kam hin und wieder noch eine andere vor, welche Lanze, Schwert und Keule gleichzeitig zu sein schien. Ein längerer, schwarzer Holzstab von verschiedenem Querschnitt, rechteckig oder oval, war einfach zugespitzt und mit einem Handgriff versehen, wie ihn die flachen Keulen haben.

Zu Allarmsignalen wurde auch hier, wie in Neu-Guinea, das *Muschelhorn* benutzt.

Fischerei-Geräthe. Zur Fischerei wurden Speere und Netze gebraucht. Die Speere sind entweder einfach zugespitzte, ziemlich kurze Stäbe, oder längere Schäfte, an denen Holzbüschelspitzen mit Bast befestigt sind, ähnlich den in Neu-Guinea gebräuchlichen.

Die Netze haben rechteckige oder quadratische Form und sind mit Schnüren versehen, oder sie sind länger, ziemlich schmal und tragen Steine und Schwimmklötze.

Der Gebrauch der ersteren ist nicht beobachtet, die letzteren werden in flachem Wasser über den Grund gezogen, nachdem sie einige Zeit mit Hülfe der Klötze ausgespannt gewesen sind. Von diesen Netzarten wurden verschiedene Exemplare erworben; ebenso ein Packet neuer Netzklötze und das Material, aus dem die Netze und wahrscheinlich auch die Schnüre angefertigt werden.

Die **Musikinstrumente** Neu-Hannovers bestehen in Maultrommeln, Pansflöten und Trommeln. Die *Maultrommeln* sind aus Bambus und haben etwa die Form von gewöhnlichen, mit einer Zunge versehenen Bücher-Lesezeichen; sie sind etwas gewölbt und haben auf der platten äusseren Seite meistens eingeritzte Verzierungen; an der Spitze ist eine Schnur von Kokosnussfasern befestigt. Beim Spielen wird die platte Seite nach aussen, die stumpfe Seite nach rechts genommen, mit der linken Hand das Instrument vor den Mund gehalten und mit der rechten die Schnur gefasst und auf der Zunge des Instruments hin und her bewegt. Es entsteht so ein schnarrender Ton, ganz ähnlich dem unserer Stahlmaultrommeln.

Die *Pansflöten* haben verschiedene Grösse und eine verschiedene Anzahl von Röhren.

Trommeln wurden in zwei Grössen gesehen. Kleine Trommeln von Bambus sind etwa $\frac{1}{2}$ Meter hoch, haben einen schmalen Schlitz in der Längsrichtung und werden mit kleinen Bambusstäbchen oder mit etwa 1 Meter langen Stäben aus spanischem Rohr geschlagen. Letztere werden beim Trommeln senkrecht gehalten, wobei das knopfförmig zugeschnittene Ende nach oben gerichtet ist.

Eine grössere Trommel von ähnlicher Form, 80 Centimeter hoch und 120 Centimeter breit, aus einem Stück Baumstamm ausgehöhlt, befand sich auf dem freien, von Hütten umgebenen Platz in dem besuchten Dorfe am Nordhafen. Diese Trommel war täglich bis spät Abends in Thätigkeit.

Kapitel XII.

Neu-Mecklenburg.

Der Gazelle-Kanal. Holzhafen. Byron- und Steffen-Strasse. Ethnologische Beobachtungen. Fahrt von Holzhafen nach Katharinen-Hafen. Katharinen-Hafen. Sulphur- und Carteret-Hafen. Resultate der hydrographischen Beobachtungen und Küstenbeschreibung von Neu-Mecklenburg. Geologische und zoologische Beobachtungen.

Nachdem im Wasserhafen nach fast fünftägiger unausgesetzter Arbeit der ganzen Besatzung eine für ca. vierundzwanzigstündiges Dampfen reichende Quantität Holz an Bord genommen und das Wasser aufgefüllt war, wurde der Abgang des Schiffes für den Nachmittag des 26. Juli festgesetzt; durch den oben geschilderten Zwischenfall, welcher die Ausschiffung eines Landungsdetachements nothwendig machte, verzögerte sich derselbe jedoch bis Nachts um 11 Uhr.

Um keine Stunde unnöthig zu versäumen, und weil Nachts häufig etwas günstige Landbriese einzusetzen pflegte, während am Tage meistens für die Fortsetzung der Reise konträrer Wind herrschte, wurde der Hafen trotz der Dunkelheit verlassen und die Eingangsriffe durch bei denselben mit Laternen postirte Boote vermieden. Der nächste Ankerplatz sollte in der Nähe der die Inseln Neu-Hannover und Neu-Mecklenburg trennenden Byron-Strasse genommen werden, um diese noch ganz unbekannte und bisher für unbeschiffbar gehaltene Strasse, sowie den zwischen Neu-Mecklenburg und der Insel Sandwich gebildeten Kanal etwas näher zu untersuchen.

Nachdem am 28. Juli in 3° 7,5′ S-Br und 150° 22,0′ O-Lg (Station 111) Tiefseeforschungen angestellt waren, wobei eine Tiefe von 2597 Meter gelothet wurde, erreichte die „Gazelle" am folgenden Tage den letztgenannten Kanal, welcher in der Folge den Namen „**Gazelle-Kanal**" erhielt

lief dicht unter der Küste Neu-Mecklenburgs entlang und entsandte in die verschiedenen dort befindlichen Einbuchtungen Boote zum Aufsuchen eines Ankerplatzes, die jedoch wegen zu grosser Wassertiefen ohne Erfolg zurückkehrten. Von Schiff aus wurde mit 320 Meter Leine eine Schiffslänge von
der Küste kein Grund erreicht. Die Nacht hindurch wurde trotz Gegenstromes in dem wahrscheinlich
noch nicht befahrenen Gazelle-Kanal mit gutem Erfolge aufgekreuzt und am nächsten Morgen das
Auslothen von Buchten zur Auffindung eines Ankerplatzes fortgesetzt. Derselbe wurde endlich in
einer sehr kleinen der Ostseite der Insel Sandwich gegenüberliegenden Bucht gefunden, und lief die
„Gazelle" unter Segel in dieselbe ein. Die Bucht war von niedrigem und sumpfigem, dicht mit Mangrovebäumen bestandenem Strande eingeschlossen, welche letzteren ein Eindringen in das Innere unmöglich machten, bildete aber einen guten und sicheren Hafen, da von der offenen Seite her die Insel
Sandwich Schutz gewährt. An einer Stelle war ein Bestand von Kokospalmen und darunter niedrige
Holzgerüste oder niedrige Dächer aus Palmblättern errichtet. Im Sande lagen zahlreiche Muschelschalen und Knochen von Schweinen, später fanden sich auch Menschenschädel daselbst. Es war ein
Begräbnissplatz, auf dem die Reste der Leichenmahle herumlagen. Da die Bucht sich in Folge zahlreicher dort vorkommender abgestorbener Mangrovebäume, die ein sehr gutes Brennholz liefern, gut
zum Holznehmen eignet, so wurde sie „Holzhafen" benannt. Trinkbares Wasser war hier und in der
nächsten Umgebung nicht vorhanden. Bei einer in östlicher Richtung unternommenen Bootsfahrt
wurde ca. sechs Seemeilen vom Holzhafen eine andere kleine zum Ankern geeignete Bucht gefunden,
wo ein in dieselbe mündender Bach trinkbares Wasser lieferte. Hier hielt sich ein Trupp Eingeborener
auf, der bei einem kleinen, am Strande stehenden schuppenartigen Gebäude als Wachtposten stationirt
schien. Als sie die Absicht der Offiziere, den dahinter liegenden Gebirgskamm zu ersteigen, merkten,
erbot sich einer derselben als Führer und brachte sie bald auf einen breiten schön ausgetretenen
Pfad, der ins Innere führte. Der Weg zog sich zuerst über ebenes Land, dessen Boden aus jungem
gehobenem Korallenkalk bestand, dann stieg er rasch an. Nach einer Stunde Steigens suchten die
Eingeborenen mit allen möglichen Zeichen die Offiziere vom Weitergehen abzuhalten, was ihnen jedoch
nicht gelang. Nachdem noch eine steile Böschung erstiegen war, breitete sich ein ebenes, nach allen
Seiten schroff abfallendes Plateau aus, auf dem ein Dorf lag. Dasselbe bestand aus etwa zehn Hütten,
welche in ähnlichem Stil wie diejenigen auf Neu-Hannover, aber etwas sorgfältiger, gebaut waren und
einen vollkommen ebenen, mit festgetretenem Lehm bedeckten, sich durch Reinlichkeit auszeichnenden
Platz umgaben. Wir kommen auf dieses Dorf später wieder zurück, die Bucht, an welcher dasselbe
lag, wurde „Dorfhafen" genannt.

Zum Vermessen wurde ein Boot unter dem Navigationsoffizier, Kapitänlieutenant Jeschke,
nach der Byron-Strasse geschickt, ein anderes mit Unterlieutenant zur See Credner nach der Küste
östlich und ein drittes unter dem Obersteuermann Taube nach den benachbarten Buchten westlich
detachirt, während vom Schiff Pegelbeobachtungen angestellt und mit allen Kräften Bäume gefällt und
Holz eingenommen wurde.

Das nach der 20 Seemeilen entfernten Byron-Strasse entsendete Boot kehrte früher, als
erwartet, zurück, und zwar in Folge des feindseligen Verhaltens Seitens einer Menge Kanoes in der
Strasse. Ohne irgend eine Veranlassung wurden nämlich demselben von einer Anzahl Boote in der
Nähe eines Dorfes Wurfspeere nachgesandt, von denen einer dem Bootssteurer durch den Oberarm
ging. Der kommandirende Offizier sah sich deshalb veranlasst, zu feuern und ein paar der Eingeborenen niederzustrecken, wodurch dieselben sich zurückzogen. In Folge des bei dem Bootssteurer
eintretenden Wundfiebers kehrte das Boot jedoch zur Erlangung ärztlicher Hülfe an Bord zurück, nach-

dem der Hauptzweck der Entsendung erfüllt war, da eine schiffbare Passage durch die Strasse gefunden, und die dort existirenden Inseln grossentheils festgelegt waren.

Die **Byron-Strasse** wird durch die ziemlich langgestreckte flache Mausoleums-Insel, welche einen einer Pyramide mit abgeschnittener Spitze oder einem Walle mit schrägen Seiten gleichenden Hügel trägt, in zwei Arme getheilt, von denen nur der östliche untersucht und nach dem dort verwundeten Bootssteurer **Steffen-Strasse** genannt worden ist. Beim Passiren der Strasse durch die „Gazelle" war vom Topp des Mastes aus übrigens nur diese östliche Strasse frei zu sehen, während die westliche durch niedriges Land geschlossen erschien. Die Steffen-Strasse verbindet die beiden Meerestheile nördlich und südlich der Inselgruppe Neu-Hannover und Neu-Mecklenburg, in einer Breite von ein bis zwei Seemeilen fast in gerader Richtung von Süd nach Nord verlaufend. Sie ist von beiden Seiten durch Riffe begrenzt, von denen das westliche die Mausoleums-Insel und einige östlich davon gelegene kleinere Inseln, das östliche die Westküste von Neu-Mecklenburg und ebenfalls mehrere kleinere Inseln umschliesst. Die südliche Einfahrt in die Strasse liegt mitten zwischen der Mausoleums-Insel und der niedrigen mit einem Riff umgebenen Westspitze von Neu-Mecklenburg, dem Kap Jeschke, und ist daher leicht zu finden. In der Strasse wurde nirgends mit 38 bis 56 Meter Leine Grund gelothet.

Das zweite nach Osten entsendete Boot war auch nicht unbelästigt geblieben, sondern ebenfalls durch Speerwürfe angegriffen, hatte aber dann die Eingeborenen durch einen Schuss, auf welchen einer derselben fiel, zurückgeschreckt.

Ethnologische Beobachtungen. Im Uebrigen sind die Bewohner des nördlichen Theiles von Neu-Mecklenburg denjenigen von Neu-Hannover sehr ähnlich, nur körperlich stehen sie etwas hinter denselben zurück. Dafür zeichneten sie sich aber durch grosse Frechheit im Stehlen, durch Belästigung und Bedrohung einzelner Personen, durch Hinterlist und unvermutheten Angriff nach friedlichem Verkehr aus, ihren Nachbarn im südlichen Neu-Hannover hierin jedenfalls nichts nachgebend. Ihr Wesen war scheu, und Habgier schien eine Haupteigenschaft ihres Charakters zu sein. Für den Verkehr unter sich schien der Hafen, in welchem das Schiff lag, ein neutraler Boden zu sein.

Die Tracht, Sitten und sonstigen Lebensverhältnisse weichen nur in Wenigem von denen der Neu-Hannoveraner ab. Kleidungsstücke, Schmuckgegenstände, Bemalung des Körpers, Bemalung und Tracht der Haare waren dieselben wie dort. Von Armbändern wurden hier mehrfach 2 bis 3 cm breite aus Tridacna gigas gefertigte gesehen, mit denen eine Auszeichnung verbunden zu sein schien. An Ohrenschmuck wurden Schilfringe und gezackte Schildpattringe getragen, Nasenschmuck wurde nicht gesehen, wohl aber die Durchlochung der Nasenscheidewand; auch war hier die Entstellung der Zähne durch Betelkauen allgemeiner verbreitet als in Neu-Hannover. Als besonderer Schmuck kam ein Vogelkopf vor, welcher beim Tanzen im Mund getragen wurde. An Musikinstrumenten gab es ebenfalls Pansflöten, Maultrommeln und Trommeln, an Waffen auch nur Lanzen und Keulen, und unterschieden sich dieselben wie die Fischspeere nur in einzelnen Kleinigkeiten von denen Neu-Hannovers. Werkzeuge wurden wenig gesehen; ausser einem Steinbeil stammt noch ein ähnliches Instrument mit Eisenschneide aus dem Gazelle-Kanal. Ein solches Eisen-Instrument wurde bereits auf den Anachoreten, sowie zuweilen in Neu-Hannover und später wieder im mittleren Theile Neu-Mecklenburgs gefunden; die Schneiden sind fast überall gleich und scheinen aus einer Quelle zu stammen. Die Nahrungsmittel und Getränke waren dieselben wie in Neu-Hannover; das Zuckerrohr wurde in etwas anderer Form wie dort genossen, ganz ähnlich wie am Mac Cluer-Golf, indem das Mark an einem mit kurzen Stacheln besetzten Stock abgerieben wurde, während es die Neu-Hannoveraner aussaugten. Der Genuss des Betels, welcher hier, wie schon angeführt, allgemeiner verbreitet ist und überhaupt vom Norden nach dem Süden zunimmt, geschieht wie überall mit Kalk, der gewöhnlich in besonderen Gefässen aufbewahrt und mitgeführt wird. Es darf hier nicht unerwähnt bleiben, dass bei einem Eingeborenen das Essen von Erde gesehen wurde, doch scheint hieraus noch nicht ohne Weiteres der Schluss gezogen werden zu dürfen, dass dieser Genuss allgemein gebräuchlich ist. Um solchem Schlusse vorzubeugen, wird es nothwendig sein, den Vorfall etwas näher zu beleuchten. Ein Eingeborener, welcher einen Klumpen gelblicher Erde in der Hand hatte, von dem er eben gegessen zu haben *schien*, wurde pantomimisch befragt, ob er davon ässe und ob die Erde zum Essen gebraucht würde; er bejahte dies und bekräftigte es durch Abbeissen eines Stückes Erde. Wenn die Thatsache des Erde-Essens in diesem einzelnen Falle nicht abzuleugnen ist, so ist doch bei der mangelhaften Verständigung, welche durch die Zeichensprache erzielt werden konnte, grosse Vorsicht geboten, um hieraus weitere Schlüsse zu ziehen. Ob das hier wie in Neu-Hannover als Zeichen der Bejahung ausgemachte Erheben des Kopfes stets diese Bedeutung hat und demselben nicht zuweilen ein anderer Sinn beizulegen ist, ist jedenfalls zweifelhaft; für die Verneinung wurde überhaupt kein Zeichen gefunden. Ferner ist es weder ausgemacht, dass der Eingeborene die Erde zum Zweck des Essens in der Hand gehabt hat, noch dass er die an ihn gerichtete Frage richtig verstanden hat. Es ist z. B. leicht möglich, dass er in Erwartung eines Geschenkes dafür oder in dem Glauben, dass die Erde von den Fremden zum Essen benutzt würde, in dieselbe hineingebissen hat. Von der Erde wurde eine Quantität für die Sammlung entnommen.

Die *Häuser* der Neu-Mecklenburger unterscheiden sich im Princip nicht von denen ihrer nördlichen Nachbarn; sie sind von rechteckigem Grundriss, das etwas gebogene Dach ragt etwas über die Seitenwände vor, im Verein mit unter demselben angebrachten Stützen eine Veranda bildend, und ihre Grösse schwankte hier in denselben Grenzen wie dort. Abweichend ist die Bauart der Hüttenwände; dieselben bestehen hier aus senkrecht stehenden Stäben von Bambus oder dergleichen, die durch Horizontal-Latten gehalten werden und öfters noch mit Kokosnusspalm-Blättern durchflochten sind. Die Thür besteht ebenfalls aus einem mit Palmblättern durchflochtenen Gestell von Stäben und befindet sich meistens in der Mitte der Längswand, seltener nach einer Ecke zu.

Auf den in der Nähe des Ankerplatzes, jedoch vom Dorfe entfernt unter Bäumen gefundenen Gräbern befanden sich ausser den schon oben angeführten Gegenständen einige in Bananenblätter eingewickelte Sagokuchen (?); dieselben hatten die Form eines Cylinderabschnittes mit aufgesetzter Halbkugel; der Durchmesser des Cylinders betrug 25 Centimeter, die ganze Höhe des Kuchens 32 Centimeter. Dieselben konnten wegen der vielen in ihnen enthaltenen Würmer nicht konservirt werden. Die Substanz, aus welcher diese Kuchen bestanden, wurde sonst nirgends gefunden, sie wurde für Sago gehalten, obgleich keine Sagopalmen gesehen sind.

Südlich von dem Holzhafen zeigte sich eine gewisse Veränderung in der Bevölkerung und deren Kulturzustand.

Die Eingeborenen, welche aus dem daselbst besuchten Dorfe stammten, fielen durch ihr besseres Aussehen und ihren kräftigeren Bau auf. Die Häuser jenes Dorfes zeichneten sich durch sorgfältigere Ausführung der einzelnen Theile aus, während sie im Princip von der gewöhnlichen Bauart nicht abwichen. Die eine Seite des rechteckigen Platzes, um welchen die Häuser gruppirt waren, war durch eine kleine Anhöhe begrenzt, und auf dieser stand ein tempelartiges Gebäude. Auf 6 etwa 2 Meter hohen Pfählen ruhte eine Hütte, die, mit rundem Dach gedeckt, auf allen Seiten mit Ausnahme der vorderen geschlossen war. Auf dem Boden dieser Hütte standen bisher noch nicht gesehene Schnitzwerke. Sie waren ungefähr einen Meter hoch, zum Theil ganz flach, von länglicher Form und mit einer Art Fuss versehen, mit welchem sie durch Löcher im Boden des tempelartigen Gebäudes gesteckt

1. Maske (helmartig) aus weichem Holz, Baumbast, Pflanzenmark u. a., 32 cm hoch, oben 54 cm breit.

2. Schnitzwerk aus weichem Holz, ein Vogel mit einem Kern im Schnabel, sitzt mit ausgebreiteten Flügeln auf einem halbmondförmigen Ornament; Breite 78 cm.

3. Flache Maske aus weichem Holz, 24 cm hoch, 13 cm breit.

4. Helmartige Maske aus weichem Holz, die Haare sind aus Pflanzenmark, 31 cm hoch, 20 cm breit.

5. Helmartige Maske aus weichem Holz mit Haaren aus Pflanzenmark, grossen Schmetterlingsflügeln aus Bast und an den Wangen angesetzten Seitenstücken aus weichem, leichtem Holz, worauf Fische in ornamentirten Linien abgebildet sind; 95 cm breit.

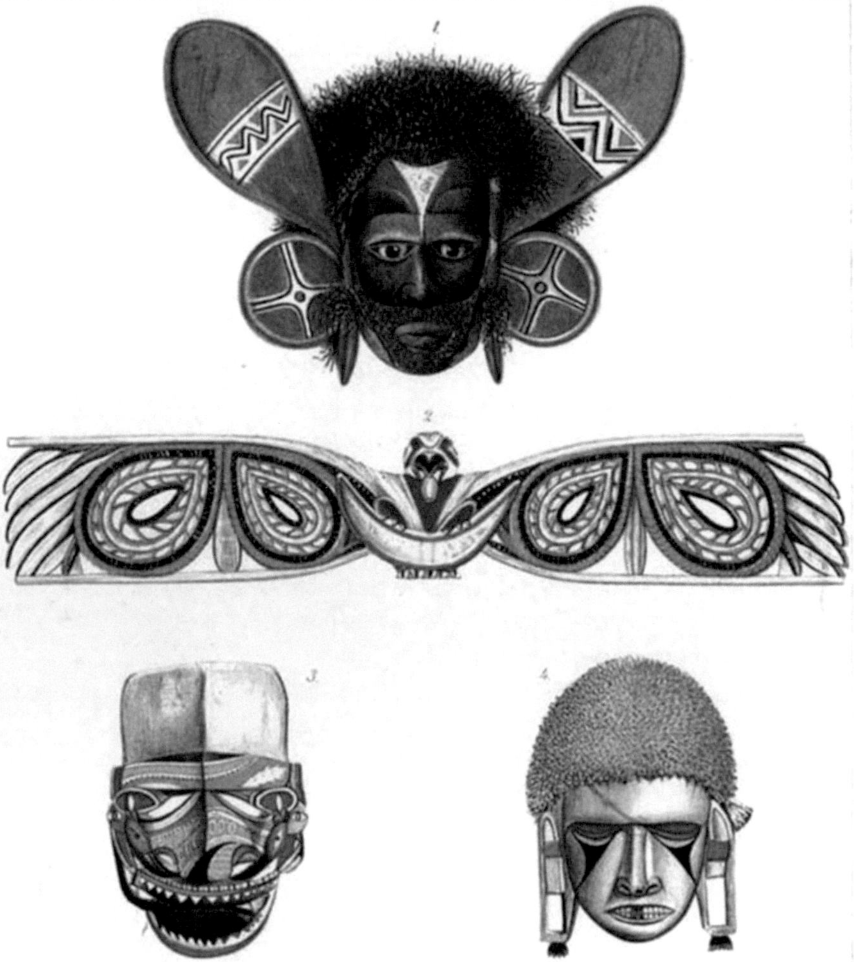

waren. Hinter und zwischen diesen Schnitzwerken standen und lagen Masken von der Form, wie sie in Neu-Hannover am gewöhnlichsten waren, helmartig und mit Haaren von Pflanzenfasern versehen (Tafel 39). Auf einem Pfosten der Hütte befand sich ein Menschenschädel mit augenscheinlich eingeschlagener Hirnschale. An die hinteren Pfosten der Hütte schloss sich ein von Pfählen gebildeter Gang an, der, ebenfalls ungefähr 2 Meter hoch, an seinem Ende durch ein kleines Haus mit giebelförmigem Dach begrenzt war. Gang und Hütte waren dicht verschlossen bis auf einen schmalen Eingang zu ersterem. Links von diesem ganzen Bau stand eine etwa 2 Meter lange, auf niedrigen Bambuspfählen ruhende Plattform von eben solchen Stäben, daneben ein Sago-Grabkuchen. Von den hier aufgestellten Schnitzwerken und Masken wollten die Eingeborenen nichts hergeben, duldeten auch nicht das Betreten oder die Untersuchung des Hinterbaues. Sie befanden sich anscheinend in grosser Aufregung, da ihnen wohl die Bewachung des Dorfes übertragen war, während sich die Mehrzahl vermuthlich nach dem Schiffe begeben hatte. Während des Aufenthalts im Dorfe wurde fortwährendes Trommeln gehört, welches aus einer in der Nähe des Tempels liegenden Hütte kam.

Ausser den hier erworbenen Gegenständen wurden noch durch ein Boot von dem Eingang des Gazelle-Kanals mitgebracht:

Ein Schnitzwerk, welches einen Vogelkopf darstellt (Taf. 39 Fig. 2). Vier Stücke Schnitzwerk, von denen zwei Vogelfedern darstellen sollen und wahrscheinlich die Ergänzung zu den einzelnen Vogelköpfen bilden. Eine als Ohrgehänge dienende Fischgräte. Verschiedene Masken, welche von den bisher gefundenen nicht unbedeutend abwichen (Taf. 39). Ein Boot, welches sich zwar etwas von dem gewöhnlichen Typus in Einzelheiten, durch Anbringung einer besonderen Schnabelverzierung, kräftigeren Bau, Seitenverzierung, wahrscheinlich Fischflossen darstellend, zwei Auslegerträgern statt der gewöhnlichen vier, unterschied und mehr an die Kriegskanoes erinnerte. Diese Art von Booten ist nur dort mehrfach gesehen worden und bildet vielleicht nur eine Abart oder kleine Art der Kriegskanoes.

Die *Boote*, welche hier in Neu-Mecklenburg getroffen wurden, unterschieden sich sonst ziemlich wesentlich von denjenigen Neu-Hannovers; wenngleich einzelne der letzteren auch hier vorhanden waren, so kamen diese doch alle von Norden her, vielleicht von der Byron-Strasse und der Mausoleums-Insel, und sah man sie niemals weiter nach Süden gehen. Die Boote Neu-Mecklenburgs sind nicht so lang wie die Neu-Hannoverschen und bestehen zwar auch aus einem Baumstamm, die Seitenwände sind aber oben nicht umgebogen, sondern stehen senkrecht, das Boot oben ganz offen lassend. Als Sitzbank, welche bei dem Neu-Hannoverschen Boote durch jenen Ueberfall gebildet wird, benutzt man hier entweder die Auslegerträger, oder man hat besondere Duchten. Die auf der oberen Kante der Seitenwände und an den Enden des Bootes, anscheinend vermittelst einer Art Pech, angebrachten Verzierungen sind nicht allgemein.

Ausser diesem an der ganzen Westküste Neu-Mecklenburgs mit Ausnahme des südlichen Theils gebräuchlichen Boot giebt es auch hier jene grösseren, die in Neu-Hannover vorkommen und als Kriegskanoes bezeichnet wurden.

Am 2. August verliess S. M. S. „Gazelle" den Holzhafen und ging in der Nacht zwischen der Insel Sandwich und einer westlich von ihr gelegenen, in den Karten nicht angegebenen Insel hindurch. *Sandwich,* welche durch den ganz klaren und tiefen, 6 bis 8 Seemeilen breiten *Gazelle-Kanal* von Neu-Mecklenburg getrennt ist, hat ihre längere Achse in östlicher, die kürzere in nördlicher Richtung. An ihrer Südküste 12 Seemeilen, an ihrer Westküste ungefähr halb so lang, verjüngt sich die Insel nach Osten hin. Sie ist keine ganz flache Korallen-Insel, sondern hat incl. der Bäume ungefähr eine Höhe von 60 bis 80 Meter und besitzt auf der Nordseite einen flachköpfigen Hügel von ca. 200 Meter

Höhe, welcher sehr allmählich in die flache Nordspitze, Kap Bendemann, ausläuft, während auf der Südwest-Spitze zwei kleine Erhebungen von 60 bis 70 Meter sichtbar sind. Westlich dieser Spitze liegt die angeführte kleinere Insel, durch einen Kanal von ca. $^1/_2$ Seemeile von Sandwich getrennt. Nachdem diese Insel passirt, wurde wieder dicht an die Küste Neu-Mecklenburgs herangesteuert und unter derselben, wo schwacher Strom herrschte, aufgekreuzt, so dass der Verlauf der Küste von Bord aus bestimmt werden konnte. Die Resultate dieser Aufnahmen werden später im Zusammenhange mit den übrigen kartographischen Aufzeichnungen von Neu-Mecklenburg wiedergegeben werden. Auf der Fahrt längs dieses sehr hübschen und durchschnittlich sehr wohlangebauten Theiles der bergigen Küste wurde das Schiff am Tage in der Regel von einer grossen Anzahl Kanoes umschwärmt, welche Früchte und andere Artikel zum Tausch anboten. Namentlich in der Nähe einer kleinen, dicht an der Küste gelegenen Insel, bis zu welcher schon vom Holzhafen aus ein Schiffsboot zu Vermessungszwecken gelangt und von Eingeborenen angegriffen war, und welche deshalb den Namen „Angriffs-Insel" erhalten hatte, bildete sich ein lebhafter Verkehr mit den Kanoes aus. Die Eingeborenen waren hier kräftiger gebaut und besser genährt als weiter nördlich. Waffen führten sie nicht, wenigstens trugen sie dieselben, vielleicht absichtlich, nicht zur Schau. Auffallend war die Anzahl von Masken, welche sie zum Tausch mit sich führten. Von hier stammen auch drei für die Sammlung erworbene Tempelschnitzwerke.

Katharinen-Hafen.

Um noch weitere naturwissenschaftliche Beobachtungen zu machen, wozu der Holzhafen wegen seines sumpfigen Terrains wenig Gelegenheit geboten hatte, lief die „Gazelle" bereits am 4. August eine andere kleine Bucht, den *Katharinen-Hafen*, an, in dessen Nähe am Sandstrande unter Palmen mehrere grosse Dörfer lagen. Der die Insel hier durchziehende ca. 600 Meter hohe granitische Gebirgsrücken fällt nach dieser Seite in seinen oberen Theilen steil ab, zwischen ihm und dem Strande bilden aber eine Reihe von Hügeln viele sehr hübsche von Wasserläufen durchzogene Thäler, die ebenso wie die Hügel selber grossentheils in sehr guter Kultur gehalten sind.

Das Schiff war beständig von Hunderten von Kanoes umgeben, und zahllose Eingeborene hielten den Strand besetzt.

Die *Bewohner* glichen im Aeussern den Eingeborenen aus der Gegend des Gazelle-Kanals, sie waren kräftig gebaut und weniger mit Hautausschlägen u. a. behaftet als im nördlichen Theile.

Das sehr grosse Dorf in der Nähe des Ankerplatzes liess überhaupt in seiner ganzen Erscheinung darauf schliessen, dass die Eingeborenen in guten Verhältnissen lebten; darauf deutete auch der starke Anbau der gewöhnlichen Vegetabilien. Das Dorf zeichnete sich besonders durch seine Reinlichkeit aus. Die Eingeborenen waren hierin sogar so peinlich, dass sie ein kleines Stück Kokosnussschale, welches auf die breite, mit Kies bestreute Hauptstrasse geworfen war, sofort aufnahmen und abseits in das Gebüsch schleuderten. Die einzelnen Häuser unterschieden sich von den nördlicher gesehenen nicht auffällig, die Wände waren etwas höher und die Grenzen der offenen Veranda mit einer Reihe von Steinen zwischen den Pfosten bezeichnet. Auffällig waren die kleinen umzäunten Gärten, welche neben oder hinter jedem Hause angelegt waren, und in welchen neben kleinen Palmen meistens einige Tarogewächse standen.

Auch die angebauten Ländereien waren umzäunt, und es scheint demnach hier ein ausgeprägterer Eigenthumsbegriff zu herrschen und auf letzteres mehr Werth gelegt zu werden, als an den anderen besuchten Plätzen.

Im Uebrigen bewegten sich die Eingeborenen, sowohl männliche als weibliche, freier als an den bisher besuchten Plätzen. Der Tauschhandel, besonders mit rothen Stoffen, erfreute sich fast noch einer grösseren Beliebtheit als in Neu-Hannover; ihrer Freude über letzteren gaben sie durch ein gellendes, pfeifendes „Nui" oder „ui" Ausdruck, begleitet von einem Schlag auf den rechten Hinterschenkel (mit dem zweiten und dritten Finger der rechten Hand). Ein solches, von den Insassen von etwa 80 Kanoes vollführtes „Freuden-ui" über eine aufgeheisste rothe Signalflagge war so stark, dass man genöthigt war, um die Menschen wieder zu beruhigen, die Flagge zu entfernen.

Leider konnte auch hier über sociale Verhältnisse, über Kultus und dergl. Nichts in Erfahrung gebracht und keine Beobachtungen gemacht werden.

Dem Anscheine nach herrscht Monogamie, und die *Behandlung der Frauen* ist dieselbe, wie sie sonst in Neu-Hannover und Neu-Mecklenburg gefunden wurde. Jedoch wird ihre Stellung hier wegen der grösseren Arbeit, die sie, besonders im Feldbau, zu leisten haben, minder angenehm sein, als in den nördlicheren Theilen. Es wurden hier Frauen gesehen, welche unter der Last des Taros, den sie vom Felde geholt hatten, fast zusammenbrachen, während die Männer sämmtlich beim Schiff oder in der Nähe desselben am Strande die Zeit in Musse verbrachten. Die Frauen wurden jedoch keineswegs ganz vom Besuch des Schiffes ausgeschlossen und benahmen sich in keiner Weise scheu. Es gelang hier auch (zum ersten Mal in Neu-Hannover und Neu-Mecklenburg), einzelne Eingeborene zu bewegen, an Bord zu kommen, einer derselben führte sogar Tänze auf, welche in sich stets in denselben Grenzen bewegendem Vorwärts- und Seitwärtsschreiten bestanden und keine verschiedenen Figuren und Touren erkennen liessen. Oskar, so war er von den Matrosen getauft und sehr stolz auf diesen Namen, gab zu diesem Tanz den Takt durch einen summenden Gesang an und wirbelte zwischen dem Daumen und Zeigefinger beider Hände fortwährend zwei Blumen hin und her. Die Oberarme hingen dabei leicht herunter, die Unterarme wurden etwas ausgestreckt. Ausser anderer Belohnung verlangte er dafür mit rother Farbe, die er in der Nähe stehen sah, bemalt zu werden, welcher Wunsch ihm denn auch zu seiner grossen Freude erfüllt wurde. Unter seinen Kameraden erregte der Anstrich den grössten Neid, und seine nächsten Nachbarn hatten nichts Eiligeres zu thun, als von der noch frischen rothen Farbe so viel wie möglich abzuwischen und sich damit zu bestreichen.

Sonst war die Sitte des Bemalens und die der Haarfärbung nicht so verbreitet, wie an den früheren Plätzen.

Zu erwähnen ist noch, dass hier ein Albino gesehen wurde mit ziemlich heller, schmutzig weissgelber Hautfarbe und bläulicher Iris. Die Farbe des Haares schien hell röthlich zu sein, doch lässt sich darüber nichts Bestimmtes angeben, da dasselbe durch Färben verändert sein konnte. Anfangs, vom Schiff aus, glaubte man einen Angehörigen der kaukasischen Race vor sich zu haben.

Als neues Kleidungsstück tritt hier die *Perrücke* hinzu, welche allerdings nur in einem Exemplar gesehen wurde und, aus einer Nachbildung des Haarwuchses bestehend, auf einer Art Netzwerk befestigt war. Der Besitzer war ein ziemlich alter und fast vollkommen kahlköpfiger Eingeborener, und man kann wohl mit Bestimmtheit annehmen, dass dieselbe nicht als Schmuck, sondern als Schutzmittel gegen Kälte, Regen und Sonne diente.

Die *Schmuckgegenstände* zeigten sowohl in ihren Arten als ihrer Verbreitung wenig Unterschiede von den früheren, mit Ausnahme der seltener vorkommenden Kapkap. Häufiger als früher waren die breiten Ringe; wenn auch ihr Werth, vielleicht wegen der schwierigeren Anfertigung, höher geschätzt wurde, so schienen sie doch keine Auszeichnung zu bilden. Als ganz neuer Schmuck der Nasenscheidewand kam hier ein Muschelperlring von der Grösse eines Fingerreifes vor, der aus gewöhnlichen auf einer Schnur aufgereihten Muschelperlen bestand und entweder einfach oder zwei- und dreireihig war.

Ein *Nasenflügelschmuck*, welcher aus einer Vogelklaue bestand und so in den durchlöcherten Nasenflügel gesteckt war, dass eine Zehe nach oben und eine nach unten zeigte, wurde nur einmal gesehen.

An *Waffen* gab es braun polirte, geschnitzte *Lanzen*, die eine besondere Bedeutung oder einen besonderen Werth zu haben schienen, da sie nur im Besitz von älteren Männern gefunden und weniger leicht als andere Gegenstände weggegeben wurden, auch schien der Eintausch derselben das Bedauern, das Uebergehen in fremden Besitz den Neid der jüngeren Generation zu erregen. Sie war zu häufig vertreten, um sie für eine Häuptlingslanze zu halten, und war zu einfach, um als blosse Etiquettelanze angesehen werden zu können. — Von den *Keulen* war zwar die früher allein gesehene länglich flache Form auch hier die gebräuchlichste, doch kamen daneben auch längere vor.

Die *Boote* waren die gewöhnlichen Neu-Mecklenburgischen, doch hatten sie häufig eine grössere Anzahl, bis zu sieben, Auslegerträger und waren dann etwas, aber nicht immer in demselben Verhältniss, länger; je mehr Auslegerträger vorhanden waren, desto geringer war gewöhnlich die Distanz zwischen denselben. Der Name des Neu-Mecklenburgischen Bootes in der Landessprache ist assim; die Querstäbe, welche den Auslegerbalken tragen, heissen limburu, der Auslegerbalken lesaman, die einzelnen Stäbe auf dem Längsbalken (Auslegerbalken) agatuat, die gespaltenen Stäbe labrametlu.

Sulphur- und Carteret-Hafen.

Am 6. August verliess die „Gazelle“ nach Einnahme von Holz und Wasser, was durch sehr heftigen, nur selten unterbrochenen Regen sehr erschwert wurde, den Katharinen-Hafen und kreuzte eine weitere Strecke von 50 Seemeilen längs der Küste von Neu-Mecklenburg auf. Da der Gegenstrom an Stärke zugenommen hatte, während die konträren Winde so flau blieben, dass durchschnittlich nur $1^1/_2$ bis $2^1/_2$ Knoten Fahrt erzielt wurden, das Holz aber, dessen Einnahme in der Tropenhitze für die Besatzung ausserordentlich anstrengend war, möglichst zum Dampfen in vollständiger Windstille reservirt werden musste, so kam das Schiff nur ausserordentlich langsam, zuweilen nur 10 bis 20 Seemeilen in 24 Stunden, vorwärts.

In der Nacht vom 10. auf den 11. August verliess die „Gazelle“ die Küste von Neu-Mecklenburg, um sich Neu-Pommern zuzuwenden und hier die Blanche-Bai aufzusuchen. Nach einem kurzen Aufenthalt daselbst kehrte sie aber noch einmal nach ersterer Insel zurück und in dem an der Südspitze gelegenen Sulphur-Hafen, der bereits bekannt und von anderen Schiffen besucht und zum Theil vermessen war, ein.

Des besseren Zusammenhanges wegen sollen die daselbst gemachten Erfahrungen gleich hier, ehe wir uns Neu-Pommern zuwenden, mit aufgezeichnet werden. Der Aufenthalt in Sulphur-Hafen, welcher hauptsächlich den Zweck hatte, vor der längeren Seetour, welche dem Schiffe nach dem Verlassen des Bismarck-Archipels bevorstand, möglichst am südlichsten hier erreichbaren Platze Holz und Wasser aufzufüllen, dauerte vom 18. bis zum 21. August. Obgleich der Hafen besonders zum Wassereinnehmen empfohlen und in den Karten ein hierzu sich eignender Bach bezeichnet war, so enthielt derselbe trotz starker Regengüsse zuerst gar kein Wasser und dann nichts als eine kleine Pfütze dicht am Strande, deren Wasser, auch wenn es nicht schlecht gewesen wäre, nicht annähernd für das kleinste Kauffahrteischiff genügt hätte. Weiter oberhalb wurde allerdings später gutes Wasser gefunden, um dasselbe zu erreichen musste man aber eine halbe Stunde bergaufwärts über die Kalkfelsen klettern.

Glücklicherweise war in dem benachbarten Carteret-Hafen gutes Wasser vorhanden, welches in der nördlichsten Ecke desselben aus dem Boden quoll, das Einnehmen desselben war aber für die „Gazelle" etwas mühevoll, da die Boote 3 Seemeilen weit fahren mussten.

In der Nähe dieses Baches lag auf einer Insel auch das einzige hier existirende, aus recht ärmlichen Hütten bestehende Dorf, dessen Bewohner sich bald um das Schiff schaarten. Ihr Häuptling, der sich König Balick nannte, sich aber im Allgemeinen wenig von seinen Genossen unterschied, sprach wie viele Andere seines Stammes etwas englisch, so dass es möglich war, von ihm über die dortigen Verhältnisse und Sitten allerlei Auskunft zu erhalten. Bezüglich der letzteren prägte sich in mancher Hinsicht hier ein ganz anderer Charakter, als in den nördlicheren Gegenden der Insel aus, es bestand eine grössere Verwandtschaft mit dem benachbarten Neu-Pommern, die um so mehr in die Augen fiel, als die „Gazelle" dieser Insel vorher einen Besuch abgestattet hatte.

Bereits auf dem Wege südlich von dem Katharinen-Hafen, wo noch mehrfach Gelegenheit war, mit den Neu-Mecklenburgern zu verkehren, zeigte sich ein gewisser Uebergang, der sich weniger in der körperlichen Erscheinung der Eingeborenen, als in den Schmucksachen und anderen zum Tausch angebotenen Gegenständen dokumentirte. Hierher gehört ein bisher noch nicht gesehener, aus gelben und rothen Fasern bestehender Hals- und Kopfschmuck, sowie mehrere Masken, die sich von früheren besonders durch ihre hellere Farbe und die naturgetreuere Nachbildung der Gesichtstheile auffallend unterschieden. Ferner wurde hier zum ersten Male Perlmutter zu Schmuckgegenständen verwendet, die als kleine runde, ovale oder ausgeschnittene Plättchen im Haar getragen wurden. Dieser Perlmutterschmuck kam in Sulphur-Hafen und in Neu-Pommern ganz allgemein vor, sowie die auch hier beobachtete und von der sonstigen Sitte abweichende Rothfärbung des Haupthaares in der Blanche-Bai auf Neu-Pommern häufiger getroffen wurde.

Die *Eingeborenen* vom Sulphur- oder vielmehr Carteret-Hafen unterscheiden sich von ihren nördlichen Nachbarn nur durch die um ein Geringes hellere Hautfarbe. Dieselben standen anscheinend bereits in ziemlich regem Verkehr mit fremden Schiffen; nach den Aussagen von King Balick und seinen Genossen war der Verkehr mit diesen Schiffen ein ganz freundschaftlicher, aber die in ihrem Besitz befindliche Anzahl von Messern und Beilen liess beinahe darauf schliessen, dass dies nicht alles Geschenke seien, wie King Balick versicherte. Handelsartikel wurden weiter nicht bemerkt, und der auffallende Mangel von Jünglingen liess den Verdacht entstehen, dass hier Menschenhandel getrieben wurde.

Die Frage der Anthropophagie bejahte King Balick sehr ruhig als etwas ganz Natürliches und machte kein Hehl daraus, dass er und sein Volk die Weissen sehr liebe, aber mit den „men in bush" in stetem Kampf lebe, und dass sie jeden Gefangenen derselben ässen, und zwar weil diese analog verführen. Schliesslich gab er noch zu, dass das Fleisch von Eingeborenen sehr gut schmecke. Er und seine Genossen sprachen zu gutes Englisch, als dass ihre Meinung irgendwie hätte missverstanden werden können. Aus gleichem Grunde ist auch ihre Aussage, dass sie eine Art Erde zu essen pflegen, als vollkommen glaubwürdig anzunehmen.

In ihren sonstigen Verhältnissen sind die Eingeborenen ziemlich ärmlich; ihre Nahrung besteht, abgesehen von dem wohl nur seltenen Genuss von Menschenfleisch, hauptsächlich aus Kokosnuss und Fischen; Anbau von Vegetabilien wurde nicht gesehen.

Die *Hütten* bestehen aus Brettern, Bambusstäben, Palmblättern und dergl., der Grundriss ist gewöhnlich länglich viereckig, das Dach halbrund. Das Innere der Hütten sah meistens schmutzig aus und wies wenige oder gar keine Geräthe auf.

Eine Art *Familie* scheint zu bestehen; ein Mann kann eine oder zwei Frauen nehmen, das Erstere ist das Gewöhnliche. Die Frau wird durch Kauf erworben, durch Eiseninstrumente, Kattun und dergl. oder auch in Ermangelung dessen durch einheimische Erzeugnisse. Sie hielten die Frauen in den Hütten und bewachten eifersüchtig den Eingang derselben, um Neugierige zurückzuhalten.

Zum zweiten Male wurde hier das Feueranmachen mittelst Reibens von Holzstäbchen gesehen, wie es zuvor in derselben Weise in Neu-Pommern beobachtet war. Der Eingeborene legte ein längliches Stück Holz so vor sich hin, dass er sitzend dasselbe noch mit einem Unterschenkel festhalten konnte; auf dieses ziemlich weiche Holz wurde mit einem etwas spitzigen, ca. 15 Centimeter langen harten Stück eine kleine Rinne eingerieben; anfangs wurde nur wenig aufgedrückt, da es hauptsächlich darauf ankam, etwas Reibspahn zu bekommen, der an dem einen Ende der Rinne aufgehäuft wurde. War genügend Reibspahn vorhanden, so wurde stärker aufgedrückt, so dass die erzeugte Hitze sich dem Spahn mittheilte und diesen allmählich entzündete. Fing er an zu rauchen, so wurde er durch vorsichtiges Anblasen und Auflegen von trockenen Blättern zur Flamme angefacht. Die ganze Manipulation dauerte vielleicht 2 bis 3 Minuten, erforderte aber eine ausserordentliche Kraftäusserung. Ist kein Werkzeug zur Hand, so werden die zum Feuermachen dienenden Hölzer mit den Zähnen zubereitet.

Die *Boote* waren im Princip denen des nördlicheren Neu-Mecklenburgs nicht unähnlich, führten aber die hohen Schnäbel der Neu-Pommerschen Boote.

Auch die *Waffen* zeigten grosse Aehnlichkeit mit denen Neu-Pommerns. So kamen hier die sonst in Neu-Mecklenburg nicht gesehenen, mit Federn gezierten *Lanzen* vor, während die sonst gebräuchlichen zusammengesetzten Bambuslanzen fehlten, die Schäfte vielmehr stets wie in Neu-Pommern aus einem Stück bestanden. *Keulen* existirten zwar noch, doch schienen sie durch die zahlreichen sehr guten *Beile* und *Aexte* verdrängt zu sein, welche mit einem selbstgefertigten Stiel versehen waren.

Wenngleich es hier ebenso wenig, wie im nördlichen Neu-Mecklenburg und Neu-Pommern Bogen und Pfeile gab, so waren ihnen doch beide bekannt. Als neu trat hier zu den Waffen die auch in Neu-Pommern gebräuchliche *Schleuder*.

Von weiteren hier gesammelten Gegenständen, welche neu waren oder von früher gesehenen abweichen, verdienen noch hervorgehoben zu werden: eine Angelschnur mit Haken, eine längliche Flöte (neben der Pansflöte), sowie Fischspeere, welche von der früheren Form sehr abwichen.

Resultate der hydrographischen Beobachtungen und Küstenbeschreibung von Neu-Mecklenburg.

Die Insel Neu-Mecklenburg (Tafel 35 und 36), deren lange Axe im Allgemeinen parallel mit der Südwest- resp. Westküste zu zwei Dritteln in der Hauptrichtung rechtweisend SOzO¹/₂O und im letzten Drittel südlich verläuft, bildet, vom orographischen Standpunkt betrachtet, vier verschiedene Abschnitte, welchen wahrscheinlich auch verschiedenartige geologische Bildungen entsprechen.

Der nordwestliche Theil der Insel ist in einer Ausdehnung von 20 Seemeilen flaches Korallenland, welches einige Meilen nach dem Inneren zu unbedeutend gehoben erscheint und gegenüber von Sandwich-Insel ein paar Hügel in der Nähe der hier 10 bis 30 Meter gehobenen Küste trägt.

Mit dem östlichen Eingange des Kanals zwischen Neu-Mecklenburg und Sandwich oder auf 151° O-Lg beginnt die Insel gebirgig zu werden. Das Gebirge steigt hier ohne anderen Uebergang als ein paar Hügel zur Höhe von ca. 300 Meter an, die nach weiteren 10 Seemeilen bis auf über 500 und 600 Meter wachsen. Es bildet einen bewaldeten Rücken von wenig gebrochenen Aussen-linien, der nach der Küste hin ziemlich steil, d. h. mit einer Böschung von ca. 40°, abfällt. Das Gebirge entsendet bald einige kurze Ausläufer in südlicher Richtung, welche als Kaps in die See treten, doch bilden sie nur ganz kurze Spitzen, zwischen welchen flache Buchten liegen. Nach Osten hin vermehren sich diese Ausläufer und werden etwas länger.

Die Küste selbst besteht fast überall aus einem ca. 10 bis 15 Meter gehobenen Korallenriff und ist von dem gewöhnlichen Korallen-Küstenriff, das aber nirgends weit heraustritt, eingesäumt.

Jener Gebirgszug, der in der äusseren Form — also namentlich in dem Mangel an Gipfeln — demjenigen von Neu-Hannover ganz ähnlich ist, erstreckt sich 60 bis 70 Seemeilen weit bis etwa zu 152° O-Lg. Im letzten Theile einige Kuppen und Felswände zeigend, fällt das Gebirge hier aus 500 bis 600 Meter Höhe in ein hügeliges Land ab von ca. 180 Meter Höhe, das sich nochmals auf eine kurze Strecke zu 250 Meter erhebt, um dann sich bis auf 80 bis 150 Meter zu senken.

Dieser dritte Formationsabschnitt, bei welchem die Kurvung der Inselaxe aus der Hauptrichtung SOzO½O in die Richtung Süd beginnt, in welcher Richtung das letzte Drittel derselben verläuft, bildet den Uebergang zu einem sehr kuppenreichen Berggewirre, in welchem Spitzen von 600 bis 800 Meter vorkommen.

Küste und Häfen. Vor der mit einem Riffe, von dem ein paar Blöcke über Wasser liegen, umgebenen Westspitze Neu-Mecklenburgs, dem Kap Jeschke, erstreckt sich die Küste 3 Seemeilen weit nach SO, hier in eine flache Huk ausspringend, und dann 9 Seemeilen OzS bis zu Kap Dietert laufend. Während sie bei dem erstgenannten Kap aus flachem Korallenland besteht und hier wie weiter östlich stellenweise Sandstrand mit Kokospalmen und Dörfern aufweist, erhebt sie sich noch westlich von Kap Dietert bis auf ca. 25 Meter, aus welcher Höhe sie steil zum Meere abfällt. Von diesem Kap an tritt sie, eine grosse Einbuchtung, die Johanna-Bai, der Sandwich-Insel gegenüber bildend, zurück und verläuft dann von der die Bai im Osten begrenzenden Huk Zeye in ostsüdöstlicher Richtung.

Obgleich die Küste in ihrem westlichen Theile, namentlich etwas westlich des Kap Dietert, einige kleine rifffreie Einbuchtungen bildet, besitzt sie hier keinen Ankerplatz. In diesen Einbuchtungen wurde dicht am Lande mit 57 bis 75 Meter und ein wenig ausserhalb mit 280 Meter Leine kein Grund gelothet.

Erst wo die Küste, östlich von jenem Kap zurücktretend, die Johanna-Bai bildet, findet man in den zum Theil mit Korallenriffen nahezu ausgefüllten Buchten zwischen den Riffen Ankergrund auf 18,8 bis 75,3 Meter. Im westlichen Theile dieser Bai treten, mit dem ca. 220 Meter hohen, beim Kap Dietert gelegenen konischen Hügel gleichen Namens beginnend, einige 50 bis 150 Meter hohe Hügelzüge bis dicht an das Wasser, diesem Theile einen hübschen Anblick verleihend. Auf den Hügeln, durch die dichte Vegetation verborgen, liegen Dörfer, die sich nur Abends durch ein gelegentliches Feuer dem Auge verrathen. Die hier befindlichen Buchten können als Ankerplätze nicht empfohlen werden, weil der Raum zwischen den Riffen zu beschränkt ist, dagegen findet man einen, wenn auch kleinen, doch sicheren Hafen, den Holzhafen, mehr in der Mitte der Bai, wo die Hügel zurücktreten und die Küste sich wieder zum vollkommenen Korallenlande abflacht.

Der Holzhafen. Dieser auf 2° 47,5′ S-Br und 150° 57,5′ O Lg gelegene Hafen hat eine Tiefe von 4 Kabellängen (in nördlicher Richtung) und eine Breite von 2 Kabellängen, während Korallenriffe den Eingang auf 1 Kabellänge verengern. Man halte mit nördlichem Kurse mitten zwischen die beiden sichtbaren Eingangsriffe und ankere, gleich nachdem man sie passirt hat, auf 37,7 Meter Wasser, etwas näher den Eingangsriffen als dem Boden, da die letzten 2 Kabellängen der kleinen Bucht mit Mudd ausgefüllt sind und nur eine von 18,8 Meter rasch auf 7,5 Meter und weniger abnehmende Tiefe besitzen. Da der Eingang sehr schmal ist, muss man beim Einlaufen auf seitlichen Strom achten, der beim Einsegeln der „Gazelle“ stark auf das westliche Eingangsriff zusetzte, so dass hart am östlichen Riffe eingelaufen wurde. Der Hafen ist durch die Korallenriffe und die gegenüber gelegene Sandwich-Insel bis auf einen knappen Strich zwischen SO und SOzS (mw.) geschlossen. Im Boden des Hafens mündet ein Mangrovekreek, der kein brauchbares Wasser liefert. Dagegen findet man hier sehr gutes Brennholz von abgestorbenen Mangrovebäumen, dessen Einnahme an der Ostseite nicht schwierig ist, weil das Küstenriff dort nur geringe Breite hat. Vom Hafen peilt der bereits erwähnte Berg Bendemann auf Sandwich SW¹/₂S mw., was das Auffinden erleichtern wird. Auf den Hafen mit nördlichem Kurse zulaufend, wird man einen Hügel voraus und den Berg Dietert, von welchem nordöstlich ganz nahe ein ihm ähnlicher zweiter Hügel liegt, und die in heller Felswand dort steil abfallende Küste fast quer ab an Backbord haben.

Ebbe und Fluth. Die ungefähre Hafenzeit beträgt 2 Uhr 50 Minuten und die Fluthhöhe über dem Ebbespiegel bei Neumond 1,06 Meter. Es ist nur einmal in 24 Stunden Hochwasser und einmal Niedrigwasser und zwar läuft die Fluth ca. 14¹/₂, die Ebbe ca. 10 Stunden.

Ungefähr 4¹/₂ Seemeilen südöstlich vom Holzhafen in 151° 0′ O-Lg findet man hinter der als Korallenkalkwand von ca. 10 Meter steil abfallenden Huk Zeye, bei welcher das Küstenriff südlich ganz schmal ist und vor welchem in Südost-Richtung ein paar Korallenfelsblöcke liegen, einen anderen durch ein östliches Riff gut geschützten Ankerplatz, den Dorfhafen, indem zwischen beiden Riffen, nämlich zwischen dem von jener Huk in Südost-Richtung sich erstreckenden, auf dem die erwähnten Felsblöcke liegen, und dem aus der grossen hier befindlichen Bai sich südwärts hinausstreckenden, 65,9 bis 18,8 Meter Wassertiefe sind. Der Raum zwischen beiden Riffen ist indess so beschränkt, dass ein Vertäuen empfohlen werden muss. Man ankere auf 45 bis 38 Meter Wasser. Hier ergiesst sich über einen völlig rifffreien Sandstrand ein kleiner Bach, der ziemlich gutes Wasser hat, auch liegen Dörfer sowohl im Dickicht der Landzunge der Huk Zeye wie auf einem 164 Meter hohen Hügel. Die Dörfer sind in dieser Gegend, wie bereits erwähnt, verborgen und oft auf steilen Höhen angelegt, und die Bewohner gebrauchen alle möglichen Listen, um den Fremden vom Betreten ihrer Dörfer abzuhalten.

Die Küste läuft mit ein paar kurzen Spitzen in südöstlicher Richtung 8 Seemeilen weiter bis zu der ONO von Sandwich gelegenen kleinen Insel, die, wie schon früher erwähnt, wegen des dort erfolgten Angriffs auf ein Boot der „Gazelle“ Angriffs-Insel genannt worden ist. Es ist hier kein empfehlenswerther Ankerplatz vorhanden, ausser unter der Insel, wo man aber dicht am Riffe auf ca. 47 Meter ankern müsste. Die Insel ist mit Neu-Meckenburg durch Riffe verbunden.

Gazelle-Kanal. Zwischen der Ostspitze von Sandwich- und dieser Angriffs-Insel liegt der östliche Eingang des Gazelle-Kanals, dessen westlicher Eingang durch die beiden bereits beschriebenen Berge resp. Kaps Dietert und Bendemann sich deutlich markirt. Für die Strasse ist namentlich ein gutes Mark der erstere Berg, welcher auch aus östlicher Richtung noch auf 25 Seemeilen Entfernung deutlich erkennbar ist, während man von Osten aus in dieser Entfernung den näheren Bendemann-Berg nicht mehr deutlich ausmachen kann. Der Kanal scheint völlig klar und auf beiden Seiten tief bis dicht an die Küsten zu sein. Es wurde ein westlicher Strom von ca. 1 Knoten in ihm gefunden, der dicht unter der Küste von Neu-Mecklenburg nachliess.

Von der hinter der Angriffs-Insel gelegenen Spitze läuft die Küste ca. 58 Seemeilen in der Richtung SOzO¹/₂O bis Kap Strauch, mehrere flache (nicht etwa flach in Bezug auf Wassertiefe) Einbiegungen zwischen den kurzen Ausläufern des Hauptgebirges bildend. Von diesen liegt die tiefste, die Katharinen-Bai, ziemlich in der Mitte zwischen der Angriffs-Insel und Kap Strauch. Nach dieser

Bai hin wird, sobald man die Huk Rittmeyer hinter sich hat, welche von einem im Winkel von 20° bis 30° abfallenden Gebirgsausläufer von gleichmässiger Höhe gebildet wird, die Form des bis dahin sehr gleichmässig verlaufenden Gebirges allmählich wechselvoller. Es entsendet Hügelzüge nach der Küste, die bald mehr und mehr angebaut erscheinen. Zwischen den Hügeln lassen sich Wasserläufe erkennen, und an ihrem Ausflusse in das Meer präsentiren sich vielfach Dörfer an dem von Palmen beschatteten Sandstrande in reizender Lage.

Katharinen-Bai und Hafen. Die Katharinen-Bai liegt zwischen den Kaps Ahlefeld und Wachenhusen. Ersteres ziemlich steil mit zwei schrägen Stufen abfallend, springt nicht so weit aus, als die Huken westlich und östlich; letzteres hat nahe seiner Spitze einen buschigen Bluff, fällt dann zu einer buschigen Spitze ab und giebt ein gutes Mark für das Einlaufen in die Bai. Diese scharf ausspringende Huk, an deren Westseite dicht am Lande ein paar bebuschte Felsen liegen, macht den Eindruck, als wären zu ihren Seiten zum Ankern geeignete Buchten, was aber nicht der Fall ist. Dagegen liegen zwischen beiden Huken in der Katharinen-Bai mehrere hübsche Ankerbuchten mit Flüssen und Dörfern. Es sind hier im Ganzen 7 Buchten mit rifffreiem Eingang und Ankertiefen von 68 Meter abwärts. Von ihnen sind indess nur 3, welche zum Ankern während des Südost-Passates empfohlen werden können, weil nur sie genügenden Raum für ein grösseres Schiff gewähren. Sämmtlich sind sie übrigens 8 Striche offen, nämlich ungefähr zwischen SSO und WSW; der Passat ist jedoch fast immer östlicher als SSO.

Von der Huk Ahlefeld im Westen beginnend, liegt eine Seemeile östlich davon eine ganz kleine Bucht mit 67,8 Meter in der Mitte, links vom Eingang ein Fels; demnächst kommt 2 Seemeilen von der Huk die grösste Bucht, mit mehr als 75 Meter im Eingange und mit 56 bis 66 Meter in der Mitte und zwei Bächen. Eine Seemeile weiter östlich ist wieder eine ganz kleine sehr offene Bucht mit 39,5 bis 66 Meter Wasser und demnächst ziemlich in der Mitte der Katharinen-Bai eine etwas grössere, aber nach Westen offene, mit 52,7 bis 56,5 Meter Wasser. Eine halbe Seemeile von dieser liegt die zweite der grösseren Buchten mit 56,5 bis 37,7 Meter Wassertiefe, zwei Bächen und einem Dorfe; eine starke Seemeile südöstlich dieser die empfehlenswertheste mit 81 bis 37,7 Meter Wasser-tiefe und einem Flusse. An sie schliesst sich die letzte durch das hier ausspringende Küstenriff in zwei Theile getheilte Bucht an, mit 69,7 bis 54,6 Meter Wasser. Sie ist kenntlich an zwei kleinen bewaldeten Felsen, die südlich von der Bucht liegen, und empfiehlt sich am wenigsten zum Ankern, weil sie am offensten ist (namentlich nach Süd und West bis Nordwest) und weil sie nur Korallenriff-strand besitzt.

Um von Süd oder Südost den Katharinen-Hafen, welcher 3 Kabellängen tief und ebenso breit ist und auf ungefähr 3° 11′ S-Br und 151° 35,6′ O-Lg liegt (fortwährender Regen verhinderte genaue Beobachtung im Hafen selbst), zu erreichen, halte man auf die abwechselnd hell und dunkel gefärbten Vorberge zu, welche von dem dunkeln, steilen Hauptgebirgszuge ausgehen und für den Theil der Küste bei der Huk Wachenhusen und bei dem Katharinen-Hafen charakteristisch sind. Die Vorberge senken sich zu jener bereits beschriebenen bluffartig steil abfallenden Huk, von welcher man westlich bald die Felseninselchen resp. Vorsprünge sehen wird. Diese mit der Huk an Steuerbord nehmend und in einer Entfernung von 1 bis 2 Seemeilen passirend, steuere man auf ein paar aus den Bäumen des Gebirges hervortretende hellgraue Felsabhänge ungefähr 50 Meter unter dem oberen schroffen Rande des Hauptgebirgszuges zu, welche in nördlicher Richtung über dem Katharinen-Hafen liegen. An Steuerbord lässt man dabei ein grosses Dorf liegen und wird bald die Eingangsriffe, sowie ein aus den grünen Bäumen hervortretendes kurzes Stück einer steilen Kalkfelswand von ca. 20 Meter Höhe sehen, welche die nordwestliche Begrenzung des Hafens bildet. Man ankere mitten in der kleinen

30*

Bucht, oder des vorherrschenden Südostwindes wegen vielleicht ein wenig näher an der Ostseite in 41,4 bis 47 Meter Tiefe.

Das Gebirge besteht hier in seinen höheren Partien aus Granit von sehr verschiedenen Varietäten, zum Theil mit eingesprengtem Schwefelkies, mit welchem auch Schiefer vorkommt. Die tieferen Partien sind Kalkstein.

Hinter der nächstfolgenden Huk Seelhorst, zu welcher das hohe, von hier ab wieder dichter an das Meer tretende Hauptgebirge ziemlich steil abfällt, jedoch von etwas niedrigem, die Küste bildendem Vorlande umgeben, ist der Gebirgszug oft über 600, grossentheils aber 400 bis 500 Meter hoch. Obgleich auch hier die Küste noch mehrere kleinere Buchten bildet, konnte bis zu dem in grösserer Ferne als baumbestandene Zunge aus dem Meere auftauchenden Kap Strauch nichts entdeckt werden, was auf einen brauchbaren Ankerplatz deutete.

Oestlich des letztgenannten Kaps folgt einigen vorspringenden Huken eine grössere Bai, auf der nordwestlichen Seite noch von den Ausläufern des hohen Gebirgszuges, östlich aber von dem niedrigen Hügellande begrenzt.

Die erwähnte grössere Bai bietet, namentlich in ihrem nordwestlichen Theile, wieder einen sehr anziehenden Anblick, indem der Gebirgszug, sich mehr verästelnd und Einzelberge bildend, bald in ein Hügelland von 80 bis 250 Meter Höhe übergeht und die Küste mehrfach kleine Buchten bildet, wo zuweilen an Flussmündungen Dörfer und einzelne Hütten unter dem Schatten eines oder mehrerer grosser, schöner Bäume auf sonnigem Sandplatze, oft von Palmen- und Bananenhainen umgeben, sehr freundlich liegen. Bebaute Hügel sieht man im westlichen Theile der Bai nicht, dagegen scheint das niedrige Hügelland im Osten gut angebaut zu sein, namentlich sind dort auch grosse Kokospalmenwaldungen bemerkbar. Im innersten Winkel der Bai und an ihrer östlichen Küste, dort wo das Land am niedrigsten, nämlich nur 80 bis 100 Meter hoch ist, scheinen an Flussmündungen die Korallenriffe eine Einfahrt zu gestatten und Ankerplätze zu bieten, die wegen Zeitmangels nicht untersucht worden sind.

Dem niedrigen Theile Neu-Mecklenburgs (zwischen ca. 152° 10′ und 152° 40′ O-Lg) schliesst sich der letzte sehr gebirgige Theil an, welcher in der Hauptrichtung Süd verläuft und in Kap St. George endet. Die Berge, grösstentheils abgerundete Kuppen, und einige Kegelberge bis zu 800 Meter Höhe, liegen hier unregelmässig zerstreut, dicht aneinander, enge und gewundene Thäler zwischen sich. Berg und Thal sind mit dichtem Baumwuchs bedeckt, und von Bodenkultur ist wenig bemerkbar.

Carteret- und Sulphur-Hafen. Die Küste in der Gegend des Carteret-Hafens besteht überall aus steil ansteigenden bewaldeten, grossentheils rundkuppigen Bergen mit vorliegenden Korallenriffen, die aber nirgends weit nach See reichen.

Die für diesen Theil Neu-Mecklenburgs vorhandenen englischen Karten und Segelanweisungen waren zuverlässig und gewährten einen hinreichenden Anhalt für die Navigirung. Nicht so ist es aber mit einer Angabe in Bezug auf einzunehmendes Trinkwasser in Port Sulphur. Sir E. BELCHER hebt hervor, dass Port Sulphur sehr geeignet zur Einnahme von Trinkwasser und Holz sei. Entsprechend ist auch auf der englischen Specialkarte im Grunde dieser Bucht ein Bach eingezeichnet mit der Bemerkung „good water". Trotz starken und wenig unterbrochenen Regens fanden sich im Felsenbette des bezeichneten Baches kaum einige Tropfen Wasser; erst wenn man eine halbe Seemeile das felserfüllte Bett aufwärts verfolgt, findet man in einer Vertiefung desselben gutes Wasser, das für Einnehmen von Schiffen seiner Entfernung wegen aber natürlich nutzlos ist. Das Gestein der Berge besteht hier aus einem löcher- und höhlenreichen Kalk. Wenn vor Jahren das Wasser bis zum Strande gelaufen sein sollte, so müsste man annehmen, dass durch Einsturz solcher Höhlen und Oeffnung anderer das Wasser jetzt einen unterirdischen Verlauf nimmt, wie dies im nördlichen Theile des Carteret-Hafens der Fall ist. Dort ist das Bett des Baches ebenfalls trocken, das Wasser quillt aber am Strande so stark aus dem Boden hervor, dass man mit leichter Mühe Boote oder Fässer mit sehr gutem Wasser füllen kann. Schiffe, welche Wasser einnehmen wollen, thun daher besser, in diesem nördlichen Theile zu ankern, welchem auch die einzige hier vorhandene Niederlassung von Eingeborenen auf Cocoanut-Insel näher liegt. Holz, d. h. schöne Bäume, giebt es überall an den Küsten, doch sind sie schwer zu fällen und zu Wasser zu schaffen, weil sie nur auf den steilen Bergabhängen wachsen. Trockene Baumstämme, als Brennholz geeignet, findet man indess auf der kleinen mit einer tiefen Bucht versehenen Halbinsel südlich der südlichen Einfahrt in den Carteret-Hafen.

Die Berge bestehen hier — wie bereits erwähnt — aus Kalk, es kommen jedoch auch Porphyr, Granit, Hornblende und Sandstein in Rollstücken vor, die mehr aus dem Innern stammen.

Ebbe und Fluth. Die Beobachtungen von Ebbe und Fluth, welche von CARTERET in dem nach ihm benannten Hafen angestellt worden sind, haben zu keinem Resultat geführt, indem nach seiner Angabe es nur einmal in 24 Stunden Hochwasser und zwar um 3 oder 4 Uhr Nachmittags und einmal Niedrigwasser um 6 Uhr Morgens war. CARTERET scheint mithin angenommen zu haben, dass kein Zeitwechsel gemäss der Mondsmeridianpassage stattfände. Die von S. M. S. „Gazelle“ gemachten genauen Pegelbeobachtungen erstrecken sich wegen kurzen Aufenthalts nur auf 2½ Tage und konstatiren wegen dieser kurzen Zeit und weil die höchsten Wasserstände über eine Stunde anhielten, nicht mit völliger Sicherheit diesen Zeitwechsel. Dass er aber existirt, folgt schon daraus, dass keineswegs zu den von CARTERET angegebenen Zeiten das Hoch- und Niedrigwasser stattfand, der höchste Wasserstand vielmehr zwischen 6 und 7 Uhr Nachmittags, der niedrigste zwischen 11 und 12 Uhr eintrat. Die nach den Beobachtungen konstruirten und ziemlich regelmässigen Kurven ergaben ferner mit Sicherheit, dass in 24 Stunden stets eine hohe Fluth von 0,5 bis 0,6 Meter über dem Stande des niedrigsten Wassers und eine niedrigere von 0,4 Meter eintritt und dass diesen Fluthen eine niedrige und eine weniger niedrige Ebbe entsprechen. Der Unterschied zwischen beiden Ebben beträgt ca. 0,3 Meter. Die Beobachtungen wurden 2½ bis 5 Tage nach dem Vollmonde gemacht, so dass bei Springfluth die Höhendifferenzen wahrscheinlich unbedeutend grösser sind.

Die ungefähre Hafenzeit ist für die hohen Fluthen 16^h 47^m, für die niedrigen Fluthen dagegen 2^h 20^m.

Geologische und zoologische Beobachtungen.

Die geologische Beschaffenheit der Insel scheint nach den an den 3 Landungsstellen angestellten Beobachtungen ziemlich komplicirt zu sein. Sicher konstatirt werden konnte nur, so berichtet DR STUDER, der Gürtel von Korallenkalk, welcher die ganze Insel umzieht und der eine von Ost nach West an Intensität abnehmende Hebung bezeugt. Eine Centralkette von Granit scheint die Insel der Länge nach zu durchziehen und an ihn sich Diabase anzulehnen. Verschiedene Spuren neuerer vulkanischer Wirkungen fanden sich fast an allen Plätzen.

Längs des ganzen Ufers sieht man den gehobenen jungen Meereskalk und zwar scheint derselbe von NW nach SO immer höher gehoben worden zu sein. An der Nordwest-Spitze tritt er in 2½ bis 3 Meter hohen Felsen zu Tage, am Katharinen-Hafen erhebt er sich bereits bis zu 25 Meter, und am Carteret-Hafen bildet er bis über 60 Meter hohe Hügel.

Ein östlich vom Holzhafen mündender kleiner Fluss hatte den Strand mit Geröllen besetzt, welche grösstentheils aus einem dunklen Andesit mit viel glasigem Feldspath und einem sandsteinartigen vulkanischen Gestein mit Olivin bestanden. Um von hier den Höhenzug zu erreichen, musste man erst einen etwa 6 Meter hohen und den Korallenkalkgürtel darstellenden Vorwall überschreiten; aus der folgenden Senkung erhob sich dann steil 150 bis 200 Meter hoch die dicht mit Wald bewachsene Hügelkette. Von Gesteinen waren nur einige Blöcke von Hornblende-Andesit am Wege. Eine durch grösseren Quarzgehalt mehr graue Varietät enthielt Schwefelkies.

Bei Katharinen-Hafen war das Saumriff wieder durch die Einwirkung des Flusses unterbrochen und der Strand mit Geröllen bedeckt; die letzteren bestanden aus einem ziemlich grobkörnigen Granit mit grauem Feldspath, grünem Glimmer und schwarzer Hornblende; häufig war Schwefelkies in dünnen Blättchen eingesprengt. Die Gerölle sind wallnuss- bis faustgross; daneben findet sich Augitandesit und sehr feinkörniger Diabas. Weiter landeinwärts am Fusse des Gebirges lagen mächtige Blöcke von Granit mit Schwefelkies und Diabas.

Der Carteret-Hafen zeigte einen von den anderen Punkten wesentlich verschiedenen Charakter. Derselbe ist ringsum von hohen, dicht bewaldeten Bergen umgeben, deren höhere Gipfel eine Kugelform tragen. Das Gestein längs der Küste und das der Inseln, welche im Hafeneingang liegen, besteht aus recentem Korallenkalk, der sich an der Nordwestecke des Hafens bis 60 Meter hoch verfolgen liess. Einige wenige Gerölle, welche in dem weissen Sand am Strande lagen, waren haselnussgrosse Rollsteine von einem rothen porphyrartigen Gestein mit violetter Grundmasse und rothen Krystallen oder grüner Grundmasse mit weissen Krystallen, andere doleritartig, blasig, braun mit weissen Einlagerungen, ein grauer thonig-sandiger Kalk. Am Sulphur-Hafen fand sich als Geröll eines einmündenden Baches ein feiner Sandstein aus Granitdetritus neben den zahlreichen Kalkgeröllen.

Die *Fauna* Neu-Mecklenburgs zeigt bei gleichen Vegetationsverhältnissen auch denselben Charakter wie Neu-Hannover. Säugethiere scheinen ausser fliegenden Hunden auch hier zu fehlen, die Vögel kommen in denselben Arten vor, die Reptilien gleichfalls, von denen nur wenige beobachtet wurden; auch Insekten zeigten sich nur wenige. Von den 19 gefundenen Arten der Land- und Süsswassermollusken waren dagegen eigenthümlicher Weise nur drei mit Arten von Neu-Hannover identisch, und wurden 11 Arten von denselben allein im Carteret-Hafen beobachtet. Das Letztere ist vielleicht in der Natur der Sammelstelle begründet; im Carteret-Hafen war der das vorherrschende Gestein bildende junge Meereskalk und eine lichte mit Bananen bepflanzte Stelle zum Sammeln günstig, das dicht mit Mangroven besetzte Ufer am Holzhafen dagegen und das aus Diabas und Granit bestehende Gestein am Katharinen-Hafen weniger hierzu geeignet.

Die *Meeresfauna* schloss sich auch hier an das die Insel umgebende Korallensaumriff an.

Im Holzhafen, wo ein viel Schlamm mit sich führender Kreek einmündet und fast der ganze Boden mit schwärzlichem Schlick bedeckt ist, ist das Wachsthum der Korallen etwas behindert, und viele Korallen sind abgestorben, namentlich der nach SW gehenden Richtung des Kreeks entsprechend am Westufer. In dem Schlamm fanden sich an Thieren nur einige Wurmröhren und Schnecken, worunter Pleurotoma, Oliva und Nassa.

Im Carteret-Hafen dagegen entspringen nicht nur aus dem Korallensandstrand, sondern sogar auf dem Meeresboden unter dem Seewasser einige kleine Süsswasserquellen, welche aufsteigend das Seewasser mit einer Schicht süssen Wassers bedecken. Dicht neben diesen Quellen wuchsen Korallen, die einzigen des Hafens.

Die Fische zeichneten sich durch eine grosse Mannigfaltigkeit der Arten aus. Es machte sich eine eigenthümliche Verschiedenheit in den Formen zwischen denjenigen Fischen bemerkbar, welche sich in den Buchten mit Sand- und Schlammgrund aufhielten, und denjenigen, welche zwischen den Korallen und Riffen lebten. Die ersten waren meist Scomberiden, Scomberesoces, Mugiliden, Pleuronectiden von einfachen Farben, blau, silberweiss, dunkel, schwarzblau und braun, während letztere, durch Labriden, Squamipennien, Sclerodermen vertreten, in glänzenden bunten Farben prangten. Im Carteret-Hafen stellten sich nach dem Genuss einer Fischmahlzeit unter den Mitgliedern der Offizier-messe Vergiftungssymptome ein. Der Verdacht der Giftigkeit richtete sich bei näherer Untersuchung gegen die genossenen Spariden, und zwar namentlich gegen eine Pagrusart von grüner Farbe, wenngleich dieselbe nur in einem Exemplar vorhanden war.

Kapitel XIII.

Von Neu-Pommern bis Brisbane.

Neu-Pommern. Hydrographische Beobachtungen und Küstenbeschreibung: geologischer Charakter der Insel. Ethnologische Beobachtungen. Die Insel Bougainville des Salomons-Archipels; Kaiserin Augusta-Bai; Gazelle-Hafen. Von den Salomons-Inseln nach Brisbane. Treasury-Insel. Winde und Strömungen. Tiefseeforschungen. Port Curtis. Hydrographische Beobachtungen an der Ostküste Australiens. Oberflächenfischerei.

Nachdem S. M. S. „Gazelle", von Katharinen-Hafen kommend, in der Nacht vom 10. auf den 11. August die Küste Neu-Mecklenburgs verlassen hatte, kreuzte sie nach der Nordost-Seite von Neu-Pommern hinüber, erreichte dieselbe nach Ausführung von oceanographischen Beobachtungen auf 3° 57' S-Br und 152° 10,7' O-Lg (Station 112) in 1244 Meter Wassertiefe bereits am nächsten Tage, lief in die durch den Besuch des englischen Kriegsschiffes „Blanche" erst 1872 bekannt gewordene Blanche-Bai ein und ankerte in dem einen Theil derselben bildenden *Greethafen*.

Da die Verhältnisse für naturwissenschaftliche Forschungen und Sammlungen besonders günstig waren, und gleichzeitig sich auch Gelegenheit bot, gutes trockenes Holz zu erhalten, so wurde hier ein Aufenthalt von fünf Tagen genommen, in welcher Zeit die Bai mit ihren beiden Häfen, *Simpson-* und *Greethafen,* und ihrer Umgebung aufgenommen, Land und Leute kennen gelernt wurden. Auch gelang es, für die Schiffsbesatzung nicht nur einige Gerichte der den Kartoffeln sehr nahestehenden Taros und Bananen, sondern sogar frisches Fleisch in Gestalt von Schweinen und Hühnern und Eier zu erwerben, was für den Gesundheitszustand der auf der Reise wiederholt so lange Zeit auf Seekost angewiesenen Mannschaft ohne Zweifel von grossem Gewinn war.

Hydrographische Forschungen und Küstenbeschreibung.

Der östliche Theil der Insel Neu-Pommern besitzt eine von derjenigen Neu-Mecklenburgs und Neu-Hannovers ganz verschiedene Natur, wie sich dies schon in der äusseren Erscheinung des ge-sichteten Landes kennzeichnete. In Stelle des durchlaufenden Gebirgszuges jener Inseln kam hier zunächst, schon auf 60 Seemeilen Entfernung, ein einzelner hoher kegelförmiger Berg, die „Mutter", in Sicht, dem sich zu beiden Seiten die ihm ganz ähnlichen, aber etwas niedrigeren „Töchter" an-schliessen und durch ihre regelmässige Kegelform sogleich den vulkanischen Charakter, wenigstens des nördlichen und östlichen Theiles, der Insel verrathen.

Dieser Theil, d. h. die Halbinsel, welche fast rechtwinklig nach Norden zu an die lange ost- und westwärts gestreckte Insel angesetzt erscheint und den St. Georgs-Kanal im Westen begrenzt, und die, nur in losem Zusammenhange mit dem übrigen Theile Neu-Pommerns stehend und daher einer besonderen Bezeichnung bedürfend, *Gazelle-Halbinsel* genannt wurde, ist ein welliges Hügelland, welches nach Nordosten, aus Tuffgestein bestehend, nicht höher als 100 bis 250 Meter ist und, nach West allmählich ansteigend, einen Gebirgszug mit dem mehrspitzigen hohen Berg Studer in der Gegend des Kap Lambert (Nordwest-Spitze) besitzt, während 20 Seemeilen südlich des Kap Stephens (Nordost-Spitze) ein ziemlich isolirter flachkegeliger Berg von ca. 500 Meter Höhe, der Varzin-Berg (Beautemps-Beaupré) den ungefähr halb so hohen ihn umgebenden Hügelzügen entsteigt.

Vor der nordöstlichen Spitze dieses Hügellandes liegt nun eine schmale, in südöstlicher Richtung verlaufende und 10 Seemeilen lange Halbinsel, die Krater-Halbinsel, welche fast in einer geraden Linie dicht bei einander zwischen Kap Stephens und Praed-Spitze die drei eben genannten Berge trägt: die „Mutter" in der Mitte und zu jeder Seite eine „Tochter". Erstere ist 635 Meter, die nord-westliche Tochter 576 Meter, die südöstliche 474 Meter hoch.

Erst über 25 Meilen südlich des Kap Stephens beginnt in der Gegend des Kap Palliser auf ungefähr 4° 35′ S-Br auch die Ostküste der Halbinsel zu einem Gebirgsrücken anzusteigen, welcher an denjenigen von Neu-Hannover und einen Theil desjenigen von Neu-Mecklenburg dadurch erinnert, dass er keine ausgeprägten Kuppen besitzt. Weiter nach Westen hin wird dann die Insel ein vollkommenes Gebirgsland mit hohen Rücken und Kuppen.

Küsten und Baien. Wenn man sich von Nordwest der *Gazelle-Halbinsel* nähert, wird man schon auf eine Entfernung von über 60 Seemeilen den Berg Studer bei Kap Lambert und später mit der hier nicht ganz niedrigen Küste einen Berg bei Kap Naumann und die Mutter und Töchter, diese aber vom Lande losgelöst, sichten; von Süd durch den St. Georgs-Kanal kommend, sieht man andererseits bereits, bevor man die Breite des Carteret-Hafens erreicht, den Berg Varzin und die Mutter und Töchter rechts von ihm aus dem Wasser tauchen, während das niedrigere Hügelland der Nordost-Küste noch lange unter dem Horizonte bleibt.

Kap Lambert bildet von NNO, in 40 bis 45 Seemeilen Entfernung gesehen einen zweihügeligen Vorsprung, von dem westlich scheinbar eine zweihügelige Insel liegt. Es ist dies wahrscheinlich das westlichste noch unbenannte Kap der Gazelle-Halbinsel. Sowohl *Kap Stephens* wie *Kap Naumann*, welches zwischen den Kaps Lambert und Stephens liegt, sind verhältnissmässig niedrige Ausläufer höherer Berge. Die Insel *Man*, zwischen den Kaps Stephens und Naumann gelegen, ist ca. 200 Meter hoch mit gebrochenem Kamm, jedoch ohne eigentliche Gipfel, gefurcht und mit Vegetation bedeckt, welche aber vielfach den kahlen, bunten Fels durchscheinen lässt, so dass die Insel in wechselnder Färbung erscheint.

Die Insel *Neu-Lauenburg* (York) ist grossentheils von mittlerer Höhe und ganz mit Vegetation bedeckt. Die Nordwest-Spitze ist der höchste Theil, etwa 100 Meter oder etwas mehr sich erhebend.

Die vorerwähnte *Krater-Halbinsel*, welche, trotzdem sie nur einen schmalen Streifen bildet, drei grossen Bergen und einigen an der Rückseite gelegenen noch rauchenden Kratern als Basis dient, hängt nur an ihrer Nordwest-Spitze durch einen schmalen Landstrich mit der Gazelle-Halbinsel zusammen und bildet so hinter sich die grosse und schöne Blanche-Bai mit ihren beiden ausgezeichneten Häfen, dem Simpson- und Greet-Hafen. Jene drei Berge präsentiren sich als eine imposante und gleichzeitig malerische Gruppe. Die nahe zusammenliegende *Mutter* und *südliche Tochter* sind dem Aussehen nach jedenfalls ausgebrannte Krater und, aus einiger Entfernung betrachtet, sich zum Verwechseln ähnlich; die *nördliche Tochter*, auf breiterer Grundlage ruhend, hat weniger Kraterform und

BLANCHE · BAI, NEU · POMMERN
Nach Aufnahme S.M.S. „Gazelle" 1875
Höhen & Tiefen in Metern

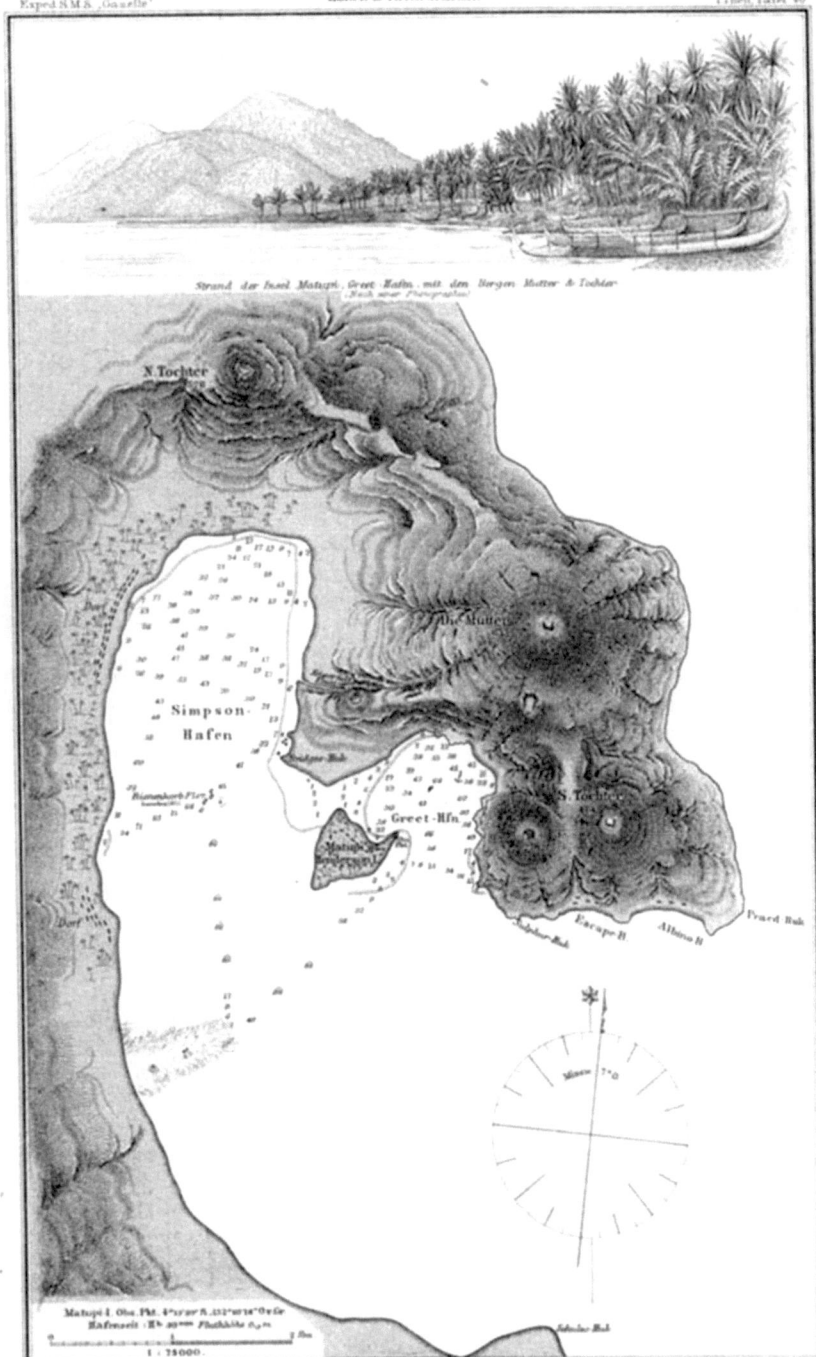

Strand der Insel Matupi, Greet Hafen, mit den Bergen Mutter & Tochter
(Nach einer Photographie)

N. Tochter

Die Mutter

Simpson · Hafen

S. Tochter

Greet · Rfn.

Matupi Insel

Dorf

Dorf

Escape B.

Albine B.

Praed Buk

Missw. 7°O

Matupi I. Obs. Pkt. 4°11'20" S. 152°10'18" O v. Gr.
Hafenzeit : 11h 40min Fluthhöhe 0,50m

1 : 75000

ist wohl kein Vulkan gewesen. Während die höheren Berge auf Neu-Mecklenburg und Neu-Hannover grossentheils mit gleichförmiger dunkelgrüner Baumvegetation bedeckt sind, herrscht hier das röthliche und gelbgraue Gestein ganz und gar vor, oder es tritt in Abstürzen und Kämmen überall zwischen den dunklen, die Schluchten ausfüllenden Bäumen und den hellgrünen, mit Moos und Gras spärlich bedeckten abgeschrägten Flächen heraus, während ähnlich gefärbte, vielfach aber auch mit Palmen bestandene, niedere Hügelrücken den Uebergang zwischen den grossen Bergen vermitteln.

Ganz nahe der südlichen Tochter liegt die Südspitze der Halbinsel, Praed-Huk. Zwischen Kap Stephens und dieser Huk macht die Küste der Krater-Halbinsel einige Einbuchtungen, welche indess wegen grosser Wassertiefe zum Ankern nicht geeignet sind. Der nördliche Eingang zu der Blanche-Bai befindet sich zwischen der Praed-Huk und der 11 bis 12 Seemeilen entfernten Insel York, während der östliche, nur halb so breite zwischen der dicht an der Südwest-Spitze derselben Insel gelegenen *Breusing*-Insel und Kap Gazelle hindurchführt und noch durch zwei in seiner Mitte gelegene kleine Korallen-Inselchen, die *Credner-Inseln*, in zwei Strassen geschieden wird. Sowohl die nördliche wie die südliche Strasse des östlichen Zuganges scheinen rein von Riffen zu sein. Die nördliche Strasse des letzteren Zuganges, also die unmittelbar südlich der Breusing-Insel gelegene, ist indess nicht ausgelothet worden.

Während die See bei der Krater-Halbinsel tief bis dicht heran ist, gehen von der Südwest-Spitze Neu-Lauenburgs und der Breusing-Insel Riffe ca. eine Seemeile nach West heraus. Ebenso sind die Credner-Inseln mit einem Riffe umgeben, das aber nur nach Nord weiter als ungefähr eine halbe Seemeile sich herauszustrecken schien.

Die Süd- und Westküste der Blanche-Bai bestehen aus Hügelzügen von 100 bis 250 Meter Höhe, welche, aus nur theilweise bewaldetem Tuffgestein gebildet, einige Hundert Schritte von dem vielfach mit Palmen bestandenen Strande ziemlich steil ansteigen und eine hügelige Hochebene bilden. Diese Südküste endet ostwärts in dem gleichmässig in 50 bis 60 Meter Höhe verlaufenden, nach See aber steil abfallenden Kap Gazelle. Das Kap ist im Mondschein auf eine halbe bis eine Seemeile Entfernung passirt worden, ohne mit 28 Meter Leine irgendwo Grund zu erhalten, es schien indess, als sei es von einem kurzen Riff umgeben.

Von hier zieht sich die Küste südwärts zurück und springt erst bei Kap Palliser wieder nach Ost in den St. Georgs-Kanal hinein. Letzteres Kap erscheint als ein kurzer und niedriger Ausläufer eines hohen, zwischen ihm und Kap Buller gelegenen Gebirgszuges, von einer Art Kopf allmählich zum Meere sich senkend.

Ungefähr acht Seemeilen westlich des Kap Gazelle springt die Südküste der Blanche-Bai etwas aus, welcher Punkt von der Bai aus gesehen dieselbe im Südost abzuschliessen scheint. Der Punkt war in der englischen Karte vom St. George-Channel (1873) Lesson-Spitze genannt und irrthümlich als östliches Kap eingezeichnet worden.

Die Küste kurvt von der Spitze Lesson aus der Westrichtung nach Nord und schliesslich nach Ost zurück, dadurch dass sie westlich hinter die Krater-Halbinsel tritt, den Simpson- und Greet-Hafen bildend. In der Mitte zwischen der Spitze Lesson und der Nordseite der Bucht (wo die Küste sich ostwärts wendet) ist wiederum ein Vorsprung, die Huk Schulze, während drei Seemeilen nord-westlich derselben eine schmale Korallenbank sich eine Seemeile weit quer ab von der Küste in nord-östlicher Richtung in die Bai hinein erstreckt. Einige Felsblöcke dieses Riffs, von denen die äussersten fast auf seiner Spitze liegen, zeigen sich über Wasser. Zwei Kabellängen in ONO davon sind 48 Meter Wasser, ebensoweit nördlich davon aber nur 9 bis 17 Meter.

Zu der anderen Küste der Bai übergehend, läuft von Praed-Huk, zu welcher die südliche Tochter abfällt, die Küste westlich zwei Seemeilen nach Sulphur-Huk und dann vier Kabellängen nach der Huk Taube, einer felsigen Spitze, zu welcher ein nordöstlich von ihr gelegener noch rauchender kahler Krater von 228 Meter Höhe und mit einer im Südwest davon gelegenen Seitenöffnung abfällt und welche den Greet-Hafen im Südost abschliesst. Die Küste bildet auf der Strecke Praed- und Sulphur-Huk zwei flache Einbuchtungen, die Albino- und Escape-Bai, von welchen die erstere gleich hinter der Praed-Huk liegt und Ankergrund (26 Meter) besitzt, wennschon man sie wegen der Nähe des Greet-Hafens als Ankerplatz schwerlich benutzen wird. Die Küste hat hier sowohl wie nach ihrer nördlichen Wendung hinter Sulphur-Huk genügende Wassertiefen bis dicht heran, ausser westlich der letzteren, wo sie von einer Bank in Breite einer Kabellänge umgeben ist.

Der *Greet-Hafen* entsteht durch eine 1 Seemeile tiefe Einbuchtung der südwestlichen (inneren) Küste der Krater-Halbinsel nach Nordost zwischen Sulphur- und der in WNW von ihr gelegenen niedrigen Bridges-Huk. Im Südwest wird diese Bucht von der palmenbedeckten Insel Matupi (oder Henderson) geschlossen, welche von Bridges-Huk nur durch einen ca. zwei Kabellängen breiten und 0,9 bis 1,8 Meter tiefen Kanal getrennt ist.

Drei Kabellängen östlich dieser Insel liegt zwischen ihr und der Huk Taube eine Stelle mit 5,5 bis 6,4 Meter Wassertiefe. Um in den Greet-Hafen zu laufen, halte man sich daher in nicht grösserer Entfernung als ein bis zwei Kabellängen von der Huk Taube.

In der Mitte des Hafens sind 58 bis 64 Meter Wasser. Man ankere entweder im nordwestlichen Theile auf 27 bis 37 Meter oder im nordöstlichen Theile auf 46 bis 55 Meter Wasser. Letzterer Platz ist der geschütztere, indess fällt hier der Meeresboden steiler zur Mitte ab als im nordwestlichen Theile. Der Boden ist grauer sandiger Schlick.

Eine zweite fast zwei Seemeilen tiefe Einbuchtung der Küste nach Nord hinter Bridges-Huk bildet den *Simpson-Hafen*, der, mehr als doppelt so gross als der Greet-Hafen, den Vorzug hat, in seinem nördlichen Theile geringere und allmählicher verflachende Wassertiefen zu besitzen. Eine Viertelseemeile vom Strande findet man überall noch genügende Tiefen zwischen 27 und 37 Meter auf der tieferen westlichen, und zwischen 27 bis 13 Meter auf der flacheren nördlichen und östlichen Seite.

In der Mitte des 1½ Seemeilen breiten Zuganges in den Hafen, gerade dem Verbindungskanal mit Greet-Hafen gegenüber liegt eine sehr charakteristische Felsgruppe, die der *Bienenkorb-Felsen*. Der eine Fels hat vollständig die Form eines Zuckerhuts resp. Bienenkorbs und ist 65 Meter hoch; nur von einer Seite bemerkt man einige schmale Absätze, auf denen sich Buschwerk befindet und auf dem einen sogar eine Palme und eine Hütte darunter, ganz eigenthümlich sich ausnehmend. Der andere durch ein bei Niedrigwasser trockenfallendes Riff mit dem Bienenkorb verbundene Fels hat eine breitere Basis und besitzt theils schroffe, theils gewölbte Formen. Ueberall nun, wo diese weissgrauen Tufffelsen einige Quadratmeter horizontalen Boden besitzen, sind Fischerhütten gebaut und einige Bäume und Sträucher gepflanzt; die sonderbarste Niederlassung, die man sich denken kann. Der Zugang zu dem stark bevölkerten Dorfe ist von der Nordseite.

Ein Riff erstreckt sich auf eine gute Kabellänge Entfernung von den Felsen in südöstlicher Richtung. Man kann östlich des Bienenkorb-Felsens passiren, darf sich aber auch nicht zu sehr der Bridges-Huk nähern, wo das Wasser flach ist. Die bessere Passage ist an der Westseite des Felsens, wo 55 bis 82 Meter Wasser sind.

Die West- und Nordküste des Simpson-Hafens ist genau dieselbe, wie sie als Südküste der Blanche-Bai bereits beschrieben wurde: eine fortlaufende, nach der Bai grossentheils steil abfallende Hügelreihe von 150 bis 200 Meter Höhe. Die Scenerie, welche die Ufer der beiden Häfen dem Auge bietet, ist eine selten pittoreske. Auf der einen, der Westseite, die Kette bräunlicher Tuffhügel mit hellgrünen Bananen- und Taro-Anpflanzungen in allen zwischen ihnen gebildeten Schluchten, zuweilen bis zum Gipfel mit den graziösen Kokospalmen bestanden, in weitem Bogen den dörfer- und palmenreichen Strand begleitend und allmählich zur nördlichen Tochter ansteigend; dort, in der Mitte, eine bewaldete und begraste Ebene zu Füssen der grossartigen hier nebst ihren Vorbergen dunkelbelaubten Mutter, sich nebst der Palmeninsel Matupi zwischen beide Buchten schiebend, und schliesslich auf der anderen, der Ostseite, an die regelmässig geformte südliche Tochter anlehnend, ein vegetationsloser Krater, dessen scharfrandige Oeffnung fast beständig Schwefeldampf ausathmet und der mit den braun- und rothgebrannten, zerspaltenen Seiten im Meere selbst fussend, das Bild abschliesst.

Leider existirt hier kein Fluss oder Bach mit trinkbarem Wasser. An mehreren Stellen rinnt Wasser in die See, es ist jedoch fast kochend heiss und mit Salz und Schwefel geschwängert. So findet sich in Simpson-Hafen nördlich von Bridges-Huk ein flussartiger Einschnitt, der tief in die niedrige Halbinsel hineingeht und zu beiden Seiten von steilen, felsigen Höhenzügen eingefasst ist. Sein salziges Wasser hat aber eine Temperatur von 50° bis 60° C., und überall entsteigen ihm Schwefeldünste, welche sich so stark äusserten, dass nicht nur die weisse Bleifarbe des Schiffes geschwärzt wurde, sondern auch Silber- und Goldsachen anliefen. Man kann ihn leicht mit einem Boote bis an sein Ende befahren.

Die Eingeborenen gewinnen das geringe Wasserquantum, dessen sie benöthigt sind, durch Graben eines Loches am Strande, dem sogleich Wasser entquillt. Jedoch ist dieses Wasser etwas brackig. Der poröse Tuffboden saugt jedenfalls alle Feuchtigkeit ein, ohne sie wieder abzugeben. Es ist wahrscheinlich, dass ordentlich gegrabene Brunnen gutes Wasser geben würden. Ungefähr eine Meile nordostwärts von Bridges-Huk wurde in den Vorhügeln der Mutter in einem Kraterkessel ein hübscher Teich mit sehr gutem Wasser gefunden, indess liegt er zu weit vom Strande, um Schiffen zum Einnehmen von Wasser dienen zu können.

Die Hafenzeit im Greet-Hafen, wo nur eine Fluth und eine Ebbe in 24 Stunden eintritt, ist ca. 2^h 30^m, und steigt das Wasser (kurz vor Vollmond) 0,88 Meter über den niedrigsten Wasserstand. Die Fluth läuft ungefähr 14, die Ebbe ungefähr 10 Stunden.

Winde, Strömung, Klima. Der Passat scheint bei den Inseln Neu-Hannover, Neu-Mecklenburg und Neu-Pommern entweder von den Inseln aufgefangen oder von dem Verlauf der Gebirge resp. Küsten derart beeinflusst zu werden, dass er meistentheils längs der Küste weht. So wurden in den Monaten Juli und August an der Nordwest-Küste Neu-Hannovers vorzugsweise nordöstliche Winde, an der Südwest-Küste dieser Insel, wie derjenigen Neu-Mecklenburgs vorzugsweise Südost- und Südsüdost-Winde gefunden. Die Winde waren aber fast ohne Ausnahme flau und fortgesetzt von Stillen unterbrochen. Stärke 3 bis 4 war das Maximum des vorherrschenden südöstlichen Windes, die gewöhnliche Stärke war indess kaum mehr als 1 bis 2. Nur in den seltenen Böen und im St. Georgs-Kanal nahm der Wind bis auf Stärke 5 bis 6 zu, in letzterem, wo er südlich ging, gleichzeitig eine hohe See erzeugend. An einigen Tagen kam er vorübergehend aus Richtungen zwischen Ost und Nordost und ein oder zwei Mal auch aus Nord und NNW.

Der Strom wurde längs der ganzen Südwest-Küste Neu-Hannovers und Neu-Mecklenburgs in westnordwestlicher Richtung setzend gefunden mit 0,5 bis 1,2 Knoten per Stunde. Am schwächsten war er unter Neu-Hannover und in der Mitte der Insel Neu-Mecklenburg, am stärksten vor der Byron-Strasse in dem Gazelle-Kanal am südlichen Theile Neu-Mecklenburgs (westlich vom Schluss-Kap) und herüber nach Neu-Pommern, sowie im St. Georgs-Kanal. Dagegen wurde dicht unter der Ostküste des südlichen Theiles von Neu-Mecklenburg (bei Kap Hunter und südlich desselben) kein nördlicher oder nordwestlicher Strom gefunden; derselbe scheint seinen Lauf mehr auf der Seite von Neu-Pommern zu nehmen.

Das Klima ist in den Monaten Juli und August ein erträgliches. Die Temperatur schwankte zwischen 23,4° und 31,5° C.; in der Regel hielt sie sich zwischen 25° und 29,5°. Die Extreme des Barometerstandes waren 760,6 und 765,5 Millimeter. Die täglichen periodischen Schwankungen sind ziemlich gut ausgeprägt, namentlich findet um 10 Uhr a. m. fast immer der höchste, um 2 Uhr p. m. der niedrigste Barometerstand statt. Eine Beziehung der sonstigen Schwankungen zu den Winden hat nicht ausfindig gemacht werden können, indem sowohl die höchsten, wie die niedrigsten Stände bei ein und denselben Windrichtungen vorkamen.

Regen, namentlich Regenböen, traten an der Küste Neu-Hannovers, wie derjenigen Neu-Mecklenburgs öfter auf, am meisten bei den mittleren und südlichen Theilen dieser Inseln, namentlich Neu-Mecklenburgs (Katharinen-Bai und Carteret-Hafen). Die Ueppigkeit der Vegetation, selbst auf ganz felsigem Boden, lässt darauf schliessen, dass auch zu anderen Jahreszeiten der Regenfall bedeutend ist. Anders scheint es aber mit der nördlichen Halbinsel Neu-Pommerns bestellt zu sein. Dort herrschte fast ununterbrochen trockenes Wetter, auch wurden die Berge dieser Halbinsel, während unter der Küste Neu-Mecklenburgs bei Regenwetter gekreuzt wurde, immer klar gesehen. Schliesslich lässt die dortige vergleichsweise spärliche Vegetation den Schluss ziehen, dass diese Insel in ihrem nördlichen Theile weniger Regenfall hat als Neu-Mecklenburg. Die Ursache hierfür würde darin zu finden sein, dass die Gebirge der letzteren Insel den östlichen Winden den Regen entziehen, bevor diese nach Neu-Pommern gelangen.

Geologische und zoologische Beobachtungen.

Was den geologischen Charakter der Insel anbelangt, so trat in dem von S. M. S. „Gazelle“ besuchten nordöstlichen Theile die vulkanische Natur derselben in unzweifelhafter Weise hervor. Ausser den vulkanischen Kegelbergen der Mutter und der beiden Töchter zeigten sich längs der ganzen Ostseite von Greet-Hafen Spuren noch nicht erloschener vulkanischer Thätigkeit, so namentlich durch die bereits erwähnten, sowohl an Land als auch unter Wasser dem Boden entsteigenden Schwefeldampfexhalationen. Das östliche Ufer des Hafens ist felsig, besteht nach dem Bericht des Dᴿ Studer aus dunkler Augitandesitlava und erhebt sich schnell zu den genannten vulkanischen Bergen. An die Südtochter lehnt sich von Westen noch ein kleiner abgestumpfter Vulkankegel, während ein von seinem Fusse ausgehender Lavawall den Berg im Norden mit der Mutter verbindet. Aus Gesteinsspalten dringen hier häufig heisse Dämpfe von Schwefelwasserstoff und schwefliger Säure hervor, die an der Ausmündungsstelle eine Temperatur von 91° C. haben. Die Poren des umliegenden Gesteins und die Ränder der Spalte sind mit sublimirtem Schwefel inkrustirt. Der Gipfel des kleinen Vulkankegels ist durch einen Krater eingenommen, der 2000 Schritt im Umfange misst und der, nach hinabgeworfenen Steinen zu urtheilen, etwa 90 Meter tief ist. Auf demselben liegen vulkanischer Sand, Asche und Stücke von schwarzer poröser Lava umher. Die Wände des Kessels sind theils senkrecht, aus zerklüfteter schwarzer Lava gebildet, theils mehr geneigt und mit Gebüsch und Gras bewachsen. Aus vielen Stellen der Wände steigen Schwefelgase auf und sublimiren gelben und weisslichen Schwefel in der Umgebung. An diesen Krater schliesst sich am Südwest-Abhange des Berges noch ein zweiter kleinerer Krater an, dessen Ränder mit Lavabrocken von Faustgrösse bedeckt, dessen Wände kahl und steil sind und aus schwarzer, stark zerklüfteter Augitlava bestehen. Auch hier steigen überall Schwefeldämpfe empor und lagern sich als rothe und gelbe Schwefelblumen an den Wänden ab.

F. Kretzschmar gez.

W.J.Heyn lith.

MÄNNERGRUPPE von NEU-POMMERN

Die Mutter besitzt keinen Krater mehr, sondern nur eine grosse flache, mit Gras bewachsene Einsenkung. An einen Ausläufer des Berges nach Westen lehnt sich ein kleiner Vulkan, der etwas niedriger, sonst ähnlich wie der vorher beschriebene ist. Der Rand des Kraters ist sehr schmal, die Wände des aus zerklüfteter Lava bestehenden Kessels ziemlich steil, der Boden mit einem sandigen Lehm bedeckt und an einigen Stellen mit Gras und Gebüsch bewachsen, hin und wieder durch Schlackenzüge, die zerspalten noch grosse Wärme ausathmen, bedeckt.

Das zwischen der Bergkette und dem Ostufer des Greet-Hafens liegende Land ist eine mit Gras und Busch bewachsene Ebene, deren Untergrund aus schwarzer Augitlava besteht. Ebenso wird der Hafen im Norden durch eine mit Palmen und Bananen bestandene und mit feinem vulkanischen Sand bedeckte Ebene begrenzt. Heisse Quellen finden sich, wie erwähnt, überall am Ostufer der Bucht, die theils Wasserdämpfe oder Schwefelwasserstoffdämpfe, theils armsdicke Sprudel emporsteigen lassen.

Auf dem das westliche Ufer der Bucht bildenden ca. 150 Meter hohen Gebirgszuge fand sich vulkanischer Tuff, schwarzer Augitandesitfels, Pechstein, Lava und Gerölle von feiner weisser Thonerde. Die Bienenkorb-Inseln in der Mitte der Bucht sind Felsen aus weissem vulkanischen Tuff, in dem Bruchstücke von Augitkrystallen und Augitlavastücken eingebacken sind.

Das *Thierleben* war im Allgemeinen etwas reicher als auf den übrigen Inseln des Bismarck-Archipels, doch von wilden Säugethieren war auch hier keine Spur zu finden, dagegen zeigten sich die Vögel in grosser Anzahl und mannigfaltigen Formen. Drei Papageien, der grosse Plictolophus ophthalmicus, ein rother und grüner Eclectus wurden von den Eingeborenen zum Kauf angeboten. Häufig zeigten sich Schwärme von Bienenfressern, zahlreiche Sauger, ein grosser schwarz und weisser Sporn-Kuckuck, Eisvögel, Tauben u. a. m. Das hohe Gras der Küste war stark bevölkert von einem Grossfusshuhn, Megapodius, 40 Centimeter lang, grauschwarz, Flügel, Schwanz und Rücken tombakbraun, eine nackte Stelle um die Augen, Wangen und Hals hochorangeroth, Schnabel orange mit schwarzer Wurzel. Seine Eier legt das Thier in röhrenförmige Löcher des Sandes.

Der Meeresboden der Bucht bestand in 50 bis 60 Meter Tiefe aus feinem braunen Schlamm mit kleinen Gesteinssplitterchen, an der Nordostseite, nahe bei Henderson-Insel, in 18 Meter Wasser fand sich feiner sandiger Schlick, näher der Insel kleine Lavasteine und Grus. Am Ostufer der Bai und am Westufer der Henderson-Inseln kamen Korallenriffe vor.

Die Felsen des Ostufers von Greet-Hafen sind bis $1\frac{1}{2}$ Meter über die Fluthhöhe mit kleinen Kammaustern bedeckt, tiefer mit Patellen, Neriten und Litorinen. Die zahlreichen heissen Wasserquellen scheinen das Thierleben nicht zu stören; so lebt die Auster an Stellen, wo sie beständig durch Wasser von 45° bespült wird, eine zur Süsswassergattung Neritina gehörende Schnecke lebte fast nur da, wo die Oberflächenschicht des Wassers erwärmt und wahrscheinlich süss war.

Die Fauna der tieferen Stellen des Hafens ist nicht reich, wohl aber die 1 bis $3\frac{1}{2}$ Meter-Bank zwischen Henderson und dem Festlande, wo in grosser Menge Holothurien lebten.

An Fischen ist die Bai sehr reich und wurden auch viele, namentlich bei den Bienenkorb-Inseln, darunter prachtvoll gefärbte Arten, gefangen, deren Aufzählung wir dem zoologischen Theile dieses Werkes überlassen.

Ethnologische Beobachtungen.

Die **Eingeborenen Neu-Pommerns** unterscheiden sich von den Bewohnern Neu-Hannovers und Neu-Mecklenburgs durch eine hellere Hautfarbe und etwas längeres nicht so krauses Haar; sie sind meistens kräftig und wohlgebaut, Krankheiten sind nicht aufgefallen.

Während auf den ersteren Inseln gewöhnlich nur ein kurzer Backenbart getragen wurde, ist hier ein spitzer Kinnbart gebräuchlich oder ein langer Vollbart, der den Leuten ein ganz würdiges Ansehen giebt, besonders den reiferen Männern, bei denen man auch oft graue Kopfhaare und kahlen Vorderkopf findet.[1]

An *Entstellungen des Körpers* kam die *Ohrläppchenerweiterung* selten vor, dagegen häufiger die *Nasendurchlöcherung* und eine *Nasentätowirung*, welche meistens Seeigel und eine rautenförmige Figur darstellte, und fast immer etwas seitwärts, oberhalb des Gesässes angebracht war; diese Figuren hatten etwa einen Durchmesser von 10 Centimeter.

Der *Charakter* der Bewohner schien ein gesetzter und friedfertiger zu sein; ohne Scheu und Aengstlichkeit besuchten sie das Schiff, und kamen öfters an Bord. Schon häufiger mit civilisirten Fremden in Berührung gekommen, hatten sie allerdings von ihrer naiven Kindlichkeit eingebüsst, dafür aber gelernt, Eisen-Instrumente, Zeugstoffe und dergleichen höher zu schätzen als bunten Tand, und diese Instrumente und was ihnen sonst an nützlichen Geräthen von Europäern überkommen war, für sich so gut wie möglich zu verwenden. Mit den nützlichen Artikeln sind natürlich auch Genussmittel eingeführt worden, und das Erste, was sie verlangten, indem sie ihre leeren Pfeifen vorzeigten, war Tabak. Ausser Tabak waren als Tauschartikel besonders Tücher, Messer und Beile geschätzt, die Nachfrage nach Messern war so gross, dass der vorhandene Vorrath lange nicht ausreichte und zur Massenfabrikation geschritten werden musste; eiserne Tonnenreifen und Platten lieferten das Material zu diesen primitiven Werkzeugen, die sogar ohne Holzgriffe doch reichen Absatz fanden. Trotz alledem hatten sie sich aber ihre Ursprünglichkeit ziemlich unverfälscht erhalten. So war ihnen Kleidung gänzlich unbekannt, selbst bei den Frauen wurde eine Bedeckung der Scham nicht gesehen.

Desto häufiger und verschiedenartiger war dagegen der *Schmuck*, der sich, wie die meisten anderen Industriegegenstände, in der Art ihrer Ausführung oder dem Material nicht unwesentlich von demjenigen der beiden anderen Inseln des Bismarck-Archipels unterscheidet. Er besteht hauptsächlich in Hals-, Arm-, Stirn-, Kopf- oder Haar- und Nasenschmuck, während Schmucksachen um den Leib seltener getragen wurden.

Als *Halsschmuck* wurden entweder Perlschnüre, mit Zähnen besetzte Bänder, Halsbänder von Perlen, solche von Perlen und Zähnen, in mehrfachen Windungen um den Hals geschlungen, oder einfache Bänder getragen. (Taf. 43, Fig. 2 u. 3.) Die letzteren, wenngleich häufig gesehen, schienen den Eingeborenen von einigem Werth zu sein. Mühsamer in ihrer Anfertigung, aber doch viel leichter zu erlangen waren mit kleinen Muscheln und Perlmutter besetzte aus Geflecht bestehende Halskragen. (Taf. 43, Fig. 4.) Perlmutterschalen wurden auf der Brust getragen.

Der *Armschmuck* bestand in Ringen von dem verschiedensten Material, unter dem Schildpatt und Muscheln am häufigsten vorkamen.

Die auffälligste Art des Schmuckes bildete der *Nasenflügelschmuck*, der vorher nur einmal, und zwar in Neu-Mecklenburg beobachtet war; derselbe bestand in Zähnen, Stacheln von Thieren oder Pflanzen, zuweilen auch aus Perlen oder Perlmutterstücken, welche in den Durchbohrungen der Nasenflügel befestigt wurden.

Das Durchbohren der Nasenscheidewand und das Hineinstecken von Stäben in dieselbe kam seltener vor.

Die *Waffen* bestehen in *Lanzen*, Keulen und Schleudern. Die ersteren werden vielfach durch Federn verziert (Taf. 43, Fig. 6), auch häufig Menschenknochen zu denselben verwendet, oder solche

[1] Weitere anthropologische Studien siehe Anhang I dieses Theils.

WEIBERGRUPPE VON NEU-POMMERN

1. Schmuckkeule aus hartem Holz, in der Mitte mit Blättern umwickelt und mit Federbüscheln, 1,33 m lang.

2. Halsband: Flechtwerk aus karmoisinrothen Blättern mit Rändern von Muschelsträngen, vorne dienen Zähne (Affenzähne?) und vier Knöpfchen aus Kokosnussschale als Verzierung; die Schnüre werden im Nacken festgebunden. Länge 51 cm.

3. Halsband aus Schnurgeflecht, mit karmoisinrothen Blättern überzogen; über das Mittelstück ist schwarzer Stoff gelegt; die Einfassung besteht aus Strängen aufgereihter, kleiner Muscheln, die Vorderseite verzieren kleine Sterne aus Perlmutter, ein kleines Gehänge aus Zähnen und Perlen muss beim Tragen wohl von der Mitte auf die Brust herabhängen, die Enden sind mit bunten Federn verziert. Länge 39 cm.

4. Anundi, Kragen aus Fädengeflecht mit eingeschnürten kleinen, weissen Muscheln und zangen-förmigen kleinen Verzierungen aus Schildpatt; 32 cm hoch, 22 cm breit.

5. Kokosnuss für Betelkalk mit eingeschnittenen Ornamenten; 7 cm hoch, 22 cm Umfang.

6. Rumu, Lanze aus hartem Holz mit buntem (43 cm langen) Federbüschel am Ende; 2,52 m lang.

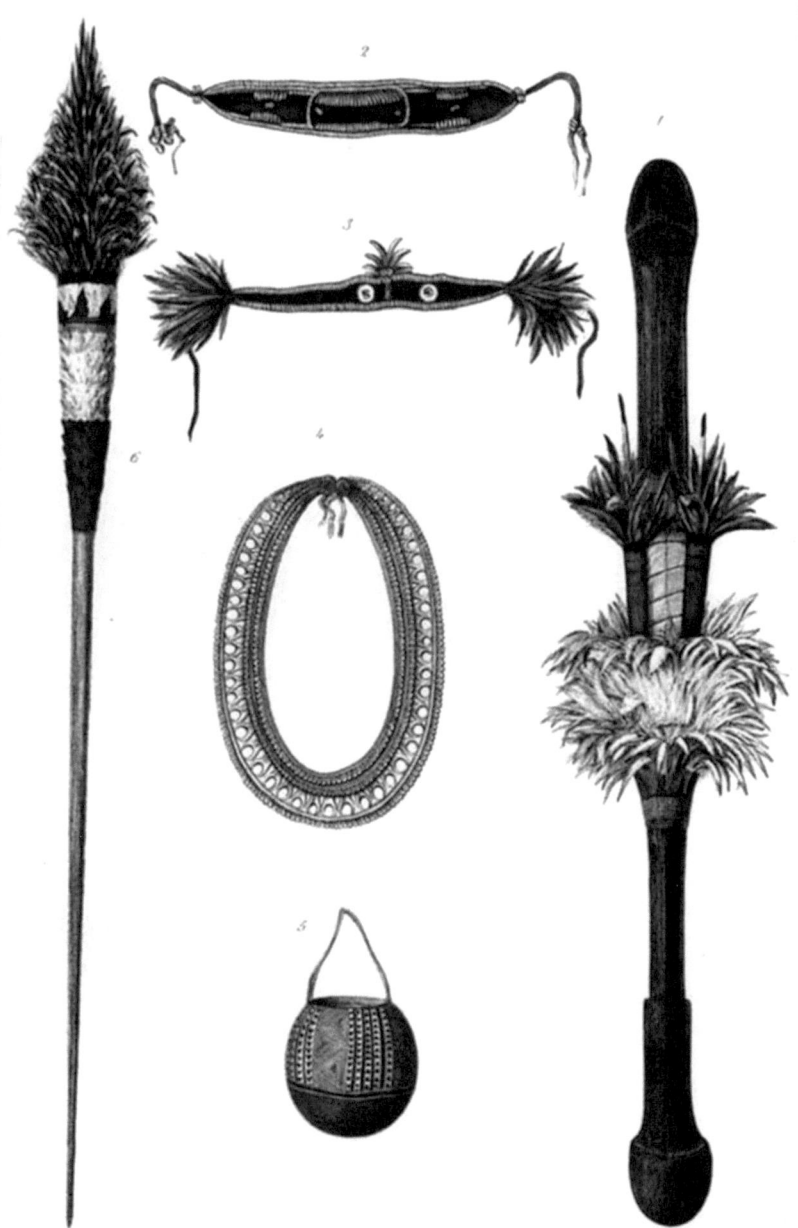

in Holz imitirt. Die *Keulen* bestehen entweder aus einem runden Stiel, auf welchen ein durchlochter rundlicher Stein aufgetrieben ist, oder ganz aus einem ziemlich schweren Holz mit dreieckigem spitzen Knauf. Die erstere Art ist allgemein verbreitet, die letztere dagegen selten.

Die *Schleudern* sind aus Kokosnussblättern und Bastschnüren gefertigt; als Wurfgeschoss für dieselben dienen Steine. Bogen und Pfeile giebt es nicht; ein Pfeil, der hier eingetauscht wurde, stammt wahrscheinlich von den Salomons-Inseln.

Von den vorgefundenen *Geräthen* sind hervorzuheben: Verzierte Gefässe aus Kokosnüssen mit eben solchem Deckel, Kalebassen und geflochtene Körbe.

Von *Musikinstrumenten* gab es die schon früher häufig angetroffene Maultrommel und Muschelglocken; von Flöten kamen nur Querflöten, und zwar eine längere und eine kürzere Art, vor, dagegen nicht die in Neu-Hannover und Neu-Mecklenburg gebräuchlichen Panflöten.

Von Tapa-Tuch wurden in der Blanche-Bai zum ersten Male grössere, aber nur zusammengesetzte Stücke gefunden.

Als *Fischereigeräthe* werden Netze und Handreusen gebraucht; letztere werden bei einem in Fahrt befindlichen Boote mit dem griffartigen Ende ins Wasser gehalten.

Die *Boote* sind meist bedeutend grösser als diejenigen Neu-Mecklenburgs und bestehen gewöhnlich aus einem Holzstamm, sind aber vielfach auch an jeder Seite mit einer niedrigen Planke versehen und mit eigenthümlichen hohen dünnen Endstücken, Schnäbeln, verziert. Die Befestigung des Auslegerbalkens — es ist stets nur einer vorhanden — geschieht auf ähnliche Weise, wie früher angegeben; die Anzahl der Träger richtet sich nach der Länge des Bootes und variirt etwa zwischen 5 und 9.

Auf *Wohnung* und *Nahrung* schien mehr Gewicht gelegt zu werden, als auf den anderen besuchten Inseln des Archipels. Bei den Hütten war sowohl in der Form als in der Ausführung ein wesentlicher Unterschied von denjenigen der letzteren zu konstatiren. Der Grundriss derselben ist länglich, an den Querseiten oval; die 2 bis 2½ Meter hohen Wände sind aus dünnen Bambusstäben hergestellt und werden durch mehrere horizontale dünne Ruthen gehalten. Das Dach besteht aus einem leichten Bambusgerüst, welches wenig über die Wände der Hütte übertritt und mit Palmblättern gedeckt ist. An beiden Seiten hat das Dachgerüst eine Art Thürmchen, auf dessen Spitze sich ein Rohrpuschel befindet. Das Innere der Häuser ist reinlich und mit gewöhnlichen Matten bedeckt; Gestelle oder dergleichen Gegenstände beherbergten sie nicht. Jede Hütte war mit einem leichten Bambuszaun umgeben, der aber vollen Einblick in den eingeschlossenen Raum gestattete. Diese Umzäunung hat wahrscheinlich keinen anderen Zweck, als den darin befindlichen Schweinen den Austritt zu verwehren. Die Hütten zeichneten sich besonders durch die ausserordentliche Sorgfalt, welche auf die Herstellung der einzelnen Theile verwendet war, sowie durch grosse im Innern und in den Hofräumen herrschende Reinlichkeit aus.

Auf den *Anbau von Feldfrüchten*, Taro, Yams, Bananen und Zuckerrohr, wurde viel Mühe verwendet, und jedes Fleckchen Boden, welches sich nur irgend dazu eignete, war bebaut.

An *Hausthieren* wurden Hühner und Schweine gehalten, welche, sowie der Ertrag der Fischerei, den Eingeborenen eine gute Kost gewährten.

Ueber *sociale Verhältnisse, Kultus* u. a. konnte wenig in Erfahrung gebracht werden. Auf der Insel Matupi befand sich unter einer grossen Anzahl auf derselben zerstreut liegender Häuser eine Art Gemeinde- oder Versammlungshaus, welches möglicherweise auch einem religiösen Zwecke diente. Es unterschied sich äusserlich von den gewöhnlichen Wohnhäusern durch seine Grösse und noch durch ein drittes in der Mitte des Daches gelegenes Thürmchen. Die äussere Wand des Hauses war nicht voll geschlossen, sondern wurde von Säulen getragen. In demselben wurden zwei Tanzkostüme aufbewahrt, mit welchen bekleidet die Eingeborenen in dem Hofraum des Gebäudes einen Tanz aufführten.

An der Spitze einzelner Gemeinden oder Bezirke stehen *Häuptlinge* (Kiáp), die an Macht und Ansehen auf verschiedener Stufe zu stehen schienen. So waren auf Matupi drei Häuptlinge, von denen einer, Namens Taumalong, der erste oder wenigstens der angesehenste war. Im Aeusseren unterschieden sich die Häuptlinge nicht von den übrigen Eingeborenen, besassen aber anscheinend ziemlich viel Autorität. Als z. B. Taumalong in seinem Boot längsseit der „Gazelle" war, wagte kein Eingeborener einen Tauschhandel abzuschliessen, ohne ihn vorher gefragt zu haben, ob der gebotene Tauschartikel als genügend anzusehen sei. Die Häuptlinge ruderten auch nie selbst im Boot, kümmerten sich überhaupt nicht um dasselbe, sondern überliessen die Sorge den Ruderern. —

Wie schon berichtet, lief S. M. S. „Gazelle" von der Blanche-Bai noch einmal hinüber nach Neu-Mecklenburg, um dort im Sulphur-Hafen vor dem Verlassen des Archipels Holz und Wasser einzunehmen. Zu der Fahrt dorthin, am 17. und 18. August, wurde die Passage zwischen Neu-Lauenburg — es ist dies eine aus mehreren Inseln bestehende Gruppe, nicht wie auf der damaligen Karte angegeben war, eine einzelne Insel — und Neu-Pommern gewählt, welche nach der neuesten auf Grund der Angaben der „Blanche" gefertigten englischen Karte durch eine Kette niedriger Inseln und Riffe geschlossen sein sollte. In Wirklichkeit existirte nichts davon ausser zwei kleinen Inseln, die aber an ganz anderer Stelle lagen, als jene angedeutete Kette.

Um den in der Segelordre für das Eintreffen in Auckland festgesetzten Termin, Anfang Oktober, innehalten zu können, musste bei der durch die Ungunst der Witterungs- und Strömungsverhältnisse bereits beträchtlich verzögerten Reise nach dem Verlassen des Sulphur-Hafens das weitere Anlaufen von Plätzen, soweit dies nicht etwa in Folge der besonderen Windverhältnisse ohne erheblichen Zeitaufwand geschehen konnte, resp. soweit die Einnahme von Holz und Wasser die darauf verwendete Zeit durch Dampfen mit dem gewonnenen Material nicht wieder einzubringen gestattete, aufgegeben werden. Es war diese Nothwendigkeit um so mehr zu bedauern, als namentlich der Bismarck-Archipel nach dem bisher Gesehenen für die naturwissenschaftliche Erforschung noch ein lohnendes und interessantes Feld geboten hätte.

Die Insel Bougainville, Salomons-Archipel.

Bei südöstlichem Kurse kamen am 24. August Abends kurz vor Sonnenuntergang die hohen Berge der nordwestlichsten und grössten Insel des Salomons-Archipels, der nach ihrem Entdecker, 1768, benannten Insel *Bougainville* in Sicht. Dieselbe östlich lassend, befand sich die „Gazelle" am nächsten Tage vor einer an der Westküste gelegenen, in der Karte nur angedeuteten, und auf derselben nördlich und südlich durch Riffe und eine punktirte Linie nahezu geschlossenen grösseren Bucht. Da es bei den immer noch flauen Winden zweckmässig erschien, das Holz aufzufüllen, und die Untersuchung der Bai von nautischem und wissenschaftlichem Werthe war, lief die „Gazelle" in dieselbe ein. Noch ausserhalb der Bai liess die Wasserprobe auf geringe Tiefen schliessen; einzelne auffallende Streifen voraus gaben Veranlassung, Boote zur Sondirung hinzusenden, während gleichzeitig vom Schiffe aus eine Tieflothung genommen wurde. Beide Messungen, vom Schiffe wie von den Booten, ergaben fast gleiche Wassertiefen, nämlich 88 bis 90 Meter. In dieser Entfernung vom Lande waren bei den anderen Inseln in der Regel über 1900 Meter gelothet, so dass die Verhältnisse der Bodenformation hier jedenfalls andere sein mussten. Nachdem lange die punktirte Linie der Karte

Expd. S.M.S. Gazelle.

I. Theil. Tafel 14

THEIL DER WEST-KÜSTE
von
BOUGAINVILLE I
Nach Aufnahmen S.M.S. Gazelle
1875
Maaßstab 1 : 200000

KAISERIN AUGUSTA-BAI

GAZELLE-HAFEN

Kaiserin Augusta Bai

überschritten war, kennzeichneten sich zwei Riffe durch die Wasserfarbe, auf welchen die hingeschickten Boote 5,6 Meter (3 Faden) als geringste Tiefe fanden. Weiter wurden in diesem nordwestlichen Theile der Bucht keinerlei Gefahren entdeckt, vielmehr nahm die Tiefe nach dem Innern der Bai hin ganz gleichmässig und sehr allmählich auf 56,5 und 47 Meter (30 und 28 Faden) ab.

Die mehrfach gesehenen Schaumstreifen, welche zuerst wie Brandung aussahen, erwiesen sich als durch Strömung erzeugt.

Die vom Gebirge aus nach der Bai entsendeten Bergrücken berechtigten zu der Hoffnung, im Innern derselben eine zum Ankern geeignete Bucht oder Flussmündung zu finden; dies war jedoch nicht der Fall, sondern überall kam ganz niedriges, gleichmässig verlaufendes Mangrove-Vorland in Sicht, welches im Süden der Bai eine weit ausspringende flache Halbinsel bildete. Hinter der westlichen Huk dieser Halbinsel wurde endlich in 32 Meter (17 Faden) Wasser ein guter Ankerplatz gefunden.

Hier wurde von Neuem Holz eingenommen, das sich in grosser Menge und guter Qualität vorfand, Wasser aus einem zwei Seemeilen entfernten Flusse aufgefüllt, die Bai vermessen, Pegel- und andere Beobachtungen angestellt. Leider machte das hinten den Strand umsäumende Mangrovedickicht es unmöglich, in der kurzen zu Gebote stehenden Zeit das bergige Hinterland zu erreichen.

Die Bai erhielt den Namen „Kaiserin Augusta-Bai" und die südliche kleine Einbuchtung „Gazelle-Hafen".

Nach den gemachten Beobachtungen ist diese ganze Insel im Innern sehr gebirgig, aber zum Theil mit niedrigem Lande umsäumt. Der Strand der Bai besteht, soweit er besucht wurde, aus vulkanischem Sande, in dem Bimsstein und Trachytgerölle liegen. Die am östlichen Ufer mündenden Bäche führen reinen vulkanischen Sand; an einem derselben liessen sich zwei niedere Uferterrassen nachweisen; die obere bestand aus abwechselnden Lagen vulkanischen Sandes und schwarzer Augit-krystalle.

Das Gebirge besteht nicht aus einer Masse oder einer einzelnen Kette, wie dies bei den meisten Inselgebirgen der Fall zu sein pflegt, es ist auch nicht von einer Gruppe von Bergen gebildet, sondern man erkennt zwei bestimmte Gebirgszüge, welche mehrere imposante Berg-gipfel besitzen. Namentlich die Kaiserin Augusta-Bai ist von einer Reihe grossartiger Bergzüge eingerahmt.

Im Norden der Bai erhebt sich das dort und im Westen ca. 1300 Meter hohe Kaiser-Gebirge auf ca. 5° 52′ S-Br und 154° 58′ O-Lg in symmetrischen Linien zu einem mit drei hervorragenden Spitzen gekrönten Bergplateau von ca. 3100 Meter Höhe.

Der Gebirgszug, welchem dieser majestätische Berg entsteigt, fällt nach der Mitte der Bai hin ab, und eine neue Bergkette, das Kronprinzen-Gebirge, beginnt mit einer vulkanischen Gruppe, welche, nur 8 bis 10 Seemeilen vom Ufer der Bai entfernt, aus einem kegelförmigen Berge mit einem zweispitzigen Grate und einem mit ihm durch eine Bergwand verbundenen spitzen, noch thätigen Vulkan besteht. Der letztere liegt auf ca. 6° 11′ S-Br und 155° 14′ O-Lg.

Ziemlich hohe Hügelzüge verbinden diese Gruppe mit einer weiteren südostwärts davon gelegenen Gruppe kegeliger und kuppiger Berge, unter welchen namentlich ein mehr im Hintergrunde gelegener Berg von kraterartiger Form hervorragt. Er ist über 2500 Meter hoch und liegt auf ungefähr 6° 27,3′ S-Br und 155° 47′ O-Lg.

Das die Berge vom Meere trennende flache Vorland ist mit einer reichen und üppigen Vegetation bedeckt, welche von Bord aus einen schönen und prächtigen Anblick bot. Gruppen von hohen Kasuarinen, mit Schlingpflanzen, namentlich Rotangpalmen, durchwachsen, standen zahlreich am Strande. Daneben breiteten die den Myrtengewächsen zugezählten Barringtonien ihre Aeste mit den grossen Laubblättern aus, geschmückt mit schönen rosenähnlichen Blüthen. Besonders fiel ein in der Nähe des Ankerplatzes befindlicher Hain von hohen weissästigen Bäumen durch die Reichhaltigkeit der Formen auf. „Stamm und Aeste einzelner dieser Bäume waren," so beschreibt ihn D<u>r</u> NAUMANN, „aufs Reichste bewachsen mit auf ihnen schmarotzenden, kletternden, rankenden und sie umschlingenden Gewächsen der verschiedensten Art, wie Moosen, Farnen, Lycopodien, Orchidaceen, Araceen und holzigen Schlingpflanzen der Dikotyledonen. Gleichsam einen· kleineren Wald unter des grösseren Waldes schattigem Laubdache aber bildeten Cycadeen und reizende 5 bis 10 Meter hohe Fieder- und auch Fächerpalmen, Scitamineen und Gebüsche von Farnkraut und Selaginellen".

An *Thieren* schien die Insel wenig belebt, während des kurzen Aufenthalts wurde jedenfalls nur eine geringe Anzahl gesehen. Von Vögeln wurde am häufigsten ein grosser weisser Kakadu, ein grosser Raubvogel und ein schwarzer Fliegenfänger beobachtet, welcher letztere auf Büschen nahe am Wasser aus den Ranken einer Schlingpflanze sein Nest gebaut hatte; ebendaselbst nistete auch eine grosse Baumschwalbe. An dem flachen Strande zeigten sich Reiher und Strandläufer. Tauben schienen dem Girren nach, welches man in den Wipfeln hörte, häufig zu sein, es wurde jedoch nur ein langschwänziges Exemplar mit zimmtbraunem Gefieder und rothen Füssen erlegt.

Die Reptilien lieferten einen grossen Gecko, der unter der Rinde eines Baumes sass.

Von Insekten und Schmetterlingen wurden nur einige Arten gesehen. Auf dem Sande lief neben einer gelben Ameise eine kleine Spinne herum, die auf den ersten Blick nicht von den Ameisen zu unterscheiden war.

Fische wurden in der südöstlichen Ausbuchtung der Bai sehr viele gefangen, doch nur wenige Arten und diese mit nicht bunten Farben.

Die *Kaiserin Augusta-Bai* beginnt nordwärts mit dem auf 6° 6,5′ S-Br und 154° 55′ O-Lg gelegenen Kap Moltke, bei welchem die von Nord kommende Küste die Richtung nach Südsüdost aufnimmt, und wird südwärts durch eine flache bewaldete, in die Bai nach Nordwest ausspringende Halbinsel begrenzt, welche in die niedrige Huk Hüsker ausläuft. Wenn schon die ganze Bai von einem Gürtel niedrigen, bewaldeten Vorlandes, das den Uebergang von den Bergen zur Küste bildet, eingefasst ist, so springt dasselbe im nordöstlichen Theile der Bai, wo es einen verhältnissmässig schmalen Saum bildet, doch nur wenig in die Augen, während es bei der südlichen Halbinsel weit in die See hinausgeschoben ist.

Das *Kap Moltke* ist die schrägabfallende Huk des ziemlich gleichmässig hohen Landes, welches hier in kurzer Ausdehnung den rasch ansteigenden Fuss des *Kaiser-Gebirges* umgiebt. Vor ihm wurde eine kleine Insel gesehen, indess gestattete die Entfernung nicht, die Lage und Gestalt derselben genau festzustellen.

Die Meerestiefen vor der Bai sind, wie bereits angeführt, im Gegensatz zu denen bei den meisten Inseln dieser Gegend schon in einiger Entfernung von der Küste nicht bedeutend, indem 14 Seemeilen von ihr 73 Meter gelothet wurden. Diese Tiefe nimmt ganz allmählich nach der Bai hin ab, welche in der Mitte ca. 55 Meter und ½ Seemeile von der Küste 9 bis 46 Meter tief ist.

Der Boden besteht aus einem grüngrauen sandigen Schlick, indess kommen etwas ausserhalb felsige Stellen vor, auf welchen die Korallen der Schifffahrt gefährliche Riffe aufgebaut haben.

Von solchen Riffen wurden die folgenden aufgefunden: je eines auf 6° 28,7′ S-Br und 155° 1,1′ O-Lg mit 5,5 Meter (3 Faden) Wasser, und auf 6° 28,2′ S-Br und 155° 1,7′ O-Lg mit ebenfalls 5,5 Meter (3 Faden) Wasser, ferner vier Riffe zwischen 6° 43′ S-Br und 155° 4,5′ O-Lg und 6° 47,5′ S-Br und 155° 1,3′ O-Lg mit 5,5 bis 14,6 Meter (3 bis 8 Faden) Wasser, endlich ein stark brandendes Riff auf 6° 50′ S-Br und 155° 8,5′ O-Lg.

Es ist hierbei zu bemerken, dass diese Riffe, ausser dem letztgenannten, weil sie sich während des statthabenden östlichen Windes in Lee der Insel befanden und noch einige Faden Wassertiefe über ihnen sind, nicht brandeten, also doppelt gefährlich sind. Es gilt dies namentlich von den beiden ersteren Riffen, weil diese das flachste Wasser haben; indess konnten die anderen Riffe nicht so genau ausgelothet werden, dass nicht auch bei ihnen die Möglichkeit des Vorhandenseins einzelner Stellen mit weniger als 5,5 Meter (3 Faden) vorläge, zumal die Tiefen auf ihnen ganz ungleichmässig sind und plötzliche Sprünge, z. B. von 28 Meter auf 13 Meter, vorkommen. Die tieferen Riffe kennzeichneten sich übrigens nicht so deutlich durch die Wasserfarbe, wie dies sonst bei Korallenriffen der Fall zu sein pflegt, so dass trotz der grössten Aufmerksamkeit S. M. S. „Gazelle" über das eine derselben gerieth und es erst darüberstehend gleichzeitig mit den Lothwürfen von 17 bis 13 Meter wahrnahm. Diese Riffe haben alle nur ¼ bis ½ Seemeile Ausdehnung.

Die Kaiserin Augusta-Bai bietet gute Ankerplätze unter der im Süden gelegenen flachen Halbinsel. Diese macht an ihrer inneren Küste eine Seemeile südöstlich der Huk Hüsker eine flache Einbuchtung. Man ankert in dieser Einbuchtung am besten, wenn man die sie westlich begrenzende Huk in W½N hat, auf 35 bis 40 Meter Wasser, und liegt dann 1½ Kabellängen vom Strande, gegen Wind und See vom Lande geschützt bis auf die Striche von W½N bis Nordwest.

Die Halbinsel verfolgt rückwärts ihre ostsüdöstliche Richtung nach der Ostküste der Kaiserin Augusta-Bai hin und bildet zwischen ihrer Ostsüdost-Spitze, der Huk Lindenberg, und der Küste eine hinter dieser Huk gelegene hübsche Bucht, den Gazelle-Hafen. Derselbe ist in seinem inneren Theile durch dort mündende Salzwasserkreeks versandet. Man kann indess im Eingange auf einer konvenirenden Wassertiefe völlig vor Winden geschützt ankern, wobei zu bemerken ist, dass das tiefere Wasser sich dicht an der Huk Lindenberg und an der ihr gerade gegenüberliegenden Küste befindet, während vom Innern der Bai sich in der Mitte auf eine kurze Distanz flacheres Wasser hinauserstreckt, als zu den Seiten.

Auf der Halbinsel finden sich viele abgestorbene Kasuarinen, welche ein vorzügliches Brennholz liefern, während etwaiger Wasserbedarf aus einem Flusse gedeckt werden kann, welcher in NO½O von dem erstbeschriebenen Ankerplatze hinter einer mit Korallenriff umgebenen Huk des Ostufers der Kaiserin Augusta-Bai mündet. Die Mündung ist zu flach zum Einlaufen grösserer Boote, so dass das Wasser entweder mittelst Druckwerks und Schläuchen oder mit Eimern in die Boote geschafft werden muss. Ein anderer Fluss, welcher nicht fern von den vorbeschriebenen Ankerplätzen fast am Eingange in den *Gazelle-Hafen* mündet, und in welchem man nach Passiren der flachen Mündungsbarre so bedeutende Wassertiefen findet, dass man ihn mehrere Meilen aufwärts befahren kann, empfiehlt sich zum Wasserholen nicht, weil sein Wasser noch weit aufwärts einen brackigen Geschmack hat. In den Gazelle-Hafen selbst ergiessen noch zwei Kreeks ihr Wasser über den Sandstrand, indess kommt dasselbe aus Mangrove-Seeen resp. Sümpfen und ist daher unbrauchbar.

Ebbe und Fluth. Hoch- und Niedrigwasser finden nur einmal in 24 Stunden statt, und zwar ist die ungefähre Hafenzeit 12ʰ 0ᵐ. Die Differenz zwischen Hoch- und Niedrigwasser betrug zwischen letztem Viertel und Neumond 1,0 Meter, wird also bei den Springfluthen etwas mehr sein. Die Fluth läuft ca. 9½, die Ebbe ca. 15 Stunden. Das Wasser fällt gegen Mitte der Ebbe einige Stunden sehr langsam, dann wieder rasch.

Im nordöstlichen Theile der Bai liegen an Flussmündungen verschiedene *Dörfer*. Aus einem dieser Flüsse erschien, durch die dort vermessenden Boote angelockt, ein ungewöhnlich grosses Kriegskanoe, das einmal 18, später 25 Mann beherbergte.

32*

Diese *Kanoes*, auf welche viel Arbeit verwendet zu werden scheint, haben im Gegensatz zu den im Bismarck-Archipel gesehenen keine Ausleger, sind dagegen fünf bis sechs Mal grösser und bestehen deshalb nicht aus einem Stück, sondern aus zusammengesetzten Planken, mit sehr hohem Vor- und Achtersteven.

Die *Eingeborenen* sind von dunkelbrauner, fast schwarzer Farbe und nicht bloss merkbar dunkler als diejenigen von Neu-Hannover, Neu-Mecklenburg und Neu-Pommern, sondern auch mangelhafter gebaut, das Haar dichter und wolliger und in der ganzen Erscheinung den Bewohnern von Neu-Guinea ähnlicher als denjenigen der vorgenannten Inseln. Sie gehen ebenfalls ganz nackend, haben die Ohrläppchen geschlitzt und die Nasenscheidewand durchbohrt, tragen in den Löchern aber selten Schmuck. Die Männer sind gewöhnlich tätowirt. Ihr Wesen ist misstrauisch, scheu und zurückhaltend, und ihre tückisch blitzenden Augen und ihre Physiognomien sind wenig Vertrauen erweckend. Die Kenntniss einiger englischen Wörter deutete auf Verkehr mit Fremden. Sie besitzen Töpfe, verwenden Eisen und kennen den Tabak und die Pfeife. Neben dem Rauchen ist Betelkauen ganz allgemein.

Die *Nahrungsmittel* bestehen vorzugsweise aus Vegetabilien, Yams, Taros, Kokosnüssen, Zuckerrohr und Bananen. Ueber den ihnen nachgesagten Kannibalismus konnte nichts Bestimmtes in Erfahrung gebracht werden.

An *Waffen* gebrauchen sie neben der Keule und dem Speer Pfeil und Bogen. Speere und Pfeile zeigen in der Herstellung erstaunliche Geschicklichkeit und Sorgfalt und sind gewöhnlich vergiftet.

Zu der Spitze des gewöhnlich aus Schilfrohr bestehenden Pfeils wird ein menschlicher Knochen verwandt, welcher, mit Widerhaken versehen, in einen verwesenden menschlichen Leichnam und dann wiederholt in den Saft einer giftigen Pflanze getaucht werden soll; die Spitze wird lose an dem Schaft befestigt, so dass sie beim Versuch, den Pfeil aus der Wunde herauszuziehen, in derselben zurückbleibt.

Von den Salomons-Inseln nach Brisbane.

Den Ausweg aus der Kaiserin Augusta-Bai nahm die „Gazelle" am 29. August Morgens an der südöstlichen Seite, um diese auf die Existenz etwaiger Gefahren zu untersuchen. Nachdem die Linie, in welcher die beim Einsegeln gefundenen 5,6 Meter-Riffe sich befanden, passirt war, also ausserhalb der eigentlichen Bai, erschienen verdächtige Stellen, und die Wassertiefe fiel von 58 auf 47 Meter. Bald liess die Wasserfarbe Korallenriffe auf beiden Seiten erkennen. Auf den nächsten wurden nicht unter 11 Meter gelothet, ein flacheres und grösseres blieb indess in einiger Entfernung an Backbord, und 6 bis 7 Seemeilen in Südost kam hohe und ausgedehnte Brandung in Sicht. Die flachen Stellen und die Brandung wurden so genau als thunlich festgelegt, die Ergebnisse sind bereits oben mitgetheilt.

Es schien damit die Rifflinie überschritten zu sein, da auch die allgemeine Wassertiefe zunahm. Als indess 1½ Seemeilen weiter aussen der Kurs südlicher gesetzt wurde, tauchte wieder eine verdächtige Stelle dicht voraus auf, welche in Folge veränderter Beleuchtung sich viel schlechter kennzeichnete, als die vorher passirten, und daher von dem Ausguckposten am Topp nicht bemerkt worden war, und obgleich die Maschine sofort stoppte und rückwärts ging, kam, wie schon oben angedeutet, das Schiff doch noch bis an den Rand des Riffes auf 13 Meter Wassertiefe. Nachdem dieses Riff südwärts passirt war, nahm die Wassertiefe bald auf 183 Meter (100 Faden) zu, und machten sich weitere Anzeichen flachen Wassers nicht mehr bemerkbar.

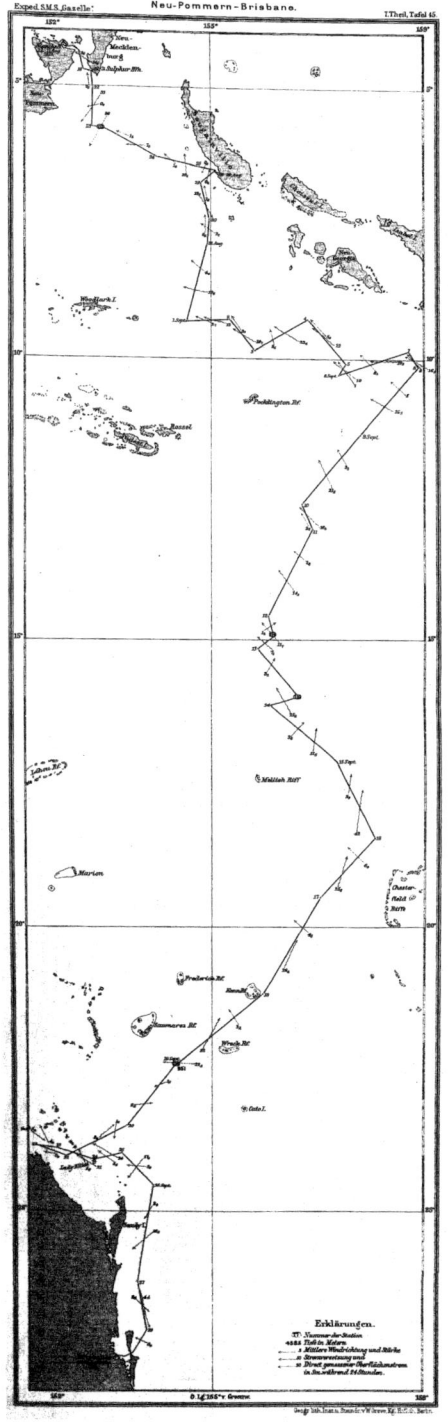

Beim Passiren der südlich von Bougainville liegenden kleinen Insel *Treasury* wurde ihre Position zu 7° 20,5' S-Br und 155° 26' O-Lg festgelegt, wonach dieselbe etwas nördlicher und westlicher fällt, als in der englischen Karte und den Segelhandbüchern angegeben war. Die Insel ist in der Mitte hoch, etwa 200 bis 300 Meter, ohne hervorragende Unebenheiten und läuft nach Nordwest allmählich in eine niedrige Spitze aus. Von den beiden Südostspitzen verläuft die westlichere ebenfalls flach, die andere ist höher und etwas hügelig. Die südlich davon gelegenen *Stirling-Inseln*, welche dem an der Südwestseite von Treasury liegenden Blanche-Hafen im Süden Schutz gewähren, sind niedrig.

Der *Südost-Passat* scheint unter den Salomons-Inseln, namentlich südlich von Bougainville, im August und September einen ganz anderen Charakter anzunehmen als nördlich davon. Während hier, von der Nordspitze Neu-Hannovers an bis zum 7. Breitenparallel, der Wind stets flau war, mit Ausnahme auf der Fahrt von Blanche-Bai nach Sulphur-Hafen, wo ein steifer Südost eine hohe See im Georgs-Kanal erregte und das Wetter, abgesehen von wenigen bald vorübergehenden Regenböen, schön war, trat gleich südlich von Bougainville ein ununterbrochener Wechsel von Flauten mit Regenböen und von Stürmen in Begleitung regnerischen, dicken Wetters ein. Schon gleich nach dem Verlassen der Kaiserin Augusta-Bai liess eine starke Südsüdost-Dünung, welche das Schiff verhinderte, trotz leidlich frischer Briese mehr als 1 bis 2 Knoten zu laufen, darauf schliessen, dass der Passat weiter südlich viel kräftiger sein müsse.

Die Winde wehten zunächst vorherrschend aus den Richtungen zwischen SEzE und SSE, ab und zu aber auch aus den übrigen Richtungen zwischen Süd und Ost. In den englischen Windkarten ist gerade hier keine Windrichtung angegeben; der etwas weiter westlich verzeichnete aus Südsüdost zeigende Pfeil passt nicht für diese Gegend, da dies keineswegs die Hauptrichtung ist. Auch die weiter südlich angetroffenen Windrichtungen, sowie die Stromverhältnisse stimmten nicht mit jenen Wind- und Stromkarten überein. In denselben ist für diese Jahreszeit, Juli bis September, zwischen 155° und 160° östlicher Länge ausschliesslich ESE-Wind bis zu 15° S-Br und SSE-Wind bis zu 20° S-Br angegeben. Mit Ausnahme von einigen Stunden, wo auf 14½° Breite flauer ESE-Wind herrschte, sind obige Windrichtungen im September *gar nicht* vorgefunden, vielmehr stand bis 14½° S-Br frischer Passat mit gutem Wetter aus SE und SSE, und bis 19° S-Br frische Briese aus Richtungen zwischen SWzW und Süd.

Entgegengesetzt der unter den Salomons-Inseln angegebenen Südost-*Strömung* wurde beständig ein NWzW und West setzender Strom von ½ bis 1 Knoten Geschwindigkeit ermittelt. Nur westlich von Treasury lief eine unbedeutende Strömung nach SEzS, welche aus der Strasse zwischen Bougainville und den Choiseul-Inseln zu kommen scheint. Weiter südlich wurde bis zu 17° S-Br und 157° O-Lg eine nordwestliche Strömung von 0,3 bis 1,0 Knoten, und von da bis zum Kenn-Riff eine nordnordöstliche von 1,0 bis 1,8 Knoten Geschwindigkeit beobachtet.

Der gleich hinter Bougainville einsetzende und aus den Richtungen zwischen Süd und Ost wehende Sturm fing mit Südwind und etwas steigendem, dann fallendem Barometer an. Der Luftdruck schwankte in dieser Jahreszeit zwischen 761 und 766 Millimeter, die Temperatur zwischen 24° und 29° C.

Die „Gazelle" lag während des Sturmes östlich, um womöglich noch eine der Salomons-Inseln, Neu-Georgia oder Guadalcanar, anzulaufen und das inzwischen verbrauchte Holz wieder zu ersetzen. Obgleich das Schiff am 4. resp. 8. September nur wenige Seemeilen von den Inseln entfernt war, kamen sie wegen des dicken und regnerischen Wetters nicht in Sicht, und da bei der Unsichtigkeit der Atmosphäre eine grössere Annäherung nicht zu riskiren war, so wurde vom 8. September ab über Steuerbord-Bug segelnd nach Süden gesteuert, in der Absicht, nicht in direkter Tour über die Hebriden nach Auckland zu kreuzen, sondern zunächst einen australischen Hafen anzulaufen — Port Curtis war in Aussicht genommen —, um daselbst Kohlen einzunehmen. Es konnte hierdurch nicht nur die Reisedauer bedeutend gekürzt werden, sondern es war auch die Möglichkeit geboten, in der wichtigen Stromgegend zwischen Australien und Neu-Seeland Temperaturmessungen vorzunehmen, während dies auf der anderen Route ferner nicht mehr angängig gewesen wäre.

Auf der Strecke bis zu der australischen Küste mussten die *Tiefseeforschungen* des Kohlenmangels wegen unter Segel angestellt und daher sehr beschränkt werden. Wie zwischen Neu-Pommern und den Salomons-Inseln nur eine Station (113) gemacht wurde, so wurde zwischen den letzteren und der Küste Australiens ihre Zahl auf drei beschränkt (Station 114 bis 116); an Lothungen wurde nur eine ausgeführt und zwar bei verhältnissmässig flachem Wasser in der Nähe der Küste auf 22° 21′ S-Br und 154° 17,5′ O-Lg (Station 116). Hier wurde auch in 951 Meter Tiefe mit dem Grundnetz gefischt. Gelblicher, sandiger Schlamm mit zahlreichen Foraminiferenschalen und Schalen von Pteropoden wurde vom Grunde geschöpft. Thiere wurden nur wenige erbeutet, unter denselben einige Mollusken, ein Seestern und eine Rindenkoralle mit einem einfachen ruthenförmigen Stamm von 45 cm Höhe.

Um vor dem Einsteuern zwischen die der Ostküste Australiens vorlagernden zahlreichen Riffe die Chronometer in Uebereinstimmung mit den für diese Riffe in den englischen Karten angenommenen Längen zu bringen, wurde am 18. September *Kenn-Riff* angelaufen. Diese Vorsicht erwies sich als sehr gerechtfertigt, denn die Chronometer zeigten hiernach 20½ Längenminuten zu östlich, was allerdings bei der langen Seetour nichts Aussergewöhnliches war. Beobachtete Monddistanzen hatten schon vorher ein ähnliches Resultat ergeben. Auf dem Riffe waren mehrere Wracküberbleibsel sichtbar; die von Kapitän Denham 1854 auf Kap Observatory errichtete Stange stand noch.

In Folge flauer Winde, welche jetzt bei sehr schönem Wetter und angenehmer Temperatur eintraten, erreichte die „Gazelle" den Eingang zu *Port Curtis* erst am 21. September Nachts, wobei das letzte Holz verbrannt wurde. Der am nächsten Morgen an Bord kommende Lootse brachte die wenig tröstliche Nachricht mit, dass trotz der hier ziemlich lebhaft betriebenen Dampfschifffahrt und des Kohlenreichthums von Australien weder in Port Curtis noch in der nicht weit entfernten, am Fitzroy-Flusse gelegenen grösseren Handelsstadt Rockhampton Kohlen oder Holz zu haben seien. Es wurde deshalb nicht in den Hafen eingelaufen, sondern nur Boote nach dem 15 Seemeilen entfernten kleinen Orte Gladstone geschickt, um frischen Proviant für die Besatzung zu holen, dessen dieselbe dringend benöthigt war.

Nachdem derselbe in genügender Menge nach Wunsch erlangt war, ging die „Gazelle" am nächsten Morgen wieder in See, um nach Brisbane zu segeln, und hatte mehrere Tage zwischen den Riffen gegen den stürmisch gewordenen Südost anzukreuzen.

Von der starken südwestlichen *Strömung*, welche nach den Stromkarten längs der Nordostküste von Australien setzen soll und sich bei der Insel *Sandy*, der Küste folgend, südlich wendet, wurde — wenigstens auf der ersten Strecke — nichts bemerkt, dagegen machte sich ein starker Strom zwischen NE und WNW fühlbar. Erst auf der Breite von Sandy ging der Strom von NW über SW nach Süd. Es hat demnach den Anschein, als spalte sich zu gewissen Jahreszeiten wenigstens der von Ost auf die Insel Sandy setzende Strom in einen Arm, der nordwärts, und einen anderen Arm, der südwärts läuft.

Die Küste zwischen der Halbinsel *Rodds* und *Round Hill* und noch weiter südlicher ist hoch, so dass Round Hill auf eine Entfernung von über 40 Seemeilen, die dahinter liegenden Berge noch weiter gesehen wurden. Die Wassertiefen der Karte in der Gegend von *Bustard Head* und *Round Hill Head* schienen nicht genau zu sein, indem die Lothungen dort in der Regel um 4 bis 9 Meter grössere Tiefen ergaben.

Beim Passiren der Insel No. 1 der Bunker-Gruppe wurde auf dem sich nach Nordost weit hinausstreckenden Riff ein wohlerhaltenes Wrack gesehen.

Die Passagen nördlich und südlich der *Lady Elliot-Insel*, auf welcher sich mehrere Häuser befanden, wurden frei von Untiefen gefunden.

In den Küstenkarten fand sich westlich der Lady Elliot-Insel ein grösserer Raum ohne Lothungen. Derselbe wurde von der „Gazelle" einige Male unter beständigem Lothen bis zu 22 und 26 Meter durchlaufen, ohne Anzeichen von Untiefen zu entdecken.

Auf *Great Sandy-Insel* liegen bei Waddy- und Indian-Spitze keine einzelnen Berge, wie dies die Zeichnung und namentlich die Höhenangaben der Küstenkarte vermuthen liessen, sondern dieser Theil scheint einen ziemlich gleichmässigen Rücken ohne in die Augen fallende Unebenheiten zu bilden.

Nach Passiren des Kap Sandy am 26. September kam bei darauf eintretendem flauen Winde und schwachem südlichen Strom am nächsten Abend *Kap Moreton* in Sicht.

Gleichzeitig setzte aber ein so stürmischer Wind aus Nord und in der Nacht ein so starker südöstlich laufender Strom, dessen Geschwindigkeit am folgenden Tage zu $3^{1}/_{2}$ Knoten bestimmt wurde, ein, dass es kaum möglich war, das Kap Moreton zu halten. Mit den letzten Kohlen, die für den Nothfall aufgespart waren, wurde endlich am 29. September Vormittags die *Rhede von Brisbane* erreicht, nachdem die Nacht vorher am Eingang der Bai geankert war.

Wegen der geschilderten Witterungs- und Strömungsverhältnisse konnten die oceanographischen Forschungen an der Küste Australiens leider nicht, wie es erwünscht und beabsichtigt war, durchgeführt werden. Nur in der Nähe des Kap Moreton gelang es, mit dem Grundnetz eine reiche Beute zu erlangen. Neben dem aus Muschelfragmenten, Seeigel-Stacheln und kleinen Gesteinstheilchen bestehenden Sande brachte das Netz aus 140 Meter Tiefe an lebenden Thieren namentlich zahlreiche Würmer, Krebse und Muscheln zum Vorschein, Röhrenwürmer in Röhren von Kalk oder einer pergamentartigen Masse, eine Einzelkoralle, Flabellum, eine Anzahl kurzschwänziger Krabben, die bisher nur in Japan gefunden waren, ferner Einsiedlerkrebse, zierliche Stachelschnecken und Spindelschnecken.

Ueber die Resultate der **Oberflächenfischerei** lassen wir nach den Berichten von DR Studer ein Resumé folgen, welches das ganze durchsegelte Gebiet des Indischen Oceans und die weiteren Beobachtungen auf der Route bis Brisbane zusammenfasst.

Die eigentliche pelagische Fauna des Südindischen Oceans vom Aequator bis zu 35° südlicher Breite, sowie der Bandasee und der Südsee bis zu den Salomons-Inseln und von da nach Süden bis zum Wendekreise hat einen ziemlich einförmigen Charakter. Vorherrschend sind gewisse Röhrenquallen (Diphyesformen) und eine grosse Zahl von Hyperiden. Von Schizopoden findet sich eine Art Euphausia in ungeheurer Menge über das ganze Gebiet verbreitet; dieselbe bildete bei jedem Zug des Netzes die vorherrschende Thierform. Ruderschnecken sind ebenfalls konstante Vorkommnisse.

Als charakteristisch für diese Fauna kann auch ein kleiner Fisch, Scopelus, gelten, der namentlich Nachts beim Meeresleuchten heraufkam.

Während im westlichen Theile des Oceans bis zum 58. Grad östlicher Länge die Hyperiden zahlreich und mannigfaltig auftraten, wurden sie im östlichen Theile durch Pteropoden und Heteropoden verdrängt.

Eine Verschiedenheit war auch zwischen der Fauna am Tage und in der Nacht zu bemerken. Nachts fanden sich viel mehr Thiere ein und davon eine Anzahl nur während dieser Zeit. Hierhin gehören vor allen die Pyrosomen, welche schon durch das Mondlicht zum Verschwinden gebracht wurden. Beim Meeresleuchten, das einige Male mit grosser Intensität auftrat, war eine grosse Anzahl Thiere, namentlich Crustaceen, betheiligt. Alle diese Thiere strahlten grünes Licht aus, das nach dem Tode derselben sofort erlosch. Ausserdem leuchten aber auch die verwesenden, abgestossenen Schleimtheilchen. Das Netz, welches am Tage gebraucht und seines Inhalts entledigt war, leuchtete bei Berührung noch am Abend, ohne dass sich in seinen Maschen ausser Schleim die Gegenwart von Infusorien oder Algen nachweisen liess. Nie sah man spontanes Leuchten, sondern nur bei äusserem Reiz, Berührung mit der Schiffswand, dem Ruder, der Schraube u. s. w. Ausser diesen Agentien brachten auch die Wellen, wenn sie die sehr oberflächlich schwimmenden Pyrosomen trafen, ausserhalb des Schiffsbereichs Leuchten hervor. Als bestimmt Licht erzeugende Thiere wurden beobachtet: Diphyes, alle Arten; der Stamm leuchtet intensiv grün. Praya ebenso. Alciope, das ganze Thier leuchtet. Salda, mehrere Arten, deren Nucleus leuchtet. Pyrosoma, die kolossale Art, welche das Schiff vom 7. bis 19. April antraf, leuchtete in einem prachtvollen weissgrünen Lichte; dasselbe ging vom Nucleus der Einzelthiere aus, durchstrahlte den Gallertmantel und die Umgebung und gab ein Licht, bei welchem Buchstaben zu lesen waren und Gegenstände auf einen Fuss Entfernung noch erkannt werden konnten. Die Thiere schwammen nahe an der Oberfläche und sahen wie weissglühende Eisencylinder aus. Sie verschwanden, sowie der Mond die Nacht etwas erhellte; sobald der Mond aufging, waren alle weg, obschon ihr Licht selbst bei dem intensivsten Mondlicht im Wasser noch hätte gesehen werden müssen; auch das Netz brachte dann keine mehr herauf. Sehr geringer Lichtreiz scheint demnach die Thiere schon zu veranlassen, in die Tiefe zu gehen. Das Sinken und Steigen derselben muss sehr rasch vor sich gehen; am 18. April und den folgenden Tagen erschienen sie Morgens 4 Uhr sofort nach Untergang des Mondes, um mit Einbruch der Dämmerung sogleich wieder zu verschwinden; während des Tages und während des Theiles der Nacht, wo der Mond schien, war kein Thier mit dem Netz zu erlangen. Das Schiff hat in dem Pyrosomentreiben eine Strecke von 1700 Seemeilen, in gerader Linie gemessen 1530, zurückgelegt; eine Schätzung der Individuenzahl entzieht sich dabei jeder Rechnung.

Von leuchtenden Crustaceen wurden hauptsächlich beobachtet: Copepoden, verschiedene aber immer spärlich auftretende Calaniden, bei denen der ganze Unterleib leuchtete. Euphausia; bei dieser weit verbreiteten Form war es hauptsächlich eine rothe Stelle am Cephalothorax, welche intensiv leuchtete. Von Mollusken scheinen Cleodora und Hyalaea zu leuchten.

An Fischen wurde eigentliches Leuchten nur bei Leptocephalus beobachtet.

Gewisse Thiere fanden sich zahlreich nur an bestimmten Punkten des Gebietes, so die blaue Physalia nur von 67° 24′ bis 81° 42′ O-Lg; eine eigenthümliche Pyrosoma, deren Körper mit bandartigen rosafarbenen Fortsätzen versehen war, in 35° 36′ S-Br und 76° 21′ O-Lg, und in 34° 59′ S-Br und 77° 42′ O-Lg. Es war die beiden einzigen Male, dass diese Form auftrat, ohne dass in den hydrographischen Verhältnissen bedeutende Veränderungen eingetreten waren.

Sobald man sich einer Küste nähert, so mischen sich in die pelagischen Formen bald Larvenformen von Thieren, die sich in der Nähe von Küsten aufhalten; dahin gehören namentlich Krebslarven und eine grosse Zahl von kleinen Fischen.

Bei Annäherung an die australische Küste traten diese zuerst in 31° 20,6′ S-Br und 109° 33,4′ O-Lg auf, beinahe 5 Grad von dem nächsten Lande entfernt. Sie blieben während der ganzen Reise an der australischen Küste entlang und machten erst wieder 4 Grad von der Nordwest-Küste am

5. Mai der rein pelagischen Fauna Platz, um am nächsten Tage in 14° 23,7′ S-Br und 118° 16,3′ O-Lg jedoch wieder spärlich aufzutreten. Von hier an mischen sich die Thiere fast beständig zu den pelagischen Formen.

Ganz eigenthümlich war die Fauna, welche sich an das bei der Nordwestküste Australiens treibende Sargassum anschloss; meist waren es Fische und Schwimmkrabben mit der auch im Atlantischen Ocean am Sargassum vorkommenden kleinen Schnecke Litiopa. Die schützende Aehnlichkeit mit der Umgebung war bei diesen, wie es scheint, dem Sargassum eigenthümlichen Thieren ausserordentlich ausgesprochen.

Sehr interessant in Bezug auf die Beurtheilung von Thierwanderungen von Insel zu Insel war die Untersuchung der Thiere, die sich in treibendem Holz gesammelt hatten. Landformen wurden auf solchem nicht beobachtet, wohl aber kurzschwänzige Krabben. Ebenda fand sich auch die eigenthümliche meerbewohnende Wasserwanze Halobates, die sich gewöhnlich schaarenweise in den stillen Buchten des Mac Cluer-Golfes, von Neu-Hannover und Neu-Mecklenburg fand. Das Vorkommen derselben Art in 1° 4,5′ S-Br und 136° 49′ O-Lg beweist, dass das Thier auch auf offener See vorkommt und dadurch, dass es seine Eier an treibende Gegenstände heftet, eine pelagische Lebensweise führen kann, wodurch demselben eine grosse Verbreitung gesichert ist.

Das Vorkommen von Landvögeln und Landinsekten auf See kam nicht häufig zur Beobachtung. Von Insekten waren es Libellen und Schmetterlinge, die am weitesten von Land entfernt gefunden wurden. Von Landvögeln verflog sich nur ein Brachvogel weit in See auf das Schiff; das Thier, welches gefangen wurde, war schwach und bedeutend abgemagert.

Es bleibt noch übrig, die in diesem Gebiete auftretenden *Haie* zu erwähnen. Zwei Arten wurden getroffen, wovon eine nur einmal Nachts bei Meeresleuchten gefangen wurde. Das Thier war oben braun, unten heller mit dunkelbraunem Halsband, 26 Centimeter lang. Ein Leuchten wurde bei dem Thiere nicht beobachtet, obschon es nach dem Fang noch eine Zeit lang lebte. Die andere Art war eine Carcharias, graulich schwarz, unten weiss, Spitze der Rückenflosse und Brustflossen weiss. Solche Haie wurden am 7. Mai zwischen Australien und Timor, am 27. Mai in der Ombay-Strasse, am 1. Juli zwischen Neu-Guinea und den Admiralitäts-Inseln, am 14. Juli nahe bei Neu-Hannover und am 19. September in der Korallensee östlich von Australien gefangen. Die grössten Exemplare maassen bis 242 Centimeter. Die Thiere fanden sich gewöhnlich bei stillem Wetter ein und umkreisten namentlich während des Stillliegens beim Lothen etc. das Schiff, meist 3 bis 4 zusammen. Das Thier schnappte nach Allem, was ihm in den Weg kam, jede Art von Abfällen, Zinnbüchsen, Tauenden, alles wurde verschlungen. Namentlich war ein Ziel der Gier das Salzfleisch, welches vom Heck aus im Wasser hing, um ausgewässert zu werden. Auf die Angel bissen sie gleich, wenn als Köder Speck, Salzfleisch oder gar die Eingeweide eines frisch getödteten Kameraden daran befestigt waren. Nicht immer legte sich das Thier auf die Seite, wenn es seine Beute fassen wollte, sondern häufig stülpte es einfach seinen Rachen über dieselbe von oben her. Die Lebenszähigkeit des Thieres ist sehr gross; nachdem es eine Stunde lang in der Sonne zum Trocknen gelegen hatte, schlug es noch um sich. Nach zwei Stunden schlug beim Oeffnen des Körpers noch das Herz und setzte seine Thätigkeit nach seiner Entfernung aus dem Körper auf Reiz noch fort, ebenso zeigten sich die Nerven am Kopf noch reizbar. Der Mageninhalt der Thiere war sehr verschieden. Bei vielen war der Magen ganz leer, bei einem Männchen von 242 Centimeter Länge fand sich in demselben eine Meerschildkröte, deren Schild 34 Centimeter lang und 24 Centimeter breit war; erst die weichen Theile des Halses waren von der Verdauung angegriffen. In einem zweiten fand sich der Schnabel eines grossen Tintenfisches, in einem dritten die Reste eines Fisches und Federn eines Vogels; andere enthielten

Speck und Abfälle vom Schiff. Ein konstanter Begleiter des Haies war der Pilot. Das Thier hielt sich meist in grösserer Anzahl in der Nähe des Haies auf, besonders zu beiden Seiten der Rückenflosse oder der Schwanzflosse; einmal wurde ein solches Thier beobachtet, welches sich immer dicht vor der Nasenspitze des Haies hielt. Diese Fische folgen pünktlich jeder Schwenkung des Haies, wie durch einen Magneten dirigirt. Fast immer fand sich auch ein Schiffshalter (Echeneis) angeklebt, am häufigsten an der Rücken- oder Schwanzflosse befestigt. Das Thier war verschieden von der Art, welche sich an dem atlantischen Hai vorfand. Der Mechanismus ihrer Saugplatte ist sehr komplicirt, 68 Knorpelstückchen, jedes mit besonderen Muskeln versehen, helfen den jalousieartigen Apparat zusammensetzen.

Nach den Funden dieser Reise scheint der Hai kein echt pelagischer Fisch zu sein und sich nicht über 30 bis 40 Seemeilen von den Küsten zu entfernen.

Von 23° S-Br an veränderte sich an der australischen Küste die Fauna der Oberfläche. An die Stelle der sonst vorherrschenden Schizopoden und Amphipoden-Krebse traten jetzt namentlich pteropode und heteropode Mollusken auf und andere Arten von Hyalaea.

<hr />

Kapitel XIV.

Von Brisbane bis zu den Samoa-Inseln.

Brisbane; Quarantaine. Von Brisbane nach Auckland; Tiefseeforschungen; Hydrographische Beobachtungen an der Nordost-Küste Neuseelands. Auckland. Von Auckland nach den Fidji-Inseln. Die Fidji-Inseln; Matuku; Levuka auf Ovalau. Von den Fidji- nach den Tonga-Inseln. Die Tonga-Inseln; Vavu; Tongatabu; Lefuka. Von den Tonga- nach den Samoa-Inseln. Die Samoa-Inseln; Apia.

<hr />

Leider wurde die „Gazelle“ in *Brisbane* wegen epidemisch auftretenden Krankheitserscheinungen unter der Besatzung bedeutend länger aufgehalten, als beabsichtigt war.

Unter dem Einfluss des heissen Klimas und der langen Seekostverpflegung in Verbindung mit den Anstrengungen beim beständigen Kreuzen des Schiffes, dem Fällen und Einnehmen von Holz, waren mehrfach Erkrankungen an tropischen und typhösen Fiebern, Dysenterien und skorbutischen Affektionen aufgetreten, und in der kurzen Zeit von Anfang Juli bis Ende September war leider der Tod von fünf Leuten zu beklagen. In der letzten Zeit stieg die Krankenzahl bis auf 50, worunter sich bis 22 Fieberkranke befanden. Das typhöse Fieber hatte allmählich einen epidemischen Charakter angenommen, so dass die Gesundheitsbehörde in Brisbane über das Schiff gleich nach dem Eintreffen desselben daselbst Quarantaine verhängte. In Folge dessen war die Versorgung des Schiffes mit Kohlen, Wasser und Proviantartikeln eine höchst umständliche und zeitraubende und noch dadurch erschwert, dass die Kohlen, da sie in Brisbane nicht vorräthig waren, erst aus einer entfernten Grube herangeschafft werden mussten. Am 7. Oktober ging das Schiff nach der Quarantaine-Station bei der *Insel Peel*, woselbst alle Fieberkranken, soweit sie noch nicht rekonvalescent waren, in den dortselbst vorhandenen Baracken untergebracht wurden, das ganze Schiff, die Hängematten, wollenen Decken, das Zeug etc. wiederholt gereinigt, desinficirt und durchräuchert und jede Kommunikation der Gesunden mit der Krankenstation abgebrochen wurde. Hierdurch und durch Verabreichung einer möglichst

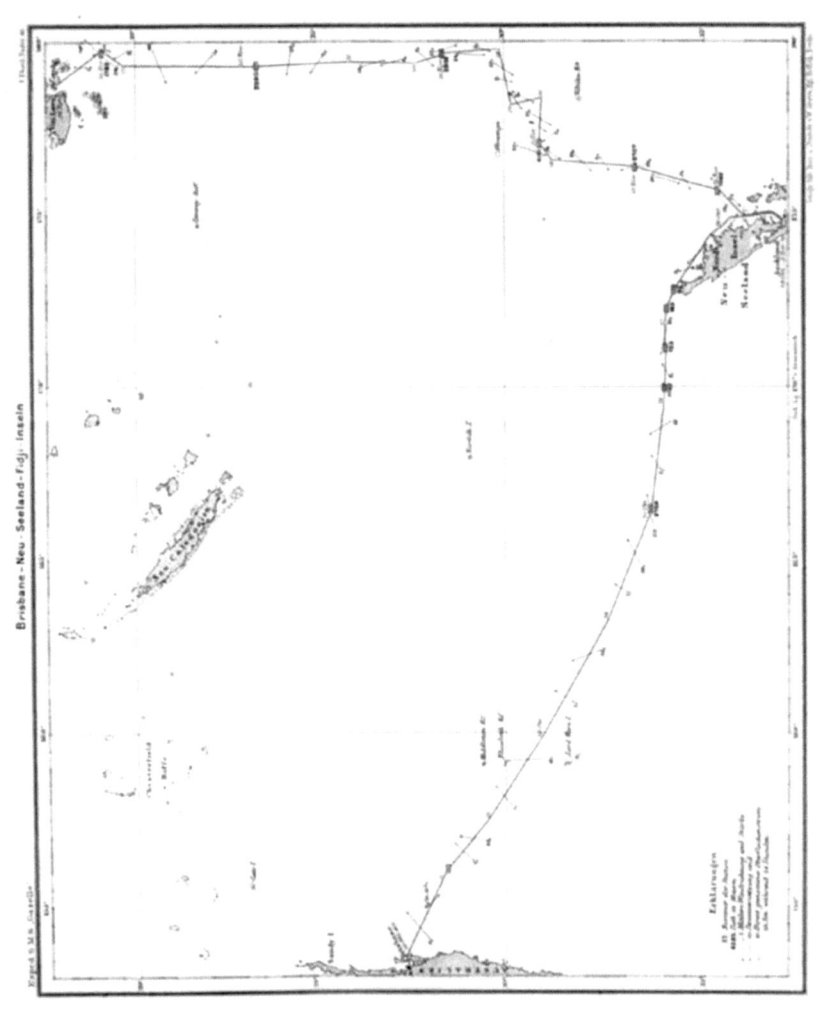

Brisbane - Neu - Seeland - Fidji - Inseln

kräftigen, ausschliesslich aus frischem Proviant bestehenden Kost und stärkender Getränke gelang es, dem .Umsichgreifen der Epidemie Einhalt zu thun, so dass bereits am 12. Oktober das Schiff aus der Quarantaine befreit werden konnte. Um jedoch die Wiedereinschiffung der Erkrankten, unter denen leider noch zwei Todesfälle vorkamen, ohne Gefahr bewerkstelligen zu können, musste der Aufenthalt noch bis zum 20. Oktober ausgedehnt werden. Während dieser Zeit wurde ein regel-mässiger Verkehr zwischen dem Schiff und Brisbane unterhalten und die Offiziere und Mannschaften sowohl Seitens der deutschen wie der englischen Bevölkerung mit Zuvorkommenheit aufgenommen.

Von Brisbane nach Auckland auf Neu-Seeland.

Beim Verlassen der Rhede am 20. Oktober musste die „Gazelle" gegen stürmischen Nordwind aus der Moreton-Bai nach See dampfen; in der folgenden Nacht ging der Wind unter heftigem Regen nach Westen und nahm am 21. zu einem schweren Sturm aus SW und WSW mit hoher See zu. Einer der zwischen Australien und Auckland fahrenden und damals in derselben Gegend befindlichen Postdampfer hatte in dem Sturm schwere Beschädigungen und den Verlust eines seiner Offiziere (eines Deutschen) zu beklagen, der von einer See über Bord gespült wurde. Die „Gazelle" erwies sich bei dieser Gelegenheit als vorzügliches Seeschiff, so dass sie nicht einmal genöthigt war, beizudrehen. Da das Middleton- und Elisabeth-Riff sich in Lee befanden, wurde mit Rücksicht auf den in den Strom-karten angegebenen starken Strom, bis zu 108 Seemeilen in 24 Stunden, an den folgenden Tagen, wo der Wind aus derselben Richtung stehen blieb, zur Verminderung der Abtrift zeitweilig mitgedampft. Gegen die Voraussetzung erfuhr das Schiff jedoch nur eine geringe Versetzung nach Nordost und Nord und passirte in der Nacht zum 23. Oktober zwischen dem Elisabeth-Riff und der Lord Howe-Insel, ohne dieselben in Sicht zu bekommen. Der Wind war günstig und frisch, so dass trotz des durch Nehmen von Lothungen und Temperaturmessungen veranlassten Aufenthaltes bereits am 27. Oktober früh die *Three Kings-Inseln* und die Nordspitze von Neu-Seeland gesichtet wurden.

Die ersteren sind felsige Inseln von schroffer Form und fast ganz ohne Vegetation. Das *Kap Maria van Diemen*, die nordwestlichste Spitze von Neu-Seeland oder die davor gelegene Insel, hat aus nördlicher Richtung in 19 bis 20 Seemeilen Entfernung gesehen die Form eines Keils, bei welchem die nach West gekehrte hohe Seite streifenförmig gebrochen zum Meere abfällt. Es wurden in dieser Entfernung weiter .östlich noch zwei andere inselartige Erhebungen sichtbar, von welchen die nächste eine ganz ähnliche keilförmige Gestalt hatte. Von dem mit einem Absatz ins Meer abfallenden Kap Reinga an erschien die Küste zusammenhängend, nur nochmals westlich von dem plateauförmigen Nord-Kap unterbrochen.

Westlich und nördlich von der Nordspitze Neuseelands wurden in kurzen Intervallen hinter einander vier Lothungen gemacht (Stationen 119—122), mit der ersteren, welche 1783 Meter Tiefe ergab, wurden Temperatur-, specifische Gewichts- und Strombestimmungen, mit den letzteren dreien, welche auf flacheres Wasser fielen, Grundschleppungen verbunden. Bei dem ersten Schleppzug in 732 Meter ·Tiefe wurde das Netz am Grunde unklar und kam umgestülpt und leer an die Oberfläche, nur in den Maschen hing ein Seestern, der mit einer aus dem Nordmeer bekannten Art, Archaster, identisch war. Das Loth gab felsigen Grund an. An der zweiten Stelle bestand der Meeresboden in 165 Meter Tiefe aus Sand von Muschelschalen und vulkanischen Gesteinen, und das Netz lieferte viele für die Wissenschaft neue Thiere, besonders Schwämme, theils Rindenschwämme von kugeliger Gestalt, theils Kieselschwämme von Blattform, sowie Rindenkorallen. Das Ergebniss des dritten Schleppzuges war

33*

ein ähnliches wie das des vorhergehenden. Der Sand des Meeresbodens war ebenso zusammengesetzt, nur grobkörniger. Die beiden übrigen noch auf dieser Reise gemachten Beobachtungsstationen fallen ziemlich weit auseinander, die erste (117) noch in den Bereich der australischen Küstenregion; schlechten Wetters wegen wurde keine Lothung auf derselben ausgeführt; auf der zweiten Station (118) wurde in 33° 40' S-Br und 166° 28,1' O-Lg, 2789 Meter, weisser Globigerinensand, gelothet.

Mit beschleunigter Fahrt, bis zu 13½ Knoten, lief die „Gazelle“ unter Dampf und Segel am 29. Oktober die Nordost-Küste von Neu-Seeland hinunter, um noch vor Abend in Auckland vor Anker zu kommen und einem der häufig an der Küste wehenden starken südlichen Winde, welcher die Reise noch zuletzt Tage lang hätte verzögern können, zu entgehen.

Beim Passiren der vor dem Kap Brett liegenden *Piercy-Insel* oder *Perforated Rock* wurde in einem Abstand von 4 Seemeilen nur eine Oeffnung, welche sich wie der Eingang in eine Höhle präsentirte, aber keine Durchbohrung, wahrgenommen.

Der *Sugarloaf Rock* hat erst von Osten gesehen die Gestalt eines Zuckerhutes. *Kap Tewara* oder *Bream Head* bietet durch seine schroffelsigen Formen einen interessanten Anblick. Aus der Ferne gesehen gleicht er einem hohen felsigen Berge, der eine grossartige Burgruine auf seinem Kamme trägt. Die nördlich vor dem Kap liegenden *Moro-tiri-Inseln* sind hoch, felsig und schroff.

Die weiter südlich gelegene *Little Barrier-Insel* fällt aus einer Höhe von 30 bis 40 Meter zu einer ganz niedrigen Spitze ab.

Erst nach Dunkelwerden wurde die vor dem Hafen von Auckland liegende Strasse zwischen der Insel Tiri-tiri und der Halbinsel Wanga Proa passirt und hinter der letzteren für die Nacht geankert, um am nächsten Morgen, den 29. Oktober, bei starkem Regen in den Hafen einzulaufen.

Auckland.

Auckland, die grösste Stadt der Nord-Insel von Neu-Seeland, auf einem schmalen Isthmus gelegen, welcher die die Ost- und Westseite der Insel bespülenden Gewässer trennt, bildete seit dem Bestehen der englischen Herrschaft über Neu-Seeland bis 1865 die Hauptstadt der Kolonie. Im December 1642 von dem niederländischen Kapitän Tasman entdeckt und zuerst von ihm Staatenland, dann Neu-Seeland genannt, blieb der Inselkomplex bis Ende des 18. Jahrhunderts ziemlich unbekannt, bis er im Jahre 1769 wieder von Cook auf seiner ersten grossen Reise besucht wurde. Dieser grosse Seefahrer und Entdecker hielt sich daselbst längere Zeit auf und versuchte unter den Bewohnern, den Maoris, welche wahrscheinlich nicht eingeboren, sondern eingewandert, und zwar der Sprache nach zu schliessen, aus nördlichen Gegenden und malayischen. Ursprungs sind und auch jetzt noch Theile von Neu-Seeland, besonders der Nord-Insel bevölkern, Civilisation zu verbreiten. Nach dieser Zeit wurden die Inseln gelegentlich von Walfischfängern aufgesucht und 1814 von der englischen Missionsgesellschaft bei der Insel-Bai, an der Nordost-Seite der Nord-Insel, eine Missionsstation, das jetzige Russel, errichtet, welcher es unter dem Schutze einiger Häuptlinge gelang, in segensreicher Wirkung sich zu entwickeln und Christenthnm und Civilisation zu verbreiten.

Im Jahre 1837 bildete sich unter Lord Durham die Neu-Seeland-Kompagnie, durch deren Bemühungen die Kolonisation Neu-Seelands von Seiten Grossbritanniens ins Werk gesetzt wurde, zu welchem Zwecke 1839 das Schiff „Tory“ unter Kommando des Colonel Wakefield entsendet wurde und an der Cook-Strasse die erste Niederlassung, das jetzige Wellington, gründete. 1840 wurde der erste Vertrag mit den Häuptlingen des Ngapuhi-Stammes, welcher die britische Oberhoheit anerkannte, abgeschlossen, und seit der Zeit hat sich dieselbe, allerdings nicht ohne Ueberwindung vielfacher Schwierigkeiten, über ganz Neu-Seeland ausgebreitet. Der erste Gouverneur der Kolonie, Lord Hobson, gründete in demselben Jahre Auckland, und blieb der Ort der Sitz der Regierung bis zum Jahre 1865, wo er nach dem centraler gelegenen Wellington verlegt wurde. Die Stadt Auckland bildet in Folge ihres vorzüglichen und für die grössten Schiffe zugänglichen Hafens und ihrer günstigen Lage und leichten Verbindung nach Ost und nach West einen Hauptverkehrs- und Handelsplatz von Neu-Seeland. Die anlaufenden Schiffe mit allen zu ihrer Ausrüstung dienenden Gegenständen versehend, landschaftlich schön gelegen, bietet es, auf beiden Seiten dem ausgleichenden Einfluss der See und der kühlenden Seewinde ausgesetzt, einen angenehmen Aufenthalt.

Die Formation des Landes zeigt einen ausgeprägt vulkanischen Ursprung; zahlreiche erloschene Vulkane, heisse Quellen und Seen geben Zeugniss davon.

Auckland selbst und die unmittelbare Umgebung gewähren freilich schwerlich dem Besucher ein Bild des neuseeländischen Charakters. Grüne Matten, umgeben von Weissdorn- und Rosenhecken, europäische Gärten, die Landhäuser zwischen Weiden und Eichen machen den Europäer vergessen, dass er hier fern von der Heimath weilt. In den Strassen der Stadt lärmt der Sperling, in den Eichen schlägt der Buchfink, in den Hecken singen die Grasmücken, und auf den Feldern schwärmt die Saatkrähe. Wo die Kultur in Neuseeland hindringt, scheint sie die einheimische organische Welt zu verdrängen und an ihre Stelle hauptsächlich lebenskräftigere europäische Produkte zu stellen. In einem Akklimatisationsgarten Aucklands gediehen alle Arten europäischer Nutz- und Zierpflanzen. Aehnlich geht es auch mit den Thieren, überall bürgern sich die europäischen Thiere ein und verdrängen die einheimischen. So existirten bereits 52 fremdländische, grösstentheils europäische Vogelarten, die sich zum Theil, wie der europäische Fasan, der Ringfasan, die Schopfwachtel, das Rebhuhn, der Sperling und die Saatkrähe, rasch vermehren und auch über die Wildniss ausdehnen.

Ein Ausflug nach den heissen Bädern von Waiwera und eine Fahrt den dort mündenden Fluss aufwärts gab erst Gelegenheit, die Natur des neuseeländischen Waldes kennen zu lernen, nach dem Bericht von Dr. Studer ein seltsames Gemisch von Koniferen, Palmen, Farnbäumen und immergrünen Laubhölzern. Die heissen Quellen kommen aus einem geschichteten Nordwest fallenden tertiären Sandstein und enthalten bei 42° Temperatur hauptsächlich Natronsalze, vorwiegend Kochsalz und etwas schwefelsaures Natron. Im Walde fiel die Armuth an thierischem Leben auf. Am Wasser sah man nur selten einen blauen Eisvogel, und die Stille des Waldes wurde höchstens unterbrochen durch den einfachen, aber melodischen Gesang des Tui Prosthemadera Novae Zeelandiae. Unter der Rinde eines morschen Baumes fand sich ein von den Eingeborenen als Heilmittel sehr geschätzter Wurm, Rhynchodesmus, von den eingeborenen Maoris Rata (Doktor) genannt. Der Wurm ist 6 Centimeter lang, lanzettförmig, das eine Ende spitz und sehr beweglich, an der Oberseite schwarzblau, mit weissen Seitenrändern und einem eben solchen über die Mittellinie laufenden Bande.

Während des vierzehntägigen Aufenthalts S. M. S. „Gazelle" in Auckland wurde neben der weiteren Ausrüstung des Schiffes an Proviant, Kohlen und anderem Material sowie dem Dichten der über Wasser liegenden Aussenbeplankung des Schiffes und sämmtlicher Decke, was in Folge der Austrocknung in den Tropen nothwendig geworden war, vorzugsweise eine gründliche Instandsetzung der Takelage vorgenommen, wozu bisher die Gelegenheit gemangelt hatte. Von dem kommandirenden englischen Seeoffizier wurden zum Unterbringen und Bearbeiten der Takelage bereitwilligst die Räume eines dort befindlichen Marinedepots zur Verfügung gestellt.

Von Auckland nach den Fidji-Inseln.

Nach Ausführung dieser ziemlich umfangreichen Arbeiten verliess die „Gazelle" am 11. November den Hafen und ging nach den Fidji-Inseln in See, und zwar abweichend von der Segelordre, nicht bis zum 170. Grad westlicher Länge zunächst ostwärts steuernd, sondern auf direkterem Kurse und nur bis zum 180. Grade nach Osten liegend, dann mit Nordkurs dem angegebenen Reiseziel zusteuernd. Die mehrfach eingetretene Verzögerung der Reise zwang den Kommandanten, um nur einigermaassen den für die Rückkehr in die Heimath festgesetzten Termin innezuhalten, Abweichungen von den vorgezeichneten Reiserouten zu machen und überall möglichst die kürzesten Routen, d. h. diejenigen, auf welchen die schnellste Passage zu erwarten war, zu wählen.

Nachdem während des ganzen Aufenthaltes in Auckland westliche und südliche Stürme geweht hatten, welche für die Fortsetzung der Reise günstig gewesen waren, traten mit dem Abgang des Schiffes flaue Briesen und Windstillen ein, die bald in anhaltende nordöstliche und nördliche Gegenwinde übergingen, so dass die „Gazelle" mit wenig Unterbrechung bis zum 20. November Abends, wo fast der 27. Breitenparallel erreicht war, kreuzen resp. dampfen musste und nur langsam vorwärts kam.

Die englischen Windkarten erwiesen sich hier wiederum als unzureichend, da nach ihnen in der ganzen von der „Gazelle" mit Winden zwischen Nord und ENE durchlaufenen Region solche Winde überhaupt nicht vorkommen. Die lange und schwere von Nordost stehende Dünung wies überdies darauf hin, dass der Wind lange und sehr stark aus dieser Richtung geweht haben musste. Es scheint sich auch hier die bereits im Indischen Ocean gemachte Erfahrung zu bestätigen, dass an den südlichen Grenzen der südöstlichen Passatzonen, namentlich auf und zu Seiten des 30. Breitenparallels nordöstliche Winde vorherrschend sind, die zuweilen von Ost und Südost, selten dagegen von anderen Winden unterbrochen werden, so dass man auf diesem Parallel für eine Reise ostwärts nicht viel mehr Chancen hat, als innerhalb der eigentlichen Passatregion selbst.

Lothungen, Temperaturreihen und die übrigen Meeresbeobachtungen wurden auf dieser Reise regelmässig und in ziemlich gleichen Intervallen ausgeführt. Sechs Stationen (123—128) wurden gemacht, deren Verbindungslinie in fast meridionaler Richtung verläuft.

Die grösste Tiefe liegt ungefähr auf dem ersten Drittel der Strecke von Neu-Seeland gerechnet; 4151 Meter wurde hier in 30° 52,8' S-Br und 177° 5,5' O-Lg (Station 125) gelothet. Die in dieser Tiefe gemessene Bodentemperatur von 2,0° ist gegenüber den auf den beiden anliegenden Stationen — 1,9° in 2707 Meter auf 33° 16,2' S-Br und 176° 25,7' O-Lg (Station 124) und dieselbe Temperatur in 2926 Meter Tiefe auf 28° 21,8' S-Br und 179° 40,4' O-Lg (Station 126) — sehr hoch und berechtigt zu der Vermuthung, dass die gefundene Depression durch eine Bodenschwelle, welche bis zu etwa 3000 Meter unter die Meeresoberfläche reicht, eingeschlossen wird.

Auf der ersten und letzten Station wurde auch mit dem Grundnetz gearbeitet. Aus 1092 Meter Tiefe brachte dasselbe auf Station 123 (35° 21' S-Br, 175° 40' O-Lg) grauen Muschelsand, einige Glasschwämme, zahlreiche Quallenpolypen, zum Theil mit verkalktem Skelett, Rindenkorallen, Seesterne und zahlreiche Moosthierchen herauf. Station 128 fiel schon in die Nähe der Insel Matuku, die Tiefe betrug hier 1783 Meter; verwitterte Bruchstücke von Korallen, loser aus Korallenfragmenten bestehender Sand mit schwarzen Mineraltheilchen gemischt bildete die Grundprobe; ausser derselben enthielt das Netz das Bruchstück eines Glasschwammes, Theile einer weit verbreiteten Gliederkoralle und einen eigenthümlichen Schlangenstern, dessen konisch erhabene Scheibe mit grossen fünfseitigen Platten bedeckt war.

Die Fidji-Inseln.

Da das stürmische Wetter in Auckland es unmöglich gemacht hatte, das Schiff zur Bestimmung der Deviation und der magnetischen Elemente zu schwingen, so lief die „Gazelle" am 23. November in den kleinen Hafen der bereits zum Fidji-Archipel gehörigen Insel **Matuku** ein, weil dieser, im Gegensatz zu dem Hafen von Levuka, in welchem die nächste Station gemacht werden sollte, in Lee des Landes gelegen ist und daher den für das Schwingen des Schiffes erforderlichen Schutz gegen den starken Südost-Passat zu gewähren versprach.

In naturwissenschaftlicher Beziehung wurde der eintägige Aufenthalt in Matuku hauptsächlich zu einem Besuch des die Insel umgebenden Korallenriffes benutzt. Die halbmondförmige, gegen Westen eine Bucht bildende Insel besteht aus vulkanischen Kegelbergen mit schwarzer Augitlava. Ein Saumriff umgiebt die Insel, löst sich aber vor der Bucht von der Küste und bildet ein Barriereriff, das einen Hafen mit nur schmaler Einfahrt abschliesst. In der Einfahrt findet man Tiefen von 35 bis 60 Meter, im Hafen durchschnittlich 30 Meter. Der Boden des letzteren besteht aus lehmigem hellem Sand ohne organisches Leben. Schmale Kanäle von 18—36 Meter Tiefe ziehen sich vom Hafen aus nördlich und südlich in das Saumriff hinein. Der sandige Boden derselben ist an den seichteren Stellen, wo sie sich dem Lande nähern, mit Seegräsern und Algen bewachsen und mit dunklen Lavageröllen bedeckt.

Nach Vollendung der magnetischen Beobachtungen ging die „Gazelle" am 25. November wieder in See nach **Levuka**, der auf der kleinen Insel Ovalau, östlich von Viti Levu, gelegenen Hauptniederlassung des Archipels.

Die Ankunft der „Gazelle" erfolgte zu einem für die Fidji-Insel sehr wichtigen Zeitabschnitte, indem erst vor kurzer Zeit die Annexion der Inselgruppe Seitens Grossbritanniens vollzogen war. Bis zum Ende des 18. Jahrhunderts zerfielen die Inseln des ganzen Archipels in eine Anzahl von einander unabhängiger und selbstständiger Distrikte, von denen sich naturgemäss allerdings einzelne durch Grösse und Macht hervorragende ein gewisses Uebergewicht über andere kleinere zu verschaffen wussten. Mit Hülfe einiger Europäer, welche im Jahre 1808, 165 Jahre nach der schon 1643 durch Tasman erfolgten Entdeckung des Archipels, an der dortigen klippenreichen Küste Schiffbruch erlitten hatten, und des von ihnen erlernten Gebrauches von Feuerwaffen gelang es dem Könige Naulivu von Mbau, den damals mächtigsten Staat der Inselgruppe, Verata im östlichen Viti Levu, zu unterdrücken, und seinen Nachfolgern, ihre Herrschaft noch weiter auszudehnen, so dass sie sich unter dem 1852 zur Regierung gelangten Könige Thakombau über den ganzen Archipel erstreckte. Den ersten Europäern folgten bald andere, und nachdem durch die energische und von ausserordentlichem Erfolg begleitete Thätigkeit der Missionare grössere Ruhe und Sicherheit, wenigstens in den Küstenländern, erzielt war, traten Einwanderungen in grösserem Maassstabe ein und mit ihnen zunehmender Verkehr und Handel. Durch eine hohe an ihn gestellte Geldforderung in Verlegenheit gesetzt, trug der König Thakombau 1858 der Grossbritannischen Regierung unter gewissen Bedingungen die Oberhoheit über den Archipel an; die Regierung lehnte jedoch den Antrag ab. Im Jahre 1874, als nach Einführung einer konstitutionellen Verfassung mit Ministern und Parlamenten nach europäischem Zuschnitt bei dem Erlass allerlei neuer Gesetze und Erhebung von Steuern Widerspruch von Seiten der europäischen Kolonisten erhoben wurde und die Zustände einen hohen Grad von Verwirrung annahmen, wiederholte Thakombau seinen Antrag, der diesmal von der Britischen Regierung angenommen wurde, in Folge dessen am 10. Oktober desselben Jahres die Abtretung des Archipels an Grossbritannien erfolgte. Im folgenden Jahre wurde Sir A. Gordon als Gouverneur der neuen Kolonie hinausgeschickt, der die Regierung am 1. September 1875 in aller Form übernahm.

Die *Eingeborenen* des Fidji-Archipels, von mittlerer Körpergrösse, kräftig und wohl gebaut, von dunkelbrauner Hautfarbe, meist flacher Nase, breitem Mund und dicken Lippen, zeichnen sich von Natur durch einen grausamen, hinterlistigen und rachsüchtigen Charakter aus, sind jedoch durch die Mission in kurzer Zeit zum grossen Theil zu sittlichen und vielfach charaktervollen Christen erzogen worden.

Die *Inseln*, zum grössten Theil vulkanischer, zum geringen korallischer Natur, mit gebirgigem Terrain, steilen hochragenden Piks und von üppiger Vegetation bedeckt, bieten einen romantischen wechselvollen Anblick. Der Boden ist zum grossen Theil überaus fruchtbar und ergiebig. Leider lagen jedoch die Pflanzungen sowie die ganzen wirthschaftlichen Verhältnisse zur Zeit sehr darnieder.

Die Baumwolle, welche nächst dem Sandelholz, das durch rücksichtsloses Schlagen so gut wie ausgerottet war, das für den Export hervorragendste Landesprodukt bildete, war in Folge unglücklicher Konjunkturen, vielleicht auch wegen Verschlechterung der Qualität, so sehr im Preise gefallen, dass sie in Ansehung der kostspieligen Produktion auf den Fidjis in Folge Arbeitermangels und den hohen Frachtsätze bis Europa nicht mehr mit der von den Südstaaten Nordamerikas und Westindien konkurriren konnte. Die Haupt-Baumwollpflanzungen, welche sich auf Viti Levu am Flusse Rewa und auf einzelnen anderen Inseln, namentlich Taviuni, befanden, waren seit 2 Jahren gänzlich eingegangen, und die Bebauung des Landes fast überall aufgegeben, so dass auf grossen Strecken, wo noch vor Kurzem blühende Pflanzungen bestanden — wie bei einer Exkursion nach dem Rewa konstatirt wurde — in Folge des überaus raschen Wachsthums aller Pflanzen bereits wieder undurchdringliche Wildniss herrschte.

In Stelle der Baumwolle begann man stellenweise Zuckerrohr zu bauen, was in kleinerem Maassstabe neben der Baumwolle schon früher geschehen war. Es war indess nur eine kleine Zuckermühle am Rewa, welche nur einen geringen Theil der Ernte bewältigen konnte.

Ausser Zucker wurde noch Mais in einigem Umfange gebaut und etwas Orangenkultur betrieben. Die meisten früheren Pflanzungen lagen jedoch zur Zeit vollkommen brach. Es ist dies hauptsächlich dem Mangel an Arbeitskräften für die Bebauung des Landes zuzuschreiben. Dieselben wurden nämlich bisher entweder durch Engagirung und Einführung von schwarzen Arbeitern aus den die Fidjis umgebenden Inseln oder durch Stellung von arbeitenden Fidjianern durch die Häuptlinge, in der Regel auf Anordnung des Königs Thakombau, gewonnen, welche einen verhältnissmässig sehr geringen Lohn erhielten. Der gänzliche Misserfolg der Baumwollernte hatte nun zur Folge, dass viele Landbesitzer ihre eingeführten Arbeiter nicht nur nicht bezahlen, sondern auch nach Ablauf ihres Kontraktes nicht nach ihrer Insel zurückbefördern konnten, so dass sich die Regierung nun veranlasst sah, diese Leute nach ihrer Heimath zurückzusenden. Was die Arbeit der Fidjianer betrifft, so lag auch diese darnieder, einerseits weil die Macht des Königs Thakombau aufgehört hatte, andererseits weil fast ein Drittel der eingeborenen Bevölkerung der Fidji-Inseln im letzten Jahre einer Masern- und Dysenterie-Epidemie erlegen war. Zur Zeit wurde hauptsächlich Kopra, Kokosnussöl, Mais, Schildkrötenschale, Trepang und Perlmutter für den Export gewonnen. Diese Gegenstände wurden zum grösseren Theil durch Tauschhandel von den Eingeborenen erworben, was durch eine Anzahl kleiner Schoner und Kutter bewerkstelligt wurde, indem dieselben beständig von Insel zu Insel segelten und die Produkte nach Levuka brachten.

Der Kommandant S. M. S. „Gazelle" stattete bei Gelegenheit einer in Begleitung mehrerer Offiziere unternommenen Exkursion nach Vitu Levu und auf dem Rewa dem Könige THAKOMBAU auf seiner kleinen Insel Mbau einen Besuch ab.

Der *Rewa* ist im Verhältniss zu der Grösse des Landes, welches er durchströmt, ein mächtiger Fluss, der mit mehreren Armen in die flache Bucht von Mbau mündet. Die letztere, in welcher sich die von dem Flusse mitgeführten Lehm- und Schlicktheilchen zu Bänken ablagern, enthält keine Korallen. Der Fluss kommt aus einer zackigen Bergkette von über 1200 Meter Höhe, welche die Insel von SSW nach NNO durchzieht. Das Flussbett ist seicht und das Wasser noch 40 Seemeilen oberhalb der Mündung von Ebbe und Fluth abhängig, was ein sehr geringes Gefälle auf dieser Strecke beweist.

Die Ufer sind am unteren Laufe flach, gegen die Mündung mit Mangroven, weiter oben mit wildem Zuckerrohr bewachsen. Zwischen 20 und 30 Seemeilen von der Mündung hebt sich das Ufer, an der konkaven Seite bilden sich Flussterrassen, an der andern Seite zeigt das Ufer dagegen steile Felswände. Die Terrassenbildung wechselt an den verschiedenen Ufern je nach der Krümmung.

Das Gestein, welches sich bis 50 Seemeilen stromaufwärts verfolgen lässt, ist durchgängig ein in dünne Platten geschichteter Sandstein, ziemlich glimmerhaltig, an einigen Stellen blätterig, mit Einlagerung von kohligen Partien und Stengelstücken. An einer Stelle oberhalb Clarence kamen am rechten Ufer Kohlen darin vor. Schon auf der kleinen, vor der Mündung des Rewa gelegenen Insel *Mbau* sieht man den Sandstein. Die Insel ist niedrig, flach, tafelförmig und trägt in der Mitte einen nach allen Seiten schroff abfallenden, oben flachen Hügel, welcher, aus festem Sandstein bestehend, kohlige Blätter, kleine Muschelstückchen und Foraminiferen enthält, nach oben zu locker wird und sich zuletzt mit einem gelben, thonigen Lehm bedeckt, der den Boden des Hügels ausmacht.

Der Fluss führt im unteren Theile Schlamm und Sand mit sich, erst bei der Zuckerfabrik Clarence treten hasel- bis wallnussgrosse Gerölle von Augitandesit, Granit und Glimmerschiefer auf. Auf der ersten Flussterrasse bei der Fabrik lagen ein paar grosse Gesteinsblöcke, einer von dem erwähnten Sandstein, der andere von einer Andesitbreccie. Weiter flussaufwärts fanden sich grössere Gerölle von grauem Granit mit Hornblende, grünem Glimmer, Glimmerschiefer und Andesit, sowie an der linksseitigen Terrasse ca. 20 Meter über dem Flusse auch grosse Blöcke von Augitandesit; die Blöcke sollen durch Eingeborene aus dem Flussbett heraufgeschafft sein.

Der Fluss wird von vielen Fischen belebt; Seefische gehen weit hinauf, Haie mit der Fluth 20 Seemeilen.

Der Weg nach dem Gehöft des Königs führte durch breite Strassen des auf der Insel liegenden Dorfes und über einen Platz, auf welchem die Wesleyanische Mission eine kleine Kirche baute. Die innerhalb eines abgezäunten Raumes liegenden, dem Könige als Wohn- und Wirthschaftsräume dienenden Gebäude, etwas ansehnlicher als die Strohhütten der Stadt, waren bis 12 Meter hoch, die Wände mit Palmstroh ausgefüllt und mit Laubwerk bekleidet, das Dach mit Palmstroh gedeckt. Im Wohnhause nahm ein einziger grosser Raum den grössten Theil des Inneren ein. Der Fussboden desselben war von sauberen, über trockenen Palmwedeln ausgebreiteten Matten bedeckt. In Abwesenheit des Königs wurden die Offiziere von der Königin empfangen, die unter einer Art Baldachin aus Tapatuch auf erhöhten Polstern sass und ein würdevolles feines Benehmen zur Schau trug. Abweichend von den sie umgebenden Dienerinnen, welche nach christlicher Sitte vollkommen bekleidet waren, trug sie den Oberkörper bis zu den Hüften entblösst; das krause Haar war nach Fidji-Art kurz geschnitten.

Sie liess Stühle bringen für die Gäste und denselben Kokosnussmilch zur Erfrischung bieten. Bald darauf erschien auch der König, ein würdiger 70jähriger Greis von kräftiger hoher Gestalt und markigen Gesichtszügen, der in freundlicher herzlicher Weise seine Gäste begrüsste. Bei der folgenden Mahlzeit, welche aus Thee, Taro und Fischen bestand, wurden zunächst die Gäste bewirthet, dann erst machte Thakombau und nach ihm die Königin, beide an der Erde kauernd, sich an die Gerichte, während die Dienerschaft jedesmal nach Beendigung der Mahlzeiten ihrer Herrschaften nach altem Fidji-brauch dreimal in die Hände klatschte. Dem Mahl schloss sich ein Gottesdienst an, indem ein Zögling der Mission auf den Tonga-Inseln einen Bibelabschnitt in der Fidjisprache vorlas und ein kurzes Gebet sprach, während der König und seine Umgebung in frommer Andacht und betender Stellung den Worten lauschten.

Erst am nächsten Morgen verliessen die Offiziere, von den liebenswürdigen Wirthen noch mit Erfrischungen für den weiten Weg ausgerüstet, das gastfreundliche Haus.

Der König, welcher grosses Interesse für Deutschland und die deutsche Kriegsmacht an den Tag gelegt hatte, erwiderte den Besuch an Bord kurz bevor das Schiff den Hafen von Levuka verliess, am 3. December, und schien von der Aufnahme sehr befriedigt, indem er den Aufenthalt so lange wie irgend möglich ausdehnte, noch dem Ankerlichten beizuwohnen wünschte und erst, nachdem das Schiff schon in Bewegung war, von Bord ging.

Von den Fidji- nach den Tonga-Inseln.

Nach Verlassen des Hafens wurde nordöstlich steuernd Kurs auf die Samoa-Inseln genommen und am folgenden Tage die *Nanuku-Strasse* passirt.

Die im Südosten derselben liegende Insel *Vatu-Rera* (Vara) oder Hat-Island hat nur geringe Aehnlichkeit mit einem Hute, welche zu dem letzteren Namen berechtigen könnte; sie gleicht eher einer umgekehrten Schüssel, ohne jedoch regelmässig geformt zu sein. Sie wurde bei Sonnenaufgang ca. 40 Seemeilen weit gesehen.

Ythata (Yathata oder Ylata), auch Cap Island genannt, trägt auf einer flach gewölbten Unterlage einen oben etwas abgeschrägten Hügel mit ziemlich steilen Seiten und hat etwas Aehnlichkeit mit einer Kappe, woher wohl die englische Bezeichnung stammt. Die Insel ist ungefähr 25 Seemeilen weit sichtbar.

Die in den Karten verzeichneten, WSW von Ythata gelegenen *Nugatobe-Riffe* müssen mit Bäumen bewachsen sein, da auf ca. 12 Seemeilen Entfernung bei sehr klarer Luft ein paar Baum-spitzen in Sicht kamen.[1]

Kanathia (Kanathea) trägt drei ziemlich gleich hohe Hügel und bildet, über 30 Seemeilen sichtbar, wegen der Regelmässigkeit dieser Hügel eine gute Marke. Die Südspitze der Insel ist niedriger als die Mitte und der nördliche Theil und endet mit einem kleinen Hügel. Von Norden gesehen tritt ein vierter grösserer Hügel, der östlich zu liegen scheint, hervor, während das niedrige Land im Süden nebst dem kleinen Hügel, welcher es abschliesst, verschwindet.

Von *Naitamba* kam von Westen gesehen eine schräge Erhöhung schon auf 30 Seemeilen Entfernung in Sicht, der übrige nördlich davon gelegene Theil ist von hier gesehen niedriger, und bis auf jene Erhöhung bilden die Konturen derselben fast eine gerade Linie. Für die Einsegelung in die Nanuku-Passage von Nordosten bildet die Insel eine gute Marke. Von Norden gesehen besteht ihr östlicher Theil aus drei hintereinander liegenden Keilen, deren hohe Kanten nach Osten zu liegen. Die vorerwähnte schräge Erhöhung bildet die hohe Seite des dritten und höchsten Keiles. Der

---

[1] Auf den jetzigen neueren Karten sind dieselben als Nugatolu-Inseln eingezeichnet.

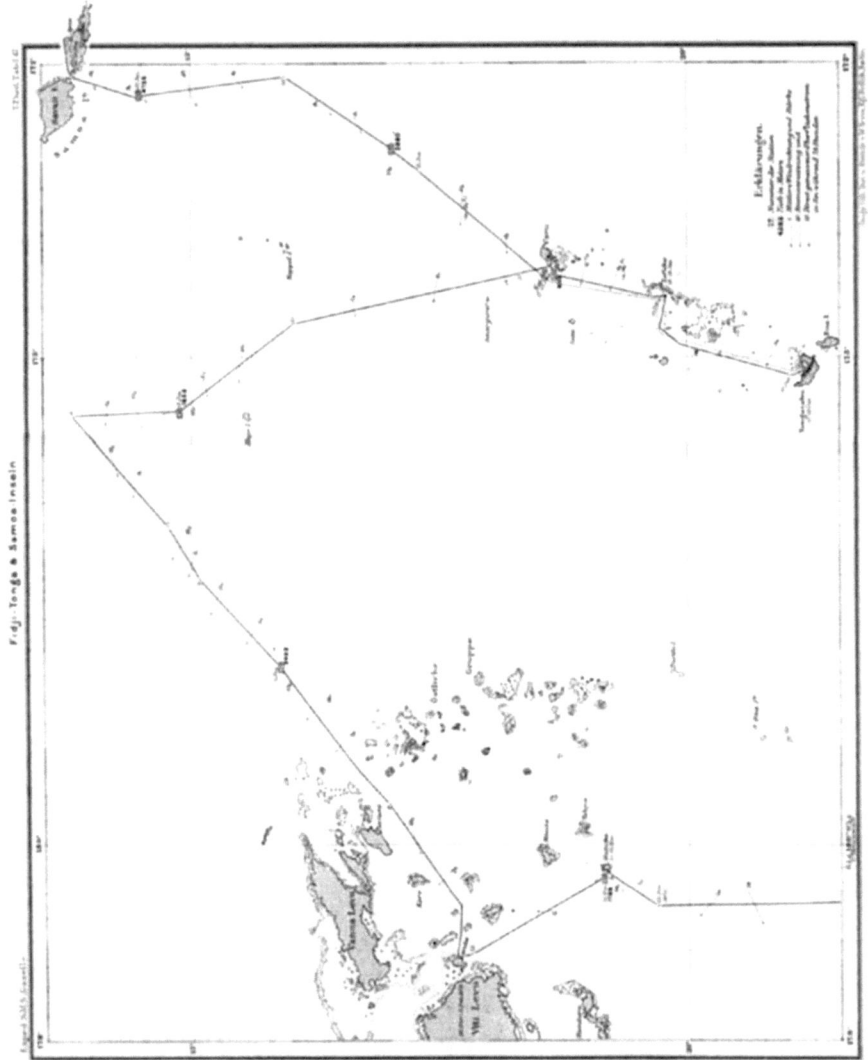

übrige (nordwestliche) Theil der Insel verläuft als sanfter Hügel, auf den ein im Westen ziemlich steil abfallendes Plateau folgt.

Taviuni oder *Vuna*, an der Westseite der Strasse gelegen, ist in der Mitte sehr hoch, fällt zur Südwestspitze mit unebener, zur Nordostspitze allmählich und in ebener Linie ab. An der Südostseite der Insel waren verschiedene Wasserfälle sichtbar.

Die ostwärts davon liegenden Inseln *Kamia* (Ngamia) und *Lauthala* sind erheblich niedriger und haben gebrochene hügelige Formen.

Von den beiden nördlichen Eingangsinseln der Strasse ist *Nanuku* ein sehr niedriges Koralleneiland, während *Yalangatala* oder Weilagitala (Wailangilala) lang gestreckt, aus zwei Theilen bestehend, ca. 50 bis 60 Meter hoch und 18 Seemeilen weit sichtbar ist. Oestlich von Nanuku wurden zwei einzelne Bäume gesehen, welche auf dem die Insel umgebenden Riffe zu stehen schienen.

Mitten in der Strasse auf 16° 54,2′ S-Br und 179° 31,2′ W-Lg sollte nach der Karte ein Fels liegen. Die „Gazelle" passirte 4 bis 5 Seemeilen südlich diese Stelle bei klarer Luft und bewegtem Wasser, doch kam selbst vom Topp aus weder Brandung noch sonst etwas Verdächtiges in Sicht.[1]

Nordöstlich des Fidji-Archipels wurde der Wind für die Fahrt nach den Samoa-Inseln sehr ungünstig und nöthigte, zwischen Ost und Nordost umspringend, zum Kreuzen.

Am 5. December wurde in 15° 53,9′ S-Br und 178° 11,9′ W-Lg (Station 129) gelothet, 2432 Meter, Temperaturen bestimmt und die übrigen bekannten Beobachtungen gemacht.

Am folgenden Tage wurde die Stelle passirt, wo die von BOUGAINVILLE 1768 entdeckte und *L'enfant perdu* benannte Insel liegen sollte, welche hier in den Karten noch eingetragen war. Es wurde in der Gegend gekreuzt, ohne Anzeichen von Land oder flachem Wasser zu entdecken, so dass die Insel weder an der angegebenen Stelle noch in der Nähe existiren kann.

Da der Wind aus der Richtung von den Samoa-Inseln stehen blieb und zeitweise stürmisch wurde, so erschien es eine Zeitersparniss, zunächst die Tonga-Inseln, wenigstens die nördlichste Gruppe derselben, die Vavu- (Vavau-) Gruppe anzulaufen, welche über den Steuerbord-Bug erreicht werden konnte. Es wurde dementsprechend am 8. December Mittags auf 13° 47′ S-Br und 175° 35′ W-Lg nach Süden auf die Tonga-Inseln zu gehalten.

Der nächste Tag wurde mit oceanographischen Beobachtungen zugebracht, auf 14° 52,4′ S-Br und 175° 32,7′ W-Lg (Station 130) wurde eine Tiefe von 1655 Meter gefunden; das Grundnetz war mit graugelbem Schlamm und feinkörniger Grundmasse gefüllt, in der Spongiennadeln, Polycystinenskelette und grünliche glasartige Gesteinssplitter, Foraminiferen- und Pteropodenschalen, sowie erbsen- bis faustgrosse Bimsteinstücke lagen.

Die Thiere, welche an die Oberfläche kamen, waren alle todt und nur durch die Skelette repräsentirt, Skelette von Einzelkorallen, Quallenpolypen und Schneckenschalen.

Die Tonga-Inseln.

Am 11. December kam auf 30 Seemeilen Entfernung die nördlichste Insel des Tonga-Archipels, *Amargura*, in Sicht, die durch einen an ihrer südlichen Seite gelegenen, ca. 375 Meter hohen kegelförmigen Krater ihre vulkanische Natur kennzeichnete.

Die Tonga-Inseln zerfallen ihrer Bildung nach in zwei verschiedene Ketten, von denen die westliche, aus hohen bergigen Inseln bestehende einen entschieden vulkanischen Charakter trägt,

---

[1] Auf der neuesten britischen Admiralitätskarte ist der Fels nicht mehr eingezeichnet.

während die Inseln der östlichen viel ausgedehnteren Kette aus einem in relativ neuer Zeit gehobenen Korallenkalk bestehen; die meisten dieser Inseln sind von noch lebenden Riffen umgeben, welche sie als Theil von Atoll- oder Lagunenriffen bezeichnen. So erscheint die Hapai-Gruppe, deren Inseln einen grossen Kreis bilden, als ein gehobenes Atoll, ebenso das halbmondförmige Tongatabu, welches mit einem noch lebenden bogenförmigen Riff einen Kreis bildet.

Der Boden dieser Korallen-Inseln ist jedoch nicht wie dies häufig der Fall felsig und kahl, sondern er bildet eine fruchtbare und ergiebige Pflanzenerde und ist mit einer üppigen Vegetation bedeckt, so dass sich die Inseln durch landschaftliche Schönheit auszeichnen.

Die Flora ist nicht sehr reich zu nennen, bietet aber schöne Formen, die sich zu anmuthigen Gruppen vereinigen. Kokospalmen, welche auf Vavu in ganzen Wäldern angetroffen wurden, wechseln ab mit Limonenbäumen, Bananen, Brotfrucht- und den riesigen Banjanbäumen, dazwischen Malvaceen, Farren u. A.

Die *Eingeborenen* gehören der polynesischen Race an, sind gross, wohl proportionirt und stark gebaut und von kastanienbrauner Hautfarbe, die häufig eine helle Nuancirung annimmt. Die Gesichtszüge sind angenehm und oft denen der Europäer nicht unähnlich. Die Nase ist vorstehend, meist breit, der Mund gross mit vollen Lippen, die Augen schwarz und lebhaft, das Haar wollig schwarz, häufig kurz geschnitten und meist gelb gefärbt. Freundlichkeit und Heiterkeit sind die Hauptzüge ihres Charakters und veranlassten Cook hiernach die Inseln Friendly Islands zu benennen. Die Bekleidung besteht bei beiden Geschlechtern aus einem braun gefärbten, aus Bast gefertigten Tuch, welches um die Lenden geschlungen wird und bis zum Knie herabhängt. Von den Europäern haben sie ausserdem manche moderneren Kleidungsstücke angenommen; so sieht man häufig bunte Jacken aus Leinwand und bei Frauen, namentlich in Nukualofa, zuweilen ganz europäische Tracht.

Die *Wohnungen* sind Hütten von ovaler Form, deren Wände aus senkrechten mit Palmrippen verflochtenen Pfählen bestehen; auf ihnen ruht ein hohes Giebeldach aus Palmblättern. Der Fussboden wird mit Matten belegt, die auf einer Unterlage von kleinen Korallenkalkgeröllen ausgebreitet werden.

Die Hütten werden von Bäumen und *Anpflanzungen* umgeben, und wird grosse Sorgfalt auf die Pflege dieser Gärten verwendet. Nicht minder gepflegt wird der Feldbau; ausser Yams werden besonders Bananen, Kokospalmen, Brodfrucht, Zuckerrohr, verschiedene Arten Fruchtbäume, Pandanus und in geringem Umfange Tabak, Mais, Kaffee und Baumwolle gebaut.

An Stelle der alten *Werkzeuge* aus Stein und Muschelschalen sind jetzt allgemein europäische Eisengeräthe getreten, doch hat sich trotz des neuen Materials noch häufig die alte Form der Instrumente erhalten.

Trotz der geordneten einheimischen Regierung, welche es verstanden hat, Jahrzehnte lang den Frieden aufrecht zu erhalten, und obgleich Christenthum und Gesittung schon verhältnissmässig frühzeitig Verbreitung auf den Tonga-Inseln fanden, obgleich dieselben, wenn auch an Grösse und Flächeninhalt den meisten der anderen bedeutenderen Inselgruppen der Südsee nachstehend, im Gegensatz zu den gebirgigen Fidji- und Samoa-Inseln hauptsächlich aus flachen Korallen-Eilanden und fast nur aus kulturfähigem fruchtbarem Land bestehen, sind sie doch bis vor Kurzem für den europäischen Verkehr und den Handel in der Südsee von geringer Bedeutung gewesen. Vielleicht ist gerade die Fruchtbarkeit des Bodens dadurch, dass sie die Bedürfnisse der Bevölkerung ohne viel Arbeit und Anstrengung zu befriedigen gestattete, die Veranlassung geworden, die dem polynesischen in viel höherem Grade als dem melanesischen Volksstamme angeborene Unlust zur Arbeit zu nähren und deshalb eine Exportproduktion nicht zu begünstigen. Einige Europäer, darunter Deutsche, hatten zur Zeit der Anwesenheit S. M. S. „Gazelle" einen beschränkten Handel, hauptsächlich in Kokosöl nach Australien in Gang gebracht, der trotz seiner Unbedeutendheit doch das Gute hatte, dass die Bevölkerung allmählich etwas Geschmack an den in Bezahlung gegebenen europäischen Erzeugnissen, namentlich Waffen, Handwerkszeugen und Bekleidungsstoffen, fand, welche letzteren die sehr eitlen Tonganer in ihrem Anzuge ganz geschmackvoll mit dem einheimischen Tapatuche zu kombiniren wussten. Die Anregung zu dieser Produktion blieb zum Theil auch deshalb eine geringe, weil das Oel, dessen Zubereitung immerhin für die Tonganer eine unbequeme Arbeit war, nicht besonders gut bezahlt werden konnte, denn einmal war die Verschiffung dadurch umständlich und kostspielig, dass es in Fässer gefüllt und so geladen werden musste, sodann entstanden bedeutende Verluste durch Leckage, durch Austreten des Oels aus den Poren des Holzes.

Unter diesen Umständen und da es kaum andere Inseln giebt, auf welchen die Kokospalmen in so grosser Menge vorkommen, wie auf den Tongas, musste die Bereitung und Verschiffung der Kopra, des kleingeschnittenen und getrockneten Kerns der Kokosnuss, für die Tonganer von grosser Bedeutung werden, denn einerseits wurde ihnen ein grosser Theil der Arbeit abgenommen, andererseits konnte eine verhältnissmässig bessere Bezahlung eintreten, weil die Kopra sich mit den möglichst geringsten Unkosten verladen lässt — sie wird nur lose in den Schiffsraum geschüttet — und man dadurch, dass erst am Ausladungsort das Oel ausgepresst wird, nicht nur mehr und besseres Oel erzielt, sondern auch der Rückstand als Oelkuchen ein gut bezahltes Viehfutter abgiebt. In der That waren hierdurch auch schon die Handelsverhältnisse erheblich emporgekommen.

Neben der Kopra wurden von den Inseln Baumwolle, Mais und Perlmutter, sowie etwas Kaffee und Trepang exportirt.

Der Besuch S. M. S. „Gazelle" sollte zunächst der nördlichsten, der Vavugruppe, gelten. Nachdem Amargura passirt war, kam die zweite südöstlich von der ersteren liegende Insel *Toku* in einer Entfernung von 13 bis 14 Seemeilen in Sicht. Die Insel hat eine ziemlich runde Form, ist 30 bis 40 Meter hoch inkl. der nicht hohen Bäume und bildet eine ganz flache Wölbung, deren höhere Seite im Nordwesten liegt. Auf der Nordost-Spitze des sie umgebenden Riffes liegt ein grüner ca. 15 Meter hoher Fels. Ungefähr eine Seemeile in SWzW von der Insel liegt ein detachirtes Riff; auf der Karte war in einer Entfernung von 2½ Seemeilen ein solches eingetragen.

Die geographische Lage der Mitte von *Amargura* wurde zu 18° 0′ S-Br und 174° 24′ W-Lg, diejenige der Mitte von *Toku* zu 18° 10′ S-Br und 174° 14,2′ W-Lg bestimmt.

Gleich nach dem Passiren von Toku, nordwärts der Vavugruppe, setzte ein starker Strom aus ESE und SE, wie dies häufig an den nördlichen und südlichen Spitzen der im Passatstrom gelegenen Inseln der Fall ist.

Vavu.

Um 2 Uhr Nachmittags desselben Tages, 11. December, kam die Insel *Vavu* in Sicht. Die Nordküste der Insel erhebt sich ganz steil aus dem Meere zu einer Höhe von 150 bis 200 Meter; sie hat geradlinige Konturen mit einigen Absätzen und steigt allmählich an zur Westhuk, wo ein ins Auge fallender weisser Fleck sichtbar wird, der als gute Marke für die Navigirung dienen kann. Man erwartet, wenn man von Norden kommt, dass sich die Nordwest-Ecke, zwischen welcher und der Westecke nach der britischen Admiralitätskarte eine tiefe Bucht liegt, scharf markiren werde. Dies ist aber keineswegs der Fall, und man ist geneigt, zu glauben, dass die Bucht flacher ist, als auf der Karte angegeben ist.

Ein Hauptvorzug der Insel ist der vorzügliche an seiner Westseite gelegene Hafen, wohl der beste im ganzen Archipel; es ist eigentlich ein langer Kanal, der im Norden durch die Küste selbst, im Süden von kleineren Inseln begrenzt wird.

Die „Gazelle" lief in denselben ein und ankerte vor *Neiafu,* dem Hauptort der Insel und dem Sitz des Gouverneurs der Gruppe. Der Ort mit seiner Umgebung gewährte von Bord ein landschaftlich schönes. Bild. Das Land erhebt sich vom Strande zu einer sanft ansteigenden, mit Gras bedeckten Anhöhe, oben zu einem Plateau sich ausdehnend, auf welchem zwischen Bäumen die Hütten des Dorfes sich zeigen. Nahe den Strande standen einige wenige in europäischem Stil aufgeführte Gebäude, die Häuser des Gouverneurs, einiger europäischen Handelsagenten und das protestantische Missionshaus. Die in Mitten der Hütten errichtete hölzerne Kirche entsprach der Form nach der ovalen Bauart der Hütten. Die letzteren waren fast sämmtlich mit Einzäunungen umgeben, hinter welchen Schweine, Hühner und andere Geflügelarten ihr Wesen trieben. Hinter dem Dorf erhebt sich ein bewaldeter Höhenzug, der sich nach Süden zu einem höheren Berg erhebt, nach Norden sich vertieft und dicht an die Küste tritt.

Am 13. December verliess die „Gazelle" den Hafen von Vavu und lief mit Südkurs zwischen der St. Michael-Untiefe und der Accoumanes-Bank nach der Hapai-Gruppe. Dieser Weg wurde von der „Gazelle" zweimal genommen und frei von allen Gefahren gefunden.

Um die auf der Karte 6 Seemeilen nordwestlich von der Nordspitze der Insel Haano in 19° 34,3′ S-Br und 174° 19,5′ W-Lg verzeichnete 5,5 Meter- (3 Faden-) Bank, *Bethune-Patch,* aufzusuchen, wurde nach der Karte genau über die Westkante derselben gelaufen, ohne ein Anzeichen von flachem Wasser zu sehen, obgleich so hoher Seegang stand, dass man auf einer so flachen Stelle Brandung hätte erwarten müssen; selbst bei glattem Wasser hätte ein solches Riff sich auf eine Entfernung von wenigstens 1 Seemeile durch veränderte Wasserfarbe kenntlich machen müssen. Später wurde die Bank westlich passirt, ohne sie zu entdecken; wenn dieselbe existirt, wird sie wohl weiter östlich zu suchen sein.[1])

Die ungefähr 6 Seemeilen westsüdwestlich von dieser Stelle liegenden Inseln *Ofolanga, Bouhee (Buhi)* und *Mangone* sind gewöhnliche niedrige Koralleninseln. Mangone ist namentlich an beiden Enden niedrig und hat auf der Nord- und Nordostspitze dunkle Felsblöcke. Von Bouhee sieht man von Norden kommend zunächst gar nichts, weil es nur ein kleiner Fels oder Busch ist. Das Riff von Ofolanga war in der Karte nicht richtig eingetragen, indem es sich nur nordwestlich von der Insel erstrecken sollte, während es wenigstens eine halbe Seemeile auch nach Ost und Nordost reicht.

Am 14. December Nachmittags ankerte die „Gazelle" auf der nördlichen Rhede von *Lefuka,* ging aber nach wenigen Stunden schon wieder in See, um zunächst *Tongatabu* aufzusuchen.

Die Passage zwischen den Inseln *Loohooga* (Luhuga) und *Haano* wurde auch später auf dem Rückwege klar gefunden. Es wurde in beiden Fällen näher an Loohooga als an Haano gehalten.

Dagegen wurde im Südsüdwest von Loohooga eine ausgedehnte *Korallenbank* entdeckt. In der Absicht, eine Seemeile südlich der in der Karte angegebenen 11 Meter- (6 Faden-) Stelle zu passiren, zeigte sich plötzlich bei mangelhafter Beleuchtung gegen Abend der Grund unter dem Schiffe, und gleichzeitig wurden 24, dann 18 und 10 Meter (bei Hochwasser) gelothet. Nordwärts ausbiegend, bekam die „Gazelle" allmählich tieferes Wasser und auf 27,5 Meter Tiefe wurden folgende Peilungen genommen:

Mitte der Insel Loohooga N 20° O p. C., Nordbuk der Insel Mangone N 41° W, Nordhuk der Insel Haano N 49° O, Mitte der Insel Nougou-boulé S 51,5° W.

---

[1]) Im Jahre 1884 wurde sie von dem britischen Schiff „Espiègle" ebenfalls vergeblich gesucht.

Es ergiebt dies den Nordrand der Bank — die Peilungen fielen nicht genau auf einen Punkt, weil die Peilungsobjekte fast sämmtlich zu einander in der Karte ungenau liegen — auf ungefähr 19° 42,8′ S-Br und 174° 24,3′ O-Lg, ca. ³/₄ Seemeilen südlich der 11 Meter- (6 Faden-) Stelle der Karte, welche hier indess nicht zu existiren scheint, da bis auf dieselbe gegangen wurde, ohne Grund zu lothen. Um die Ausdehnung der Bank nach Süden zu konstatiren, passirte die „Gazelle" einige Tage später auf dem Rückwege 1¹/₂ bis 2 Seemeilen südlich der bestimmten Position. Wiederum wurde die Bank angetroffen, und zwar hier scheinbar noch flacher, indem das Loth zwischen 24 und 8 Meter bei Hochwasser angab. Die geringe Tiefe und das flachere Aussehen im Süden machten es nothwendig, sofort nördlich zu halten, weshalb die folgenden Peilungen ca. ¹/₂ Seemeile nördlicher, aber auch noch auf 8 bis 14 Meter Wasser genommen wurden: Mitte der Insel Loohooga N 22° O, Spitze Foua S 76° O p. C., was die geographische Position 19° 43,5′ S-Br und 174° 25,1′ O-Lg ergiebt. Nach der Wasserfärbung zu urtheilen, erstreckte sich von hier die Bank noch etwa ¹/₂ bis ³/₄ Seemeilen südlich. Eine genauere Untersuchung hierüber war wegen vorgerückter Tageszeit, und da noch verschiedene andere Riffe vor Dunkelwerden zu passiren waren, nicht möglich.

Die Inseln *Nougou-boulé*, *Meama* und *Niniva* sind Koralleninseln von geringer Höhe; in der Karte war ihre gegenseitige Lage ungenau angegeben, namentlich liegt Meama in Wirklichkeit nördlicher.

Die Insel *Fotoua* war viel weiter als die anderen Inseln zu sehen; sie wird von einem aus einer Höhe von ca. 30 Meter steil abfallenden und bewaldeten Felsplateau gebildet. Der Fels *Koroomamaca* nördlich davon ist ganz flach und kaum 4 bis 6 Meter über Wasser. Er wurde beim Passiren bei Mondschein auf ungefähr 1¹/₂ Seemeilen nicht gesehen, während das 3 Seemeilen entfernte Fotoua sich sehr deutlich markirte. Die Passage zwischen ihm und Fotoua ist rifffrei, doch muss man vorsichtig sein in Bezug auf das westlich von der Insel Niniva gelegene Riff.

Die weiter westlich liegende Insel *Tofoa* bildet ein hohes Plateau mit schräg abfallendem Ende, die Insel *Kao* einen regelmässigen abgestumpften Kegel oder eine Glocke von ungefähr der doppelten Höhe wie Tofoa. Von den in der Karte auf Tofoa eingezeichneten Bergen war aus südlicher Richtung keine Spur wahrzunehmen, die obere Kontur der Insel ist vielmehr nahezu eine gerade Linie mit einer einzigen, äusserst geringen und mit unbewaffnetem Auge gar nicht wahrnehmbaren Terrainwelle und einer ebenso geringen Spitze an den beiden Seiten des Plateaus, wo sie allmählich zum Meere abfällt. Die in der Regel dunstige Luft lässt die Inseln gewöhnlich nicht annähernd so weit sichten, als man bei ihrer Höhe erwartet.

Die Insel *Namuka* scheint korallischer Natur zu sein, ist indess etwas höher als die gewöhnlichen Korallen-Inseln und besitzt zwei niedrige Hügel.

Annamooka-eky, südsüdwestlich von Namuka, markirt sich sehr gut, da sie ebenfalls höher ist als die meisten kleinen Korallen-Inseln, während das kleine südwestlich von Namuka gelegene Inselchen (Mui-faiva?) weit schlechter zu sehen ist.

Das für die Schiffahrt gefährliche *Riff zwischen Namuka und der Kotu-Gruppe* (als Breakers bezeichnet) ist in der Karte ziemlich richtig angegeben. Die Brandung ist nur schwach und Nachts, selbst bei Mondschein, auf wenige Kabellängen Entfernung nicht sichtbar.

Die südlich gelegene Insel *Honga-tonga* kam als ein einzelner Fels in Sicht.

Tongatabu.

Am Nachmittage des 15. December langte S. M. S. „Gazelle" vor Tongatabu an und lief in den an der Nordseite der Insel befindlichen Hafen mit der Haupt- und Residenzstadt des Archipels, *Nukualofa*, ein. Die Orientirung beim Anlaufen der Insel von Norden her bietet wegen der vielen dort gelegenen kleinen Inseln und Riffe einige Schwierigkeit. Als westlichsten Punkt sieht man nicht die Westspitze der Insel, *Van Diemen Point*, sondern die Insel *Attataa*, welche höher ist als jene Spitze, wenigstens in der Peilung SSW. Von den kleinen Inselchen an der Nordseite markirt sich *Mallenoa* recht gut, als mehr im Vordergrund gelegen. Diese beiden Inseln sind daher geeignet, durch Peilung den Ort des Schiffes zu bestimmen und danach den Kurs auf die Einfahrt zu setzen. Man thut gut, etwas östlicher zu steuern, da — wenigstens bei den gewöhnlichen östlichen Winden — auf Strom nach Westen zu rechnen ist.

Die westlich von der Insel Mallenoa gelegenen Untiefen von 3,7 bis 4,1 Meter (2 und 2¼ Faden) branden bei gewöhnlicher Passatbrise und werden sich anderenfalls durch die grüne Wasserfarbe markiren. Eine gute Marke zum Einsteuern gewähren demnächst die dicht beisammen gelegenen und dadurch kenntlichen Inseln *Allagapao* und *Poloa*, welche in SW³/₄S bis SWzS gehalten, klar von den äusseren auf beiden Seiten gelegenen Untiefen leiten. Man wird, um diese Marke zu halten, des Stromes wegen die Inseln nicht voraus, sondern mehr oder weniger an Steuerbord nehmen müssen. Für die weiterhin erforderlichen Kursänderungen mangelt es an Peilungsmarken nicht.

Die Specialkarte von Tongatabu enthält in dieser Passage die wenig befriedigende Bemerkung: „Several shoal patches about here", welche man sich bei den vielen dort genommenen Lothungen nicht recht erklären kann. Beim zweimaligen Passiren wurden dort zwar verschiedene hell und dunkel gefärbte Stellen des Meeresbodens durchscheinend gesehen, dabei aber ziemlich gleichmässige Tiefen von 15 bis 19 Meter gelothet. Der Kurs führte ungefähr 1½ Seemeile westlich von der Juno-Untiefe. Eine gute Marke bildet die Kirche, welche ca. ¼ Seemeile westlich der Stadt Nukualofa auf einem kleinen Hügel erbaut ist, aber auf der Karte noch nicht eingetragen war.

Von den im Hafen angetroffenen 7 Schiffen waren vier, 2 Vollschiffe und 2 grosse Barken, deutsche. Die Stadt Nukualofa besteht aus regelmässig gebauten Hütten, deren jede, ähnlich wie in Vavu, von einer Einzäunung umgeben ist. Ausser der Kirche hob sich unter den Gebäuden das königliche Palais hervor, welches am Strande stehend und im Stil eines europäischen Hauses gebaut, sich durch kleine Thürme auszeichnete. Die Stadt dehnt sich über ein ziemlich weites Areal aus und ist von breiten Strassen durchschnitten. Die Umgebung hat etwas Parkartiges. Anpflanzungen von Yams, Taro, Palmengärten, Gebüsch und kleine Wälder wechseln mit einander ab.

An dem der Ankunft in Tongatabu folgenden Tage machte der Kommandant S. M. S. „Gazelle" beim König Georg seinen Besuch. Der König empfing denselben in seinem gewöhnlichen einstöckigen Empfangshause, da sein zweistöckiges Palais noch nicht ganz vollendet war. Am Eingangsthor bildete eine Wache in rothen Uniformen Spalier und präsentirte beim Eintritt des Kommandanten. Der König, ein Greis hoch in den Siebenzigern, in blauem Uniformsrock, erwartete seinen Besuch in Gegenwart seines Enkels, Generals Wellington — die Gegenwart des Sohnes als Thronfolger hätte gegen die Tonganische Etikette verstossen — und des Vorstehers der Wesleyanischen Mission, Rev. Baker als Dolmetscher. Nach Begrüssung und Vorstellung wurde dem Könige die Anrede des Kommandanten verdollmetscht, dass S. M. S. „Gazelle" auf einer wissenschaftlichen Reise um die Erde begriffen, von der deutschen Regierung gleichzeitig Auftrag erhalten hätte, den Tonga-Inseln einen freundschaftlichen Besuch abzustatten und über die hier vorgefundenen Verhältnisse zu berichten, da die deutsche Regierung wegen des deutschen Handels, welcher hier betrieben werde, und mit Rücksicht auf die vielen auf den Inseln wohnenden Deutschen an den Inseln und ihrem Wohlergehen ein besonderes Interesse nähme. Der König sprach darauf seine besondere Genugthuung aus, dass die deutsche Regierung sein Land werth erachtet habe, ein Kriegsschiff hierher zu entsenden, um die Verhältnisse seines Landes kennen zu lernen; er hoffe, dass immer ein gutes Verhältniss zwischen Deutschland und seinem Lande bestehen werde, in welchem vorläufig noch Alles im Entstehen begriffen wäre. Auf die Frage, ob er die „Gazelle" mit einem Besuch beehren werde, antwortete er, dass es ihm in Folge von Rheumatismus zwar schwer werde, Schiffe zu besuchen, dass er aber doch gerne das erste deutsche Kriegsschiff, welches sein Land besucht, sehen und deshalb sich an Bord begeben werde.

Der Besuch wurde auf den Nachmittag festgesetzt, nachdem vorher von der „Gazelle" die Flagge von Tonga, roth mit einem weissen Felde in der Ecke, in welchem sich ein aufrechtstehendes rothes Kreuz befindet, mit 21 Schuss salutirt, und der Salut durch zwei eiserne Geschütze unter Heissen der deutschen Flagge von Land beantwortet war. Der König kam in Begleitung der beim Empfange an Land anwesenden oben aufgeführten Personen an Bord und wurde mit allen Ehren empfangen. Er wohnte einigen militärischen Exercitien bei und liess sich die Art der Ausführung der hauptsächlichsten wissenschaftlichen Beobachtungen S. M. S. „Gazelle" erklären, nahm dann ein Frühstück an Bord an und lieh dabei in einer längeren Rede dem Gefühl der Verehrung für Deutschland Ausdruck.

Am nächsten Tage wurde von dem Kommandanten und einigen Offizieren der „Gazelle" eine *Exkursion* durch die Insel nach den an der Ostseite bei dem Dorfe A-Haggi existirenden merkwürdigen alten Steinbauten, deren Ursprung über die Traditionen der Eingeborenen zurückreicht, unternommen. Ein breiter schöner Weg führte durch parkartigen Wald oder wohlangebaute Felder. Nach zwei Stunden scharfen Rittes gelangte die Expedition in ein grosses Dorf mit umzäunten Hütten und breiten Strassen, einer grossen Kirche und einem Missionshaus. Es war Mua, der Hauptsitz der katholischen Mission, die alte Residenz der Tui Tongas. Das Dorf liegt an einer schönen, tief in den Nordrand der Insel einschneidenden Bucht, die von kleinen mit Bäumen bestandenen Inseln durchsetzt ist. Auf einem etwas erhöhten Plateau, das von mächtigen Korallenquadern umgeben war, lag der Kirchhof, auf dem die Tui Tongas und die ersten Häuptlinge begraben wurden. Die Grabdenkmäler bestanden aus mächtigen, treppenartig auf einander gethürmten Korallenkalkquadern. Um 6 Uhr Abends wurde das Dorf A-Haggi erreicht, wo die Gesellschaft bei einem amerikanischen Händler gastliche Unterkunft fand. Etwa eine halbe Seemeile vor dem Dorfe erhebt sich mitten im Walde und etwas abseits von der Strasse das eigenthümliche Denkmal. Es stellt eine Art Thor vor und besteht aus zwei etwa 5 Meter hohen, 3 Meter breiten, senkrechten Steinplatten, welche ungefähr 6 Meter von einander stehen, und über welche quer ein Steinbalken lagert. Die beiden ersteren bestehen aus jungem Meereskalk, in dem deutlich Reste von Korallen und Muscheln zu erkennen sind. Der 1 Meter dicke Querbalken von quadratischem Querschnitt besteht aus einer Art Korallenbreccie und ist in entsprechende viereckige Ausschnitte der senkrechten Steinplatten eingesenkt. Oben in der Mitte befindet sich eine schüsselförmige Vertiefung in demselben. Weder die Erbauer des Monumentes, noch seine Bedeutung waren zu ermitteln.

Am folgenden Mittage, den 18. December, langte die Gesellschaft wieder an Bord an, und bald darnach lichtete die „Gazelle", welche inzwischen ihre Kohlenvorräthe ergänzt hatte, Anker und verliess den Hafen.

Es wurde Kurs auf die Hapai-Gruppe genommen, und nachdem unterwegs noch einmal die am 14. December entdeckte Bank näher festgelegt, wie bereits oben angegeben, lief die „Gazelle" am 19. auf die Rhede von Lefuka und ging daselbst zu Anker.

Lefuka.

Die Navigirung nach der Rhede erforderte grosse Vorsicht, da vier Riffe von 1,8 bis 7,3 Meter unter Wasser, westlich der am Nordtheile Lefukas nach West ausspringenden Huk und zwar gerade in der auf die Rhede führenden Passage liegen, welche in der Karte nicht eingezeichnet waren. Diese Riffe liegen ½ Seemeile westlich des jene Huk umgebenden Küstenriffes. Man kann zwischen ihnen einsegeln, indem man drei — aus einiger Entfernung als *ein* Riff erscheinend — an Steuerbord und ein kleines ziemlich nahe dem Küstenriff gelegenes an Backbord lässt.

Die Insel Lefuka selbst ist flach, und besteht der Boden aus jungem gehobenen Korallenkalk, auf dem die Kokospalmen in ungemeiner Fülle gedeihen.

Ein am 21. November die Tonga-Inseln heimsuchender Orkan hatte hier einen dem deutschen Hause Godeffroy gehörigen eisernen Schooner auf den Strand gesetzt, während ein für Rechnung dieses Hauses ladendes russisches Schiff die Masten hatte kappen müssen, um gleichem Schicksale zu entgehen. Dieser so ausnahmsweise frühzeitig stattgehabte Orkan, der ausser diesen Havarien noch den beklagenswerthen Verlust eines Fahrzeuges mit englischen Damen und Kindern an Bord zwischen den Tongas und den Samoas herbeigeführt hatte, gab Gelegenheit, von verschiedenen Stellen Beobachtungen zu sammeln, die für die Bestimmung des Verlaufes dieser Stürme verwerthbares Material lieferten.

Von den Tonga- nach den Samoa-Inseln.

Am 20. December Mittags verliess die „Gazelle" Lefuka, um, mit nördlichem Kurse die Vavu-Gruppe westlich passirend, dem Samoa-Archipel und zwar den westlichsten Inseln desselben, Savaii und Upolu, zuzusteuern. Der frische Ostwind, welcher bei den Tongas geweht hatte, verliess das Schiff nördlich davon, und es traten flaue nördliche Winde ein, welche den grössten Theil der Reise unter Dampf zurückzulegen nöthigten.

Zur Vervollständigung der zwischen den Fidji- und Tonga-Inseln ausgeführten Beobachtungen wurden auch auf dieser Strecke noch 2 Stationen (132 und 133) gemacht, von welchen die letztere südlich der Samoa-Gruppe die verhältnissmässig grosse Tiefe von 4755 Meter ergab; auf der ersteren, in 17° 4,6′ S-Br und 172° 53,0′ W-Lg wurden 2880 Meter gelothet.

Nachdem am 23. Nachmittags schon aus weiter Entfernung die gebirgigen Samoa-Inseln in Sicht kamen, wurde Kurs auf die Strasse zwischen Upolu und Savaii genommen. *Upolu* wurde auf 50 Seemeilen gesehen, sie erschien als bergig, gebrochen, mit niedriger Westspitze und hügeliger Ostspitze; nicht weit von der Westspitze liegt der sich gut markirende Kraterberg Tafua und deutet auf den vulkanischen Ursprung der Gebirge.

Savaii steigt von beiden Enden allmählich zum Gebirge an mit wenig gebrochenen Aussen-linien und einem Höcker an der Ostspitze.

Die kleine in der Strasse zwischen Savaii und Upolu liegende Insel *Apolima* kam auf 30 See-meilen in Sicht, das niedrigere *Manono* auf ca. 22 Seemeilen.

In mondscheinloser Nacht wurde Apolima auf mehr als 13 Seemeilen gesehen, weshalb es namentlich für Dampfer gefahrlos ist, die Strasse bei Nacht zu passiren.

Während 30 bis 40 Seemeilen südwärts der Inseln kein Strom bemerkt wurde, trat eine starke östliche Versetzung ein, als das Schiff sich der Strasse näherte, so dass 1½ Strich westlicher gesteuert werden musste, als der direkte Kurs angab. Nach Passiren von Apolima lief der Strom westlich, auf Savaii zu.

Von ONO und Nordost gesehen, sieht die Südostspitze von Savaii ganz wie eine Insel aus, und da in der Ferne das niedrige Manono noch unter dem Horizonte sich befindet, muss man sich hüten, diese Spitze nicht für Apolima und Apolima für Manono zu halten.

An der Nordküste von Savaii wurde der gewöhnliche nordwestliche Passatstrom gefunden.

Die Samoa-Inseln.

Nachdem in der Nacht die mehrfach erwähnte Strasse durchlaufen war, wurde am Vormittage des 24. December in den Hafen von *Apia* eingesteuert und daselbst geankert. Für das Aufsuchen und die Einsegelung in den Hafen bildet der hinter demselben gelegene Berg eine gute Marke, bis man die Häuser und Schiffe im Hafen sieht. Es wurde konstatirt, dass das Riff, welches im Nordwesten des Hafens die Spitze Falooloo umgiebt, sich mit 7½ Meter Wassertiefe und zeitweiliger Brandung ½ Seemeile weiter nach See hin erstreckte, als die Karte angab.

Apia, an der Nordseite der Insel Upolu gelegen — die Länge von Apia und zwar des in der Karte verzeichneten Observationspunktes, wurde unter Zugrundelegung derjenigen von Levuka' (Fidji-Inseln) zu 178° 49′ 45″ Ost auf 171° 45,5′ West bestimmt, während die Karte 171° 44′ West angiebt — ist der wichtigste Platz des Archipels; an einem geschützten und guten Hafen gelegen, ist es der Hauptverkehrsplatz der Schiffe, denen es die zur Ausrüstung und Instandsetzung nothwendigen Gegenstände liefert, der Hauptsammelplatz der europäischen Niederlassungen und der Sitz der Samoanischen Regierung.

Die letztere besteht aus dem Staatsoberhaupt, dem Könige, und einem gesetzgebenden Rath von Häuptlingen; zur Zeit der Anwesenheit S. M. S. „Gazelle" fungirte der amerikanische Colonel Steinberger als Premierminister des Königs. Alle wichtigen Staatsangelegenheiten wurden in öffentlichen Versammlungen berathen und verhandelt, welche von dem Könige persönlich geleitet wurden. Unmittelbar nach der Ankunft S. M. S. „Gazelle" wurde der Kommandant zur Beiwohnung einer solchen Versammlung, welche in dem kleinen Orte Malolo abgehalten wurde, aufgefordert und bei Gelegenheit derselben dem Könige Malietoa vorgestellt, während der officielle Empfang bei demselben erst am folgenden Tage stattfand.

Die Samoaner, ein kräftig und schlank gebauter Menschenschlag, von olivenbrauner Hautfarbe, mit glattem Haupthaar, intelligenten und angenehmen Gesichtszügen sind von Charakter harmlos und freundlich und gehören zu den bestbeanlagten und umgänglichsten Bewohnern der Südsee.

Seit der Entdeckung des Archipels, welche Roggeveen im Jahre 1722 zugeschrieben wird, mehrfach besucht, so zuerst 1768 von Bougainville, welcher denselben Navigator-Inseln nannte nach der Geschicklichkeit, mit welcher die Eingeborenen ihre Kanoes handhabten, ist derselbe doch lange Zeit nicht in dauernde Berührung mit Europäern gekommen. Erst 1830 setzten sich die Missionare des Londoner und einige Jahre später der Wesleyanischen Mission auf den Inseln fest, durch deren Bemühungen Christenthum und Gesittung überraschend schnell Eingang fanden, so dass jetzt das Heidenthum gänzlich verschwunden ist. Der hiermit zusammenhängende Eintritt sicherer und geordneterer Verhältnisse hatte auch bald einen regeren Verkehr mit civilisirten Nationen und die Niederlassung einiger Kaufleute zur Folge. Dieselben, der Mehrzahl nach aus Deutschen bestehend, haben sich hauptsächlich nach dem Erwerb grösseren Grundbesitzes auf die Anlage von Pflanzungen, namentlich der Baumwolle und Kokospalme, gelegt. Durch sie ist Apia einer der ersten Handelsplätze der Südsee geworden, indem es die Centralstätte für den Verkehr nicht nur des Samoa-Archipels, sondern mit den ganzen umliegenden Inselgruppen bildete. Namentlich hatte das deutsche Haus GODEFFROY, das bedeutendste Handelshaus auf den Samoas, welches den bei Weitem grössten Grundbesitz, namentlich im westlichen Upolu, innehatte, den Hafen von Apia zu einem der Centralpunkte seiner ausgedehnten Handelsoperationen des Stillen Oceans gemacht. Leider war die Exportproduktion auf den Samoas selbst durch unglückliche politische Verhältnisse und die Arbeitsscheu ihrer polynesischen, leichtlebigen Bewohner trotz der ausgezeichneten Fruchtbarkeit der Thäler, Ebenen und flacheren Hügel nur eine geringe. Die Arbeiter für die Pflanzungen wurden fast ausschliesslich von anderen Inselgruppen, namentlich den Karolinen-, Marschalls- und Gilbert-Inseln, durch Engagement gewonnen.

Auf der dem Hause GODEFFROY gehörigen Pflanzung Vailele, welche von den Offizieren S. M. S. „Gazelle" besucht wurde, waren ungefähr 550 solcher Arbeiter — und zwar Männer, Frauen und Kinder — beschäftigt. Diese verpflichteten sich schriftlich, in der Regel für 3 bis 5 Jahre, auf den Pflanzungen zu dienen, gegen freie Verpflegung und einen Lohn von 2 bis 5 Dollars den Monat. Sie bezogen auf den Pflanzungen Hütten, wie sie dieselben auf ihren Heimathsinseln gewohnt waren, oder sie wurden zu 4 bis 12 Familien — die Unverheiratheten für sich — in Baracken aus Brettern untergebracht. Sie erhielten reichliche Kost an Taros und Yams, Brodfrucht und Bananen, Brod aus Maismehl und getrockneten Fischen, ferner in der Regel einmal in der Woche Fleisch. Nebenbei stand es ihnen frei, an Kokosnüssen, Zuckerrohr, Melonen und anderen Früchten so viel zu nehmen, wie sie gebrauchten, auch selbst zu pflanzen, sich Schweine und Hühner zu halten und an Feiertagen fischen zu gehen, von welchen Erlaubnissen sie freien Gebrauch machten. Die Aufsicht führten entweder eigene Häuptlinge, welche sich mit engagiren liessen, oder andere farbige Arbeiter, die bereits längere Jahre im Dienste der Faktorei standen. Nur die Oberaufseher waren Europäer. Es wurde darauf gehalten, dass neben Männern und event. ihren Familien immer eine Anzahl unverheiratheter Frauen oder Mädchen engagirt wurde, weil dieselben einen Anziehungspunkt bildeten für die Männer und, wenn sie in genügender Zahl vorhanden, Unfrieden und Streit verhinderten.

Auf den GODEFFROY'schen Pflanzungen wurde für den Export die Kokospalme, Baumwolle, Kaffee und Mais gebaut, sowie einiges Rindvieh gehalten.

Zur Reinigung der selbst gebauten und der aufgekauften, sowie der von anderen Inseln hierher geschafften Baumwolle befanden sich eine Dampfmaschine und Presse bei der Faktorei in Apia.

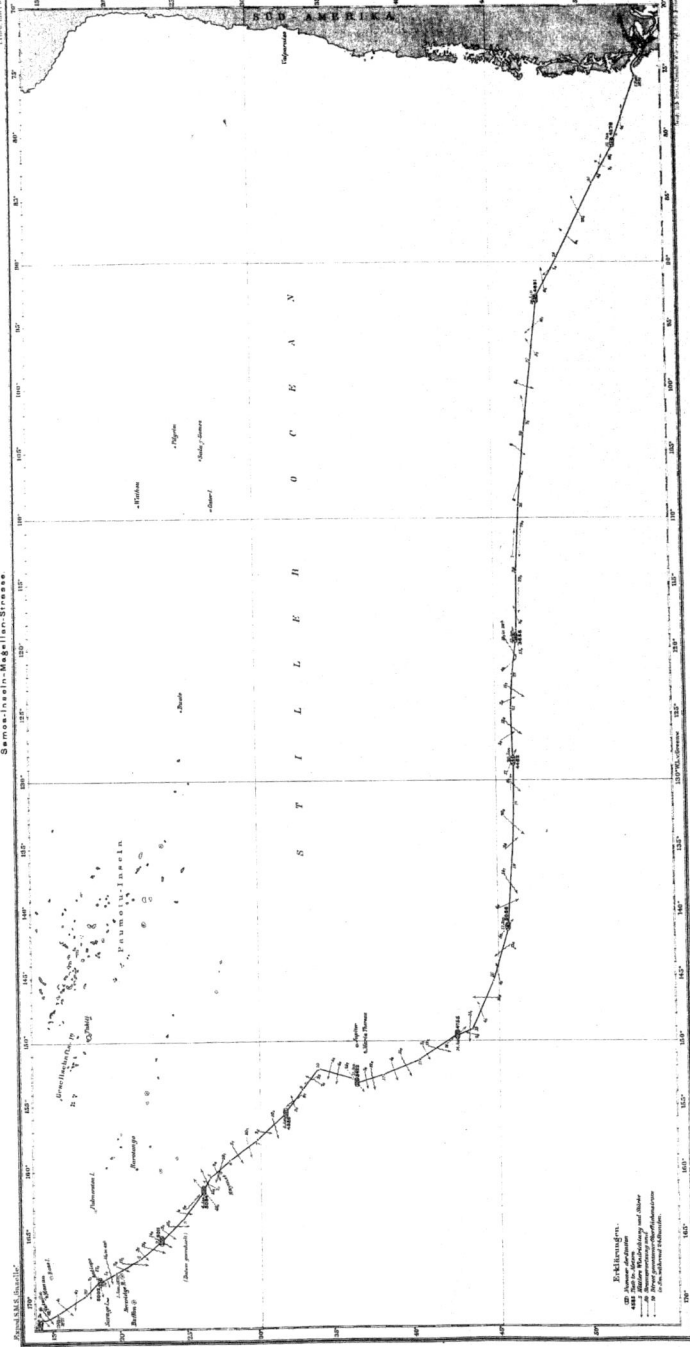

Samoa-Inseln–Magellan-Strasse

SÜD-AMERIKA

S T I L L E R   O C E A N

Kapitel XV

Heimreise von Apia durch die Magellan-Strasse nach Kiel.

Von Apia nach der Magellan-Strasse; Beveridje-Riff: Haymet Rock; Tiefseeforschungen. Oberflächenfischerei. Die Magellan-Strasse. Von Punta Arenas nach Montevideo. Montevideo. Mineralogisch-geologische Untersuchungen der Meeresgrundproben. Von Montevideo über Fayal und Plymouth nach Kiel. Ausserdienststellung S. M. S. „Gazelle".

Von Apia nach der Magellan-Strasse.

Nach viertägigem Aufenthalt im Hafen von Apia und nachdem während dieser Zeit das Schiff für die bevorstehende längere Seetour mit den nöthigen Provisionen und Ausrüstungsgegenständen versehen war, verliess S. M. S. „Gazelle" am 28. December Abends diesen Platz und mit ihm den Inselkomplex der Südsee, um sich, den Stillen Ocean durchquerend und um den Süden Amerikas, auf den Heimweg zu begeben.

An der Nordküste Upolus entlang dampfend, wurde in der Nacht bei böigem und regnerischem Wetter die Strasse zwischen dieser Insel und Tutuila passirt und südöstlicher Kurs genommen, um zunächst eine südlichere Breite und günstige westliche Winde für die Ueberfahrt über den Ocean aufzusuchen. Dasselbe Wetter mit nördlichem Winde anstatt des erwarteten Südost-Passates begleitete das Schiff mehrere Tage und verhinderte astronomische Ortsbestimmungen.

Nach der letzten Observation stand die „Gazelle" am 30. Abends vor Dunkelwerden circa 20 Seemeilen nordöstlich von der für *Three Islands* auf 18° 8' S-Br und 169° 20' W-Lg angegebenen Position und passirte dieselbe in der Nacht in noch kürzerer Entfernung, ohne etwas von den Inseln zu sehen; es ist demnach wahrscheinlich, dass sie nicht existiren. Eine am 31. December in 18° 24,0' S-Br und 168° 27,0' W-Lg genommene Lothung (Station 134) ergab eine Wassertiefe von 5002 Meter (2735 Faden) auf dunkelbraunem Thonschlamm-Boden.

Am 1. Januar 1876 wurde *Beveridje-Riff* angelaufen, um seine Lage genauer zu bestimmen. Der westliche Rand desselben erstreckt sich ungefähr missweisend NzO bis SzW 10 Seemeilen. Die südliche Spitze läuft etwas hakenförmig nach Westen aus, und es schien auf der Nordseite dieses Hakens ein Eingang in die Lagune vorhanden zu sein, welche blaues, also tiefes Wasser hat. An der Luvseite der südlichen Spitze tritt der gelbe Sand eben über das Wasser, so dass die Brandung nicht über das ganze Riff geht. Auf der Leeseite steht nur sehr geringe Brandung. Die geographische Lage dieser Südspitze wurde auf 20° 2' S-Br und 167° 46,1' W-Lg bestimmt, jedoch fand die Beobachtung unter ungünstigen Witterungsverhältnissen statt. Dass aus dem Riffe eine Insel geworden ist, wie in der Segelanweisung von FINDLAY vermuthet wird, weil in derselben Position von der amerikanischen Bark „Hermione" eine Insel gesehen sei, trifft nicht zu. Im Gesichtskreise des Riffes, in einem Umkreise von etwa 15 Seemeilen, existirt keine Insel. Die Südspitze wurde westlich auf eine kleine halbe Seemeile Entfernung passirt und mit 750 Meter Leine dabei kein Grund gelothet.

Nach Passiren des Meridians von Berlin am 2. Januar wurde für den durch die Erdumsegelung nach Osten gewonnenen Tag das Datum derart gewechselt, dass die beiden folgenden Tage mit demselben Datum des 3. Januar belegt wurden.

Demnächst versuchte die „Gazelle", die Insel *Tuanake*, über deren Lage verschiedene Angaben gemacht waren und deren Existenz fraglich war, zu finden. Es wurde zunächst die von dem nordamerikanischen Konsul in Tahiti notirte Position von 25° 50′ S-Br und 160° 55′ W-Lg angelaufen und dieselbe am 5. Januar Morgens in 8 Seemeilen Entfernung südwestlich passirt, ohne etwas von Land zu sehen. Ebenso wenig wurde bei der in der britischen Karte zu 26° 17′ S-Br und 160° 24′ W-Lg verzeichneten Position, sowie bei einer dritten südlich davon angegebenen Stelle, 26° 30′ S-Br und 160° 25′ W-Lg, welche beide bei Tage und klarem Wetter, die erste auf 12 Seemeilen, die letzte auf 3 Seemeilen Distanz passirt wurden, etwas wahrgenommen. Eine Lothung (Station 136) am 4. Januar in 25° 50,0′ S-Br und 161° 42,1′ W-Lg ergab 5084 Meter (2780 Faden) Tiefe und braunen Thonschlamm. Am folgenden Tage passirte die „Gazelle" den in 27° 11′ S-Br und 160° 13′ W-Lg gelegenen *Haymet Rock*, und zwar zwischen diesem Fels und einer 30 Meter (16 Faden) Bank, welche ca. 20 Seemeilen in OSO von demselben liegen sollte. Haymet Rock kam nicht in Sicht, da das Schiff beim Dunkelwerden noch zu weit von demselben abstand. Weil jedoch eine flache Verbindung zwischen dem Fels und der angegebenen Bank zu vermuthen war, so wurde die Nacht hindurch stündlich gelothet, ohne jedoch mit 220 bis 275 Meter Leine Grund zu erhalten.

In der Segelanweisung von FINDLAY war hier ferner nach dem Bericht eines Walfischfängers eine Insel *Drotoi* in 27° 17′ S-Br und 159° 40′ W-Lg angegeben; über diese Stelle lief die „Gazelle" fort, ohne irgend welche Spur von einer Insel wahrzunehmen. — Die Absicht, das in 37° 0′ S-Br und 151° 15′ W-Lg liegende Maria Theresia-Riff behufs näherer Bestimmung aufzusuchen, wurde durch das Herumgehen des Windes nach Süden verhindert, wodurch das Schiff gezwungen war, weiter nach Osten zu liegen. Der südliche Wind hielt übrigens nicht lange Stand, sondern sprang nach zwei Tagen wieder nach Osten und Nordosten zurück. Winde aus dieser Richtung hatten das Schiff auf der ganzen Strecke bis auf 42° S-Br, mit Ausnahme eines Tages, an dem auf 32° S-Br westliche Briese eintrat, begleitet und waren nur ab und zu durch Flauten und Stillen unterbrochen, welche mehrfach zum Dampfen nöthigten. Auf 43° S-Br liess die westliche Dünung erkennen, dass das Schiff in die Region der Westwinde eingetreten war, die indess erst südlicher mit einiger Beständigkeit einsetzten. Von hier ab, d. h. von 43° 38′ S-Br und 149° 9′ W-Lg, welcher Punkt am 15. Januar Mittags erreicht war, wurde eine entschiedene Schwenkung im Kurse nach Osten gemacht und sodann zwischen dem 45. und 46. Breitenparallel ostwärts gesteuert, wo bei frischer Briese noch verhältnissmässig gutes Wetter, welches das Lothen gestattete, erwartet werden konnte, um hier eine möglichst gerade Linie oceanischer Beobachtungen zu legen, wie dies von den Samoas bis zu dem eben angegebenen Punkte ebenfalls ausgeführt worden war. Mit einer etwas längeren durch anhaltend stürmisches Wetter verursachten Pause vom 23. bis 28. Januar, welches das Schiff im Uebrigen mit Etmals von 230 bis 260 Seemeilen ein gutes Stück vorwärts brachte, gelang es, diese Linie in einer Ausdehnung von ca. 2300 Seemeilen bis zum 92. Längengrad zu legen, von wo südlich nach der Magellan-Strasse gehalten wurde.

Auf der ersten von den Samoa-Inseln in südöstlicher Richtung bis zu dem oben genannten Punkte, oder unter Mitrechnung der nächsten noch ungefähr auf dieselbe Linie fallenden Station (140) bis zu 45° 33,6′ S-Br und 141° 11,4′ W-Lg wurden 7 Stationen gemacht, auf welchen die üblichen oceanischen Beobachtungen in aller Vollständigkeit ausgeführt wurden. Die Lothungen zeigen eine sehr gleichmässige durchschnittliche Tiefe von 5000 Meter, nämlich in der Reihenfolge der Stationen 134 bis 140 5002, 5011, 5084, 4956, 5422, 4755 und 5066 Meter. Es muss dies auffallen, weil die Lothungslinie dicht bei Inseln und bis an die Meeresoberfläche reichenden Untiefen vorbeiführt; so liegt die Insel Savage nur 80 Seemeilen von Station 134, der Haymet-Felsen 120 Seemeilen von

Station 136, und das Beveridje-Riff ungefähr in der Mitte zwischen Station 134 und 135. Hiernach muss angenommen werden, dass diese isolirten kleinen Felsmassen sich steil vom Meeresboden erheben. Die durch das Loth von dem letzteren heraufgebrachten Grundproben waren wenig von einander unterschieden und bestanden alle aus einem braunen Thonschlamm, der hin und wieder mit Foraminiferen gemengt war.

Auf der zweiten in östlicher Richtung verlaufenden Linie wurden von Station 140 an bis zur Magellan-Strasse noch vier Beobachtungsstationen (141 bis 144) gemacht. Auffallender Weise wurde auch hier in der Mitte des Oceans die geringste Tiefe gefunden, nämlich 3658 Meter in 46° 5,8′ S-Br und 119° 22,4′ W-Lg (Station 142), während die vorherige Lothung (Station 141) auf 4462, die folgenden (Station 143 und 144) auf 4691 und 4279 Meter Tiefe fielen. Diese hierdurch konstatirte Bodenerhebung in der Mitte des Stillen Oceans scheint nach den Messungen der „Challenger" und den neuerdings von dem amerikanischen Kriegsschiff „Entreprise" ausgeführten, erstere nördlich von den Lothungen der „Gazelle" zwischen 38° und 39°, letztere südlich davon auf ungefähr 50° südlicher Breite, eine grössere Ausdehnung in nord-südlicher Richtung zu haben.

Das Grundnetz kam bei den grossen Tiefen auf dieser Reise nicht zur Thätigkeit, dagegen wurde die Oberflächenfischerei, soweit es die Fahrt des Schiffes und die Witterungsverhältnisse gestatteten, fortgesetzt.

Ueber das beobachtete *Oberflächenleben im südlichen Stillen Ocean* giebt Dr STUDER in seinem Bericht resumirend Folgendes an:

Nach dem vorwiegenden Auftreten gewisser Thierformen, welche den faunistischen Charakter ausmachen, kann man eine aequatoriale Fauna zwischen den Wendekreisen mit konstant hoher Wassertemperatur unterscheiden. Diese ist wie im Indischen Ocean charakterisirt durch gewisse Diphyesformen, Hyalaeen und Cleodoren, das massenhafte Auftreten von Euphausia, gewisse Hyperidenformen, Oxycephalus, Phronima, die kleinen Fischarten Leptocephalus und Scopelus und eine gewisse Armuth von Copepoden. Die südliche Zone, sich jenseits des 30. Breitengrades namentlich mehr charakterisirend, zeichnet sich aus durch das zum Theil massenhafte Auftreten von Salpen, das Auftreten der Sagitten, zahlreicher Copepoden und eigener Gattungen von Hyperiden. Eigenthümlich erscheint auch das Zusammentreten gewisser Arten in Gruppen, so dass man an einer Stelle vorwiegend Sagitten, an einer andern Salpen, bestimmte Hyperiden oder Copepoden findet, während unter dem Wendekreise die Formen gleichmässig gemischt vorkamen.

Eine eigenthümliche Uebergangszone scheint zwischen dem Wendekreise und ca. 25° bis 26° S-Br zu herrschen. Es zeigte dieselbe sowohl an der Ostküste von Australien, als auch mitten im Ocean in 162° W-Lg ein bedeutendes Vorwiegen von Flügelschnecken (Pteropoden) und Ruderschnecken (Heteropoden).

Haie zeigten sich am 19. November 1875 in 28° 21,8′ S-Br und 179° 40,4′ O-Lg (Station 126). Ein Thier von ca. 2½ Meter Länge wurde geangelt, riss aber durch seine Schwere und die heftigen Bewegungen die starke Angel, welche sich um den Oberkiefer gekrümmt hatte, aus; dieselbe war ganz gerade gebogen. Das Thier gehörte der bisher im Indischen und Stillen Ocean beobachteten Art von Cacharias an. Am 9. December in 14° 52,4′ S-Br und 175° 32,7′ W-Lg (Station 130) und am 21. December in 17° 4,6′ S-Br und 172° 53′ W-Lg (Station 132) zeigten sich während des Lothens Haie; die beiden an letzterer Stelle gefangenen hatten als Nahrungsreste Vögel im Magen. Am 23. December wurden 41 Seemeilen von Upolu drei Haie geangelt, unter denen ein trächtiges Weibchen. Die Embryonen waren 325 mm lang, pigmentirt, ohne äusseren Kiemen. Die Jungen bewegten sich energisch im Uterus und noch lange nach Abtrennung vom Dotter.

Die Magellan-Strasse.

Am 1. Februar, also nach einer verhältnissmässig raschen Ueberfahrt, näherte sich die „Gazelle" dem Eingange zur Magellan-Strasse. Die Einfahrt von Westen ist in Anbetracht des dicken stürmischen Wetters, welches im Stillen Ocean auf diesem Breitenparallel zu herrschen pflegt, nicht ungefährlich, um so mehr, als man nach längerer Reise und bei der starken Temperaturänderung nicht mehr auf die Genauigkeit seiner Chronometer rechnen kann und weil der Strom längs der Küste variabel in Richtung und Stärke ist. Da die „Gazelle" wegen dicken Wetters keine Mittagsobservation bekommen konnte, musste nach der astronomischen Beobachtung vom Tage vorher gesegelt werden. Je näher das Schiff nach dem Besteck der Küste kam, desto dicker wurde die Luft und desto mehr frischte der Wind auf. Bald Nachmittags kam durch den Dunst hindurch ein Berg, aber nicht voraus, sondern querab in Sicht. Hiernach musste die „Gazelle" bereits dicht unter der Küste stehen, jedoch liess sich die genaue Lage nicht ausmachen, da der Berg nur zu vorübergehend und ausser Verbindung mit anderem Lande zu sehen war, um eine Orientirung danach zu ermöglichen. Es wurde daher beigedreht und Dampf aufgemacht, um das Aufklaren des Wetters abzuwarten, welches jetzt mit einer schweren Böe so dick geworden war, dass nur noch einige Kabellängen weit gesehen werden konnte, oder nöthigenfalls unter Dampf und Segel wieder von der Küste abzukreuzen. Glücklicherweise klarte es bald etwas auf, und der Berg konnte als eine der *Evangelisten-Inseln* ausgemacht werden, indem kurz darauf *Kap Pillar* in Sicht kam. Das Schiff befand sich demnach recht vor dem Eingange der Strasse, indessen etwas zu nahe den Evangelisten, da anstatt des hier südlich angegebenen ein nördlicher Strom gesetzt hatte. Derselbe ausnahmsweise nördliche Strom wurde noch beim Einsegeln in die Strasse in solcher Stärke beobachtet, dass allmählich vier Strich nach Süden von dem direkten Kurs abgewichen werden musste.

Es wurde in die an der südlichen Seite der Strasse nahe dem Eingange gelegene **Tuesday-Bai** eingelaufen und daselbst im **St. Josephs-Hafen** geankert.

Die Umgebung des Ankerplatzes bot ein ziemlich ödes Landschaftsbild. Die Bai, deren Eingang durch kleine Felseninseln verengt wird, stellt einen tiefen von Ost nach West eindringenden Fjord dar, welcher zwischen hohen, meist kahlen Bergwänden, von denen zahlreiche Wildbäche nach der See stürzen, eingeschlossen wird. Nur am Ufer und in tieferen geschützten Einschnitten zeigt sich Vegetation; niedrige Buchen und weissblühende Ericaceen bilden dieselbe. Das Gestein ist ein grauschwarzer Thonschiefer, in deutlichen Schichten abgelagert, welche an der Nordseite des Fjords nach Süd, an der Südseite nach Nord fallen. Von Thierleben war wenig zu entdecken. Abgesehen von den Möven, Raubmöven und Riesensturmvögeln, welche dem Schiffe gefolgt waren, sah man am Strande nur einen drosselartigen Vogel, Scytalopus magellanicus, und auf den Klippen am Ufer die antarktische Gans, deren Männchen sich durch sein schneeweisses Gefieder scharf von dem dunklen Hintergrunde der Klippen abhob. Hin und wieder zeigte sich auch ein Kormoran. Auf dem Grunde der Bucht fanden sich in 4½ Meter Tiefe auf Sand und Algen Seesterne, Seeigel, eine Dreieckkrabbe und einige Schnecken, in 15 bis 20 Meter auf einem Boden von Muscheltrümmern Krebse und Muscheln, in noch tieferem Wasser von 35 Meter, wo der Grund aus Muscheltrümmern und Steinen bestand, wurde eine Seewalze gefischt, deren Körper auf einer Seite mit Schuppen bedeckt war, während die andere eine breite Sohle darstellte.

Ein Versuch am nächsten Tage, an welchem die „Gazelle" in diesem Hafen zu Anker blieb, eine Bootsfahrt nach der Mercy-Bai und dem Kap Pillar zu unternehmen, scheiterte an der hohen, im Eingang der Strasse stehenden westlichen See, welche die Boote voll schlug und dieselben bereits in Sicht der Mercy-Bai zur Umkehr nöthigte.

Bei der Weiterfahrt am 3. Februar wurden im Sea Reach, dem westlichsten Theile der Magellan-Strasse, zwei Temperaturbeobachtungen (Station 145 und 146) angestellt, welche bei der geringen Wassertiefe nur kurze Zeit in Anspruch nahmen. Bei der ersten wurde an der Wasseroberfläche 9,5° C, in 91 Meter (50 Faden) Tiefe 8,72° und am Grunde in 198 Meter 8,61° gemessen, bei der zweiten Beobachtung an der Oberfläche 9,8°, in 37 Meter (20 Faden) Tiefe 8,25°, und am Grunde bei nur 77 Meter (42 Faden) Wassertiefe 8,6°. Irgend welche Schlüsse auf den Austausch der Gewässer der beiden grossen Oceane durch die Magellan-Strasse liessen sich aus diesen wenigen Beobachtungen und bei der geringen Temperaturdifferenz, welche dieselben aufweisen, nicht ziehen. Ebenso wenig gab eine dritte Beobachtung (Station 147) im östlichen Theile der Strasse bei Punta-Arenas, wo an der Oberfläche eine Temperatur von 8,83°, in 37 Meter (20 Faden) 7,78°, in 91 Meter (50 Faden) 7,61° und am Grunde in 154 Meter (84 Faden) 7,11° gefunden wurde, noch auch die gemessenen specifischen Gewichte des Wassers einen Anhalt dafür.

Auf Station 146 wurde gleichzeitig mit der Lothung das Grundnetz hinabgelassen; es brachte zahlreiche Muschelfragmente und kleine Steine herauf, mehrere Arten von Quallenpolypen, eine rosenrothe Rindenkoralle mit einfachem, unverzweigtem Stamm und schuppigen Kelchen, zahlreiche Schlangensterne, darunter eine auch bei den Kerguelen gefischte Art mit sieben Strahlen, welche in besonderen Bruttaschen die Eier zur Entwickelung bringt, drei Arten von Seewalzen, zahlreiche Moosthierchen und eine Reihe für diese Gegend charakteristischer Muscheln, meist kleine, blassgefärbte Formen.

Die Navigirung im westlichen Theile der Strasse bot trotz des gänzlichen Mangels von Seezeichen keine Schwierigkeiten, derselbe kann aber wegen des Fehlens von Feuern nur am Tage passirt werden. Die Fahrt im östlichen Theile ist wegen der starken Strömungen und der vielen Bänke, sowie der niedrigen, auf langen Strecken oft jeder als Marke benutzbaren Erhöhung entbehrenden Küste schwieriger, wird aber durch hier etablirte Seezeichen und Feuer einigermaassen erleichtert. Einige Ansichten, welche von Offizieren der „Gazelle" von hervorragenden Punkten der Strasse aufgenommen und für die Navigirung von Werth, sind auf der beigefügten Tafel 49 wiedergegeben.

Beim Einlaufen in den Long Reach, den sich an den Sea Reach anschliessenden engen Theil der Strasse, wurde beim Passiren des schmalen **Port Angosto** am Abend des 3. Februar tief im Innern desselben eine Korvette gesehen, deren Flagge nicht genau ausgemacht werden konnte, weil das Schiff zu entfernt war und zu rasch wieder hinter den hohen Bergen verschwand. Da dasselbe aber Aehnlichkeit mit S. M. S. „Vineta" hatte, deren Aufenthalt in dieser Gegend nicht unwahrscheinlich war, so wurden Segel geborgen, zurückgedampft, und nachdem erkannt war, dass es wirklich die „Vineta" war, im Eingange des Hafens geankert. Die „Vineta" war auf der Ausreise nach Ostasien begriffen, und da sie die von S. M. S. „Gazelle" zuletzt besuchten Inselgruppen des Stillen Oceans, die Samoas, Fidjis und Tongas, ebenfalls aufzusuchen beabsichtigte, so konnte die Gelegenheit des Zusammenseins dazu benutzt werden, derselben die daselbst gemachten Erfahrungen mitzutheilen.

Port Angosto bildet eine tiefe Bucht mit steilen Ufern; die letzteren waren dicht bewachsen mit blühenden Sträuchern und niedrigem Buchengebüsch. Das Gestein besteht aus grobkörnigem Hornblendegranit von dunkler Farbe. Gerölle dieses Gesteins, mit Riesentang und bunten Algen bewachsen, fanden sich auch am Meeresgrunde. Mit denselben wurden in dem Netze eine Seewalze und ein kleiner Seestern, zahlreiche Krebse, besonders Asseln, und einige Mollusken gefischt.

Der sich zwischen der „Gazelle" und der „Vineta" entwickelnde lebhafte Verkehr war in Folge des frühen Aufbruchs des ersteren Schiffes nur von kurzer Dauer. Da die „Gazelle" nämlich in der folgenden Nacht während einer schweren Böe vor zwei Ankern bis in den durch Riffe verengten Eingang der Bai trieb, ging sie gleich Anker auf und setzte die Fahrt nach Osten fort, während die „Vineta". noch in dem Hafen zurückblieb. Noch an demselben Tage legte die „Gazelle" die ganze Strecke bis **Punta Arenas** zurück und ankerte am Abend um 11 Uhr vor diesem Orte. Am nächsten Morgen wurde der Ankerplatz näher an die Stadt verlegt und hier ein dreitägiger Aufenthalt genommen, um die Kohlenvorräthe des Schiffes einigermaassen zu ergänzen und einigen Proviant, namentlich frisches Fleisch, sowie einige lebende Ochsen und Hammel an Bord zu nehmen.

Die Landschaft von Punta Arenas zeigte ein wesentlich verschiedenes Bild von denjenigen der beiden anderen Ankerplätze in der Magellan-Strasse. Hinter dem sanft ansteigenden Sandstrand erheben sich sanfte Hügelreihen, die mit hochstämmigem Buchenwald bedeckt sind. Die Vogelwelt war hier reich entwickelt; über den Wipfeln der Buchen flog kreischend der grüne patagonische Papagei mit rother Brust, in den Lichtungen trieben sich Schaaren von finkenartigen Vögeln, jagte ein würgerartiger Vogel umher, zwei kleine Baumläufer kletterten an den Stämmen herum. Von Raubvögeln wurde ein kleiner Falke erlegt; über dem Wasser flatterte die antarktische Seeschwalbe. Auch die niedere Thierwelt war reicher entwickelt. Schmetterlinge flogen um die Berberitzensträucher, grüne Raubkäfer und grosse Spinnen fanden sich unter Steinen und Rinden. In den Bächen und Tümpeln lebten Flohkrebse, unter Steinen im Wasser fanden sich die Gehäuse von Köcherfliegen und kleine Blutegel.

Zunächst dem Strande, der von der Küste allmählich in tieferes Wasser abfällt, wachsen auf sandigem Meeresboden der Riesentang und zahlreiche rothe Algen. Am reichsten sind hier unter den Thieren die Stachelhäuter und die Krebse vertreten, von ersteren namentlich Seesterne, Schlangensterne, kleine Seeigel und Seewalzen, von letzteren die eigenthümliche Assel Serolis, Sphaeroma-Arten und eine kleine Viereckkrabbe.

Von Punta Arenas nach Montevideo.

Bei frischem Südweststurm verliess die „Gazelle" am 8. Februar Vormittags Punta Arenas und forcirte die Fahrt, um noch vor Dunkelwerden die letzten Engen in der Magellan-Strasse zu passiren und des nochmaligen Ankerns überhoben zu sein. Nachts 11 Uhr wurde bereits Kap Virgins, die äusserste am Eingange der Strasse gelegene Spitze, passirt und damit der Atlantische Ocean erreicht. In der Segelordre war die direkte Route von Kap Virgins nach dem La Plata mit Rücksicht auf Strom- und Temperaturbeobachtungen als nützlich bezeichnet, indess angenommen, dass wegen konträren Windes und Stromes dieselbe nicht empfehlenswerth sei. Da jedoch die Entfernung auf der direkten Route erheblich kürzer ist, so glaubte der Kommandant nach sorgfältiger Erwägung der wahrscheinlichen Wind- und Stromverhältnisse trotzdem auf dieser Route rascher den La Plata erreichen zu können als auf dem Wege bei den Falklands-Inseln vorbei. Diese Annahme bestätigte sich, indem die „Gazelle" neben einigen Flauten und Stillen alle frischeren Winde günstig fand und — was bisher unbekannt — fast auf der ganzen Strecke einen mitlaufenden nordöstlichen Strom von 0,3 bis 1,3 Knoten Geschwindigkeit hatte, so dass die Reise in acht Tagen bewerkstelligt werden konnte, während auf der anderen Route zwölf bis vierzehn Tage wohl das Minimum gewesen wären.

Auf der die Küste umgebenden Bank wurden einige oceanographischen Beobachtungen gemacht, sowie eine Serie von interessanten Grundschleppungen ausgeführt.

Die auf den beiden ersten Stationen (Station 148: 47° 1,5′ S-Br und 63° 30,0′ W-Lg, Station 149: 43° 56,0′ S-Br und 60° 52,0′ W-Lg) gefundenen niedrigen Temperaturen — an der Oberfläche 12,9° und 13,6°, am Grunde in 115 resp. 110 Meter Tiefe 8,4° und 6,7°, das geringe specifische Gewicht des Wassers, sowie die direkten Strommessungen führten übereinstimmend mit den Besteckunterschieden zu dem Schluss, dass längs der Küste eine antarktische Strömung nach Norden setze.

Das Netz brachte an der ersten Beobachtungsstelle grünlich grauen Sand mit ganzen und zerbrochenen Muschelschalen herauf; der Sand bestand aus Quarzkörnern und einem grünlichen glasartigen Mineral, dazwischen Panzer von Diatomeen. An Thieren lieferte das Netz Seesterne, Seeigel, Krebse, eine Anzahl Mollusken und einige Würmer. Von den Seesternen fiel besonders eine ziemlich zahlreich vertretene Art auf von prachtvoller Orangefarbe mit runder Scheibe von 35 Millimeter Durchmesser und 23 bis 29 schlanken Armen von 8 Centimeter Länge, von den Seeigeln ein purpurrother Turbanigel, welcher die Eier auf seine oben abgeflachte Schale ablegt und dieselben, durch die Stacheln geschützt, sich vollkommen entwickeln lässt.

Auf der zweiten Station enthielt das Netz ausser dem graugrünen Sande mit Stücken eines feinkörnigen Sandsteins vom Grunde eine Rindenkoralle mit beschuppten Kelchen, zahlreiche Schlangensterne und Moosthierchen, sowie einige Würmer, Krebse und Mollusken.

Die nächste Grundschleppung, nahezu 4½ Grad nördlicher und 2½ Grad östlicher, war weniger ergiebig an Thieren; in dem feinen sandigen Schlamm des Grundes von schwärzlichgrüner Farbe mit Quarzkörnern eingegraben fanden sich am häufigsten eine Muschel (Leda lugubris), einige Krebse und ein Seestern. Etwas reicher war die Ausbeute in 38° 10,1′ S-Br und 56° 26,6′ W-Lg, wo das Grundnetz in 55 Meter Tiefe herabgesenkt wurde. Der Grund bestand hier aus Sand und Stücken eines schlackenartigen Gesteins. An Thieren wurden Rindenkorallen, Seesterne, Schwämme, eine kleine fleischfarbene Seeanemone, einige Würmer, Krebse und eine Kammmuschel gefischt.

Die nächste Beobachtungsstation (150) fällt schon unmittelbar vor die La Plata-Mündung; die erheblich höhere Temperatur des Wassers gegenüber den auf den beiden vorhergehenden Stationen gemessenen, sowohl an der Oberfläche, 19,3°, als auch auf dem Grunde in 46 Meter Tiefe, 17,8°, und der Ueberschuss der Oberflächentemperatur über die mittlere Lufttemperatur um fast 3°, kennzeichnen das Wasser als nicht mehr den antarktischen Regionen entstammend. Auch hier wurde das Grundnetz nicht ohne Erfolg geworfen; Dreieckkrabben und Muscheln bildeten an Thieren den Hauptinhalt desselben. Der Grund bestand aus schwarzgrauem Sand und Muschelschalen.

Am 16. Februar lief die „Gazelle" in die Mündung des La Plata ein und ankerte Nachmittags 3 Uhr auf der Rhede von *Montevideo*. Unter anderen fremden Kriegsschiffen wurde hier die englische Korvette „*Challenger*" angetroffen, welche ebenfalls auf einer längeren wissenschaftlichen Expedition im Interesse der Oceanographie begriffen war und sich nunmehr nach fast dreijähriger Abwesenheit auf dem Wege nach der Heimath befand. Dieselbe hatte von der Magellan-Strasse die Route über die Falklands-Inseln genommen, so dass es ein glücklicher Zufall war, dass die „Gazelle" nicht denselben Weg gewählt hatte und dieselben Beobachtungen zweimal gemacht waren, vielmehr durch den Vorzug der direkten Route das Netz der Beobachtungen an Ausdehnung gewonnen hatte. Um dies auch für den weiteren Heimweg zu erreichen, trafen die Kommandanten der beiden Schiffe Vereinbarung über die zu wählende Route und die weiteren Operationen.

Von Montevideo über Fayal und Plymouth nach Kiel.

Da die „Challenger" die Route nach Tristan da Cunha und von dort nach Ascension zu nehmen beabsichtigte, so wählte die „Gazelle" durch den Südatlantischen Ocean den Weg auf ungefähr 35° S-Br ostwärts und demnächst auf 25° W-Lg nordwärts, so dass diese Routen beider Schiffe in Verbindung mit denjenigen auf der Ausreise ein fast vollkommenes Netz von Lothungen und Temperaturbeobachtungen über den südlichen Atlantischen Ocean zu legen gestatteten. Der von der „Gazelle" eingeschlagene Weg liess als der kürzeste ferner erwarten, den für die Rückkehr festgesetzten Termin nahezu innehalten zu können. Leider waren die Windverhältnisse aber so aussergewöhnlich ungünstige, dass die Reise dadurch eine unerwartete Verlängerung erfuhr.

Von Montevideo ab, welcher Platz am 19. Februar früh verlassen wurde, hatte die „Gazelle" auf dem 34. und 35. Breitenparallel und noch nördlich von demselben fast ausschliesslich flaue Briesen zwischen Nord und Ostnordost, welche zu vielfachem Gebrauch der Maschine nöthigten. Erst am 7. März auf ca. 22° S-Br und 25½° W-Lg setzte etwas frischerer östlicher Wind ein, der allmählich in den Passat überging. Dieser gewöhnlich sehr kräftige Wind war jedoch grossentheils nur flau und anstatt aus Südost in der Regel aus Richtungen zwischen Ost und Ostnordost. Die äquatorialen Stillen traten demnächst anstatt erst nördlich vom Aequator bereits 2° südlich davon am 14. März ein und hielten mit wenig Unterbrechung durch nördliche Winde bis zum 18. März Abends auf 4½° N-Br an. Von hier ab, oder vielmehr schon etwas südlicher auf 2° N-Br wurde der bisher ziemlich gut auf dem 25. Grad westlicher Länge durchgeführte Nordkurs verlassen und nordwestlich gehalten, westwärts von den Kap Verde'schen Inseln. Innerhalb der Region des Nordost-Passates, der hier vorherrschend östlich sein sollte, traf die „Gazelle" vorzugsweise flaue nordnordöstliche Winde und mitten in dem Passatgebiet zwischen 14° und 15° nördlicher Breite vollkommene Stillen, welche fast vier Tage anhielten und die sich an der Grenze des Passates auf 28° Breite wiederholten. Die Kohlen waren beim Lothen und in Folge der fortgesetzten Flauten und Stillen bis auf ein zum Destilliren reservirtes Quantum bereits bis zum Eintritt in die Region des Nordost-Passates aufgebraucht, weshalb die späteren Stillen einen grossen Zeitaufenthalt veranlassten. Die ausnahmsweise ungünstigen Witterungs-verhältnisse auf dieser Fahrstrasse, welche von fast allen nach Europa heimkehrenden Schiffen, deren viele passirt wurden, gewählt zu werden pflegt, mögen die Veranlassung gewesen sein, dass eins derselben, das englische Vollschiff „Lord of the Isles", welches auf der Reise von Manila nach Liverpool begriffen war und von der „Gazelle" am 25. März Mittags in 13° 25' N-Br und 35° 28' W-Lg angetroffen wurde, in Proviantnoth gerathen war, welcher durch Uebersendung einiger Fässer Fleisch, Kartoffeln und Reis von Seiten der „Gazelle" abgeholfen werden konnte. Am 6. April auf 28½° N-Br und 40° W-Lg setzten endlich günstige südliche Winde ein, mit welchen direkter nordöstlicher Kurs auf die Azoren genommen werden konnte.

Während der Fahrt durch den Südatlantischen Ocean und über den Aequator hinaus bis zur Höhe der Kap Verdeschen Inseln wurden die *oceanographischen Beobachtungen* in den Verhältnissen entsprechenden grösseren oder geringeren Zwischenräumen fortgesetzt. Im Ganzen wurden vierzehn Beobachtungsstationen (151 bis 164) gemacht. Die erste Station (151) liegt in oder unmittelbar vor der Mündung des Rio de la Plata, auch die nächsten drei fallen noch in das Wirkungsgebiet dieses mächtigen Stromes. Wie schon vorher, so machte sich auch jetzt der Einfluss desselben durch geringes specifisches Gewicht des Wassers bemerkbar. Die grossen Unterschiede hierin und in den beobachteten Wassertemperaturen auf den benachbarten Stationen lassen vermuthen, dass hier drei Wassermassen verschiedenen Ursprungs zusammenstossen, eine kalte antarktische, eine äquatoriale und das Flusswasser des La Plata. So wurde auf Station 152 in 80 Meter Tiefe eine Bodentemperatur von 14,5°, bei der folgenden Beobachtung dagegen in 91 Meter Tiefe 19,3° gefunden. Der schnelle Wechsel der Wasserfarbe von grün in blau bestärkte die angeführte Vermuthung.

Bei den auf den drei ersten Stationen ausgeführten *Schleppzügen* mit dem Grundnetz fanden sich in dem dunkelgrünen Schlamme vorherrschend Gliederwürmer, welche meist in selbstgebauten Röhren aus Schlamm oder Hornsubstanz lebten; auf solchen Wurmröhren kam auch ein Quallenpolyp

AFRIKA

SÜD AMERIKA

Erklärungen.

vor. Ferner wurden Rindenschwämme gefischt, Seesterne, Moosthierchen, eine Dreieckkrabbe und eine interessante violettrothe nierenförmige Seefeder.

Nachdem auf dem zunächst noch weiter nach Osten gerichteten Kurs der „Gazelle" noch zwei Stationen (155 und 156) gemacht waren, welche wie die vorhergehenden zwischen den 34. und 35. Breitenparallel liegen, fallen die folgenden Beobachtungen fast genau in eine von Süd nach Nord laufende Linie zwischen 24° und 25° westlicher Länge; nur die letzte Station (164) bei den Kap Verdeschen Inseln, wo übrigens nur specifisches Gewicht des Wassers und Strom beobachtet wurde, weicht davon wesentlich ab. Die grössten Tiefen auf dieser den westlichen Theil des Südatlantischen Oceans durchschneidenden Strecke wurde zwischen 25° und 15° S-Br gemessen und zwar in 22° 22,8′ S-Br und 25° 27,2′ W-Lg (Station 158) 5170, in 13° 44,6′ S-Br und 25° 41,3′ W-Lg (Station 159) *5618 Meter;* die letzte Tiefe ist die grösste, welche überhaupt von der „Gazelle" gelothet ist. Diese beiden Stationen sind ferner noch insofern von besonderem Interesse, als die hier erhaltenen aus röthlichem thonigen Schlamm bestehenden Grundproben, nach den Untersuchungen von Herrn Ober-bergdirektor von Gümbel frei von allen aus dem organischen Reiche herrührenden Substanzen, den Beweis liefern, dass die von den Flüssen dem Meere zugeführten Schlammtheilchen bis in die grössten Entfernungen von der Küste getragen werden und sich daselbst ablagern können.

Hieran anschliessend lassen wir ein kurzgefasstes *Résumé* der wichtigsten Ergebnisse der von Herrn von Gümbel ausgeführten *mineralogisch-geologischen Untersuchungen,* welche im zweiten Theil dieses Werkes eingehender behandelt werden, folgen. Entgegen der Annahme, dass in den grössten Meerestiefen und in solchen Gebieten der Meere, welche von Festländern sehr entfernt liegen, eine Betheiligung von den Festlandsmassen entstammenden und durch die Flüsse den Meeren zugeführten feinsten Schlammtheilchen an der Zusammensetzung der Tiefseeablagerungen nicht stattfinde, lässt sich durch mikroskopische und chemische Untersuchungen die Gleichheit dieser thonigen Niederschläge mit den im kalkigen sogenannten Globigerinenschlamm fein vertheilten Thonflecken ganz unzweideutig nachweisen und feststellen, dass die von den Flüssen in die Meere von den Festländern eingeschwemmten thonigen Mineraltheilchen je nach dem Grade ihrer Feinheit selbst bis zu den von den Küsten am entferntesten liegenden Gebieten der Meere durch die Wogen fortgetragen werden, wo sie, nach und nach zum Absatz gelangend, den Hauptbestandtheil der thonigen Ablagerungen ausmachen.

Fast ebenso allgemein giebt sich zu erkennen, dass *vulkanischer Staub* und Vulkanasche einen wesentlichen Antheil an der Bildung von Tiefseeablagerungen aller Art nehmen, ohne jedoch durch ihre Zersetzungsprodukte ausschliesslich oder hauptsächlich die thonigen Varietäten derselben aus-zumachen.

Endlich ist es auch ganz allgemeine durchgreifende Thatsache, dass *Manganoxyde* meist sogar als färbendes Princip in den Absätzen der Tiefsee sich vorfinden.

In Besonderem verdienen die Proben 1, 2 und 3 [1]) (Station 3, 4, 5) hervorgehoben zu werden, weil in denselben eine Beimengung von *Fetttheilchen* nachgewiesen wurde, welche bis jetzt in Tiefsee-proben noch nicht aufgefunden worden sind. Es ist sogar mehr als wahrscheinlich, dass solche fettigen Bestandtheile bei sehr vielen Tiefseeablagerungen vorkommen.

Bei der Probe 6 (Station 6) ist die Wahrnehmung von besonderem Interesse, dass die Schalen der beigemengten Foraminiferen im Innern mit einer Kruste von Thon überdeckt oder überzogen sind. Denkt man sich nun Fälle, in welchen zu Folge der auflösenden Wirkung von Kohlensäure die kalkigen Thiergehäuse zerstört wurden, so blieb gleichwohl ein thoniger Rückstand, der unter

---

[1]) Die Proben waren besonders numerirt.

Umständen die Form des zerstörten Thiergehäuses behielt. Sicher ist ein Theil des sogenannten rothen Tiefseeschlammes nichts Anderes, als auf diese Weise gleichsam koncentrirter Schlamm.

In Bezug auf die in vielen Gesteinen vorkommenden Beimengungen von *Glaukonit* geben die Proben 7 und 11 (Station 18 und 38) die lehrreichsten Aufschlüsse. Es lässt sich nämlich bei denselben erkennen, dass der Glaukonit auch jetzt noch andauernd in Bildung begriffen ist und unter gewissen Bedingungen in nicht zu tiefen Meeren fortwährend erzeugt wird.

Die nächste Probe überraschte durch ihre in bedeutender Tiefe, in welcher man sonst nur kalkige und thonige Absätze antrifft, fast ausschliesslich quarzig-sandige Zusammensetzung, die sich gewöhnlich nur in Ablagerungen seichter Gewässer einstellt. Man darf deshalb Sandstein nicht als ausschliesslich Seichtwasserbildungen angehörig ansehen.

Die Proben aus dem Indischen Ocean geben zunächst zu erkennen, dass in der Nähe von Festlandsmassen oder Inseln die aus dem organischen Reiche abstammenden Beimengungen den verschiedenartigsten Thierklassen angehören, während in grösserer Entfernung von den Küsten die Schalen von Foraminiferen so vorherrschen, dass sie oft den Hauptbestandtheil der Tiefseeablagerungen ausmachen. Jedoch sind immer auch kieselige Radiolarien und meist auch Diatomeenreste beigemengt. Es entstehen auf diese Weise vielfache Uebergänge von sogenanntem Globigerinen-Schlamm in Radiolarien- oder Diatomeen-Schlamm.

Auffallend erscheint der rasche Wechsel an thierischen Beimengungen, welcher sich in dem Meere nördlich von den Kerguelen zu erkennen giebt. Es scheint dies mit dem grossen Wechsel der Tiefe des Meeres in Zusammenhang zu stehen.

Eine andere bemerkenswerthe Erscheinung an den Tiefseeproben aus der Nähe von den Kerguelen und der Westküste von Australien ist das Vorkommen rundlicher strahligfaseriger Kügelchen, welche äusserlich an steinige Meteoriten erinnern, aber doch von ihnen sich hinreichend durch den Mangel der charakteristischen einseitig strahligen Structur unterscheiden. Sie scheinen vulkanischen Ursprungs zu sein.

In fast sämmtlichen Tiefseeproben finden sich mit dem Magnet ausziehbare Eisentheilchen. Man hat dieselben vielfach von kosmischem Staub abgeleitet, der in ähnlicher Weise wie die Meteorite überhaupt aus dem Weltraum auf die Erde niedergefallen wäre. Die diesbezüglichen Untersuchungen haben aber zu keinem entscheidenden Ergebnisse geführt, und es muss unentschieden bleiben, ob die Eisentheile irdischer vulkanischer Asche oder kosmischem Staub entstammen.

Die Anzahl der kleinsten Thiergehäuse in manchen Tiefseeproben ist eine erstaunlich grosse. Um wenigstens eine Andeutung hierüber zu gewinnen, wurde bei der Probe 33 (Station 80) der Versuch gemacht, diese Menge annäherungsweise zu ermitteln. Schon in einem Kubikcentimeter beträgt ihre Zahl über eine halbe Million Einzelgehäuse, namentlich von Foraminiferen. Da nun viele Kalksteine, z. B. die Schreibkreide, den kalkigen Tiefseeablagerungen ganz analog zusammengesetzt sind und oft viele Hunderte von Metern Mächtigkeit besitzen, so lässt sich danach bemessen, in welch grossartigem Maassstabe diese unendliche Welt der kleinsten organischen Wesen an dem Aufbau der festen Erdrinde in früheren Perioden betheiligt war.

Eines der merkwürdigsten Vorkommnisse am Grunde der Meere ist jenes von oft ziemlich grossen Kartoffelknollen ähnlichen *Mangankonkretionen*. Solche sind bereits aus den verschiedensten Meeren nachgewiesen. Ausgezeichnete Exemplare wurden zugleich mit abgeriebenen Bimssteinstücken in grosser Menge in der Nähe der Fidji-Inseln und in den angrenzenden Meeresgebieten gefunden. Man kann in diesen Manganknollen eine Koncentrirung jenes Mangangehaltes vermuthen, der fast in allen Tiefseeproben gefunden wird und merkwürdiger Weise in keinem Verhältnisse zum Eisengehalte steht, wenn man beide Beimengungen bloss als das Produkt zersetzter vulkanischer Materialien ansehen wollte. Wir müssen, um ihre Entstehung zu erklären, an unterseeische, den Mineralquellen analoge Ergüsse denken.

Was an diatomeenreichen Proben vorliegt (hauptsächlich aus der Nähe der Kerguelen stammend) gehört einer relativ nicht tiefen Meeresregion an, in welcher überhaupt ein rascher Wechsel in der Beschaffenheit des Tiefseematerials oft in überraschender Weise sich vollzieht.

Von geologisch ganz besonders hohem Interesse ist die Beobachtung, dass viele Tiefsee-ablagerungen, wo sie mächtig sind, aus materiell verschiedenen über einander lagernden Schichten bestehen, wie sich dies namentlich bei der Probe 54 (Station 94) zu erkennen giebt. Es folgt daraus, dass auch am Grunde des Meeres sich mit der Zeit ändernde Verhältnisse einstellen, welche sich geologisch in dem Wechsel der verschiedenen über einander liegenden Gesteinsmassen abspiegeln. — Nachdem die letzte Strecke vor den Azoren mit schneller Fahrt zurückgelegt war, kam am 10. April Nachmittags 2 Uhr die gebirgige, aus der Ferne einem abgestumpften Kegel gleichende Insel *Fayal* mit dem 1800 Meter hohen Pico Gorda in der Richtung OzN auf eine Entfernung von ungefähr 28 Seemeilen in Sicht. Da der Wind unter Land wieder nordöstlich geworden war, so musste auf die an der Südostseite von Fayal gelegene *Rhede von Horta* gekreuzt werden, so dass die „Gazelle" erst Abends nach 9 Uhr auf derselben zu Anker kam.

Um die Reise nach Möglichkeit zu beschleunigen, wurde der Aufenthalt hier möglichst verkürzt und nach Auffüllen von Kohlen, Einnahme von Proviant und Wasser die Rhede schon am 12. April Abends wieder verlassen.

Der am 14. April einsetzende südwestliche Wind ging allmählich in einen starken West-sturm mit ungewöhnlich hoher See über, welcher die Reise nach dem Kanal sehr beschleunigte.

Am 18. Nachts kam bereits Kap Lizard in Sicht, und am nächsten Vormittag wurde im *Hafen von* **Plymouth** geankert.

Nach 30 stündigem Verweilen in diesem Hafen setzte die „Gazelle" die Heimreise bereits am 20. April Abends bei regnerischem Wetter und böigem südlichen Winde unter Dampf fort. Das dicke Wetter klarte erst am Nachmittage des folgenden Tages, als die „Gazelle" bei Beachy Head stand, auf, jedoch trat in der Nacht beim Eintritt in die Nordsee und bevor Galloper-Feuerschiff gesichtet wurde, schon wieder starker Nebel ein. Gleichzeitig schralte der auffrischende Wind über Nordwest nach Nord und nöthigte zum Kreuzen, während der Nebel nur nach dem Lothe zu navigiren gestattete. Dieses Wetter mit flauer Brise zwischen Nord und Ost hielt auch die folgenden Tage an, jedoch wurde am 25. April früh Morgens auf eine halbe Stunde Hirtsholm-Feuerthurm gesichtet, und beim Passiren von Skagen-Leuchtthurm, der bekannten Wetterscheide zwischen Ost- und Nordsee, klarte es gänzlich auf. Am Abend desselben Tages ankerte die „Gazelle" bei *Friedrichshafen*, um durch die Laesoe-Rinne und die Engen bei Sprogoe am Tage passiren zu können. Die erstere wurde am folgenden Tage, die Enge bei Sprogoe am 27. April Nachmittags passirt und demnächst längs der Insel Langeland wegen dicken böigen Wetters und um genaue Lothungen zu erhalten, ganz langsam gedampft, und in der Nacht unter kleinen Segeln von Fjakkebjerg nach Kiel gelegen. Am 28. Morgens um 6½ Uhr kam der Feuerthurm von Bülk als erster Vorposten des heimathlichen Hafens in Sicht, um 8 Uhr wurde dieser und eine Stunde später der Leuchtthurm von Friedrichsort passirt und in den *Kieler Hafen* eingelaufen, woselbst die „Gazelle" um 9¾ Uhr an der Boje festmachte. Nach der am folgenden Tage stattgefundenen Inspicirung des Schiffes durch den Chef der Admiralität wurde zur Abrüstung geschritten und am *12. Mai* um 2 Uhr Nachmittags unter dem üblichen Ceremoniell und mit einem Hoch auf Seine Majestät den Kaiser die „Gazelle" ausser Dienst gestellt.

Anhang I.

Résumé über die während der Reise S. M. S. „Gazelle" angestellten anthropologischen Forschungen.

Bearbeitet von Professor DR R. Hartmann.

Die *ethnologischen Verhältnisse* der von Sr. Majestät Kriegsschiff „Gazelle" besuchten Gegenden sind bereits in der vorliegenden Reisebeschreibung ein häufiger Gegenstand der Erörterung gewesen. Dem Verfasser dieses Abschnittes ist nur die Aufgabe zugewiesen, die *physische Anthropologie* der bereisten Länder hier noch in gedrängter Weise zu erörtern. Hierbei haben die ausführlichen Veröffentlichungen der Herren von Schleinitz und Strauch sowie ein ungedrucktes Manuskript des Herrn DR Hüsker wesentliche Dienste geleistet. Auch konnten dabei die im Laufe der Zeit stark verschleierten photographischen, vom Schreiber dieser Zeilen für den Steindruck (mit Hülfe des Pantographen) umgezeichneten Aufnahmen zu Rathe gezogen werden. Ferner lagen eine Reihe unvollständiger Schädel, einige Extremitätenknochen und eine Anzahl Haarproben von Bewohnern des Bismarck-Archipels etc. zur Benutzung vor. Leider sind Herrn DR Hüsker viele das oben erwähnte anatomische Material begleitende, sehr werthvolle Notizen gelegentlich der Katastrophe des Kriegsschiffes „Grosser Kurfürst" (2. Juni 1878) zu Grunde gegangen.

Eine Anzahl der von Seelhorst'schen, hier durch Lithographie wiedergegebenen Photographien betrifft Bewohner der Inseln Bali, Solor, Sawu, Rotti und Timor. Diese Leute gehören grösstentheils zur *malayischen Menschenrace* im weiteren Sinne, welche sich über die Halbinsel Malakka und über die gesammte ostindische Inselwelt bis gegen Neu-Guinea und Australien hin erstreckt und verschiedene Unterabtheilungen erkennen lässt. Eine derselben, die *eigentlichen Malayen*, zeigen sich in gewisser Reinheit unter den Eingeborenen Malakkas, ferner unter den (übrigens nur eine Gesellschaftsklasse vertretenden) Küstenbewohnern, Orang-Laut, der Inseln Sumatra, Borneo, Jawa, Celebes, der molukkischen Inseln, der Inseln Bali, Lombok, Sumbawa u. A. Diese Menschen bieten eine nicht unbeträchtliche physische Annäherung an die indochinesischen bis zu gewisser Eigenart entwickelten Zweig der mongolischen Race dar, dessen Wohnsitze die Reiche Birma, Siam und Anam bilden. Jener indochinesische Zweig hat vielleicht in Folge häufig stattgehabter Vermischungen mit malayischen Bewohnern des Festlandes und der ostindischen Inselwelt einen Theil seiner gegenwärtig so sehr zu Tage tretenden physischen und psychischen Eigenthümlichkeiten herausgebildet. Andererseits ist aber auch das malayische Inselgebiet häufiger von indochinesischen und von noch reiner mongolischen Bevölke-

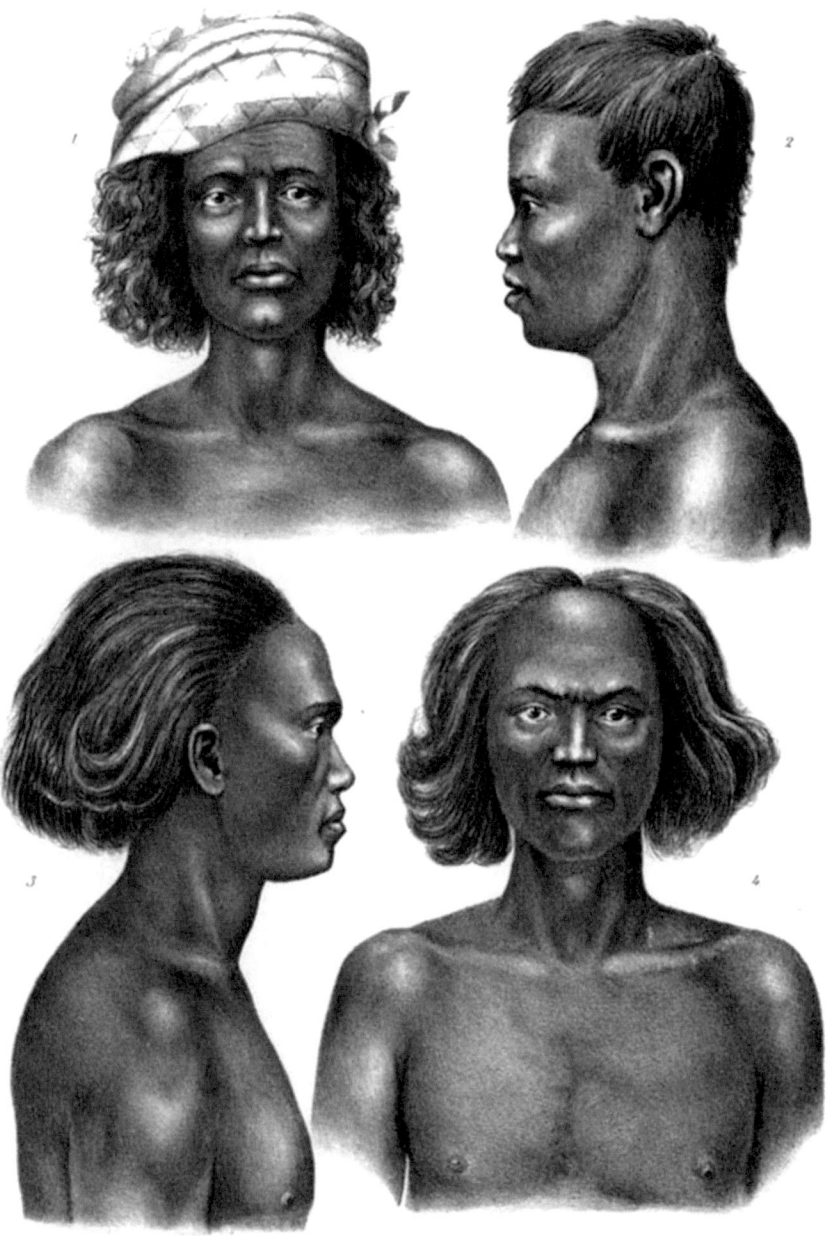

S. Karzmann, pin.   W.A. Meyer del.

1. MANN VON BALI   3. MANN VON SOLOR
2. MANN VON SOLOR   4. MANN VON SAWU

rungselementen heimgesucht worden, und hat sich hier eine wechselseitige Blutmischung entwickelt. Wissen wir doch z. B., dass die rein chinesische Einwanderung auf den Sunda-Inseln eine nicht unbeträchtliche Infiltration der malayischen Eingeborenenbevölkerung mit jenen eingedrungenen Elementen zur Folge gehabt hat und auch für die fernere Zukunft noch haben wird. Die mongolische Race steht überdies der malayischen nicht sehr fern, so dass man fast an eine ursprüngliche Zusammengehörigkeit beider denken könnte. Jedenfalls müsste aber die malayische Abtheilung der Menschheit sich schon in sehr früher Zeit von der mongolischen losgelöst haben, da erstere ja doch die ihr eigenthümlichen Eigenschaften bereits seit *älteren* Perioden entwickelt zu haben scheint.

Die erwähnten *reinen Malayen* zeigen beim männlichen Geschlecht eine Durchschnittsgrösse von etwa 1600 Millimeter (sind knapp mittelgross), besitzen einen robusten, proportionirten Körperbau, ein straffes, derbes, schwarzes Haar und eine braune (meistens umberbraune) Hautfarbe, welche in Röthlichbraun und in Gelbbraun variirt. Ihre Köpfe verrathen eine sehr verschiedenartige Gestalt, wenn auch im Ganzen Mittelköpfe und Kurzköpfe vorherrschen. Die Stirn ist hoch und stark gewölbt; sie lässt häufig einen durch ihre Mitte ziehenden convexen Querwulst (Torus frontalis transversus), seltener dagegen einen mittleren senkrechten Wulst (Torus frontalis perpendicularis) erkennen. Derlei Wülste setzen sich nicht eben scharf gegen die zuweilen stark entwickelten oberen Augenhöhlenbogen ab. Die Augen sind dunkel, ausdrucksvoll, nicht selten schräg medianwärts gegen die Nasenwurzel gestellt und mit grossen oberen Lidern versehen. Die Nasenwurzel ist hier tiefer, dort weniger tief gegen die Stirn abgesetzt, der Rücken dieses Organs ist entweder gerade oder eingedrückt, nur in Ausnahmefällen gebogen. Die Spitze der Nase ist rund, ihre Flügel sind breit, ihre Löcher sind weit und öfters nach vorn geöffnet. Die breiten Backenknochen sind nach vorn gekehrt, wie denn überhaupt das pentagonale Antlitz eine unverkennbare Vorwärtskehrung verräth. Der Mund ist breit, die Lippen sind fleischig aber nicht wulstig, das Kinn ist gerundet. Die Ohren erscheinen proportionirt, abstehend. Hände und Füsse sind nicht lang, aber sie sind etwas breit, die nicht durch enges Schuhwerk verdorbenen Zehen sind wohl entwickelt, in natürlicher Weise gespreizt und sehr beweglich. Die Frauen besitzen ein gerunderes Antlitz mit stumpfen Einzelformen. Nicht selten zeigt dasselbe einen sanften, träumerischen und selbst melancholischen Ausdruck. Die Brust der Männer ist breit, die Brustdrüsen der jüngeren Weiber sind gewöhnlich gut gebaut. Die Behaarung der Lippen, des Kinnes und des Rumpfes ist eine nur schwache, die Zeugungstheile der Männer sind von mässiger Stärke.

Der hier auf Tafel 51 Fig. 1 abgebildete Balinese stammt von einer Insel, welche ganz ähnlich dem von ihr westlich gelegenen Jawa hindustanische Kultureinflüsse erfahren hat und diese selbst noch heute mit Zähigkeit bewahrt. Die Balinesen scheinen zwar ebenso wie die Jawaner in verflossenen Zeiten etwas indisch-arisches Blut in sich aufgenommen zu haben, ohne jedoch dadurch in ihrem physischen Habitus wesentlich beeinflusst worden zu sein. Balinesen und Jawaner gehören mit Einschluss der sogenannten Sundanesen nach unserem Begriff zu den oben geschilderten, eigentlichen Malayen.

Ein grosses Interesse beanspruchen gewisse Stämme von Celebes, Sumatra, Borneo, den Philippinen und noch einigen anderen Inselgebieten des Indischen Oceans, welche zwar noch die Grundeigenthümlichkeiten der Malayen (im engeren Sinne) erkennen lassen, sich aber auch in einem nicht unbeträchtlichen Grade den Bewohnern der polynesischen Inselwelt nähern. Letztere finden ja auf den Sandwichs-, Schiffer-, Tonga-, und Gesellschaftsinseln ihre reineren Vertreter. Es scheinen mir sogar jene oben erwähnten südindischen Inselstämme einen direkten Uebergang zwischen eigentlichen Malayen und jenen pacifischen Insulanern zu vermitteln. Die von manchen Ethnologen gebrauchte Bezeichnung *malayisch-polynesische Race* dürfte daher nicht unpassend gewählt sein. Diese letztere

Forschungsreise S. M. S. „Gazelle". I. Theil: Der Reisebericht. (Anhang I.).

37

Abtheilung der malayischen Race lässt Leute von schlanker, durchschnittlich sehr gut gebildeter Gestalt, mit vorherrschend zwar länglichen, nicht selten aber auch mittellangen und kurzen Köpfen, einer etwas vorragenderen, zuweilen freilich auch flachen, kleineren, stets nur wenig aufgestülpten Nase und nicht grossem Mund erkennen. Die Augen stehen nur selten mongolisch-schräg, sie sind gross und ausdrucksvoll, mit dunkelbrauner Iris versehen. Die Backenknochen sind zwar breit, aber doch seltener so stark nach vorn gewendet, wie bei den eigentlichen Malayen, die Stirn ist gegen die Nase abgesetzt, das Kinn ist gerundet, niedrig, die Kiefern sind prognath. Das schwarze Haupthaar ist schlicht, derb, etwas zur lockigen Ringelung geneigt und kann lang wachsen, der Bart ist nur schwach. Die Hautfarbe ist hell umber- oder chokoladenbraun, spielt jedoch auch in Gelblich- und Röthlichbraun. Hierzu gehören die Dayak, Borneo's, die Tondanesen und andere Binnenstämme von Celebes, die Nias, Mentawei, die Kerikje-e auf Engano, die Bewohner von Sulu, Ceram-(Serang-) Lao oder Gorong, von Watubela, von Luang-Sermata zum Theil, die von Babar, Leti, Moa, Lakor, Makisar, Wetar u. s. w. Unter den Philippinenbewohnern gehören hierzu die Tagalen, Pampanga, Zambalen, Ilocanen, Cagayanen, Igorot, Ifugao, Calinga, Tinguianen, Catalanganen, Vicol, Bisaya, Bagobo etc. Etwas mehr zum eigentlich malayischen Typus neigen dagegen die Bugi von Celebes, die Batta und die Atjinesen Sumatra's, ferner die Urbewohner Formosa's. Diesen letzterwähnten Typen nähern sich in physischer Hinsicht gewisse pacifische Inselbewohner der Palau-, Ruk-, Ualan-, Yap- und Ponape-Inseln.

Unter den aufgeführten (sagen wir doch malayisch-polynesischen) Völkerschaften deckt sich mit der physischen Zusammengehörigkeit nicht immer die sprachliche, welche Beobachtung freilich auch in verschiedenen anderen Völkergebieten angestellt werden kann. Dagegen zeigt sich dort manche Uebereinstimmung in Sitten und Gebräuchen. So z. B. der rohe nur von den dortigen Gebieten des Islam ausgeschlossene Fetischismus, die Neigung zur Anlegung von Pfahldörfern, zur Kopf- oder Schädeljagd (Koppensnellen der Holländer) u. s. w.

Auf Tafel 51, 52 und 25 sind Männer- und Frauenköpfe, auch ganze Figuren, von Solor, Sawu und Rotti dargestellt worden. Diese Bewohner zeigen neben denen von Flores, Ombai, Pantar und Lombok wohl diejenige physische Beschaffenheit, welche sie in anthropologischer Hinsicht noch am wenigsten von dem malayisch-polynesischen Uebergangstypus trennt. Die Profile der Soloresen erscheinen noch recht orthognath (Tafel 51, Fig. 2—4), wogegen diejenigen der Sawunesen und Rottinesen z. Z. eine etwas stärkere Prognathie erkennen lassen (Tafel 52). Das Haar der hier geschilderten Insulaner ist zwar schlicht, aber in gewissem Grade doch auch zur Lockenbildung geneigt, es erinnert u. A. an dasjenige der Dayak und der nicht den Negrito oder Aëta zugehörenden Philippinenstämme. (Vergl. namentlich Tafel 52, Fig. 3.) Die Stirn dieser Leute zeigt den auf Seite 289 erwähnten Querwulst nur in einigen Fällen, dagegen habe ich letzteren häufiger an Photographien von Dayak, Calinga, Bugi und Formosanern beobachtet. Oberhalb weicht die Stirn nach hinten zurück. Das Ohr erscheint meist gut entwickelt und mit wohlgebildetem Läppchen versehen. WALLACE schildert übrigens die Bewohner von Sawu und von Rotti als hübsche Leute mit guten Gesichtszügen. Sie glichen, heisst es dort, jener Race (?), welche durch eine Mischung von Hindu oder Arabern mit Malayen hervorgebracht werde.

Einige Theile der östlichen indischen Inselwelt werden von Leuten bewohnt, deren *malayisches* Blut mehr oder minder stark mit *papuanischem* gemischt erscheint. Hierzu gehören Abtheilungen der Eingeborenen von Ceram (Serang) von Ambon, Tenimbar, Key, Buru und Aru. Ueber manche dieser Stämme, namentlich aber der Aru-Inseln, lauten die Angaben der Beobachter noch etwas unsicher. Während z. B. WILLEMOES-SUHM in den Challenger-Briefen von Papúa-Sklaven und eingeborenen

1 MANN }
2 FRAU } VON SAWU   3 MANN } VON ROTTI
                     4 FRAU }

Alfuros auf Aru berichtet, gelten die Bewohner dieses letzteren Gebietes WALLACE als reine Papúa. Hiergegen identificirt RIEDEL dieselben mit den Marege oder Eingeborenen des nördlichen Queensland. Nun zeigen diese zwar mancherlei Eigenthümlichkeiten gegenüber den übrigen Australiern, lassen sich jedoch von ihnen ethnisch nicht völlig lostrennen. Es darf auch nicht ausser Acht gelassen werden, dass in Nordaustralien, namentlich auf der zungenförmig sich vorstreckenden östlichen Uferlandschaft des Carpentaria-Golfes, nicht selten Vermischungen der melanesischen Eingeborenen mit malayischen Schiffahrern, namentlich mit Trepang-Fischern, stattgefunden haben, deren Produkte manches an die physischen Besonderheiten der Marege Erinnernde darbieten.

Es scheint mir hier am Orte, ein paar Worte über den oben gebrauchten Namen Alfuros, Alfurus, Haraforas oder Harfur's zu sagen. Diese Bezeichnung ist auch auf gemischte Bewohner von Ceram, Timor-Laut und selbst von Timor angewendet worden. Nachdem aber durch vortreffliche Kenner der ostindischen Ethnologie, u. A. durch VETH und MUSCHENBROEK, der Nachweis geführt wurde, dass Alfuru oder Alfuro vom Artikel al, el und dem (spanischen) Adjectiv furo, d. h. ein wildes Thier oder auch ein scheuer, misstrauischer Mensch, hergeleitet werden muss, so dürfte es sich denn doch empfehlen, diese an sich vage Bezeichnung aus dem ethnologischen Wortschatze auszumerzen.

Die Bevölkerungsverhältnisse Timors, mit dessen Eingeborenen unser Kriegsschiff in häufige Berührung gekommen ist, stellen sich als verwickelt und noch vielfach unsicher heraus. TEMMINCK rechnet die Timoresen der Westküste zur gelbhäutigen polynesischen Race und betont ihre physische Aehnlichkeit mit derjenigen der Dayak und einiger (angeblich alfurischen) Stämme der molukkischen Inseln. Ein ähnliches Urtheil fällt der holländische Arzt van LEENT, macht aber zugleich auf die Uebereinstimmung der Timoresen mit den sumatranischen Batta aufmerksam. Nach TEMMINCK unterscheiden sich die drei Hauptstämme Timors, d. h. die westlich wohnenden Ema Welu oder Belonesen und Atuli Koepang oder Koepangesen, sowie die östlichen Toh-Timor, mehr dialektisch als ethnisch von einander. SALOMON MÜLLER rechnet die Timoresen zu den echten Malayen, wie auch Dayak, Alfuru, Jawaner u. s. w.

Es unterliegt wohl keinem Zweifel, dass die hiesigen Küstengebiete, z. B. auch die holländischen um Koepang und die portugiesischen um Deli, von echt malayischen Elementen bewohnt werden. Diese stehen nun aber zu den Bergbewohnern des Innern in einem gewissen ethnischen Gegensatz. Schon der ältere Reisende PÉRON nennt die letzteren negerähnlich. FREYCINET hält Neger mit krausem Haarwuchs für die eigentlichen Bewohner des Innern. WALLACE erklärt diese Leute für Verwandte der Papúa auf den Aru-Inseln (?) und auf Neu-Guinea. Nach HAMY's Ansicht wird die Insel theils von den Aëta der Philippinen ähnlichen Negrito und theils von Papúa bewohnt. Auch LESSON hält die hier stattgehabte Unterjochung und Ausrottung einer ursprünglichen Negrito-Bevölkerung durch eingewanderte Papúa für wahrscheinlich. Letztere scheinen Verwandte der ebenfalls papuanischen Viti- oder Fidji-Insulaner gewesen zu sein, wie denn noch jetzt alte timoresische Ortsnamen u. s. w. der Viti-Sprache angehören. An der timoresischen Küste hausen neben Malayen und einzelnen papúa-ähnlichen Bewohnern des Innern Mischlinge derselben untereinander, sowie mit Chinesen, Malabaren, sogenannten indischen Portugiesen, mit Europäern u. s. w. PÉRON, FREYCINET und TEMMINCK haben unstreitig timoresische Malayen abgebildet. Die während der Gazelle-Expedition aufgenommenen Photographien betreffen Einwohner von Pariti (Pritti bei TEMMINCK und SALOMON MÜLLER) im nordöstlichen Grunde der Koepang-Bai. Nach FREYCINET's Darstellung sind dies malayische Kolonisten von weniger als mittlerer Gestalt, mit regelmässigen Formen, von lebhaft gelber Hautfarbe, mit schwarzen, harten, langwachsenden Haaren und weitgeschlitzten Augen. Eine ähnliche Bildung zeigen unsere Figur 1 auf Tafel 25 und der Meo oder Vorkämpfer auf Tafel 27. Eine auf Tafel 26 dargestellte Gruppe lässt einen ähnlichen Typus erkennen, wogegen auf einer anderen (hier nicht veröffentlichten) Platte neben einer malayischen auch einzelne papúaähnliche hervortreten.

Húsker vergleicht in seinen handschriftlichen Vorlagen die freien, unvermischten Bergbewohner Timors mit Papúa der Segaar-Bai auf Neu-Guinea. In Wallace's Schilderungen ist von schlanken Gestalten, von krausem, buschigem Haarwuchs und dunkelbrauner Hautfarbe die Rede. Unter diesen Leuten tritt unserem Gewährsmanne zufolge die lange Nase mit überhängender Spitze auf, welche für die Papúa so charakteristisch, unter Leuten von malayischem Ursprunge dagegen absolut unbekannt sein soll.

Ob noch heute auf Timor zerstreute Reste einer ehemaligen Negrito-Bevölkerung hausen, das lassen wir zwar dahingestellt, möchten es aber doch stark bezweifeln. Vielmehr dürften diese Elemente wohl längst ausgerottet sein. Dagegen gilt es uns als unanfechtbare Thatsache, dass auf dieser Insel neben echten (Küsten-) Malayen auch Papúa leben. Ueber die etwaige Provenienz dieser letzteren enthalten wir uns vorläufig jedweden Urtheils. Alle von mir zu Rathe gezogenen Beobachter, besonders aber Forbes, rühmen die graziöse, stolze Haltung und das selbstbewusste Auftreten der Timoresen. Dies artet, sogar Europäern gegenüber, leicht einmal in Impertinenz aus. Von Augenzeugen hörte ich versichern, dass bewaffnete Eingeborene, auch die so phantastisch geputzten Vorkämpfer, einen recht stattlichen, martialischen Eindruck gewähren. Dieser soll sich erhöhen, wenn die Leute auf ihren kleinen, aber feurigen und ausdauernden Kleppern wild einhersprengen. Die seiner Zeit durch Herrn v. Schleinitz nach Deutschland übergeführten Timor-Pferde (eingeborener Race) erinnerten mich übrigens an von mir persönlich beobachtete Vertreter der Pegu-Race. Unter den jungen timoresischen Mädchen der Küstenbevölkerung soll es schlanke, zierliche Erscheinungen mit wohlgeformtem Torso geben. Man kann mit dieser Angabe die Abbildungen bei Péron, Freycinet und Rienzi vergleichen.

Die Eingeborenen von Waigeu, Misol und Halmahera gelten durchschnittlich als den Papúa Neu-Guineas ähnliche Leute. Freilich sollte diese Bezeichnung nur auf die Bewohner des Innern jener Inseln in Anwendung gebracht werden, indem die dortigen Küstenlandschaften seit Generationen vielen malayischen, chinesischen und europäischen Kaufleuten, Beamten, Soldaten, Schiffern etc. zum Aufenthalt gedient haben. Mit solchen fremden Bevölkerungselementen haben sich aber die einheimischen papuanischen Elemente häufiger gemischt.

Die *Insulaner* des *Bismarck-Archipels*, obwohl sie bereits vor den Tagen des Besuches durch die „Gazelle" nicht selten mit Europäern in Berührung getreten waren, gewährten unseren Forschern dennoch das Bild unverfälschter Naturmenschen. Sie boten bei ihrem Mangel an Bekleidung zwar leicht zugängliche Objekte für die unmittelbare Beobachtung ihrer körperlichen Beschaffenheit dar, verhielten sich aber doch den Versuchen zur Anstellung von Körpermessungen gegenüber ziemlich abweisend. Besonders schwierig benahmen sich in dieser Hinsicht die nach Húsker's Aufzeichnungen mit grösster Eifersucht gehüteten Weiber. So sah unser Gewährsmann die auf einem Korallenriff fischenden Frauen von einem alten lahmen Kerl sorgfältig bewacht!

Bei Beurtheilung des physischen Habitus dieser Insulaner haben mir nicht allein die Angaben von Mitgliedern unserer Expedition, sondern auch die während derselben aufgenommenen Photographien, diejenigen des Museums Godeffroy und einige vom „Espiègle" aufgenommene Blätter zur Verfügung gestanden. Aus diesem Material sowie aus anderen fremden Darstellungen ergiebt sich mir zunächst für die *Neu-Pommern* (in den Umgebungen der Blanche-Bai) etwa Folgendes:

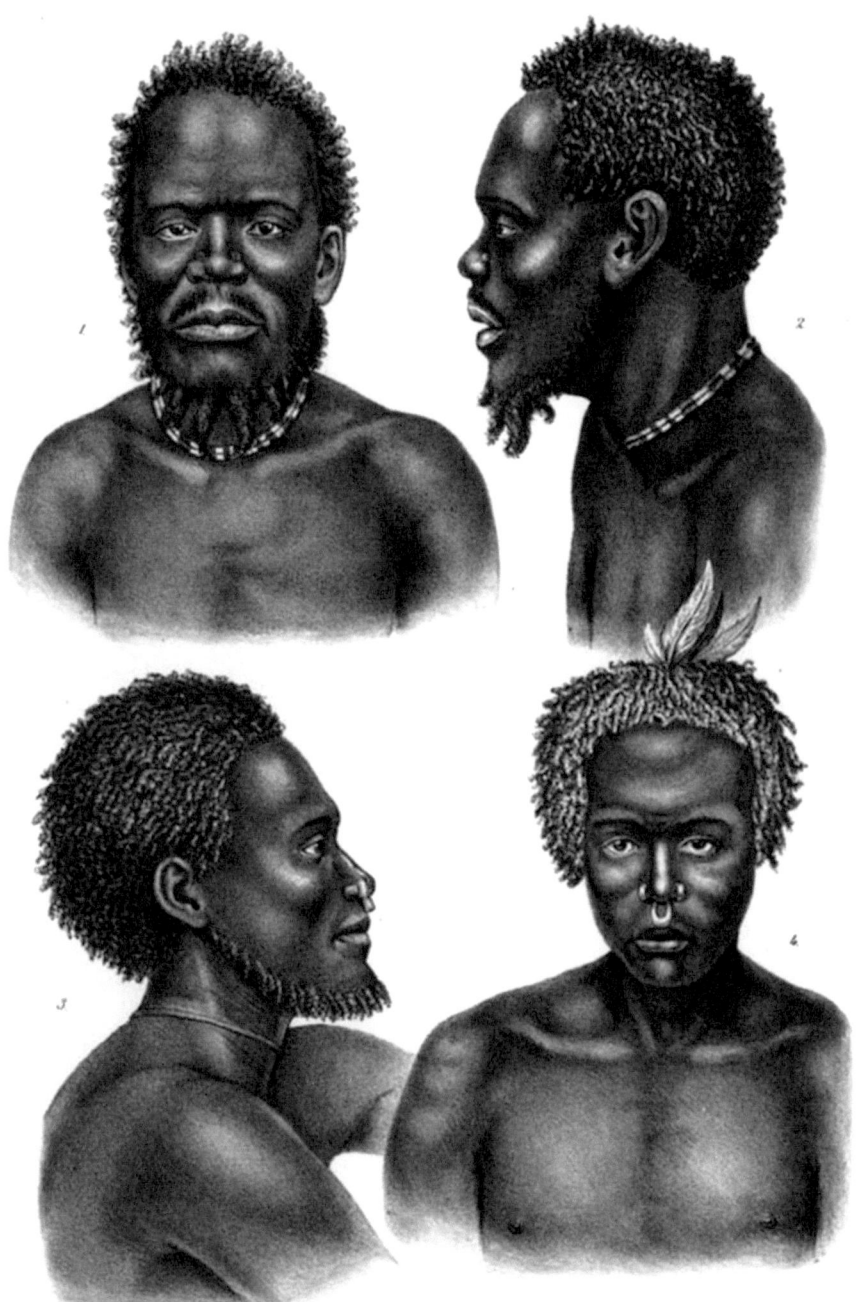

A.Hartmann gez.   H.J.Meyer lith.

1-4 MÄNNER VON MATUPI, NEU-POMMERN.

Die Männer variiren in ihrer Körpergrösse zwischen 1600 bis 1800 Millimeter. Ihr Wuchs ist im Allgemeinen schlank, ihre Muskulatur ist nur mässig ausgeprägt, das Fettpolster ist nicht stark entwickelt. Der Kopf ist hoch und schmal mit nicht beträchtlichem Schläfendurchmesser (100 bis 110 Millimeter bei Männern).

Der Scheitel zeigt sich ziemlich gleichmässig gerundet. Finsch hat hier neben der schlanken Form des Wuchses auch eine kurze gedrungene Form, übrigens aber alle Zwischenstufen gefunden. Die Stirn zeigt sich hoch, seitlich zusammengedrückt, in ihrem oberen Abschnitt nach hinten zurück-weichend. Beide Stirnhöcker sind entweder von einander deutlich gesondert und nur mässig oder auch stark ausgebildet. Auch erscheint der S. 289 erwähnte Querwulst (Tafel 53 Fig. 4)[1]. Die Augen-brauenbögen sind ausgeprägt, die Stirn ist gegen die Nasenwurzel stark abgesetzt wie bei fast allen Melanesiern (namentlich Australiern). Die Stirnhaut erwachsener Männer lässt an dieser Stelle häufig tiefe perpendikuläre Runzeln erkennen. Die Nase ist niedrig mit bald eingesunkenem, bald erhabenem Rücken, mit meist stumpfer, abgerundeter Spitze und breiten Flügeln versehen (Tafel 53). Zuweilen ist die Spitze etwas aufgestülpt, so dass man von vorn her in die breiten, weit geöffneten Naslöcher hineinsieht. Nicht ganz selten biegt sich die Spitze der mit einem erhabeneren Rücken versehenen Nase nach vorn und abwärts. Eine solche Beschaffenheit hat verschiedene Beobachter dazu veranlasst, vom Vorkommen jüdischer Nasenbildung unter den Bismarck-Insulanern zu sprechen. Manche älteren Leute haben dicht über den Nasenflügeln kleine durchlöcherte, vom Einstecken eines Nasenschmuckes herrührende Höcker (Tafel 53). Die Nasenscheidewand wird öfters zur Aufnahme eines Schmuckes durchbohrt (Tafel 41, 53). Die mittlere Nasenlippenfurche, das sogenannte Philtrum, ist ausgehöhlt. Der Mund ist breit, die Lippen sind dick, gegen die Nasenflügel und Mundwinkel durch Furchen ab-gegrenzt (Tafel 53, Fig. 1), deren Tiefe mit dem Alter natürlich zunimmt (Das.). An den Wangen erscheinen kräftige Jochbogen, die aber doch nicht so breit nach vorn gekehrt sind, wie bei den Malayen. Das Kinn ist ziemlich breit.

Die nicht grossen Augen liegen tief. Zuweilen kehren sie sich mit ihren medialen oder inneren Winkeln schräg gegen die Nasenwurzel hin. Nach Hüsker ist ihre Bindehaut gelblich mit röthlichem Schimmer. Dr. Benda nennt die Augen dieser Leute dunkel und graubraun. Die Ohren sind im Ganzen gutgeformt (Tafel 53). Hüsker erwähnt die stark entwickelte Kaumuskulatur, die durch grosse, kräftige, im Bereiche der Blanche-Bai weisse Zähne gestützt wird. Nach den Angaben Benda's und Anderer erscheinen diese Organe in den südlichen Theilen Neu-Pommerns vom Betel-kauen gelbbraun gefärbt. Hüsker sah sie als Ersatz für häusliche Geräthe benutzen, so z. B. zum Abschälen der noch grünen Kokosnüsse, zum Halten ganzer Bündel derselben beim Schwimmen, zum Abbeissen dicker Baumäste, zum Verarbeiten der zum Feueranmachen dienenden Holzstücke und dergl. mehr.

Da die Absicht vorliegt, über die während der Gazellenexpedition gesammelten, meistens männlichen, weniger weiblichen und kindlichen *Schädel* von Neu-Pommern und Neu-Mecklenburgern an anderer Stelle mit einer Ausführlichkeit zu berichten, für welche es in diesem Buche an Raum gebricht, so sollen hier nur einige kurze Angaben über jene Specimina gemacht werden.[2] Den neu-pommerschen Schädeln fehlen bis auf einen die Unterkiefer. Die einzelnen sind ziemlich schwer und dick (im Scheiteldache 7 bis 11 Millimeter). Die Oberflächenbildungen, wie Fortsätze, Leisten, z. B.

---

[1] Sehr ausgeprägt in No. 654 C (Mann von Buluana) der Godeffroy'schen Photographiensammlung.

[2] Kunstausdrücke sind aus begreiflichen Gründen entweder ganz vermieden oder doch möglichst umschrieben worden.

Schläfenlinien, Höcker u. s. w. sind grösstentheils scharf ausgeprägt. Die hauptsächlichsten Löcher sind weit geöffnet. An den Nähten, welche (namentlich die Kronnähte) einfach, ohne komplicirte Zackenbildungen erscheinen, finden sich hier und da, besonders im Bereiche der Pfeilnähte einzelner männlicher Specimina, Verwachsungen in verschiedenen Graden ihrer Entwickelung. Die Stirnnaht zeigt sich an einem erwachsenen Schädel (Tafel 55, Fig. 1). Schaltknochen treten häufiger auf. Es giebt deren öfters z. B. mehrere im Verlaufe der Lambdanähte und als unvollständige Stirnfortsätze da, wo Schläfenbeine, Scheitelbeine, grosse Keilbeinflügel und Stirnbeine zusammenstossen. (Vergl. Tafel 55, 56 Fig. 2, 3.) Reste von echten Stirnfortsätzen des Schläfenbeines wurden an einem defekten Stück ermittelt. Der vordere untere Fortsatz des Seitenwandbeins war etlichemal sehr verschmälert, fast verkümmert. Der grosse Keilbeinflügel zeigte sich hier und da sehr schmal. Auch in der Verwachsung begriffene Incabeine oder obere Hinterhauptschuppen wurden beobachtet.

Die Schädel dieser Leute sind hypsistenocephal, d. h. hoch und schmal. Einzelne männliche neigen selbst zur Kahnform (Skaphocephalie). Sie alle schwanken zwischen Ultradolichocephalie und Dolichocephalie. Die (alveolare) Prognathie ist ausgesprochen. Der Profilwinkel (mit dem Falkensteinschen Apparat gemessen) beträgt 82° bis 87°. Der Schädelinhalt beläuft sich durchschnittlich auf 1010 bis 1375 ccm (mit Hirse gemessen).

Am Hinterhauptsbein zeigen sich wohl entwickelte Gelenkhöcker. Der obere Theil der Schuppe ist öfters stark gewölbt; im Bereiche der oberen und mittleren Nackenlinien entwickelt sich in mehreren Fällen ein beträchtlicher Querwulst (Torus occipitalis transversus.) Der darunter befindliche Theil der Schuppe plattet sich stark nach unten ab. Die Stirnhöcker sind mässig, die Augenhöhlenbogen dagegen sind kräftiger, einige Male sehr stark entwickelt (bei geringer Ausbildung der Stirnhöhlen). Die Nasenbeine sind nicht lang, einigemale eingedrückt, ein paar Mal sehr schmal und kurz. Die Nasenöffnung ist von schwankender Gestalt und von schwankender Grösse, hier rundlich oval, dort höher birnförmig (platyrhin und mesorhin). Die Augenhöhlen sind eckig, etwas schräg-lateralwärts geneigt, platyconch. Die vorderen Oberkiefergruben (Fossae caninae) sind einige Male auffallend gross und tief. Das Gesicht ist im Verhältniss zu dem grossen Gehirnschädel niedrig, der Oberkiefer unterhalb der Nasenöffnung, im Bereiche des Zwischenkiefers, zeigt sich ebenfalls niedrig. Die Jochbeine sind ein wenig nach vorn gekehrt. Der Gaumen ist bald vollkommen hufeisenförmig, bald länglich. Die Zähne, wo vorhanden, zeigen sich gut gesetzt, gesund und stark abgekaut.

Im Allgemeinen stimme ich übrigens mit CAUVIN in der Annahme überein, dass der Schädelbau der Neu-Pommern gegenüber demjenigen der Papúa und Australier manches Eigenthümliche aufweist, wiewohl doch auch gewisse Aehnlichkeiten des Baues zwischen ihnen vorkommen.[1]

Der Hals dieser Leute ist im Allgemeinen kurz und dick, der Nacken ist kräftig, zeigt aber weder die stierähnliche Form vieler central- und westafrikanischen Schwarzen noch die lange, dünne, reiherähnliche Bildung vieler *nigritischer* Stämme der Nilregionen. An dem im Ganzen gut geformten, trapezischen, mit voller Muskulatur und mit grossen Warzen versehenen Brustkasten treten oben die Schlüsselbeine stark hervor (Fig. 1, 2, 4 der Tafel 53, auch die GODEFFROY'schen Photographien). Die Schultern sind gerundet, weniger eckig und abschüssig als durchschnittlich bei afrikanischen Schwarzen. Jene anmuthige, schlanke Taillenbildung, wie sie bei Dayak und anderen Malayen, auch bei Polynesiern so häufig vorkommt, scheint hier ausgeschlossen zu sein. An den Oberarmen ist die Muskulatur durchschnittlich entwickelt, weit weniger dagegen an den die stakige Form vieler Afrikaner

---

[1] Vergl. CAUVIN: Mémoire sur les races de l'Océanie. Paris MDCCCLXXXII, p. 153.

zeigenden Unterarmen. Die Hände sind nicht gross, die Finger schlank, die Nägel sind ebenfalls schlank und gleichmässig gewölbt. Das Längenverhältniss zwischen Zeigefinger und viertem Finger ist ein inkonstantes, wechselndes.

Dem Gesässe fehlt eine kräftige Muskel- und Fettlage. An den Oberschenkeln ist diese zwar ausgebildet, die Knie ragen selten hager und eckig hervor, dagegen entbehren die Unterschenkel grossentheils einer kräftigeren Wadenbeschaffenheit. An den langen, schmalen Füssen ist die zweite Zehe meist etwas länger als die erste.[1]) Die Ferse steht etwas nach hinten vor, selten aber mit unangenehmer Lerk-heal-Bildung. Die Zeugungstheile sind kräftig.[2])

Ueber die physische Beschaffenheit der *Neu-Pommerschen Weiber* gehen die Ansichten der Beobachter mehrfach auseinander. Während BENDA sie abschreckend hässlich, unproportionirt gebaut und mager findet, spricht HÜSKER von stellenweise unter ihnen sich zeigenden wahrhaft junonischen Gestalten, mit in der Jugend prallen und halbkugligen Brüsten. „Die Warzen derselben sind gross und zitzenförmig, von einem breiten Hofe umgeben. Ist — so schliesst HÜSKER — der erste Lenz vorüber, und dieser dauert nur wenige Jahre, so werden die Brüste schlaff und hängen schlauchförmig herab, der Bauch wird faltig, und die Rundung der Formen verschwindet." Es wird hier wohl ebenso gehen wie unter den nigritischen Stämmen des oberen Niles und anderer Gegenden Afrikas: in der Jugend eine gewisse körperliche Blüthe und frühzeitiges Altern, rapides Hässlichwerden. Auf Tafel 42 ist eine Neu-Pommersche Weibergruppe nach vorliegender Photographie abgebildet. Mit Ausnahme weniger jugendlicher Individuen handelt es sich dort um verblühte Frauenspersonen. Die Gestalten sind schlank, hager, die Brüste der Aelteren schlaff, hängend, unschön, die Bäuche ebenfalls hängend, Unterarme und Unterschenkel sind muskelarm. Die Gesichtszüge der Neu-Pommerschen Weiber sind im Ganzen stumpf, negerähnlich gebildet. Die Stirn weicht in ihrer oberen Hälfte stark nach hinten zurück und lässt ziemlich häufig den S. 289 beschriebenen Querwulst erkennen. Die Augenhöhlenbogen sind auch hier entwickelt, ebenso zeigen sich Stirn und Nasenwurzel durch eine Einsattelung gegeneinander abgesetzt. No. 650 der GODEFFROY'schen Sammlung, welche ein Mädchen von Mioko darstellt, lässt eine enorme Entwickelung der weiblichen Brüste erkennen, wogegen diese auf Tafel 42 weniger beträchtlich erscheint. Hände und Füsse dieser Melanesierinnen sind länglich, schmal, aber sonst gut geformt.

Das Kopfhaar der Neu-Pommern ist reich und dicht. Dasselbe bildet in seinem ungestörten Wachsthum bis 100 mm lange, spiralige Strähnen von je 25—30 einzelnen Haaren. Jedes derselben ist hin- und hergebogen und zwar in vollen, wie halben Spiralen. Mehrere derselben sind um einander gedreht und einigen sich so zu stapelförmigen Bildungen, welche an diejenigen gewisser gröberer Wollen von Steppenschafen, z. B. südrussischen, erinnern. Deshalb dürften auch HERNSHEIM's und HÜSKER's Vergleichungen dieser Haarstränge mit Pudelwolle nicht gänzlich von der Hand zu weisen sein. Während nun an den GODEFFROY'schen Photographien die Strähnen des Männerhaares bündelweis und vereinzelt herumhängen, verhalten sie sich auf unseren Tafeln im Vergleich damit zwar kürzer, aber weniger häufig gruppenweise vereinigt (Tafel 53). Werden die Haare kurz getragen, wie das meist bei den Weibern geschieht, so filzen sich auch ihre freien Enden häufiger zu einem dichten wolligen Polster in einander. Das mag theils von der Kalkbestreuung, theils davon herrühren, dass die kürzer getragene Kopfbehaarung der manuellen Behandlung des Krauens und Kratzens leichter zugänglich bleibt, hierbei aber leichter ineinander und zusammengewühlt wird. Uebrigens sind die

---

[1]) Vergl. die instruktiven Umrisszeichnungen bei FINSCH u. a. O.

[2]) Ich erwähne hier ausdrücklich, dass eine ganze Reihe von Photographien, deren Publikation sich an dieser Stelle aus mancherlei Gründen verbot, trotz ihres verschleierten Aussehens von mir auf körperliche Details geprüft werden konnte.

Haare einzelner Individuen verschieden. Sie haben rundlich-ovalen oder ovalen Querschnitt und sehr festes Gefüge. Ihre ursprünglich schwärzlichbraune oder schwarze Farbe wechselt in Folge künstlicher Zurichtung häufig mit Röthlichblond, Fahlgelb und Hellbraun. Obwohl Spuren häufiger Befettung in den Proben Neu-Pommerscher Haare auch selbst kurz nach ihrer Einlieferung in Berlin nicht nachgewiesen werden konnten, so fühlten sich doch die natürlich-dunklen Specimina ziemlich weich und elastisch an. Die helleren aber zeigten eine gewisse Starrheit und Trockenheit. Diese verriethen beim Schütteln mit verdünnter Essigsäure ein lebhaftes Aufbrausen, als Folge ihrer früher stattgehabten Bestreuung mit Kalk. Bekanntlich werden hier auch öfters Perrücken benutzt.

Die *Bewohner Neu-Mecklenburgs* sind nach FINSCH durchschnittlich 1550—1720 Millimeter hoch. Sie sind schlank und gut gewachsen. Ihre Stirn ist mit entwickelten Augenhöhlenbogen versehen und gegen die Nasenwurzel stark abgesetzt. Dieses Organ zeigt sich bald eingedrückt, bald mit geradem Rücken, meistentheils aber mit stumpfer Spitze und mit breiten Flügeln ausgestattet (Tafel 54, Fig. 3, 4). FINSCH beobachtete aber auch hier einzelne bogennasige Individuen. Obwohl diese Leute viel Betel kauen, so fand derselbe Beobachter dennoch ihre Zähne meist glänzend weiss, wohl eine Folge des häufigen Waschens derselben mit Seewasser. Während unseren Reisenden sehr dunkle Individuen häufiger, sehr helle dagegen seltener zu sein schienen, sah SCHLEINITZ hier und auf Neu-Hannover öfters Eingeborene, besonders auch Mädchen, welche eine ebenso helle Farbe besassen, wie die Polynesier, also nicht viel dunkler waren als Südeuropäer zu sein pflegen. HERNSHEIM beschreibt die Hautfarbe der Neu-Mecklenburger wie diejenige der Neu-Pommern. Ihr Haar wird nach FINSCH durchschnittlich kürzer gehalten wie auf Neu-Pommern (Tafel 54). Die gesammelten Proben zeigen durchschnittlich eine starke spirale Kräuselung und einen rundlich-ovalen oder ovalen Querschnitt. Der Bart bleibt auf einen schmalen das Gesicht umsäumenden Streifen beschränkt. Auch hier wird, wie auf Neu-Pommern, die Haar- und Bartfärbung geübt.

Die während der Gazellen-Expedition gesammelten Schädel von Neu-Mecklenburgern (Männer und Weiber) sind leider sehr defect. Sie sind morscher als die neu-pommerschen, aber auch nicht so schwer und bis auf eine Ausnahme (12 Millimeter) nicht so dick wie jene (5 bis 6 Millimeter). Die Nähte sind auch hier bis auf zwei Ausnahmen sehr einfach gebildet. So weit ich aus dem mangelhaften Material einen Schluss zu ziehen wage, sind sie dolichocephal und stenocephal, prognath, platycench, platyrhin und mesorhin, leptostaphylin. Die Fortsätze und Leisten sind nicht so energisch ausgeprägt, wie bei den neupommerschen. Neigung zum Skaphocephalus findet sich nicht, die Nähte sind offen, arm an Schaltknochen. Die Hinterhaupthöcker sind hier wie dort stark entwickelt und wohl abgesetzt. Die Hinterhauptschuppe fand sich mehrmals gewölbt, der quere Hinterhauptswulst wurde zweimal sehr entwickelt gefunden. Der Gesichtsschädel erscheint auch hier wie ein niedriger Anhang des Gehirnschädels. An einigen kräftig gebildeten Unterkiefern war die Kinngegend etwas nach vorn und unten vorgezogen, nicht wie an manchen (allerdings zugleich sehr prognathen) Australierschädeln, nach hinten zurückweichend.

HÜSKER sah hier die Tättowirung in roher Weise ausführen, namentlich unter den Weibern. In dem Sulphur-Hafen wurden Stirn und Nasenrücken in Form breiter, blauer Bänder, von denen aus sich schmale Schlangenlinien bis zu den Jochbögen erstreckten, tättowirt.

Derselbe Gewährsmann beschreibt einen an der Südspitze der Insel von ihm beobachteten Albino. Er hatte 1540 Millimeter Körperhöhe und 78,5 Breitenindex. Den Körper bedeckte reichliches Fettpolster. Die Haare waren krauslockig und strohgelb. Die Sehschärfe wurde durch starken Nystagmus beeinträchtigt. An der blauen Iris sah man eine in Folge grosser Lichtscheu nur stecknadelknopfgross bleibende Pupille. Das Individuum schützte sich durch einen Lichtschirm und durch die

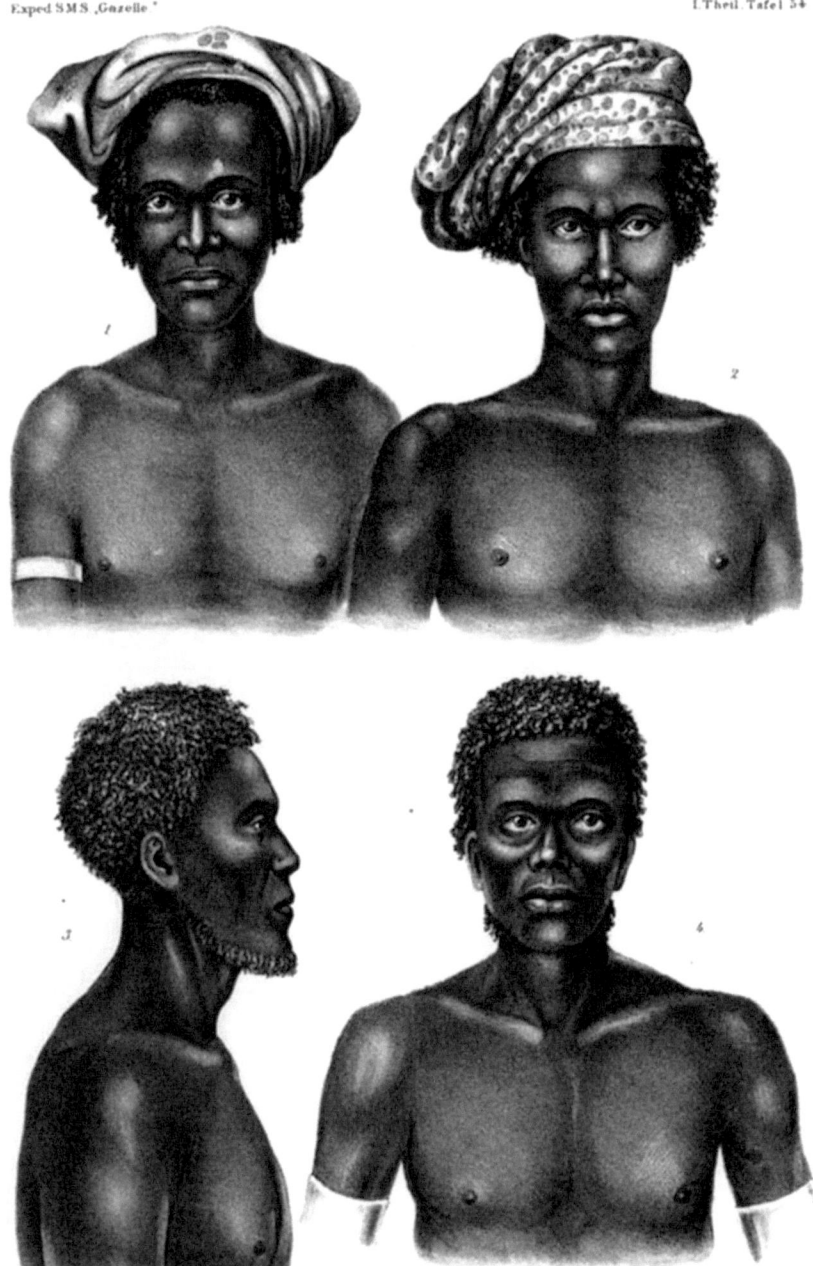

A.Euronann.gez.   H.J.Meyer. lith.

1 u 2 MÄNNER von SISSIR, NEU-GUINEA
3 u 4 MÄNNER von NEU-MECKLENBURG

vorgehaltene Hand gegen die Intensität der Sonnenstrahlen, schloss auch bei vorgenommenen Seh-
versuchen seine Lider. Die eigenthümlich starr, brettartig steif anzufühlende Haut trug ein mattröth-
liches, fleischwasserähnliches Kolorit, über das sich zerstreute strähnige Pigmentinseln von Sechser- bis
Groschengrösse ausbreiteten. Die ganze Haut war bis auf die Geschlechtstheile frei von Haaren.

Die Bewohner Neu-Lauenburgs ähneln in physischer Hinsicht den Neu-Pommern. Leider findet
sich unter dem Expeditionsmaterial nichts über diese Leute, auch sind keine brauchbaren Photographien
derselben vorhanden. Wohl aber finden sich deren in der GODEFFROY'schen Sammlung.

Die Bewohner Neu-Hannovers, welche sich nach HÜSKER's Angaben der Expedition gegenüber
anfänglich sehr scheu verhielten, hatten eine grosse physische Uebereinstimmung mit den hier erwähnten Bewohnern des Bismarck-Archipels. Völlig nackt gehend, zeigen die Männer, insoweit die
leider sehr undeutlich gewordenen Photographien der Expedition dies erkennen lassen, schlanke Gestalten mit hervortretenden Muskelkonturen, kräftige Oberarme und Oberschenkel, aber schwächere
Unterarme und schwachwadige Unterschenkel. Nach STRAUCH sind ihre Extremitäten auffallend lang.
Ihre Gesichter lassen eine in ihrer oberen Hälfte nach hinten zurückweichende Stirn, vorstehende
Augenhöhlenbogen, eine stumpfe Nase mit breiten Flügeln, einen etwas breiten, dicklippigen Mund
und ein zurückweichendes Kinn erkennen. Ihre Hautfarbe wurde durch STRAUCH mit derjenigen rostig
angelaufener Schüsseln verglichen und daher als roth bezeichnet. Das krause Haar wird geschoren
und von älteren Männern in natürlicher Weise getragen, es zeigt einen von früher angewendeter Bekalkung herrührenden, braunen Schimmer. Die Haarproben ähneln denen der Neu-Mecklenburger.

HÜSKER tadelt den ziemlich schwerfälligen *Gang* der Bismarck-Insulaner. Dort ist nichts von der
selbstbewusst auftretenden, elastisch wiegenden Gangweise der Tonganer zu finden. Jene Insulaner
nehmen kurze Schritte, bei denen sie ihre Füsse mit leichtem Neigen nach dem äusseren Rande vom
Boden abwickeln. Da ihnen aber Behendigkeit und Geschicklichkeit in hohem Maasse zu eigen sind,
so mag diese Schwerfälligkeit der Gewohnheit zuzuschreiben sein, auf difficilem Korallenboden und
dornigem Waldgrunde einherzuschreiten. Die Neigung, beim Gehen den äusseren Fussrand aufzusetzen,
möchte HÜSKER auf das häufige Besteigen der Kokospalmen schieben, wobei die Leute um die
Knöchel beide Füsse zusammenhaltende Stricke legen, während der Stamm mit den gegen ihn ge-
kehrten Fusssohlen umfasst wird.

Andere *papuanische* Eingeborene wurden auf den *Salomons-Inseln*, und zwar auf Bougainville,
beobachtet. Unter den Photographien findet sich die noch leidlich brauchbare eines völlig nackten
Mannes in aufrechter Vorderansicht, von deren Veröffentlichung hier aus erklärlichen Gründen Abstand genommen werden musste. Eine andere Aufnahme in halber Figur ist leider undeutlich geworden. Uebrigens zeigen uns sowohl diese, wie auch die im Godeffroy-Album enthaltenen Photographien kräftige wohlgebildete Männer, deren Grösse nach R. VIRCHOW's (in Hamburg ausgeführten)
Messungen 1570 Millimeter beträgt. Hiernach erweist sich ihr Schädel als hypsibrachycephal, eine
Erfahrung, welche gerade für diese Gegend Melanesiens von grossem Interesse ist, insofern dadurch
ein scharfer Gegensatz zu den hypsidolichocephalen Bevölkerungen der Nachbarinseln und eine Annäherung an die Negrito-Form dargestellt wird. Die Nase ist bei auffallender Kürze sehr breit und
ergiebt einen hohen platyrrhinen Index. Sie tritt von einem tiefen Ansatzpunkte aus ziemlich
gerade heraus. Die Kiefern sind stark entwickelt, ohne dass jedoch die Prognathie besonders auffällig wäre. Das Auge liegt etwas tief und ist eher klein. Die Hautfarbe ist durchweg von einem
gesättigten, glänzenden Schwarzbraun, fast chokoladenfarbig. Das Haupthaar ist kurz, gekräuselt,
schwarz, ohne jedoch in auffälliger Weise in Büscheln zu stehen. Der Backenbart ist kräftig und dicht,
dagegen fehlen Schnurrbart und Kinnbart fast ganz.

Die Haare sind nach mir vorliegenden Proben nicht so stark in einer Ebene hin- und herge-
wunden und nicht so häufig spiral gedreht, wie diejenigen von Neu-Pommern, von den Neuen Hebriden
und von den Fidji-Inseln. Sie bilden einen mehr gleichmässigen lockeren Filz. Ihr Querschnitt ist läng-
lich-oval. Die braune und braunröthliche Färbung mehrerer Proben rührt wohl von früher stattgehabter Bekalkung her.

Unter den während der Expedition aufgenommenen Photographien befinden sich auch einige,
das *Pfahldorf Sissir* an der Segaar-Bai im Mac Cluer-Golf auf *Neu-Guinea* betreffende. Nach Hüsker
hatten sich die Bewohner dieser Ortschaft in ihrem Benehmen mit wenigen Ausnahmen misstrauisch,
finster und verschlossen gezeigt. Ihre ganze Erscheinung erinnerte sehr an diejenige der freien, unvermischten Bergbewohner Timors, welche auf unzugänglichen Felsenburgen, der Kultur abhold, ihre
Zeit mit Jagd und mit blutigen Fehden ausfüllen. Es waren in Sissir dieselben proportionirten,
muskulösen Gestalten von mittlerer Grösse (1595 Millimeter unter 15 Messungen) dieselben Gesichter
mit der platten, an der Spitze gebogenen Nase, mit dem breiten Munde, letzterer eingerahmt von
leicht aufgeworfenen Lippen, mit den mässig vorstehenden Backenknochen, mit der schmalen zurück-
weichenden Stirn, mit dem hohen Langschädel (72,5 Breitenindex unter 20 Messungen) und mit der
dichten, abstehenden Haarkrone. Neben diesem Typus soll noch ein anderer durch drei Personen
vertreten gewesen sein. Dieser hat sich durch dunklere Färbung, durch einen vorstehenden Bauch,
durch hochsitzende, dünne Wadenmuskulatur, durch starke Prognathie, gewulstete Lippen und stupides
Aussehen hervorgethan. Diese Leute sollen nicht in Sissir ansässig gewesen, sondern, der von ihnen
angedeuteten Richtung nach, aus dem Innern der Insel gekommen sein. Etwas Näheres über ihren
Stammsitz ist nicht zu erfahren gewesen.

Auch von Schleinitz hebt einen innerhalb der Bevölkerung der Segaar-Bai hervortretenden
ethnischen Gegensatz hervor. Hiernach würde einer der hiesigen Menschenschläge sehr wahrscheinlich
aus einer Vermischung des papuanischen und des malayischen Elementes hervorgegangen sein. Je
weiter man vom Mac Cluer-Golf aus nach Osten vordringe, desto mehr nähme die Bevölkerung den
echten Papúa-Typus an. Die hier auf Tafel 54, Fig 1, 2 und auf Tafel 31 dargestellten Typen aus
Sissir könnten in der That eher den Eindruck von malayisch-papuanischen Mischlingen als von reinen
Papúa machen. Es konnten hier leider nur Männer photographisch aufgenommen werden, da Weiber
sich nicht blicken liessen. Während nun auch Cauvin geneigt ist, hier zwei differente, sich mit
einander mischende Typen anzunehmen, während Stone und Turner die Motu für Verwandte der
Polynesier halten, Mac Ferlane aber einer Mischung mancher Bewohner Neu-Guineas mit Malayen,
Arabern und selbst mit Chinesen das Wort redet, vertreten andere Forscher eine entgegengesetzte
Ansicht. So halten z. B. A. B. Meyer, Miklucho Maclay und Finsch die Papúa der grossen Insel
für einen einheitlichen Stamm, welcher gruppenweise oder individuell beträchtlichen Variationen
unterliegt.

Wenn man die der Neu-Guinea-Kompagnie zu Berlin gehörenden photographischen Aufnahmen,
die zahlreichen Photogravüren in Lindt's Picturesque New Guinea und die nach Skizzen von Finsch
gearbeiteten Aquarelle im Berliner Museum für Völkerkunde vorurtheilsfrei durchmustert, so gewinnt
man allerdings den Eindruck einer einheitlichen, wenn auch familien- und individuenweise nicht wenig
variirenden papuanischen Bevölkerung. Dabei bleibt die Annahme keineswegs ausgeschlossen, dass
an Küstenplätzen, wie Sissir, Port Moresby, Doreh u. s. w., nicht auch Mischlinge mit fremden
Zuzüglern sich bilden und den Beobachtern aufgefallen sein konnten. Die physische Beschaffenheit der
Papúa von Neu-Guinea lässt sich nach meiner Ansicht in folgender Weise zusammenfassend darstellen.
Die Männer sind durchschnittlich 1520 bis 1880 Millimeter hoch und von durchschnittlich schlanker Gestalt.

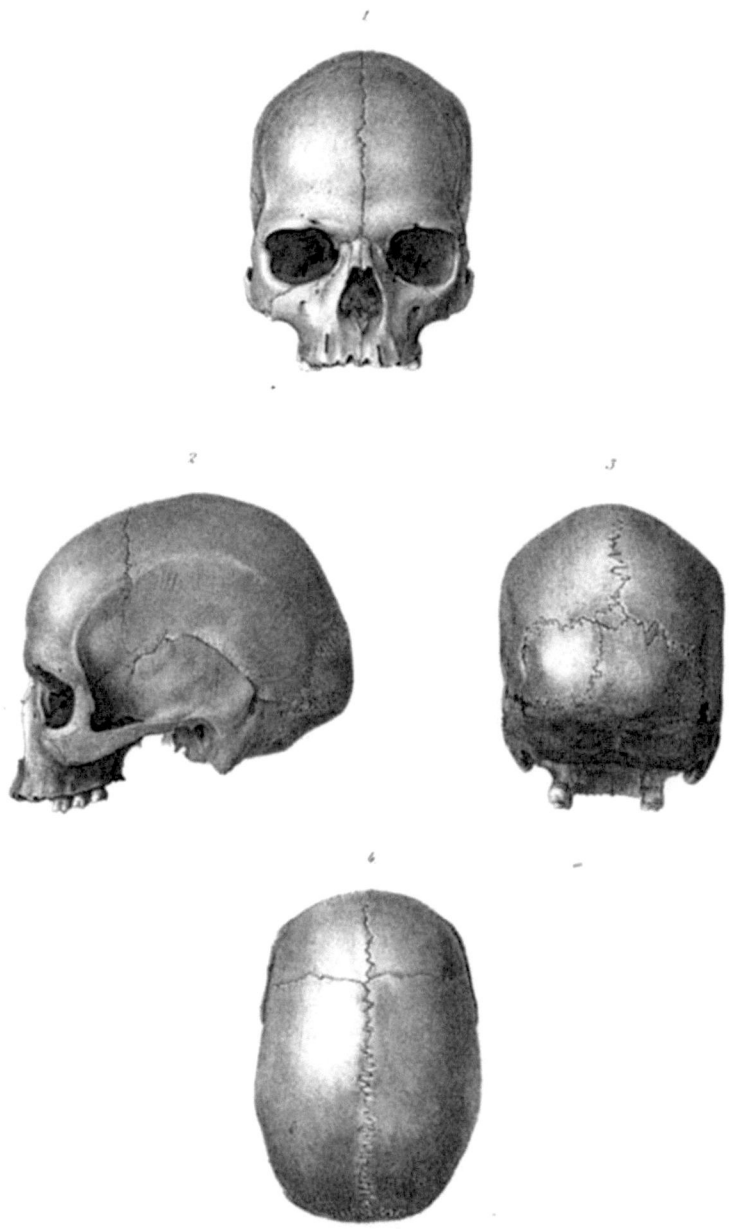

SCHÄDEL VON NEU-POMMERN

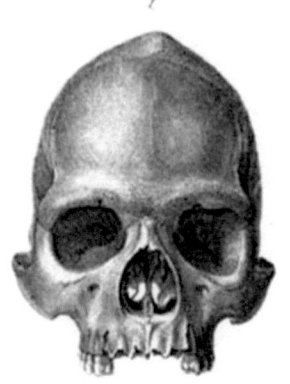

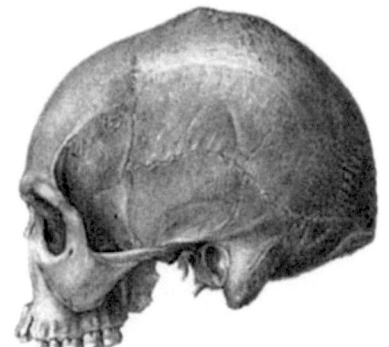

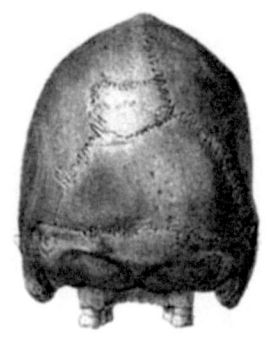

W.d.Mean n.d.Nat.gez.

SCHÄDEL von NEU-POMMERN

Der Kopfbau ist meist dolichocephal, indessen werden doch auch Mittel- und selbst Kurzköpfe beobachtet. Man kann hier die Hauptformen als hohe, schmale Langköpfe bezeichnen. Die in ihrem unteren Theile steile Stirn neigt oben sehr häufig direkt nach hinten zurück. Die Augenhöhlenbogen ragen wie bei anderen Melanesiern stark hervor. An der Stirnseite fallen bald deutliche Stirnhöcker, bald fällt ein Querwulst, bald ein senkrechter Wulst auf. (Vergl. auch Tafel 31, 54.) Die Augen erscheinen gross, mit dunkelbrauner Iris und von lebhaftem Ausdruck. Die breitflügelige Nase hat einen hier eingesunkenen, dort geraden oder selbst hervorragenden und gebogenen Rücken und grösstentheils eine stumpfe Spitze. Indessen giebt es auch solche Theile mit gebogenem Rücken und scharfer, selbst über die Oberlippe herabragender Spitze. Derartige Vorkommnisse haben denn gerade nicht wenige Bereiser der Insel veranlasst, von hier auftretenden *jüdischen* Gesichtern zu sprechen. Der Mund der hiesigen Eingeborenen ist breit und fleischig, die Kiefern besitzen eine bald geringere, bald entwickeltere Prognathie, wenn diese auch nicht häufig sehr *hochgradig* erscheint. Das Kinn ist in den meisten Fällen gerundet, zuweilen aber selbst eckig hervortretend, wie letzteres auf den von DUMONT D'URVILLE, D'ALBERTIS und FINSCH publicirten Abbildungen bemerkt werden kann. Zwischen den Nasenflügeln und Mundwinkeln verlaufen ausgeprägte Furchen. Der Hals ist meist dünn, seltener dick, die Schultern treten etwas eckig hervor oberhalb der steil abfallenden Oberarme, der Brustkasten ist durchschnittlich wohlgeformt und trapezisch. Arme und Beine sind hager, das Gesäss ist selten prallgerundet und fettreich, sondern häufiger winkelig nach unten geneigt. Hände und Füsse sind normal geformt, Finger und Zehen aber etwas kurz. Auch bei den Weibern tritt die Wulstung der Augenhöhlenbogen nicht selten hervor, wiewohl in mehr gemildertem Grade, als bei den alle Knochenauswüchse des Kopfes stärker darbietenden Männern. Die Gestalten der Mädchen entfalten nur in der frühen Jugend eine gewisse Anmuth, wiewohl sie auch dann schon etwas untersetzt erscheinen.[1]

Nach FINSCH wächst das Haar dieser Papúa anfangs gerade wie bei den Europäern, und fängt erst nach einiger Zeit an, sich, wenn es etwas länger wird, zu krümmen, d. h. mehr oder minder eng spiralig zu drehen, ähnlich den Windungen eines Korkziehers. Bei gewisser Länge verfilzen sich die einzelnen Haare leicht in und unter einander, namentlich an den Enden, wo sich Klümpchen bilden, und so entsteht eine Art Locken, aus denen sich je nach der Behandlung dichte Strähne, Zotteln oder Wolken entwickeln. Letztere sind aber keineswegs ein Racencharakter der Papúa, wie so häufig angegeben wird, sondern höchstens der Ausdruck einer Neigung zur spiralen Drehung der einzelnen Haare, wodurch die Gesammtheit ein kräusliches Ansehen erhält, das zuweilen bei dichten und kurzen Haaren an den Wollkopf eines echten Negers erinnert. Irrthümlicherweise wird eine büschelartige Anordnung häufig als Hauptcharakter der Papúa-Race hervorgehoben. Die Farbe des Haares ist schwarz, an den Spitzen ins Kastanien- bis Röthlichbraune ziehend. Die Haare der Kinder sind nicht selten von natürlichem Hellblond. Die bereits erwähnten abstehenden, bis 250 Millimeter und darüber langen Haarwolken lassen sich durch sorgfältiges Aufkämmen erhalten. Haarproben von der Segaar-Bai zeigen eine ganz ähnliche Beschaffenheit, wie diejenigen von den Salomons-Inseln. Die einzelnen Haare haben einen länglich-ovalen Querschnitt.

Sehr variabel ist die Hautfärbung der Papúa, welche sich von sattem Braun durch Tiefbraun zur dunkelen Schwärze steigert. FINSCH lernte selbst weisse Papúa kennen, so weiss, wie Europäer, die aber doch nicht Albinos im gewöhnlichen Sinne waren. Mit vollem Recht sagt unser Forscher, dass man an den bisher so häufig geübten Auffassungen von einer Stabilität der Färbung (der Menschen-

---

[1] Vergleiche die Photogravüren in LINDT's Illustrated New Guinea.

racen) nicht allzu starr festhalten und wohlthun dürfe, Betrachtungen über die Entstehung solcher Abweichungen durch Mischung lieber zu unterlassen, da diese doch nur ins Gebiet der Spekulation verfielen u. s. w.

Dem Schreiber dieser Zeilen hat sich die Ueberzeugung von einer gewissen *physiognomischen* Aehnlichkeit zwischen manchen Neu-Guineischen Papúa, namentlich deren Weibern, mit Negrito oder Aëta der Philippinen und Minkopis der Andamanen aufgedrängt. Diesen Stämmen dürften sich manche der S. 289 geschilderten an der Grenze des Malayenthums stehenden anschliessen.[1] Finsch findet die Papúa den echten Negern am nächsten stehend und den negerähnlichen Typus unter ihnen im Allgemeinen vorherrschend. Mir scheinen die Bewohner des Bismarck-Archipels vor allen anderen sich dem nigritischen Typus Afrikas zu nähern. Auch die australischen Eingeborenen können, trotz gewisser Eigenthümlichkeiten, von dieser Vergleichung nicht ausgeschlossen bleiben. Ohne mich gerade an diesem Orte in weitschweifige Erörterungen über den muthmaasslichen Zusammenhang zwischen den räumlich so sehr von einander getrennten Papúa und den afrikanischen Schwarzen verlieren zu wollen, glaube ich doch die Zeit nicht allzu fern, in welcher man für solche Betrachtungen die geologischen Veränderungen unseres Erdballs wird mit zu Rathe ziehen müssen.

Einige photographische Aufnahmen unserer Expedition betreffen *bekleidete* Polynesier (Tonganer von Vavao etc.). Da diese Typen genauer bekannt sind und sich durch schöne Photographien im Album Godeffroy und in der Kollektion Burton Broth. repräsentirt finden, so dürfte hier von deren Beschreibung Abstand genommen werden.

Benutzte Schriften, der Reihe nach aufgeführt:

Die oben citirten Abhandlungen der Herren von Schleinitz und Strauch.

Temminck in: Verhandlingen over de Natuurlijke Geschiedenis der Nederland'sche overzeesche Bezittingen. Land-en Volkenkunde, Leyden 1839—1841.

R. Virchow in: Verhandlungen der Berliner Gesellschaft für Anthropologie, Ethnologie etc. 27. Juni 1885.

R. Hartmann in: Unser Wissen von der Erde. Prag und Leipzig 1885, I, S. 941 ff.

A. R. Wallace: Der Malayische Archipel. Autorisirte deutsche Ausgabe von A. B. Meyer. Braunschweig 1869.

R. von Willemoes-Suhm: Challenger-Briefe 1872—1875. Leipzig 1877.

Salomon Müller: Reizen en Onderzoekingen in den Indischen Archipel. Amsterdam 1857, II.

Péron: Entdeckungsreise nach den Südländern. Aus dem Französischen von Hausleutner. Tübingen 1808.

Freycinet: Voyage autour du monde sur les corvettes l'Uranie et la Physicienne pend. l. ann. 1817 jusqu'à 1820, Livr. II.

Domény de Rienzi: Océanie (L'Univers) Paris MDCCCXXXVI, I.

Riedel: De sluik-en kroesharige Rassen tuschen Selebes en Papua. S'Gravenhage 1886.

Südsee-Typen: Hamburg 1881.

Benda in: Verhandlungen der Berliner Gesellschaft für Anthropologie, Ethnologie u. s. w. vom 17. April 1880.

Powell: Unter den Kannibalen von Neu-Britannien. Aus dem Englischen von Schröter. Leipzig 1884.

[1] Die relativen Grössenverhältnisse dürften hier von keiner entscheidenden Bedeutung sein.

1

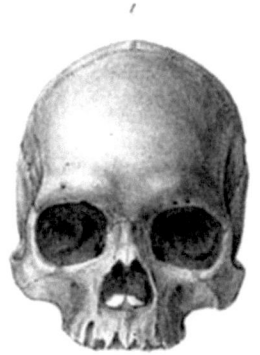

2

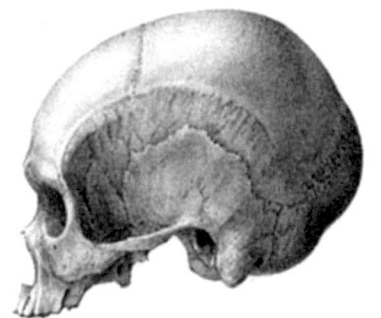

3

4

W.A.Meyn v. d. Nat. gez.

SCHÄDEL VON NEU-POMMERN

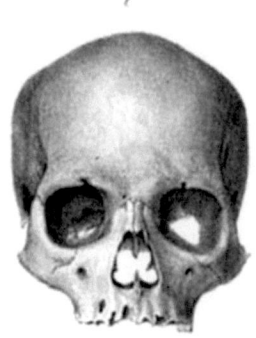

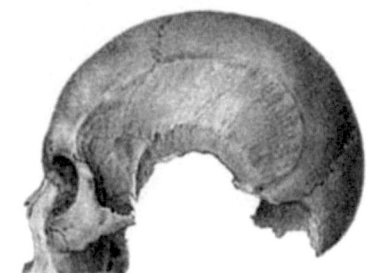

SCHÄDEL von NEU-MECKLENBURG

Zwanzig Racentypen Neu-Britanniens, aufgenommen von KLEINSCHMIDT, Hamburg 1883.

CAUVIN: Mémoire sur les Races de l'Océanie, Paris MDCCCLXXXII.

SCHMELTZ und KRAUSE: Die ethnographisch-anthropologische Abtheilung des Museum GODEFFROY in Hamburg, daselbst 1881.

MEINICKE: Die Inseln des Stillen Oceans. Leipzig 1875.

HERNSHEIM: Südsee-Erinnerungen, Berlin 1883.

RAFFRAY: Bulletin de la Société de Géographie de Paris 1878.

D'ALBERTIS: New Guinea, London 1881, I.

MIKLUCHO MACLAY, VON, in: Verhandlungen der Berliner Gesellschaft für Anthropologie etc. 1880.

LESSON in: Revue d'Anthropologie, T. VI.

HAMY in: Bulletin de la Société d'Anthropologie, Paris 1875.

FINSCH: Anthropologische Ergebnisse einer Reise in die Südsee, Berlin 1883.

Derselbe. Samoa-Fahrten. Reisen in Kaiser Wilhelms-Land und Englisch Neu-Guinea, Leipzig 1888.

Nachrichten für und über Kaiser Wilhelms-Land und den Bismarck-Archipel. Herausgegeben im Auftrage der Neu-Guinea-Kompagnie. Berlin 1885—88.

FORBES: Wanderungen eines Naturforschers im Malayischen Archipel. Aus dem Englischen von B. TEUSCHER. Jena 1886.

Anhang II.

Die Expedition nach den Auckland-Inseln.

Zur Unterstützung der nach den Auckland-Inseln zu entsendenden deutschen Expedition zur Beobachtung des Venus-Durchganges wurden von Seiten der Kaiserlichen Admiralität zwei Seeoffiziere, *Kapitänlieutenant (jetzt Kapitän zur See a. D.)* Becks und *Unterlieutenant zur See (jetzt Kapitänlieutenant)* Siegel kommandirt, deren Aufgaben in den Hauptzügen bereits im ersten Kapitel niedergelegt sind. Ausser der seemännischen Leitung der Expedition, im Besonderen der Charterung und Ausrüstung eines Schiffes für die Beförderung der Expedition von Australien nach den Auckland-Inseln, der Ueberwachung über die Führung und Sicherheit dieses Schiffes, und der Betheiligung an den astronomischen Arbeiten bestanden dieselben in der selbstständigen Ausführung meteorologischer, magnetischer, Pendel- und Gezeiten-Beobachtungen in gleicher Weise, wie dieselben für die Station auf den Kerguelen vorgesehen waren. Um eine möglichste Konformität dieser Beobachtungen auf den beiden Stationen zu erzielen, war auch die Ausrüstung mit den dazu erforderlichen Instrumenten eine gleiche, wie sie S. M. S. „Gazelle" für diesen Zweck erhalten hatte, so dass eine nochmalige Aufzählung an dieser Stelle überflüssig erscheint. Desgleichen war die S. M. S. „Gazelle" ertheilte Instruktion, soweit sie sich auf die wissenschaftlichen Arbeiten auf den Kerguelen erstreckte, auch für die Auckland-Expedition als Norm aufgestellt.

Das übrige für die Beobachtung des Venus-Durchganges bestimmte *Personal der Auckland-Expedition* setzte sich zusammen aus zwei Astronomen, dem Observator der Königlichen Universitäts-Sternwarte in Bonn (jetzt Direktor der Sternwarte zu München) Dᴿ H. Seeliger und dem Assistenten an der Kaiserlichen Universitäts-Sternwarte in Strassburg (jetzt Direktor der Sternwarte in Göttingen) Dᴿ W. Schur, zwei Photographen, dem Docenten an der Königlichen polytechnischen Schule in Dresden H. Krone und dem Dᴿ phil. G. Wolfram aus Dresden, sowie zwei Gehülfen, dem Mechaniker H. Leyser aus Leipzig und dem Photographen J. Krone aus Dresden. Während die beiden Offiziere mit dem geschäftsführenden Leiter der astronomischen Expedition, Herrn Dᴿ Seeliger, sich auf dem kürzesten und schnellsten Wege über Italien, Egypten und durch das Rothe Meer nach Melbourne begeben sollten, um hier die noch nöthigen Vorbereitungen für die Weiterbeförderung und den Aufenthalt auf den Auckland-Inseln zu treffen, sollten die übrigen fünf Mitglieder sich mit dem vollständigen Expeditions-Material in Hamburg per Dampfer nach London einschiffen, und von hier mit einem um das Kap der Guten Hoffnung direkt nach Melbourne gehenden Schiffe dorthin befördert werden.

Die Einschiffung der ersteren drei Herren erfolgte am 12. Juli in Brindisi auf einem der Peninsular and Oriental Steam Navigation Company gehörenden Dampfer, ihre Ankunft in Melbourne am 21. August. Die Aufgabe derselben an diesem Platze bestand in der Charterung eines für die Zwecke der Expedition geeigneten Fahrzeuges, dasselbe mit den zur Aufnahme der Expedition nothwendigen Einrichtungen versehen zu lassen, den Bau eines zerlegbaren Wohnhauses für den Aufenthalt auf den Auckland-Inseln zu veranlassen, die erforderliche Verproviantirung für die Ueberfahrt und die Station zu besorgen, ein hölzernes Häuschen für die magnetischen Variationsbestimmungen, ein eisernes Häuschen für die Aufstellung des Fluthmessers und einen meteorologischen Stand für Thermometer, Psychrometer und Hygrometer zu beschaffen, sowie in der Ausführung magnetischer Beobachtungen, welche die Basisbestimmungen für die Beobachtungen auf den Auckland-Inseln bilden sollten. Den Bau des Wohnhauses hatte auf Veranlassung des Reichskanzler-Amts der deutsche Konsul bereits ins Werk gesetzt, mit seiner Hülfe machte auch die Besorgung der übrigen zu beschaffenden Gegenstände keine allzu grossen Schwierigkeiten. Die magnetischen Beobachtungen wurden unter Benutzung des mitgeführten Fox-Apparates auf dem Observatorium ausgeführt, wobei die beiden Offiziere von dem Direktor dieses Instituts, Mr. Ellery, und den beiden Assistenten, Mr. White und Moerlin, in zuvorkommendster Weise unterstützt wurden.

Weniger leicht war das Auffinden eines für die Expedition passenden Fahrzeuges; erst am 23. September gelang es, ein solches in der französischen Bark „Alexandrine", einem wohlgebauten und ganz neuen Fahrzeug von 250 Register-Tonnen Gehalt zu erwerben. Bereits wenige Tage vorher, am 19. September, waren die fünf übrigen Mitglieder der Expedition mit dem sehr umfangreichen Ausrüstungsmaterial, Instrumenten, eisernen, zerlegbaren Beobachtungsthürmen u. s. w., im Ganzen 82 Kisten, auf dem Dampfer „Durham" in Melbourne angekommen. Die Herrichtung der „Alexandrine" nahm nur wenige Tage in Anspruch, so dass bereits am 29. September mit dem Verladen begonnen und am 5. Oktober der Hafen verlassen werden konnte, um dem für die Beobachtungsstation bestimmten, auf der nördlichen Hauptinsel der Auckland-Gruppe gelegenen Port Ross zuzusteuern. Nach verhältnissmässig günstiger Fahrt kamen am 15. Oktober Vormittags die **Auckland-Inseln** in Sicht, und am Abend desselben Tages ging die „Alexandrine" in einer Seitenbucht des genannten Hafens, **Terror Cove**, zu Anker. Der Hafen liegt an der Ostseite des nördlichen Theiles der Insel und wird durch einen ungefähr vier Seemeilen weit in das Land hineinreichenden Einschnitt gebildet. Der innerste, schmalere und flach verlaufende Theil trägt den Namen Laurie Harbour, während zwei kleinere Buchten nördlich davon Erebus- und Terror Cove genannt sind nach den Schiffen des Kapitäns Sir James Ross, welcher auf seiner antarktischen Expedition bereits diesen, seinen Namen tragenden Hafen besucht und vermessen hat. Terror Cove wird durch eine kleine Landzunge wieder in zwei kleine Baien geschieden, vor deren nördlicher ein schmales Thal liegt, in welchem Ross seine Beobachtungsstation plazirt hatte.

Der Anblick der Insel und des Hafens bot wenig Abwechselung; rundum war die ganze Küste, so weit das Auge reichen konnte, vom Strande an bis zu den Gipfeln der Berge, mit demselben dichten, 3 bis 6 Meter hohen Gesträpp bedeckt, aus welchem nur hin und wieder ein verkümmerter Baum emporragte. Die Expedition fand die Insel jedoch nicht ganz unbewohnt; gleich beim Einsegeln in die Bucht war in der Erebus Cove ein kleiner Schooner bemerkt, der, wie bald in Erfahrung gebracht wurde, zu einer Schäferei gehörte, die erst vor Kurzem sich hier angesiedelt hatte. Ein Arzt aus Invercargill auf Neuseeland, Dr. Monckton, hatte nämlich von der dortigen Regierung die Insel gepachtet, um auf derselben eine Schafzucht anzulegen, und hatte zu diesem Zweck eine Anzahl Schafe mit einem Schäfer herübergeschickt. Von dem an Bord des Schooners befindlichen

Agenten und Bevollmächtigten des Pächters wurde bereitwilligst die Erlaubniss zur Etablirung der Beobachtungsstation und zur Vornahme aller hierzu erforderlichen Arbeiten auf der Insel ertheilt. Die Auffindung eines hierzu geeigneten Platzes, was die nächste Sorge der Expedition sein musste, war aber mit den grössten Schwierigkeiten verknüpft. Ueberall dichtes, undurchdringliches Gestrüpp, von dem beständigen Regen durchweichter und sumpfiger Boden und dazu unebenes, durchschnittenes Terrain. Nach langen, mühevollen Rekognoscirungen musste schliesslich der schon von Ross zum Aufschlagen seines Observatoriums benutzte Platz als vielleicht allein geeignet für die Errichtung der Station erwählt werden. Wenn auch mit Gebüsch bedeckt und mit weichem Boden, so war dieser Platz doch einigermaassen eben, war gegen die starken Weststürme geschützt, so dass er ein Landen und an Land Bringen der theils sehr schweren Kisten erlaubte, und gestattete schliesslich, den Horizont selbst nach Westen und Südwesten, der Richtung der höchsten Berge, hin bis auf 10 Grad Höhe zu beobachten.

Doch auch hier stiess man bei der Etablirung der Station auf ausserordentliche Schwierigkeiten; das Ausroden des Gestrüppes, das Planiren des Terrains, das an Land Schaffen der schweren Bau-Utensilien, der Transport derselben am Lande, das Aufrichten und Zusammensetzen der Häuser auf dem feuchten und sumpfigen Boden bei kalter, unangenehmer Witterung, fast täglichem Regen und Sturm, war mit den grössten Mühseligkeiten verbunden, und nur der angestrengtesten Thätigkeit sämmtlicher Expeditionsmitglieder ist es zu danken, dass die Arbeiten überhaupt bewältigt und rechtzeitig zu Ende geführt wurden.

Die Besatzung der „Alexandrine" hatte schon vollauf zu thun mit dem Transport der Bauhölzer und aller sonstigen Gegenstände von Bord an Land, und wurde bei dem schlechten Wetter ausserdem noch durch die Bedienung des Schiffes stark in Anspruch genommen. Die Kräfte des in Melbourne für die Bauten engagirten Zimmermanns reichten natürlich nicht hin, diese schweren Arbeiten allein zu verrichten, und so mussten sich die Mitglieder der Expedition entschliessen, sich derselben zu unterziehen und nicht nur die Bauarbeiten, sondern auch die Erd- und Transportarbeiten zu übernehmen. Die erste Sorge war die Errichtung des Wohnhauses. Diese Aufgabe wurde dank der bereitwilligen Hülfe und Thätigkeit Aller, und trotz der ungewohnten Arbeit, welche nicht nur grosse körperliche Anstrengung, sondern auch eine gewisse mechanische Fertigkeit erforderte, in 14 Tagen glücklich gelöst, so dass das in seiner inneren Einrichtung allerdings noch nicht vollkommene Haus am 28. Oktober von den beiden Offizieren, und zwei Tage darauf von den übrigen Herren bezogen werden konnte.

Es folgte nun der *Bau der Observatorien* und das *Aufstellen der Instrumente*.

Auf zwei dünenartigen Erhöhungen in der Nähe des Strandes wurden die eisernen Thürme für das astronomische Observatorium und das photographische Atelier mit Dunkelkammer, zwischen denselben und dem Wohnhaus ein Beobachtungshaus für den Pendel- und Fox-Apparat, der meteorologische Stand und Regenmesser, hinter dem Wohnhause das magnetische Observatorium errichtet. Für das Fluthhäuschen mit dem selbstregistrirenden Fluthmesser wurde eine vor Seegang möglichst geschützte Stelle an dem Südstrande der Bucht ausgesucht; auf diesem Häuschen sollte eigentlich das selbstregistrirende Anemometer angebracht werden, doch schien dieser Platz, weil den Winden zu wenig ausgesetzt, hierfür ungeeignet, und zog man es deshalb vor, den Apparat auf dem Giebel des Wohnhauses zu befestigen. Auch bei diesen Arbeiten waren die Mitglieder der Expedition fast lediglich auf ihre eigene Kraft und Geschicklichkeit angewiesen, von dem stürmischen Wetter mit starken Regengüssen, Hagel- und Schneeschauern weder hierbei, noch in der Ausführung der Beobachtungen und der Vorarbeiten für den Venus-Durchgang begünstigt. Der bedeckte Himmel machte die astronomischen Beobachtungen häufig unmöglich, und für die photographischen Arbeiten erwies sich das Wasser des Baches, an welchem das Haus erbaut war, als nicht geeignet zur Herstellung von Trockenplatten.

Trotz aller Schwierigkeiten waren jedoch gegen Anfang Dezember sämmtliche Observatorien aufgestellt und alle Vorarbeiten beendet, so dass man dem grossen Tage des *Vorüberganges der Venus* vor der Sonnenscheibe, auf dessen richtige Ausnutzung Alles ankam, mit Ruhe entgegensehen konnte. Der Erfolg hing jetzt lediglich vom Wetter ab, und in dieser Hinsicht konnten die Hoffnungen allerdings nur geringe sein; denn bisher hatte man nur traurige und wenig ermuthigende Erfahrungen gemacht. Trübes und regnerisches Wetter fast Tag für Tag; nur selten schien die Sonne in vollem Glanze, und man durfte nicht erwarten, dass der 9. December von der allgemeinen Regel eine Ausnahme machen würde.

Grau und trübe brach der Morgen an, das Barometer war gefallen, dichter Nebel lagerte über der Insel, und bei der ausnahmsweise herrschenden Windstille war wenig Aussicht auf Aufklaren vorhanden. Indessen ging noch Alles über Erwarten gut; um 1 Uhr sollte der Vorübergang der Venus stattfinden, um 12 Uhr erhob sich ein schwacher Wind, der den Nebel verscheuchte und unmittelbar vor dem Phänomen den Wolkenschleier vor der Sonne zerriss. Wenn auch der Eintritt der Venus in die Sonnenscheibe nicht gut beobachtet werden konnte, so waren doch im Allgemeinen die Verhältnisse so günstig, wie man sie nur verlangen konnte. Die Astronomen erhielten am Heliometer sechs vollständige Sätze zu 16 Einstellungen und mehrere Beobachtungen für den inneren und äusseren Kontakt beim Austritt; die Photographen nahmen 115 Aufnahmen, 95 mit trockenen und 20 mit nassen Platten. Während der ganzen Erscheinung war der Himmel meist nur in der Gegend der Sonne klar, und kaum eine Viertelstunde nach dem Austritt der Venus war wieder Alles mit Wolken bedeckt.

Nachdem die Beobachtung des Venus-Durchganges so glücklich gelungen, war es die weitere Aufgabe der Expedition, durch eine Reihe astronomischer Observationen die *absolute Längenbestimmung des Beobachtungsortes* und die Untersuchung der bei der Durchgangs-Beobachtung benutzten Instrumente mit der nöthigen Genauigkeit zu Ende zu führen. Bei den ungünstigen meteorologischen Verhältnissen war vorauszusehen, dass die Durchführung dieser Arbeiten noch längere Zeit in Anspruch nehmen würde, und in der That war die Expedition noch drei Monate an die Insel gefesselt, während welcher Zeit nur die allernothwendigsten astronomischen Beobachtungen erhalten werden konnten.

Indess war den beiden See-Offizieren Gelegenheit gegeben, ihre *physikalischen und meteorologischen Arbeiten* mit möglichster Vollständigkeit durchzuführen.

Zur Bestimmung der Längendifferenz zwischen dem Beobachtungsort und der nächsten auf Neu-Seeland in Bluff Harbour etablirten amerikanischen Beobachtungsstation sollten nach Errichtung der Station mit dem Expeditionsschiff mehrere *Chronometerreisen* zwischen den Auckland-Inseln und dem genannten Hafen ausgeführt werden; diese Fahrten sollten von einem der Offiziere begleitet und alle entbehrlichen Chronometer zum Vergleich mit der Zeit der amerikanischen Station mitgenommen werden. Die Bau-Arbeiten nahmen jedoch bis zum Venus-Durchgang Schiff und Besatzung so in Anspruch, dass sie bis dahin nicht entbehrt werden konnten.

Die Chronometerreisen mussten daher bis nach dem ereignissvollen Tage verschoben werden. Am 12. December schiffte sich zu diesem Zweck Herr Kapitänlieutenant BECKS mit vier Chronometern auf der „Alexandrine" ein und kam nach sechstägiger stürmischer Fahrt in *Bluff Harbour* an, ohne jedoch hier die amerikanische Station, wie gehofft, vorzufinden; dieselbe befand sich in dem 290 Seemeilen entfernten Queenstown, so dass die Vergleiche auf telegraphischem Wege ausgeführt werden mussten. Nachdem ein zweimaliger Austausch der Zeiten stattgefunden hatte, begab sich die „Alexandrine" am 21. December wieder auf den Rückweg nach den Auckland-Inseln, diesmal mit günstigerer Fahrt, so dass sie bereits am Tage des heiligen Abends in Port Ross wieder zu Anker gehen und den Expeditionsmitgliedern die langersehnten Briefe und Nachrichten aus der Heimath zum Fest überbringen konnte.

In der Zwischenzeit war den auf der Insel zurückgebliebenen Herren durch das unerwartete Erscheinen der amerikanischen *Korvette* „*Swatara*" in Port Ross am 23. December eine angenehme Ueberraschung zu Theil geworden. Das Schiff hatte die von der Regierung der Vereinigten Staaten zur Beobachtung des Venus-Durchganges nach dem südlichen Stillen Ocean entsandten Expeditionen auf ihre Stationen gebracht und lag in Hobarttown, als der Kommandant, Kapitän CHANDLER, aus Melbourner Zeitungen erfuhr, dass man von der deutschen Expedition auf den Auckland-Inseln seit zwei Monaten ohne Nachrichten wäre und ernste Besorgnisse ihretwegen hegte. Als auf seine telegraphische Anfrage bei dem Konsul in Melbourne das Letztere bestätigt wurde, ging er auf eigene Verantwortung sofort in See, um die Auckland-Inseln und die dort vermuthete Expedition aufzusuchen; zu seiner Beruhigung traf er dieselbe im besten Wohlsein an. Wenn schon die entschlossene und hülfsbereite Handlungsweise des Kapitän CHANDLER die grösste Anerkennung verdiente, so war auch der kurze Besuch des Schiffes den Mitgliedern der Expedition eine sehr willkommene Unterbrechung in dem einförmigen Leben auf der Insel, welches neben der dienstlichen Thätigkeit wenig Abwechselung bot.

Weitere Exkursionen verboten die Natur des Landes und das undurchdringliche Unterholz, und von so grossem Interesse auch die Durchforschung der Insel gewesen wäre, so musste hiervon Abstand genommen werden, wenn nicht die gestellten Aufgaben ganz in den Hintergrund hätten treten sollen. Man musste sich deshalb mit der Durchstreifung der nächsten Umgebung, sowie Ausflügen zu Wasser nach den benachbarten Inseln, besonders Enderby, begnügen, und wenngleich dieselben stets mit grossen Strapazen verknüpft waren, so fanden diese doch in der Entdeckung eigenartiger Naturschönheiten oder in der Jagdbeute von Seelöwen, welche oft in grossen Heerden die Inseln besuchten, und von Wasservögeln aller Art ihren Lohn. Die beständige körperliche Bewegung und das gleichmässige, wenn auch rauhe und feuchte Klima waren übrigens auf die Gesundheit der Stations-Insassen von wohlthätigem Einfluss, und von einigen rheumatischen Beschwerden und mechanischen Verletzungen abgesehen, erfreuten sich Alle des besten Wohlseins. Nur einmal machte sich ernste Besorgniss rege, als einer der Herren unter typhusähnlichen Erscheinungen erkrankte, zumal kein Arzt die Expedition begleitete, die Gebrauchsanweisung der kleinen mitgegebenen Handapotheke aus Versehen in Europa geblieben war, und man auf die primitive Schiffsapotheke der „Alexandrine" und auf Hausmittel angewiesen war. Glücklicherweise nahm die Krankheit einen günstigen Verlauf.

Gegen Ende Februar waren die Beobachtungen endlich so weit gediehen, dass man an den *Aufbruch* denken konnte. Nach und nach mit der Vollendung der einzelnen Arbeiten konnten die Instrumente abgenommen und die Observatorien abgebrochen werden.

Am 20. Februar, drei Monate nach seiner Aufstellung, wurde das Passage-Instrument abgenommen und hiermit der Abschluss der astronomischen Beobachtungen besiegelt. Das Verpacken und Einlöthen der zahlreichen Instrumente sowohl, wie der Abbruch der Gebäude und die Wiedereinschiffung des gesammten Materials waren wieder mit grosser Mühe verbunden. Nachdem Alles bis auf das Wohnhaus weggeräumt, siedelte die Expedition am 28. Februar an Bord über, um auch das letztere abzubrechen und zu verladen. Nur die gemauerten Hauptpfeiler der Instrumente blieben stehen; auf der Deckplatte des Passage-Instrument-Pfeilers wurde die auf den Aufenthalt der Expedition hinweisende Inschrift „German expedition 1874" eingemeisselt. Zur Bezeichnung des Wasserstandes wurde ferner an einem schroff abfallenden Felsen in der Nähe des Fluthhauses ein Kreuz eingehauen, dessen Höhe über Mittelwasser zu 56,85 Centimeter bestimmt wurde.

Am 6. März war Alles vollendet, und konnte die *Rückreise* nach Melbourne angetreten werden. Bei dem gewohnten stürmischen Westwinde lichtete die „Alexandrine" die Anker, und beinahe wäre er zu guter letzt für Schiff und Besatzung noch verhängnissvoll geworden; als nämlich beim Ankerlichten beide Anker unklar von einander gleichzeitig aus dem Wasser kamen, trieb das Schiff bei dem starken Winde direkt auf die nur einige Kabellängen hinter der „Alexandrine" liegende kleine Insel Shoe und war in Gefahr zu stranden, und nur einem schnellen, durch die Umsicht des Kapitainlieutenant Becks veranlassten Manöver gelang es, dieselbe abzuwenden.

So schied die Expedition nach viermonatlichem Aufenthalt von der öden, ungastlichen Insel mit leichtem Herzen und mit den vielen Strapazen und Entbehrungen versöhnt durch das freudige Bewusstsein des Erfolges.

Die Rückfahrt nach *Melbourne* wurde zuerst durch Stürme und konträre Winde, nachher durch Windstillen sehr verzögert, so dass die „Alexandrine" erst am 28. März daselbst eintraf, leider zu spät, um, wie man gehofft, den im März nach Europa abgehenden Postdampfer für die Weiterreise benutzen zu können.

Die Instrumente und das andere Material wurden wieder an Bord des Durham geschafft und unter Aufsicht zweier Herren der Expedition nach der Heimath befördert, wohin das Schiff am 14. April seine Reise antrat, während die übrigen Mitglieder erst am 20. April mit dem Postdampfer über Point de Galle und durch das Rothe Meer die Rückreise antraten.

Gedruckt in der Königlichen Hofbuchdruckerei von E. S. Mittler & Sohn, Berlin SW., Kochstrasse 68—70.

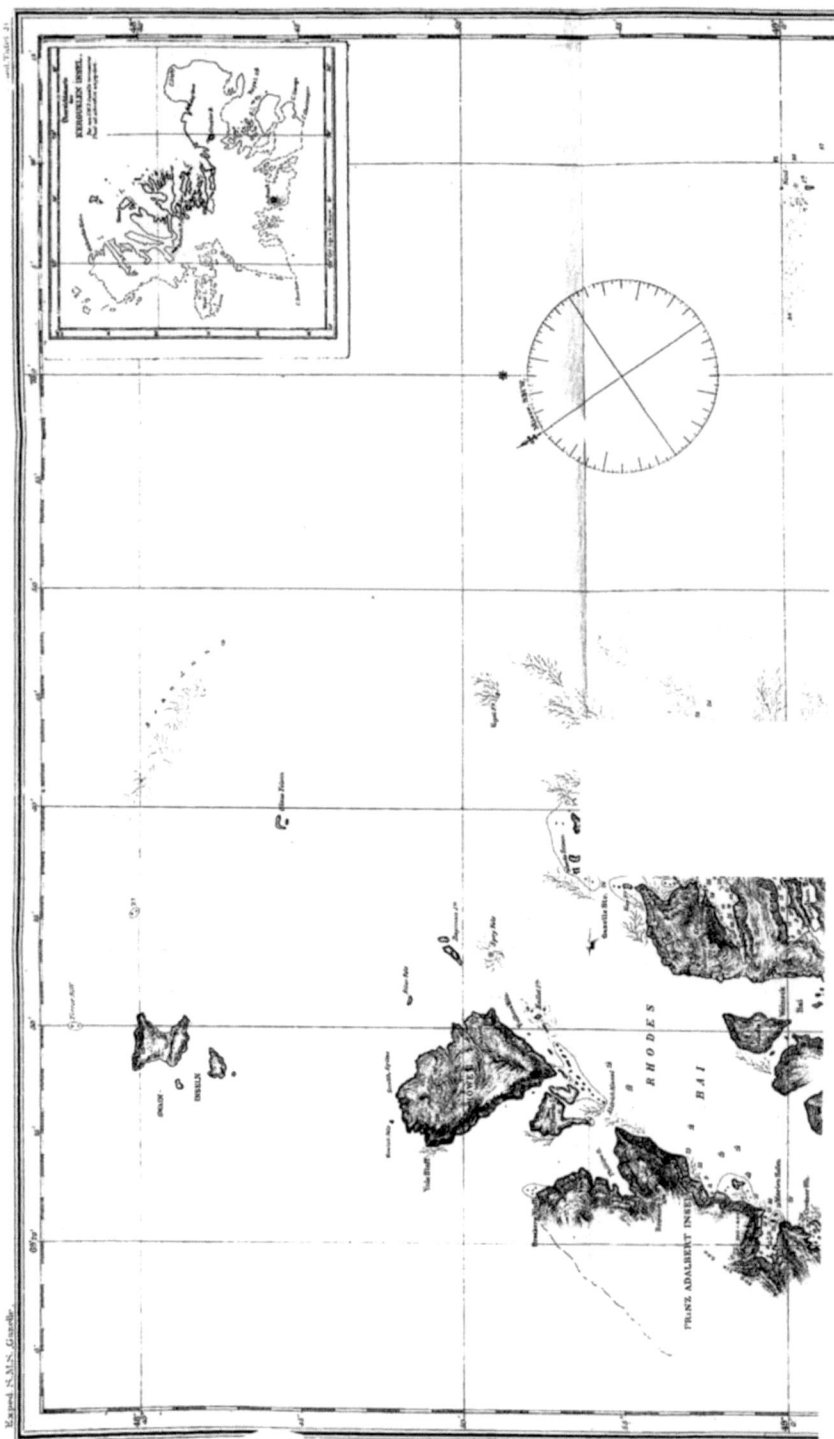

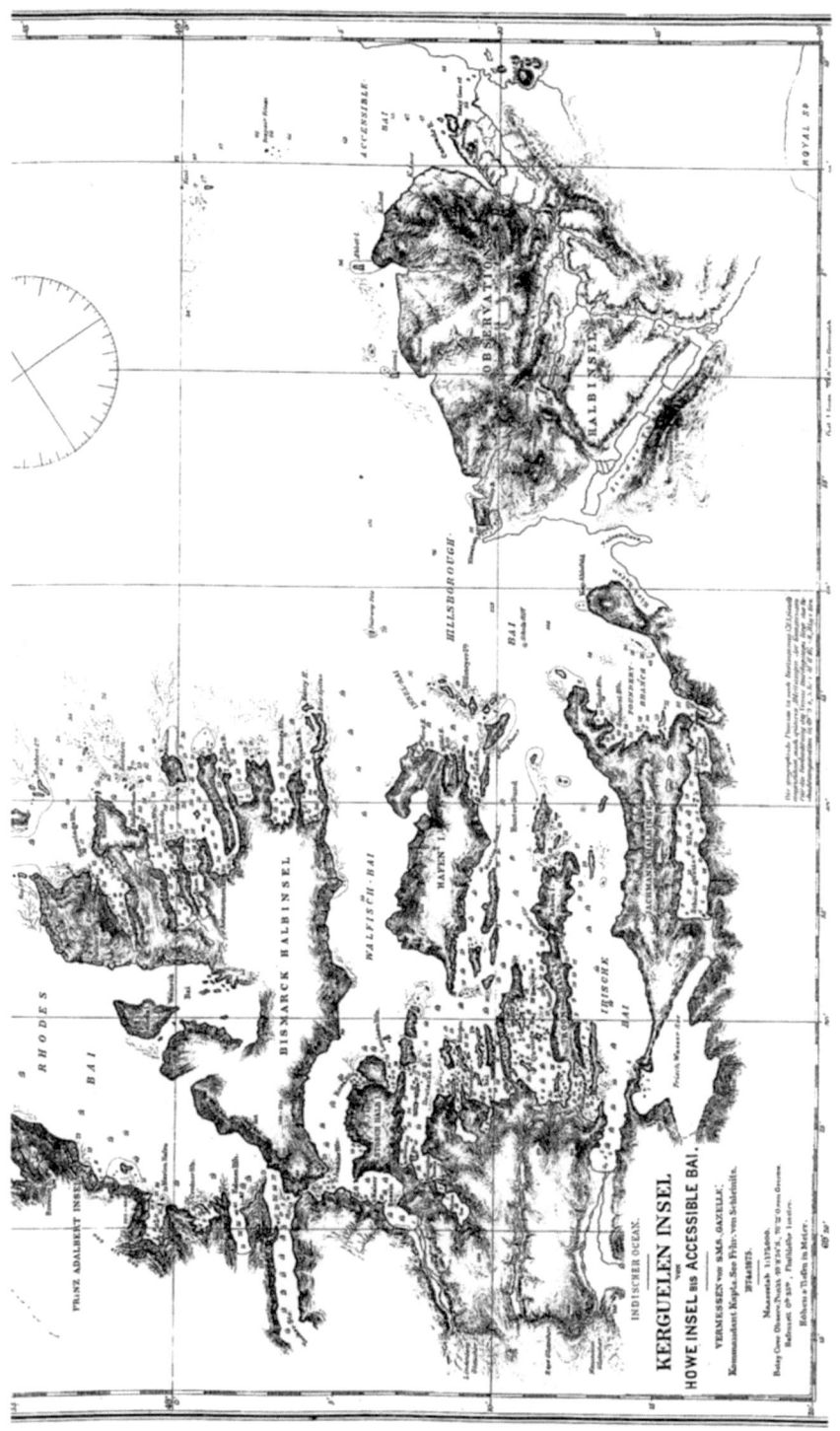

KERGUELEN INSEL
von
HOWE INSEL bis ACCESSIBLE BAI.

VERMESSEN von S.M.S. GAZELLE,
Kommandant Kapit. See Füh. von Schleinitz.
1874 u. 1875.

Maasstab 1:175,000.

Reduction in Tiefen in Meter.